Oehlrich

Betriebswirtschaftslehre

Betriebswirtschaftslehre

Eine Einführung am Businessplan-Prozess

von

Dr. Marcus Oehlrich
Geschäftsführer des Instituts für Deutsches, Europäisches
und Internationales Medizinrecht, Gesundheitsrecht und Bioethik
der Universitäten Heidelberg und Mannheim

Professor für Organisation und Management
an der accadis Hochschule Bad Homburg

unter Mitarbeit von

Dr. Andreas Dahmen

Verlag Franz Vahlen München

VERLAG
VAHLEN
MÜNCHEN
www.vahlen.de

ISBN 978-3-8006-3581-8

Satz: PDF-Datei des Autors
Druck und Bindung: Druckhaus „Thomas Müntzer“ GmbH
Neustädter Str. 1–4, 99947 Bad Langensalza
Umschlaggestaltung: simmel-artwork
Gedruckt auf säurefreiem, alterungsbeständigem Papier
(hergestellt aus chlorfrei gebleichtem Zellstoff)

Geleitwort

Fragt man nach den Erwartungen der Wirtschaft an die Ausbildung im Hochschulbereich, wird immer wieder der Wunsch geäußert, dass die Absolventen von Hochschulen praxisorientiert ausgebildet werden bzw. die Theorie und die Praxis in den Studiengängen möglichst verzahnt werden. Gleichzeitig wird gefordert, dass die Lehrenden neben ihren theoretischen Kenntnissen auch praktische Erfahrungen mitbringen und in die Lehrveranstaltungen eines Studiums als didaktisches Element einfließen lassen.

Vor diesem Hintergrund entschieden sich der Verfasser, als Dozent, und der Mitverfasser, als damaliger Kanzler, bei der Akkreditierung des Bachelor-Studiengangs International Business Administration an der accadis Hochschule Bad Homburg im Jahre 2004 dazu, die klassischen Inhalte des Fachgebietes „Einführung in die Allgemeine Betriebswirtschaftslehre" in einem Modul mit dem Namen „Business Planning" anzubieten. Gleichzeitig sollte ein praxisorientierter Ansatz dazu verhelfen, nicht nur einfach ein neues Etikett aufzukleben, sondern auch das didaktische Konzept an das Studienkonzept anzupassen. Da an der accadis Hochschule Bad Homburg die Internationalität und die Ganzheitlichkeit wichtige Bausteine des Studienkonzeptes sind, bot es sich geradezu an, die traditionell nebeneinander stehenden Funktionen der Betriebswirtschaftslehre in einem integrierten Lehrkonzept zusammenzufassen.

Ein Business Plan ist ein Dokument, das alle Ziele und Strategien eines Unternehmens mit den grundsätzlichen Voraussetzungen, Vorhaben und Maßnahmen für einen bestimmten Zeitrahmen beinhaltet. Er bildet im Unternehmen die Grundlage für weitere Strategie- und Planungskonzepte. Um dies zu erreichen, müssen alle wichtigen betriebswirtschaftlichen Funktionen eines Unternehmens, wie Marketing und Vertrieb, Produktion bzw. Wertschöpfung, externes und internes Rechnungswesen sowie Investition und Finanzierung bei der Erstellung eines Businessplans berücksichtigt werden. Somit sind in einem Lehrmodul mit dem Namen „Business Planning" diese Funktionen überblicksartig, aber vor allem in ihrem Zusammenwirken integrativ darzustellen. „Business Planning" heißt dabei, dass die Studierenden anhand von Übungen und Fallstudien in die Lage versetzt werden sollen, einen Business Plan nicht nur theoretisch zu verstehen, sondern auch praktisch selber zu entwickeln. Damit genügt das didaktische Konzept den genannten Anforderungen der Wirtschaft, praxisorientierte Ausbildung zu gewährleisten. Die Neuartigkeit des Konzeptes im deutschsprachigen Raum wird dadurch deutlich, dass die Recherche nach geeigneter Literatur in Form von Monographien keine zufriedenstellenden Ergebnisse – außer im englischsprachigen Ausland – lieferte und es damit notwendig machte, ein eigenes Buch für das Lehrmodul zu entwickeln.

Ermöglicht wird diese Umsetzung vor allem dadurch, dass der Verfasser und der Mitverfasser neben ihrem wissenschaftlichen Studium über einen langjährigen Erfahrungsschatz aus gemeinsam durchgeführten Projekten verfügen. In einer Reihe von Beratungsprojekten des Geschäftsfeldes Unternehmensberatung der Grau, Haack & Kollegen Wirtschaftsprüfungsgesellschaft GmbH wurden und werden Unternehmer und Unternehmen bei der Erstellung von Business Plänen im Rahmen der Gründung eines Unternehmens, zur Auslagerung von Unternehmensbereichen, beim Verkauf oder Kauf von Unternehmen oder auch bei der Suche nach Eigen- oder Fremdkapital unterstützt.

Dieses Buch wendet sich deshalb nicht nur an Studierende von Bachelor- und Master-Studiengängen, sondern auch an Praktiker, da die Inhalte von Praktikern sowohl für praxisorientierte Studiengänge als auch für die Praxis zur Erstellung von Business Plänen zusammengestellt wurden.

Ich freue mich, dass nun nach Jahren der Verfeinerung des Lehrkonzeptes ein Buch vorliegt, das die vielfältigen Erfahrungen des Verfassers und des Mitverfassers aus der Lehre und Praxis in adäquater Weise widerspiegelt.

Offenbach/Bad Homburg, im Januar 2009 Andreas Dahmen

Vorwort

Noch ein einführendes Lehrbuch zur Betriebswirtschaftslehre und dazu noch von einem jungen Hochschullehrer? Natürlich ist diese Skepsis angesichts der vielen hervorragenden Lehrbücher, die derzeit in deutscher oder englischer Sprache zum Teil in verbesserten und erweiterten Auflagen erhältlich sind, berechtigt. Allerdings möchte sich das vorliegende Buch von diesen Werken unterscheiden und bewusst einen anderen Weg einschlagen, der seine Begründung im sogenannten Bologna-Prozess, d.h. der Umstellung des Großteils der Studiengänge auf ein zweistufiges System von Studienabschlüssen „Bachelor" und „Master", findet. Denn die Einführung des Bachelors als vollwertigen Studienabschluss sowie die Zulassung „fachfremder" Bachelors zum Masterstudium erfordern nicht nur einen neuen Studienaufbau, sondern auch andere Lehrmaterialien. Das Bachelor-Studium kann aufgrund seiner Kürze nicht mehr nur mit der Vermittlung von Detailwissen in den einzelnen Funktionen der Betriebswirtschaftslehre beginnen. Vielmehr wird oftmals dazu übergegangen, zu Beginn des Studiums zunächst einmal einen Überblick über die Aufgaben und Probleme der Unternehmensführung zu vermitteln, um sicherzustellen, dass die Studierenden in den Vorlesungen zu den betriebswirtschaftlichen Funktionen wie etwa Rechnungswesen, Finanzwirtschaft oder Controlling nicht den Blick für die Zusammenhänge verlieren. Schließlich ist ein rein an den betrieblichen Funktionen orientiertes Denken für die aktuelle Unternehmenslandschaft nicht mehr zeitgemäß und stellt keine ausreichende Vorbereitung für eine zukünftige Managementtätigkeit dar. Dass es nicht nur mir so geht, konnte ich in meiner langjährigen Tätigkeit als Gutachter für die Akkreditierung von Bachelor- und Masterstudiengängen der Foundation for International Business Administration Accreditation (FIBAA) feststellen. Das Konzept des vorliegenden Lehrbuches soll dieser Tatsache durch eine Orientierung am Business Plan Rechnung tragen.

Das vorliegende Buch stellt eine Gemeinschaftsarbeit mit einer ehemaligen Studentin, Frau Christine Reger, dar, die einzelne Abschnitte u.a. zum Marketing eigenständig verfasst hat, um ihren Beitrag für die Weiterentwicklung meiner Vorlesungen zu leisten. Zu Dank bin ich weiterhin Herrn Dr. Andreas Dahmen, Managing Director der GHK Management Consulting GmbH und Director der Grau, Haack & Kollegen Wirtschaftsprüfungsgesellschaft GmbH in Offenbach, verpflichtet, der ebenfalls einige Inhalte beigesteuert hat. Frau Anne Laspeyres bin ich für ihre Mithilfe bei den gesellschaftsrechtlichen Themen zu großem Dank verpflichtet.

Ein solches Buchprojekt nimmt bekanntermaßen sehr viel Zeit in Anspruch. Ein herzlicher Dank sei daher meinem Arbeitgeber ausgesprochen. Herr Univ.-Prof. Dr. Jochen Taupitz, Geschäftsführender Direktor des Instituts für Deutsches, Europäisches und Internationales Medizinrecht, Gesundheitsrecht und Bioethik der Universitäten Heidelberg und Mannheim (IMGB) hat den nötigen Freiraum und eine nicht zu erwartende Unterstützung geboten, was dieses Projekt überhaupt erst möglich gemacht hat. Die Hilfskräfte am IMGB haben mit Literaturrecherchen, Textentwürfen, der Erstellung der Abbildungen und Tabellen sowie dem Korrekturlesen eine großartige Unterstützung geleistet. Hierfür danke ich Herrn Christoph Balmert, Frau Beate Braunagel, Frau Johanna Carl, Frau Juliane Geldermann, Frau Kristina Helmer, Frau Lisa Hochhaus, Herrn Sebastian Köbler, Herrn Gerrit Krämer, Frau Stephanie Lohr, Frau Mayte Richter, Frau Andrea Sautter, Herrn Moritz Suppliet und Frau Katharina Teske. Die Fremdsprachensekretärin des IMGB, Frau Heike Malone, unterstützte insbesondere bei allen englischsprachigen Recherchen sowie bei der Erstellung des Stichwortverzeichnisses; Frau Dipl.-Bibl. Annette Wedler hat die zitierte Literatur akribisch auf die jeweils neueste Auflage überprüft. Auch hierfür danke ich herzlich.

Für inhaltliche Hinweise danke ich (in alphabetischer Reihenfolge): Herrn Univ.-Prof. Dr. Christoph J. Börner, Herrn Rechtsanwalt Kai Büchler, Herrn Prof. Dr. Werner Goetzke, Herrn Dipl.-Vw. Christoph Heible, Herrn Univ.-Prof. Dr. Hans H. Hinterhuber, Herrn Univ.-Prof. Dr. Klaus Peter Kaas, Herrn Univ.-Prof. Dr. Günter Müller-Stewens, Herrn Prof. Dr. Florian Pfeffel, Herrn Univ.-Prof. Dr. Carsten Schäfer, Herrn Prof. Dr. Ulrich Schüle sowie Herrn Dr. Hans-Joachim Weitz. Dem Vahlen-Verlag und insbesondere Herrn Hermann Schenk danke ich für die professionelle Zusammenarbeit.

Da kein Buch frei von Fehlern bzw. Verbesserungsmöglichkeiten ist, sind wir auf die Hinweise der Leser angewiesen. Über entsprechende Hinweise an den Verlag wären wir sehr dankbar.

Lesern, die noch nicht über grundlegende Kenntnisse der Betriebswirtschaftslehre verfügen ist, wird empfohlen, das Buch von Anfang an durchzuarbeiten, da die Kapitel inhaltlich aufeinander aufbauen. Wer hingegen schon über Grundkenntnisse verfügt und sich über das Instrument des Business Plans in Detailfragen informieren möchte, kann grundsätzlich an jeder Stelle des Buches einsteigen. Das Stichwortverzeichnis am Ende des Buches soll dabei helfen, die entsprechende Stelle im Buch aufzufinden.

Zur besseren Orientierung wird mit folgenden Textgestaltungen gearbeitet: Hervorhebungen markieren die Erklärungen der zentralen Begriffe. Hingegen werden Ausführungen, die beim ersten Lesen übersprungen werden können, in kleinerer Schriftgröße gedruckt.

Mannheim/Bad Homburg, im Januar 2009 Marcus Oehlrich

Inhaltsübersicht

Inhaltsverzeichnis

Abbildungsverzeichnis

Tabellenverzeichnis

Abkürzungsverzeichnis

Abb.	Abbildung
AG	Aktiengesellschaft
AktG	Aktiengesetz
Alt.	Alternative
AO	Abgabenordnung
BCG	Boston Consulting Group
BE	Betriebserfolg
BetrVG	Betriebsverfassungsgesetz
BGB	Bürgerliches Gesetzbuch
BGH	Bundesgerichtshof
BGHZ	Sammlung der Entscheidungen des Bundesgerichtshofs in Zivilsachen
BPR	Business Process Reengineering
BU	Business Unit
CAGR	Compound Annual Growth Rate
CAPM	Capital Asset Pricing Model
CBA	Comparison of Budget and Actual Figures
CEO	Chief Executive Officer
CF	Cash Flow
CFO	Chief Financial Officer
CFROI	Cash Flow Return on Investment
CoB	Chairman of the Board
CVA	Cash Value Added
DAX	Deutscher Aktienindex
DCF	Discounted Cash Flow
DCGK	Deutscher Corporate Governance Kodex
DPMA	Deutsches Patent- und Markenamt
DrittelbG	Drittelbeteiligungsgesetz
DVFA	Deutsche Vereinigung für Finanzanalyse und Asset Management
e.G.	eingetragene Genossenschaft
e.K.	eingetragener Kaufmann
e.V.	eingetragener Verein
EAT	Earnings after taxes
EBIT	Earnings before Interest and Taxes
EBITDA	Earnings before Interest, Taxes, Depreciation and Amortization
EBRG	Gesetz über die Europäischen Betriebsräte
EBT	Earnings before Taxes
EHUG	Gesetz über elektronische Handelsregister und Genossenschaftsregister sowie Unternehmensregister

EK	Eigenkapital, Einzelkosten
EU	Europäische Union
EVA	Economic Value Added
F&E	Forschung und Entwicklung
f.	folgende (Seite)
FCF	Free Cash Flow
FDA	Food and Drug Administration
ff.	fortfolgende (Seite)
FGG	Gesetz über die Angelegenheiten der freiwilligen Gerichtsbarkeit
FK	Fremdkapital
GbR	Gesellschaft bürgerlichen Rechts
GebrMG	Gebrauchsmustergesetz
GenG	Genossenschaftsgesetz
GeschmMG	Geschmacksmusterreformgesetz
GK	Gesamtkapital, Gemeinkosten
GmbH	Gesellschaft mit beschränkter Haftung
GmbHG	GmbH-Gesetz (Gesetz betreffend die Gesellschaften mit beschränkter Haftung)
GuV	Gewinn- und Verlustrechnung
GWB	Gesetz gegen Wettbewerbsbeschränkungen
HGB	Handelsgesetzbuch
HRV	Handelsregisterverordnung
Hs.	Halbsatz
IAS	International Accounting Standards
IfM	Institut für Mittelstandsforschung
IFRS	International Financial Reporting Standards
IHK	Industrie- und Handelskammer
InsO	Insolvenzordnung
IPO	Initial Public Offering
Jg.	Jahrgang
KER	Kurzfristige Erfolgsrechnung
KFR	Kapitalflussrechnung
KG	Kommanditgesellschaft
KGaA	Kommanditgesellschaft auf Aktien
KMU	Kleine und mittlere Unternehmen
KonTraG	Gesetz zur Kontrolle und Transparenz im Unternehmensbereich
KPI	Key Performance Indicator
KStG	Körperschaftsteuergesetz
KWG	Kreditwesengesetz
LBO	Leveraged Buyout
M&A	Mergers & Acquisitions
MarkenG	Markengesetz

MBO	Management-Buy-Out
MEK	Materialeinzelkosten
MGK	Materialgemeinkosten
MitbestG	Mitbestimmungsgesetz
MoMiG	Gesetz zur Modernisierung des GmbH-Rechts und der Bekämpfung von Missbräuchen
MontanMitbestG	Montan-Mitbestimmungsgesetz
MVA	Market Value Added
NASDAQ	National Association of Securities Dealers Automated Quotations
NOA	Net Operating Assets
NOPAT	Net Operating Profit after Taxes
NYSE	New York Stock Exchange
OHG	Offene Handelsgesellschaft
p.a.	per annum (pro Jahr)
PartG	Partnerschaftsgesellschaft
PartGG	Partnerschaftsgesellschaftsgesetz
PatG	Patentgesetz
PublG	Publizitätsgesetz
RE	Retained Earnings
Rn.	Randnummer
ROA	Return on Assets
ROCE	Return on Capital Employed
ROE	Return on Equity
ROI	Return on Investment
RPflG	Rechtspflegergesetz
S.	Seite, Satz
s.	siehe
SBA	Strategic Business Area
SBU	Strategic Business Unit
SE	Societas Europaea (Europäische Aktiengesellschaft)
SEC	Securities and Exchange Commission
SEEG	Gesetz zur Einführung der Europäischen Gesellschaft
SEK	Sondereinzelkosten
SE-VO	Verordnung über das Statut der Europäischen Gesellschaft
SGE	Strategische Geschäftseinheit
SGF	Strategisches Geschäftsfeld
SK	Selbstkosten, Stückkosten
Sp.	Spalte
StG	Stille Gesellschaft
TQM	Total Quality Management
U.S.C.	United States Code
UE	Umsatzerlöse

UG	Unternehmergesellschaft
UMAG	Gesetz zur Unternehmensintegrität und Modernisierung des Anfechtungsrechts
UmwG	Umwandlungsgesetz
UrhG	Urheberrechtsgesetz
US-GAAP	US-Generally Accepted Accounting Principles
USP	Unique Selling Proposition
UStG	Umsatzsteuergesetz
VC	Venture Capital
Vgl.	Vergleiche
Vol.	Volume (Jahrgang bei Zeitschriften)
VVaG	Versicherungsverein auf Gegenseitigkeit
WACC	Weighted Average Cost of Capital
WTO	World Trade Organization

1. Business Plan und Business Planning

1.1 Einleitung

Dem Management eines Unternehmens obliegt die Aufgabe, geeignete Maßnahmen zu ergreifen, um den Wert des Unternehmens für die Anteilseigner – das sind die Inhaber, die Gesellschafter oder die Aktionäre – zu maximieren. Diese Sichtweise wird seit einigen Jahren mit dem Schlagwort **Shareholder Value** umschrieben: Die Unternehmensleitung soll den Shareholder Value, d.h. den Marktwert des Eigenkapitals – mehr dazu später – maximieren. Dieser Kernbegriff der modernen Betriebswirtschaftslehre, der im Rahmen des Studiums immer wieder thematisiert werden wird, soll daher im vorliegenden Lehrbuch in einfacher Weise verdeutlicht werden. Was steckt hinter dieser (oft missverstandenen) Idee? Was bedeutet dies für die Unternehmensleitung? Was sind geeignete Maßnahmen des Managements, die diesen Wert maximieren? Schließlich gibt es unendlich viele Maßnahmen, die das Management durchführen könnte!

Die raschen Veränderungen in der Unternehmensumwelt zwingen das Unternehmen, die Zukunft besser zu planen. Hinzu kommt, dass besonders junge Unternehmen risikoanfälliger sind und sich deshalb noch intensiver mit der Zukunft auseinandersetzen müssen. Damit das Management das grundlegende Ziel der Maximierung des Unternehmenswertes erreichen kann, bedarf es einer **Planung**. Planung ist die geistige Vorwegnahme zukünftigen Handelns. Sie dient den folgenden drei Zwecken:

(1) Rechtzeitiges **Erkennen von Chancen und Gefahren** und damit Vorbereitung möglichst guter Entscheidungen.
(2) Abstimmung (d.h. **Koordination**) der Tätigkeiten der einzelnen Unternehmensbereiche und Abteilungen.
(3) **Leistungsmotivation** der Führungskräfte und Mitarbeiter, da durch Pläne konkrete Ziele festgelegt werden.

Diese Zwecke werden besonders plastisch, wenn man sich einmal den Fall eines Existenzgründers vor Augen führt. In seinem Fall ergibt sich die Notwendigkeit zu planerischem Handeln aus zweierlei Gründen: Zunächst einmal besteht zu Beginn der Planung eine Vielzahl von zu klärenden Fragen, jedoch lassen sich die folgenden Voraussetzungen identifizieren, die bei jedem Vorhaben beantwortet werden müssen:

- Handelt es sich bei der Geschäftsidee um eine attraktive **Chance**?
- Wer sind die **Kunden** des Produkts oder der Dienstleistung?
- Welcher **Preis** kann von den Kunden verlangt werden und führt dieser zu einer Wertsteigerung des Unternehmens?
- Wie ist das Unternehmen hinsichtlich **Rechtsform, Organisation, Finanzen, Rechnungswesen etc.** auszugestalten?

Darüber hinaus wird durch eine Planung die Erfolgswahrscheinlichkeit des gesamten Vorhabens erheblich erhöht. So hat eine empirische Studie gezeigt, dass anhand der Kriterien Unternehmensexistenz, Beschäftigungszuwachs und Umsatzzuwachs diejenigen neu gegründeten Unternehmen, die Planungs- und Vorbereitungsaktivitäten betrieben haben, erheblich höhere Ausprägungen aufwiesen.[1] Andere Studien wiesen nach, dass Mängel in der Gründungsplanung eine der häufigsten Ursachen für das Scheitern von Unternehmensgründungen sind. So konnte eine empirische Studie der Deutschen Ausgleichsbank bei 37,7% der Neugründungen Planungsmängel als eine Ursache für Krisen des Unternehmens ausmachen.[2] Es wird somit deutlich, dass gerade Existenzgründer sich um eine umfassende Vorbereitung ihres Vorhabens kümmern müssen. Die Vorbereitungsaktivitäten können dabei ganz unterschiedlicher Natur sein. Wie im Folgenden noch erläutert wird, gehört eine Marktanalyse ebenso dazu wie ein Gespräch mit Unternehmensexternen, die auf Basis ihrer Erfahrung die Erfolgschancen des Vorhabens weitgehend neutral beurteilen können. Grundsätzlich gilt, dass die Planung des Vorhabens keine Handlung ist, die im „Elfenbeinturm“ unter Ausschluss der Realität stattfinden kann. Vielmehr ist möglichst der Austausch mit Externen zu suchen, um die Fragen nach der Attraktivität und Machbarkeit der Idee beantworten zu können. Eine „autistische“ Planung kann zwar in sich geschlossen nachvollziehbar sein, jedoch auf Annahmen basieren, die jeder Grundlage entbehren. Der Existenzgründer ist daher gezwungen, seine getroffenen Annahmen in der Realität zu prüfen. Zwar sind die zu stellenden Fragen und die erforderlichen Vorbereitungsaktivitäten im Grunde nicht besonders schwierig. Beinahe jeder hat ein paar Ideen und Grundkenntnisse, was es bei einer Unternehmensgründung zu beachten gilt. Komplex ist aber die Aufgabe, diese Themen in eine Form zu bringen, die ein systematisches Abarbeiten ermöglicht und gleichzeitig der Detailtiefe der Fragen Rechnung trägt. Eine solche Form bietet der Business Plan, in dem der Gründer seine Gedanken zu allen wichtigen Dimensionen der Gründung niederschreiben kann. Obwohl gemäß einer Studie nur 18% der Unternehmensgründer einen schriftlich ausgearbeiteten Plan besitzen[3], ist dieser heutzutage eine zwingende Voraussetzung, um Investoren und Gläubiger von der Idee zu überzeugen und zur Investition zu bewegen. In den nächsten Abschnitten wird jedoch deutlich werden, dass der Business Plan nicht nur für die Investoren und Gläubiger von großem Nutzen ist. Insbesondere gilt es mit dem weit verbreiteten Missverständnis aufzuräumen, dass nur Existenzgründer einen Business Plan aufstellen müssten. Vielmehr ist ein Business Plan auch für etablierte Unternehmen ein wichtiges Managementinstrument.

1 Vgl. Brüderl/Preisendörfer/Ziegler (1998), S. 165.
2 Vgl. Deutsche Ausgleichsbank (1987), S. 31.
3 Vgl. Brüderl/Preisendörfer/Ziegler (1998), S. 163.

Der **Business Plan** ermöglicht es, verschiedene Handlungsalternativen zu erkennen und abzuwägen, damit die vorteilhafteste Alternative gewählt werden kann. Natürlich existieren sehr viele Ebenen, auf denen eine Planung möglich ist. In einer Planung können sowohl relativ einfache Sachverhalte abgebildet werden (z.B. Produktionsplanung für ein Produkt in den folgenden Monaten) oder aber auch äußerst komplexe, wenn für das gesamte Unternehmen eine umfassende Planung der (absehbaren) Zukunft erstellt werden soll. Der Business Plan ist ein besonders wichtiger Typ solcher umfassenden Pläne. In einem Business Plan wird versucht, die wichtigsten, erfolgskritischen Faktoren herauszuarbeiten. Zwar ist die Zukunft grundsätzlich nicht vorhersehbar; trotzdem sollte das Management die Grundstrukturen seines Geschäftes kennen und sich darüber im Klaren sein, wie der ständige Wandel des Unternehmensumfelds den Unternehmenserfolg beeinflusst und wie auf Herausforderungen zu reagieren ist. Das vorliegende Lehrbuch soll das „Handwerkszeug" vermitteln, um das Geschäftsmodell (Business Case) von Unternehmen verstehen, die wichtigsten Zusammenhänge strukturieren und darauf aufbauend einen individuellen Business Plan erstellen zu können. Gleichzeitig soll das Verständnis für die grundlegenden Begrifflichkeiten und Konzepte der Betriebswirtschaftslehre vermittelt werden.

Die Notwendigkeit des Business Planning (wörtlich: Geschäftsplanung) ergibt sich für die Unternehmen aus den veränderten Rahmenbedingungen. Aufgrund des ständigen Wandels ist es unerlässlich, sich laufend über die Grundstrukturen des eigenen Erfolges bzw. Misserfolges im Klaren zu sein. Denn die raschen Veränderungen in der Unternehmensumwelt zwingen die Unternehmen, die Zukunft besser zu planen. Dies gilt grundsätzlich für alle Unternehmen – seien es Existenzgründungen oder bereits lange etablierte Unternehmen. Allerdings müssen sich besonders junge Unternehmen noch intensiver mit der Zukunft auseinandersetzen, weil sie beispielsweise die folgenden höheren Risiken aufweisen:

- fehlende Qualifikation im kaufmännischen Bereich,
- ungenügende Berücksichtigung der Marktentwicklungen (z.B. Fehleinschätzung des Käuferverhaltens),
- fehlende Unterstützung im privaten Bereich und mangelhafte finanzielle Ausstattung (z.B. zu geringes Eigenkapital) bzw.
- mangelhaftes Forderungs- und Darlehensmanagement.

Aber auch etablierte Unternehmen stehen regelmäßig vor Grundsatzentscheidungen, die einen Business Plan erfordern:

- Unternehmenskäufe und Fusionen,
- Verkauf bzw. Aufgabe von Unternehmensteilen,
- Aufbau neuer Geschäftsfelder sowie
- Umstrukturierungen.

Eine Vertiefung dieses Themas zu Beginn des Studiums macht aus verschiedenen Gründen Sinn:

(1) Der erste Grund ist naheliegend: Immer mehr Studenten überlegen sich, ob sie den Schritt in die **Selbstständigkeit** wagen sollen (was volkswirtschaftlich wünschenswert ist). Für diesen Fall stellt eine fundierte Kenntnis des Business Plans eine unabdingbare Voraussetzung für den Erfolg des Vorhabens dar.

(2) Darüber hinaus stellt das Business Planning auch für bereits bestehende Unternehmen ein betriebswirtschaftliches Instrument dar, durch das der Unternehmenserfolg langfristig sichergestellt werden kann. Auch ein angestellter **Manager** muss diese Kenntnisse besitzen. Denn eine gute technische Idee, aber keinen Business Plan zu haben, ist einer der wichtigsten Gründe des Scheiterns von Unternehmen.

(3) Zuletzt bietet sich die Beschäftigung mit dem Business Planning auch aus den im Vorwort genannten Gründen eines managementorientierten Studienkonzeptes an. Der ganzheitliche, integrale Charakter des Business Plans schult das **betriebswirtschaftliche Denken** und bietet dem Studenten die Möglichkeit, die Zusammenhänge zwischen den einzelnen Funktionsbereichen zu erkennen und ihnen Rechnung zu tragen.

Im Folgenden soll daher zunächst der Begriff des Business Plans als das zentrale Thema des vorliegenden Buches erläutert werden.

1.2 Begriff und Aufbau des Business Plans

Der Business Plan ist ein Ergebnisdokument, in dem die Resultate der (Gründungs-)Planungsaktivitäten festgehalten werden. Er stellt ein langfristiges, integriertes Unternehmenskonzept dar, welches versucht, alle relevanten Teilaspekte der Gründungsplanung zu berücksichtigen und diese Teilaspekte so aufeinander abzustimmen, dass sowohl auf verbaler als auch auf quantitativer Ebene ein einheitliches Gesamtkonzept entsteht.

Der **Business Plan** ist somit eine detaillierte Darstellung des Unternehmens in der Zukunft. Er gibt vollständig, übersichtlich und verständlich Auskunft über die Geschäftsidee, die Unternehmensstrategie, die Rechts- und Beteiligungsstruktur, die (Gründungs-)Finanzierung, die Produkte bzw. Dienstleistungen und ihre Marktchancen und Marktrisiken. Insgesamt bildet er die Grundlage für das Erreichen der unternehmerischen Ziele.

Business Planning (wörtlich: Geschäftsplanung, zum Teil auch als Business Modeling bezeichnet) ist der Prozess der Business Plan-Erstellung.

Als Synonyme in der gängigen Literatur werden gleichbedeutend die Begriffe **Geschäftsplan**, **Gründungsplan** oder **Geschäftskonzept** verwendet. Kultiviert wurde dieser spezielle Planungsansatz besonders in den frühen 1960er Jahren in den USA; dort wurde üblicherweise vom **Business**

Plan gesprochen, wenn es darum ging, einen Kapitalgeber mittels eines Dokumentes von der Vorteilhaftigkeit einer Investition zu überzeugen.

Ziel des Business Plans ist es, eine Entscheidungsgrundlage für den Unternehmer, den Käufer eines Unternehmens, Banken und Investoren zu schaffen. Er unterstützt die Unternehmensleitung bei:

- der Suche nach Partnern oder Investoren,
- der Kreditbeschaffung,
- dem Gespräch mit Analysten,
- dem Kauf und Verkauf von Unternehmen,
- der Management-Rekrutierung sowie
- der langfristigen Neuausrichtung eines Unternehmens.

Wie die Auflistung deutlich macht, ist der Business Plan untrennbar mit der Finanzierung, d.h. der Beschaffung finanzieller Mittel verbunden. Dabei soll er den Entscheidungsträgern (z.B. innerhalb der Bank oder einer Risikokapitalgesellschaft) qualitative und quantitative Informationen liefern, die sie zu einer Beurteilung des zu finanzierenden Geschäftsvorhabens benötigen. Darüber hinaus soll er aber auch wichtige Informationen an den Unternehmer selbst liefern (z.B. Finanzsituation, Chancen und Risiken, Marketingstrategien, Marktbeurteilung). Auf die Ziele und Adressaten von Business Plänen wird in Abschnitt 1.4 eingegangen.

Der Business Plan enthält eine detaillierte Beschreibung eines vollständigen Gründungskonzeptes und gibt insbesondere Auskunft über das wirtschaftliche Umfeld, die gesetzten Ziele und die aufzuwendenden Mittel. Er lässt sich grob in fünf Kategorien unterteilen:[4]

(1) **Übersicht über das Vorhaben („Executive Summary")**: Innerhalb dieses ersten Gliederungspunktes ist es wichtig, einen schnellen Überblick über das Vorhaben, den zu erzielenden Nutzen und die Ertragschancen zu geben. Generell zielt diese Zusammenfassung auf diejenigen Interessengruppen ab, die nicht die Zeit haben, das ganze Dokument zu lesen.

(2) **Einordnung des Themas**: Es sind alle Informationen aufzulisten und zu beschreiben, die für das Verständnis des Themas und des weiteren Vorgehens wichtig sind. Dazu zählen zum einen fachliche Beschreibungen, aber auch die aktuelle und genaue Beschreibung von Kunden, Wettbewerbern und des Gesamtmarkts, die das geplante Vorhaben beeinflussen.

(3) **Ausrichtung des Vorhabens**: Diese Kategorie ist für spätere Marketing- und Vertriebsaktivitäten von besonderer Bedeutung und gibt Aufschluss über den erzielbaren Mehrwert der Idee und der dafür notwendigen Aufgabenverteilung im Unternehmens-, Markt- und Zielkundenumfeld.

[4] Vgl. Paxman/Fuchs (2005), S. 103 ff.

(4) **Investitionsanforderungen**: Da der Adressat des Business Plans zumeist Kapitalgeber ist, benötigt er eine Übersicht mit einer Beschreibung der benötigten finanziellen Mittel und der mit diesem Investment erzielbaren Rendite.
(5) **Ablaufplanung des Vorhabens**: Die Ablaufplanung bildet als Vorbereitung der Umsetzung des Vorhabens eine Analyse für die notwendigen Aktivitäten, Aufgaben und zeitliche Dauer der Realisierung. Sie beschreibt darüber hinaus Risiken und deren (Alternativ-)Lösungen, die während der Entwicklung auftreten können, und definiert Meilensteine, um beurteilen zu können, ob die angestrebten Ziele erreicht wurden.

Grundsätzlich gilt, dass jeder dieser Punkte in einem ordnungsgemäßen Business Plan zu behandeln ist, um ein erfolgreiches Konzept entwickeln zu können. Durch die strukturierte und fokussierte Vorgehensweise zwingt der Business Plan den Ersteller, sein Vorhaben systematisch zu durchdenken, deckt Wissenslücken auf und verlangt Entscheidungen und Prioritätensetzungen. Durch die klare Analyse der aktuellen und zukünftig zu erwartenden Situation stellt der Business Plan ein wichtiges Hilfsmittel zur Bewältigung von Problemen dar und trägt wesentlich zur Steigerung von Effizienz und Effektivität bei.

Effizienz und **Effektivität** stellen zwei Grundprinzipien in den Wirtschaftswissenschaften dar, wobei Effizienz ein Maß für die Wirtschaftlichkeit (Kosten-Nutzen-Relation) und Effektivität ein Maß für die Zielerreichung (Wirksamkeit bzw. Output) ist.

Die **Effizienz** lässt sich über den Begriff der **Wirtschaftlichkeit** definieren, die den rationalen Umgang mit knappen Ressourcen beschreibt. Wirtschaftlichkeit (auch ökonomisches Prinzip genannt) ist das Verhältnis zwischen dem erreichten Ergebnis (Output) und dem dafür aufgewendeten Mitteleinsatz (Input). Natürlich soll der Output möglichst hoch und der Input möglichst gering sein. Da es jedoch (mathematisch) nicht möglich ist, gleichzeitig den Output zu maximieren, während man den Input minimiert, lassen sich für das Wirtschaftlichkeitsprinzip zwei Grundprinzipien unterscheiden: Das **Maximalprinzip** fordert, mit gegebenem Input den maximalen Output zu erreichen. Hingegen fordert das **Minimalprinzip**, einen gegebenen Output mit minimalem Input zu erreichen.

Die **Effektivität** stellt hingegen das Verhältnis von erreichtem Ziel zu definiertem Ziel in den Vordergrund, ohne den Ressourceneinsatz zu berücksichtigen. Kriterium für die Existenz von Effektivität ist daher ausschließlich die Frage, ob das **definierte** Ziel erreicht wurde oder nicht. Eine Maßnahme ist demnach dann effektiv, wenn sie ein **definiertes** Ziel erreicht.

Neben der vorab beschriebenen inhaltlichen Strukturierung des Business Plans ist es ebenfalls von Bedeutung, eine adäquate äußere Form einzuhalten. Hierzu gehört ein einheitliches und sauberes Schriftbild, ein guter Einband sowie eine fehlerfreie Orthografie und Interpunktion. Zudem sollte ein Business Plan vom Umfang her kurz gehalten werden – nach dem Prinzip „weniger ist mehr“. Eine allgemeine Vorgabe zum Umfang existiert nicht, da dessen Angemessenheit vom betrachteten Vorhaben abhängt. So sollte ein Business Plan für eine Existenzgründung in der Regel nicht mehr als 20-30 Seiten umfassen, während ein Business Plan für eine neu zu gründende Konzerngesellschaft leicht mehrere hundert Seiten umfassen kann. Zu einem seriösen Eindruck des Business Plans trägt ein professionelles Deckblatt („Cover Sheet") bei, das ähnlich wie die Titelei eines Buches aufgebaut werden sollte und in der Regel die folgenden Angaben enthält:

- Name des Unternehmens,
- Logo,
- Postadresse, Telefon-/Telefaxnummer, Homepage und Emailadresse,
- Name, Titel und Adresse der Inhaber, Gründer bzw. Verantwortlichen,
- Aktualisierungsdatum des Business Plans,
- Namen und Titel der Verfasser (falls abweichend) sowie
- einen Vermerk über die Vertraulichkeit der Unterlagen.

Eine empfehlenswerte Gliederung eines Business Plans gibt Tab. 1.

Tab. 1. Gliederung des Business Plans

Executive Summary

1. Unternehmen und Management
- a) Vergangenheit und Ist-Situation
- b) Ziel- und Zwecksetzung des Unternehmens
- c) Kurzfristige und langfristige Ziele
- d) Management-Team (Geschäftsführer und „Schlüsselpersonal")
- e) Rechtsform

2. Produkte bzw. Dienstleistungen
- a) Beschreibung der Produkte bzw. Dienstleistungen
- b) Marktreife
- c) Einzigartigkeit der Produkte bzw. Dienstleistungen oder bestimmte Kompetenzen
- d) Vergleich mit Konkurrenzprodukten
- e) Schutzrechte bzw. Lizenzen
- f) Zukunftspotenzial: Produktinnovationen und -modifikationen

3. Markt und Konkurrenz
- a) Beschreibung der Kunden
- b) Bedarf und Vorteile für den Kunden
- c) Marktgröße, -segmente und -wachstum
- d) Konkurrenten

4. Marketing- und Wettbewerbsstrategie
- a) Positionierung
- b) Produktpolitik
- c) Absatzpolitik
- d) Distributionspolitik

e) Standortpolitik
f) Umwelteinflüsse
g) Möglicher Marktanteil
h) Mögliche Reaktionen der Konkurrenz
i) Mögliche Strategieänderungen

5. Verkauf
a) Vertriebswege
b) Verkaufspersonal
c) Kundendienst bzw. besondere Serviceleistungen

6. Produktion
a) „Make or buy"-Entscheidung
b) Herstellungsprozess
c) Erforderliche Anlagen und Einrichtungen
d) Produktionskapazität
e) Beschaffung von Rohstoffen und Zuliefererbeziehungen

7. Finanzdaten und Prognosen
a) Absatzprognosen
b) Umsatzprognosen
c) Ist- und Plan-Gewinn- und Verlustrechnung
d) Ist- und Plan-Bilanzen
e) Ist- und Plan-Cash Flow-Rechnungen
f) Break-Even-Analyse
g) Sensitivitäts-Analyse

8. Finanzplanung
a) Zukünftige Vermögens-, Finanz- und Ertragslage
b) Kapitalbedarf
c) Risiken und mögliche Alternativen

9. Unternehmenskontrollen
a) Finanzkontrollen
b) Verkaufs- bzw. Absatzkontrollen
c) Herstellungskontrollen

Anhang
Lebensläufe des Managements
Namen von Steuerberatern, Anwälten etc.
Technische Daten und Skizzen der Produkte
Details der Patente, Rechte, Lizenzen etc.
Detaillierte Marktforschungsergebnisse
Organigramm (Aufbauorganisation)

Unter besonderer Beachtung des ersten Gliederungspunktes kommt der Zusammenfassung („Executive Summary") eine herausgehobene Bedeutung zu. Generell gilt diese als eine Art **Appetizer**, die zum einen den Überblick über das Vorhaben vermitteln, aber auch das Interesse des Lesers wecken soll. Da diese die Aussagen der gesamten noch folgenden

Unterlagen zusammenfasst, ist sie ganz zuletzt zu erstellen. Die Schwierigkeit in der Erstellung der Executive Summary besteht vor allem darin, die zentralen Eckdaten (Gründerteam, Geschäftszweck, Umsatz, Kosten, Markt- und Wettbewerbsverhältnisse) auf ein Mindestmaß – in der Regel eine bis zwei Seiten – zu kürzen, ohne dass wichtige Informationen verloren gehen. Besonders die sprachliche Gestaltung ist in diesem Zusammenhang eine Art Gratwanderung, da sie einerseits durch eine allzu förmliche Gestaltung nicht den Eindruck erwecken sollte, über inhaltliche Schwächen hinweg zu täuschen, andererseits durch einen unförmlichen Ausdruckstil aber auch nicht die Kompetenz des Autors in Frage gestellt werden darf. In Hinblick auf die zu adressierende Zielgruppe gilt die Regel, möglichst verständlich zu schreiben und spezifische Fachjargons zu vermeiden. Grundsätzlich kann man sich dabei an den Prinzipien orientieren, die auch für wissenschaftliche Arbeiten gelten. Als Beispiel sei genannt, dass alle Behauptungen mit Quellen zu belegen sind und dass Abbildungen und Tabellen eine Legende bzw. korrekte Achsenbeschriftungen und Größenangaben zu enthalten haben.[5]

Kußmaul/Junker (2002) weisen darauf hin, dass ein gutes Layout für einen potenziellen Eigen- oder Fremdkapitalgeber bereits ein Indiz für die inhaltliche Qualität des Business Plans sein kann. Aus diesem Grund sollte auch in das Layout ein angemessener Zeitaufwand investiert werden. Typische Fehler sind hierbei:

- ein lückenhaftes Deckblatt,
- ein fehlendes Inhaltsverzeichnis,
- eine fehlende oder unkorrekte Seitennummerierung,
- unsaubere oder schiefe Grafiken bzw. Kopien,
- ein schlechtes Schriftbild,
- zu viele unterschiedliche Schriftarten und
- eine fehlende oder mangelhafte Bindung.

1.3 Ersteller des Business Plans

Nach der Beschreibung der Inhalte des Business Plans soll nun der Ersteller des Business Plans in den Mittelpunkt gerückt werden. Wie erläutert wurde, dient der Business Plan allgemein der Umsetzung eines neuen Vorhabens. Dies bedeutet aber nicht, dass es sich bei dem Vorhaben um eine Existenzgründung handelt und der Ersteller des Business Plans selbst ein Existenzgründer ist. Vielmehr stellt sich auch in bereits existierenden Unternehmen laufend die Frage, welche neuen Vorhaben realisiert werden können.

---

[5] Hier sei auf das Buch „Wissenschaftliches Arbeiten: Technik – Methodik – Form“ von Manuel René Theisen in der neuesten Auflage verwiesen.

In Anlehnung an die Eigentümerfunktion kann daher grundsätzlich zwischen selbstständigen und unselbstständigen Gründungen unterschieden werden. Eine **selbstständige Gründung** ist dann gegeben, wenn der Gründer erst nach erfolgter Gründung in dem neuen Unternehmen eine Vollzeitbeschäftigung findet. Zudem ist eine Gründung als selbstständig zu betrachten, wenn das Unternehmen rechtlich ungebunden von sonstigen Institutionen entscheiden kann. Eine **unselbstständige Gründung** liegt hingegen vor, wenn eine Unternehmensgründung als Bestandteil des Aufgabenumfangs der Gründungsperson im Rahmen eines Beschäftigungsverhältnisses erfolgt. Dies ist beispielsweise dann der Fall, wenn ein Geschäftsführer eine Tochtergesellschaft gründet. In größeren Unternehmen obliegt die Vorbereitung von Unternehmensgründungen der Abteilung **Corporate Development** (Unternehmensentwicklung), die als Stabsabteilung (s. Abschnitt 5.3) der Unternehmensleitung zugeordnet ist. Die Tätigkeit stellt eine Kombination aus Management Consulting und Investment Banking dar.

Eine weitere Unterscheidung von Gründungsformen ist die zwischen originären und derivativen Gründungen. Hierbei geht es um den Umfang der betrieblichen Strukturen zum Gründungszeitpunkt. Im Falle einer **originären Gründung** existieren noch keine betrieblichen Strukturen. Von Vorteil ist hierbei die Tatsache, dass keine Restriktionen vorgegeben werden können, allerdings gibt es auch keine Erfahrungswerte, auf die sich die neue Organisation stützen könnte. Liegt eine **derivative Gründung** vor, so wurden wesentliche Teile der Mutterorganisation übernommen. Diese Gründungsform kommt vornehmlich durch Akquisitionen, Fusionen oder Umgründungen zustande (Abschnitt 5.5), wobei die Mutterorganisation wesentlich an Identität verliert, die sich zuvor beispielsweise durch den Firmennamen oder die Organisationsstruktur ausgedrückt hatte.

Tab. 2 verdeutlicht die sich aus den beiden Unterscheidungen ergebenden vier alternativen Gründungsformen.

Tab. 2. Gründungsformen

	Derivative Gründung	Originäre Gründung
Unselbstständige Gründung	Fusion, Übernahme, Umgründung	Konzern- bzw. Betriebsgründung
Selbstständige Gründung	Betriebliche Existenzgründung	

Quelle: Szyperski/Nathusius (1999), S. 27.

Im Falle einer Fusion, Übernahme oder Umgründung wird in der gängigen Literatur auch von einer **unechten Gründung** gesprochen, da lediglich der Umfang der Geschäftstätigkeit verändert wird. Generiert ein bestehendes Unternehmen eine neue Organisation, so wird diese unselbstständig-originäre Gründung als **Konzern- oder Betriebsgründung** bezeichnet. Die **betriebliche Existenzgründung** stellt einen Ausnahmefall innerhalb der unselbstständig-derivativen Gründungen dar, da hier lediglich die berufliche Veränderung des Gründers fokussiert wird. Im Rahmen der selbstständig-originären Gründung erfolgt eine Unternehmensgründung, die mit einem neuen Unternehmensaufbau verknüpft ist und nur durch die eingebrachten Ressourcen (Fachpersonal) oder Unterstützungsleistungen angetrieben wird.

1.4 Ziele und Adressaten des Business Plans

Die Ziele und Adressaten eines Business Plans können grundsätzlich danach unterschieden werden, ob sie intern oder extern sind. Dabei bedeutet eine interne Ausrichtung, dass der Business Plan auf die Initiatoren und die bereits vorhandenen Partner des Unternehmens gerichtet ist. Die Ausrichtung auf mögliche Kunden und Kapitalgeber spiegelt die externe Sicht wider. Besonders dem externen Bereich kommt – insbesondere im Zusammenhang mit der Gewinnung von Eigen- und Fremdkapital – eine große Bedeutung innerhalb der Entwicklung eines Business Plans zu, da typischerweise die Kapitalgeber die wichtigsten externen Adressaten eines Business Plans außerhalb des Unternehmens darstellen. Denn neue Unternehmen sehen sich in der Start- oder Expansionsphase oft mit einem Finanzierungsbedarf konfrontiert, der ihre eigenen Mittel übersteigt. Die benötigten Mittel können dann über verschiedene Arten der Eigen- und Fremdfinanzierung beschafft werden. Bevor ein Unternehmen eine Finanzierung in Form eines Kredits oder Venture Capital (Wagniskapital) erhält, ist ein Business Plan zu entwickeln.

Vor dem Hintergrund der Kapitalbeschaffung wird jedoch unterschätzt, dass auch der internen Ausrichtung des Business Plans eine große Bedeutung zukommt. Besonders die Initiatoren eines Gründungsvorhabens finden im Business Plan ein Instrument, das der Orientierung in der Planungsphase sowie der Steuerung bei der Umsetzung der Pläne dient und im weiteren Verlauf die Basis für die Entwicklung eines Kontrollinstrumentariums für die Gründungs- und Frühentwicklungsphase bildet. Weiterhin kann der Business Plan zur Steuerung der Umsetzung des Gründungsvorhabens eingesetzt werden und dabei als Grundlage für eine zeitliche Koordination der Einzelaktivitäten dienen. Naheliegend ist etwa der Einsatz von komplexen Netzplänen oder von aus dem Gründungsdokument abgeleiteten Balkendiagrammen. Neben der zeitlichen Abstimmung ist der Aspekt der Aufgabenteilung bzw. auch der Delegation von Einzelaktivitäten ebenfalls aus dem Gründungsdokument abzuleiten. Schon in der Gründungsphase beinhalten die internen Aufgaben gleichzeitig Ansätze zur Kontrolle im Sinne einer Soll-Ist-Abweichung. Geprüft werden kann auf diese Weise, inwieweit die Umsetzung im Rahmen der Realisierungsphase mit der Gründungsplanung übereinstimmt.

Zusammenfassend kommen dem Business Plan damit zwei Aufgaben zu:

1. Der Business Plan soll **externen Entscheidungsträgern** (z.B. innerhalb einer Bank oder Risikokapitalgesellschaft) qualitative und quantitative Informationen liefern, die sie zu einer Beurteilung des zu finanzierenden Geschäftsvorhabens benötigen.

2. Er soll aber auch wichtige Informationen an die **internen Entscheidungsträger** liefern (z.B. Finanzsituation, Chancen und Risiken, Marketingstrategien, Marktbeurteilung).

Hinsichtlich der externen Aufgaben fungiert der Business Plan im Wesentlichen als Kommunikationsinstrument zu den Kapitalgebern. Grundsätzlich gibt es für neu gegründete oder bereits etablierte Unternehmen jedoch verschiedene Finanzierungsquellen, die unterteilt werden können in:

- Innenfinanzierung und
- Außenfinanzierung.

Innenfinanzierung bedeutet, dass Wachstumskapital durch innerbetriebliche Vorgänge bereit gestellt werden kann. Ein Rückgriff auf die Innenfinanzierung ist jedoch nur für bereits etablierte Unternehmen möglich. Bei Neugründungen reicht der Umsatz zur Selbstfinanzierung bei Weitem nicht aus. Denn die Unternehmen erwirtschaften in der Frühphase kaum Einzahlungsüberschüsse, verfügen über keine oder nur geringe Eigenmittel und können auch kein Anlagevermögen veräußern, in das sie, wenn überhaupt, gerade erst investiert haben. So kommt für sie nur die **Außenfinanzierung** zur Bereitstellung von Kapital für Investitionen oder zur Schaffung von Liquidität für Unternehmensgründungen in Frage. Abb. 1 verdeutlicht die unterschiedlichen Möglichkeiten bei Außen- und Innenfinanzierung. Die einzelnen externen Finanzierungsquellen werden anschließend erläutert, während auf die internen Finanzierungsquellen in Kapitel 7 näher eingegangen wird.

Zu den externen Interessengruppen zählen in erster Linie potenzielle Partner, Kapitalgeber, Berater sowie Kunden und Lieferanten des Initiators bzw. der Initiatorengruppe, die sich zunächst mit dem Inhalt des Business Plans vertraut machen, bevor sie sich im Rahmen des (Gründungs-)Vorhabens finanziell engagieren.

Über die in Frage kommende Form der Außenfinanzierung entscheidet die sogenannte Finanzierungsphase, die man erhält, wenn der „Lebenszyklus“ eines Unternehmens von der Gründung bis zur Reife entsprechend der

Entwicklungsstufe und den spezifischen Anforderungen, Unsicherheiten und Risiken unterteilt wird. Als grundsätzliche Finanzierungsphasen und Finanzierungsformen unterscheidet man die folgenden:

- Bei der **Seed Finanzierung** handelt es sich um eine Finanzierung der Ausreifung und Umsetzung einer Idee in verwertbare Resultate bis hin zum Prototyp („Proof of Concept“), auf dessen Basis ein Geschäftskonzept für ein zu gründendes Unternehmen erstellt wird.
- Die **Start-Up Finanzierung** ist eine Gründungsfinanzierung für Unternehmen in der Gründungsphase bzw. ohne Umsatzerlöse. Das Kapital der Start Up Finanzierung wird häufig für erste Marketingmaßnahmen verwendet.

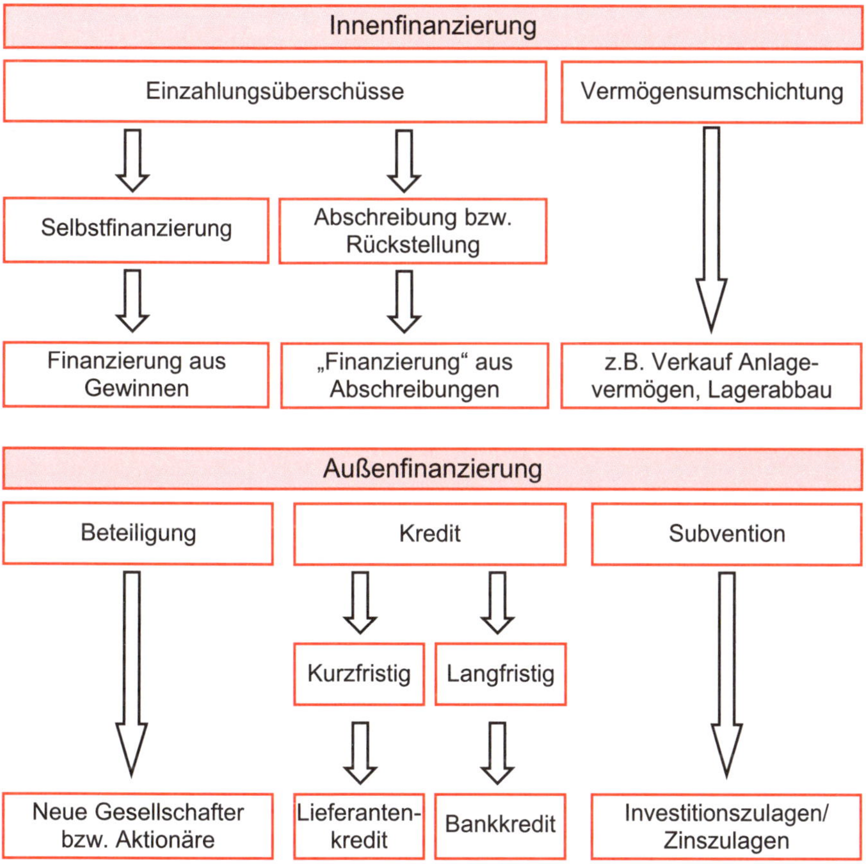

Abb. 1. Möglichkeiten der Unternehmensfinanzierung[6]

[6] In Anlehnung an: Schierenbeck (1995).

- Bei der **Expansion Finanzierung** hat das betreffende Unternehmen bereits die Gewinnschwelle erreicht. Die Finanzmittel werden zur Finanzierung von zusätzlichen Produktionskapazitäten, zur Produktdiversifikation oder Marktausweitung und/oder für weiteres Working Capital verwendet.
- Die **Bridge Finanzierung** ist eine Überbrückungsfinanzierung, um einem Unternehmen die notwendigen Finanzmittel zur Vorbereitung des Börsengangs vor allem mit dem Ziel der Verbesserung der Eigenkapitalquote zur Verfügung zu stellen.
- Die **Turnaround Finanzierung** soll einem Unternehmen ermöglichen, sich nach Überwindung von Schwierigkeiten wieder aufwärts entwickeln zu können.
- **Replacement Capital** ermöglicht den Kauf der Anteile an einem Unternehmen von einem anderen Gesellschafter.

Abb. 2 gibt einen Überblick über die **Finanzierungsphasen** eines Unternehmens und die jeweils sinnvollen Finanzierungsformen. Wichtig ist dabei, dass sich die Finanzierungsphasen insbesondere hinsichtlich der dem Unternehmen zur Verfügung stehenden Liquidität, d.h. dem Zahlungsmittelbestand und dem Cash Flow aus der laufenden Geschäftstätigkeit (der Differenz aus Einzahlungen und Auszahlungen) unterscheiden (Kapitel 6).

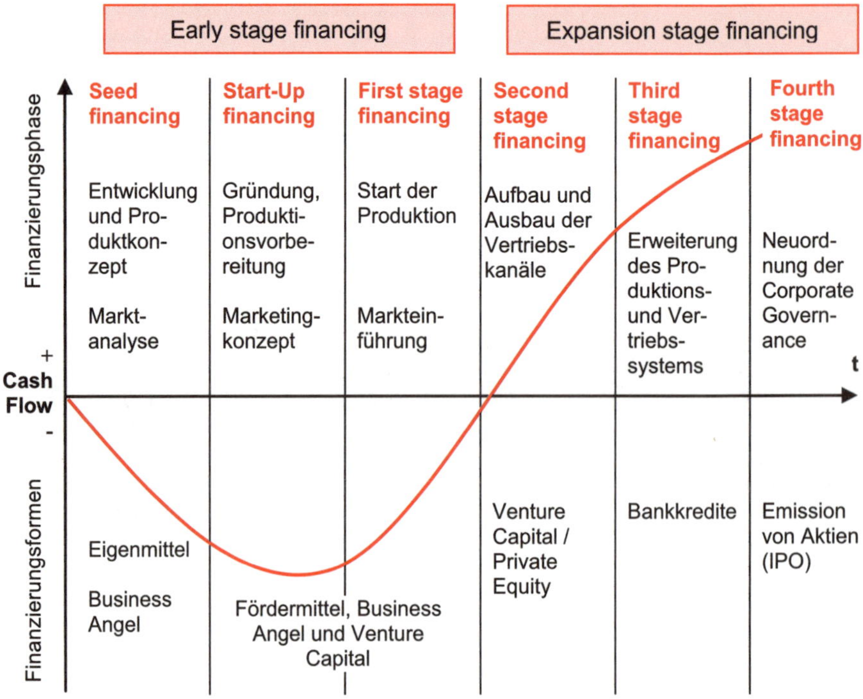

Abb. 2. Finanzierungsphasen und Finanzierungsformen

Die traditionelle Finanzierungsquelle sind **Bankkredite**. Kreditinstitute legen großen Wert auf den finanziellen Teil des Business Plans, da dieser hauptsächlich über Rückzahlungsmodalitäten, Gewinnerwartung, Liquidität und Bonität Aufschluss gibt. Künftig werden diese Faktoren bei der Kreditvergabe aufgrund der Basler Eigenkapitalvorschriften, **Basel II**, noch stärker an Bedeutung gewinnen. Gegenstand dieser Vereinbarung ist es, die Kapitalanforderungen an Banken stärker als bisher vom ökonomischen Risiko abhängig zu machen. Dies bedeutet konkret, dass die Kreditkonditionen zukünftig nur noch von der Bonität des Kreditnehmers und der Absicherung der Kredite abhängig gemacht werden. Im Allgemeinen ist das zukünftige Ratingverfahren für einen bonitätsmäßig gut ausgestatteten Kreditnehmer eher eine Chance als ein Risiko. Schließlich können ihm die Kreditinstitute bei einem positiven Rating zinsmäßig entgegenkommen; d.h. der Kreditnehmer mit gutem Rating erhält gegenüber einem Kreditnehmer mit schwachem Rating einen Wettbewerbsvorteil. Mit dem Ziel, die genannten Vorteile eines guten Ratings zu erlangen, gilt es, eine offene Informationspolitik gegenüber den Banken zu führen, was nicht zuletzt durch einen vollständigen Business Plan erreicht werden kann.

Staatliche Fördermittel sind eine weitere wichtige Finanzierungsquelle.[7] Denn die öffentliche Hand stellt eine Vielzahl von nationalen und internationalen Förderprogrammen zur Verfügung, die nicht nur bei Neugründungen von Unternehmen in Frage kommen. Die wohl bekanntesten staatlichen Förderprogramme sind die Darlehen der KfW Mittelstandsbank.

Die Kreditanstalt für Wiederaufbau (KfW) wurde 1948 noch vor der Gründung der Bundesrepublik Deutschland errichtet. Ihre Entstehungsgeschichte ist auf das Engste mit Gang und Inhalt der Diskussion zwischen der amerikanischen und der britischen Militärregierung über die zukünftige Struktur des Bankensystems in Deutschland verbunden. Seitdem die ursprüngliche Aufgabe weggefallen ist, firmiert die Bank unter dem Kürzel „KfW". Die KfW Mittelstandsbank ist im Juli 2003 im Zuge der Fusion der ebenfalls staatlichen DtA (Deutsche Ausgleichsbank) und der KfW entstanden.

Die Kredite der KfW zeichnen sich vor allem durch niedrige Zinssätze, lange Tilgungszeiten mit tilgungsfreien Jahren und geringeren Anforderungen an die Sicherheiten aus. Förderfähig sind kleine und mittlere Unternehmen, die beispielsweise in neue Produkte und Verfahren investieren, Material-, Ersatz- oder Warenlager aufstocken sowie neue Märkte erschließen wollen. Typischerweise zahlt die KfW jedoch die Kredite nicht direkt aus, sondern lässt diese über die Hausbank des Existenzgründers vermitteln. Der Existenzgründer beantragt den KfW-Förderkredit bei seiner Hausbank, diese leitet den Förderantrag an die KfW Mittelstandsbank weiter und erhält dafür eine (vergleichsweise geringe) Bearbeitungsgebühr

[7] Eine Liste mit Informationsstellen für Fördermittel findet sich in Anhang 1.

(Hausbankprinzip). Allerdings trägt die Hausbank bei den von ihr vermittelten Förderprogrammen das Kreditrisiko mit, so dass sie die wirtschaftlichen und finanziellen Verhältnisse des Kunden für den Förderantrag wie bei einem eigenen Kredit prüft und dieselben Anforderungen an die Bonität des Kunden stellt. Erwähnenswert ist aber auch, dass die KfW Existenzgründern und jungen Unternehmern in über 50 Städten im Rahmen sogenannter Beratungssprechtage mit Finanzierungsexperten Rede und Antwort steht. Diese können sich bei den Kooperationspartnern der KfW, zumeist den Industrie- und Handelskammern (IHK) oder den Handwerkskammern (HK), umfassend über eine maßgeschneiderte Finanzierung des Vorhabens mit öffentlichen Mitteln beraten lassen. Die meisten staatlichen Fördermittel setzen voraus, dass das zu fördernde Unternehmen bestimmte Größenmerkmale nicht überschreitet. Ein in Europa gängiges Kriterium ist das der kleinen und mittleren Unternehmen (KMU). Die Einordnung als KMU ist unabhängig von der gewählten Rechtsform. Unternehmen, die die Größenordnungen überschreiten, heißen Großunternehmen. Die EU-Kommission empfiehlt für die Abgrenzung von KMU die in Tab. 3 dargestellten Größenmerkmale.

Tab. 3. Größenmerkmale für KMU

Typ	Beschäftigte		Umsatz (Mio. Euro)		Bilanzsumme (Mio. Euro)
Mittlere Unternehmen	< 250	und	≤ 50	oder	≤ 43
Kleine Unternehmen	< 50	und	≤ 10	oder	≤ 10
Kleinstunternehmen	< 10	und	≤ 2	oder	≤ 2

Quelle: Europäische Kommission (2005)

Für die Anerkennung durch die EU ist es weiterhin nötig, dass maximal 25 % des Unternehmens im Besitz von Firmen sein darf, die dieser Definition nicht entsprechen.

Neben dem KMU-Begriff wird in der Wirtschaft auch oft von mittelständischen Unternehmen gesprochen. Daher sei hier ergänzend noch die Definition des Instituts für Mittelstandsforschung in Bonn (IfM) genannt, wonach ein Betrieb dem Mittelstand zuzuordnen ist, sobald seine Mitarbeiterzahl unter 500 und der Umsatz p.a. unter 50 Millionen Euro liegen (Tab. 4).

Business Angels sind private Investoren, meist ehemalige Unternehmer, die aufgrund ihrer persönlichen Erfahrung in Unternehmen in einer frühen Phase investieren und dem Management mit „Rat und Tat" und der Vermittlung von Kontakten zur Seite stehen. Die besondere Rolle der Business Angels in der Frühphase ergibt sich dadurch, dass zu diesem Zeitpunkt zumeist weder Banken noch Venture Capital-Gesellschaften finanzielle Mittel zur Verfügung stellen, da ersteren das Risiko zu hoch ist, während für letztere die Investitionssummen zu gering sind. Allerdings sind Business Angels genauso wie Venture Capital-Gesellschaften an einer hohen Rendite interessiert, wobei sich die Renditeerwartung im Rahmen von ca. 25-40 % p.a. bewegen wird. Ein weiteres typisches Merkmal ist die zeitliche Begrenzung ihres Investments, wohingegen die Beteiligungshöhe recht unterschiedlich ausgeprägt sein kann von wenigen 10.000 bis ca. 500.000 Euro. Allerdings verfolgen Business Angels neben der Rendite noch andere Motive wie etwa der Spaß und die Chance, aktiv zum Erfolg des Unternehmens beitragen zu können. Sie agieren aus diesem Grund wie Unternehmer und nehmen daher an den wegweisenden Entscheidungen der Gründer teil. Die Beteiligung des Business Angels wird in einem Beteiligungsvertrag festgehalten, wobei sie jedoch in aller Regel eine Offenlegung ihrer Beteiligung nach außen vermeiden wollen. Trotzdem werden ihnen im Beteiligungsvertrag weitgehende Informations- und Kontrollrechte zugestanden. Im Mittelpunkt steht dabei der Katalog zustimmungspflichtiger Geschäfte, bei denen sich der Existenzgründer mit dem Business Angel abstimmen muss. Der Beteiligungsvertrag weist meist eine feste Laufzeit auf und ist nicht kündbar. Die Rendite des Business Angels ergibt sich nicht über Ausschüttungen, sondern über den Verkauf seiner Anteile im Wege eines Trade Sale bzw. eines Buy Back. Für einen Börsengang (Initial Public Offering, IPO) ist das Unternehmen in dieser Phase in der Regel noch zu klein.

Tab. 4. Mittelstandsdefinition des IfM Bonn

	Beschäftigte	Umsatz (Mio. Euro)
klein	bis 9	< 1
mittel	10 bis 499	1-50
groß	500 und mehr	≥ 50

Trade Sale bezeichnet einen Verkauf der Anteile an einen industriellen Investor.

Ein **Buy Back** besteht darin, dass der Existenzgründer die Anteile des Business Angels zurückkauft.

Bei einem **Initial Public Offering (IPO)** wird das Unternehmen in die Rechtsform einer Aktiengesellschaft umgewandelt und die Anteile (Aktien) werden an einen größeren Kreis von Investoren verkauft und an der Börse gehandelt.

Eine alternative Finanzierung ist die Aufnahme von **Venture Capital** (Wagniskapital), bei dem der Venture Capital-Geber dem kapitalsuchenden Unternehmen risikotragendes Eigenkapital zur Verfügung stellt und in der Regel eine Minderheitsbeteiligung erhält. Venture Capital im engeren Sinne ist eine Kapitalbeteiligung an vorwiegend jungen, technologisch innovativen, nicht an der Börse notierten Unternehmen kleiner und mittlerer Größe, denen trotz geringer laufender Ertragskraft ein hinreichend großes Wachstumspotenzial beigemessen wird. Diese Kapitalbeteiligung ist durch ein auf bestimmte Entwicklungsphasen begrenztes Engagement mit dem alleinigen Ziel des langfristigen Wertzuwachses gekennzeichnet. Neben dem Eigenkapital stellen die Venture Capital-Gesellschaften den Jungunternehmen auch umfangreiches Management-Wissen und Beratungsleistungen zur Verfügung. Der Transfer unternehmerischen Know-hows ist dabei grundsätzlich Bestandteil des Engagements. Die Venture Capital-Gesellschaften tragen den typischen Entwicklungsstufen von Hochtechnologie-Unternehmen in ihrer Anlagestrategie Rechnung. In mehreren sogenannten Finanzierungsrunden muss sich das Unternehmen jeweils neu um Kapital bemühen. Die Gesellschaften versuchen, ihr Risiko zu reduzieren, indem sie die Vergabe weiterer Mittel an zu erreichende Zwischenziele (milestones) knüpfen.

Generell unterscheiden Venture Capital-Geber zwei Arten von Beteiligungen: Frühe (early stage) und späte (later stage) Beteiligungen. Die frühen Beteiligungen erfolgen zu Beginn der Unternehmensgründung oder am Anfang der Wachstumsphase. Späte Beteiligungen sind hingegen dadurch charakterisiert, dass in Unternehmen mit Gewinnausweisen investiert wird, die sich meist am Ende der Wachstumsphase befinden. Die Beteiligungsdauer bei dieser Form der Finanzierung beträgt erfahrungsgemäß zwischen fünf und sieben Jahren. Durch diese Art von Finanzierung hat der Venture Capital-Nehmer einerseits den Vorteil – bedingt durch eine erhöhte Eigenkapitalquote – günstigere Kredite von Seiten der Banken zu bekommen, andererseits profitiert er von dem Expertenwissen der Venture Capital-Geber. Ein weiterer Vorteil liegt in der sinkenden Abhängigkeit mittelständischer Unternehmen von Bankdarlehen. Im Bereich der Venture Capital-Gesellschaften wird ein Business Plan als eine unerlässliche Grundlage für ein späteres Engagement angesehen. Angesichts der Tatsache, dass im Kreise der Venture Capital-Gesellschaften der Business Plan besonders etabliert ist, gilt es im Besonderen deren Auswahlverfahren zu bestehen. Aus Sicht der Venture Capital-Gesellschaften beginnt das Auswahlverfahren mit einem kurzen Screening, d.h. einer groben Selektion der Kurzfassung (executive summary), anhand derer nahezu 80 % der Business Pläne bzw. Vorhaben ausselektiert werden. Die verbleibenden 20 % werden einer genaueren Betrachtung unterzogen, wobei lediglich 5 % die dritte Selektionsstufe erreichen. In dieser letzten Phase werden beispielsweise Vergleichsrecherchen bezüglich der Branchen vorgenommen, Kontakt mit dem Gründer aufgenommen und erste persönliche Gespräche zwischen dem Initiator und der Venture Capital-Gesellschaft geführt, welche wiederum die Entscheidungsgrundlage für die weitere Vorgehensweise bilden.

Neben den vorab beschriebenen typischen Zielgruppen sollte der Business Plan auch als Hilfsmittel zur Vertrauensbildung bei Kunden, Lieferanten und Mitarbeitern eingesetzt werden. Beispielsweise werden Lieferanten ihnen unbekannten Unternehmen ein geringeres Vertrauen entgegenbringen;[8] sie können aber durch ein tragfähiges Gründungskonzept überzeugt werden, dem Start-Up Lieferantenkredite einzuräumen. Somit kann das Unternehmen seine Liquidität schonen und eine positive Reputation schaffen. Zudem ist der Aufbau einer Vertrauensbasis bezüglich der Leistungskraft des Gründungsunternehmens und seiner langfristigen Stabilität eine wichtige Voraussetzung zur Gewinnung neuer Kunden. Dementsprechend kann ein überzeugender Business Plan in einer kundenorientierten Variante eine wichtige und unterstützende Funktion übernehmen. Mit dem Ziel, hoch qualifizierte Mitarbeiter für eine neue Geschäftsidee anzuwerben, ist es besonders wichtig, durch einen Business Plan sowohl Vertrauen aufzubauen, als auch Begeisterung für die Pioniersituation bei potenziellen Mitarbeitern zu wecken. Ein Business Plan kann einerseits von der Solidität des Vorhabens überzeugen, andererseits das Wachstumspotenzial und die dadurch gegebenen Wertsteigerungs- oder Entwicklungspotenziale auch für die Mitarbeiter verdeutlichen. Durch eine angemessene Partizipation können „High Potentials" trotz eines im Vergleich zu Großunternehmen geringeren Anfangsgehalts gewonnen werden, wenn es gelingt, sie von den Wachstumsperspektiven des Unternehmens zu überzeugen.

Zusammenfassend lässt sich sagen, dass je genauer die Zielgruppen und deren Bedürfnisse identifiziert und innerhalb des Business Plans berücksichtigt werden, desto höher ist die Erfolgsquote.

Als interne Adressaten werden alle Interessengruppen bezeichnet, die in direkter Beziehung zum Unternehmen stehen. Diese sind beispielsweise die Geschäftsleitung, die Mitarbeiter und die Anteilseigner.

In Bezug auf die **Leitung eines Unternehmens** stellt der Business Plan ein bedeutendes Managementinstrument dar, um als Leitfaden für Entscheidungen und Kontrolle zu dienen. Durch die schriftliche Fixierung wird sich die Unternehmensleitung ihrer Ziele bewusst und kann mit eventuell vorhandenen Gründungspartnern eine Abstimmung über die Ziele herbeiführen. Basierend auf diesen Vorgaben können mehrere Wege zur Umsetzung entwickelt werden, um anschließend ihre Machbarkeit zu reflektieren. Die Beteiligten werden somit in die Lage versetzt, die Logik des Gesamtkonzepts zu überprüfen, Inkonsistenzen aufzudecken und Korrekturmöglichkeiten zu erkennen. Durch das Niederschreiben werden Gedanken bewusster und systematischer aufgebaut. Aus diesem Grund bietet der

---

[8] Typischerweise werden von Lieferanten Bonitätsauskünfte von elektronischen Datenbanken eingeholt. Ein bekannter Anbieter von Bonitätsauskünften ist etwa der Verband der Vereine Creditreform e.V. („Creditreform"), der 1879 in Mainz gegründet wurde, um seine Mitglieder vor „schädlichem Credit geben" zu schützen und so Forderungsausfälle zu vermeiden. Der kostenpflichtige Datenbankzugriff ist über die GENIOS-Datenbank unter http://www.gbi.de möglich.

Business Plan gerade für Existenzgründer eine wertvolle Orientierung. Neben dieser **Orientierungsfunktion** dient der Business Plan auch der Steuerung der Umsetzung eines Vorhabens. Der Business Plan erleichtert die zeitliche Koordination der erarbeiteten Einzelaufgaben und hilft dabei, Teilaufgaben zu delegieren (**Koordinationsfunktion**). Eine weitere Funktion ist die **Kontrollfunktion**, für die der Business Plan die Basis bilden kann. Denn gerade in der Gründungsphase ist es notwendig, fortlaufend die getroffenen Annahmen zu überprüfen und Abweichungen zwischen der Planung und Realisierung festzustellen. Durch eine Ursachenanalyse im Rahmen des Soll-Ist-Vergleichs können wichtige Entwicklungen auf dem Markt aufgespürt werden, die zu einer notwendigen Modifikation des Produktes bzw. der Dienstleistung oder der Strategie führen können. Notwendige Veränderungen in der Planung sowie in der Umsetzung werden somit für den Gründer offensichtlich.

Für die **Mitarbeiter** sind die im Business Plan dargestellten Bereiche nicht nur in Bezug auf ihren Arbeitsplatz von Bedeutung. Vielmehr kommt der finanziellen Beteiligung am Unternehmenserfolg eine immer größer werdende motivatorische Bedeutung zu. Der Business Plan kann dabei helfen, die Unternehmensziele zu verdeutlichen, detaillierte Informationen zur Gewinnverteilung zu geben oder auch nur als Handlungsanleitung für den täglichen Arbeitsablauf zu dienen.

In Bezug auf die **Anteilseigner**[9] hat der Business Plan eher eine kommunikative Bedeutung. Schließlich haben auf interner Ebene sowohl die Gesellschafter die Möglichkeit, durch die Veröffentlichung des Business Plans über zukünftige Planungen und Veränderungen informiert zu werden, als auch potenzielle Gesellschafter auf externer Ebene die Gelegenheit, sich über das Unternehmen zu informieren. In Anbetracht dessen ist der Business Plan Teil der Investor-Relations.

[9] Der Begriff „Anteilseigner" beschreibt allgemein die Eigenkapitalgeber eines Unternehmens, da sich die Begriffe „Gesellschafter" oder „Aktionäre" auf bestimmte Rechtsformen beziehen.

1.5 Fragen und Aufgaben

Aufgabe 1-1

Wählen Sie bei den folgenden Multiple-Choice-Fragen die jeweils korrekte Antwort aus.

(1) Welche der folgenden Personengruppen gehört nicht zu den typischen Adressaten eines Business Plans?
- o Banken
- o Venture Capitalists
- o Analysten
- o eigene Unternehmensleitung
- o Finanzamt

(2) Welche der folgenden Aussagen ist korrekt?
- o Ähnlich wie bei der Bilanz besteht eine rechtliche Verpflichtung, einen Business Plan aufzustellen.
- o Ein Business Plan hilft bei der Beschaffung von Eigen- und Fremdkapital.
- o Ein Business Plan wird ausschließlich von Wachstumsunternehmen aufgestellt.
- o Der Business Plan ist nur ein Stück Papier, das der eigenen Unternehmensleitung nicht dabei hilft, bessere Entscheidungen zu treffen.

(3) Welchen der folgenden Punkte beinhaltet die Executive Summary des Business Plans auf keinen Fall?
- o eine Darstellung der Geschäftsidee
- o eine Darstellung der Unternehmensstrategie
- o die Rechts- und Beteiligungsstruktur
- o Erläuterung der (geplanten) Finanzierung
- o Kopien der Patente des Unternehmens

Aufgabe 1-2

Beantworten Sie die folgenden Fragen:

(1) Was versteht man unter einem Business Plan?
(2) Welche Adressaten von Business Plänen kennen Sie?
(3) Erläutern Sie den Unterschied zwischen Effizienz und Effektivität.
(4) Skizzieren Sie eine typische Gliederung für einen Business Plan.
(5) Welche Bedeutung hat die sogenannte Executive Summary?
(6) Nennen Sie mögliche externe Kapitalgeber für Existenzgründungen und beschreiben Sie ihre grundsätzlichen Investitionsziele und Zeithorizonte.

(7) Erläutern Sie, was es mit den sogenannten Basel II-Vorschriften auf sich hat. Wenn sich diese Vorschriften an Banken richten, welche Bedeutung haben sie dann für die Unternehmen?

1.6 Literaturempfehlungen

Für einen kurzen Überblick bietet sich an: Kußmaul, Heinz (2002): Der Business Plan am Beispiel, Saarbrücken: Betriebswirtschaftliches Inst. für Steuerlehre und Entrepreneurship.

Zum Management der Gründungsphase: Klandt, Heinz (2006): Gründungsmanagement: Der integrierte Unternehmensplan, 2. Auflage, München.

Zum Business Plan als Dokument: Paxman, Stephan A.; Fuchs, Gerhard (2005): Der unternehmensinterne Businessplan: Neue Geschäftsmöglichkeiten entdecken, präsentieren, durchsetzen, Frankfurt am Main.

Die Prinzipien des wissenschaftlichen Arbeitens, die auch beim Verfassen eines Business Plans beachtet werden müssen, beschreibt: Theisen, Manuel René (2008): Wissenschaftliches Arbeiten: Technik – Methodik – Form, 14. Auflage, München.

2. Geschäftsmodell, Zielsystem und Strategie

2.1 Bedeutung des Geschäftsmodells

Ohne Ziele und ohne ein „vernünftiges Konzept“ kann kein Unternehmen langfristig am Markt erfolgreich sein. So trivial eine solche Forderung klingt, so schwierig und komplex ist es, handfeste Kriterien zu finden, anhand derer in der Praxis entschieden werden kann, ob das eigene Unternehmen dieser Anforderung entspricht. Obwohl es unmittelbar einleuchtet, dass ein solides unternehmerisches Konzept vorliegen muss, könnte man doch fragen, ob konkrete Ziele unbedingt notwendig sind. Könnte man nicht einfach als (unausgesprochenes) Ziel ansehen, dass die Anteilseigner des Unternehmens möglichst „reich“ werden wollen, was man mit der Zielsetzung „Maximierung des Shareholder Value“ spezifizieren könnte? Ein solches Motiv steckt doch hinter den meisten Unternehmensgründungen und auch der Aktionär eines Weltkonzerns wählt nur in Ausnahmefällen die Aktien in seinem Depot aus emotionalen Gründen. Trotzdem reicht ein solches Ziel in der Realität nicht aus. Warum dem so ist, hat der Frankfurter Professor Helmut Laux eindrucksvoll verdeutlicht: Was würde ein untergeordneter Mitarbeiter in der Produktion machen, wenn der Vorstandsvorsitzende bei ihm anruft und sagt: „Müller, maximieren Sie unseren Gewinn!“ Es ist unmittelbar einsichtig, dass Ziele und Zielvorgaben nicht nur in Geldgrößen ausgedrückt werden können, weil dies als Handlungsanleitung für alle Beteiligten eine zu geringe Aussagekraft und Konkretisierung bedeutet. Denn grundsätzlich sind Ziele die Voraussetzung dafür, im Zeitablauf konsistente Entscheidungen treffen und den Mitarbeitern eine Orientierung und Motivation geben zu können. Da sich generell die langfristige Ausrichtung eines Geschäftes nicht nur durch ein strategisches Ziel beschreiben lässt, ist es wichtig, ein strategisches Zielsystem zu formulieren. Dieses enthält Themenbereiche wie beispielsweise Wachstum, Innovation oder Produktivität. Sind die Themenbereiche festgelegt, sind für diese Bereiche geschäftspezifische Zielsetzungen abzuleiten, die die folgenden Merkmale beinhalten sollten: Zum einen müssen Ziele **anspruchsvoll,** aber **realistisch** formuliert sein, um das unternehmerische Denken und Handeln der Mitarbeiter zu stärken, zum anderen müssen Ziele **messbar** sein. Schließlich erlauben nur messbare Ziele eine spätere Überprüfung der Zielerreichung.

An erster Stelle steht dabei jeweils die Entwicklung eines soliden Geschäftsmodells. Zur Konkretisierung dieses Teils im Business Plan eignet sich am besten die Formulierung der Kernidee des geplanten Vorhabens. Dabei ist es wichtig zu erläutern, woher die Geschäftsidee stammt und warum diese Idee einen großen Bedarf und Nutzen verspricht. Zur detaillierten Darstellung der Idee sind zudem Angaben über die konkreten Ziele, die Aufgaben und die Umsetzung erforderlich. Als Leitsatz gilt hierfür: „If you can't describe your idea clearly and simply, you haven't thought it through." Der aus der Wirtschaftsinformatik stammende Begriff „Geschäftsmodell" ist mittlerweile untrennbar mit der strategischen Unternehmensführung verbunden. Wie jedes Modell der Betriebswirtschaftslehre stellt auch das Geschäftsmodell ein vereinfachtes Abbild der Realität dar, welches insbesondere die Aufgabe hat, potenzielle Investoren eines Unternehmens von der Vorteilhaftigkeit eines finanziellen Engagements zu überzeugen.

„Ein **Geschäftsmodell** ist eine modellhafte Beschreibung eines Geschäftes. Ein Geschäftsmodell besteht aus drei Hauptkomponenten: Value Proposition, Architektur der Wertschöpfung und dem Ertragsmodell.

(1) Ein Geschäftsmodell enthält eine Beschreibung, welchen Nutzen Kunden oder andere Partner des Unternehmens aus der Verbindung mit diesem Unternehmen ziehen können. Dieser Teil eines Geschäftsmodells wird **Value Proposition** genannt. Es beantwortet die Frage: Welchen Nutzen stiftet das Unternehmen?

(2) Ein Geschäftsmodell ist gleichzeitig eine **Architektur der Wertschöpfung**, d.h., wie der Nutzen für die Kunden generiert wird. Diese Architektur beinhaltet eine Beschreibung der verschiedenen Stufen der Wertschöpfung und der verschiedenen wirtschaftlichen Agenten und ihrer Rollen in der Wertschöpfung. Es beantwortet die Frage: Wie wird die Leistung in welcher Konfiguration erstellt?

(3) Neben dem Was und dem Wie beschreibt das Geschäftsmodell auch, welche Einnahmen das Unternehmen aus welchen Quellen generiert. Die zukünftigen Einnahmen entscheiden über den Wert des Geschäftsmodells und damit über seine Nachhaltigkeit. Es beantwortet die Frage: Wodurch wird Geld verdient? Dieser Teil des Geschäftsmodells heißt **Ertragsmodell**.

Das Geschäftsmodell kann die Beschreibung einerseits eines einzelnen Unternehmens, andererseits aber auch einer ganzen Industrie sein. Im letzteren Sinne verwendet man den Begriff des Geschäftsmodells insbesondere bei reifen Industrien, bei denen sich ein dominantes Geschäftsmodell durchgesetzt hat."[10]

[10] Stähler (2001), S. 41f., Hervorhebungen durch den Verfasser.

Abb. 3 verdeutlicht den Zusammenhang.

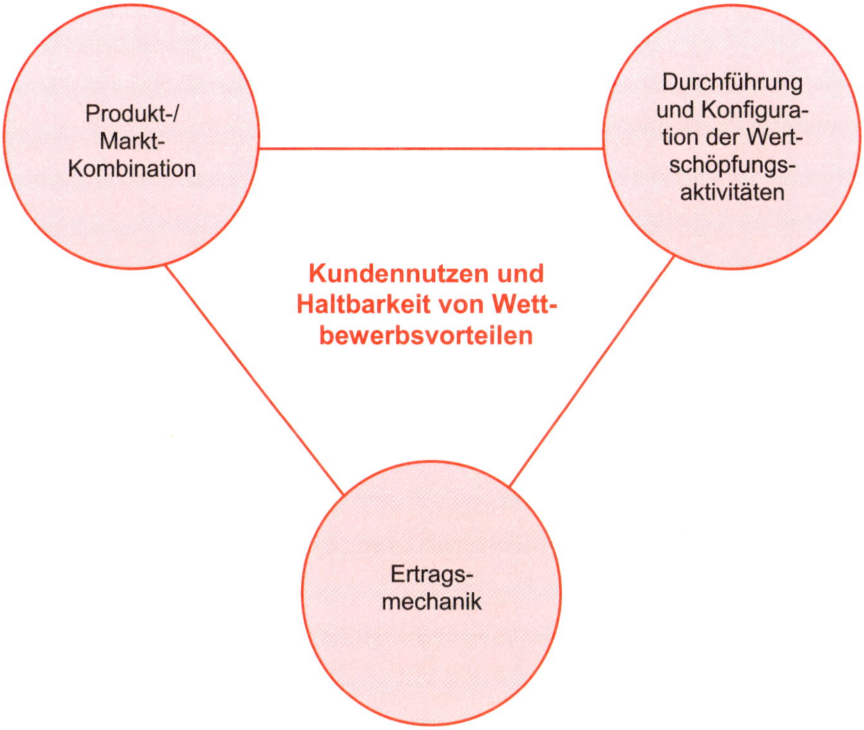

Abb. 3. Bausteine und Zielelemente eines Geschäftsmodells[11]

Das Geschäftsmodell ist somit nicht als eine Strategie zu verstehen, sondern stellt „lediglich" die Beschreibung eines Geschäfts dar. Jedes Unternehmen hat somit ein Geschäftsmodell, was nichts darüber aussagt, wie tragfähig dieses in der Praxis ist. Beispielsweise könnte das Geschäftsmodell eines Internetunternehmens folgendermaßen lauten: Den Nutzern werden kostenlose Informationen angeboten, die jedoch mit individualisierten Werbeeinblendungen versehen werden. Seinen Gewinn erzielt das Unternehmen durch die (Werbe-)Einnahmen, die per Klick oder per Einblendung abgerechnet werden. Ein alternatives Geschäftsmodell könnte allerdings davon ausgehen, dass die mit diesen Werbeeinblendungen erzielbaren Einnahmen zu gering sind. Sofern die Nutzer des Internetdienstes eine entsprechende Zahlungsbereitschaft aufweisen, könnte man von diesen direkt eine Gebühr für die Nutzung der Informationen verlangen. Geschäftsmodelle in der Biotechnologie unterscheiden sich etwa darin, dass man einerseits die Erforschung und Entwicklung eines biotechnologischen Produkts wie etwa einem Arzneimittel oder einem Impfstoff (Produktentwicklung) bzw. andererseits die Entwicklung eines biotechnologischen

[11] Quelle: Knyphausen-Aufseß/Zollenkop (2006), S. 2095.

„Werkzeugs" wie etwa einer Produktions- oder Labortechnologie (Plattformentwickler) anstrebt.

Produktunternehmen werden als die typischen Vertreter der Biotechnologie-Branche gesehen, da sie sich mit der Entwicklung und Vermarktung neuer Arzneimittel beschäftigen. Allerdings ist es keinem Unternehmen gelungen, sofort das Geschäftsmodell des Produktentwicklers zu realisieren, vielmehr haben alle Unternehmen zunächst als Forschungszulieferer für die Pharmaindustrie begonnen, um die Unsatzeinzahlungen aus diesem Geschäft für die eigene Forschung zu verwenden. Mittlerweile sind die Grenzen zwischen Biotechnologie und Pharmaindustrie kaum noch zu erkennen. So ist es einigen Biotech-Unternehmen wie etwa Amgen oder Genentech gelungen, mit Hilfe der Lizenzzahlungen aus Verträgen ihre Wertschöpfungskette auszuweiten und selbst zum integrierten Pharmakonzern zu werden. Eine besondere Bedeutung gewinnt dies, da zwischen 40-50 % der Wertschöpfung im Bereich Marketing und Vertrieb erwirtschaftet werden. So überrascht es nicht, dass die höchstbewerteten Pharma-Unternehmen als Produktunternehmen zu charakterisieren sind. Die hohe Bewertung spiegelt die Fantasie der Kapitalmarktteilnehmer wider, dass es Arzneimittel gibt, die einen jährlichen Umsatz von mehr als 1 Mrd. US-Dollar erwirtschaften („Blockbuster"). Diesen hohen Umsatzeinzahlungen gehen jedoch hohe „burn rates", d.h. hohe negative operative Cash Flows, voraus. Darüber hinaus sind sie mit erheblichen Entwicklungs- und Zulassungsrisiken verbunden.

Plattformunternehmen (enabling technologies) befassen sich hingegen mit der Entwicklung und Vermarktung von Plattformtechnologien. Für solche Unternehmen ist es im Unterschied zu den vorgenannten Produktunternehmen komplexer, eine Unternehmensbewertung durchzuführen, weil der Unternehmenswert untrennbar mit dem Wert der bislang unbekannten Technologie zusammenhängt, für welche vielleicht noch keine konkreten Anwendungsbezüge vorliegen und deren Einsatz ihrerseits von der bevorstehenden Marktentwicklung abhängt. Denn grundsätzlich hängt der Wert einer Technologieplattform von der Anzahl der Nutzer ab. Plattformunternehmen erzielen geringere Gewinnspannen, sie sind stärker durch Substitutionsprodukte bedroht und weisen nicht das für Produktunternehmen typische exponentielle Wachstum auf. Die Ursache dafür ist, dass viele Plattformunternehmen nur einzelne „Tools" oder Technologien im Zuge der Wertschöpfungskette des Forschungsprozesses abdecken. Ein Beispiel für eine erfolgreiche Plattformentwicklung stellt die Polymerase Chain Reaction (PCR, Polymerase-Kettenreaktion) dar – eine revolutionäre Methode der Molekularbiologie, die von dem US-amerikanischen Biotech-Unternehmen Cetus erfunden wurde. Dieses Verfahren gilt heute als fundamentale Technik zur schnellen Vervielfältigung bestimmter Abschnitte des menschlichen Erbguts und ist für biotechnologische Labors unverzichtbar. Für die Lizenzrechte an diesem Patent zahlte das Schweizer Pharmaunternehmen Roche fünf Jahre später 300 Mio. US-Dollar an Cetus. (Der Erfinder erhielt im Jahre 1993 den Nobelpreis für Chemie.)

Dienstleister (supplier) befassen sich mit der Auftragsforschung und der Auftragsproduktion. Die Umsatzeinzahlungen werden nach dem Prinzip „Fee for Service" generiert, womit grundsätzlich nicht das enorme Potenzial und die hohen Margen der beiden vorgenannten Geschäftsmodelle erreicht werden können. Ein weiteres Charakteristikum der Dienstleister stellen die geringeren Aufwendungen für F&E und das Problem, dass die Wettbewerbsvorteile nicht über Patentschutz abgesichert werden können, dar.

Neben einer brillanten Geschäftsidee ist auch das richtige Management ein essentieller Bestandteil für eine erfolgreiche Umsetzung des Vorhabens oder anders ausgedrückt: „Without the right team, none of the other parts really matters." Grundsätzlich sollte ein Team aus erfahrenen und ausgeglichenen Personen bestehen, die schon längere Zeit routiniert miteinander gearbeitet haben, um besonders die turbulenten ersten Jahre überstehen zu können. Sowohl die Kompetenzen des Teams und deren Schlüsselpositionen für das Geschäft, als auch die Erfahrungen und Charakteristika des Unternehmers sind besonders im Business Plan hervorzuheben, um schließlich auch die Investoren davon zu überzeugen.

Allerdings wäre es ein Irrtum zu glauben, dass man durch eine kurze Beschreibung bereits das Geschäftsmodell einer unternehmerischen Einheit erarbeitet hätte. Denn dazu ist das Wertschöpfungsmodell noch viel zu allgemein gehalten. Unter der Annahme, dass ein Geschäftsmodell nicht nur die Beschreibung der Strategie eines Unternehmens darstellt, um beispielsweise potenziellen Investoren die Vorteilhaftigkeit ihres Engagements deutlich zu machen, gilt es, dieses noch weiter zu konkretisieren (Abb. 4). Die Einbeziehung der Kapitalisierungsperspektive innerhalb der Wertschöpfungskette bildet dabei die Grundlage, um weitere Anhaltspunkte für den späteren Business Plan zu erhalten, beinhaltet aber auch eine Schnittstelle zum operativen Management.

Das **Leistungsangebotsmodell** gibt darüber Auskunft, welches Leistungsspektrum (Produkt oder Dienstleistung) welcher Kundengruppe angeboten werden soll, um deren Bedürfnisse zu befriedigen. Hierbei hat das Unternehmen die Möglichkeit, an die bereits existierenden Marktstrategien anzuknüpfen (Pfad A). Aufbauend auf den Wettbewerbsstrategien müssen in diesem Modell auch Aussagen auf die eigene Differenzierung innerhalb des Wettbewerbs getroffen werden (Pfad B).

Das **Leistungserstellungsmodell** bildet die Art und Weise des Leistungserstellungsprozesses ab, d.h. es wird die Kombination der Ressourcen und Produktionsfaktoren abgebildet und die Kommunikationskanäle und Koordinationsmechanismen werden auf die verschiedenen Wertschöpfungsstufen abgestimmt.

Das **Vermarktungsmodell** beschreibt die Beziehung zwischen dem Kunden und dem Unternehmer und fokussiert vor allem die Erschließung der Kundenpotenziale.

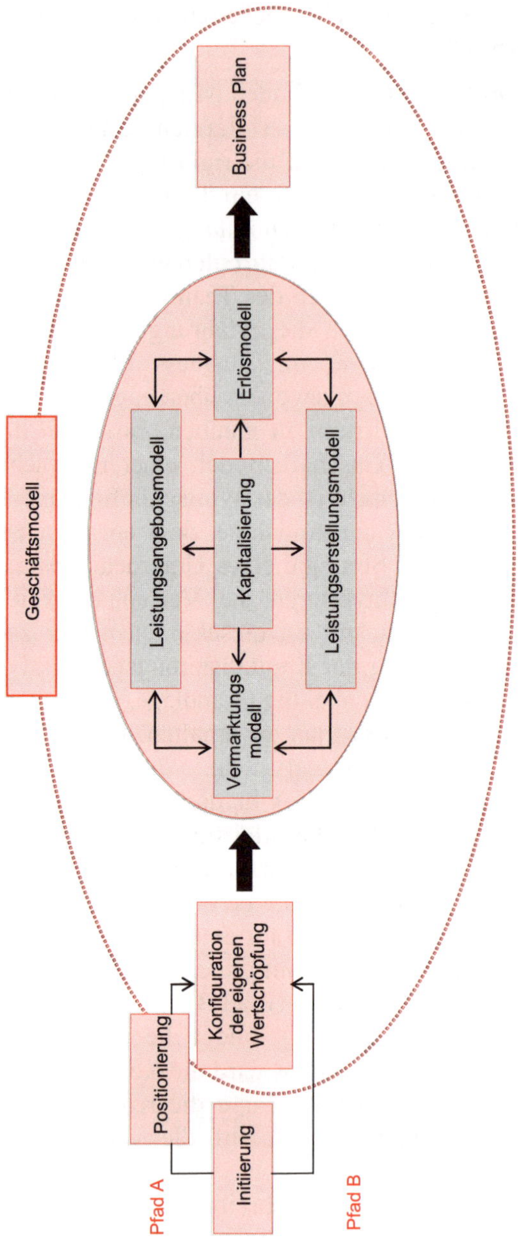

Abb. 4. Unternehmenskonzeption[12]

Schließlich gibt das **Erlösmodell** Auskunft über die Ertragsmechanik, d.h. die Preisgestaltung, Zahlungskonditionen und Erlösbasis. Abschließend lässt sich festhalten, dass das Geschäftsmodell alle relevanten Prozesse

[12] Quelle: Müller-Stewens/Lechner (2005), S. 410.

und Akteure, die die Geschäftstätigkeit eines Gründungsunternehmens beeinflussen, abbildet. Ausgehend von der Geschäftsidee wird zunächst die grobe Geschäftstätigkeit beschrieben (was soll wem angeboten werden?), um dann nach der Ausarbeitung von Markt-, Wettbewerbs- und Finanzierungsanalysen das konkrete Geschäftsmodell zu erstellen. Somit lässt sich sagen, dass durch die Abbildung der vorab beschriebenen Partialmodelle, das Geschäftsmodell ein vorweggenommenes Resümee der Teilpläne des Business Plans darstellt.

Müller-Stewens/Lechner verdeutlichen den Zusammenhang von Leistungsangebotsmodell, Leistungserstellungsmodell, Vermarktungsmodell und Erlösmodell am Beispiel von Fresenius Medical Care.

Fresenius Medical Care

„Fresenius Medical Care (FMC) ist auf die umfassende Behandlung von Dialysepatienten mittels eigener Dialysegeräte und Dialysezentren spezialisiert.

(1) Leistungsangebotsmodell: Zielgruppe von FMC sind weltweit 1,1 Mio. Patienten mit chronischem Nierenversagen, die einer Dialyse bedürfen. Dazu stellt man Dialysegeräte und dazugehörige Zusatzprodukte für Dialysebehandlungen her. Die Zielgruppe wird nun erweitert auf Patienten mit Lebererkrankungen durch ein Angebot anderer extrakorporaler Therapien.

(2) Leistungserstellungsmodell: FMC betreibt eine intensive Forschung & Entwicklung zur Optimierung und Erweiterung der bestehenden Angebotspalette. Dazu unterhält man Forschungskooperationen und klinische Kollaborationen (zur Durchführung klinischer Studien). FMC verfügt auch über eine eigene Fertigung und Produktion.

(3) Vermarktungsmodell: FMC stattet aus und betreibt weltweit ein Netzwerk von 1.400 Dialysezentren, wobei es eine gewisse Fokussierung auf den nordamerikanischen Markt gibt. Über diese Zentren erfolgt auch der Produktionsvertrieb. Durch Fachbeiträge in Journals und auf Konferenzen bringt man sich in die medizinisch-wissenschaftliche Kommunikation ein.

(4) Erlösmodell: Etwa 80% des Gesamtumsatzes kommt aus den Behandlungen in den eigenen Dialysezentren, womit die Producterträge verstetigt werden konnten. Die Preiskonditionen werden mit den Krankenkassen verhandelt.“[13]

2.2 Das Zielsystem des Unternehmens

2.2.1 Unternehmenskultur als Ausgangspunkt

Wie bereits erläutert wurde, stellt die Entwicklung des Zielsystems eine Grundaufgabe des strategischen Managements dar. Die Notwendigkeit von Zielen ergibt sich durch die Tatsache, dass es in jeder Organisation einen

[13] Müller-Stewens/Lechner (2005), S. 413.

Bedarf an Führung gibt. Diese Führungsaufgabe wird durch die Entwicklung und Vorgabe von Zielen entscheidend unterstützt, da Ziele zahlreiche Funktionen wahrnehmen (Abb. 5).

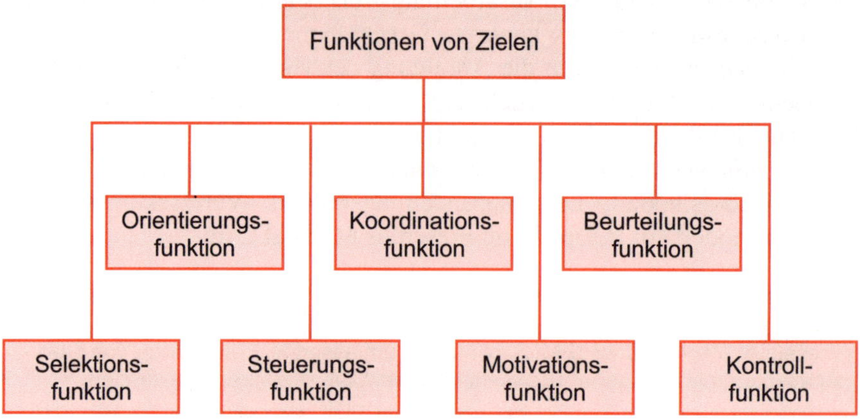

Abb. 5. Funktionen von Zielen[14]

Mit ihrer **Selektionsfunktion** machen Ziele bewusst, dass bestimmte Auswahlentscheidungen zwischen verschiedenen Alternativen getroffen werden müssen. Ziele bieten für alle Mitarbeiter des Unternehmens eine einheitliche **Orientierung**. Sie ermöglichen dadurch auch die **Steuerung** von Verhaltensweisen von Mitarbeitern, indem ihnen bestimmte Ziele vorgegeben werden. Sofern für verschiedene Unternehmensbereiche konsistente Ziele vorgegeben werden, ist dadurch die **Koordination** der einzelnen Bereiche möglich. Durch das Setzen erreichbarer Ziele und anschließende Belohnungen können Mitarbeiter **motiviert**, ihre Leistungen **beurteilt** und **kontrolliert** werden.

Allerdings existiert eine Vielzahl von Zielen, wie Tab. 5 verdeutlicht. Wie soll nun die Auswahl der „richtigen" Ziele erfolgen und wie stehen diese miteinander im Zusammenhang? Dieser Frage wird in den folgenden Abschnitten nachgegangen.

Jedoch können solche Ziele nicht losgelöst von der Historie des Unternehmens am Reißbrett entworfen werden. Denn gerade etablierte Unternehmen sind meist ein evolutionär gewachsenes soziales System, in dem die entwickelten Wertvorstellungen aller Beteiligten ein ausschlaggebender Potenzialfaktor für das Handeln des Unternehmens als organisatorische Einheit sind. Aber auch neu gegründete Unternehmen weisen von Beginn an eine entsprechende Prägung auf. Zusammengefasst werden diese Aspekte unter dem Begriff der Unternehmenskultur („Corporate Culture").

Unter dem Begriff der **Unternehmenskultur** werden diejenigen Werte- und Normvorstellungen sowie Denk- und Verhaltensmuster verstanden, die die Entschei-

[14] Quelle: Welge/Al-Laham (2003), S. 112.

dungen, Handlungen und Aktivitäten der Organisationsmitglieder prägen. Die Unternehmenskultur vermittelt den Mitarbeitern auf allen Verantwortungsebenen neben den überlieferten, allgemein gültigen Werten der Gesellschaft Sinn und Richtlinien für ihr Verhalten.

Tab. 5. Katalog möglicher Unternehmensziele[15]

1. Marktleistungsziele	▪ Produktivität ▪ Produktinnovation ▪ Kundenservice ▪ Sortiment
2. Marktstellungsziele	▪ Umsatz ▪ Marktanteil ▪ Marktgeltung ▪ neue Märkte
3. Rentabilitätsziele	▪ Gewinn ▪ Umsatzrentabilität ▪ Rentabilität des Gesamtkapitals ▪ Rentabilität des Eigenkapitals
4. Finanzwirtschaftliche Ziele	▪ Kreditwürdigkeit ▪ Liquidität ▪ Selbstfinanzierung ▪ Kapitalstruktur
5. Macht und Prestige	▪ Unabhängigkeit ▪ Image und Prestige ▪ Politischer Einfluss ▪ Gesellschaftlicher Einfluss
6. Soziale Ziele in Bezug auf die Mitarbeiter	▪ Einkommen und soziale Sicherheit ▪ Arbeitszufriedenheit ▪ Soziale Integration ▪ Persönliche Entwicklung
7. Gesellschaftsbezogene Ziele	▪ Umweltschutz und Vermeidung sozialer Kosten der unternehmerischen Tätigkeit ▪ Nicht-kommerzielle Leistungen für externe Anspruchsgruppen der Unternehmung ▪ Beiträge an die volkswirtschaftliche Infrastruktur ▪ Sponsoring (finanzielle Förderung von Kultur, Wissenschaft und gesellschaftlicher Wohlfahrt)

Anhand dieser Definition wird deutlich, wie stark die Kultur das Verhalten der Mitarbeiter und letztlich auch die Repräsentation des Unternehmens nach außen hin beeinflusst. Da eine gelebte Unternehmenskultur – bestehend aus einem fest verankerten Wert- und Normengefüge – nur schwer

[15] Quelle: Welge/Al-Laham (2003), S. 114.

veränderbar ist, hat der Unternehmensgründer die Chance, die Entwicklung der Unternehmenskultur von Anfang an systematisch zu steuern. Hierzu muss der Unternehmer den Mitarbeitern in Form klar formulierter Unternehmensgrundsätze eine gemeinsame Zielausrichtung vermitteln, an der sich das Verhalten aller Beteiligten orientieren soll. Die Gesamtheit aller angestrebten Werte (wie z.B. Kundentreue, optimale Qualität oder Termintreue) innerhalb einer Organisation ist eng mit der **Vision**, dem obersten Ziel, verbunden. Wichtig ist hierbei die Vorbildfunktion der Unternehmensführung: Schließlich garantiert nur eine durch sie vorgelebte Philosophie ein einheitliches Konzept.

Auch wenn die Unternehmenskultur zu oft fälschlicherweise für das Scheitern bestimmter Vorhaben verantwortlich gemacht wird, so stellt sie dennoch einen nicht zu vernachlässigenden Faktor dar. Unternehmen können sich in der heutigen Zeit stark veränderlicher Rahmenbedingungen und äußeren Einflüssen nicht erlauben, auf das Management der Unternehmenskultur zu verzichten. So unterschiedliche Konzepte wie Corporate Identity, Corporate Design, Unternehmensleitlinien, Führungsgrundsätze sowie strategische und operative Planungsprozesse sind bei ihrer Umsetzung mit der gemeinsam gelebten Unternehmenskultur untrennbar verbunden. Die Unternehmenskultur besitzt an vielen Stellen für die Mitarbeiter eine Orientierungsfunktion und bietet die Basis für eine Identifikation mit dem Unternehmen. Oftmals reicht die Unternehmenskultur sogar in den privaten Bereich hinein, so dass die Mitarbeiter etwa eine ähnliche Freizeitgestaltung haben. Dadurch wird die innere von der äußeren Sphäre des Unternehmens deutlich abgegrenzt, was in einer Zeit, in der in großem Umfang von Outsourcing, Insourcing und freier Mitarbeit Gebrauch gemacht wird, die Gemeinsamkeiten herausstellt. Die Unternehmenskultur geht jedoch über diese gemeinsamen Identifikationsmerkmale hinaus und betrifft etwa auch ethische Grundhaltungen wie etwa die Gleichbehandlung der Geschlechter oder die Rücksichtnahme auf Minderheiten.

Die Globalisierung führt zu einer Verringerung der politischen und sozialen Steuerung der Wirtschaft zugunsten der besseren Steuerung über den Marktmechanismus. In vielen Volkswirtschaften herrscht jedoch Übereinstimmung, dass dieses System nicht in allen Bereichen gelten soll und der Markt nicht überall die Entscheidung haben soll. Gerade im sozialen, ökologischen oder sinnstiftenden Bereich ist das marktwirtschaftliche System zum Teil mehr als eingeschränkt. Dies trifft unter anderem auf die Arbeitslosigkeit oder auch den Raubbau der Umwelt zu, welche in Kontinentaleuropa meist mit einer ethischen Verantwortung der Unternehmen bzw. der Unternehmer verknüpft wird. Hieraus erwächst eine Hinwendung zur Idee der Selbstverantwortung in Gesellschaft und Wirtschaft zur freiwilligen Selbstkontrolle.

Diese Beziehungen zur Unternehmenskultur werden auch von den marktorientierten Unternehmen genutzt, die ihr Handeln und damit ihre

Unternehmenskultur zumindest teilweise nach den vorherrschenden gesellschaftlichen Maßstäben ausgestalten. Natürlich muss an dieser Stelle zu bedenken gegeben werden, dass das, was die „Kultur" eines Unternehmens ausmacht, nicht von dem ausgeht, was auf dem Papier steht. Es ist vielmehr das, was die Gesamtheit der Mitarbeiter des Unternehmens täglich mit ihrem Handeln offenbaren. Die im Folgenden darzustellende Entwicklung eines Leitbilds stellt eine Möglichkeit dar, dieses Handeln und damit die Unternehmenskultur zu beeinflussen. Das ausgesprochene Ziel eines solchen Leitbildprozesses ist es, die gemeinsame Orientierung aller im Unternehmen aktiven Personen zu erkennen, festzuhalten und positiv zu beeinflussen. Im Kontext der Leitbildumsetzung (Kulturprozess) ist es unabdingbar, die alltäglichen Verhaltensweisen immer wieder auf ihre Leitbildkonformität hin zu überprüfen. Selbstverständlich existieren zudem bestimmte Traditionen und Einstellungen, die die Unternehmenskultur nachhaltig prägen. Zusammengenommen sichern diese Voraussetzungen das Verhalten der Menschen im Unternehmen. Zudem hegt man den Wunsch, unter Zuhilfenahme der Unternehmenskultur einen neuen Führungsstil zu implementieren. Denn auch die Wünsche der Mitarbeiter hinsichtlich ihrer Arbeit haben sich in den vergangenen Jahren verändert. Die Mitarbeiter möchten mehr als nur ihre oftmals passive Rolle ausfüllen. Denn ihre Arbeit soll für sie nicht nur Spaß machen, sondern auch mit den lebensspezifischen Werten verbunden sein und ihrem Leben einen Sinn verleihen.

Wie Abb. 6 verdeutlicht, stellt die Unternehmenskultur somit eine Klammer dar, die es bei der Gestaltung der vielfältigen Aufgaben der strategischen Unternehmensführung zu beachten gilt – ebenso wie die im Unternehmen ablaufenden Prozesse, wie die mit dem Unternehmen verbundenen Interessengruppen (Stakeholder) der Mitarbeiter, Anteilseigner, Kunden und Lieferanten. Die einzelnen Teilaufgaben der strategischen Unternehmensführung sind jeweils verschiedenen Funktionskreisen zugeordnet. Beispielsweise müssen sich die Teilaufgaben der Strategieentwicklung und Organisation dem Funktionskreis Strukturierung unterordnen.

2.2.2 Vision

Wie erläutert wurde, benötigen Unternehmen für die aktive und bewusste Gestaltung ihrer Zukunft eine hinreichend klare Vorstellung über die anzustrebenden Ziele. Das oberste Ziel in dem gesamten Zielsystem stellt dabei die Vision dar.

Mit der **Vision** (engl. vision oder philosophy) soll zum Ausdruck gebracht werden, dass am Anfang eine Grundposition zu formulieren ist, die eine weit in die Zukunft gerichtete Orientierung markiert. Die Vision gibt also die grundsätzliche Richtung eines Unternehmens an.

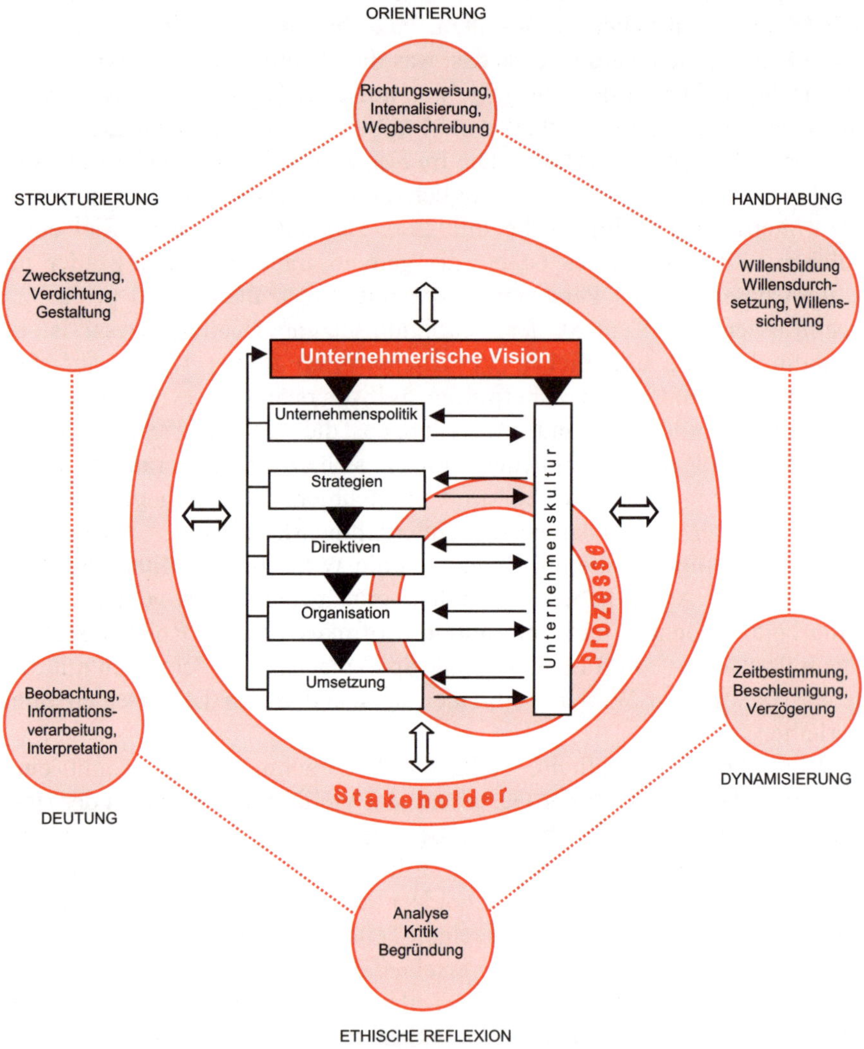

Abb. 6. Gesamtsystem der strategischen Unternehmensführung[16]

Die Entwicklung einer Vision für das Unternehmen trägt dazu bei, das Handeln aller an den gemeinsam formulierten Zielen auszurichten. Kurz gesagt: Eine Vision wirkt **sinnstiftend**, **motivierend** und **handlungsleitend**.

- Nichts stellt die **sinnstiftende Wirkung** der Vision so eindrucksvoll dar wie die viel zitierte Aussage von Antoine de Saint-Exupéry: „Wenn Du ein Schiff bauen willst, so trommle nicht Männer zusam-

[16] Quelle: Hinterhuber (1996), S. 40.

men, um Holz zu beschaffen, Werkzeuge vorzubereiten, Aufgaben zu vergeben, und die Arbeit einzuteilen, sondern lehre die Männer die Sehnsucht nach dem weiten endlosen Meer.“ Eine Vision gibt der Organisation eine gemeinsame Identität; die Mitarbeiter, Führungskräfte, Tochtergesellschaften, Lieferanten und Kunden erfahren die wesentlichen Entwicklungslinien und können sich an den Diskussionen beteiligen.

- Die **motivierende Funktion** der Vision ergibt sich dadurch, dass sie dabei hilft, einen Kommunikationsmangel zwischen Unternehmensleitung und den nachgeordneten Mitarbeitern zu vermeiden, welcher ihnen das Gefühl nimmt, einen sinnvollen und nützlichen Beitrag zum Unternehmenserfolg zu leisten. Ein solcher Kommunikationsmangel würde sich negativ auf die Motivation und die Identifikation der Mitarbeiter auswirken. Gleichzeitig verbindet sie dabei das gemeinsame Verständnis von Tradition und Geschichte des Unternehmens. Damit reagieren die Unternehmen auf den gestiegenen Bedarf nach einem verantwortlichen Handeln der Unternehmen.
- Die **handlungsleitende Funktion** der Vision kann darauf zurückgeführt werden, dass die Mitarbeiter ihr eigenverantwortliches Handeln an den strategischen Entwicklungszielen des Unternehmens ausrichten können. Die Vision stellt somit die Richtschnur und den Orientierungsrahmen für die gewünschte und angestrebte künftige Entwicklung dar. Aufgrund dessen stellt die Vision eine weit in die Zukunft gerichtete Idealvorstellung dar. Sie verkörpert langfristige und utopische Ziele, welche vielleicht erst in einem Zeitraum von 10-20 Jahren erreichbar scheinen (Abb. 7). Eine typische Vision ist es beispielsweise, Marktführer in einem bestimmten Marktsegment zu werden. Dieses Ziel scheint für viele Unternehmen utopisch zu sein, da es immer nur einen Marktführer geben kann. Dies schließt jedoch nicht aus, dieses Ziel zu verfolgen und alles daran zu setzen, es auch zu erreichen.

Nach *Müller-Stewens/Lechner* lassen sich vier Kategorien von Visionen unterscheiden:

- „**Zielfokussierte Visionen** geben genau an, wann der zukünftige Zustand erreicht ist. Entweder quantitativ oder qualitativ definieren sie die anzustrebende Wirklichkeit (z.B. Wal-Mart 1990: ‚Wir wollen ein 125 Mrd. US-Dollar Unternehmen bis zum Jahre 2000 werden'. De facto betrugen die Umsätze im Jahr 2000 dann 165 Mrd. US-Dollar.).
- **Feindfokussierte Visionen** zielen darauf ab, einen Konkurrenten zu übertreffen. Oft werden sie in der Form ‚David gegen Goliath' formuliert, in dem Sinn, dass ein kleines, noch unbedeutendes Unternehmen gegen einen dominanten Marktspieler antritt (z.B. Nike 1960: Smash Adidas; oder Komatsu 1960: Encircle Caterpillar; oder Canon: Beat IBM).

- **Rollenfokussierte Visionen** hingegen sind nicht martialisch, sondern betonen den Vorbildcharakter herausragender Unternehmen. Sie eignen sich besonders für rasch aufstrebende Firmen, die sich die jeweiligen Rollenanforderungen zu Leitlinien machen (z.B. Watkins-Johnson 1996: Wir wollen in 20 Jahren so respektiert werden wie es Hewlett-Packard heute wird).
- **Wandelfokussierte Visionen** werden besonders von älteren und großen Unternehmen verwendet, die sich fundamentalen Transformationsprozessen unterziehen (z.B. Rockwell 1995: Wir wollen von einem Hersteller von Verteidigungsprodukten zu dem am besten diversifizierten Hochtechnologieunternehmen werden).“[17]

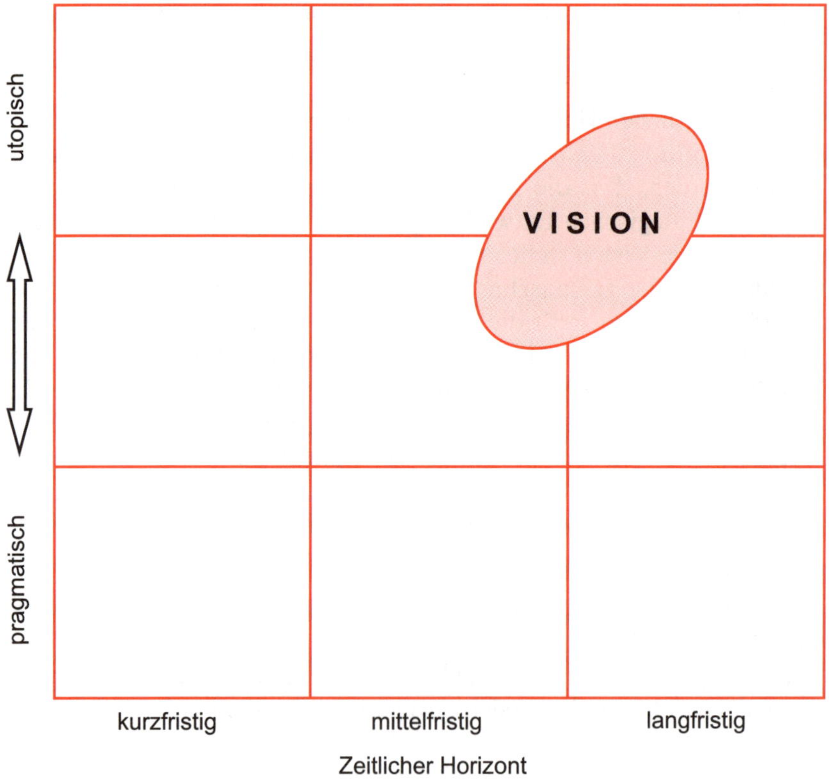

Abb. 7. Definition der Vision[18]

[17] Müller-Stewens/Lechner (2005), S. 236.
[18] Quelle: Hinterhuber (1996), S. 93.

Eine andere Abgrenzung nehmen *Coenenberg/Salfeld* vor (Abb. 8), die grundsätzlich zwischen Visionen aus der Innenperspektive und der Außenperspektive unterscheiden.

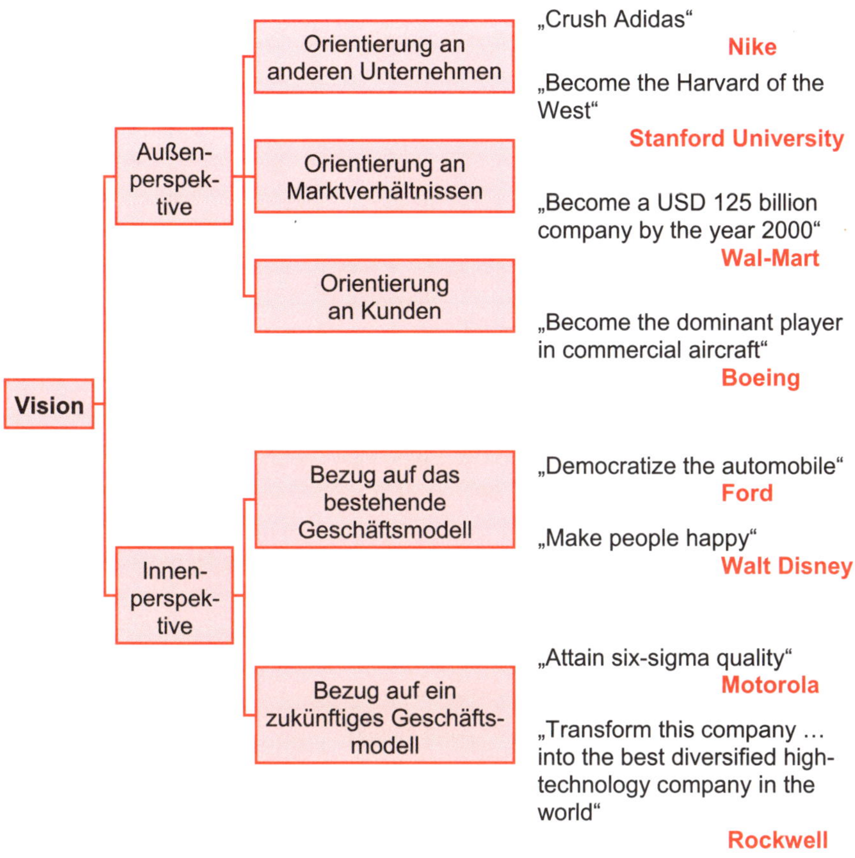

Abb. 8. Kategorien von Visionen[19]

Zu beachten ist, dass es nicht die einzig richtige Kategorisierung von Visionen gibt. Vielmehr sollen die vorgestellten Ansätze verdeutlichen, in welcher Richtung man bei der Entwicklung einer Vision seiner Kreativität freien Lauf lassen kann.

Die Vision stellt dabei nur die oberste Ebene des **unternehmerischen Zielsystems** dar. Dieses Zielsystem kann als eine **Zielhierarchie** aufgefasst werden, bei der die nachgeordneten Ziele von der jeweils höheren Ebene abgeleitet werden. Wie Abb. 9 verdeutlicht, leitet sich aus der Vision das sogenannte Leitbild ab. Das Leitbild stellt somit eine Konkretisierung der Vision dar, welche gleichzeitig einen stärkeren operativen Bezug

[19] Quelle: Coenenberg/Salfeld (2003), S. 25.

aufweist, also stärker umsetzungsorientiert ist. Das Leitbild wiederum bildet den Rahmen für die Strategie des Unternehmens, welche sich in Unternehmens- und Geschäftsfeldstrategie unterteilt. Am Fuße der Hierarchie steht schließlich die Umsetzung, die zwar nicht zum Zielsystem gehört, aber daran erinnern soll, dass Ziele nicht nur auf dem Papier definiert, sondern auch umgesetzt werden müssen. Die weiteren Ebenen der Zielhierarchie werden in den nachfolgenden Abschnitten näher erläutert.

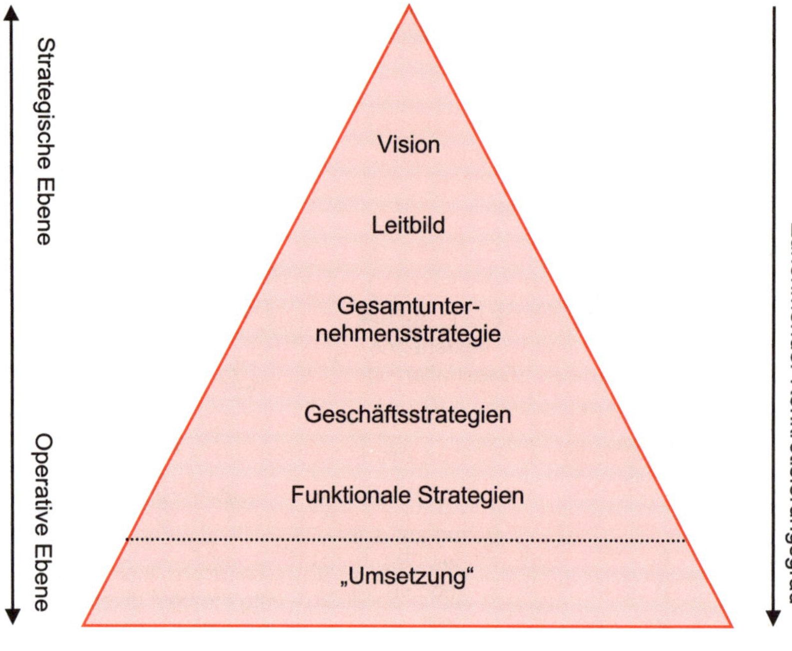

Abb. 9. Zielhierarchie: Von der Vision zur Umsetzung[20]

Das Problem bei der Verwendung von Visionen in der Unternehmenspraxis besteht darin, dass die formulierten **Visionen oftmals mehr zu Slogans verkommen**.

Abb. 10 stellt beispielhaft Visionen und Slogans ausgewählter Unternehmen gegenüber. Eine Abgrenzung, ob eine Vision vorliegt, ist schwierig und nur im Einzelfall möglich. Wichtig ist dabei jedoch zu überprüfen, inwieweit die betreffende Formulierung richtungweisend und in die Zukunft gerichtet ist.

[20] In Anlehnung an Bea/Haas (2005), S. 69.

Beispiele für Visionen		Beispiele für Slogans
„Become the dominant player in commercial aircraft and bring the world into the jetage“ Boeing, 50er Jahre		„Delivering quality airplanes and world-class customer services“ Boeing
„Crush Adidas“ Nike, 60er Jahre		„Just do it“ Nike
„Number 1 or 2 in the industry“ General Electric, 80er Jahre	≠	„We bring good things to life“ General Electric
„To be the world's best quick service restaurant“ McDonald's, 50er Jahre		„McDonald's ist einfach gut“ McDonald's
„In der Volkswagen-Welt wollen wir die in der Qualität besten und attraktivsten Autos entwickeln, kostengünstig herstellen und erfolgreich verkaufen“ Volkswagen, 1999		„Drivers Wanted“ Volkswagen

Abb. 10. Abgrenzung von Visionen und Slogans[21]

2.2.3 Leitbild

Mitarbeiter, Kunden und Geschäftspartner bringen ihre Wertvorstellungen aktiv in das Unternehmen ein und erwarten, dass diese respektiert und wertgeschätzt werden. Damit sie sich für eine (weitere) Zusammenarbeit mit dem Unternehmen entscheiden, reichen ein gutes Produkt oder eine Dienstleistung in der Regel nicht aus. Hierzu bedarf es neben der Vision auch eines sogenannten Leitbilds.

Das **Leitbild** (auch Auftrag oder mission statement genannt) stellt eine Konkretisierung der Vision dar. Es dient häufig als Orientierungshilfe für das Verhalten des Unternehmens bzw. der Mitarbeiter gegenüber den Partnern des Unternehmens. Daher werden sie auch als Verhaltensrichtlinien bezeichnet. Inhalte von Leitbildern sind

1) der Unternehmenszweck (mission),

2) die obersten Ziele und Wertvorstellungen und

3) die Grundeinstellungen zu Bezugsgruppen, d.h. den Mitarbeitern, den Anteilseigner, den Kunden, den Lieferanten und der Gesellschaft.

[21] Quelle: Coenenberg/Salfeld (2003), S. 25.

Abb. 11 fasst die Inhalte von Leitbildern zusammen.

Abb. 11. Inhalte von Leitbildern

Der Begriff der **Mission** wird meist synonym mit dem der Vision verwendet, was aufgrund der inneren Verbindung nahe liegt, aber ein falsches Verständnis der Bedeutung von Vision und Mission offenbart. Denn im Gegensatz zur Vision ist die Mission nicht eine weit in die Zukunft gerichtete Idealvorstellung, sondern kann sich sogar schon auf die Gegenwart erstrecken. So ist mit dem Begriff der Mission der Unternehmenszweck, d.h. der Grund für die Existenz des Unternehmens gemeint. Tab. 6 bietet einige Beispiele für entsprechende Missionen, die auch den Zusammenhang mit der Vision aufzeigen.

Ein Unternehmen muss im Leitbild jedoch nicht nur die Mission festlegen, sondern auch die „Werte" des Unternehmens festhalten. Denn zahlreiche Beispiele zeigen die Folgen auf, wenn gesellschaftliche oder ethische Normen nicht beachtet werden. Hierbei geht es nicht nur um ethische Verantwortung, welche in aller Regel die meisten Aktionäre von börsennotierten Aktiengesellschaften nicht interessieren, weil sie vornehmlich an der Rendite ihres Investments interessiert sind, sondern vielmehr auch um die negativen wirtschaftlichen Folgen. Insbesondere Unfälle mit Personenschäden oder Umweltschädigungen sind infolge der negativen Publicity auch für das Unternehmen mit erheblichen Folgen verbunden. Als Beispiel kann das Bhopalunglück in einer Fabrik des US-Chemiekonzerns Union Carbide Corporation angeführt werden (s. Kasten „Bhopalunglück“).

Tab. 6. Unternehmenszweck bzw. Mission

Unternehmen	Zweck
AT & T	To bring people together anytime and anywhere
Marks & Spencer	To raise standards for the working man
Merck	To preserve and improve human life
Network Shipping	To build great ships
Nike	To experience the emotion of competition, winning and crushing competitors
Telecare	To help people with mental impairments realize their full potential
The Body Shop	To produce cosmetics that don‘t hurt animals or the environment
Wal-Mart	To give ordinary folk the chance to buy the same things as rich people
Walt Disney	To make people happy

Quelle: Müller-Stewens/Lechner (2005), S. 237.

Bhopalunglück

Am 3. Dezember 1984 ereignete sich in einem Werk des US-Chemiekonzerns Union Carbide Corporation, heute Teil der Dow Chemical Company, im indischen Bhopal die bisher schlimmste Chemiekatastrophe und eine der bekanntesten Umweltkatastrophen der Geschichte. Ab 1977 hatte der Konzern in Bhopal pro Jahr zunächst 2.500 Tonnen des Schädlingsbekämpfungsmittels Sevin produziert. Die Anlage war für eine Kapazität von 5.000 Tonnen ausgelegt. Da die Verkäufe von Sevin in Indien Anfang der 1980er Jahre aber rückläufig waren, hatte man Sparmaßnahmen zur Kostensenkung wie Einsparung von Personal, Verlängerung von Wartungsintervallen, Verwendung billiger Austauschteile wie z.B. einfacher Stahl anstelle von Edelstahl etc. durchgeführt und eine Schließung der Fabrik ins Auge gefasst. Zum Zeitpunkt des Unglücks fand aufgrund von Überkapazitäten keine Produktion statt; es wurden lediglich Wartungs- und Kontrollarbeiten durchgeführt. Nachdem Wasser in einen Tank für Methylisocyanat eingedrungen war, kam es zu einer chemischen Reaktion, so dass zwischen 25 und 40 Tonnen des Stoffes entweichen konnten. Der gesamte Tankinhalt verflüchtigte sich innerhalb von weniger als zwei Stunden. Schätzungen der Opferzahlen reichen von 3.800 bis 20.000 Toten durch direkten Kontakt mit der Gaswolke sowie bis zu 500.000 Verletzten, die mitunter bis heute unter den Folgen des Unfalls leiden. Die zum Teil großen Abweichungen der Schätzungen erklären sich vor allem aus der ungenauen Kenntnis über die Zahl der Einwohner des betroffenen Elendsviertels in dieser Zeit. Es lebten damals etwa 100.000 Menschen in einem Radius von einem Kilometer rund um die Pestizidfabrik. Union Carbide hatte das Chemiewerk aus monetären Gründen in ein Niedriglohnland mit niedrigen Sicherheitsvorschriften verlegt. Das Unternehmen zahlte nach zähen Verhandlungen in den folgenden Jahren insgesamt 690 Mio. US-Dollar an den indischen Staat. Auch wenn nur ein Bruchteil des Schadens beglichen werden musste, so bedeutete das Unglück für das Unternehmen – vom menschlichen Leid abgesehen – einen enormen wirtschaftlichen Schaden.

Sowohl durch die gestiegene Komplexität vieler Unternehmen als auch aufgrund des schnellen Wandels wirtschaftlicher oder gesellschaftlicher Normen fällt es Mitarbeitern oft schwer, den Kurs und die Ziele des Unternehmens bewusst wahrzunehmen. Häufig existiert ein Mangel an Kommunikation zwischen Unternehmensleitung und Mitarbeitern. Gleichzeitig müssen Mitarbeiter ständig eigenverantwortliche Entscheidungen treffen, für die sie Verhaltensrichtlinien benötigen. Aus Sicht des Unternehmens besteht die Gefahr, dass Mitarbeiter Entscheidungen treffen, die zwar aus ihrer Sicht optimal, für das Unternehmen insgesamt aber eine große Gefahr darstellen. Dies ist etwa dann der Fall, wenn ein Abteilungsleiter in der Produktion eine an die Produktionskosten gebundene variable Vergütung erhält, um Anreize zu Kostensenkungen zu gewähren. Dies könnte jedoch zu Fehlanreizen in der Form führen, dass der Abteilungsleiter auf Wartungs- und Sicherheitsmaßnahmen verzichtet, wenn er davon ausgeht, dass schon nichts passieren werde. Ein Vertriebsleiter oder Außendienstmitarbeiter könnte Bestechungszahlungen leisten, um seinen Verkaufserfolg zu erhöhen. Solchen Auswüchsen können Unternehmen durch Schaffung eines Unternehmensleitbildes ihre soziale, ökologische und ökonomische Verantwortung entgegenstellen und damit auf das große öffentliche Interesse an verantwortlichem wirtschaftlichen Handeln reagieren. Unternehmensleitbilder stellen daher einen nicht zu vernachlässigenden Bestandteil des unternehmerischen Erfolges dar; sie stehen für Werte und fordern zum Handeln auf. Gleichzeitig kann versucht werden, in der Gesellschaft ein positives Image des Unternehmens aufzubauen, um damit möglichen Rufschädigungen vorbeugen bzw. entgegenwirken zu können. Der Fall der Ölplattform Brent Spar stellt hierbei ein eindrucksvolles Negativbeispiel dar (s. Kasten „Brent Spar“).

Brent Spar

Brent Spar war eine schwimmende Ölplattform in der Nordsee im Eigentum des Shell-Konzerns und Esso. Diese befand sich 190 Kilometer nordöstlich der Shetlandinseln im Atlantik und diente 1976 bis 1991 als Zwischenlager für Rohöl, an dem die Tankschiffe anlegten, um das Öl zu Raffinerien an Land zu transportieren. Brent ist der Name des Erdölfeldes und der dort geförderten Ölsorte. Als Pipelines, die das Öl zum Ölterminal Sullom Voe beförderten, die Aufgabe des Öltransports übernahmen, wurde die mit einer Höhe von 140 Metern, einem Durchmesser von 30 Metern und einem Gewicht von 14.500 Tonnen zu den kleineren Plattformen zählende Brent Spar überflüssig und sollte 1995 im Meer versenkt werden. Dagegen protestierten Aktivisten der Umweltschutzorganisation Greenpeace, welche die Plattform am 30. April 1995 besetzten, um die Versenkung zu verhindern. Greenpeace befürchtete, die Versenkung könnte als Vorbild für einige hundert weitere ausgediente Plattformen in Nord- und Ostsee dienen. Nach Meinung der Organisation gehört Industrieschrott nicht ins Meer, sondern muss möglichst umweltfreundlich entsorgt werden. Die Besetzung fand ein großes Medienecho vor allem in den Niederlanden, Dänemark und Deutschland; einige deutsche Behörden ließen ihre Autos nicht mehr bei Shell tanken, Politiker riefen sogar offen zum Boykott von Shell auf, woraufhin die Umsätze der deutschen Shell-Tankstellen um bis zu 50 % sanken. In Hamburg wurde ein Brandanschlag auf eine Shell-Tankstelle verübt. Nach einem langen Medienkrieg beschloss Shell am 20. Juni 1995, die Plattform an Land zu entsorgen. Der Konzern reagierte auf die Krise mit einer Gegen-Kampagne unter dem Motto „Wir haben verstanden". Am 5. September 1995 räumte Greenpeace ein, dass ihre Schätzung über die Menge giftiger Ölrückstände an Bord der Plattform grob fehlerhaft war: die genannte Zahl von 5.000 Tonnen war viel zu hoch. Laut Prüfungsbericht der norwegischen Schiffsklassifizierungsgesellschaft DNV vom 18. Oktober 1995 beliefen sich z.B. die Ölrückstände auf 75 bis 100 Tonnen. Die gemessenen Werte entsprachen weitgehend den von Shell vorgelegten Zahlen. Greenpeace hat sich für die falschen Zahlen bei Shell und der Öffentlichkeit zwar entschuldigt, was die negativen finanziellen Auswirkungen für Shell nicht rückgängig gemacht hat.

Das Leitbild ermöglicht eine Reihe positiver Effekte seitens der Mitarbeiter:

- Die höhere **Sensibilisierung** der Mitarbeiter trägt zur Steigerung der Identifikation mit dem Unternehmen bei.
- Eine **effiziente Kommunikation** ermöglicht das Management von Veränderungsprozessen (Change-Management).
- Die **Orientierungsfunktion** steigert die Motivation der Mitarbeiter.
- Eine exakte Bestimmung der Spielregeln lässt eine gute **Koordination** zu, wenn Mitarbeitern ein Entscheidungsspielraum eingeräumt wird.
- Die Selbstverpflichtung steigert das **Ansehen des Unternehmens** in der Öffentlichkeit.

Abb. 12 verdeutlicht, wie die Grundeinstellung gegenüber den **Bezugsgruppen** des Unternehmens im Rahmen eines Leitbilds definiert werden kann. Das in der Abbildung dargestellte Beispiel von British Petroleum zeigt anschaulich, dass selbst wenn sich ein Unternehmen dem Shareholder Value verschrieben hat, also eine auf die Steigerung des Marktwertes oder Börsenkurses des Unternehmens gerichtete Politik verfolgt, und daher die Aktionäre (shareholders) in den Mittelpunkt stellt, es dennoch weiteren Bezugsgruppen verpflichtet ist.

Im Zuge der Auswertung mehrerer Leitbildprozesse hat sich gezeigt, dass die Leitbilddiskussion selbst bereits einen Veränderungs- und Entwicklungsprozess in Gang setzt. Sie ermöglicht daher ganz konkret:

- die Entwicklung einer gemeinsamen Zielsetzung,
- eine effektive Diskussion über den Entwicklungsprozess und
- den gezielten Austausch über die einzelnen Organisationen hinweg.

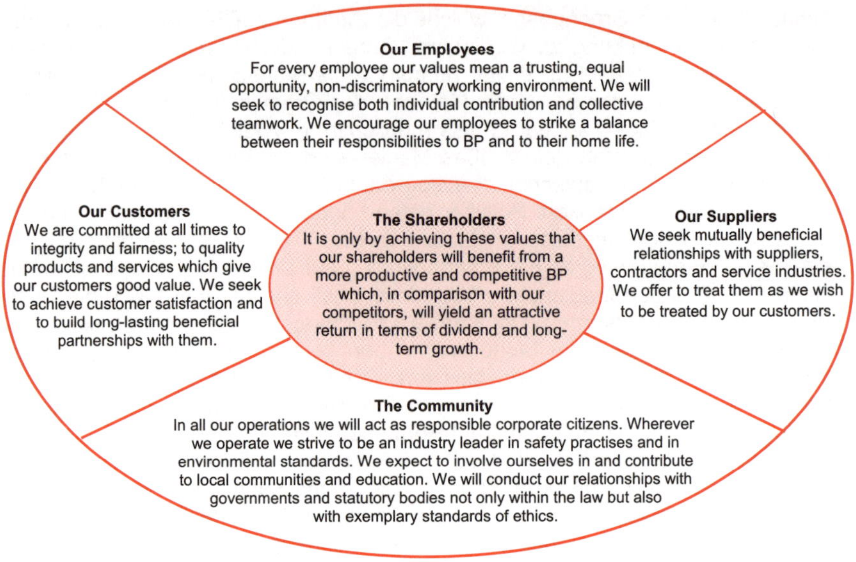

Abb. 12. Leitbild von BP[22]

Leitbilder bleiben in den meisten Fällen jedoch „Wunschbilder", die einen Idealzustand der Unternehmenskultur aufzeigen sollen. Bei der Entscheidungsfindung werden sie daher nicht immer herangezogen. Einige Leitbilder werden daher nach der Umsetzung nicht praktiziert, auch dann nicht, wenn der Erarbeitungsprozess erfolgreich war. In diesen Fällen mangelt es an Überlegungen, wie das Leitbild in konkrete Leitlinien überführt werden kann. Ursache dieses Problems ist, dass Spannungen innerhalb der jeweils gesteckten Ziele nicht angesprochen werden.

Ein Leitbild kann nach dem **Top-down-** oder dem **Bottom-up-Verfahren** entwickelt werden. Im Zuge des Top-down-Verfahrens wird von der Organisationsleitung das Leitbild vorgegeben, so dass die Mitarbeiter keine Möglichkeit zur Mitwirkung besitzen. Im Gegenzug erlaubt es das Bottom-up-Verfahren, einen umfassenden Kommunikationsprozess zu initiieren, bei welchem die Mitglieder der Organisationseinheiten integriert werden. Alle Fragen, die sich im Leitbild widerspiegeln sollen, werden von allen Mitarbeitern bearbeitet und es wird ein Konsens hinsichtlich der Form des Leitbildes angestrebt. So ist es möglich, alle Interessen im Vorhinein zur Diskussion zu stellen und die Verantwortungsbereiche sowie die Zuständigkeiten zu besprechen und festzulegen.

Leitbilder setzen sich aus mehreren Faktoren zusammen. Sie sollten

- kurz, prägnant sowie klar definiert sein; denn komplizierte langwierige Formulierungen erschweren den Konsens und führen oft zu Begriffsstreitigkeiten;

[22] Quelle: Müller-Stewens/Lechner (2005), S. 239.

- die komplette Perspektive sowie alle Interessen der einzelnen Gruppen abdecken;
- die sinn- und identitätsstiftende Funktion der Vision verstärken;
- eine Reflexion der gemeinsamen Wertebasis des Unternehmens zulassen;
- die Festsetzung aller Ziele, die für das Unternehmen Gültigkeit besitzen, zulassen;
- die Verantwortungen im Hinblick auf die Stakeholder (Anspruchsgruppen bzw. Bezugsgruppen) festlegen.

Ein Leitbild kann nicht vorgeschrieben werden. Damit es seine Aufgabe erfüllt, muss es vielmehr von den Mitarbeitern, die es letztendlich mit Leben füllen, eigenständig gestaltet werden. Denn schon der Entwicklungsprozess unterstützt und begünstigt ein gemeinsames Selbstverständnis und leistet einen wichtigen Beitrag zur Unternehmenskultur. Ein erarbeitetes Leitbild muss daher am Ende der Planungsphase umgesetzt werden. Daher sollte schon frühzeitig ein Katalog mit Umsetzungsmaßnahmen verabschiedet werden. Dazu ist die Kommunikation mit allen Beschäftigten notwendig, um sowohl Mitarbeiter als auch Führungskräfte für das Leitbild zu begeistern. Es bedarf daher einer Maßnahmenliste mit genauer Projektplanung, wann welche Maßnahmen mit welchen Ressourcen umgesetzt und die nötigen Controllingmaßnahmen eingeleitet werden. Hierbei sind folgende (organisatorische) Voraussetzungen von entscheidender Bedeutung:

- Bestimmung von Vertrauenspersonen (Multiplikatoren),
- Festlegung von verantwortlichen Ansprechpartnern und
- übersichtliche Gestaltung.

Gerade die Umsetzung wird häufig als „Schwachstelle" im Prozess der Leitbildgestaltung gesehen. Eine adäquate Umsetzung des Leitbildes kann daher nur dann erfolgreich praktiziert werden, wenn alle Prozesse im Unternehmen sich danach ausrichten und die Führungskräfte als Vorbild fungieren. Für eine effektive Leitbildumsetzung ist eine gewisse Kontrolle notwendig. Sie ist ein Garant dafür, die Glaubwürdigkeit des Unternehmensleitbildes und das ernsthafte Bemühen nach Verwirklichung sicherzustellen. Eine Mischung aus Kontrolle und Leistungsbeurteilung der Mitarbeiter hat sich in der Praxis bewährt. Erfolgen grobe Verstöße gegen die Inhalte des Leitbildes, so sollten diese auch Strafen bzw. Konsequenzen nach sich ziehen. Aufgrund der Vorbildfunktion, die den Führungskräften bei der Leitbildumsetzung zukommt, ist die Überprüfung des leitbildkonformen Führungsverhaltens unerlässlich. Durch eine gesonderte Evaluation der Führungsgrundsätze kann sichergestellt werden, dass die Mitarbeiter situativ, aber in der Wertehaltung homogen und berechenbar geführt werden, wobei der Schwerpunkt speziell auf dem Verhalten und weniger der operativen Zielerreichung der Führungskräfte liegt.

2.3 Strategieentwicklung

2.3.1 Bedeutung der Strategie

Von Vision und Leitbild wird die Strategie abgeleitet. Sie beschreibt im Detail, über welche Mittel, Wege und Maßnahmen die entsprechenden Ziele erreicht werden sollen. Der Begriff „Strategie“ kommt dabei vom Griechischen „strategos“ – Heeresführer und bedeutet, aufgrund vorausschauender Antizipation des Handelns des Gegners sowie äußerer Einflüsse eine eigene Handlungsweise zu definieren, die Vorteile im Hinblick auf die Erreichung angestrebter Ziele verspricht. Die aus dem Mittelalter stammenden Ausführungen zur Strategie von Niccolò Machiavelli (1469-1527) in dessen Werk „Il Principe“ („Der Fürst“) finden auch heute noch in Unternehmen und Universitäten im Rahmen strategischer Überlegungen Berücksichtigung. Ebenso hat die Definition des Begriffs, die der preußische General Carl von Clausewitz (1780-1831) in seinem Buch „Vom Kriege“ bis heute nichts an Aktualität eingebüßt, wenn man die militärischen Begrifflichkeiten auf das Wirtschaftsleben überträgt:

„Strategie ist die Kunst der Kriegsführung zum Gewinnen des Kriegszieles. Sie bestimmt den Plan, entwickelt die Alternativen und steuert die Durchführung.“ (Carl von Clausewitz)

Die Beschäftigung mit der Suche nach der optimalen Strategie (strategisches Management) ist seit den 50er Jahren ein wichtiges Thema der Betriebswirtschaftslehre. Dabei ist der militärische Hintergrund nicht vergessen worden, wenn man sich einmal die Strategiedefinition von Harry Igor Ansoff anschaut, der sich als einer der ersten mit der Strategie von privatwirtschaftlichen Unternehmen beschäftigt hat:

„Strategien sind Maßnahmen zur Sicherung des langfristigen Unternehmenserfolges.“ (Harry Igor Ansoff 1965)

Diese Definition verdeutlicht eindrucksvoll den Zusammenhang zwischen Zielen, Plänen und Strategien. Während die Ziele auf die Fragen „Wo wollen wir hin bzw. was wollen wir machen?“ eine Antwort suchen, beantwortet die Entwicklung einer geeigneten Strategie die Frage: „Wie erreichen wir das angestrebte Ziel?“ Grundsätzlich zielt das strategische Management darauf ab, über die antizipierende Beobachtung von Wettbewerbern, Märkten und des eigenen Unternehmens Wettbewerbsvorteile auszumachen und zu realisieren. Dies soll dem Unternehmen ermöglichen, dauerhaft besser als die Konkurrenz zu sein.

Allerdings besteht über die Schwerpunkte bezüglich der Vorgehensweise keine Einigkeit. Während Michael E. Porter feststellt, dass ein Unternehmen nur dann der Konkurrenz überlegen sein kann, wenn es sich mit unverwechselbaren Merkmalen hervorhebt, sehen C.K. Prahalad und Gary Hamel eher die Verknüpfung unternehmensinterner Vorgänge als Schwerpunkt des strategischen Managements an. Diese bezeichnen sie als **Kern-**

kompetenzen, d.h. „the skills that enable a firm to deliver a fundamental customer benefit”[23]. Welchen Ansatz man nun wählt, muss als „Glaubensfrage” bezeichnet werden. Tatsache ist, dass der Ansatz von *Porter* um einiges älter ist und daher einen größeren Bekanntheitsgrad besitzt. Demgegenüber weisen *Prahalad/Hamel* einen stärken Bezug zur Gegenwart auf, weil sie Phänomene berücksichtigen konnten, die bei der Entwicklung von *Porters* Ansatz noch unbekannt waren. Den Zusammenhang zwischen den Kernkompetenzen und den Endprodukten, in denen sie sich realisieren, verdeutlicht Abb. 13 am Beispiel eines Pharmaunternehmens. In diesem Beispiel besteht die Kernkompetenz des Unternehmens in der biotechnologischen Produktion (Fermentation). Mit diesem Know-how können jedoch Kernprodukte hergestellt werden, die sich in unterschiedlichen Geschäftseinheiten des Unternehmens verwenden lassen.

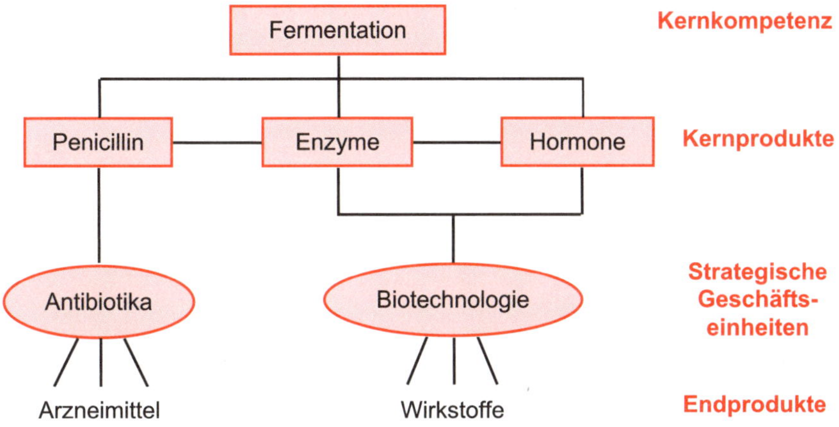

Abb. 13. Kernkompetenzen eines Pharmaunternehmens[24]

Michael Porter (geb. 1947) ist Professor für Wirtschaftswissenschaft an der Harvard University und einer der führenden Ökonomen auf dem Gebiet des strategischen Managements. *Porter* genießt im Bereich des strategischen Managements sowohl in der wissenschaftlichen Diskussion wie in der Unternehmenspraxis ein hohes Ansehen. Er gilt als Pionier und unermüdlicher Autor, der strategisches Management auf eine wissenschaftliche Grundlage gestellt hat, indem er auf Basis der sogenannten Industrieökonomie einen konsistenten Ansatz entwickelt hat und durch viele Veröffentlichungen immer wieder neue Ideen in die Diskussion eingebracht hat. Das Hauptinteresse seiner Arbeiten ist zu erklären, wie Firmen oder Regionen Wettbewerbsvorteile erlangen können. Zwei seiner Forschungsergebnisse haben besondere praktische Bedeutung: die Wertschöpfungskette (value chain), die den Produktionsprozess eines Unternehmens in Form eines Blockpfeils darstellt, und die Kategorisierung der Wettbewerbsintensität durch fünf Kräfte

[23] Prahalad/Hamel (1990). Vgl. hierzu auch Porter (1996).
[24] Quelle: Hinterhuber (1996), S. 72.

(five forces). *Porter* gilt dabei als Begründer der Theorie der Schaffung von Wettbewerbsvorteilen durch Clusterbildung im regionalen Kontext.

Im Rahmen der Managementlehre unterscheidet man zwischen dem strategischen und dem operativen Management. **Strategisches Management** trifft Entscheidungen über zukünftiges Handeln. **Operatives Management** dagegen regelt den optimalen Ablauf des ausführenden Geschäfts. Somit werden im strategischen Management Grundsatzentscheidungen über die zukünftige Positionierung des Unternehmens getroffen, welche im Rahmen des operativen Managements in die Realität umgesetzt werden müssen. Strategisches Management bezieht sich somit auf die Zukunft, während operatives Management mit der Gegenwart verknüpft ist. Im Folgenden soll der Ansatz *Porters* dargestellt werden.

Ziel der Strategie ist die langfristige Sicherung der Existenz und der Rentabilität des Unternehmens im Wettbewerb. Für die Unternehmensleitung ergeben sich dadurch immer wieder zwei grundsätzliche Fragen:

(1) Kann das Unternehmen mit den aktuellen Geschäftsbereichen und seinem Wettbewerbskonzept auch in Zukunft erfolgreich konkurrieren?

(2) Müssen in Zukunft rentablere Geschäftsbereiche gesucht bzw. bessere Wettbewerbskonzepte entwickelt werden?

Die Strategie gliedert sich typischerweise in die **Unternehmensstrategie** und die einzelnen **Geschäftsstrategien**. *Porter* erläutert den Zusammenhang zwischen der Unternehmensstrategie (corporate strategy) und den Geschäftsstrategien (business unit strategy) wie folgt: „A diversified company has two levels of strategy: business unit (or competitive) strategy and corporate (or companywide) strategy. Competitive strategy concerns how to create competitive advantage of each of the business in which a company competes. Corporate strategy concerns two different questions: what business the corporation should be in and how the corporate office should manage the array of business units."[25]

Die Strategie besitzt somit drei grundlegende Elemente:

1. Unternehmensstrategie (Corporate Strategy)
2. Geschäfts(bereichs)strategie (Business Unit Strategy)
3. Funktionale Strategie (Functional Strategy)

Allerdings fällt eine sinnvolle Strategie nicht gleichsam vom Himmel, sondern muss vom Management entwickelt werden. Eine solche Strategieplanung basiert dabei zum einen auf der Analyse der Umweltsituation und zum anderen auf der Analyse der internen Möglichkeiten und Grenzen des Unternehmens. Abb. 14 verdeutlicht den strategischen Planungsprozess, d.h. die Vorgehensweise der Strategieplanung mit ihren einzelnen Elementen und Stufen.

---

[25] Porter (1987), S. 43.

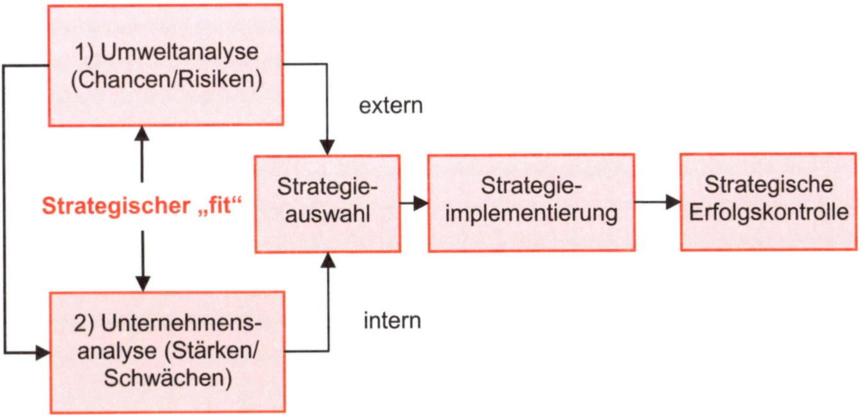

Abb. 14. Vorgehensweise bei der Strategieplanung[26]

Der strategische Planungsprozess besteht demnach aus den folgenden Einzelschritten:

(1) Umweltanalyse: Erkunden des externen Umfelds der Unternehmung (Chancen/Risiken)
(2) Unternehmensanalyse: Prüft die interne Ressourcensituation (Stärken/Schwächen)
(3) Strategieauswahl: Bewertung und Auswahl der besten Strategie
(4) Implementierung: Strategisches Management
(5) Kontrolle: Ständige Registrierung und Signalisierung von Veränderungsnotwendigkeiten

Im Folgenden soll zunächst auf den Inhalt der einzelnen Strategieebenen und die Grundlagen der Strategieauswahl eingegangen werden, bevor im folgenden Kapitel Instrumente für die Umwelt- und Unternehmensanalyse dargestellt werden. In der Praxis würde man natürlich umgekehrt verfahren, d.h. zuerst analysieren und dann eine geeignete Strategie entwickeln; in einem Lehrbuch sollte man jedoch erst die Grundlagen kennenlernen. Die Instrumente der Strategieimplementierung und der strategischen Erfolgskontrolle sind vorwiegend quantitativer Natur und werden daher in den Kapiteln am Ende des Buches behandelt.

---

[26] In Anlehnung an: Steinmann/Schreyögg (1993), S. 151 f.

2.3.2 Unternehmensstrategie

In der Unternehmensstrategie (corporate strategy) geht es um die Wahl der Geschäftsfelder, die Festlegung der Ziele pro Geschäftsfeld und die Bestimmung der Rangfolge der Geschäftsfelder.

Es muss also ein optimales Portfolio an strategischen Geschäftsfeldern (SGF, engl. strategic business areas, SBA) zusammengestellt werden.

Als **strategisches Geschäftsfeld (SGF)** bezeichnet man Planungseinheiten des Unternehmens, welche nicht aus seiner internen Perspektive, sondern aus Sicht der Kunden bzw. des Marktes über die Kriterien der eigenständigen Marktaufgabe und Identifizierbarkeit von Wettbewerbern abgegrenzt werden. Strategische Geschäftsfelder sind somit vereinfacht gesagt Produkt-Markt-Kombinationen (welche Produkte für welche Märkte?). Die genauen Abgrenzungskriterien werden jeweils unterschiedlich definiert, beziehen jedoch immer Produktmerkmale, Marktmerkmale und Unternehmensmerkmale mit ein. *Bea/Haas* empfehlen die Verwendung von fünf Kriterien:[27]

1. Technologie
2. Produkt
3. Problemlösung
4. Wettbewerber
5. Nachfrager

Solche abgegrenzten Geschäftsfelder ermöglichen es, die komplexe Unternehmensumwelt in überschaubare Segmente zu gliedern, für die jeweils festgelegt werden kann, wie sie zu bearbeiten sind. Der holländische Philips-Konzern hat die Geschäftsfelder Unterhaltungselektronik, Komponenten, Beleuchtung, Halbleiter, professionelle Geräte und Systeme, Medizintechnik, Haushaltsgeräte und EDV-Dienstleistungen. Bei einem Getränkehersteller mit den Geschäftsfeldern „Bier" und „alkoholfreie Getränke" wird deutlich, dass sich diese insbesondere durch die Nachfrager unterscheiden, wohingegen die Produktionstechnologie für alkoholfreies Bier die gleiche ist. Der Begriff des strategischen Geschäftsfelds darf jedoch nicht mit dem der **strategischen Geschäftseinheit** (SGE, strategic business unit, SBU) verwechselt werden.

Die **strategische Geschäftseinheit (SGE)** stellt kein umweltorientiertes Planungskonzept dar, sondern ist eine Organisationseinheit des Unternehmens. Der Umweltsegmentierung ist also eine Unternehmenssegmentierung gegenüberzustellen. Eine SGE kann also eine oder mehrere SGF bearbeiten. Der Vorteil dieser unterschiedlichen Abgrenzung liegt in der besseren Übersichtlichkeit (Komplexitätsreduktion), in der höheren Flexibilität und in Motivationseffekten durch höhere Eigenverantwortlichkeit. Die strategische Geschäftseinheit kann – muss aber nicht – Grundlage der Organisationsstruktur des Unternehmens sein.

---

[27] Bea/Haas (2005), S. 142. Vgl. auch Müller-Stewens/Lechner (2005), S. 158-171.

Abb. 15 verdeutlicht den Zusammenhang zwischen Markt, SGF und SGE.

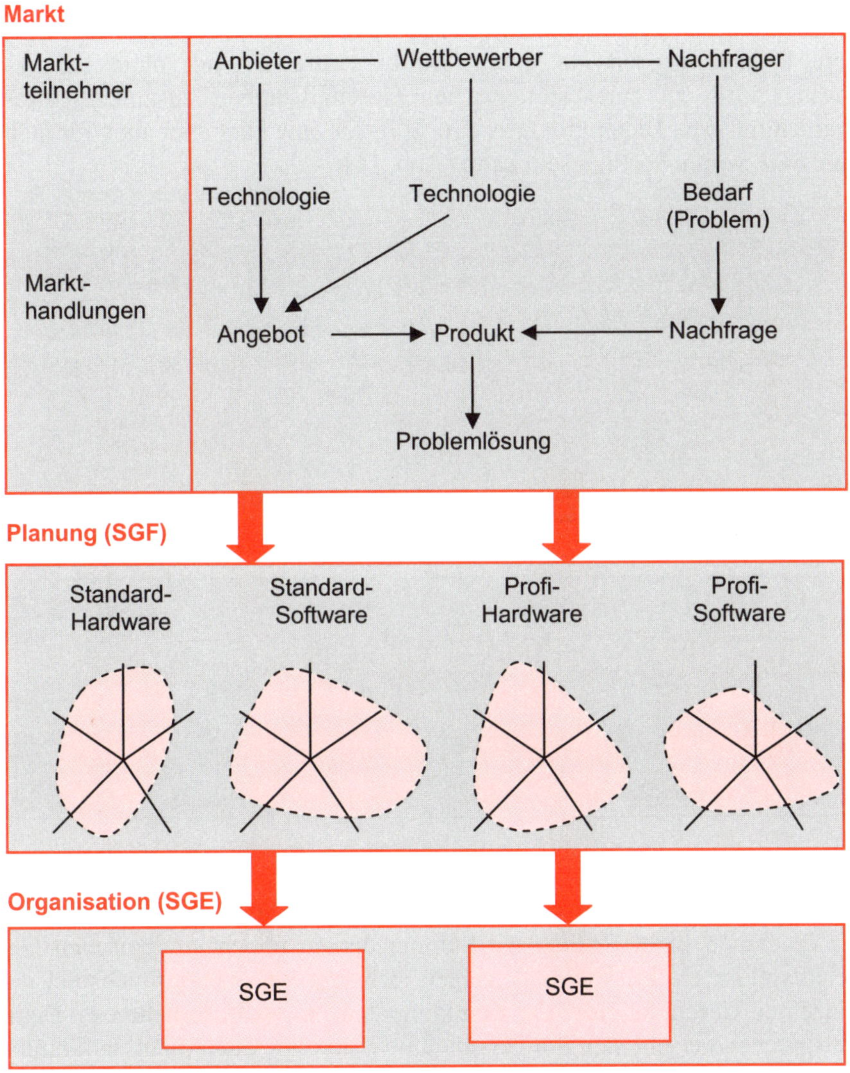

Abb. 15. Zusammenhang zwischen Markt, SGF und SGE am Beispiel PC[28]

Im vorliegenden Beispiel bietet das Unternehmen Hardware und Software an (Produkt). Diese können sich beispielsweise auf Lohnbuchhaltung und Kostenrechnung beziehen (Problemlösung) und im Standard- oder im Profisegment angesiedelt sein (Technologie). Wettbewerber und Nachfrager bestimmen schließlich die Wettbewerbsintensität und die Anforderungen.

[28] Quelle: Bea/Haas (2005), S. 145.

Wichtig ist allerdings das Verständnis der unterschiedlichen Sichtweisen, da hierbei ein Produkt bzw. eine Produktgruppe auf verschiedenen Märkten vertreten sein kann und daher mehreren strategischen Geschäftseinheiten angehören kann. Auf der anderen Seite ist es möglich, dass mehrere Produktgruppen auf einem Markt vertreten sind, ohne dass sie zwangsläufig zu einer strategischen Geschäftseinheit zusammengefasst werden müssen. Dabei gilt, dass eine SGE für eine oder aber auch für mehrere SGF verantwortlich sein kann (Abb. 16).

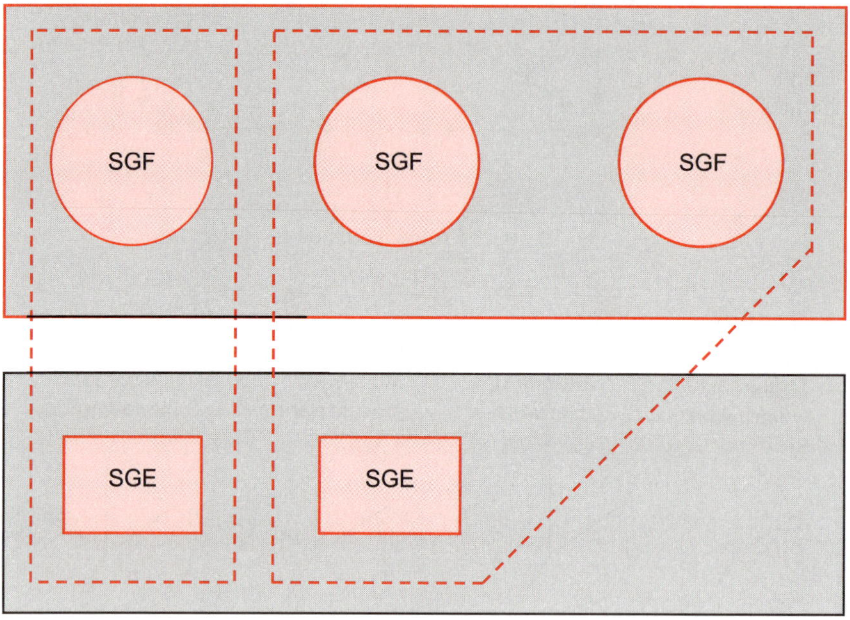

Abb. 16. Beziehung zwischen SGF und SGE[29]

Grundlage der Unternehmensstrategie ist dabei der Gedanke, dass sich das Unternehmen nicht einfach als Summe der einzelnen strategischen Geschäftsfelder ergibt. Vielmehr zeigen sich erst beim Zusammenspiel der einzelnen Geschäftsfelder die Kernkompetenzen des Unternehmens. Dementsprechend ergibt sich die Unternehmensstrategie auch nicht als Summe der einzelnen SGF-Strategien. Ein Unternehmen besitzt neben der Stellung im Wettbewerb unzählige weitere Potenziale, welche bei einer einseitigen Wettbewerbsorientierung nicht ausgeschöpft würden. Damit kommt der Unternehmensstrategie die Aufgabe zu, das optimale Portfolio an strategischen Geschäftsfeldern so zu gestalten, dass die Ziele der Anteilseigner des Unternehmens (typischerweise eine Marktwertsteigerung) erreicht werden. Damit muss bei der Festlegung des Portfolios an strategischen Geschäftsfeldern vom aktuellen Bestand ausgegangen werden. Allerdings

[29] Quelle: Bea/Haas (2005), S. 146.

darf es nicht zu einer Festschreibung des *status quo* kommen, vielmehr ist die Zusammensetzung laufend auf ihre Vorteilhaftigkeit zu untersuchen. Sofern also das aktuelle Portfolio eine Wertsteigerung verhindert, ist eine Restrukturierung des Portfolios über eine entsprechende Unternehmensstrategie unvermeidbar. Für diese Anpassung des Portfolios besteht aus Sicht des Unternehmens eine breite Palette an Möglichkeiten, die nach ihrer organisatorischen Form in strategische Allianzen, Desinvestitionen, interner Aufbau von Geschäften oder Unternehmenskäufen und Fusionen unterschieden werden können. Der Zusammenhang zwischen Vision, Geschäftsfeld- und Unternehmensstrategie wird in Abb. 17 verdeutlicht.

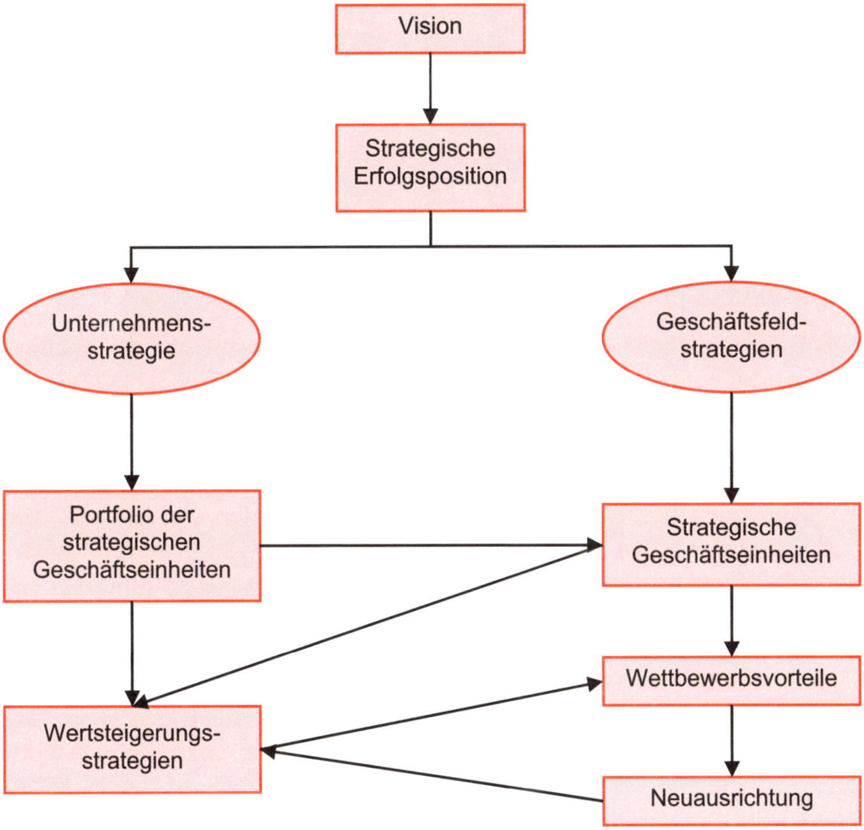

Abb. 17. Zusammenhang zwischen Vision und Strategie[30]

Die Geschäftsfeldstrategie beschränkt sich dabei nicht nur auf die Erarbeitung von Wettbewerbsmaßnahmen in Güter- und Dienstleistungsmärkten zur Erzielung nachhaltiger Wettbewerbsvorteile, wie auch die Unternehmensstrategie nicht unabhängig von den strategischen Geschäftseinheiten gesehen werden kann. Vielmehr bestehen zwischen allen Strategieebenen

[30] In Anlehnung an Gomez/Weber (1989), S. 18.

Interdependenzen, die sich letztlich über die übergeordnete Zielsetzung der Unternehmenswertsteigerung manifestieren.

So allgemein, wie die bisherigen Ausführungen zur Unternehmensstrategie bisher geblieben sind, hört sich die Aufgabe der Entwicklung einer Unternehmensstrategie recht einfach an. Aber gerade die Frage, wie sich ein optimales Portfolio zusammenstellen lässt und welche Kriterien für die Auswahl einzelner strategischer Geschäftseinheiten anzulegen sind, stellt in der Praxis das größte Problem dar. Letztendlich kann diese Aufgabe dem Manager nicht durch irgendwelche Konzepte abgenommen werden, weshalb an dieser Stelle darauf verzichtet werden soll, diese Konzepte darzustellen. Es existieren lediglich Analyseinstrumente, welche den Entscheidungsträger bei der Lösung dieser Aufgabe unterstützen sollen. Diese Analyseinstrumente werden im folgenden Kapitel im Rahmen der Analyse von Markt, Kunden und Konkurrenten dargestellt.

2.3.3 Geschäftsstrategien

Die Geschäftsstrategie (Business Unit Strategy) beantwortet die Frage „Wie wollen wir den Wettbewerb in diesem Geschäftsbereich/SGE bestreiten?“

Die einzelnen Geschäftsstrategien zielen also darauf ab, die Wettbewerbsvorteile der strategischen Geschäftseinheiten zu entwickeln und aufzubauen. Nach *Porter* gelingt dies durch die Auswahl einer der Grundtypen der **Wettbewerbsstrategie** und durch die **angestrebten Wettbewerbsvorteile**. Die Wettbewerbsstrategie entscheidet, wie der Wettbewerb in einem ganz bestimmten Geschäftsbereich bestritten werden soll. Die Bedingungen in den einzelnen Geschäftsbereichen können sehr unterschiedlich sein, so dass jeweils eine spezielle Strategie erforderlich ist. Unternehmen mit mehreren Geschäftsbereichen können also ganz unterschiedliche Wettbewerbsstrategien verfolgen.

Der **Wettbewerbsvorteil** findet seinen Ausdruck in einem höheren Wert der Unternehmensleistung für den Kunden, nämlich den Wert, den die Kunden für das Produkt oder die Dienstleistung unter Berücksichtigung des Preis-Leistungs-Verhältnisses der Konkurrenz zu zahlen bereit sind (Abb. 18). Die Wettbewerbsvorteile ergeben sich dabei durch Schaffung einer einzigartigen „singulären“ **Anbieterposition (Unique Selling Proposition, USP)** aus Sicht der Kunden. Dieser Wettbewerbsvorteil stellt nur dann auch einen strategischen Wettbewerbsvorteil dar, wenn er sich auf eine für den Kunden wichtige Produktkomponente bezieht, vom Kunden wahrgenommen wird und gegenüber Nachahmung geschützt werden kann.

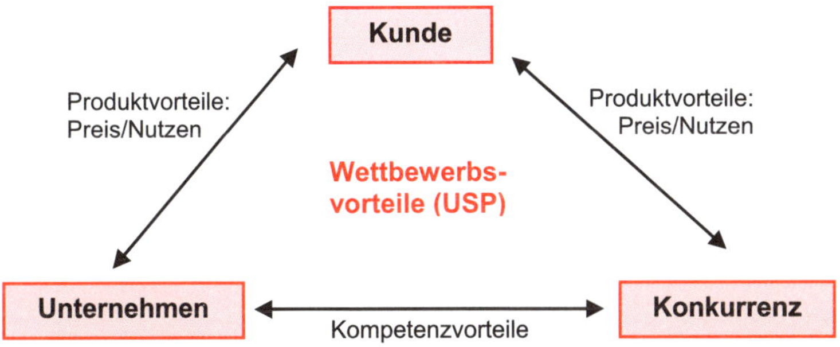

Abb. 18. Strategisches Dreieck nach *Ohmae*[31]

Beispiele für aktuelle Wettbewerbsvorteile bietet Tab. 7.

Tab. 7. Beispiele von Stärken als Quelle von Wettbewerbsvorteilen

Deutsche Telekom	Marktführer, Technologieführer
Beiersdorf	Markenname (Nivea)
SAP	Innovationskraft
Boss	Firmenimage
Allianz	Qualität des Distributionssystems
Aldi	Preisniveau
Ikea	Kundenbindung

Quelle: Bea/Haas (2005), S. 121.

Die drei nach *Porter* einzig möglichen Wettbewerbsstrategien unterscheiden sich dabei danach, welcher strategische Vorteil angestrebt wird und wie groß der ins Auge gefasste Markt ist (Tab. 8).

Mit der strategischen Ausrichtung anhand der **Kostenführerschaft** verfolgt ein Unternehmen das Ziel, durch konsequente Nutzung von Kostenvorteilen der kostengünstigste Anbieter innerhalb einer Branche zu werden.

Voraussetzung hierfür ist allerdings ein relativ großer Marktanteil und eine weitgehende Standardisierung zur Ausschöpfung von Degressions- und Erfahrungskurveneffekten. Diese beschreiben den Effekt, von sinkenden Stückkosten bei steigender kumulierter Ausbringungsmenge, der vornehmlich auf individuelle Lerneffekte durch Übung, organisatorische Verbesserung und effizienterer Nutzung von Betriebsmitteln zurückzuführen ist (s. Kasten „Dell“). Nutzen alle Anbieter die Erfahrungskurve eines Pro-

[31] In Anlehnung an: Ohmae (1982), S. 72.

duktes optimal aus, so bestimmt der relative Marktanteil die relative Kostenposition eines Unternehmens. Somit verfügt das Unternehmen mit dem größten relativen Marktanteil über die größte potenzielle Gewinnspanne.

Tab. 8. Wettbewerbsstrategien nach Porter

	Strategischer Vorteil	
	Singularität aus Sicht des Käufers	Kostenvorsprung
Branchenweit	Differenzierung	Umfassende Kostenführerschaft
Beschränkung auf ein Segment	Nischenstrategie (Konzentration auf Schwerpunkte)	

Dell

Das Unternehmen Dell hat mit dem Direktvertrieb in den 1980er Jahren für eine Umwälzung in der Computerbranche gesorgt. Zu diesem Zeitpunkt waren Computer teuer und vor allem in den Rechenzentren der Unternehmen zu finden. Mit geringeren Kosten und damit günstigeren Preise wollte der 19jährige Unternehmensgründer Michael Dell, der wegen seines Vorhabens das Medizinstudium an der University of Texas in Austin abgebrochen hatte, Computer zu einem Produkt für die Massen machen. Im Mittelpunkt seines Ansatzes stand die Idee, dass die Produkte von Dell ohne Einsatz zusätzlicher Verkaufsstufen über Telefon, Fax und später insbesondere über das Internet verkauft werden. Jedoch handelt es sich bei den Produkten nicht um billige Massenware, vielmehr hat der Kunde die Wahl zwischen verschiedenen individuellen Konfigurationen. Weil es Dell gelungen ist, ein virtuelles Wertschöpfungsnetzwerk zu schaffen, in dem die Mitarbeiter jederzeit über Kunden und Aufträge informiert sind und die Lagerbestände minimiert werden können, können die Kosten niedrig gehalten werden, was im Vergleich zur Konkurrenz zu einem deutlichen Preisvorteil führt. Erst der Auftrag eines Kunden führt zur Produktion des bestellten Computers. Mit seinem Direktvertriebsmodell hatte Dell anfangs um 15% günstiger anbieten können als die Konkurrenz. Schon im ersten Geschäftsjahr erwirtschaftete das Unternehmen einen Umsatz von 6 Mio. US-Dollar.

Bei der **Differenzierungsstrategie** ist ein Unternehmen danach bestrebt, in einigen, bei den Abnehmern hoch bewerteten Dimensionen in seiner Branche sich von den Angeboten der Konkurrenten abzuheben und etwas Einzigartiges zu schaffen, wodurch der Kostenfaktor seine Bedeutung verliert.

Die Wettbewerbsvorteile bestehen aus Kundensicht unabhängig vom Produktpreis. Vorteilhaft ist hierbei die Tatsache, dass durch die Einzigartigkeit des Produktes und damit verbundenen Kundenloyalität Markteintrittsbarrieren geschaffen werden, andererseits die Strategie aber auch mit einem hohen Aufwand verbunden ist, was letztlich den höheren Preis rechtfertigt. Die Produktpräferenzen müssen sich dabei nicht unbedingt auf tatsächliche Eigenschaften des Produkts oder der Dienstleistung beziehen, sondern können auch imaginär, also etwa durch Werbemaßnahmen vorgespiegelt sein. Der USP kann sich grundsätzlich in den folgenden Bereichen ergeben:

- **Qualitätsführerschaft**: Mit ausgefeilten Qualitätsmanagement-Techniken (Total Quality Management) kann eine hohe Qualität der Produkte sichergestellt werden (z.B. Toyota).
- **Technologieführerschaft oder Innovationsorientierung**: Mit ständigen Neuentwicklungen können die „Technikfreaks" der Kunden befriedigt werden, welche ständig auf der Suche nach Neuem sind (z.B. Nintendo, Sony).
- **Zeitführerschaft**: Auch durch die Ausschöpfung von temporären Monopolen können Kunden an die Produkte des Unternehmens gebunden werden. Voraussetzung ist dabei eine beschleunigte Produktentwicklung und -einführung, welche durch Maßnahmen wie Simultaneous Engineering und Zeitmanagement erreicht werden kann, wie sie im Bereich der Softwareentwicklung üblich sind (z.B. Microsoft).
- **Kundenorientierung**: Eine solche Ausrichtung an individuellen Kundenbedürfnissen kann durch Produktindividualisierung und enge Anbieter/Nachfrager-Kooperation geschaffen werden.
- **Imageführerschaft**: Die Imageführerschaft bietet sich auf reifen und gesättigten Märkten wie etwa den Konsumgütern an (z.B. Marlboro, Bacardi).

Die Strategie der **Konzentration auf Schwerpunkte (Nischenstrategie)** zeichnet sich vor allem durch die gezielte Beschränkung auf ein Marktsegment oder Teile des Produktprogramms (Nische) aus.

Die Unternehmen widmen sich hierbei Marktnischen, die sie durch Spezialisierung gewinnbringend bearbeiten können und die von Konkurrenten entweder übersehen oder vernachlässigt wurden. Durch dauerhafte Kostenführerschaft (Kostenschwerpunkt) und/oder Differenzierung (Differenzierungsschwerpunkt) können dabei Wettbewerbsvorteile entstehen.

Als Nischen kommen vor allem in Betracht:

- **personelle Konzentration** auf Kundengruppen (Autofahrer über 60 Jahre);
- **sachliche Konzentration** auf Teile des potenziellen Produktprogramms (z.B. Maserati mit hochpreisigen Sportwagen);
- **räumliche Konzentration** auf geographisch abgegrenzte Märkte (z.B. Demarkationsverträge der Energieversorgungsunternehmen vor der Liberalisierung des Strommarktes im Jahr 1998).

Wichtig ist dabei, dass die Nischenstrategie keine vollkommen eigenständige Wettbewerbsstrategie darstellt, sondern vielmehr ein Abkömmling von Kostenführerschafts- und Differenzierungsstrategie mit der Anwendung auf ein Branchensegment ist. Sie ist gefährlich in dem Sinne, dass der Wettbewerbsvorteil nur darin besteht, dass es keine oder nur wenige Wettbewerber gibt. Sofern ein weiterer Wettbewerber in die Nische eintritt, ist dieser Wettbewerbsvorteil dahin.

Kerngedanke von *Porters* Analyse der Wettbewerbsstrategie ist es, dass langfristig nur die drei genannten Wettbewerbsstrategien erfolgreich sein können. *Porter* verdeutlicht dies mit der sogenannten **U-Kurve**, in der die (Eigenkapital-)Rentabilität mit dem Marktanteil in ein Koordinatensystem eingetragen wird (Abb. 19). Wie die Abbildung verdeutlicht, sind laut *Porter* nur Wettbewerbsstrategien mit relativ kleinen (Differenzierungs- und Nischenstrategie) oder relativ großen Marktanteilen (Kostenführerschaftsstrategie) rentabel. Nach *Porter* ist die Position „zwischen den Stühlen" („Don't get stuck in the middle!") unbedingt zu vermeiden, weil sich aufgrund der U-Kurve bei mittleren Marktanteilen die rentabilitätsträchtigen Wettbewerbsvorteile der drei Strategietypen nicht erreichen lassen. Die Abbildung verdeutlicht weiterhin, dass sich die drei Strategietypen gegenseitig ausschließen und nicht kombiniert werden können.

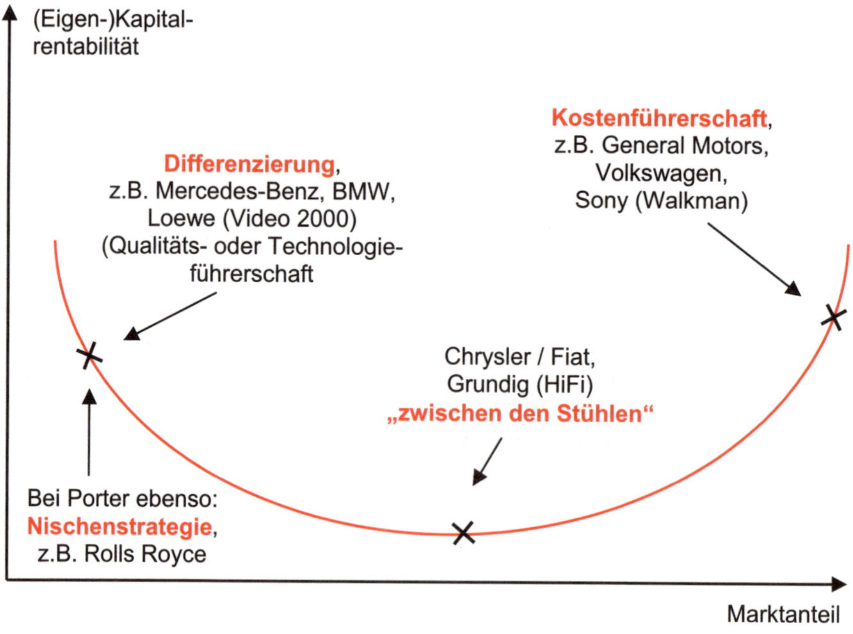

Abb. 19. Porters U-Kurve mit historischen Beispielen[32]

[32] Quelle: Porter (1991), S. 81.

Auch hier erleichtert das von *Porter* ausformulierte Konzept zwar die analytische Strukturierung der Managementaufgabe. Sie bietet aber selbst keine Lösung an. Wie bei der Unternehmensstrategie bleibt dem Entscheidungsträger dabei nur der Rückgriff auf Analyseinstrumente, welche den Blick für die tatsächlichen Zusammenhänge seines Geschäfts schärfen. Ein unverzichtbares Analyseinstrument stellt dabei die im folgenden Kapitel darzustellende Wettbewerbsanalyse nach Porter dar, mit der die Branchenstruktur und dabei insbesondere die Wettbewerbskräfte ermittelt werden können. Je nach Ausprägung der Wettbewerbskräfte und der Kernkompetenzen des Unternehmens ist anschließend zu entscheiden, welche Wettbewerbsstrategie zu wählen ist. Tab. 9 bietet einen Überblick, welche Anforderungen dabei in Bezug auf Fähigkeiten und Mittel sowie auf die Organisation des Unternehmens zu beachten sind.

Tab. 9. Anforderung der Wettbewerbsstrategien

Strategietyp	Gewöhnlich erforderliche Fähigkeiten und Mittel	Übliche organisatorische Anforderungen
Kosten-führerschaft	Hohe Investitionen und Zugang zu Kapital Verfahrensinnovationen und Verfahrensverbesserungen Intensive Beaufsichtigung der Arbeitskräfte Produkte, die im Hinblick auf einfache Herstellung entworfen sind Kostengünstiges Vertriebssystem	Intensive Kostenkontrolle Klar gegliederte Organisation und Verantwortlichkeiten Anreizsystem, das auf der strikten Erfüllung der quantitativen Ziele beruht
Differen-zierung	Gute Marketingfähigkeiten Produktentwicklung Kreativität Umfassendes Qualitätsmanagement Lange Branchentradition Enge Kooperation mit Beschaffungs- und Vertriebskanälen	Strenge Koordination von Tätigkeiten in den Bereichen Forschung und Entwicklung, Produktentwicklung und Marketing Subjektive Bewertungen und Anreize anstelle von quantitativen Kriterien Anreizsystem, welches kreative und hochqualifizierte Arbeitskräfte anzieht
Nische	Kombination der oben genannten Maßnahmen, gerichtet auf das bestimmte strategische Zielobjekt	Kombination der oben genannten Maßnahmen, gerichtet auf das bestimmte strategische Zielobjekt

Aufgrund der deutlichen Unterschiede zwischen den Anforderungen der Strategietypen postuliert *Porter*, dass es kaum möglich sei, im Zeitablauf von einer Wettbewerbsstrategie auf eine andere zu wechseln. Abschließend soll darauf hingewiesen werden, dass das Konzept *Porters* in der Wissenschaft nicht unumstritten ist und zahlreiche Inkonsistenzen aufweist. Diese Kritik gehört aber nicht in ein einführendes Lehrbuch, insoweit wird auf die am Ende des Kapitels empfohlene ergänzende Literatur verwiesen.

2.3.4 Funktionale Strategien

Wie bereits erläutert wurde, ist letztlich auf die Umsetzung der entwickelten Strategien zu achten.

Um eine solche Umsetzung in allen Teilbereichen des Unternehmens sicherzustellen, ist für wichtige Funktionen im Unternehmen (Forschung und Entwicklung, Produktion, Marketing, Personalwesen etc.) eine eigene **funktionale Strategie (Functional Strategy)** abzuleiten.

Beispielsweise ist bei einer Wettbewerbsstrategie der Differenzierung flankierend eine entsprechende Marketingstrategie zu entwickeln, um die Kunden von der Unique Selling Proposition zu überzeugen. Darüber hinaus sind eine Personalstrategie und eine Forschungs- und Entwicklungsstrategie erforderlich, um bei hochtechnologischen Produkten die Weiterentwicklung bei Technologieführerschaft zu gewährleisten. Demgegenüber erfordert die Strategie der Kostenführerschaft eine Logistik- und eine Beschaffungsstrategie, welche für die kostengünstige Produktion unverzichtbar sind.

Allerdings können auch die funktionalen Strategien nicht isoliert voneinander geplant werden, da auch bei ihnen Interdependenzen zu berücksichtigen sind. Abb. 20 verdeutlicht diesen Zusammenhang und nennt die wichtigsten Funktionen: Marketing, Forschung und Entwicklung, Produktion, Beschaffung und Personal.

Entsprechend ist für jeden Geschäftsbereich eine Marketingstrategie, eine F&E-Strategie, eine Produktionsstrategie, eine Beschaffungsstrategie und eine Personalstrategie zu formulieren. Abb. 21[33] verdeutlicht den Zusammenhang am Beispiel des Geschäftsbereichs Industrieanlagenbau.

[33] Quelle: Hinterhuber (1997), S. 6.

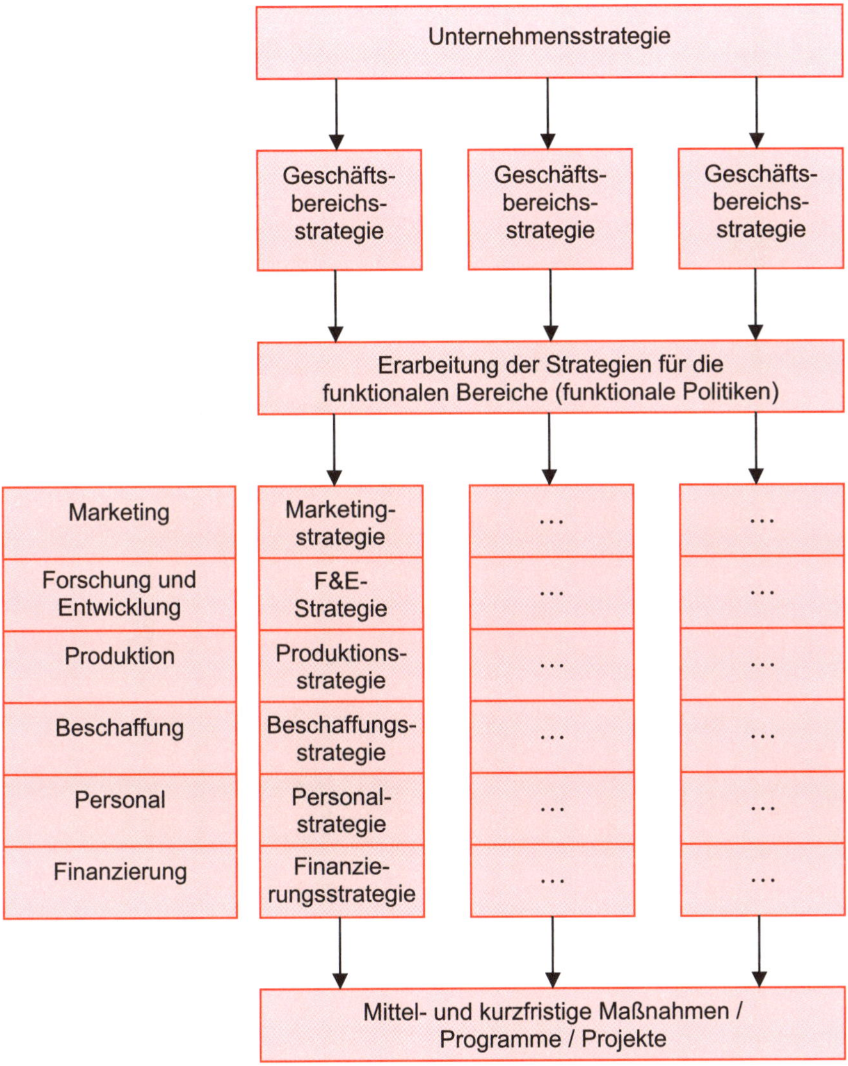

Abb. 20. Unternehmens-, Geschäfts- und funktionale Strategien[34]

[34] In Anlehnung an: Welge/Al-Laham (2003), S. 410.

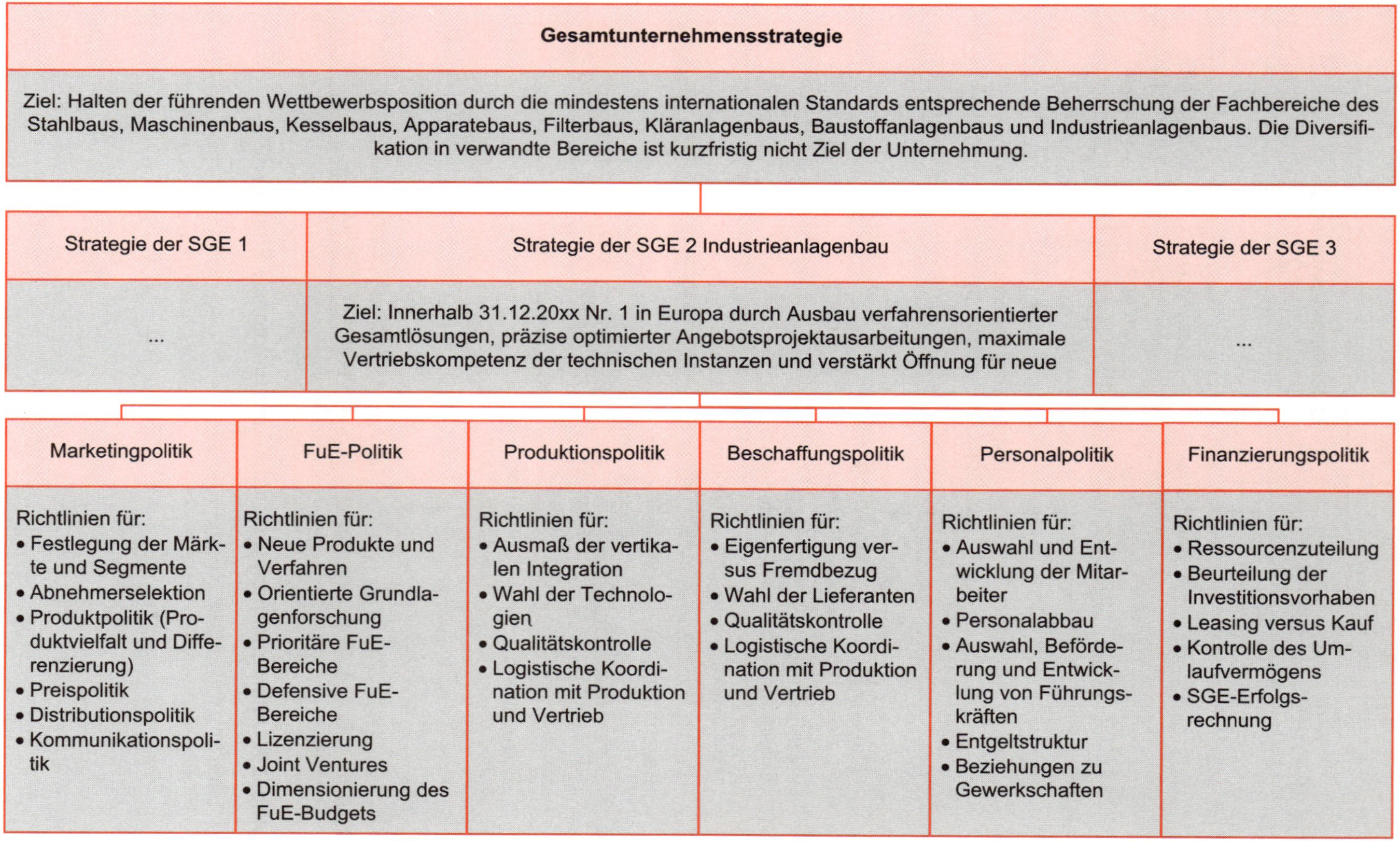

Abb. 21. Funktionale Strategien für ein Maschinenbauunternehmen

2.4 Produkte und Dienstleistungen

Entgegen der gängigen Definition, unter Produkt bzw. Output die von einem Unternehmen produzierten Güter zu verstehen, wird in diesem Zusammenhang die generische Produktdefinition vorgezogen. Gemäß dieser Beschreibung wird der gesamte, den Konsumenten vom Unternehmen angebotene Nutzen unter dem Produktbegriff subsumiert, was somit materielle Sachleistungen als auch immaterielle Dienstleistungen einbezieht.

Neben der Schaffung und Kommunikation des USP ist die Basis des eigenen Wettbewerbsvorteils so zu schützen, dass er nicht einfach von den Wettbewerbern kopiert werden kann. Hierzu bietet die Rechtsordnung gewisse Schutzmechanismen, die unter dem Begriff „gewerblicher Rechtsschutz" zusammengefasst werden.

Der Begriff **gewerblicher Rechtsschutz** umfasst die rechtliche Absicherung geistiger Leistungen auf gewerblichem Gebiet mit Hilfe von Patenten, Gebrauchsmuster, Marken, Geschmacksmuster und Urheberrechten.

Patentschutz ist möglich für technische Erfindungen, die neu sind, einer ausreichenden erfinderischen Leistung entsprechen und gewerblich anwendbar sind (§ 1 Abs. 1 Patentgesetz, PatG). Aufgrund der besonderen Bedeutung der Patente sollen diese Anforderungen kurz erläutert werden:

- Die **Neuheit einer Erfindung** ist dann gegeben, wenn die Erfindung nicht bereits zum Stand der Technik („State of the Art") gehört (§ 3 PatG). Der Neuheitsbegriff ist dabei absolut und objektiv auszulegen: Als Stand der Technik gelten alle Kenntnisse, die vor dem Prioritätsdatum (weltweit) z.B. durch eine Publikation oder durch einen Vortrag öffentlich zugänglich waren („vorveröffentlichter Stand der Technik") sowie alle nationalen, europäischen und internationalen Anmeldungen mit höherem Prioritätsrang, die aber erst später öffentlich zugänglich gemacht wurden („nicht vorveröffentlichter Stand der Technik"). Auf eine Kenntnis des Erfinders kommt es bei der Neuheit nicht an. Verfahrenstechnisch erfolgt die Neuheitsprüfung, indem die in der Patentanmeldung dargelegten Ansprüche mit jeweils einer Vorveröffentlichung („Entgegenhaltung") verglichen werden. Ist die Erfindung bereits in einer Entgegenhaltung zu finden, so zählt sie zum Stand der Technik und ist mithin nicht mehr neu. Der Neuheitsbegriff wird dabei in Europa und den USA unterschiedlich abgegrenzt. Nach dem europäischen Prioritätsprinzip „first to file" wird demjenigen Erfinder das Patentrecht zugesprochen, der beim zuständigen Patentamt die Erfindung zuerst als Patent angemeldet hat. Die Vorveröffentlichung der Erfindung durch den Patentanmelder selbst etwa im Rahmen einer wissenschaftlichen Veröffentlichung oder eines Vortrages vor Anmeldung des Patents wäre neuheitsschädlich. Eine Vorveröffentlichung ist hingegen dann unschädlich, wenn diese auf einer besonderen, im Bundesgesetzblatt bekanntgemachten internationalen Ausstellung gemäß dem Abkommen über Internationale Ausstellungen erfolgte oder ein Dritter (z.B. ein Mitarbeiter) die Erfindung entgegen einer vertraglichen Geheimhaltungspflicht offenbarte, sofern eine Anmeldung innerhalb von 6 Monaten erfolgt. Das US-amerikanische Patentrecht bestimmt dagegen den Zeitpunkt der Priorität nicht in Abhängigkeit des Datums der Anmeldung, sondern des Datums der Erfindung („first to invent"). Im Falle eines Rechtsstreites wird im Rahmen einer Beweiserhebung geprüft, wer die Erfindung zuerst getätigt hat.

- Eine **erfinderische Tätigkeit** liegt nach § 4 PatG vor, wenn sich die Erfindung für den (Durchschnitts-)Fachmann nicht in naheliegender Weise aus dem Stand der Technik ergibt, sondern eine erhebliche Weiterentwicklung darstellt. Der an dieser Stelle zugrunde gelegte Stand der Technik bezieht sich im Gegensatz zum Erfordernis der Neuheit nur auf den vorveröffentlichten Stand der Technik zum Tage der Anmeldung. Auch ist für die Prüfung der erfinderischen Tätigkeit kein Einzelvergleich durchzuführen; vielmehr wird der Erfindung der gesamte Stand der Technik entgegengehalten. Als Maßstab für die erfinderische Tätigkeit ist die „Erfindungshöhe" (inventiveness) heranzuziehen, die angibt, inwieweit die Leistung die Norm dessen übertrifft, was für den Durchschnittsfachmann objektiv erreichbar ist. Nur wenn ein Fachmann aus dem gesamten Stand der Technik bzw. einer Kombination von Entgegenhaltungen das der Erfindung zugrunde liegende Problem nicht lösen könnte, liegt eine erfinderische Tätigkeit vor.
- Eine Erfindung ist nach § 5 PatG dann **gewerblich anwendbar**, wenn sie auf irgendeinem gewerblichen Gebiet hergestellt oder benutzt werden kann. Dieses Erfordernis stellt in der Regel das schwächste der vorgenannten dar, da sich fast alles gewerblich verwenden lässt.

Analog zu einem Patent ist das **Gebrauchsmuster** ein Schutzrecht für technische Erfindungen. Aus diesem Grund wird es oft auch als „kleines Patent" beschrieben, da es einfacher, kostengünstiger und schneller zu erlangen ist. Durch ein Gebrauchsmuster können in Deutschland gewerblich anwendbare Erfindungen geschützt werden, die neu sind und auf einem erfinderischen Schritt beruhen (§ 1 Abs. 1 Gebrauchsmustergesetz[35], GebrMG). Diese Voraussetzungen sollen hier kurz dargestellt werden, insbesondere die Unterschiede zum Patent:

- Wie beim Patent bestimmt sich die **Neuheit der Erfindung** beim Gebrauchsmuster nach dem Stand der Technik (§ 3 Abs. 1 Satz 1 GebrMG). Im Gegensatz zum Patentrecht gilt im Gebrauchsmusterrecht nur als bekannt, was schriftlich geäußert wurde oder bereits im Inland vorbenutzt wurde (§ 3 Abs. 1 Satz 2 GebrMG). Zudem ist im

[35] Die Bezeichnung von Gesetzesquellen erfolgt in der folgenden Form: § 1 Abs. 1 GebrMG bedeutet Paragraph 1, Absatz 1 im Gebrauchsmustergesetz.

Gegensatz zum Patentrecht eine Veröffentlichung des Erfinders oder seines Rechtsnachfolgers in dem Zeitraum von 6 Monaten vor der Anmeldung für die Neuheit der Erfindung unschädlich (§ 3 Abs. 1 Satz 3 GebrMG). Analog zum Patentrecht ist eine Vorveröffentlichung auch dann nicht schädlich, wenn die Anmeldung innerhalb von 6 Monaten nach der Ausstellung auf einer anerkannten Messe (im Bundesgesetzblatt veröffentlicht) erfolgt. Als Anmeldetag gilt dann der Tag der „erstmaligen Zurschaustellung".

- Anders als im Patentrecht fordert das Gebrauchsmusterrecht statt einer erfinderischen Tätigkeit nur einen **erfinderischen Schritt** (§ 1 Abs. 1 GebrMG). Diese Voraussetzung wird im Gesetz nicht definiert, man versteht jedoch darunter – wie im Patentrecht – die Erfindungshöhe. Daher gelten hier im Grundsatz die gleichen Grundsätze wie zur erfinderischen Tätigkeit im Patentrecht. Die Formulierung „Schritt" statt „Tätigkeit" legt jedoch nahe, dass an den Grad der Erfindungshöhe beim Gebrauchsmuster geringere Anforderungen gestellt werden als beim Patent. Dies kann allerdings nicht dazu vereinfacht werden, dass eine nicht ganz „patentwürdige" Erfindung automatisch gebrauchsmusterfähig sei.[36]
- Eine Erfindung ist nach § 3 Abs. 2 GebrMG dann **gewerblich anwendbar**, wenn sie auf irgendeinem gewerblichen Gebiet hergestellt oder benutzt werden kann. Die Regelung ist wortgleich mit § 5 Abs. 1 PatG, so dass hier keine Unterschiede herrschen.

Gemäß § 2 Urheberrechtsgesetz (UrhG) zählen zu den urheberrechtlich geschützten Werken insbesondere Schriftwerke, Werke der Musik, Tanzkunst und bildenden Kunst sowie Lichtbild- und Filmwerke oder wissenschaftliche und technische Darstellungen. Grundlegend wird nicht jedes Werk vom **Urheberrecht** erfasst, sofern es nicht eine persönliche und/oder geistige Schöpfung darstellt bzw. Individualität aufweist. Von Bedeutung ist, dass in Deutschland Software nur über Urheberrechte geschützt werden kann, wohingegen in den USA auch Patente an Software möglich sind. Das Urheberrecht hat zwei Bestandteile, nämlich das umfassende Verwertungsrecht und das umfassende Urheberpersönlichkeitsrecht. Das **Verwertungsrecht** betrifft die vermögensrechtlichen Interessen des Urhebers, während das **Urheberpersönlichkeitsrecht** die geistigen Interessen betrifft. Einzige Voraussetzung für das Entstehen des Urheberrechts ist das Vorliegen eines Werkes. Dieser Begriff wird gesetzlich in § 2 Abs. 2 UrhG definiert und ist demnach die „persönliche geistige Schöpfung". Erforderlich ist hierfür ein gewisses Maß an Schöpfungshöhe, die erst gegeben ist, wenn das Werk aus der Masse des Alltäglichen als etwas Besonderes hervorsticht. Allerdings haben die Gerichte einen weiten Beurteilungsspiel-

[36] So die Entscheidung des Bundesgerichtshofs im sogenannten Demonstrationsschrankfall (BGHZ 168, 142).

raum, weshalb der Schöpfer einem nicht unbeträchtlichen Prozessrisiko unterliegt, ob seine Schöpfung als Werk im Sinne des Urheberrechts anerkannt wird. Das Wesen des Werkes wird durch zwei Merkmale bestimmt. Erst wenn diese vorliegen, greift der Schutz des Urheberrechts. Diese Merkmale sind der geistige Inhalt und die Konkretisierung dieses Inhalts in einer wahrnehmbaren Formgestaltung:

- Dem Werk muss ein **eigener geistiger Inhalt** anhaften. Es geht dabei um einen geistig-ästhetischen Inhalt, der durch schöpferische geistige Leistung hervortritt. Daraus folgt, dass die bloße Nachbildung fremder Vorbilder dieses Merkmal nicht erfüllt, da sie keine geistige Leistung aufgrund eigener Schöpfung ist. Bei Kunstwerken ist die Ästhetik erforderlich. Diese ist gegeben, wenn nach der Lebensauffassung noch von Kunst gesprochen werden kann.
- Das Ergebnis des geistigen Schaffens muss sich derart konkretisieren, dass es für Dritte durch eine wahrnehmbare **Formgestaltung** in Erscheinung tritt. Das heißt aber nicht, dass Werke im Sinne des Urheberrechts zwingend eine verkörperte Gestaltung erfahren müssen. Es geht um die konkrete, sinnliche Wahrnehmbarkeit, weshalb auch etwa unverkörperte Fernsehbilder unter diesen Begriff fallen. Nicht konkret wahrnehmbar sind etwa Stil, Mode, Produktideen oder Geschmacksrichtungen. Urheber eines Werkes ist nur sein Schöpfer. Es kann für ein Werk auch mehrere Schöpfer geben. Keine Urheber sind Gehilfen oder Personen, die lediglich Anregungen gaben.

Das **Geschmacksmuster** dient dem Schutz schöpferischer Gestaltungen gewerblicher Erzeugnisse, die in diesem Bereich gegen Nachbildungen geschützt werden sollen, wobei die **ästhetische Wirkung** in Bezug auf Form und Farbe die Schutzfähigkeit begründet. Es soll also nicht eine bestimmte Technik, sondern das Design geschützt werden. Das Geschmacksmuster weist folglich Parallelen zum Urheberrecht auf. Für das Geschmacksmuster ist jedoch ein geringerer ästhetischer Gehalt erforderlich als für das Urheberrecht. Geschmacksmuster und Urheberrecht können auch nebeneinander stehen. Das heißt, wer nicht sicher ist, dass seinem Werk durch ein Gericht Urheberschutz zugesprochen wird, sollte zunächst Geschmacksmusterschutz beantragen. Rechtliche Grundlagen finden sich im Geschmacksmusterreformgesetz (GeschmMG), das aufgrund einer EG-Richtlinie geschaffen wurde. Durch diese Geschmacksmusterrichtlinie gelten für alle Mitgliedsstaaten wesentliche, verbindliche Vorgaben. Die Schutzdauer eines Geschmacksmusters beträgt 20 Jahre. Der Geschmacksmusterschutz hat drei Voraussetzungen: Es muss ein Muster vorliegen, welches neu ist und eine gewisse Eigenart aufweist:

- Gegenstand des Geschmacksmusters ist das **Muster**. Gemäß § 1 Nr. 1 GeschmMG muss es sich hierbei um zweidimensionale (Flächenmuster) oder dreidimensionale (Modelle) Erscheinungen handeln. Es muss folglich wie beim Urheberrecht auch eine konkrete Verkörperung vorliegen.

- Das Muster muss **neu** sein. Das ist gemäß § 2 Abs. 2 GeschmMG der Fall, wenn vor dem Anmeldetag kein identisches Muster offenbart worden ist. Identität meint die absolute Identität im Sinne von Kongruenz. Nur unwesentliche Abweichungen von bereits vorhandenen Mustern machen ein Muster nicht neu. Der Anmeldetag ist der Tag, an dem alle Unterlagen eingegangen sind. Offenbart ist ein Muster, wenn es der Öffentlichkeit zugänglich gemacht wurde.
- Das Muster muss zudem eine **Eigenart** aufweisen. Diese ist gegeben, wenn das Muster einen Gesamteindruck erweckt, der sich von anderen Mustern, die vor dem Anmeldetag offenbart wurden, unterscheidet.

Während es sich bei den vorab beschriebenen Schutzrechten um Schutzrechte handelt, die sich auf die technische Seite eines Produktes oder Verfahrens beziehen, dient eine **Marke** der Kennzeichnung von Waren oder Dienstleistungen eines Unternehmens. Unter dem Begriff der Marke können Wörter, Bilder, die Form oder sonstige Aufmachungen, einschließlich Farben und deren Zusammenstellungen geschützt werden. Die Laufzeit einer Marke beträgt 10 Jahre und kann anschließend wiederum um 10 Jahre verlängert werden. Die Marke dient nach § 3 Abs. 1 Markengesetz (MarkenG) dazu, ein Produkt am Markt von anderen Produkten zu unterscheiden. Allerdings muss nicht jede Ware oder Dienstleistung mit einer Marke bezeichnet sein. Es gibt vielmehr drei Markenkategorien (§ 4 MarkenG):

- Marken durch Eintragung in das Markenregister (§ 4 Ziff. 1 MarkenG);
- Marken durch Benutzung mit Verkehrsgeltung (§ 4 Ziff. 2 MarkenG);
- Marken durch notorische Bekanntheit (§ 4 Ziff. 3 MarkenG).

Für alle Markenkategorien gilt, dass nicht jede Bezeichnung oder sonstiges Merkmal auch ein produktidentifizierendes Unterscheidungskriterium ist. Für die **Markenfähigkeit** müssen vielmehr folgende Voraussetzungen vorliegen:

- **Selbstständigkeit** der Marke: Die Marke ist nicht identisch mit der Ware oder deren Verpackung, sie hat reine Kennzeichnungsfunktion.
- **Einheitlichkeit** der Marke: Sie muss einen geschlossenen Gesamteindruck vermitteln.
- **Abstrakte Unterscheidungseignung** der Marke: Die Marke muss geeignet sein, Waren oder Dienstleistungen eines Unternehmens von denjenigen anderer Betriebe zu unterscheiden.

Alle Zeichen sind dem Markenschutz zugänglich. Insbesondere soll im Folgenden auf **die eingetragene Marke** eingegangen werden. Sie setzt ebenso ein markenfähiges Zeichen nach § 3 Abs. 1 MarkenG voraus. Weiter dürfen weder absolute (§ 8 MarkenG) noch relative (§§ 9, 42 MarkenG)

Schutzhindernisse bestehen. Diese beiden Hindernisse unterscheiden sich dadurch, dass absolute Schutzhindernisse von Amts wegen berücksichtigt werden müssen, während man sich auf relative Hindernisse berufen muss. Weitere Voraussetzung ist, dass es sich nicht um ein Plagiat einer notorisch bekannten Marken handeln darf (§ 10 MarkenG). Notorietät ist das Allbekanntsein einer Marke im Verkehr. Sind diese Voraussetzungen erfüllt, so ist die Marke aber noch nicht entstanden. Vielmehr müssen noch formelle Voraussetzungen erfüllt werden. Zunächst muss die Marke angemeldet werden (§ 32 MarkenG). Die Markenstelle – in Deutschland das Deutsche Patent- und Markenamt (DPMA) – überprüft sodann die formellen und materiellen Voraussetzungen. Hat sie keinen Grund zur Beanstandung, wird die angemeldete Marke in das vom Patentamt geführte Register eingetragen. Mit der Veröffentlichung dieser Eintragung ist die Marke schließlich entstanden. Der Inhaber der Marke hat dann ein ausschließliches Recht erworben (§ 14 Abs. 1 MarkenG). Dadurch hat er ein positives Benutzungsrecht und ein negatives Verbietungsrecht. Dieses negative Recht ist in § 14 Abs. 2-6 MarkenG niedergelegt. Danach hat der Inhaber Unterlassungs- und Schadensersatzansprüche gegen all diejenigen, die seine Marke widerrechtlich benutzen.

Neben den erläuterten gesetzlichen Möglichkeiten des gewerblichen Rechtschutzes soll ergänzend auf zwei für die Erstellung eines Business Plans relevanten **vertraglichen Schutzmöglichen** eingegangen werden:

- **Vertraulichkeitserklärung (Confidential Disclosure Agreement):** Da der Business Plan mehreren Interessengruppen, wie beispielsweise Anwälten, Bankangestellten und Venture Capitalists zur Verfügung gestellt wird, ist es wichtig, die Vertraulichkeit der Geschäftsidee zu wahren. Eine Möglichkeit bietet hier das **Confidential Disclosure Agreement**, eine förmliche Vereinbarung, Vertrauliches als solches zu behandeln.[37]
- Sollten aus Entwicklungsgründen Teile des Produktes extern be- oder verarbeitet werden, ist es ratsam, ein **Material Transfer Agreement** zu schließen, das die Eigentumsverhältnisse klar abgrenzt, den Kooperationsumfang beschreibt sowie über Schadenshaftung und die Verwertung von (Test-)Ergebnissen festlegt.

[37] Ein Beispielexemplar dazu befindet sich in Anhang 2.

2.5 Fragen und Aufgaben

Aufgabe 2-1

Wählen Sie bei den folgenden Multiple-Choice-Fragen die jeweils korrekte Antwort aus.

(1) Business Pläne werden gedanklich in zwei Teile gegliedert, in das Geschäftsmodell und das
- o ... Marketingmodell;
- o ... Unternehmensmodell;
- o ... Finanzmodell;
- o ... Zahlenmodell.

(2) Wenn man die Begriffe Geschäftsstrategien, Leitbild, Unternehmensstrategie und Vision hierarchisch ordnet, welche „Reihenfolge" ergibt sich? Bitte nummerieren Sie die folgenden Begriffe von 1 („Spitze der Hierarchie") bis 4 („Fuß der Hierarchie").
Nr. .... Geschäftsstrategien
Nr. .... Leitbild
Nr. .... Unternehmensstrategie
Nr. .... Vision

(3) Welche der folgenden Aussagen zur Vision ist korrekt?
- o Die Vision wird auch als Illusion bezeichnet.
- o Die Vision sollte so formuliert werden, dass sie in 4-5 Jahren erreicht wird.
- o Die Vision verkörpert eine Grundposition des Unternehmens und gibt eine grobe Richtung vor.
- o Die Vision definiert die Grundeinstellungen zu den Bezugsgruppen des Unternehmens (Mitarbeiter, Aktionäre, Kunden, Lieferanten, Öffentlichkeit).

(4) Welche der folgenden Aussagen ist nicht korrekt? Unternehmensstrategie und Geschäftsstrategie:
- o ... sind gleichbedeutend mit Corporate Strategy und Business Strategy.
- o ... müssen nicht miteinander abgestimmt sein.
- o ... führen gemeinsam zur Auswahl von Geschäftsbereichen und zur Beantwortung der Frage, wie man dem Wettbewerb in diesen Geschäftsbereichen entgegentreten möchte.
- o ... sind Teil der Vision des Unternehmens.

(5) Welche Grundtypen der Wettbewerbsstrategie nach Porter gibt es?
- o Differenzierungsstrategie und Kostenführerschaftsstrategie.
- o Differenzierungsstrategie, Kostenführerschaftsstrategie und Globalstrategie.
- o Differenzierungsstrategie, Kostenführerschaftsstrategie und Nischenstrategie.
- o Unternehmensstrategie und Geschäftsstrategie.

(6) Welche der folgenden Aussagen zu den Grundtypen der Wettbewerbsstrategie ist nicht korrekt?
- o Die Strategie der Kostenführerschaft bedeutet, dass billige Ramschware von minderer Qualität hergestellt wird.
- o Die Strategie der Differenzierung bedeutet nicht, dass dem Kunden der Preis des Produktes egal ist.
- o Es kann nicht immer klar festgestellt werden, welcher dieser Grundtypen vorliegt.
- o Die Nischenstrategie bietet sich hauptsächlich für kleinere und mittlere Unternehmen an.

Aufgabe 2-2

Markieren Sie in den folgenden Selbstdarstellungen von Unternehmen der Finanzdienstleistungsbranche und der Pharmaindustrie Vision, Leitbild und Strategie! Wie überzeugend sind die Formulierungen Ihrer Ansicht nach?

Deutsche Bank AG (www.deutsche-bank.de):
Die Deutsche Bank ist eine weltweit führende Investmentbank mit einem starken und erfolgreichen Privatkundengeschäft. Wir wollen der weltweit führende Anbieter von Finanzlösungen für anspruchsvolle Kunden sein und damit nachhaltig Mehrwert für unsere Aktionäre und Mitarbeiter schaffen.

- Leistung
  Leistung bestimmt unser Handeln.
- Vertrauen
  Unser Handeln ist von Verlässlichkeit, Fairness und Ehrlichkeit geprägt.
- Teamwork
  Die Vielfalt unserer Mitarbeiter und Geschäftsfelder macht uns in der Zusammenarbeit erfolgreich.
- Innovation
  Wir stellen herkömmliche Ansätze immer wieder in Frage und entwickeln neue Lösungen zum Nutzen unserer Kunden.
- Kundenfokus
  Der Kunde steht im Mittelpunkt all unserer Aktivitäten. Wir orientieren uns kompromisslos an seinen Zielen und Wünschen.

Fundament unseres Erfolgs über Geschäftsbereiche, Regionen und Märkte hinweg ist unsere Marke und das, wofür sie steht. Unsere Werte machen deutlich, wie wir unsere Marke täglich neu mit Leben füllen.

Commerzbank AG (www.commerzbank.de):
Seit der Übernahme der Eurohypo, dem größten europäischen Spezialinstitut für Immobilien- und Staatsfinanzierung, zum 31. März 2006 ist die Commerzbank zweitgrößtes Kreditinstitut in Deutschland und eines der bedeutendsten Europas. Sie versteht sich als kompetenter Finanzdienstleister vor allem für private und mittelständische Kunden. Gleichzeitig betreut sie große Firmenkunden und Institutionen in Europa und multinationale Unternehmen in aller Welt. Ihr erklärtes Ziel ist, in diesen Kernzielgruppen ihren Marktanteil auszubauen und insbesondere für den deutschen Mittelstand die beste Bankverbindung zu sein. Die Commerzbank bekennt sich uneingeschränkt zum deutschen Heimatmarkt. Das Institut unterhält hier ein flächendeckendes Netz von rund 800 Filialen. Im Firmenkundengeschäft zählen ferner West-, Mittel- und Osteuropa zu den Kernmärkten. In den USA und in Asien ist die Bank an den wichtigsten Wirtschaftszentren aktiv. Insgesamt ist sie in mehr als 40 Ländern mit eigenen Stützpunkten vertreten.

UBS (www.UBS.com):
We are determined to be the best global financial services company. We focus on wealth and asset management, and on investment banking and securities businesses. We continually earn recognition and trust from clients, shareholders, and staff through our ability to anticipate, learn and shape our future. We share a common ambition to succeed by delivering quality in what we do. Our purpose is to help our clients make financial decisions with confidence. We use our resources to develop effective solutions and services for our clients. We foster a distinctive, meritocratic culture of ambition, performance and learning as this attracts, retains and develops the best talent for our company. By growing both our client and our talent franchises, we add sustainable value for our shareholders.
We are, and have for many years been, a truly global firm, working with corporate, institutional and private clients around the world. Our strategy is to concentrate on wealth management, investment banking and securities and asset management, all on a global scale, as well as retail and corporate banking in Switzerland. This long-term commitment has helped us to become the successful, diversified firm we are today.

Credit Suisse (www.credit-suisse.com):
Wir haben die Vision, eine der weltweit führenden Banken zu werden. Der Name Credit Suisse soll für unser unverwechselbares Know-how im Investment Banking, im Private Banking und im Asset Management stehen. Wir wollen uns als Bank etablieren, die sich mit ihrer Beratung, mit ihrer Innovationskraft und mit den erzielten Ergebnissen allerhöchste Wertschätzung verdient. Mit der Ausrichtung auf ihre Kernkompetenz, das Bankgeschäft, will die Credit Suisse Group für ihre Aktionäre Mehrwert schaffen. Die Konzentration auf das Bankgeschäft und

die Schaffung einer integrierten, globalen Bank erlaubt es der Gruppe, ihre Bankkunden in den Bereichen Investment Banking, Private Banking und Asset Management besser zu betreuen.

Merck & Company (www.merck.com):
Merck & Co., Inc. is a global research-driven pharmaceutical company dedicated to putting patients first. Established in 1891, Merck discovers, develops, manufactures and markets vaccines and medicines to address unmet medical needs. The company also devotes extensive efforts to increase access to medicines through far-reaching programs that not only donate Merck medicines but help deliver them to the people who need them. Merck also publishes unbiased health information as a not-for-profit service.
The mission of Merck is to provide society with superior products and services by developing innovations and solutions that improve the quality of life and satisfy customer needs, and to provide employees with meaningful work and advancement opportunities, and investors with a superior rate of return.

1. Our business is preserving and improving human life. All of our actions must be measured by our success in achieving this goal. We value, above all, our ability to serve everyone who can benefit from the appropriate use of our products and services, thereby providing lasting consumer satisfaction.
2. We are committed to the highest standards of ethics and integrity. We are responsible to our customers, to Merck employees and their families, to the environments we inhabit, and to the societies we serve worldwide. In discharging our responsibilities, we do not take professional or ethical shortcuts. Our interactions with all segments of society must reflect the high standards we profess.
3. We are dedicated to the highest level of scientific excellence and commit our research to improving human and animal health and the quality of life. We strive to identify the most critical needs of consumers and customers, and we devote our resources to meeting those needs.
4. We expect profits, but only from work that satisfies customer needs and benefits humanity. Our ability to meet our responsibilities depends on maintaining a financial position that invites investment in leading-edge research and that makes possible effective delivery of research results.
5. We recognize that the ability to excel -- to most competitively meet society's and customers' needs -- depends on the integrity, knowledge, imagination, skill, diversity and teamwork of our employees, and we value these qualities most highly. To this end, we strive to create an environment of mutual respect, encouragement and teamwork -- an environment that rewards commitment and performance and is responsive to the needs of our employees and their families.

Novartis AG (www.novartis.ch):
Unsere Aufgabe ist es, innovative Produkte zu entdecken, zu entwickeln und erfolgreich zu vermarkten, damit Krankheit geheilt, Leiden gemildert und die Lebensqualität kranker Menschen verbessert werden können. Außerdem wollen wir

eine unseren hervorragenden Leistungen entsprechende Aktionärsrendite erzielen und alle jene angemessen entschädigen, die Ideen und Arbeit in unser Unternehmen investieren.
Es ist uns ein Anliegen, das Leben vieler Menschen mit unseren Produkten positiv zu beeinflussen, Bedürfnisse zu befriedigen und die Erwartungen unserer Ansprechpartner sogar zu übertreffen. Wir streben ein nachhaltiges Wachstum unserer Erträge und eine Position unter den Besten unserer Branche an und setzen alles daran, den langfristigen Erfolg unserer Geschäftstätigkeit sicher zu stellen. Wir möchten uns den Ruf eines Arbeitsgebers erwerben, der Menschen faszinierende Tätigkeiten anbietet, in denen sie ihre beruflichen Ambitionen verwirklichen können. Wir sind bemüht, ein motivierendes Arbeitsumfeld zu schaffen, in dem Kreativität und Effizienz gefördert und die modernsten Technologien angewandt werden. Außerdem haben wir uns zum Ziel gesetzt, aufgrund unserer Wirtschaftstätigkeit, der positiven sozialen und ökologischen Wirkungen unserer Produkte und des offenen Dialogs mit unseren Ansprechpartnern einen gesellschaftlichen Beitrag zu leisten.

Aufgabe 2-3

Formulieren Sie für ein Unternehmen Ihrer Wahl Vision, Leitbild, Unternehmensstrategie und Geschäftsstrategie! Es kann sich dabei um ein existierendes oder fiktives Unternehmen handeln.

2.6 Literaturempfehlungen

Einer der Begründer des strategischen Managements in seiner wissenschaftlichen Ausprägung ist Michael E. Porter, Professor an der Harvard University und einer der führenden Ökonomen auf diesem Gebiet. Schwerpunkt seiner Arbeiten ist die Erklärung, wie Firmen oder Regionen Wettbewerbsvorteile erlangen können. Aus der Fülle seiner Veröffentlichungen gehört das Folgende zu dem Kanon an Büchern, die man gelesen haben muss: Porter, Michael E. (2000): Wettbewerbsvorteile: Spitzenleistungen erreichen und behaupten, 6. Auflage, Frankfurt am Main; Porter, Michael E. (1991): Wettbewerbsstrategie, 10. Auflage, Frankfurt am Main.

Einen anderen Ansatz als Porter wählen Collis/Montgomery, deren Ansatz auf einer ressourcenorientierten Sichtweise basiert (mehr dazu im folgenden Kapitel): Collis, David J./Montgomery, Cynthia A. (2004): Corporate Strategy, Chicago.

In das strategische Management und insbesondere in die Konzepte Porters sind eine Vielzahl von Modellen aus der Industrial Organization eingeflossen. Einen sehr guten Einstieg in diese Materie bietet das Lehrbuch von

Besanko, David; Dranove, David; Shanley, Mark; Schaefer, Scott (2007): Economics of Strategy, 4. Auflage, Hoboken; für eine genauere und umfangreichere formale Analyse empfehlen wir das Lehrbuch von Tirole, Jean (2003): The Theory of Industrial Organization, 14. Auflage, Cambridge/Mass.

Einer der bekanntesten deutschsprachigen Autoren zur strategischen Unternehmensführung ist Hans H. Hinterhuber. Empfohlen sind zwei Lehrbücher: Hinterhuber, Hans H. (1996): Strategische Unternehmensführung, I. Strategisches Denken, 6. Auflage, Berlin; Hinterhuber, Hans H. (1997): Strategische Unternehmensführung, II. Strategisches Handeln, 6. Auflage, Berlin.

Ein sehr empfehlenswertes deutschsprachiges Lehrbuch zum strategischen Management ist Müller-Stewens, Günter; Lechner, Christoph (2005): Strategisches Management. Wie strategische Initiativen zum Wandel führen, 3. Auflage, Stuttgart.

Grundlegend: Barrow, Colin; Barrow, Paul; Brown, Robert (2005): The Business Plan Workbook, 5. Auflage, London.

Eine Einführung in den gewerblichen Rechtsschutz bietet: Ilzhöfer, Volker (2007). Patent-, Marken- und Urheberrecht: Leitfaden für Ausbildung und Praxis, 6. Auflage, München.

Einen illustrativen Einblick in die Praxis der Formulierung von Visionen und Leitbildern bietet: Abrahams, Jeffrey (2007): 101 Mission Statements from Top Companies, Berkley.

3. Analyse von Markt, Kunden und Konkurrenten

3.1 Analyse des Marktes und der Rahmenbedingungen

Im Allgemeinen obliegt die Versorgung des Unternehmens mit aktuellen Marktinformationen der Marktforschung. Ihre Hauptaufgabe besteht darin, sämtliche für den Ablauf der Absatzplanung notwendigen Informationen in hinreichender Qualität zum richtigen Zeitpunkt und am richtigen Ort zur Verfügung zu stellen. Diese Informationen werden benötigt, um die Unsicherheit des Absatzes zu verringern und damit die Qualität der Absatzplanung zu steigern. Mit Hilfe der Marktanalyse soll ein grundlegendes Gesamtbild von dem zu bearbeitenden Markt (Zusammentreffen von Angebot und Nachfrage) mit seinen Umwelteinflüssen abgebildet werden. Ziel der Marktanalyse ist die Reduzierung von Unsicherheit in unternehmerischen Entscheidungssituationen. Dabei sind im Besonderen die Analyse und die Identifikation von Angebots- und Nachfragefunktionen, Trendvariablen und strategischen Schlüsselfaktoren bedeutend.

Mit dem Ziel, die relevanten Informationen zusammentragen zu können, ist es zunächst wichtig, die verschiedenen in der Marktforschung verwendeten Begriffe voneinander abzugrenzen. Hierbei ist besonders die Unterscheidung von Marktpotenzial, Marktvolumen und Absatzvolumen ausschlaggebend:

Unter dem Begriff **Marktpotenzial** versteht man die maximal mögliche Absatzmenge bzw. die Summe der theoretisch erzielbaren Umsatzerlöse innerhalb eines Marktes oder Marktsegments. Das Marktpotenzial stellt somit die absolute Obergrenze für die Absatzmenge des Unternehmens dar.

Das **Marktvolumen** gibt dagegen Auskunft über die tatsächlich in einem bestimmten Zeitraum (bspw. innerhalb eines Jahres) abgesetzte Menge bzw. erzielten Erlöse aller im betrachteten Markt tätigen Unternehmen. In diesem Zusammenhang spiegelt das Verhältnis von Marktvolumen und Marktpotenzial den Grad der **Marktsättigung** wider, während die Steigerung des Marktvolumens (pro Jahr) das **Marktwachstum** beschreibt. Da in einem noch unentwickelten Markt mit einer geringen Marktsättigung und hohem Marktwachstum von einer relativ geringen Wettbewerbsintensität ausgegangen werden kann, wird sich dieser beispielsweise besonders positiv auf die Absatzmöglichkeiten eines Gründungsunternehmens auswirken.

Schließlich wird unter dem **Absatzvolumen** die abgesetzte bzw. der erzielte Erlös eines einzelnen Produkts verstanden. Der Quotient aus Absatzvolumen und Marktvolumen ergibt den **Marktanteil** des betrachteten Anbieters.

Unter genauerer Betrachtung des Marktvolumens lassen sich Rückschlüsse auf den zu erzielenden Marktanteil des Gründungsunternehmens ziehen: Bewegt sich das Unternehmen in einem (wertmäßig) kleinen Nischenmarkt, so ist die Erzielung eines hohen Marktanteils erforderlich, um ausreichend hohe Umsätze erzielen zu können, wohingegen bei der Bedienung eines (großen) Massenmarktes bereits ein geringerer Marktanteil genügen kann, um profitabel arbeiten zu können. Einer der Hauptgründe für das Scheitern von Unternehmen ist die unzureichende Marktkenntnis. Demnach muss ein aussagekräftiger Business Plan immer eine vollumfassende Marktforschung beinhalten, die auf der Grundlage einer soliden Informationsbeschaffung eine Beschreibung des Gesamtmarktes, eine Marktsegmentierung sowie eine Kunden- und Konkurrenzanalyse bieten sollte.

Aufgabe der Marktsegmentierung ist die Aufteilung eines heterogenen Gesamtmarktes nach bestimmten Kriterien in homogene Marktsegmente (Käufergruppen). Die Auswahl der relevanten Kriterien hängt von dem vorliegenden Markt ab, da auf dem Konsumgütermarkt andere Kriterien von Bedeutung sind als auf dem Investitionsgütermarkt. Für **Konsumgüter** sind eher geografische, soziodemografische und verhaltensbezogene Kriterien von Bedeutung. Eine wichtige Segmentierungstechnik stellt die Analyse von sozialen Milieus mit Hilfe der Sinus-Milieus® dar (Abb. 22). Hierbei wird neben den geografischen, soziodemografischen und verhaltensbezogenen Segmentierungsvariablen auch die psychografische Variable berücksichtigt. Dies erfolgt dadurch, dass in die Segmente Verbraucher gruppiert werden, die in ihrer Lebensauffassung und Lebensweise gewisse Ähnlichkeiten aufweisen in der grundlegenden Wertorientierung, der Alltagseinstellung zur Arbeit, zur Familie, zur Freizeit, zu Geld und zum Konsum. Die einzelnen Milieus lassen sich nicht eindeutig voneinander abgrenzen und sind daher durch vielfältige Berührungspunkte und Übergänge geprägt. Die Sinus-Milieus® stellen allerdings nur eine von vielen Möglichkeiten der Marktsegmentierung dar. Zur Vertiefung wird auf die Lehrbücher zum Marketing verwiesen.

Es tritt jedoch das Problem auf, dass nicht alle Marktfaktoren abschließend analysiert werden können, zu verschieden ist ihre Natur, zu groß ist ihre Zahl. Aus demselben Grund erscheint auch eine Klassifikation nicht sinnvoll, da durch eine Einteilung bzw. Zusammenfassung in einzelne Gruppen von Parametern keine bessere Übersicht gegeben werden könnte. Daher werden im Folgenden nur ausgewählte Parameter kurz skizziert, um das grundlegende Konzept zu verdeutlichen:

- Das **Rechtssystem** bestimmt einerseits, inwieweit überhaupt das Eigentum des Unternehmens im jeweiligen Land geschützt ist. Die Bedeutung des Rechtssystems wird insbesondere am Beispiel des italienischen Patentrechts ersichtlich: Da es nur einen äußerst lückenhaften Schutz geistigen Eigentums bot, haben viele Unternehmen der pharmazeutischen Industrie es vermieden, dort Tochtergesellschaften anzusiedeln, die Forschung und Entwicklung betreiben. Darüber hinaus werden neu entwickelte Arzneimittel erst relativ spät in Italien zur Zulassung angemeldet. In den USA hingegen müssen bei der Produktentwicklung und Produktvermarktung die in der Regel besonders „verbraucherfreundlichen" Urteile berücksichtigt werden, um die Wahrscheinlichkeit von „Milliardenklagen" bei Missbrauch (bzw. „Fehlgebrauch") des Produkts bzw. bei Produktfehlern so gering wie möglich zu halten. Darüber hinaus können rechtliche Vorschriften auch die (strategische) Handlungsfähigkeit des Unternehmens einschränken, wenn zum Beispiel bestimmte Auflagen bezüglich der Sicherheit, des Umweltschutzes oder der Leistungen an die Arbeitnehmer gemacht werden. Das Rechtssystem kann sich für das agierende Unternehmen aber auch positiv auswirken, wenn beispielsweise in seinen Marktsegmenten Eintrittsbarrieren errichtet werden, die deren Attraktivität bewahren.

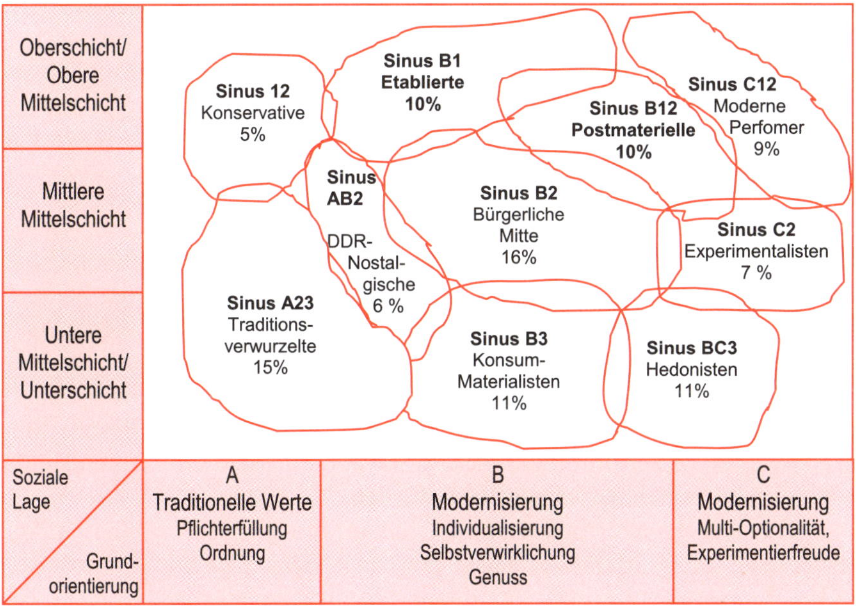

Abb. 22. Soziogramm anhand von Sinus-Milieus® für Deutschland[38]

- Ein vergleichbarer Einfluss geht von den **wirtschaftspolitischen Rahmenbedingungen** in einer Volkswirtschaft aus (etwa der Wirtschaftsförderung oder dem Umfang der vorgeschriebenen Genehmigungsverfahren).
- Die **gesamtwirtschaftliche Entwicklung** verändert insbesondere die **Marktstrukturen**, da einige Marktsegmente von einem wirtschaftli-

[38] Quelle: Baum/Coenenberg/Günther (2007), S. 49.

chen Aufschwung (bzw. Abschwung) stärker profitieren (bzw. getroffen werden) als andere. Darüber hinaus wirkt sie auch auf die **Strategie**, die diese Konjunkturzyklen berücksichtigen muss und versuchen kann, die Sensitivität der Unternehmenserfolge auf die Konjunkturzyklen zu vermindern. Auch **Technologie** und **Organisation** werden von ihr beeinflusst, da zum Beispiel die Forschungsaktivitäten in Phasen wirtschaftlichen Aufschwungs meist überdurchschnittlich ausgebaut werden oder durch organisatorische Anpassungen versucht wird, die Wettbewerbsfähigkeit des Unternehmens wiederherzustellen.

- Die **Gewerkschaften und Arbeitnehmer** besitzen in Deutschland und Frankreich eine weitaus stärkere Machtposition als zum Beispiel in den angelsächsischen Volkswirtschaften, so dass ihnen vielfältige Möglichkeiten offenstehen, um die Entscheidungen eines Unternehmens oder zumindest die Situation, in der diese Entscheidungen getroffen werden, zu beeinflussen. In Deutschland stehen ihnen zum Beispiel durch das Mitbestimmungsgesetz, das Betriebsverfassungsgesetz oder auch über die Mitwirkung in politischen Gremien und Ausschüssen vielfältige Möglichkeiten zur Einflussnahme offen.
- Der **technologisch-wissenschaftliche Fortschritt** wirkt nicht nur auf die Technologie des Unternehmens, sondern kann – wie etwa im Fall des Internet – auch Märkte verändern.

Am Anfang einer erfolgreichen Marktforschung steht grundsätzlich die Beschaffung von Informationen, die Aspekte zu den Schlüsselthemen Branche, Kunde und Wettbewerb sowie weitere Einflussfaktoren beinhaltet und aufbereitet. Die Beschaffung und Aufbereitung bereits vorhandener Daten wird in diesem Zusammenhang **Sekundärforschung** genannt, während die Gewinnung und Verarbeitung neuen Datenmaterials (bspw. durch Befragungen) als **Primärforschung** bezeichnet wird. Für die Beschaffung marketingrelevanter Informationen kann auf innerbetriebliche und auch auf externe Quellen zurückgegriffen werden.

Von entscheidender Bedeutung ist zudem, in welchem Umfang ein Unternehmen selbst Marktforschung betreiben oder spezielle Dienstleister (z.B. Marktforschungsinstitute) damit beauftragen möchte. Je nach Betriebsgröße oder Organisationsstruktur ändern sich die Bedingungen in einem Unternehmen, die eine Make-or-Buy Entscheidung (Eigen- oder Fremderstellung) der Marktanalyse hervorrufen. Somit ist diese Frage lediglich individuell lösbar.

Die Vertrautheit mit dem Forschungsproblem sowie die Minderung der Gefahr von Indiskretion sprechen hierbei für eine eigene Marktforschung. Ein weiterer Vorteil besteht darin, dass erzielte Erkenntnisse sowie die gewonnene Forschungserfahrung (Lerneffekte) im Unternehmen bleiben. Die Vorteile der Marktforschung durch einen Dienstleister beinhalten den Zugang zu Spezialisten (Statistiker, Wissenschaftler etc.) und damit einhergehende Objektivität sowie Kosteneinsparung in Hinblick auf hohe Forschungs- und Entwicklungskosten. Insbesondere kleine und mittelständische Unternehmen tendieren, da diese in geringerem Ausmaß über kompetentes Personal und Erfahrung verfügen als Großunternehmen, eher zu Fremdforschung.

Während sich die Primärforschung an verschiedenen Erhebungsverfahren wie beispielsweise der Befragung oder Beobachtung orientiert, bedient sich die Sekundärforschung üblicherweise aus Quellen von amtlichen Statistiken, Wirtschaftsverbänden oder Fachliteratur. Die Informationsanalyse erfolgt mit dem Ziel, die wichtigsten Informationen herauszufiltern, um den zu bearbeitenden Markt mit seinen Einflussfaktoren und seiner Entwicklung möglichst detailliert abbilden zu können. Allerdings ist neben der reinen quantitativen Darstellung auch die Interpretation der erhobenen Daten, d.h. die Erläuterung und daraus resultierenden Schlussfolgerungen für das Management bedeutsam.

Bei der Beschreibung des Gesamtmarktes sollten das Marktpotenzial und die Entwicklung des Marktes im Vordergrund stehen. Denn nur durch ein hohes Marktpotenzial ist eine dementsprechend hohe Wertsteigerung des Unternehmens zu erwarten. Folglich ist es auch wichtig, die Marktgröße durch die Anzahl der Kunden und die Aufnahmefähigkeit des Marktes hinsichtlich Absatzchancen und Gesamtumsatz zu quantifizieren. Die Beschreibung sollte darüber hinaus eine Schilderung über die Zukunftserwartungen bezüglich Marktwachstum und Haupteinflussfaktoren des Marktes (z.B. neue Technologien, Gesetzgebungsinitiativen), die auf die Branche wirken und wirken werden, beinhalten.

3.2 Konkurrenz- und Wettbewerbsanalyse

Die direkte Betrachtung eines Konkurrenten zielt darauf ab, Aufschluss über seine zukünftigen Strategien und Maßnahmen zu erhalten, die Reaktionen des Konkurrenten auf die eigenen Aktionen abzuschätzen und Anhaltspunkte zu liefern, um sein Verhalten zum eigenen Nutzen beeinflussen zu können. Zudem ist es wichtig, über die Stärken und Schwächen der Konkurrenten informiert zu sein. Schließlich dient die Konkurrenzanalyse zusammen mit der Kundenanalyse als Grundlage zur Ableitung der Wettbewerbs- und Marketingstrategie.

Allerdings sind die wertvollsten Informationen bezüglich Größe und Rentabilität des Konkurrenten in den meisten Fällen nicht öffentlich verfügbar, so dass die folgenden vier Stufen der Konkurrenzanalyse lediglich auf Schätzungen basieren. Zunächst sind die Konkurrenten grob zu beschreiben, d.h. sie werden identifiziert und anhand ihrer Erscheinung (Name, Anzahl) aufgelistet. Anschließend sind auf Basis der (geschätzten) Marktanteile und Kapitalverhältnisse der klassifizierten Wettbewerber die

Größe und Rentabilität der Konkurrenten zu ermitteln. Abschließend gilt es, aufbauend auf der Ermittlung der Qualität der Produkte und damit verbundenen Serviceleistungen sowie Preisstrategien und Reputation, die Wettbewerbsstrategie der Konkurrenten zu ermitteln. Informationsquellen dazu sind:

- **Äußerungen des Konkurrenten:** Geschäfts-, Zeitungsberichte, persönliche Kontakte;
- **Verhalten des Konkurrenten in der Vergangenheit:** bisherige Strategie, Reaktion auf kritische Ereignisse;
- **Organisationsstruktur des Konkurrenten:** Funktionsbezeichnungen, Abteilungsgliederung;
- **Persönlicher Hintergrund des Managements:** Ausbildung, Werdegang, Funktionen;
- **Unternehmensberater des Konkurrenten.**

Nach dieser reinen Beschreibung der Konkurrenten sind die Zusammenhänge der gesammelten Daten und Informationen zu erkennen und die relevanten Schlussfolgerungen zu ziehen. Da die vorab beschriebenen Beurteilungskriterien in jedem Unternehmen variieren, ist dieser Pfad lediglich als Ausgangspunkt anzusehen, der gerade von einem Existenzgründer individuell gestaltet werden sollte. Insbesondere die Prognose des Verhaltens eines einzelnen Konkurrenten gestaltet sich als schwierig. Eine Leitlinie hierfür bieten die in Abb. 23 genannten Fragen über Ziele, Strategie, Annahmen und Fähigkeiten des Konkurrenten.

Grundlegend ist die Konkurrenzanalyse in zweierlei Hinsicht von Bedeutung: Zum einen deckt diese die Stärken und Schwächen des Konkurrenten auf und vermittelt eine Einschätzung, wie diese auf die eigenen Maßnahmen reagieren könnten, zum anderen bietet die Analyse Hilfestellung bei der Positionierung der eigenen Produkte im (neuen) Markt. Diese Faktoren sind vor allem für potenzielle Kapitalgeber von grundlegender Bedeutung, da sie Aufschluss darüber geben, wie wettbewerbsfähig und beständig das Unternehmen ist.

Für die Auswahl der relevanten Konkurrenten bietet sich eine Bildung von **strategischen Gruppen** an, in denen die Konkurrenten nach ihrer Strategie segmentiert und gruppiert werden. In einer strategischen Gruppe werden diejenigen Unternehmen zusammengefasst, die innerhalb der Branche die gleiche oder zumindest eine ähnliche Strategie verfolgen, und hinsichtlich bestimmter Dimensionen verglichen.[39] Als Abgrenzungskriterien für die Bildung von strategischen Gruppen bieten sich an:

- vertikale und horizontale Integration,
- geografische Marktabdeckung,
- Marktsegmente,

[39] Vgl. Müller-Stewens/Lechner (2005), S. 194.

- Eigentümerstruktur,
- Organisationsgröße,
- Kapazitätsauslastung,
- Kostenstruktur,
- Vertriebskanäle,
- Marketingaktivitäten,
- Markenbesitz,
- Produktvielfalt und -qualität,
- Technologieverhalten,
- F&E-Fähigkeiten.

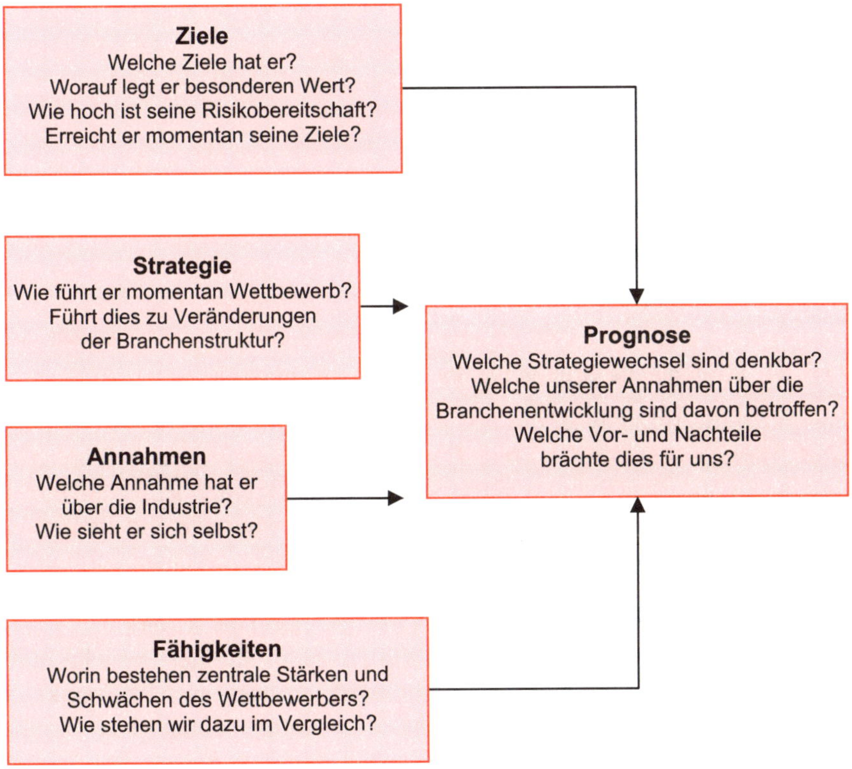

Abb. 23. Analyse eines einzelnen Konkurrenten[40]

Am besten lässt sich eine solche Segmentierung der strategischen Gruppen durch eine Landkarte visualisieren, bei der die angelegten Kriterien die Achsenbezeichnungen repräsentieren. Abb. 24 verdeutlicht exemplarisch die strategischen Gruppen in der Automobilindustrie, die durch die Kriterien Durchschnittspreis und Produktprogrammbreite abgegrenzt wurden.

[40] Quelle: Müller-Stewens/Lechner (2005), S. 197.

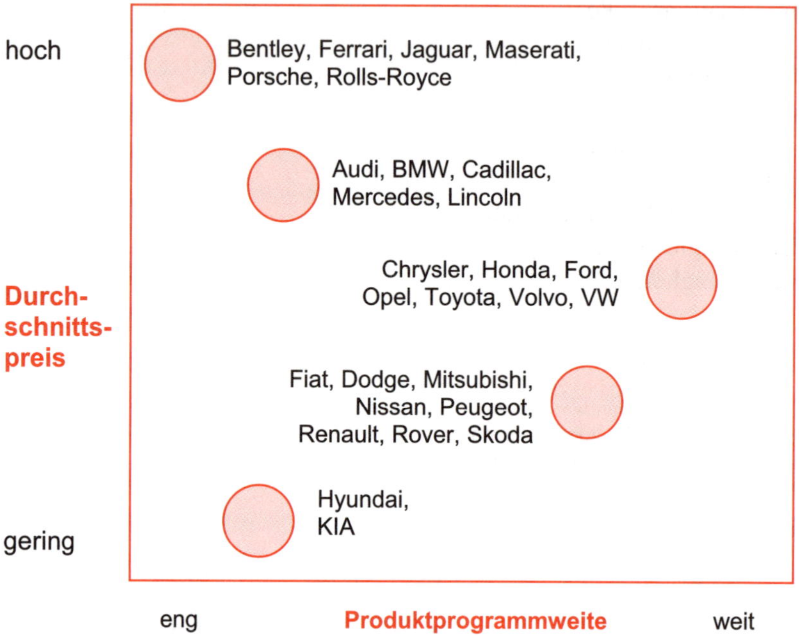

Abb. 24. Strategische Gruppen in der Automobilindustrie[41]

Die Wettbewerbsanalyse, die fast ausschließlich in Form des Modells der **fünf Wettbewerbskräfte (five forces)** nach *Porter* durchgeführt wird, untersucht die **Wettbewerbsintensität** innerhalb einer Branche, d.h. es wird nicht ein bestimmter Konkurrent, sondern vielmehr die **Branchenstruktur** an sich untersucht. Der Begriff der Branche ist dabei definiert als Gruppe von Unternehmen, welche Produkte oder Dienstleistungen herstellen, die sich gegenseitig nahezu ersetzen können. Der Ansatz von *Porter* basiert auf der Grundannahme, dass die Rentabilität einer Branche durch ihre strukturellen Merkmale bestimmt wird, so dass im Mittelpunkt der Wettbewerbsanalyse die Beschreibung aller Komponenten einer Branche und ihrer Wechselwirkungen steht. Danach definiert *Porter* fünf Wettbewerbskräfte, die auf einen Markt einwirken, wie in Abb. 25 dargestellt.

Im Folgenden sollen die fünf Wettbewerbskräfte kurz skizziert werden:

(1) Die **Rivalität unter den bestehenden Unternehmen** ist für alle Unternehmen zunächst der bedeutsamste Aspekt innerhalb des Wettbewerbs. Indikatoren einer starken Rivalität bilden die Aspekte eines raschen Preisverfalls oder vieler kostenloser Zusatzleistungen. Eine hohe Rivalität ist besonders zu vermuten bei stagnierenden bzw. schrump-

[41] Quelle: Müller-Stewens/Lechner (2005), S. 196.

fenden Märkten oder auch bei vielen kleinen Wettbewerbern mit demselben Geschäftsmodell und sehr ähnlichem Leistungsangebot.

(2) Grundsätzlich ist die **Bedrohung durch neue Konkurrenten** eher für die langfristige Perspektive von Bedeutung. Wenn es sich zum Zeitpunkt der Marktanalyse bei dem Unternehmen selbst um einen neuen Anbieter handelt, liegt hier, entgegen *Porter*, die Perspektive eines Branchen-Outsiders anstatt eines Insiders vor. Trotzdem sollte vor Beginn der Geschäftsaufnahme eine Wettbewerbsanalyse durchgeführt werden, um die zukünftige Marktentwicklung abschätzen zu können.

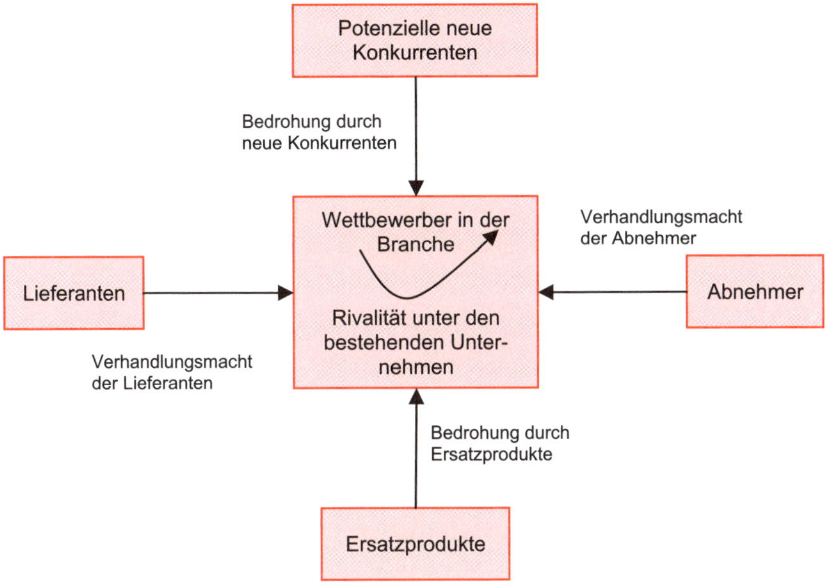

Abb. 25. Fünf Wettbewerbskräfte nach *Porter*[42]

(3) Innerhalb der **Bedrohung durch Ersatz- bzw. Substitutionsprodukte** muss zunächst geprüft werden, wie sich das eigene Leistungsangebot auf die bestehenden Unternehmen in ähnlichen Branchen auswirkt. Bietet das eigene Produkt dem Nachfrager erhebliche Vorteile gegenüber dem bisherigen Leistungsangebot (hohes Substitutionspotenzial), so dass ein steigender Absatz wahrscheinlich ist, muss damit gerechnet werden, dass die Wettbewerber mit heftigen Gegenmaßnahmen (z.B. Preiskampf) reagieren. Ist allerdings das Substitutionspotenzial der Geschäftsidee eher gering, so ist zu überlegen, ob eine Markteinführung überhaupt sinnvoll ist.

[42] In Anlehnung an Porter (2000), S. 29.

(4) Der Einfluss, den Lieferanten auf die Unternehmen innerhalb einer Branche ausüben, wird als **Verhandlungsmacht der Lieferanten** bezeichnet. Diese wird beispielsweise durch eine hohe Konzentration auf Seiten der Lieferanten auf wenige Unternehmen oder durch eine geringe Substituierbarkeit der Lieferantenleistungen und hohe Wechselkosten ausgedrückt. Haben die Lieferanten eine hohe Verhandlungsmacht gegenüber den etablierten Unternehmen, besteht aber die Möglichkeit, auf andere Lieferanten oder Technologien auszuweichen, so kann daraus ein für das betreffende Unternehmen relevanter Wettbewerbsvorteil entstehen.

(5) Eine hohe **Verhandlungsmacht der Abnehmer** kann entstehen, wenn beispielsweise das Leistungsangebot des Unternehmens für die Abnehmer unbedeutend ist oder die Wechselkosten zu einem Wettbewerber gering sind. Verfügen die Abnehmer über eine große Verhandlungsmacht, so können dadurch die Gewinnmargen einer Branche erheblich sinken. Kann in diesem Zusammenhang das Unternehmen, das genau diese Zielgruppe ansprechen möchte, diese Machtverhältnisse nicht durch ein neuartiges Produkt aufheben, so muss überlegt werden, ob ein Markteintritt noch sinnvoll ist.

Je nach Ausprägung der fünf Wettbewerbskräfte sind Rückschlüsse auf die Wettbewerbsintensität möglich. Die Gesamtstärke der fünf Wettbewerbskräfte bestimmt wiederum die Branchenattraktivität, welche im Branchendurchschnitt als Verhältnis zwischen der Rendite des investierten Kapitals und den Kapitalkosten gemessen wird. Eine stärkere Ausprägung einer Wettbewerbskraft wirkt sich grundsätzlich rentabilitätssenkend aus. So kann etwa ein von den Kunden geforderter intensiver Kundendienst bzw. eine im Rahmen des Kampfes um Marktanteile intensive Werbung die Kosten erhöhen und somit die Rentabilität senken. Hinzu kommt, dass starke potenzielle Konkurrenten einen hohen Kapitaleinsatz erfordern, damit Markteintrittsbarrieren (z.B. Marken) errichtet werden können, was ebenfalls zu Kostensteigerungen und zu einer Verringerung der Rentabilität führt.

Die Ausprägungen der einzelnen Wettbewerbskräfte hängen wiederum von zahlreichen Determinanten ab. An dieser Stelle soll nicht auf alle möglichen Determinanten eingegangen werden – dazu sei auf die Originalliteratur von *Porter* verwiesen. Abb. 26 verdeutlicht mögliche Einflussfaktoren der Wettbewerbskraft „Bedrohung durch neue Konkurrenten“, welche die Gefahr des Markteintritts des neuen Konkurrenten bestimmen. Die Ausprägung dieser Gefahr hängt von sogenannten Markteintrittsbarrieren ab, deren Existenz es dem Konkurrenten erschwert – wenn nicht sogar unmöglich macht, einen profitablen Markteintritt zu realisieren. Hierbei unterscheidet man strukturelle Markteintrittsbarrieren wie etwa **Economies of Scale (Größenvorteile)**, welche hohe Produktionsvolumina zur

Realisierung von Größenvorteilen erforderlich machen, oder strategische Markteintrittsbarrieren wie etwa **Abschreckungsmaßnahmen** eines etablierten Unternehmens. Eine in der Branche übliche **Produktdifferenzierung** wirkt über Markentreue, Kundenloyalität ebenfalls als (strukturelle) Markteintrittsbarriere, weil hohe Werbe- oder Verkaufsförderungsaufwendungen für potenzielle Konkurrenten abschreckend wirken. Ein hoher **Kapitalbedarf** besteht dann, wenn der Markteintritt nur über hohe Investitionen etwa in Forschung und Entwicklung (F&E) möglich ist. Falls ein Anbieterwechsel für die Kunden beispielsweise Mitarbeiterschulungen erforderlich macht, muss ein potenzieller Konkurrent die Kunden für die entstehenden **Umstellungs- und Wechselkosten** entschädigen. So ist es etwa im Bereich der Unternehmenssoftware kaum möglich, ohne großen Aufwand von einem Softwareanbieter zu einem anderen zu wechseln. Aus diesem Grund haben Konkurrenten des Quasi-Monopolisten Microsoft versucht, diese Markteintrittsbarriere zu überspringen, indem sie die erste Version ihrer Software dem Kunden kostenlos angeboten haben.

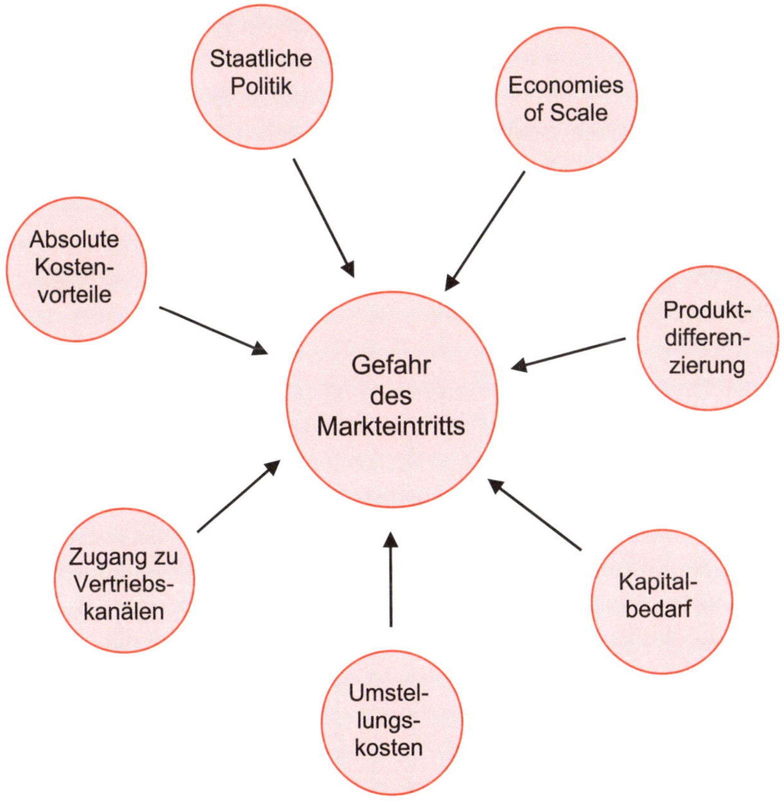

Abb. 26. Determinanten der Bedrohung durch neue Konkurrenten[43]

[43] Quelle: Welge/Al-Laham (2003), S. 200.

Der **Zugang zu Vertriebskanälen** kann neuen Wettbewerbern verschlossen werden, indem die aktuellen Unternehmen in der Branche mit den Händlern Exklusivvertriebsrechte oder Konkurrenzklauseln vereinbaren, die einen Vertrieb der Konkurrenzprodukte ausschließen. Sonstige **Kostenvorteile** können sich etwa ergeben über patentgeschützte Produktionstechnologien, günstige Standortbedingungen oder Lern- und Erfahrungskurveneffekte in der Produktion. Auch die Politik kann in Form staatlicher Marktregulierung etwa durch Lizenzvergabe oder die Vorgabe von Standards neuen Wettbewerbern den Markteintritt erschweren. Beispielsweise wird im Mobilfunk das Recht zum Aufbau eines Mobilfunknetzes in Form einer öffentlichen Auktion versteigert. Da Standards früher hauptsächlich genutzt wurden, um ausländische Unternehmen vom Markteintritt fernzuhalten (etwa im Fall der Sicherheitsstandards für Kraftfahrzeuge auf dem europäischen Markt), sind staatliche Vorgaben heutzutage nur bedingt möglich, da sie ein Eingreifen der Welthandelsorganisation (World Trade Organization, WTO) provozieren.

Neben den Markteintrittsbarrieren sind aber auch **Austrittsbarrieren** denkbar, welche ein Unternehmen zum Verbleib in seiner Branche zwingen, selbst wenn es damit nur eine niedrige oder sogar eine negative Rendite erzielt. Mögliche Marktaustrittsbarrieren sind etwa in technischer bzw. betriebswirtschaftlicher Sicht Umstellungskosten wie Sozialpläne oder Umsiedlungskosten, innerbetriebliche Verflechtungen (sog. Synergien), in strategischer Sicht ein potenzieller Imageverlust oder Kundenanforderungen an die Produktpalette und staatliche Regulierung. Die Determinanten der anderen Wettbewerbskräfte werden in Abb. 27 zusammenfassend dargestellt.

Sofern man aus den genannten Determinanten einige kritische Komponenten der Wettbewerbsintensität einer Branche herausgreift, ergeben sich die in Tab. 10 dargestellten rentabilitätssenkenden bzw. rentabilitätssteigernden Ausprägungen. Wenn die üblichen in der Volkswirtschaftslehre getroffenen Annahmen gültig wären, würde grundsätzlich in jeder Branche ein vollständiger Wettbewerb dergestalt herrschen, dass sich die erzielbaren Renditen bei einer dem jeweiligen Risiko angemessenen Gleichgewichtsrendite einpendeln. In der Wissenschaft ist ein solches theoretisches Konstrukt zwar brauchbar, den Praktiker vermag dies aber nicht zu überzeugen. Denn die Branchen weisen in der Realität unterschiedliche Rendite-Risiko-Positionen auf. *Porters* Modell bietet dem Praktiker eine Hilfestellung, die Wettbewerbsintensität und damit die zu erwartende Rentabilität in einer bestimmten Branche einzuschätzen und diese Erkenntnis für Entscheidungen bezüglich des strategischen Verhaltens in dieser Branche treffen und eine Geschäftsstrategie festlegen zu können.

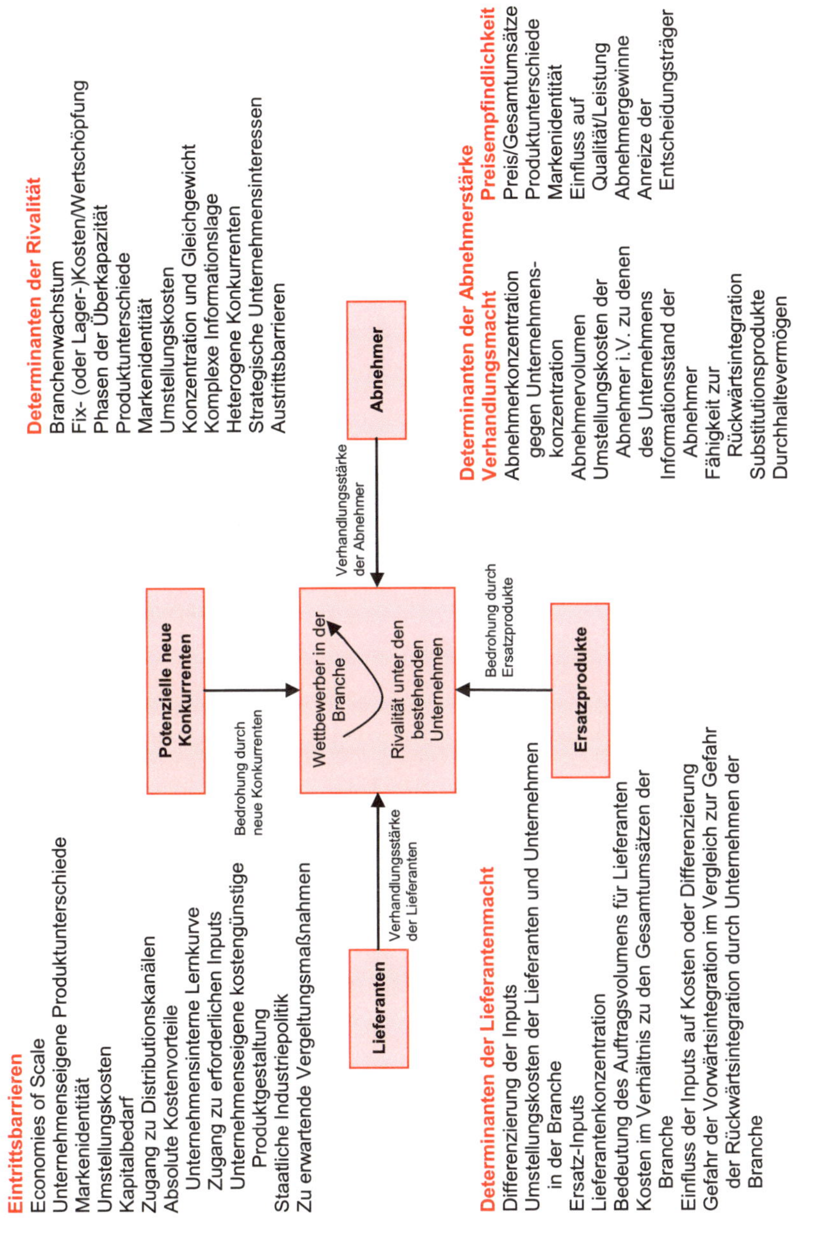

Abb. 27. Determinanten der fünf Wettbewerbskräfte[44]

[44] Quelle: Porter (2000), S. 26.

Tab. 10. Kritische Komponenten der Wettbewerbskräfte[45]

	Senkt die Rentabilität	Steigert die Rentabilität
Leichtigkeit des Brancheneintritts	*Leichter Eintritt* ▪ niedrige Betriebsgrößen-schwelle ▪ geringes Marken-Franchising ▪ verbreitete Technologie ▪ Zugang zu Vertriebswegen	*Schwieriger Eintritt* ▪ hohe Betriebsgrößenschwelle ▪ Markenwechsel schwierig ▪ firmeneigenes Know-how ▪ eingeschränkte Vertriebswege
Leichtigkeit des Branchenaustritts	*Schwieriger Austritt* ▪ spezielle Aktiva ▪ hohe Austrittskosten ▪ Verflechtung von Sparten	*Leichter Austritt* ▪ veräußerbare Aktiva ▪ unabhängige Sparten
Stärke der Lieferanten	*Starke Lieferanten* ▪ glaubwürdige Drohung der Lieferanten mit Vorwärts-integration ▪ Konzentration der Lieferanten ▪ erhebliche Kosten für den Wechsel der Zulieferer	*Schwache Lieferanten* ▪ viele Lieferanten im Wettbe-werb ▪ Erwerb von Konsumgütern ▪ glaubwürdige Drohung der Abnehmer mit Rückwärtsin-tegration ▪ Konzentration der Abnehmer
Stärke der Abnehmer	*Starke Abnehmer* ▪ Konzentration der Abnehmer ▪ Abnehmer kaufen einen erheb-lichen Anteil des Outputs ▪ Abnehmer drohen glaubwürdig mit Rückwärtsintegration	*Schwache Abnehmer* ▪ Hersteller drohen mit Vor-wärtsintegration ▪ erhebliche Kosten der Ab-nehmer für Lieferanten-wechsel ▪ zersplitterter Abnehmerkreis ▪ Hersteller liefern kritische Anteile des Inputs des Ab-nehmers
Verfügbarkeit von Ersatzprodukten	*Leichte Ersetzbarkeit* ▪ geringe Umstellungskosten für Benutzer ▪ ertragreiche und aggressive Hersteller von Ersatzprodukten	*Schwierige Ersetzbarkeit* ▪ hohe Umstellungskosten für Benutzer ▪ unrentable und passive Her-steller von Ersatzprodukten
Branchen-bedingungen	*Viele Wettbewerber* ▪ Wettbewerber etwa gleich groß ▪ geringe Nachfragesteigerung ▪ hohe Fixkosten ▪ Überschusskapazitäten ▪ Handelsgüter	*Wenige Wettbewerber* ▪ unterschiedlich große Wett-bewerber ▪ Branchenführer ▪ starke Nachfragesteigerung ▪ geringe Fixkosten ▪ differenzierte Produkte

[45] Quelle: Hax/Majluf (1991), S. 52.

3.3 Portfoliotechniken

Die Entstehung des strategischen Managements mit der Aufteilung des Unternehmens in strategische Geschäftseinheiten hat in Verbindung mit dem hohen Wachstum vieler Konzerne im Laufe der 1960er Jahre das Management vor die Aufgabe gestellt, Allokationsmechanismen[46] für die Verteilung der begrenzten finanziellen Ressourcen zu entwickeln. Das Verständnis von einem Unternehmen entwickelte sich in der damaligen Zeit hin zu dem einer Holding, d.h. eines Portfolios verschiedenster strategischer Geschäftsbereiche, welche nicht unbedingt miteinander in Beziehung stehen mussten. Im vorigen Kapitel wurde im Rahmen der Geschäftsstrategie genau diese Frage, in welchen Geschäftsbereichen wir tätig sein möchten, allgemein erörtert. Diese Frage konkret in der Praxis zu beantworten, stellt mitunter eine große Herausforderung dar. Sie ist eine echte Managementaufgabe, weil durch das Eingreifen in die Zukunft bei einer Vielzahl von Mitarbeitern besondere Führungsqualitäten erforderlich sind. Schließlich müssen immer wieder auch Entscheidungen getroffen werden, die zu einem Verkauf bzw. sogar zu einer Schließung eines Geschäftsbereiches führen.

Ein einfaches Konzept, mit dieser schwierigen Allokationsaufgabe umzugehen, stellen die sogenannten Portfoliotechniken dar.

Alle Portfoliotechniken im Rahmen der strategischen Planung (es gibt auch Portfolios der Finanzierungstheorie) weisen das Grundmuster auf, dass sie auf einem Koordinatensystem beruhen, welches auf der Abszisse („x-Achse“) eine unternehmensinterne Variable und auf der Ordinate („y-Achse“) eine unternehmensexterne Variable abbilden.

In dieses Koordinatensystem werden anschließend die Erfolgspotenziale der strategischen Geschäftseinheiten eingezeichnet (Abb. 28). Die Portfoliotechniken gehen von einer Betrachtung der Produkte in ihrem jeweiligen Markt aus. Diese **Produkt-Markt-Kombinationen** werden als **strategische Geschäftseinheiten (SGE)** bezeichnet, wenn für sie eine eigenständige, von anderen Produkten und Märkten abgegrenzte Strategie entwickelt werden kann. In diesem Zusammenhang versteht man unter einem Portfolio eine Kombination einzelner strategischer Geschäftseinheiten, die in ihrem Zusammenwirken unter Berücksichtigung dynamischer Aspekte auf ihre Zielwirkung hin analysiert werden. Das Unternehmen lässt sich dann als Zusammenfassung einzelner strategischer Geschäftseinheiten interpretieren, die bezüglich ihrer Chancen und Risiken im Markt unter-

[46] Der Begriff der *Allokation* (Zuteilung) zieht sich durch die gesamte Ökonomie. Denn die Ökonomie mit all ihren unterschiedlichen Teilbereichen ist definiert als die Aufgabe der Allokation knapper Ressourcen auf konkurrierende Verwendungszwecke. Zu beachten ist, dass man von alloziieren spricht, wenn man den Wortstamm als Verb verwendet.

sucht werden sollen. Jede strategische Geschäftseinheit zeichnet sich durch eine eigenständige Marktaufgabe und einen eigenen Marktauftritt aus.

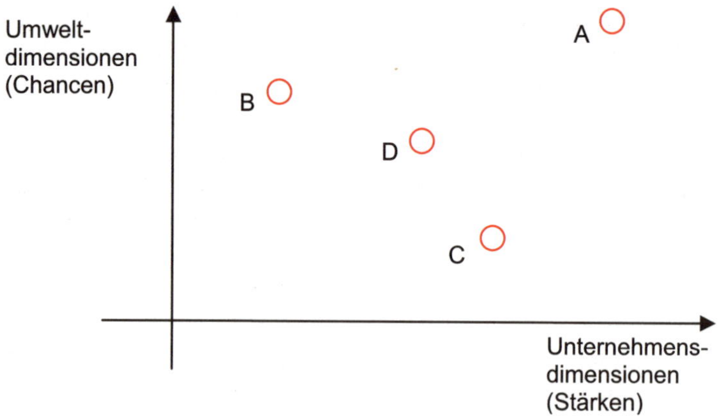

Abb. 28. Grundstruktur der Portfoliotechniken[47]

Ziel der Portfoliotechniken ist es, die einzelnen Geschäftsbereiche in einem Ist-Portfolio zu erfassen und zu beurteilen sowie darauf aufbauend die Soll-Positionen der Geschäftsbereiche festzulegen. Abb. 29 verdeutlicht, wie mit dem Koordinatensystem eine komplexitätsreduzierende Darstellung der strategischen Geschäftseinheiten erreicht werden kann.

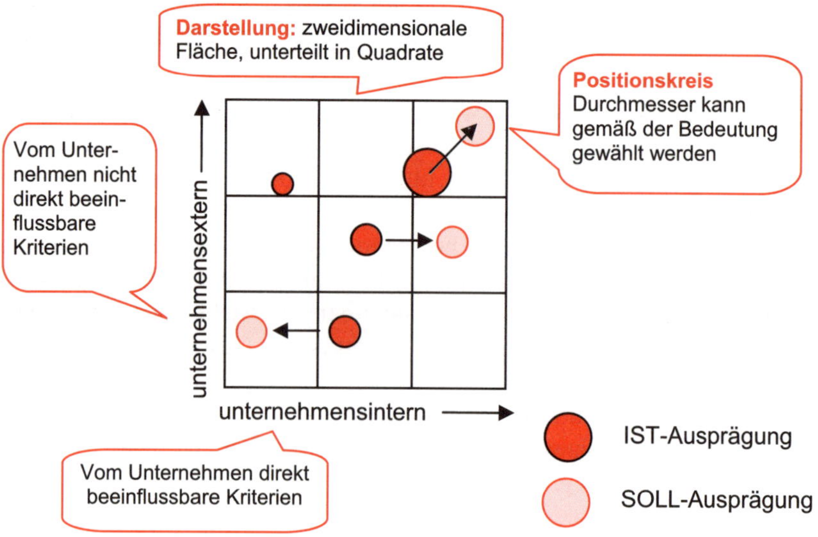

Abb. 29. Vorgehensweise der Anwendung der Portfoliotechniken[48]

[47] Quelle: Welge/Al-Laham (2003), S. 343.

Natürlich könnte man Portfolios aufgrund der bei ihrer Anwendung durchgeführten Vereinfachung („Komplexitätsreduktion“) ablehnen, doch wird diese Vereinfachung gerade als ihre größte Stärke gesehen:

- Portfolios erlauben eine **Konzentration auf das Wesentliche** und
- bieten sich daher als **Kommunikationsinstrument** an, um komplexe Sachverhalte (etwa im Rahmen von Präsentationen) vereinfacht weiterzugeben.

Allerdings sind generell die folgenden Punkte zu beachten:

- Da nur zwei Variablen Beachtung finden, kommt ihrer **Auswahl** eine herausragende Bedeutung zu. Denn wenn die betrachteten Variablen falsch gewählt sind, ist das Portfolio inhaltslos.
- Da ein Portfolio immer nur eine Augenblicksaufnahme eines bestimmten Zeitpunkts darstellt, gilt es, eine **kontinuierliche Aktualisierung** des Portfolios vorzunehmen.
- Zudem muss immer die **beschränkte Aussagekraft** im Auge behalten werden, da viele Faktoren ausgeblendet bleiben.

Tab. 11 gibt einen Überblick über die bekanntesten Portfolio-Konzepte.

Die in der Praxis am häufigsten gebrauchte Anwendung der Portfolioanalyse stellt das **Marktwachstums-Marktanteils-Portfolio** der Boston Consulting Group (BCG) dar, die auch als BCG-Matrix bezeichnet wird. Dabei ist der nicht vom Unternehmen beeinflussbare Parameter das **Marktwachstum**, das als Indikator für die potenzielle Umsatzentwicklung eines Produkts dient und an die Analyse des Produktlebenszyklus anknüpft. Hieraus wird vor allem der Investitionsbedarf der einzelnen strategischen Geschäftseinheiten abgeleitet. Je höher das Marktwachstum ist, desto höher ist normalerweise der Investitionsbedarf, womit aber auch die Erzielung positiver Cash Flow-Beiträge nur zu einem geringen Teil möglich ist und umgekehrt.

Der vom Unternehmen hingegen direkt beeinflussbare Parameter ist der **relative Marktanteil**, welcher sich errechnet als der Marktanteil der eigenen strategischen Geschäftseinheit im Verhältnis zum Marktanteil des größten Konkurrenten. Er ist ein Indikator für die kumulierte Produktionsmenge in Relation zu den Mitbewerbern und damit für Kostenvorteile im Wettbewerb (komparative Kostenvorteile). Je höher der relative Marktanteil ist, desto höher ist normalerweise der Kostenvorteil. Damit ist gleichzeitig die Chance zur Erwirtschaftung positiver Ergebnisbeiträge höher. Bei niedrigen relativen Marktanteilen gilt dies umgekehrt.

[48] Quelle: Welge/Al-Laham (2003), S. 341.

Tab. 11. Überblick über absatzmarktorientierte Portfoliotechniken

Portfoliomodell	Marktbezug	Basisdimensionen	Datenerhebung	Theoretische/ empirische Fundierung	Konzeptionelle Entwicklung	Strategische Empfehlungen	Spezifische Vorteile	Spezifische Nachteile
(1) **BCG-Matrix**	Absatzmarkt	Marktanteil; Marktwachstum	Einfache Ermittlung kardinal skalierter Werte	Produktlebenszyklus; Erfahrungskurve; PIMS	2-Faktoren-Konzept	3 Normstrategien; undifferenziert	Objektiv nachvollziehbare SGE-Positionierung (interpersonelle Vergleichbarkeit)	Zu hohe Standardisierung, da nur 2 Erfolgsfaktoren berücksichtigt werden und personenspezifische Relativierungen nicht möglich sind
(2) **McKinsey-Matrix**	Absatzmarkt	Marktattraktivität; Geschäftsfeldstärke	Einfache bis schwierige Ermittlung sehr vieler nominal, kardial oder ordinal skalierter Daten	PIMS	Multifaktorenkonzept	3 Normstrategien; undifferenziert	Einbeziehung vieler Einflussfaktoren; durch die Gewichtung wird eine hohe situationsspezifische Reagibilität möglich	Die subjektive Einschätzung führt zu einer interpersonell nicht mehr vergleichbaren SGE-Positionierung
(3) **Branchenattraktivitäts-Unternehmenspositionsmatrix**	Absatzmarkt	Branchenattraktivität; Unternehmungsposition	Schwierige Ermittlung ordinal skalierter Daten		2 aus jeweils 2 extrahierten Faktorenkonzepten	3 Normstrategien; undifferenziert		Für die ausgewählten vier Teildimensionen spricht keine theoretische oder empirische Fundierung und die Bewertung erfolgt subjektiv
(4) **Arthur D. Little-Konzept**	Absatzmarkt	Marktstadien; Wettbewerbsposition	Einfache bis schwierige Ermittlung vieler nominal, ordinal oder kardinal skalierter Daten	Produktlebenszyklus; PIMS	Multifaktorenkonzept	Erheblich differenzierte Normstrategien	Siehe (2)	Siehe (2); damit ist auch dem erheblich differenzierten Normstrategiespektrum Vorsicht entgegenzubringen
(5) **Lorange-Portfolio**	Absatzmarkt	Marktattraktivität; Geschäftsfeldstärke; Konsolidierungsattraktivität	Siehe (2)	PIMS	Siehe (2)	Siehe (2)	Einbeziehung zusätzlicher Einflussfaktoren, wie z.B. Synergie	Siehe (2)

Quelle: Welge/Al-Laham (2003), S. 345.

Das Marktwachstums-Marktanteils-Portfolio basiert auf zwei grundsätzlichen Annahmen, die im Folgenden dargestellt werden sollen, bevor die Anwendung des Portfolios erläutert wird. Diese Annahmen sind nämlich für das Verständnis und das Erkennen der Grenzen des Modells unerlässlich. Die erste Annahme besteht darin, dass ein **Erfahrungskurveneffekt** vorausgesetzt wird. Dieser Effekt basiert auf der Tatsache, dass bei vielen menschlichen Tätigkeiten eine wiederholte Ausübung die Ausführung leichter macht und mithin zu geringeren Kosten führt. Der Zusammenhang wurde erstmals im Jahre 1925 im US-amerikanischen Flugzeugbau beobachtet und ist seit seiner Beschreibung durch Bruce D. Henderson (BCG) im Laufe der 1970er Jahre ein in der Betriebswirtschaftslehre häufig vorausgesetztes Konzept.[49]

Der **Erfahrungskurveneffekt** (experience curve effect) führt dazu, dass bei einer Verdoppelung der kumulierten Ausbringungsmenge, d.h. der Produktionsmenge die inflationsbereinigten (realen) Stückkosten um ca. 20-30% sinken. Die Stückkosten bestehen dabei aus den Fertigungs-, Verwaltungs-, Kapital- und Vertriebskosten pro Stück.

Empirisch konnten für bestimmte Produktarten die in Tab. 12 aufgeführten prozentualen Kostensenkungspotenziale ermittelt werden. Die Tabelle stützt auf der einen Seite zwar die Vermutung der Existenz des Erfahrungskurveneffektes, auf der anderen Seite verdeutlicht sie aber auch, dass nicht von einem deterministischen Zusammenhang ausgegangen werden kann. Vielmehr ist im Einzelfall für die in Frage stehende Produktart die Gültigkeit des Erfahrungskurveneffektes zu überprüfen.

Tab. 12. Empirische Befunde zum Erfahrungskurveneffekt

Produktart	Kostensenkung in %
Elektroherde	11,7
Automobile	12,0
Gasherde	17,2
Fernseher	20,0
Elektrorasierer	23,0
Halbleiter	40-50

Die Ursachen für die beobachtete Kostenreduktion können liegen in:

- **Produktivitätsverbesserungen**, d.h. das Verhältnis zwischen Output (Ausbringungsmenge) und Input (Einsatzmenge) wird größer;

[49] Wright, T.P. (1936): Factors affecting the cost of airplanes, in: Journal of the Aeronautical Science, S. 122-128; Boston Consulting Group (1972): Perspectives on Experience, Boston.

- **Economies of Scale**, d.h. die langfristigen Durchschnittskosten fallen bei einer Steigerung der Ausbringungsmenge, da die Fixkosten auf eine größere Stückzahl verteilt werden;
- **Eliminierung von ineffizienten Produktionsfaktoren**, d.h. beispielsweise wird fehleranfällige menschliche Arbeitskraft durch Maschinen ersetzt;
- **Produktmodifikation**, d.h. es werden teure, komplexe, fehleranfällige oder technisch nicht notwendige Teile ersetzt;
- **Managementerfahrung**, d.h. das Management lernt mit der Zeit, Kostenreduktionspotenziale zu erkennen.

Zu beachten ist weiterhin der Unterschied zwischen der Erfahrungskurve und der oftmals im gleichen Zusammenhang genannten **Lernkurve**: Während bei der Erfahrungskurve behauptet wird, eine Verdopplung der kumulierten Produktionsmenge führe zu einer Senkung der *Stück*kosten (Fertigungs-, Verwaltungs-, Kapital- und Vertriebskosten), wird bei der Lernkurve nur eine Senkung der *Fertigungs*kosten impliziert. Die Lernkurve betrachtet somit einen viel kleineren Ausschnitt an Kostensenkungspotenzialen und bildet somit gleichsam nur einen Teilbereich des Erfahrungskurveneffektes ab – nämlich an erster Stelle den Faktor Arbeit.

Auf Basis des Erfahrungskurveneffektes hat die BCG nun die folgende Handlungsempfehlung für das Management abgeleitet: Bei Gültigkeit des angenommenen Kostenzusammenhangs sei es vorteilhaft, möglichst schnell große Marktanteile zu erzielen, um durch die hohe Ausbringungsmenge die internen Kosten senken und dadurch Wettbewerbsvorteile schaffen zu können.

Von der Erfahrungskurve kann man nun auf die zweite Annahme der BCG-Matrix übergehen: dem Lebenszykluskonzept. Denn die zweite Annahme der BCG-Matrix besteht darin, dass davon ausgegangen wird, die den strategischen Geschäftseinheiten zugrunde liegenden Produkte unterlägen einem **Lebenszyklus**. Der Produktlebenszyklus zeigt die Entwicklung der Umsatzeinzahlungen (und der Deckungsbeiträge) eines Produktes im Zeitablauf. Die Kenntnisse des typischen Lebensweges von Produkten sind für die Produktpolitik notwendig, um mögliche Gegenmaßnahmen ergreifen zu können. Nach der Entwicklungsphase, in der Verluste anfallen, umfasst der Produktlebenszyklus vier idealtypische Phasen, die in Abb. 30 in Abhängigkeit der Umsatzeinzahlungen dargestellt werden.

Die einzelnen Phasen des Produktlebenszyklus lauten:

- **Einführungsphase**: Der Umsatz steigt langsam an; mit dem Ende dieser Phase wird die Gewinnschwelle überschritten.
- **Wachstumsphase**: Der Umsatz steigt stark an. Konkurrenten kommen auf den Markt. Der Deckungsbeitrag erreicht sein Maximum.
- **Reifephase**: Der Umsatz steigt immer langsamer und erreicht sein Maximum. Der Deckungsbeitrag sinkt.
- **Degenerationsphase**: Der Umsatz fällt verstärkt ab. Das Unternehmen erwirtschaftet zuletzt sogar negative Deckungsbeiträge.

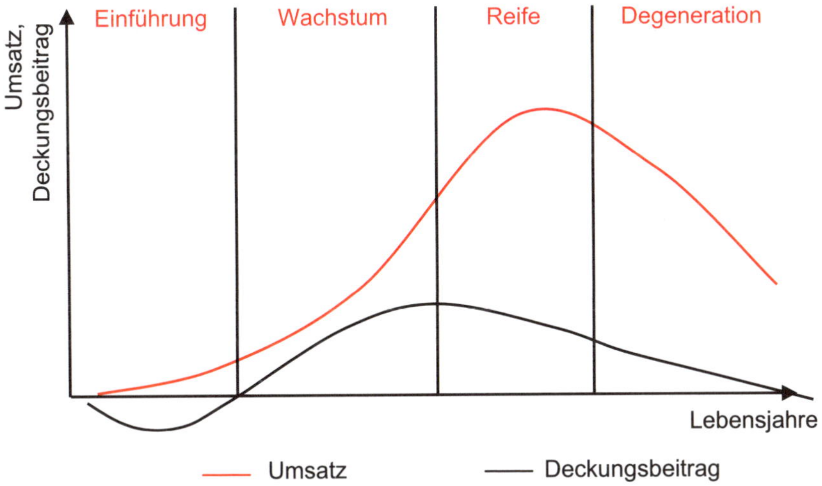

Abb. 30. Lebenszykluskonzept

Das Lebenszykluskonzept ist aus dem strategischen Management nicht mehr wegzudenken, weil für viele Produkte ein entsprechender Zusammenhang vorausgesetzt werden kann. Problematisch ist das Konzept jedoch zunächst einmal aus dem Grund, dass die Achseneinteilungen der Abszisse („x-Achse") von Produktart zu Produktart unterschiedlich sind. Denn während der Produktlebenszyklus für manche Produkte nur einige Monate oder wenige Jahre beträgt (Trendprodukte), haben andere Produkte auch nach einigen Jahrzehnten noch nicht die Degenerationsphase erreicht (z.B. Kraftfahrzeuge mit Ottomotoren). Abb. 31 verdeutlicht, in welcher Phase ihres Lebenszyklus sich ausgewählte Produktarten befinden.

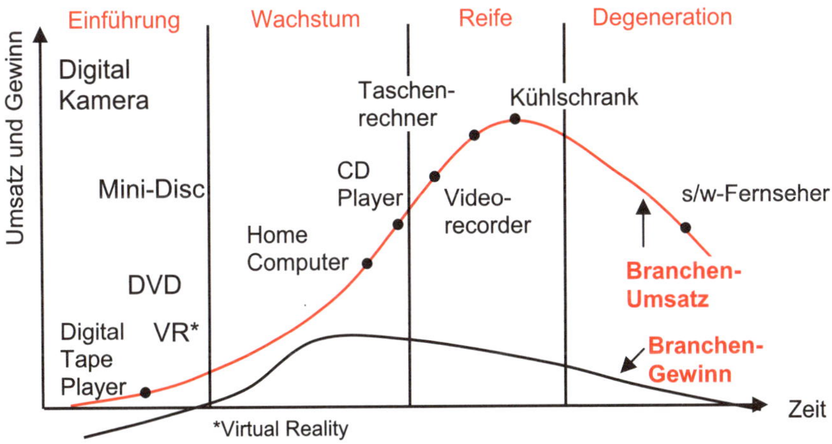

Abb. 31. Produkte und ihre Position im Lebenszyklus

Das Lebenszykluskonzept lässt sich auch mit der Wettbewerbsanalyse nach *Porter* verbinden. Denn in jeder Phase des Lebenszyklus weisen die fünf Wettbewerbskräfte typische Ausprägungen auf, die in Tab. 13 zusammengefasst werden.

Tab. 13. Lebenszyklus und Wettbewerbskräfte

Lebenszyklusphase	Einführung	Wachstum	Reife	Rückgang
Bedrohung durch neue Wettbewerber	Unsicherheit und Risiko der Innovation als Eintrittsbarriere	Eintritt vieler neuer Wettbewerber	Neueintritt nur unter günstigen Kostenbedingungen	Eintritt ist relativ unattraktiv
Verhandlungsmacht der Lieferanten	gering	ansteigend	hoch	gering
Verhandlungsmacht der Abnehmer	hoch	gering	ansteigend	hoch
Bedrohung durch Substitutionsprodukte	hoch	gering	ansteigend	hoch
Rivalität unter den etablierten Wettbewerbern	gering, da die Ungewissheit sehr groß ist	zunehmende Abhängigkeit, aber es können sich noch alle verbessern	oligopolistisches Verhalten ohne Wettbewerbskampf	ist der Austritt oder eine Verlagerung nicht möglich, folgt hohe Rivalität
Schwerpunkte des strategischen Verhaltens	Forschung & Entwicklung	Marketing	Effektivität in Produktion und Absatz	Kostenkontrolle
Ergebnis	niedrig	hoch	normal	zunehmender Druck

Allerdings gilt auch hier die Warnung, dass es sich lediglich um einen vermuteten Zusammenhang handelt, der abhängig vom betrachteten Produkt und den Maßnahmen des Managements ist. Zunächst einmal gibt es Produkte, die per se keinem Lebenszyklusverlauf unterliegen, wie etwa Grundnahrungsmittel. Nur für Trendlebensmittel wie etwa Marken-Erfrischungsgetränke kommt ein solcher Lebenszyklusverlauf in Frage. Neben dieser Fundamentalkritik, welche die Anwendbarkeit des Konzepts für bestimmte Produktarten vollständig ausschließt, sind bei allen anderen Produktarten die folgenden Einschränkungen zu beachten:

- Empirische Beobachtungen zeigen **individuellere Verläufe**, so dass die Phasen im Einzelfall extrem kurz oder lang verlaufen, wodurch sich die Form der Kurve gänzlich anders ergibt.
- Es handelt sich um einen **idealtypischen Verlauf**. In der Realität kann es auch dazu kommen, dass sich an die Wachstumsphase sofort die Degenerationsphase anschließt mit einer kaum wahrnehmbaren Reifephase.
- Zuletzt ist zu bemerken, dass aufgrund der Tatsache, dass Zeit die einzige Variable ist, ein **deterministischer Zusammenhang** vorgegaukelt wird. Es ist aber mitnichten so, dass das Management dem Übergang in die Degenerationsphase tatenlos zuschauen müsste. Vielmehr ist es gerade die Aufgabe des Managements, eine entsprechende Entwicklung zu erkennen und geeignete Gegenmaßnahmen zu ergreifen. Oftmals ist es durch Produktmodifikationen oder zusätzliche Werbeanstrengungen möglich, aus einer Degenerationsphase wieder in eine Wachstumsphase zu gelangen („Relaunch“).

Dass das Lebenszykluskonzept trotz aller Einwände doch seine Existenzberechtigung hat, zeigt das Beispiel der pharmazeutischen Industrie. Hier kann man aufgrund besonderer Gegebenheiten von einem solchen idealtypischen Verlauf ausgehen. Denn die pharmazeutische Forschung ist insbesondere dadurch geprägt, dass die Entwicklung eines Wirkstoffs zu einem Arzneimittel ein zeitaufwendiger und kostenintensiver Prozess ist. Von der Auffindung eines Wirkstoffs bis zu seiner Entwicklung zur Marktreife und seiner Einführung am Markt vergehen meist 8-12 Jahre. Die damit verbundenen Kosten für das Auffinden, die Isolierung und die Analyse geeigneter Substanzen sowie für klinische Studien belaufen sich für ein einziges Arzneimittel auf ca. 800 Mio. US-Dollar. Ohne ein Patent wäre kein forschender Arzneimittelhersteller bereit, diese Investitionen zu tätigen. Denn ohne Patentschutz wäre es jedem anderen Arzneimittelhersteller möglich, ein wirkstoffidentisches Nachahmerpräparat (Generikum) herzustellen und zu vertreiben. Da alle präklinischen und klinischen Vorarbeiten durch das forschende Unternehmen erbracht wurden, kann das generische Arzneimittel zu geringeren Durchschnittskosten bzw. aufgrund der Spezialisierung meist auch sogar zu geringeren Grenzkosten produziert werden. Für nationale und europäische Patente beträgt die Laufzeit des Patents 20 Jahre ab dem Anmeldetag (§ 16 Abs. 1 S. 1 PatG bzw. Art. 63 EPÜ). Da die Patentanmeldung in der frühen präklinischen Forschung erfolgt, beträgt die effektive Patentlaufzeit bei Arzneimitteln somit ca. 8-12 Jahre. Während dieser Zeit besitzt das Unternehmen mit seinem Wirkstoff eine Monopolstellung („Ausschließlichkeitsrecht“), womit es in die Lage versetzt werden soll, eine angemessene Rendite für die hohen Forschungsausgaben zu erzielen. Danach setzt der generische Wettbewerb ein, was für den Pharmahersteller den Übergang in die Degenerationsphase kennzeichnet.

Den einzelnen Lebenszyklusphasen können nun für den jeweiligen Funktionsbereich des Unternehmens bestimmte Aufgaben zugewiesen werden, die in Tab. 14 zusammengefasst werden. Die jeweiligen Schwerpunkte sind farblich hervorgehoben.

Tab. 14. Funktionsbereichsbezogene Schwerpunkte je Lebenszyklusphase

Funktionsbereich	Einführung	Wachstum	Reife	Degeneration
Marketing	Ressourcen/Know-how entwickeln, um den Bekanntheitsgrad zu vergrößern und um Akzeptanz bei den Kunden zu finden; Aufbau des Distributionsnetzes.	Verfestigung des Markenimages; Nischenbildung, Preissenkung, Verfestigung der bewährten Vertriebskanäle und Entwicklung neuer Vertriebskanäle.	Erschließung neuer Märkte und Halten alter Märkte durch aggressive Werbung; flexibles Preismanagement; Produktdifferenzierung und Halten der Kundentreue.	Effizientes Kostenmanagement für selektive Vertriebskanäle und Märkte. Starke Kundentreue oder Abhängigkeit vom Kunden. Starkes Unternehmensimage.
Produktion	Möglichkeit einer Ausweitung der Kapazitäten; geringe Produktbreite; Weiterentwicklung des Status quo.	Möglichkeit, Produktvarianten hinzuzufügen; Zentralisation der Produktion oder Einsparung von Kosten auf andere Weise; Verbesserung der Produktqualität; saisonale Ausweitung der Produktionstiefe.	Verbesserung des Produktes und Verringerung der Kosten. Möglichkeit, die Kapazitäten zu verringern; Fördern der Lieferantenverbindungen; Ausweitung der Produktionstiefe.	Möglichkeit, das Produktionsprogramm zu bereinigen; Kostenvorteile in der Produktion, Standort und Distribution nutzen. Vereinfachung der Inventur. Ausweitung der Produktionstiefe oder längere Durchlaufzeiten.
Finanzen	Ressourcen, um den hohen Zahlungsüberschuss und anfängliche Verluste zu decken. Möglichkeit, Leverage-Effekt zu nutzen.	Möglichkeit, Arbeitskräfte kosteneffizient zu reduzieren; Erhöhung der Effizienz.	Möglichkeit, wachsende Einnahmen zu bilden und neu zu verteilen; effiziente Kostenkontrollsysteme.	Möglichkeit, überschüssige Kapazitäten anders einzusetzen oder zu veräußern; Kostenvorteile der Anlagen; Kontrollsystemgenauigkeit; moderne Managementkontrolle.
Personal	Flexibilität in der Ausbildung und Schulung des Führungsnachwuchses; Mitarbeiter mit Schlüsselpositionen bzgl. neuer Produkte oder Märkte einsetzen.	Kosten senken; Entwicklung von Varianten zur Produktdifferenzierung.	Möglichkeit, Arbeitskräfte kosteneffizient zu reduzieren; Erhöhung der Effizienz.	Möglichkeit, Personal freizustellen oder umzubesetzen; Kostenvorteile nutzen.
F&E	Möglichkeit zu Entwicklungsänderungen; technisch bedingte „Kinderkrankheiten" des Produktes und des Produktionsprozesses beseitigen.	Know-how für Qualitätsverbesserungen und neue Entwicklungen; Entwicklung eines Nachfolgeproduktes festsetzen.	Kosten senken; Entwicklung von Varianten zur Produktdifferenzierung.	Fördern anderer Wachstumsmärkte oder Befriedigen von speziellen Kundenbedürfnissen.
Schwerpunkte	**Entwicklung; Marktdurchdringung.**	**Verkauf; Kundentreue; Marktanteil.**	**Produktionseffizienz; Nachfolgeprodukte.**	**Finanzen; maximale Erwirtschaftung der Investitionskosten.**

Nachdem nun die theoretischen Grundlagen des Marktwachstums-Marktanteils-Portfolios ausführlich erläutert wurden, soll das Portfolio selbst dargestellt werden. Wie Abb. 32 zeigt, besteht es aus vier Feldern, welche jeweils einer Kombination der Ausprägungen der beiden Dimensionen relativer Marktanteil und durchschnittliches Marktwachstum entsprechen und in das die einzelnen SGEs anschließend entsprechend ihrer Ausprägungen als Kreise eingeordnet werden. Die Durchmesser der Kreise geben dabei die Bedeutung der jeweiligen SGE an – gemessen am Umsatzvolumen.

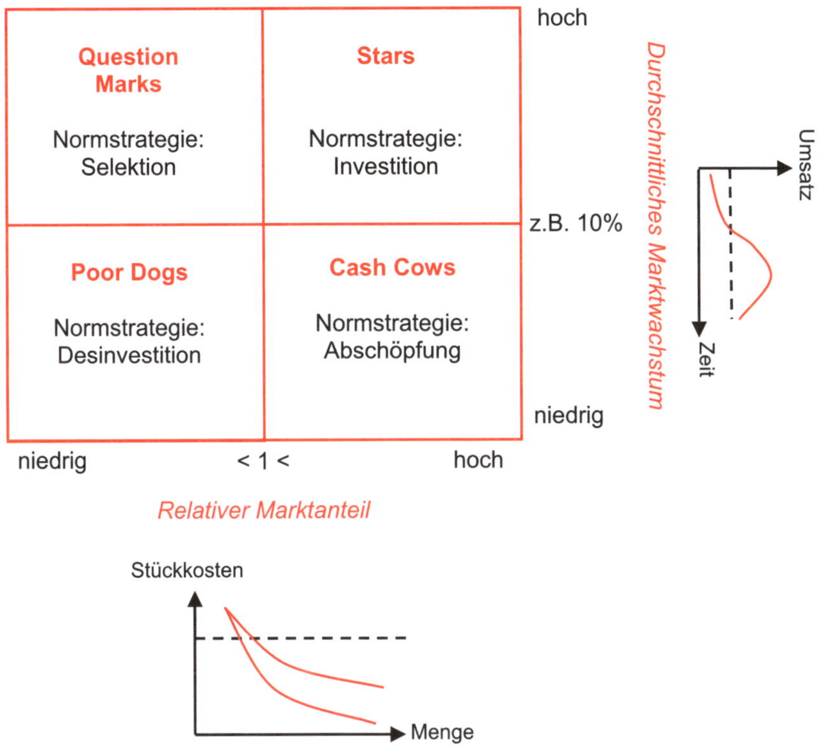

Abb. 32. Marktwachstums-Marktanteils-Portofolio[50]

Wie in der Abbildung deutlich wird, kann man die beiden grundlegenden Annahmen der BCG-Matrix auch grafisch verdeutlichen.

Die Charakteristika (und damit auch die Empfehlungen) für die vier Felder ergeben sich anhand der beiden Variablen: Der **Erfahrungskurveneffekt** bezieht sich auf die Achse des relativen Marktanteils. Ein hoher relativer Marktanteil ist vorzuziehen, da damit die größtmögliche Ausbringungsmenge realisiert wird, was zu geringen Kosten und hoher Profitabilität führt. Das **Lebenszykluskonzept** spiegelt sich in der Achse durchschnittliches Marktwachstum wider, da das Marktwachstum zu Beginn hoch (Question Marks und Stars) und später niedrig (Cash Cows und Poor Dogs) sein wird.

[50] Quelle: Ehrmann (2006), S. 145.

Auf dieser Basis können nun, bevor auf die Bezeichnung einzelner Felder eingegangen wird, in Tab. 15 ihre typischen Charakteristika festgehalten werden.

Tab. 15. Finanzielle Charakteristika der Felder in der BCG-Matrix

SGE	Investitionen	Stückkosten	Preis	Menge
Question Marks	hoch	hoch	hoch	gering
Stars	hoch	abnehmend	abnehmend	steigend
Cash Cows	gering	niedrig	konstant	hoch
Poor Dogs	gering	?	?	gering

Die Bezeichnungen der vier Felder wurden deshalb so gewählt, weil sich – zumindest nach den Autoren der BCG – je nach Stellung einer SGE im Portfolio bestimmte Normstrategien zuordnen lassen:

- **Question Marks** erfordern hohe Investitionen, um die Marktstellung auszubauen und bringen damit auch ein hohes Risiko mit sich. Es muss daher versucht werden, Marktanteile zu gewinnen, solange das Marktwachstum anhält. Wie der Name schon sagt, hängt es vom Einzelfall ab, ob eine SGE ins Portfolio aufgenommen oder abgestoßen werden soll.
- **Stars** erfordern zwar immer noch hohe Investitionen, sind jedoch auch Erzeuger von Finanzmittelzuflüssen. Da ihre Position aber sicher ist, lautet die Normstrategie, die Marktstellung zu halten und auszubauen.
- Die **Cash Cows** sind die Cash-Erzeuger des Unternehmens. Da aber bei einem niedrigen Marktwachstum zusätzliche Marktanteile nur schwer zu erzielen sind, sollten die Investitionen aufs Nötigste beschränkt werden, damit die Finanzmittelzuflüsse zur Finanzierung anderer SGEs verwendet werden können. Die Normstrategie lautet halten und (daher der Name) „melken".
- **Poor Dogs** sind hingegen gekennzeichnet durch einen niedrigen relativen Marktanteil und niedrigem durchschnittlichen Marktwachstum. Da man bei dieser Konstellation nicht profitabel arbeiten kann, lautet die Normstrategie: Rückzug vom Markt oder Positionierung in Marktnischen.

Die Grundaussage des Marktwachstums-Marktanteils-Portfolios lautet, dass das Unternehmen versuchen muss, immer ein möglichst **ausgewogenes Portfolio** zu realisieren.

Ein ausgewogenes Portfolio von SGEs ist dann erreicht, wenn alle Question Marks durch eigene Cash Cows finanziert werden können, ohne dass am Kapitalmarkt zusätzliche Finanzmittel aufgenommen werden müssten. Darüber hinaus sollte das Portfolio auch genügend Stars beinhalten, damit es auch in Zukunft ausreichend Cash Cows geben wird. Denn das Portfolio ist dynamisch zu sehen und entwickelt sich im Zeitablauf gemäß dem Lebenszykluskonzept weiter: Eine Cash Cow wandelt sich irgendwann zu einem Poor Dog, weil auf weitere Investitionen verzichtet wurde und daher der Marktanteil kleiner wird. Hingegen wird ein Star zu einer Cash Cow, da auch der rasch wachsende Markt irgendwann einmal aufgrund von Sättigung und des Entstehens neuer Technologien an Dynamik verlieren wird und stagniert. Durch diesen Verlauf bildet das Portfolio so die Lebenszyklen der Produkte ab: Einführung (Question Marks), Wachstum (Stars), Reife (Cash Cows) und Sättigung (Poor Dogs).

Nachdem das Marktwachstums-Marktanteils-Portfolio nun ausführlich dargestellt wurde, sollen sich noch einmal Worte der Warnung anschließen. Man wird einwenden, dass schon an verschiedenster Stelle beschrieben wurde, die eine oder andere Annahme sei fragwürdig. Dies reicht jedoch nicht aus. Denn fraglich ist auch, ob überhaupt die angelegte Sichtweise heute noch zeitgemäß ist. *Porter* hat zwar die Management- und Strategielehre entscheidend geprägt, doch ist die Zeit vorangeschritten. Während *Porters* Analyse und die darauf basierenden Konzepte der 1980er Jahre von der Sichtweise des Unternehmens als Portfolio von SGEs gekennzeichnet sind, ist seit Mitte der 1990er Jahre der sogenannte Ressourcenorientierte Ansatz (Rescource Based View) *en vogue*, welcher das Unternehmen als Gesamtheit der Kernkompetenzen ansieht.

Die **Kernkompetenzen** des Unternehmens sind die Fähigkeiten, sich auf eine bestimmte Tätigkeit im Vergleich zu den anderen Unternehmenstätigkeiten zu konzentrieren und diese besonders gut ausführen zu können. Sie werden durch die drei Merkmale **Kundennutzen**, **Imitationsschutz** und **Reproduzierbarkeit** determiniert. Durch die Konzentration auf ihre Kernkompetenzen versuchen Unternehmen, einen Wettbewerbsvorteil zu erlangen.

Der Kernkompetenzenansatz wurde von C.K Prahalad und Gary Hamel entwickelt.[51] Damit dieser Ansatz nicht in seiner ganzen Breite dargestellt werden muss, soll der Unterschied zu *Porters* Sichtweise durch ein Beispiel verdeutlicht werden: *Porter* (und die Manager seiner Zeit) haben das Unternehmen als eine Art Holding angesehen. Das Top-Management agierte wie eine große Bank, deren Aufgabe es ist, die Finanzmittel zu verwalten und in einzelne SGEs zu investieren; die Rückflüsse wurden wiederum in anderen SGEs reinvestiert. Sofern SGEs unprofitabel waren, wurden sie abgestoßen und es wurden dafür neue SGEs hinzugekauft. Mittlerweile hat sich aber die Erkenntnis durchgesetzt, dass es nicht egal

[51] Prahalad, C.K.; Hamel, Gary (1990): The Core Competence of the Corporation, in: Harvard Business Review, May-June, S. 79-91; Hamel, Gary; Prahalad, C.K. (1995): Wettlauf um die Zukunft – Wie Sie mit bahnbrechenden Strategien die Kontrolle über Ihre Branche gewinnen und die Märkte von morgen schaffen, Wien.

ist, welche SGEs in einem Unternehmen zusammengefasst werden. Nach *Collis/Montgomery* hängt die Profitabilität eines Unternehmens nicht nur von dessen Strategie, sondern auch von seiner Ressourcenausstattung und den ihm offen stehenden Geschäftsmöglichkeiten ab, die selbst wiederum der Strategie vorgeschaltet sind (Abb. 33).

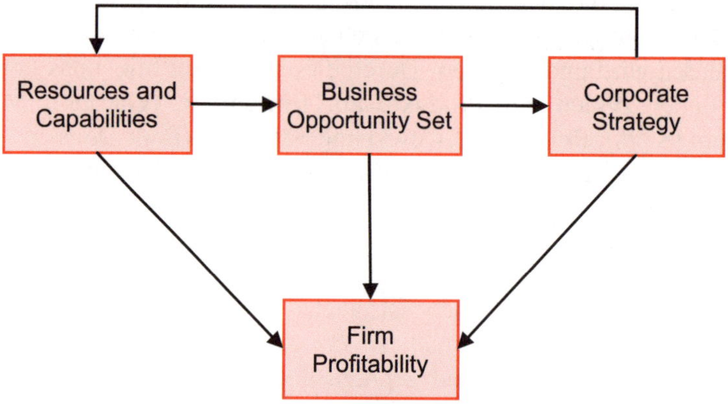

Abb. 33. Zusammenhang von Ressourcen und Wettbewerbserfolg[52]

Beispielsweise musste der Automobilhersteller Volkswagen erkennen, dass man zwar eine Luxusmarke hinzukaufen (Bugatti) oder selbst aufbauen kann (Phaeton). Solange man aber in diesem Marktsegment keine Erfahrungen aufweist, d.h. nicht über Kernkompetenzen verfügt, wird ein solcher Schritt eine Fehlinvestition sein. Auf der anderen Seite sieht man aber wie am Beispiel von General Electric (GE) immer wieder Unternehmen, die auch mit einem Verhalten gemäß dem marktorientierten Ansatz erfolgreich sind. Im Ergebnis wird daher – wie so oft – die Mitte zwischen beiden Ansätzen den richtigen Weg weisen.

Tab. 16 stellt die Unterschiede zwischen dem marktorientierten Ansatz nach *Porter* und dem ressourcenorientierten Ansatz nach *Prahalad/Hamel* gegenüber.

3.4 SWOT- und STEP-Analyse

Als zusammenfassenden Überblick über die Markt- und Wettbewerbssituation des Unternehmens bietet sich die sogenannte SWOT-Analyse an. Der Name „SWOT" leitet sich dabei von den Anfangsbuchstaben der vier Elemente dieser Analyse *S*trengths, *W*eaknesses, *O*pportunities, *T*hreats ab. In dieser einfachen und flexiblen Methode werden sowohl innerbetriebliche Stärken und Schwächen (Strength-Weakness), als auch externe Chan-

[52] Quelle: Collis/Montgomery (1998), S. 86.

cen und Risiken (Opportunities-Threats) betrachtet, welche die Handlungsfelder des Unternehmens betreffen.

Tab. 16. Markt- vs. ressourcenorientierter Ansatz

	Marktorientierter Ansatz	Kernkompetenzbezogener, ressourcenorientierter Ansatz
Denkfigur	Unternehmen als Portfolio von SGEs	Unternehmen als Reservoir von Fähigkeiten und Ressourcen
Allgemeine Zielsetzung	Wachstum durch Cash Flow-Balance im Laufe des SGE-Lebenszyklus	Nachhaltiges Wachstum durch Entwicklung, Nutzung und Transfer der Kernkompetenzen
Träger des Wettbewerbs	Geschäftseinheit gegen Geschäftseinheit	Unternehmen gegen Unternehmen
Konkurrenzgrundlage	Produktbezogene Kosten- oder Differenzierungsvorteile	Ausnutzung von unternehmensweiten Kompetenzen
Charakter des strategischen Vorteils	- zeitlich befristet, angreifbar - geschäftsspezifisch - wahrnehmbar	- dauerhaft, schwer angreifbar - transferierbar - verborgen (tacit knowledge)
Strategiefokus	tendenziell defensiv: Ausbau und Verteidigung bestehender Geschäfte; Anpassung der Strategie an die Wettbewerbskräfte	tendenziell offensiv: durch Kompetenztransfer Weiterentwicklung alter und Aufbau neuer Märkte; Beeinflussung der Wettbewerbskräfte
Planungshorizont	eher kurz- und mittelfristig	betont langfristig
Rolle der Geschäftseinheiten	Quasiunternehmung, „Owner" von Personen und Ressourcen (Profit Center)	Speicher von Ressourcen und Fähigkeiten (Center of Competence)
Aufgabe des Topmanagements	Zuweisung von finanziellen Ressourcen an die strategischen Geschäftseinheiten	Integration von Ressourcen und Fähigkeiten auf Basis eines inhaltlichen Gesamtkonzepts

Aus der Kombination der Stärken-Schwächen-Analyse und der Chancen-Risiken-Analyse kann eine ganzheitliche Strategie für die weitere Ausrichtung der Unternehmensstrukturen und der Entwicklung der Geschäftsprozesse abgeleitet werden. Ziel der SWOT-Analyse ist es somit herauszufinden, inwieweit die gegenwärtige Strategie bzw. das Geschäftsmodell eines Unternehmens (inkl. der damit verbunden Stärken und Schwächen) geeignet ist, um auf Veränderungen der Umwelt reagieren zu können. Dabei werden einerseits die internen Faktoren des Unternehmens (Stärken und Schwächen) und andererseits die externen Faktoren, die nicht vom

Unternehmen direkt beeinflusst werden können, (Chancen und Risiken des Marktes) gegenübergestellt. Grundprinzip der SWOT-Analyse ist der gezielte Einsatz von Stärken und Schwächen im Wettbewerb basierend auf einem Vergleich der eigenen Leistungen mit denen der Wettbewerber. Es gilt, Stärken zu nutzen, um Chancen wahrzunehmen oder Risiken einzudämmen, bzw. Schwächen abzubauen, wenn sich gerade dort Chancen bieten. Ein Problem bei der Anwendung der SWOT-Analyse stellt üblicherweise die Abgrenzung von Stärken (bzw. Schwächen) von Chancen (bzw. Risiken) dar.

Während **Chancen** und **Risiken** nicht direkt vom Unternehmen beeinflussbar sind, sondern vom Markt vorgegeben werden, hängen **Stärken** und **Schwächen** vom Handeln des Unternehmens ab. Die Stärken und Schwächen sind dabei relative Größen und können erst im Vergleich mit den Konkurrenten beurteilt werden.

Die **Stärken** des Unternehmens bestehen in seinen Ressourcen und Fähigkeiten, die als Grundlage für den Aufbau eines Wettbewerbsvorteils verwendet werden können. Beispiele solcher Stärken sind:

- Patente,
- starke Markennamen,
- gutes Renommee bei den Kunden,
- Kostenvorteile aufgrund von Know-how,
- exklusiver Zugang zu den natürlichen Ressourcen,
- Zugang zu Vertriebsnetzen,
- Fähigkeiten der Mitarbeiter,
- Qualität interner Prozesse,
- Finanzielle Ausstattung, Finanzierungsstruktur,
- Marktposition,
- F&E-Fähigkeiten, -ressourcen und -kapazitäten,
- vorteilhafte Unternehmenskultur.

Das Fehlen bestimmter Stärken kann als **Schwäche** angesehen werden. So stellt etwa ein nicht möglicher Patentschutz für eine selbstgenutzte Technologie eine Schwäche dar, da die Wettbewerber die Technologie möglicherweise kopieren können. Zu beachten ist weiterhin, dass alle identifizierten Stärken und Schwächen relativ sind. Sie gewinnen erst durch ein Benchmarking, d.h. dem Vergleich mit den besten Wettbewerbern oder Industriestandards echten Aussagewert. Dies erklärt auch, warum in einigen Fällen eine Stärke in eine Schwäche umschlagen kann. Dies ist beispielsweise der Fall, wenn ein Unternehmen eine große Fertigungskapazität hat. Grundsätzlich stellen Kapazitäten eine Stärke dar, wenn Konkurrenten sie nicht teilen. Sie kann jedoch auch zu einer Schwäche umschlagen, wenn die hohen Investitionen in die Fertigungskapazität verhindern, dass das betreffende Unternehmen profitabel arbeiten kann.

Chancen und Risiken im Sinne der SWOT-Analyse sind alle Faktoren, auf die das Unternehmen selbst keinen direkten Einfluss hat. So ist beispielsweise eine hohe Kundenloyalität als (interne) Stärke einzuordnen. Setzt in ebendieser Branche jedoch ein Trend ein, dass traditionelle Kundenbindungen an Bedeutung verlieren und die Kunden zunehmend „nomadisieren", stellt dies ein externes Risiko dar, auf welches es zu reagieren gilt. Die Analyse des externen Umfeldes kann bestimmte neue **Chancen** für Profitabilität und Wachstum aufdecken. Einige Beispiele für Chancen schließen ein:

- unerfüllte Kundenbedürfnisse,
- Entstehen neuer Technologien,
- neue (vorteilhafte) gesetzliche Regelungen oder
- Abbau von Handelsbarrieren.

Änderungen im externen Umfeld des Unternehmens stellen hingegen **Risiken** dar. Einige Beispiele solcher Risiken sind:

- Verschiebungen im Verbrauchergeschmack weg von den Produkten des Unternehmens,
- Entstehen von Ersatzprodukten,
- neue (nachteilige) gesetzliche Regelungen oder
- Aufbau von Handelsbarrieren.

Tab. 18 und Tab. 19 bieten eine Übersicht über einen exemplarischen Katalog von Faktoren für die SWOT-Analyse.

Eine Analyse allein stellt keinen Gewinn dar, wenn nicht entsprechende Handlungsmaßnahmen (Strategien) abgeleitet werden. Dabei ist ein häufiges Missverständnis zu vermeiden: Die SWOT-Analyse ist nicht so zu verstehen, dass ein Unternehmen immer die lukrativsten Chancen wahrnehmen müsste. Vielmehr kann es eine größere Wahrscheinlichkeit für die Entwicklung eines Wettbewerbsvorteils sicherstellen, indem es Überschneidungen zwischen seinen Stärken und den sich ergebenden Chancen identifiziert. In einigen Fällen kann das Unternehmen eine Schwäche überwinden, um eine einmalige Chance wahrnehmen zu können. Um Strategien zu entwickeln, die das SWOT-Profil berücksichtigen, ist eine Matrix dieser Faktoren aufzubauen. Die SWOT-Matrix (auch als TOWS-Matrix bekannt), wird in Tab. 17 dargestellt.

Tab. 17. SWOT-Matrix

	Stärken	Schwächen
Chancen	SO-Strategien	WO-Strategien
Risiken	ST-Strategien	WT-Strategien

Tab. 18. SWOT-Analyse: Stärken und Schwächen

Bereich	Indikator	Messgröße Beschreibung	Wert IST-Größe oder Einschätzung des eigenen Leistungsstandes	Gewichtung z.B. nach Anforderungen der Kunden
Innovation	eingesetzte Technologie			
	Funktionalität			
	Design			
Qualität	Lebensdauer			
	Garantieleistung			
	Nacharbeit			
Preis	Herstellkosten			
	Verwaltungskosten			
	Vertriebskosten			
	Rabatte			
Schnelligkeit	Liefertermine			
	Termintreue			
	Time-to-Market			
	Durchlaufzeiten			

Tab. 18. SWOT-Analyse: Stärken und Schwächen (Fortsetzung)

Bereich	Indikator	Messgröße Beschreibung	Wert IST-Größe oder Einschätzung des eigenen Leistungsstandes	Gewichtung z.B. nach Anforderungen der Kunden
Vertrieb	Auftreten der Vertriebsmitarbeiter			
	Distributionsnetz			
Marketing	Zugang zu Marktdaten			
	Marktorientierung			
	Nähe zum Kunden			
	Werbung			
Service	Schnelligkeit			
	Zuverlässigkeit			
	Breite des Angebots			
	Einzigartigkeit des Angebots			
Beschaffung	Leistungsfähigkeit der Lieferanten			
	Preise für Einkaufsmaterial / Rabatte			

Tab. 18. SWOT-Analyse: Stärken und Schwächen (Fortsetzung)

Bereich	Indikator	Messgröße Beschreibung	Wert IST-Größe oder Einschätzung des eigenen Leistungsstandes	Gewichtung z.B. nach Anforderungen der Kunden
Produktion	Technologischer Stand der Maschinen			
	Eingesetzte Verfahren			
	Auslastung			
	Kosten der Technologie			
Organisation und Management	Schnelligkeit zur Entscheidungsfindung			
	Kommunikation untereinander			
	Betriebsklima			
	Motivation der Mitarbeiter			
Finanzen	Liquidität			
	Cash Flow			
	Zugang zu Kapital			

Tab. 19. SWOT-Analyse: Chancen und Risiken

Bereich	Indikator	Beschreibung Entwicklung in der Zukunft	Gewichtung Chance Risiko
Markt	Größe		
	Wachstum		
	Renditemöglichkeiten		
Technologie	Neue Verfahren		
	Weiterentwicklungen		
Kunden	Trends		
	Anforderungen, Wünsche		
	Umweltschutz		
	Verfügbare Mittel		
	Marktentwicklung für die Kunden		
Gesetze	Neue Umweltauflagen		
	Abschreibungsregeln		
	Produkthaftung		
	Rücknahmegebote		

Tab. 19. SWOT-Analyse: Chancen und Risiken (Fortsetzung)

Bereich	Indikator	Beschreibung Entwicklung in der Zukunft	Gewichtung Chance Risiko
Arbeitsmarkt	Finden qualifizierter Mitarbeiter Neue Ausbildungsgänge		
Beschaffung	Preise für Rohstoffe Verfügbarkeit von Rohstoffen		
Wettbewerb	Neue Konkurrenten Wichtige Konkurrenten steigen aus Zusammenschlüsse		
Finanzen	Wechselkurse Zinsen Zahlungsmoral der Kunden		

Wie dargestellt, lassen sich aus der SWOT-Matrix die folgenden vier Strategietypen ableiten:

- **SO-Strategien:** Diese nutzen die internen Stärken zur Realisierung externer Chancen. Optimal wäre hierbei die Nutzung der Erträge aus bestehenden Geschäftsfeldern für den Aufbau von Wachstumsgeschäften.
- **WO-Strategien:** Diese zielen darauf ab, entweder interne Schwächen zu minimieren oder fehlende Stärken auszubauen.
- **ST-Strategien:** Sie nutzen vorhandene Stärken mit dem Ziel, externe Gefahren zu reduzieren. Beispielsweise akquiriert ein Unternehmen einen anderen Wettbewerber, um durch die Nutzung von Größenvorteilen die Wettbewerbsfähigkeit am Markt zu verbessern.
- **WT-Strategien:** Diese versuchen, interne Schwächen abzubauen und parallel dazu Gefahren zu vermeiden.

Tab. 20 verdeutlicht die Anwendung der SWOT-Analyse bei einem europäischen Verteidigungsunternehmen.

Tab. 20. SWOT-Analyse bei einem Verteidigungsunternehmen[53]

Umweltfaktoren / Unternehmensfaktoren	**Opportunities** 1. Neue Verteidigungsmärkte in Osteuropa 2. Zugang zu zivilen Märkten (Dual use products) 3. Verstärkt pan-europäische Projekte (z.B. Eurofighter)	**Threats** 1. Reduktion der Militärbudgets 2. Neue Konkurrenten aus europäischen Ländern 3. Konzentrationstendenzen in der Branche
Strenghts 1. Technologische Führerschaft 2. Gute Kontakte zu Militärbehörden 3. Starke Cash Position	**SO-Strategien** • Entwicklung neuer Produkte (Satellitennavigation) und Dienstleistungen (Flughafenbefeuerung) • Expansion in osteuropäische Märkte	**ST-Strategien** • Kooperationen oder Akquisitionen in Europa • Intensivierung der Marketing-Aktivitäten
Weaknesses 1. Hohe Produktionskosten 2. Unflexible Aufbau- und Ablaufstrukturen 3. Nationale Vertriebspräsenz 4. Teilweise fehlende kritische Masse	**WO-Strategien** • Gründung von Vertriebseinheiten im Ausland • Gründung von New Ventures in Teilbereichen • Gründung von Joint Ventures	**WT-Strategien** • Schließung oder Outsourcing unrentabler Bereiche • Erhöhung der Effizienz (BPR-Projekte)

[53] Quelle: Müller-Stewens/Lechner (2005), S. 225.

Der Wert der SWOT-Analyse liegt vor allem darin, zwischen der Umfeld- und Unternehmensanalyse eine logische Verbindung herzustellen und diese als Basis für die spätere Strategieentwicklung einzusetzen (Strategic-Fit). Allerdings ist bei der Interpretation der Ergebnisse der SWOT-Analyse zu beachten, dass wirkliche Stärken des Unternehmens nur diejenigen sind, die die Wettbewerbsposition nachhaltig verbessern können, während wirkliche Schwächen diese verschlechtern. Ebenso sind nur die realistischen Chancen als solche zu werten und nur die Risiken, die die Unternehmenssituation ernsthaft gefährden.

Die **STEP-Analyse** (**s**ocio-cultural, **t**echnological, **e**conomical, **p**olitical), bisweilen auch als PEST-Analyse bezeichnet, wird zur Interpretation externer Umfeldfaktoren herangezogen.[54] Ziel dieser Analyse ist die Identifikation derjenigen Triebkräfte, die für die Veränderung der Unternehmenswelt maßgeblich sind sowie deren mögliche Auswirkungen auf das Unternehmen. Diese Informationen sollten ebenso aus der Marktanalyse und der Ausarbeitung von Strategie und Geschäftsmodell vorhanden sein. Grundlegend umfasst dieser Teil eine Darstellung der wesentlichen unternehmensspezifischen Risiken sowie die Schilderung von Eventualplänen der Geschäftsleitung für das Eintreten dieser möglichen Situationen. Basierend auf der Schilderung möglicher Szenarien müssen Reaktionen und Gegenreaktionen abgewogen werden, die zum einen die Flexibilität und Reaktionsfähigkeit der Unternehmensleitung demonstrieren, zum anderen aber auch die Investoren davon überzeugen, dass die Risiken kalkulierbar und kontrollierbar sind.

Tab. 21. Segmente der allgemeinen Umwelt[55]

Ökonomisches Segment	Politisch-rechtliches Segment	Sozio-kulturelles Segment	Technologisches Segment
Inflationsraten Zinssätze Sparraten Arbeitslosigkeit Geschäftszyklus Infrastrukturverfügbarkeit Rohstoff-versorgung Konsumverhalten	Unternehmens-verfassung Steuerrecht Patentrecht Produzenten-haftung Regulation Politische Stabilität Verflechtung Politik/Wirtschaft Subventionspolitik	Bevölkerungsentwicklung Altersstruktur Geographische Verteilung Mobilitätsverhalten Einkommensverteilung Konsumverhalten Arbeitseinstellung Ausbildungsqualität Ökologische Orientierung	Produktinnovationen Prozessinnovationen Veralterungsrate Konvergenz von Technologien Wissenstransfer

[54] Vgl. hierzu ausführlich Fahey/Narayanan (1986).

[55] Quelle: Müller-Stewens/Lechner (2005), S. 205.

Abschließend kann festgehalten werden, dass der SWOT-Analyse durch ihre universelle Anwendbarkeit eine große Bedeutung zukommt. Wie Abb. 34 verdeutlicht, ermöglicht die SWOT-Analyse zum Beispiel, andere Analysetechniken einzuschließen. So kann die Analyse der Chancen und Risiken (Umfeldanalyse) auf die STEP-Analyse und die Wettbewerbsanalyse nach *Porter* zurückgreifen.

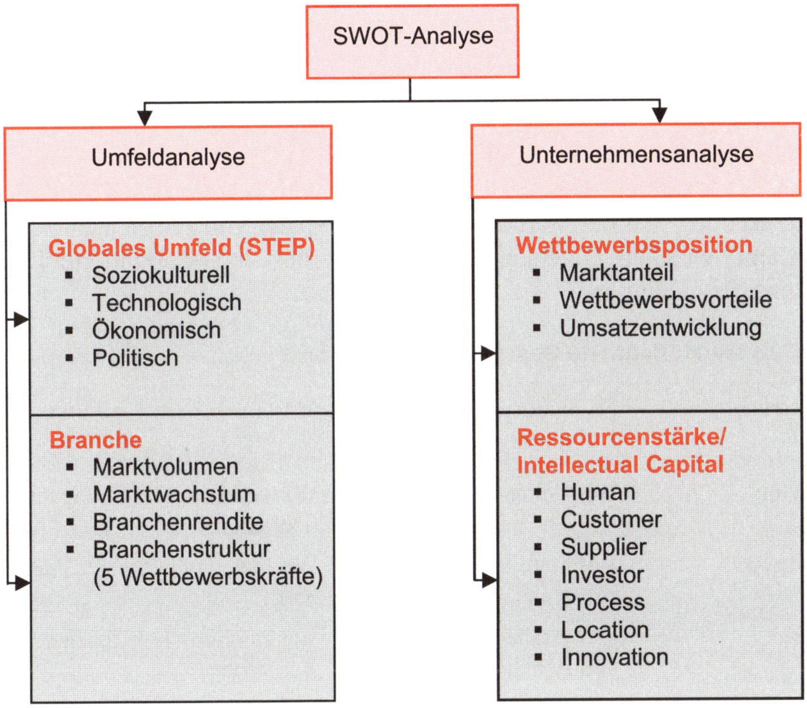

Abb. 34. Universalität der SWOT-Analyse[56]

3.5 Marketing und Marketing-Mix

3.5.1 Grundlagen

Das strategische Marketing wird insbesondere durch die langfristig orientierte Marketingkonzeption eines Unternehmens charakterisiert, welches die Definition der Marketing- und Unternehmensziele, den Handlungsrahmen in Form von Strategieentscheidungen sowie die langfristige Festlegung des damit verbundenen Instrumentariums (Marketing-Mix) bein-

[56] In Anlehung an: Coenenberg (2005), S. 1147.

haltet. Um dieses Instrumentarium richtig anwenden zu können, muss man sich zunächst im Klaren sein, was der Marketingbegriff eigentlich bedeutet. Im alltäglichen Leben wird „Marketing" üblicherweise mit „Werbung" gleichgesetzt. Weil diese Gleichsetzung falsch ist, sollte man sich die folgende kurze Definition nach *Meffert* einprägen:

„**Marketing** ist eine unternehmerische Denkhaltung, welche das unternehmerische Handeln in all seinen Bereichen auf den (Absatz-) Markt hin ausrichtet, d.h. welche die Einstellungen, Bedürfnisse und Verhaltensweisen der potenziellen Käufer zum Ausgangspunkt nimmt.
Kürzer: **Marketing ist marktorientierte Unternehmensführung**."[57]

Dieser Unterschied führt wieder zurück zu der Vision, die im vorigen Kapitel im Rahmen der Entwicklung des Geschäftsmodells formuliert wurde. Denn durch diese Denkhaltung, die vom Nutzen des Kunden ausgeht, ergeben sich die Marketingaktivitäten später von selbst. Tab. 22 verdeutlicht, welchen Unterschied es macht, diese marktorientierte Denkhaltung einzunehmen.

Tab. 22. Marktorientierte Geschäftsfelddefinition[58]

Unternehmen	Produktorientierte Definition	Marktorientierte Definition
Revlon	Wir stellen Kosmetika her.	Wir verkaufen Hoffnung und Schönheit.
Bahn AG	Wir betreiben eine Eisenbahnlinie.	Wir bieten pünktlichen Transport.
Xerox	Wir produzieren Kopierer und Zubehör.	Wir steigern die Effizienz der Büroarbeit.
BP	Wir verkaufen Benzin und Öl.	Wir sorgen für Mobilität.
Volks- und Raiffeisenbanken	Wir verleihen Geld und legen es an.	Wir „machen den Weg frei" zur Finanzierung ihrer Ziele.
Encyclopedia Britannica	Wir verkaufen Enzyklopädien.	Wir produzieren und verbreiten Informationen.
ARAG	Wir versichern Sie in Rechtsangelegenheiten.	Wir wollen, dass Sie Ihr Recht bekommen.

Die Einordnung des strategischen Marketings in den Gesamtzusammenhang der Unternehmensplanung verdeutlicht Abb. 35.

[57] Meffert (2000), S. 3f.
[58] Quelle: Kotler/Bliemel (2001), S. 115.

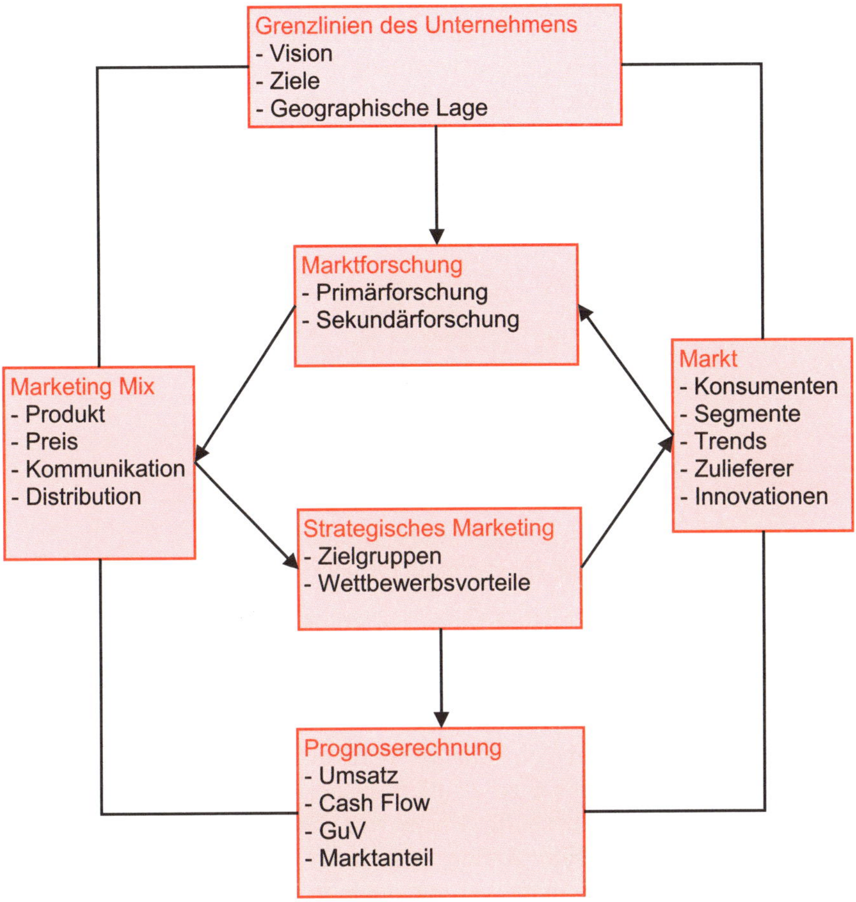

Abb. 35. Strategisches Marketing im Business Planning-Prozess

Der strategische Marketingplanungsprozess basiert auf den im Rahmen der Marktanalyse gewonnenen Daten, welche bei der Untersuchung der relevanten Erfolgsfaktoren eine entscheidende Rolle spielen. In diesem Zusammenhang fungiert die Marketingstrategie als Bindeglied für die Abstimmung der jeweiligen Instrumentarien des Marketing-Mixes auf die Marketing- und Unternehmensziele. Als Basisstrategie kann die Marktauswahlstrategie herangezogen werden, deren Inhalt die Bearbeitung der jeweiligen Teilmärkte darstellt. Demgemäß können anschließend unter Berücksichtigung des Konkurrenzumfeldes unterschiedliche Wettbewerbsstrategien entwickelt werden.

Im Rahmen des Marketings spielen insbesondere die Erkenntnisse der psychologischen Forschung eine wichtige Rolle. Statt vieler soll an dieser Stelle die **Bedürfnishierarchie** nach *Maslow* vorgestellt werden, die der US-amerikanische Psychologe Abraham Maslow im Jahr 1943 veröffentlichte.[59] *Maslow* hat eine Theorie zur Erklärung der Motivation des Menschen aufgestellt, die in der Verkaufspsychologie Anwendung findet. Die Bedürfnishierarchie nach *Maslow* wird häufig als Pyramide dargestellt, die aus fünf Ebenen besteht (Abb. 36): Die unteren vier Ebenen werden als **Defizitbedürfnisse** bezeichnet, während die oberste Ebene **Wachstumsbedürfnisse** beschreibt.

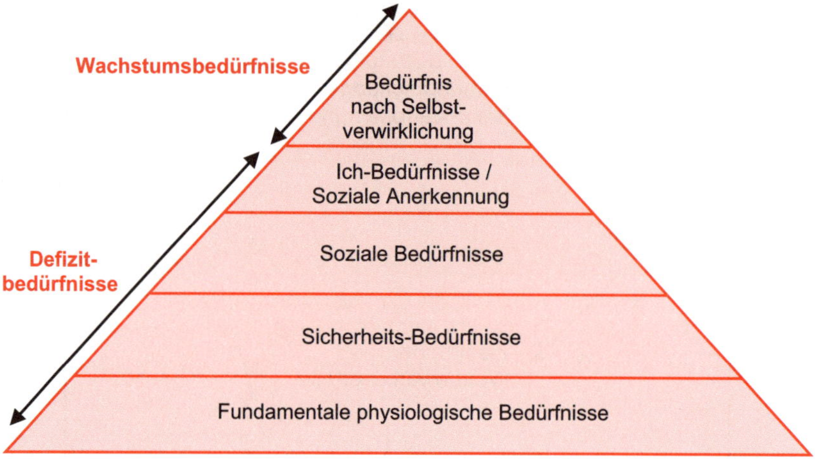

Abb. 36. Bedürfnishierarchie nach *Maslow*

Nach den Erkenntnissen von *Maslow* wird ein Mensch zunächst versuchen, die Defizitbedürfnisse zu erfüllen. Dabei geht er nach dieser eindimensionalen Theorie Ebene für Ebene vor. Sobald die Bedürfnisse der untersten Ebene erfüllt sind, wendet er sich der nächsten Ebene zu. Damit kommen die höheren Bedürfnisse nur dann zu Tragen, wenn die jeweils niedrigeren erfüllt sind. Wachstumsbedürfnisse können demgegenüber nie wirklich befriedigt werden. Beispiele für die einzelnen Bedürfnisse sind:

- **Selbstverwirklichung**: Individualität, Talententfaltung, Altruismus, Güte, Kunst, Philosophie und Glaube.
- **Ich-Bedürfnisse/Soziale Anerkennung**: Status, Wohlstand, Geld, Macht, Karriere, Sportliche Siege, Auszeichnungen, Statussymbole und Rangerfolge.
- **Soziale Bedürfnisse**: Freundeskreis, Partnerschaft, Liebe, Nächstenliebe, Kommunikation und Fürsorge.
- **Sicherheits-Bedürfnisse**: Wohnung, fester Arbeitsplatz, Gesetze, Versicherungen, Gesundheit, Ordnung, Religion (Ritual und Moral) und Lebensplanung.
- **Fundamentale physiologische Bedürfnisse**: Atmung, Wärme, Trinken, Essen, Schlaf, körperliches Wohlbefinden und Sexualität.

[59] Maslow, Abraham H. (1943): A Theory of Human Motivation, in: Psychological Review, Vol. 50, S. 370-396.

Der Mensch wird sich also in der Priorisierung seiner Bedürfnisse von der untersten Ebene bis zur obersten Ebene hocharbeiten. Dabei ist zu beachten, dass die Defizitbedürfnisse nur zeitlich begrenzt befriedigt werden können. Zwar können bereits alle Defizitbedürfnisse erfüllt sein, doch wird die Diagnose einer lebensgefährlichen Erkrankung diesen Menschen wieder dazu bringen, sich den fundamentalen physiologischen Bedürfnissen zuzuwenden. Nach *Maslows* Theorie wird sich dieser Mensch nach seiner Genesung jedoch wieder der Selbstverwirklichung zuwenden.

Die Theorie der Bedürfnishierarchie ist mittlerweile umstritten. Zum einen konnte der behauptete Zusammenhang in empirischen Untersuchungen nicht bestätigt werden.[60] Zum anderen ist *Maslows* Theorie von der westlichen individualistischen Lebensweise geprägt. Beiden Kritikpunkten kann entgegengehalten werden, dass es sich dabei nur um eine präskriptive Theorie handelt, die nicht beansprucht, das reale Verhalten von Menschen zu beschreiben, sondern vielmehr darstellt, wie er sich verhalten sollte. Insofern genügt sie den Ansprüchen, die das Marketing an sie stellt. Die Theorie hebt nämlich hervor, dass es bei der Verkaufspsychologie nicht um das Produkt an sich geht, sondern vielmehr um die Befriedigung von Bedürfnissen. Ein sehr gutes Beispiel stellen Lebensmittel dar, die nach *Maslows* Theorie eigentlich nur zur Befriedigung der untersten Ebene der fundamentalen physiologischen Bedürfnisse dienen. Allerdings wird man heute in den westlichen Industrieländern kaum ein Lebensmittel damit bewerben, dass es der Ernährung dient. Stattdessen werden die höheren Bedürfnisebenen angesprochen, bei denen dem Lebensmittel ein Zusatznutzen etwa in Bezug auf Gesundheit, Lifestyle oder gesellschaftliches Verständnis zugesprochen wird (Tab. 23).

Diese Erkenntnis bedeutete für viele Hersteller von technischen Produkten eine große Umstellung. Ein Beispiel sind die deutschen Automobilhersteller, die sich zu lange auf ihren technologischen Vorsprung vor der Konkurrenz vertraut haben. Allerdings hat sich gezeigt, dass nicht jede technische Innovation von den Käufern wahrgenommen und honoriert wird. So wurden etwa Verbesserungen in den Einspritzpumpen vorgenommen, für die der durchschnittliche Autokäufer aber nicht bereit war, einen höheren Preis zu zahlen. Im Gegensatz dazu sind große Umsatzsteigerungen bei Autos zu beobachten, die die Bedürfnisse nach Selbstverwirklichung und sozialer Anerkennung ansprechen. Zumindest ist die wachsende Zahl an SUVs (Sport Utility Vehicles) wie etwa Geländewagen nicht mit dem schlechteren Straßenzustand, sondern eher mit dem damit verbundenen Lebensgefühl zu erklären.

---

[60] Vgl. Wahba/Bridgewell (1976).

Tab. 23. Zusatznutzen bei Lebensmitteln[61]

Produktkategorien	Nutzenkomponenten	Kundenproblem und Zusatznutzen
Eigenversorgung durch Verarbeitung von Rohstoffen zu Speisen in Küchen	Nährstoffe (ausreichend, hochwertig und rechtzeitig)	Ernährung
Nahrungsergänzungsmittel in Speisen wie z.B. Vitamine und Mineralstoffe	Vorsorge gegen Erkrankungen/Vitalisierung	Ernährung & Gesundheit (Functional Food)
Health Food (z.B. Omega-3-Brot als Herzinfarktprophylaxe oder LC1-Joguhrt zur Stärkung des Immunsystems)		
Nutraceuticals (Anreicherung von Lebensmitteln um Inhaltsstoffe mit pharmakologischer Wirkung, z.B. Aspirin-Brot)	Heilung bzw. Linderung von Krankheiten	
Öko-Lebensmittel aus Rohstoffen aus kontrolliertem Anbau bzw. überwachten Produktionsbedingungen	Wellness	Ernährung & Lifestyle
Kalorienreduzierte Produkte, wie z.B. fettarme Milch		
Kleinportionierte Trendprodukte, wie z.B. Snacks und Riegel		
Lebensmittel auf Basis hochwertiger Rohstoffe	Genuss	
Besonders dekorativ dargebotene Lebensmittel		
Gastronomie i.S. von Freizeitgestaltung	Entertainment/ Kultur	
Fast Food	Lebenswirklichkeit, z.B. i.S. von Zeitdruck oder Distanz zwischen Wohnort und Arbeitsstätte	Ernährung & Gesellschaftliches Verständnis
Großküchen, z.B. Mensen		
Convenience-Produkte, wie z.B. Tiefkühlkost oder vorgefertigte Speisen	Hoher Anteil der Single-Haushalte, hoher Stellenwert der Erwerbstätigkeit, neues Rollenverständnis der Frau	

Es ist daher unabdingbar, dass jede Produktidee von den Kundenbedürfnissen ausgehen muss (Abb. 37). Erst dann dürfen sich – nimmt man die Mar-

[61] Quelle: Baum/Coenenberg/Günther (2004), S. 37.

ketingdefinition als marktorientierte Unternehmensführung ernst – Forschung und Entwicklung sowie die Produktkonzeption und Konstruktion anschließen. Da es sich dabei um technische Aufgaben handelt, sollen im Folgenden die Marktsegmentierung und Zielgruppenbestimmung sowie die Definition des Marketingmix erläutert werden. Sind diese Schritte erfüllt, kann mit der Markteinführung des Produkts begonnen werden.

Abb. 37. Von den Käuferbedürfnissen zur Markteinführung

Zu beachten ist jedoch, dass das Bedürfnis des (potenziellen) Käufers zwar im Mittelpunkt steht, der Verkäufer aber letztendlich ein Interesse daran hat, nicht nur das Bedürfnis zu wecken, sondern auch einen Kaufakt zu realisieren. Die verschiedenen Zwischenstufen verdeutlicht Tab. 24.

Bedürfnis bedeutet, dass der Käufer den Mangel erkennt und die Diskrepanz zwischen seiner aktuellen Situation und einer erwünschten Situation wahrnimmt. Das Bedürfnis ist jedoch in der Regel mit verschiedenen Alternativen (Produkten bzw. Dienstleistungen) zu befriedigen. Vom Bedürfnis unterscheidet den **Bedarf**, dass sich hier der Käufer für eine Bedarfsalternative entscheidet. Damit aus dem Bedarf eine **Nachfrage** entsteht, benötigt der Käufer Informationen über mögliche Orte und Zeitpunkte eines Kaufaktes. Der **Kaufakt** ist hingegen wiederum von einem Angebot abhängig.

Die Nutzung dieser Erkenntnisse in der Verkaufspsychologie sind aus dem Einzelhandel allseits bekannt, bei dem bestimmte Produkte, für die ein immer latent vorhandenes Bedürfnis besteht, wie etwa Süßigkeiten, direkt an der Kasse platziert werden. Das latente Bedürfnis des Käufers wird diesem durch die Produktpräsentation überhaupt erst bewusst. Zudem würde er sich – wenn er erst einmal an der Kasse steht – nicht mehr auf den Weg begeben, um aus irgendeinem Gang Süßigkeiten zu holen. Zudem werden ihm Bedarf und Nachfrage einfach gemacht, indem er nur noch zugreifen muss.

Tab. 24. Vom Bedürfnis zum Kaufakt

Bedürfnis	▪ Grundvoraussetzung ist das Gefühl eines Mangels, ▪ Motive und Emotionen geben dem Individuum den Antrieb, diesen Mangel zu beheben, ▪ Bedürfnisse sind mengenmäßig und inhaltlich grenzenlos, ▪ und bei vielen Gütern instabil (oft situations- oder auch „launenabhängig").
Bedarf	▪ Der Kaufinteressent entscheidet sich für eine Bedarfsalternative (Auswahlakt), ▪ dabei wirkt die Kaufkraft als Restriktion (Kann ich mir das überhaupt leisten?), ▪ Selbstimage und Normen wirken als Filter (Steht mir das, darf ich das kaufen?), ▪ auch Einstellungen zu Anbietern und Marken prägen den Schritt vom Bedürfnis zum Bedarf (Bohnenkaffee, ja, aber nicht von ...).
Nachfrage	▪ Damit aus Bedarf Nachfrage wird, sind Informationen über mögliche Orte und Zeitpunkte eines Kaufaktes (Transaktion) erforderlich. Nachfrage also wird auf dem Markt wirksam, ▪ dabei wirken Kaufanstrengungen auf den Käufer kaufverzögernd. (Heute habe ich keine Lust zur Parkplatzsuche), ▪ desgleichen hemmen ihn eine oft auftretende Kaufträgheit oder letzte Unsicherheiten (Ich komme morgen wieder), ▪ für eine Nachfrage sind Kaufimpulse notwendig (Bei ALDI ist was los.).
Kaufakt	▪ Der Nachfrage muss letztlich ein entsprechendes Angebot gegenüberstehen, ▪ der Anbieter muss auch etwas verkaufen wollen (Eigentlich möchte ich mein Auto doch behalten ...), ▪ und es ist schließlich eine Einigung über den Preis erforderlich.

Quelle: Winkelmann (2006), S. 2.

3.5.2 Marktsegmentierung und Zielgruppenbestimmung

Aufgrund der Tatsache, dass Märkte generell nicht homogen sind, gilt es nun, den betrachteten Markt in seine Teilbereiche zu untergliedern, um das eigene Leistungsangebot an die differenzierten Kundenbedürfnisse anpassen zu können. Hauptzweck dieser **Marktsegmentierung** ist dabei die Strukturierung von Nachfragergruppen, die in ihrer Konstellation erhebliche Unterschiede bezüglich Alter, Geschlecht etc. aufweisen. Folglich legt eine Marktsegmentierung diese Unterschiede offen und bildet daraus homogene, in sich geschlossene Nachfragergruppen.

Als **Marktsegment** wird ein Ausschnitt eines Marktes bezeichnet, welcher sich durch eine bestimmte Angebots-Nachfrage-Konstellation auszeichnet. Das Marketing eines Unternehmens kann auf die Bearbeitung des Gesamtmarktes oder einzelner Marktsegmente ausgerichtet sein.

Ein weiterer Zweck bildet die Erhöhung der Markttransparenz, da der Anbieter detaillierte Informationen über die Marktstruktur und -situation erhält und somit besser in der Lage ist, mögliche Marktchancen und -risiken zu erkennen. Zur Identifizierung der einzelnen Marktsegmente lassen sich auf dem Konsumgütermarkt in erster Linie biologische (Geschlecht, Alter etc.), soziodemografische (Beruf, Familienstand etc.) und geografische (Region, Wohnort etc.) Kriterien heranziehen. Neben psychografischen Kriterien wie beispielsweise die Einstellung der Konsumenten zu Gütern, deren Motivationsstruktur oder bestimmte Lifestyle-Kriterien, kann die Segmentierung ebenfalls durch dienstleistungsbezogene Kriterien erweitert werden. Neben den Eigenschaften der Kunden lassen sich die Kauf- und Benutzungssituation sowie das Bedürfnis und die Charakteristika der Leistung als Kriterien für die Kunden- und Marktsegmentierung anwenden.

Im Gegensatz zum Konsumgütermarkt unterliegt der Investitionsgütermarkt ganz anderen Rahmenbedingungen, die durch eine vom Endkunden abgeleitete Nachfrage sowie formalisierter Beschaffungsprozesse geprägt sind. Tab. 25 gibt einen Überblick über wichtige Kriterien für den Konsumgüter- als auch für den Investitionsgütermarkt.

Üblich sind generell Kombinationen der vorab beschriebenen Abgrenzungsmerkmale, wobei die Auswahl der Entscheidungsmerkmale vom Produkt und Markt abhängig gemacht werden sollte, so dass die entstehenden Marktsegmente folgende Bedingungen erfüllen: Demnach muss die Anzahl der Käufer bekannt und quantifizierbar, die (Einkaufs-)Gewohnheiten müssen identifizierbar und die Konsumenten eines Segments mit einer uniformen Vermarktungsstrategie erreichbar sein. Zudem sollten darauf aufbauend Umsatzschätzungen vorgenommen werden können.

Über die in den vorigen Abschnitten dargestellten Möglichkeiten und Bedingungen einer Marktsegmentierung, eröffnen Kombinationen von Abgrenzungsmerkmalen insbesondere drei grundlegende Vorteile:

- Kostenvorteile: Gezielter Einsatz des vorhandenen Budgets;
- Wettbewerbsvorteile: Hoher Kundennutzen durch Fokussierung auf kundenspezifische Bedürfnisse;
- Imagevorteil: Anbieten von Speziallösungen für spezifische Kundenprobleme (Nische).

Tab. 25. Kriterien für die Kunden- und Marktsegmentierung

Art des Kriteriums	Konsumgütermarkt	Investitionsgütermarkt
Eigenschaften von Menschen/Organisationen	Alter, Geschlecht Kaufkraft Familiengröße Lebenszyklus Persönlichkeit und Lebensstil (wie Sicherheitsstreben, Genussorientierung)	Branchenzweig Lage Größe Technologie Profitabilität Management
Kauf-/Benutzungssituation	Kaufvolumen Markentreue Nutzungszweck Kaufverhalten (Kaufhäufigkeit, Einkaufsstättenwahl) Bedeutung des Kaufs Auswahlkriterien	Verwendung Bedeutung des Kaufs Volumen Einkaufsfrequenz Kaufprozess Auswahlkriterien Vertriebskanäle
Bedürfnis und Charakteristika der Leistung	Produktähnlichkeit Preispräferenzen Markenpräferenzen Produkteigenschaften Qualität	Leistungsanforderungen Lieferantenunterstützung Markenpräferenzen Eigenschaften Qualität Service-Anforderungen

Quelle: Müller-Stewens/Lechner (2005), S. 219.

Beispiel: Auch für die pharmazeutische Industrie ermöglicht eine Marktsegmentierung grundlegende Einsichten. Zunächst einmal ist von Bedeutung, dass Unternehmen der pharmazeutischen Industrie keine homogene Gruppe darstellen. Denn Arzneimittel können grundsätzlich in drei völlig unterschiedlichen Marktsegmenten verkauft werden, die sich in ihren Strukturen und den Anforderungen an das Unternehmen gravierend unterscheiden:

- Das Marktsegment **Ethicals** („ethisches Geschäft“) umfasst alle rezeptpflichtigen Medikamente, die als Markenpräparate konzipiert sind, also keine Nachahmerprodukte darstellen. Daher steht hier insbesondere die Fähigkeit im Vordergrund, innovative Arzneimittel auf der Basis neuer Wirkstoffe zu entwickeln; hier spricht man oft auch von **forschenden** Arzneimittelherstellern. Da die ethischen Arzneimittel der Rezeptpflicht unterliegen, besteht grundsätzlich eine starke Abhängigkeit von den Ärzten, die letztendlich durch ihr Verschreibungsverhalten die Nachfrage bestimmen, indem sie zur Behandlung eines bestimmten medizinischen Bedürfnisses („Medical need“) ein spezifisches Präparat auswählen. Jedoch übt auch der „Kostenträger“ (beispielsweise das Krankenversicherungssystem) einen bedeutenden Einfluss auf den Preis bzw. die Nachfrage aus.
- Das Marktsegment **Generics**: Generika sind Arzneimittel, die anderen bereits auf dem Markt befindlichen und als Marken eingetragenen Präparaten mit

ausgelaufenem Patentschutz im Wirkstoff entsprechen (z.B. Produkte von ratiopharm). Weil Arzt und Apotheker aus einer Fülle von wirkungsgleichen Präparaten wählen können, findet der Wettbewerb bei generischen Arzneimitteln hauptsächlich über den Preis statt, so dass die innovative Forschung für Unternehmen im Marktsegment Generika beinahe unbedeutend ist, vielmehr müssen sie über eine kostengünstige Produktion verfügen. Gerade durch die Kostensenkungsbestrebungen im Gesundheitssektor hat dieses Marktsegment in letzter Zeit einen großen Aufschwung erfahren.

- Das Marktsegment **Over the Counter** („Selbstmedikation") umfasst diejenigen Arzneimittel, die vom Verbraucher rezeptfrei und unmittelbar erworben werden können. Im Gegensatz zu den beiden vorher genannten besteht deshalb bei diesem Marktsegment eine relativ starke Abhängigkeit zur gesamtwirtschaftlichen Lage. Andererseits ist hier jedoch in höherem Maße die Möglichkeit gegeben, durch Werbekampagnen die Nachfrage seitens der Verbraucher zu beeinflussen und ein Markenbewusstsein zu schaffen.

Dem Begriff des Marktsegments, welches aus Markt- bzw. Kundensicht definiert wird, steht aus Unternehmenssicht die strategische Geschäftseinheit gegenüber. Das Konzept der Marktsegmentierung verbunden mit der Bildung strategischer Geschäftseinheiten stellt ein grundlegendes Instrument des strategischen Managements dar. So wäre es zum Beispiel möglich, durch neue Investitionen bestehende Geschäftsfelder des Unternehmens auszubauen. Es könnte aber auch erwogen werden, in neue „verwandte" oder „nichtverwandte" Marktsegmente vorzudringen (Diversifikation). So war es zum Beispiel in den vergangenen Jahren die Strategie vieler deutscher Banken, in das sehr profitable Investmentbanking zu diversifizieren. Es handelt sich dabei also um eine Unternehmensstrategie, da geschäftsfeldübergreifend vorteilhafte „Bündel" von Investitionsprojekten ermittelt werden. Diese Unternehmensstrategie wird durch eine Geschäftsfeldstrategie ergänzt, die (anhand *Porters* generischen Strategien) festlegt, wie Investitionen in einem bestimmten Geschäftsfeld die Wettbewerbsfähigkeit des Unternehmens steigern sollen.

Wie die Vorauswahl der „interessanten" Geschäftsfelder oder die letztendliche Entscheidung getroffen werden soll, in dem einen oder anderen Geschäftsfeld zu investieren, ist umstritten. Mit dem Marktwachstums-Marktanteils-Portfolio wurde jedoch bereits ein grundsätzliches Instrument dargestellt. Bevor diese Frage angegangen wird, ist jedoch zu untersuchen, welche Einflüsse bei dieser Entscheidung zu berücksichtigen sind. Denn grundsätzlich hat sich gezeigt, dass generelle Maßstäbe und Ratschläge meist verwirren und vom eigentlichen Entscheidungsproblem eher ablenken anstatt zu seiner Lösung (etwa durch eine Strukturierung) beizutragen. Gerade die widersprüchlichen Ergebnisse der empirischen Untersuchungen zur Überlegenheit von bestimmten Wachstumsstrategien belegen, dass sich keine generellen Aussagen treffen lassen.[62] Die Entscheidungsträger werden sich hier eher intuitiv auf ihre Erfahrung verlassen. Denn die Portfolio-Konzepte sind keine Management-Modelle, sondern können lediglich als Analysemittel fungieren. Sie können also dem Entscheidungsträger die Aufgabe der Entscheidung nicht abnehmen – auch wenn in diesem Punkt häufig Missverständnisse bestehen.

Um gegenüber seinen Konkurrenten einen Wettbewerbsvorteil zu erlangen, muss sich das Unternehmen gegen die im folgenden Abschnitt beschriebenen Wettbewerbskräfte behaupten. Dazu muss eine Wettbewerbsstrategie entwickelt werden, die darauf abzielt, eine gefestigte Marktposition zu erlangen. Die Marktsegmentanalyse stellt hierfür das wichtigste Instrument dar. Nach *Porter* ist ein Marktsegment zu finden, in dem die Wettbewerbskräfte relativ schwach wirken und das somit die Realisierung überdurchschnittlicher Renditen erlaubt. Ebenso sollten Markteintrittsschranken bestehen bzw. aufgebaut werden können, die den Konkurrenten das Nachfolgen in dieses attraktive Marktsegment erschweren. In der Sichtweise von *Prahalad/Hamel* sollten Verbindungen zu den bestehenden Geschäftsfeldern des Unternehmens existieren, um die Kernkompetenzen des Unternehmens dort einsetzen zu können.

Dieser Gesichtspunkt erscheint umso relevanter, da sich die Märkte ständig im Umbruch befinden. Von ihnen gehen vielfältige Einflüsse aus: In vielen Branchen erwächst den Unternehmen eine globale Konkurrenz (Globalisierung). Darüber hinaus sind die meisten Märkte durch einen permanenten Wettbewerb gekennzeichnet, so dass Wettbewerbsvorteile eines Unternehmens innerhalb kürzester Zeit wegkonkurriert werden. In unzähligen Branchen ist eine Verschiebung der Branchengrenzen festzustellen; erwähnt sei beispielsweise die Tendenz der deutschen Großbanken, in das Beratungsgeschäft sowie das Investmentbanking einzusteigen oder der Trend zum „Allfinanz“. Gleichzeitig drängen traditionelle Industriebetriebe in Hochtechnologiebereiche, wie es beispielsweise in den 1990er Jahren zu beobachten war, als das Industrieunternehmen Mannesmann sich zum Mobilfunknetzbetreiber wandelte (und schließlich von Vodafone übernommen wurde). Es ist unbestritten, dass der Markt einen bedeutenden Einfluss auf die strategischen Investitionsentscheidungen ausübt, da das Unternehmen seine Strategie (und damit auch sein Handeln) maßgeblich an ihm ausrichten muss. Die Marktstruktur beeinflusst aber nicht nur die Strategie des Unternehmens, sondern auch die Unternehmensorganisation sowie die Technologie. Jedoch ist auch die Marktstruktur nicht exogen gegeben und unveränderlich: Sie bildet sich aus dem (kollektiven) Verhalten aller am Markt partizipierenden Akteure.

---

[62] Vgl. hierzu zum Beispiel Rumelt (1982), der einen Zusammenhang zwischen dem Grad der Diversifikation und der Profitabilität postuliert.

3.5.3 Marketing-Mix

Auf der Basis der Instrumente des Marketing sowie unter Einbeziehung der Ergebnisse der Marktforschung und der darauf aufbauenden Marktsegmentierung sind die Marketinginstrumente in Bezug auf ihren zielgerichteten Einsatz zu bestimmen (Marketing-Mix). „Der Marketing-Mix ist die Kombination aus den Marketinginstrumentarien, die ein Unternehmen zur Erreichung seiner Marketingziele auf dem Zielmarkt einsetzt."[63] Grundsätzlich kann eine Systematisierung der Marketinginstrumente in die vier gängigen Mixbereiche, den sogenannten **4 Ps**, vorgenommen werden. Diese beinhalten die „4 Ps" Produkt-, Kontrahierungs-, Distributions- und Kommunikationspolitik (im Englischen beginnen alle vier Begriffe mit „P": **P**roduct, **P**rice, **P**lace, **P**romotion).[64] Tab. 26 gibt einen Überblick, welche Festlegungen sich hinter den vier Elementen verbergen.

Tab. 26. Elemente des Marketing-Mix

Produkt	Qualität, Stil, Eigenschaften, Ausstattung, Markenname, Image, Verpackung, Größe, Service, Garantie
Kontrahierung (Vertragsgestaltung)	Listenpreis, Mengen, Rabatte, Skonti, Zahlungsziele, Kreditfinanzierung
Distribution	Einzelhandel, Großhandel, exklusiver Verkauf, direkter Verkauf, Kette zwischen Erzeugung und Kunden, Lager, Transport, geographische Probleme, Business-to-Costumer oder Business-to-Business Beziehung, Webplattform (ja / nein bzw. wie)
Kommunikation	Werbemedien, Botschaft, Budget, Kosten, Nutzen von Distributionspolitiken, öffentliches Interesse

Grundsätzlich sind die Zielvorstellungen und Strategien sowie das Attraktivitätsniveau im Absatzbereich eng miteinander verbunden, wobei bei der Auswahl und Dosierung der absatzpolitischen Instrumente unternehmensspezifische, sachliche und zeitliche Aspekte zu berücksichtigen sind. Im Folgenden werden die Möglichkeiten der Aktionsinstrumente dem Anlass entsprechend kurz dargestellt, auf dessen Grundlage die adäquaten Instrumente, mit denen ein Unternehmen zu operieren gedenkt, ausgewählt und in konkrete Maßnahmen umgesetzt werden. Da die produktpolitischen und distributionspolitischen Maßnahmen langfristige Wirkung besitzen und nur in großen Zeitabständen variieren, haben diese strategischen Charakter und werden zuerst festgelegt. Die Preis- und Kommunikationspolitik gehört zu

---

63 Zitiert nach: Kotler/Bliemel (2001), S. 149.

64 Diese Aufteilung wurde erstmals von McCarthy, Jerome E. (1960): Basic Marketing: A Managerial Approach, Homewood, vorgeschlagen.

den taktischen Instrumenten, weil diese in kurzen Zeitabständen variierbar sind.

Die **Produktpolitik** umfasst alle Entscheidungen und Maßnahmen, die die Einführung neuer Produkte und die Veränderung bereits etablierter Produkte betreffen mit dem Ziel der Erweiterung oder der Erhaltung von Marktanteilen auf den gegebenen Märkten. Sie besteht aus der Produktprogramm- und Sortimentspolitik sowie den individuellen Produktentscheidungen und trägt maßgeblich zur dauerhaften Befriedigung von Kundenbedürfnissen bei.

Gegenstand der **Preispolitik** ist die Fixierung der Verkaufspreise und den damit verbundenen Konditionen wie Rabatte, Liefer- und Zahlungsbedingungen. Für eine optimale Preispolitik ist vor allem die Kenntnis der Nachfrage, der eigenen Kostenstruktur und der Wettbewerber notwendig.

Die **Distributionspolitik** umfasst alle Entscheidungen und Handlungen, welche im Zusammenhang mit dem Weg eines Produktes vom Hersteller bis zum Endabnehmer stehen. Im Besonderen ist die Auswahl der Absatz- und Transportwege sowie der Lagerhaltungsmethoden Bestandteil mit dem Ziel der Gewinn- und Umsatzmaximierung sowie der Kontrolle des Absatzkanals.

Nach der Bestimmung des Leistungsprogramms und der distributionspolitischen Maßnahmen ist es nun Aufgabe der **Kommunikationspolitik**, den Zielkunden über das eigene Angebot zu informieren, ihn von dessen Vorteile zu überzeugen und Vertrauen in die zugesicherten Produkteigenschaften herzustellen. Die Tatsache, dass Zusatznutzen und „Produktkulturen“ zunehmend den Markterfolg bestimmen, kann auf *Maslows* Bedürfnishierarchie zurückgeführt werden. Grundsätzlich muss der Nutzen des Produktes, insbesondere im Vergleich mit den konkurrierenden, vermittelt werden. Zielsetzung einer optimalen Kommunikationspolitik ist es, effizient und zieladäquat das Zielsegment mit den Instrumenten der Werbung, dem persönlichem Verkauf und der Verkaufsförderung anzusprechen. Im Bereich der Kommunikationspolitik haben sich in den vergangenen Jahren verschiedene Entwicklungen herauskristallisiert. An die Stelle des Massenmarketings treten das durch die neuen Medien mögliche „One-to-one“-Marketing sowie das Geschäftsbeziehungsmanagement (Kundenbindung, After-Sale-Service, Incentivesysteme).

Die Tatsache, dass der Marketing-Mix nicht nur auf das Produkt und die Kommunikation, sondern auch auf die Vertragsgestaltung (Kontrahierung) und die Distribution Bezug nimmt, zeigt, dass nicht mehr das einzelne Produkt im Vordergrund steht, sondern das angebotene Leistungsbündel. Es ist in vielen Marktsegmenten nicht mehr möglich, Produkte ohne ein solches Leistungsbündel zu verkaufen. Ein Beispiel ist etwa die Automobilindustrie, in der jeder Hersteller mittlerweile über eine eigene Bank Finanzierungs- und Leasingangebote unterbreitet. Gleichzeitig wird statt der früheren Auslieferung des neuen Pkw die Übergabe in einer „Autostadt“

zum Erlebnis gemacht. Im Buchhandel fand durch den Markteintritt des Versandbuchhändlers *Amazon* eine Revolution statt. Vor dem Hintergrund der deutschen Buchpreisbindung war die Wettbewerbsintensität im Buchhandel vergleichsweise gering. Seit dem Markteintritt von *Amazon* haben sich in Deutschland jedoch zulasten der kleinen Buchhändler große Buchhandelsketten gebildet. Diese reagierten auf die Konkurrenz des Versandbuchhandels dadurch, dass den Kunden auf großen Flächen mit bequemen Leseecken die Möglichkeit gegeben wird, sich ungestört in interessante Bücher einzulesen.

Zu beachten ist, dass der Marketing-Mix traditionell dem Konsum- und Industriegütermarketing entsprungen ist. Umstritten ist daher, ob das Konzept auch auf das Dienstleistungsmarketing übertragbar ist. Eine Möglichkeit besteht darin, den Besonderheiten von Dienstleistungen durch die Ergänzung um drei weitere Mixbereiche Rechnung zu tragen. Die daraus resultierenden **7 Ps** des Marketing-Mix sind der folgenden Abb. 38 zu entnehmen.

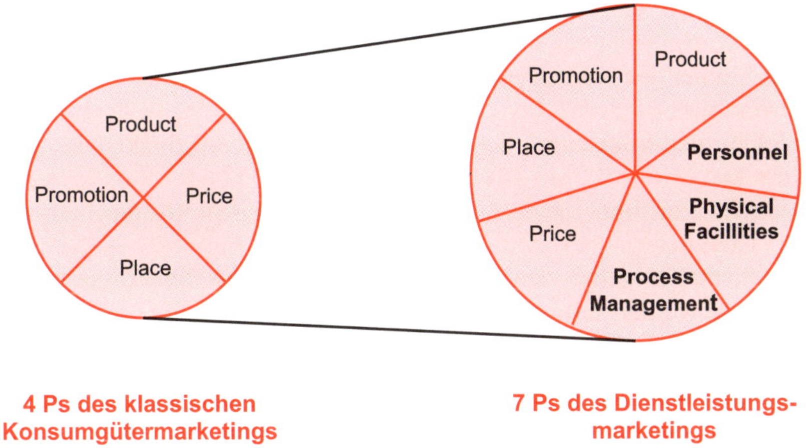

Abb. 38. Erweiterter Marketing-Mix im Dienstleistungsbereich[65]

Im Dienstleistungsbereich ist es aufgrund der Immaterialität der Dienstleistungen wichtig, eine Materialisierung oder Visualisierung durch tangible Elemente zu kommunizieren. Beispielsweise gestaltet sich die Materialisierung in der Speditionsbranche durch Werbegeschenke in Form von Miniatur-Lkws in Firmendesign. Unter Betrachtung der vorab beschriebenen vier klassischen Mixbereiche soll nun im Weiteren ein internes Instrument des Marketings beschrieben werden – die Personalpolitik. Die Einbeziehung des internen Marketings kommt hier aus zwei Gründen zum

[65] Quelle: Meffert (2000).

Tragen. Zum einen werden die Mitarbeiter im Dienstleistungsbereich häufig als Surrogat (Ersatz) der eigentlichen Leistungen angesehen. Zum anderen haben die Maßnahmen der Mitarbeiter im Dienstleistungsbereich meist einen höheren Einfluss auf das Verhalten der Kunden als im Sachgüterbereich. Im Allgemeinen umfasst die **Personalpolitik** eines Dienstleistungsunternehmens die Planung, Organisation, Durchführung und Kontrolle sämtlicher Entscheidungen, die beispielsweise mit der Einstellung, Entwicklung und/oder Freisetzung der Mitarbeiter in Verbindung stehen mit der Zielsetzung der Mitarbeitermotivation, Stärkung des Qualitäts- und Kundenbewusstseins auf interner und Kundenbindung und -gewinnung auf externer Ebene. Da die Spezifizierung von Potenzialen, Prozessen und Ergebnissen im Dienstleistungsbereich weniger von Heterogenität geprägt ist, soll auf die Erläuterung des **Process Managements** und der **Physical Facilities** verzichtet werden.

3.6 Fragen und Aufgaben

Aufgabe 3-1

Wählen Sie bei den folgenden Multiple-Choice-Fragen die jeweils korrekte Antwort aus.

(1) Welche der folgenden Aussagen zu den Portfoliotechniken ist nicht korrekt?
  - o Mit Portfolios sollen gute Produkt-Markt-Strategien bestimmt werden.
  - o Portfolios geben ganz konkrete Hinweise, wie Ressourcen eingesetzt werden sollen.
  - o Ein Portfolio kann nur zur Orientierung dienen und komplexe Sachverhalte vereinfacht darstellen.
  - o Die beiden Achsen von Portfolios beschreiben unternehmensinterne und -externe Informationen.

(2) Das Portfolio der Boston Consulting Group ...
  - o ist eine aktuelle Entwicklung der wirtschaftswissenschaftlichen Forschung.
  - o setzt sich zusammen aus den Achsen relativer Marktanteil und durchschnittliches Marktwachstum.
  - o kann auch andere Achsenbezeichnungen aufweisen wie etwa „Technologieattraktivität“.
  - o setzt nicht die Gültigkeit des Lebenszykluskonzepts und des Erfahrungskurvenkonzepts voraus.

(3) Erläutern Sie die drei Grundtypen der Wettbewerbsstrategie nach Porter.

(4) Skizzieren Sie kurz die Grundstruktur des Portfolios der Boston Consulting Group (vollständige Achsenbezeichnungen und Feldname).

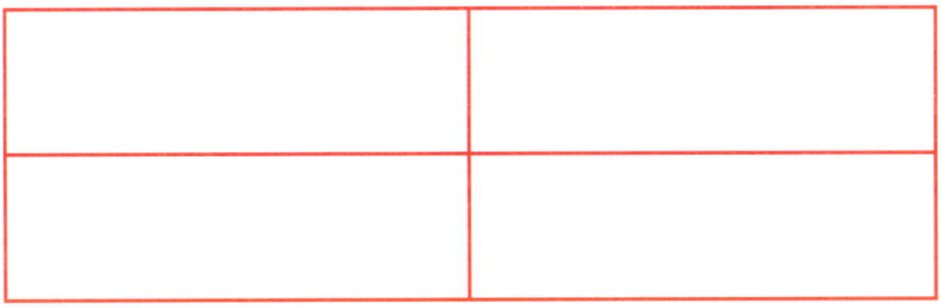

(5) Beschriften Sie die folgende Skizze des Lebenszykluskonzepts:

- A...
- B...
- C...
- D...
- x...
- y...

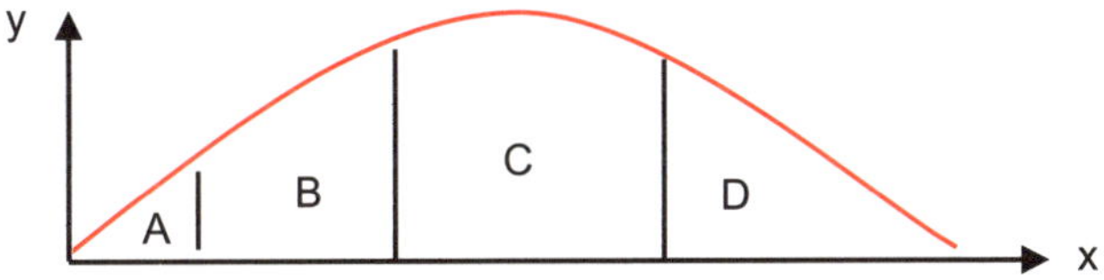

(6) Nennen Sie die fünf Einflussfaktoren auf den Wettbewerb in einer Branche nach Porter.

- ....
- ....
- ....
- ....
- ....

(7) Nennen Sie die vier Komponenten des Marketing-Mix.

- ....
- ....
- ....
- ....

Aufgabe 3-2

Erklären Sie die Idee von Portfolio-Konzepten im Rahmen der strategischen Unternehmensführung allgemein – also nicht anhand eines konkreten Modells einer Unternehmensberatung!

Aufgabe 3-3

Welche Rolle spielen Erkenntnisse der Erfahrungs- bzw. Lernkurve und der Lebenszyklustheorie im Marktwachstums-Marktanteils-Portfolio der Boston Consulting Group?

Aufgabe 3-4

Stellen Sie für ein Unternehmen Ihrer Wahl ein BCG-Portfolio der Geschäftsbereiche auf! Stellen Sie gleichzeitig dar, in welcher Phase des Lebenszyklus sich die zugrunde liegenden Produkte befinden.

Aufgabe 3-5

Der Markteintritt junger Unternehmungen in dynamisch wachsende Märkte ist – vor allem durch die Entwicklungen in der Kommunikations- und IT-Branche – in jüngster Vergangenheit nicht nur in der Wissenschaft, sondern auch in breiten Bevölkerungskreisen intensiv diskutiert worden.

Erläutern Sie, welche Bedeutung Markteintrittsbarrieren in dynamisch wachsenden Märkten haben. Kennzeichnen Sie dabei unterschiedliche Typen von Markteintrittsbarrieren. Welche dieser Markteintrittsbarrieren wurden durch die Internationalisierung der Kapitalmärkte reduziert oder gänzlich abgebaut?

3.7 Literaturempfehlungen

Ein sehr empfehlenswertes Lehrbuch mit Schwerpunkt im strategischen Management ist: Müller-Stewens, Günter; Lechner, Christoph (2005): Strategisches Management. Wie strategische Initiativen zum Wandel führen, 3. Auflage, Stuttgart.

Ebenfalls empfehlenswert ist: Barrow, Colin; Barrow, Paul; Brown, Robert (2005): The Business Plan Workbook, 5. Auflage, London.

Der bekannteste deutschsprachige Autor zum Marketing ist Heribert Meffert: Meffert, Heribert (2000): Marketing: Grundlagen marktorientierter Unternehmensführung, 9. Auflage, Wiesbaden.

4. Gestaltung der Wertschöpfung

4.1 Wertschöpfung und Wertkette

Die Wertschöpfung steht im Mittelpunkt jeder ökonomischen Aktivität, da ein rational handelndes Wirtschaftssubjekt nur dann eine wirtschaftliche Transaktion eingehen bzw. durchführen wird, wenn es sich davon einen **Mehrwert** verspricht. Ein solcher Mehrwert kann entweder aus Sicht der Anteilseigner des Unternehmens definiert werden oder aus Sicht des Kunden. Der Wertschöpfungsbegriff beschreibt dabei zum einen den diesen Mehrwert schaffenden Prozess. Zum anderen bezieht er sich auf das in Wertgrößen gemessene Ergebnis des Prozesses. Dieser zweiten Auslegung entsprechend wird im Englischen vom **value added** bzw. im Französischen vom **valeur ajoutée** gesprochen. Da bei der Wertschöpfung die Fähigkeiten und Ressourcen des Unternehmens zum Einsatz kommen, kann das Unternehmen auch als „ein System untereinander vernetzter Wertschöpfungsprozesse“[66] betrachtet werden.

Für die Analyse und Entwicklung eignet sich besonders das von Michael E. Porter entwickelte Konzept der Wertkette (value chain), das in Abb. 39 dargestellt wird. Denn die im Rahmen der Strategieentwicklung angesprochenen Wettbewerbsvorteile lassen sich nur dann verstehen, wenn man das Unternehmen als sinnvolle Verknüpfung von einzelnen Aktivitäten betrachtet.

Die **Wertkette** stellt die zentralen Aktivitäten eines Unternehmens zur Bereitstellung eines Leistungsangebots in einer dem Verrichtungsprinzip der Branche folgenden Reihenfolge dar.

Allerdings sollte die Wertkette nicht auf Industrie- oder Branchenebene dargestellt werden, da so die unternehmensbezogenen Wettbewerbsvorteile verschleiert werden könnten. Denn die Konkurrenten einer Branche weisen zwar auf den ersten Blick ähnliche Wertschöpfungsprozesse auf. Allerdings unterscheiden sich ihre Wertketten, da diesen jeweils unterschiedliche Wettbewerbsvorteile zugrunde liegen. Beispielsweise stehen Germanwings und Ryan Air beide in derselben Branche miteinander im Wettbewerb, ihre Wertaktivitäten unterscheiden sich jedoch beim Boarding, den Personalrichtlinien und dem Flugzeugeinsatz. Nach *Porter* spiegelt die Wertkette die Geschichte, die Strategie, die Strategieimplementierung und die zugrundeliegenden wirtschaftlichen Grundregeln der einzelnen Aktivitäten wider.

---

[66] Müller-Stewens/Lechner (2005), S. 369.

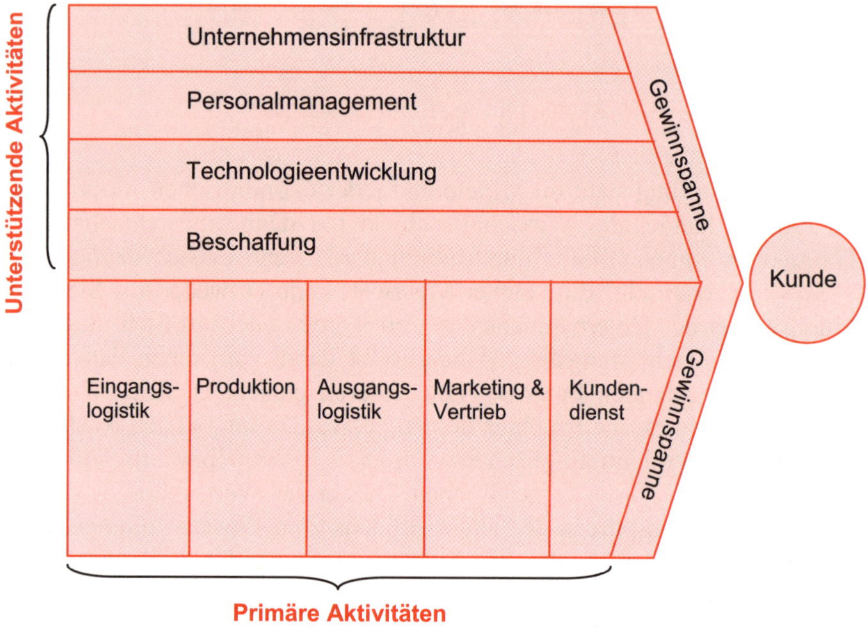

Abb. 39. Wertkette nach *Porter*

Die Wertkette stellt dabei den Gesamtwert des Unternehmens dar und setzt sich aus den Wertaktivitäten und der Gewinnspanne zusammen. **Wertaktivitäten** sind in diesem Zusammenhang die physischen und technologischen Aktivitäten, aus denen ein Unternehmen ein für seine Abnehmer wertvolles Produkt schafft.

Diese Wertaktivitäten lassen sich in zwei allgemeine Typen unterscheiden:

- Die **primären Aktivitäten** stellen dabei die unmittelbare Leistungserstellung dar, die auf die Erstellung eines bestimmten Produktes bezogen ist.
- Die **unterstützenden Aktivitäten** sind für die Erfüllung der primären Aktivitäten zwingend notwendig und ergänzen den gesamten Leistungserstellungsprozess.

Weiterhin spiegelt die **Gewinnspanne** die Differenz zwischen dem Gesamtwert und der Summe der Kosten, die durch die Ausführung der Wertaktivitäten entstanden sind, wider. Da alle Wertschöpfungsaktivitäten auf den Kunden ausgerichtet sind, drückt die in Abb. 39 dargestellte Pfeilrichtung die Absatzorientierung des Unternehmens aus und verdeutlicht, dass *Porter* mit Wert, denjenigen Wert meint, der für den Kunden geschaffen wird. Daher ist jede Wertaktivität so zu steuern, dass dieser für den Kunden entstehende Wert über den Kosten liegt.

Die einzelnen Aktivitäten unterscheiden sich zwar je nach Branche und Unternehmen; grundsätzlich lassen sich jedoch die folgenden **primären Aktivitäten** unterscheiden:

- Die **Eingangslogistik** bezieht sich auf Annahme, Lagerung und Distribution von Inputfaktoren, die direkt in das zu erstellende Produkt eingehen. Dies sind etwa die Aktivitäten Materialtransport, Lagerhaltung, Warenbestandskontrolle, Fahrzeugterminierung bzw. Warenrücksendungen zum Lieferanten.
- **Produktion** (Operations) beschreibt Aktivitäten zur Herstellung des fertigen Produkts wie Bearbeitung, Fertigung, Montage und Verpackung.
- Zur **Ausgangslogistik** gehören Aktivitäten in Verbindung mit Lagerung und Auslieferung des fertigen Produktes an die Kunden.
- **Marketing & Vertrieb** umfassen zum einen Aktivitäten, die den Käufer zum Kauf bewegen wie etwa Werbung, Vertrieb, Angebote und Preisgestaltung; zum anderen zählen dazu Aktivitäten, die ihm überhaupt erst ermöglichen, das Produkt zu erwerben.
- Der **Kundendienst** beinhaltet schließlich produktbezogene Dienstleistungen wie Installation, Reparatur und Kundenschulung.

Die einzelnen Branchen und Unternehmen unterscheiden sich jedoch darin, in welcher dieser Kategorien sich die essentiellen Wettbewerbsvorteile verbergen. Beispielsweise werden Speditionsunternehmen ihre Anstrengungen auf den Bereich der Logistik lenken, wohingegen Dienstleistungsunternehmen wie Unternehmensberatungen per se keine Ausgangslogistik haben können, weil der Ort, an dem die Dienstleistung erbracht wird, auch der Ort ist, an dem sie konsumiert wird. Für Banken stellen hingegen Marketing und Vertrieb den Schlüssel zu einem Wettbewerbsvorteil dar. Elektronikunternehmen müssen hingegen neben der Produktion insbesondere auf den Kundendienst besonderes Augenmerk legen, da sie an dieser Stelle einen Wettbewerbsvorteil erzielen können.

Die **unterstützenden Aktivitäten** werden wie folgt definiert:

- Die **Unternehmensinfrastruktur** umfasst alle Aktivitäten, die sich nicht auf einzelne Aktivitäten, sondern auf die gesamte Wertkette des Unternehmens beziehen wie etwa Geschäftsführung, Rechnungswesen, Controlling und Qualitätskontrolle. Die Unternehmensinfrastruktur kann aber je nach dem, ob die Organisation dezentrale oder zentrale Entscheidungen verlangt, eine geschlossene Einheit darstellen oder auf einzelne Organisationsbereiche aufgeteilt sein. Letzteres ist in der Regel in diversifizierten Konzernholdingstrukturen üblich. *Porter* weist darauf hin, dass die Unternehmensinfrastruktur in einer durch die Kostenrechnung geprägten Sicht als reiner Gemeinkostenverursacher betrachtet werden könnte. Dem hält er entgegen, dass auch diese Aktivität Quelle für Wettbewerbsvorteile sein kann.

- Das **Personalmanagement** umfasst alle mitarbeiterbezogenen Aktivitäten wie etwa Personalbeschaffung, Ausbildung, Fortbildung und Lohnzahlungen. Dabei ist das Personalmanagement nicht nur mit den primären, sondern auch mit anderen unterstützenden Aktivitäten verknüpft, wenn etwa Ingenieure für die Technologieentwicklung eingestellt werden. Problematisch ist, dass in vielen Unternehmen der Einfluss des Personalmanagements auf die Wettbewerbsvorteile zu wenig wahrgenommen wird. Gerade Dienstleistungs- sowie Hochtechnologieunternehmen profitieren jedoch von einer erfolgreichen Bewerberauswahl und von Mitarbeiterschulungen.
- Die **Technologieentwicklung** richtet sich auf Produkt- und Verfahrensverbesserungen und wirkt sich damit auf alle Wertschöpfungsmaßnahmen aus, die auf Know-how, Prozessen oder Herstellungsverfahren basieren. Damit reicht die Technologieentwicklung weit über die Forschung und Entwicklung hinaus und beinhaltet eine sehr breite Palette von Technologien. Diese können zum Beispiel auch in Verfahren der Dokumentation und der Bewegung von Rohstoffen und Vorprodukten bestehen. Hinzu kommen Technologien, die nicht in das Endprodukt einfließen, wie etwa die Telekommunikation zur Verbesserung des Auftragseingangs oder Büroautomation für die Buchhaltung.
- Die **Beschaffung** umfasst den Einkauf des für die Aktivitäten in der Wertkette notwendigen Inputs, d.h. der Vorprodukte, Maschinen, Dienstleistungen sowie Büro- und Geschäftsausstattung. Obwohl diese Waren vorrangig mit primären Aktivitäten assoziiert werden, sind sie auch in jeder Wertsteigerungsmaßnahme einschließlich unterstützender Maßnahmen vorzufinden. Wie alle Wertschöpfungsmaßnahmen, verwendet auch die Beschaffung bestimmte Methoden wie z.B. Regeln zum Umgang mit Lieferanten, Qualifizierungsrichtlinien und Kennzahlensysteme.

Genauso wie bei primären Aktivitäten können die unterstützenden Aktivitäten weiter in einzelne branchentypische Wertschöpfungsmaßnahmen untergliedert werden. So gehören zur Technologieentwicklung beispielsweise die Aktivitäten Komponentendesign, Konstruktionsmerkmale, Betriebserprobung, Verfahrenstechnik und Auswahl der Technologieart.

Abb. 40 verdeutlicht die Anwendung des Konzepts der Wertkette auf ein Pharmaunternehmen. Dabei sind für die einzelnen Aktivitäten jeweils das aktuelle Budget sowie eine subjektive Beurteilung der strategischen Bedeutung dieser Aktivität im Wettbewerb angegeben. Im Beispiel kommt die größte Bedeutung der Forschung und Entwicklung (F&E) zu.

Die Wertkette des Unternehmens steht jedoch innerhalb einer Volkswirtschaft nicht isoliert von den Wertketten anderer Unternehmen. Vielmehr ist jede Wertkette in ein Wertsystem vor- und nachgelagerte Wertketten anderer Unternehmen eingebunden (Abb. 41). Dabei können die Unternehmen dahingehend unterschieden werden, ob sie sich auf eine Branche spezialisieren oder in viele Bereiche diversifiziert sind.

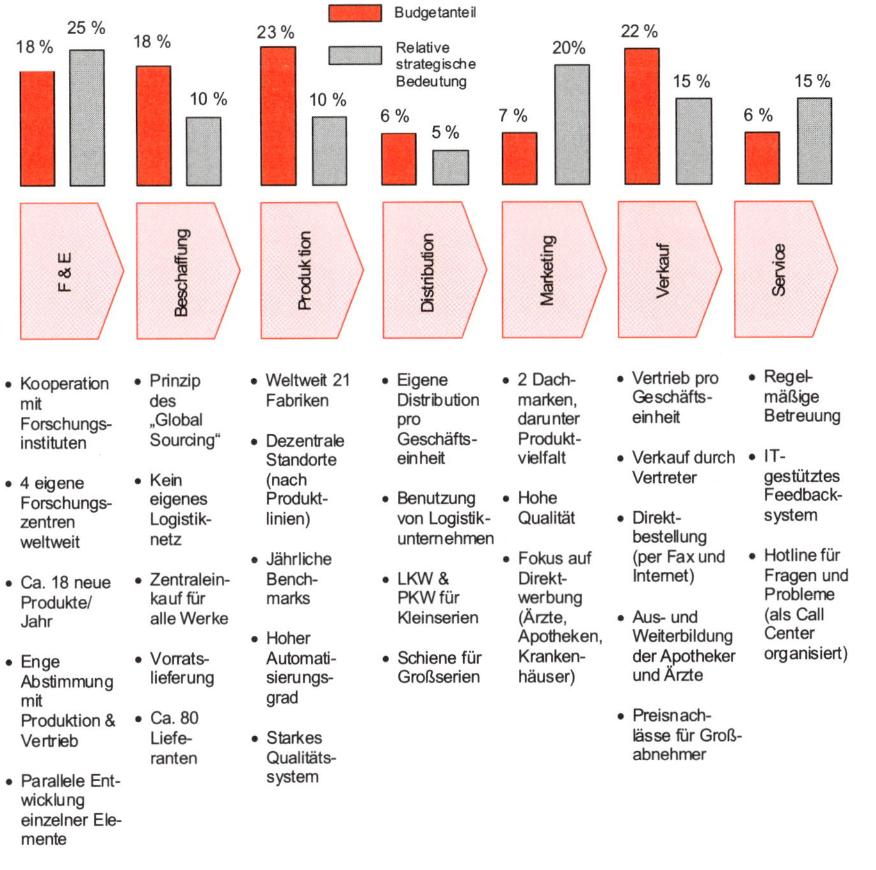

Abb. 40. Wertkette eines Pharmaunternehmens[67]

Ein **auf eine Branche spezialisiertes Unternehmen** kann seine Wertkette maßgerecht in das Wertsystem aus Lieferantenwertketten und Vertriebskanalwertketten eingliedern und damit im Vergleich zu den Wettbewerbern Kosten- oder Differenzierungsvorteile realisieren, indem den vertikalen Verflechtungen zwischen den einzelnen Wertketten Rechnung getragen wird. Beispielsweise hängen Beschaffung und Eingangslogistik des betrachteten Unternehmens mit der Auftragsbearbeitung des Lieferanten zusammen. Zudem haben die Produkteigenschaften der von einem Lieferanten bezogenen Vorprodukte entscheidenden Einfluss auf die Kosten und die Differenzierung der eigenen Produkte und wirken somit direkt auf die eigenen Wettbewerbsvorteile.

[67] Quelle: Müller-Stewens/Lechner (2005), S. 383.

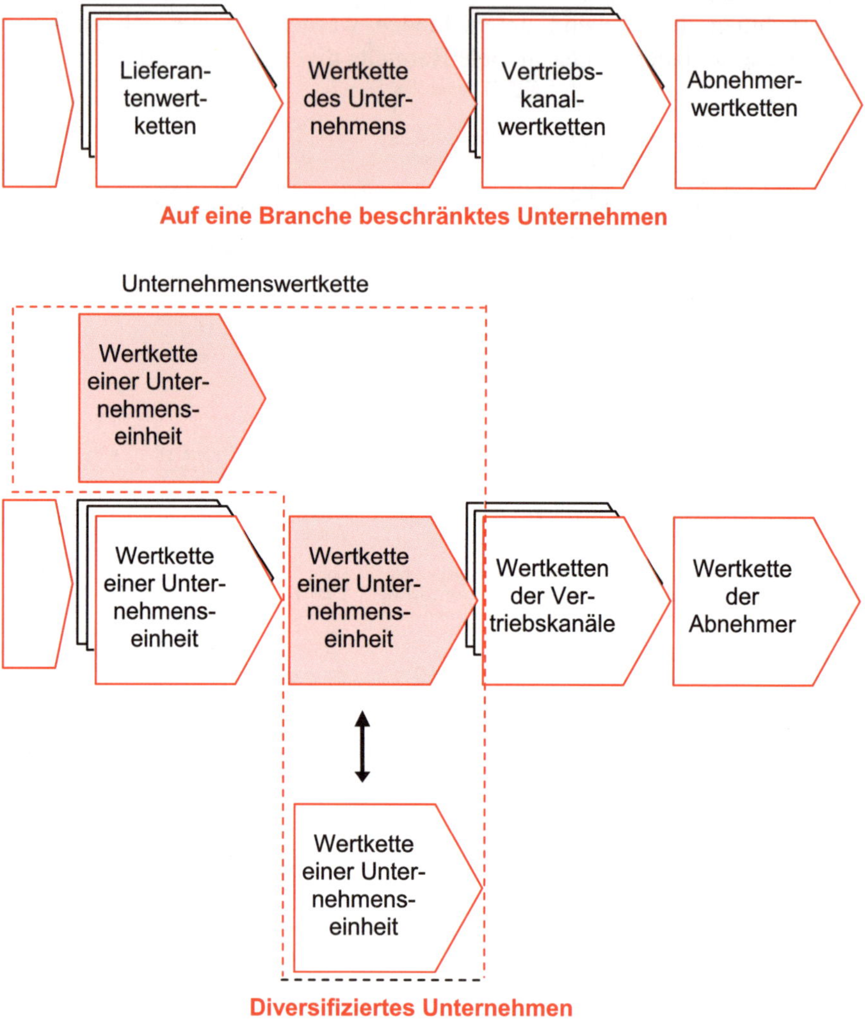

Abb. 41. Wertkette und Wertsystem[68]

Ein **diversifiziertes Unternehmen** hingegen muss für die einzelnen Unternehmenseinheiten jeweils verschiedene Wertketten aufbauen und diese in die jeweiligen Wertsysteme integrieren. Obwohl das Betreiben verschiedener Wertketten schwierig ist, kann das Unternehmen bei geschickter Ausnutzung von horizontalen Verknüpfungen der Wertketten verschiedener Unternehmenseinheiten zusätzliche Wettbewerbsvorteile realisieren.

Relativ leicht lassen sich Wettbewerbsvorteile durch eine effiziente **Verknüpfung der Beschaffungswege**, d.h. der Wertketten des Lieferan-

[68] In Anlehnung an Porter (2000), S. 64.

ten und des Unternehmens steigern. Eine Einflussnahme auf die Wertketten des Lieferanten zur gemeinsamen Optimierung und verbesserten Koordination der Aktivitätsdurchführung kann in vielen Fällen für beide Parteien – das Unternehmen und den Lieferanten – vorteilhaft sein. *Porter* nennt hierzu ein Beispiel aus der Schokoladenproduktion, wenn zwei Unternehmen eine für beide Seiten günstigere Liefervereinbarung treffen. So spart der Zulieferer etwa durch die Vereinbarung, Schokoladenrohmasse in Tankfahrzeugen anstelle von abgepackten Barren zu liefern, die Kosten für Herstellung und Verpackung der Barren; das schokoladeverarbeitende Unternehmen spart die Kosten für das Auspacken und das Einschmelzen der Schokolade. Die durch die effiziente Optimierung und Koordination entstehenden Vorteile zwischen Unternehmen und Lieferanten stellen ein Element der Verhandlungsposition des Lieferanten dar. Die Position, die der Lieferant innerhalb der Verhandlungen einnimmt, ist zum einen strukturell, zum anderen ist sie von den Beschaffungsrichtlinien des Unternehmens abhängig. Aus diesem Grund sind eine effiziente Abstimmung mit dem Lieferanten und zielgerichtete Vertragsverhandlungen erforderlich, um den Wettbewerbsvorteil realisieren zu können.

Ähnlich wie im Falle der oben dargestellten Lieferantenverknüpfung ist die **Verknüpfung von Vertriebs- und Absatzwegen** einzuordnen. In diesem Falle existieren Wertketten, die das Produkt sukzessive durchläuft. Hierbei macht der Aufpreis (der Vertriebswert), der durch die diversen Vertriebswege anfällt, meist einen großen Teil des endgültigen Bruttoverkaufspreises aus, welcher dann an den Endverbraucher weitergegeben wird. Vertriebswege dienen der effizienten Abwicklung von Verkauf, Werbung und Produktausstellung und ergänzen entsprechende Aktivitäten gleichermaßen. Dabei existieren mannigfaltige Schnittstellen innerhalb der verschiedenen Wertketten eines Unternehmens und der Vertriebswege. Stellvertretend sei an dieser Stelle die Wertkette zwischen dem Außendienst, dem Auftragseingang nach erfolgreichem Verkauf des Produktes und der Warenausgangslogistik genannt. Entsprechend dem Beispiel der Zuliefererverknüpfungen, kann auch hier eine effiziente Koordination der Absatzwege Kosten verringern und die Differenzierung fördern. Auch hier gelten dieselben Gründe, die bei den Lieferanten zur Aufteilung der Vorteile durch gemeinsame Optimierung oder Koordination stetig präsent sind. In vielen Fällen werden vertikale Verknüpfungen ebenso wie Verknüpfungen innerhalb der internen Wertkette nicht oder nur teilweise wahrgenommen. Auch in den Fällen, in denen sie klar identifiziert werden können, blockieren mehrere Faktoren die Koordination oder gemeinsame Optimierung vorhandener vertikaler Verknüpfungen. Solche Faktoren können u.a. Besitzstrukturen von Zulieferbetrieben und Vertriebswegen oder eine Vorgeschichte mit Unstimmigkeiten in den Geschäftsbeziehungen selbst sein. Wie bei Verknüpfungen innerhalb der eigenen Wertkette erfordert die Nutzung der vertikalen Verflechtungen alle nötigen Informationen. Die Nutzung moderner Informationssysteme ermöglicht dabei die Ausschöpfung einer Vielzahl von neuen Möglichkeiten.

Wenngleich die Wertschöpfungsaktivitäten die essentiellen Bestandteile des Wettbewerbsvorteils darstellen, sind die Wertketten keine bloße Anhäufung von unabhängigen Maßnahmen. Sie sind vielmehr ein Netz von sich gegenseitig beeinflussenden Aktivitäten. Alle Wertschöpfungsmaßnahmen sind durch Verbindungen innerhalb der Wertkette miteinander verbunden. So ist es durchaus möglich, dass der Ankauf von hochwertigen, bereits vorbearbeiteten Platten die Produktion erheblich effektiver werden lässt, da hierdurch der übliche Ausschuss auf ein Minimum reduziert werden kann. Auch kann die zeitliche Abstimmung von Werbekampagnen Einfluss auf den Auslastungsgrad eines Unternehmens nehmen. Der Wettbewerbsvorteil wird in vielen Fällen von den Verknüpfungen zwischen den Aktivitäten selbst und den einzelnen Maßnahmen beeinflusst.

Mit Hilfe der angestrebten Verknüpfungen kann auf zwei Arten ein Wettbewerbsvorteil generiert werden: Dies ist zum einen durch Optimierung und zum anderen durch gezielte Koordination möglich. Beide spiegeln zumeist die nötigen Austauschbeziehungen zwischen verschiedenen Aktivitäten wider, um zum selben Gesamtergebnis zu gelangen. So können strengere Materialanforderungen oder bessere Zwischenprüfungen Kundendienstkosten reduzieren. Auch ist es durch Kenntnis der Verknüpfungen möglich, den Koordinationsbedarf der einzuleitenden Maßnahmen aufzuzeigen. So ist es bei termingemäßen Lieferungen erforderlich, die Maßnahmenkoordination des Arbeitsprozesses, des Warenausganges und des Kundendienstes (z.B. für die Installation) effektiv auszugestalten. Eine effektive Maßnahmenkoordination mindert Kosten und kann zudem die Differenzierung verbessern und damit u.a. Inventuren innerhalb des Unternehmens auf ein Mindestmaß reduzieren. Die Verknüpfungen lassen darauf schließen, dass die Gesamtkosten eines Unternehmens nicht allein das Ergebnis von effektiven Kostensenkungsmaßnahmen innerhalb der einzelnen Wertschöpfungsmaßnahme sind.

Betrachtet man die verschiedenen Verknüpfungen, so stellt man fest, dass viele Unternehmen hier die gleichen Wege gehen und auf dieselben Verknüpfungen bauen – vorwiegend sind es jene zwischen den unterstützenden und primären Aktivitäten. Zumeist übt das Produktdesign einen nicht unwesentlichen Einfluss auf die Herstellungskosten aus, während sich die Beschaffungskosten in der Regel unmittelbar auf die Qualität der Vorprodukte und sich somit auch auf Produktionskosten, Qualitätskontrollen und Produktqualität auswirken. Zwischen primären Aktivitäten sind häufig subtilere Verknüpfungen zu beobachten. So kann z.B. eine verbesserte Qualitätskontrolle der Vorprodukte einen wesentlichen Beitrag zu einer Kostenvermeidung späterer Qualitätssicherungsmaßnahmen im Herstellungsprozess leisten. Auch führt eine verbesserte Wartung der technischen Anlagen zu einer Minimierung der Ausfallzeiten und ein interaktives

Bestellverfahren senkt die Zeit, die ein Verkäufer pro Kunden aufwenden muss, erheblich. Denn nicht nur die Aufträge werden schneller verbucht, sondern es fallen auch weniger Rückfragen oder Probleme an. Hinzu kommt, dass häufige Auslieferungen an Kunden sowohl die Lagerhaltungskosten wie auch die Außenstände wesentlich verringern. In der Regel sind Verknüpfungen zwischen Aktivitäten in unterschiedlichen Kategorien oder Arten am schwersten zu erkennen. Verbindungen zwischen den Wertschöpfungsmaßnahmen entstehen *per se* aus einer Vielzahl von Gründen. So kann unter anderen dieselbe Funktion auf verschiedene Arten ausgeführt werden, z.B. kann eine genaue Kontrolle beim Empfang der gekauften Güter unter anderem die Endkontrolle des fertigen Produktes ersetzen.

Neben der oben beschriebenen Wertkette des betrachteten Unternehmens bzw. seiner Lieferanten haben natürlich die Abnehmer des Unternehmens ebenfalls eine **Abnehmer-Wertkette**, bei der das erworbene Produkt den zugekauften Warenzugang darstellt. Dies gilt sogar für die privaten Haushalte, bei denen die Existenz von Wertketten nicht so offensichtlich auf der Hand liegt. Schließlich bedienen sich auch Haushalte eines breiten Spektrums von Aktivitäten, wobei die erworbenen Produkte in Verbindung mit diesem Aktivitätenstrom genutzt werden. So wird ein Auto sowohl für Fahrten zur Arbeit wie auch zum Einkaufen und für Freizeitaktivitäten genutzt, während ein Lebensmittel ein Teil der Vorbereitung und des Verzehrs von Speisen ist. Die Wertkette des Abnehmers ist Dreh- und Angelpunkt der Differenzierung des Unternehmens, da zwischen den Aktivitäten des Unternehmens und denen der Abnehmer zahlreiche Berührungspunkte bestehen können. Diese führen zur Entstehung von Wettbewerbsvorteilen beim Abnehmer – entweder durch Senkung der Kosten oder durch Erhöhung der Leistung. Im privaten Bereich sind die Kriterien Kosten oder Leistung jedoch nicht anwendbar, da hier direkt auf den für den Verbraucher geschaffenen Nutzen abgestellt werden muss. Die Differenzierung setzt hierbei an, indem sie den für den Verbraucher geschaffenen Wert etwa durch Werbemaßnahmen oder Vertriebsmitarbeiter deutlich macht, um einen höheren Preis zu rechtfertigen.

4.2 Anwendung des Wertkettenkonzepts

Bei der Anwendung des Wertkettenkonzepts in der Unternehmenspraxis stellt sich zunächst einmal die Frage, welche Informationen eine nach dem obigen Muster ermittelte Wertkette für ein Unternehmen bietet.

Grundsätzlich hat sich die Analyse der Wertkette an der Geschäftsstrategie des Unternehmens auszurichten. Im Fall der Kostenführerschaftsstrategie ist daher besonderes Augenmerk auf eine **Kostenanalyse** der einzelnen Aktivitäten zu legen. Hingegen ist bei der Differenzierungsstrategie eine **Differenzierungsanalyse** durchzuführen.

Die **strategische Kostenanalyse** umfasst dabei nach *Porter* die folgenden Schritte:

(1) „Die richtige Wertkette ermitteln und ihr Kosten und Anlagen zuordnen.

(2) Die Kostenantriebskräfte jeder Wertaktivität und deren Wechselwirkungen diagnostizieren.

(3) Die Wertketten der Konkurrenten ermitteln und deren relative Kosten sowie die Quellen von Kostenunterschieden feststellen.

(4) Eine Strategie zur Verbesserung der relativen Kostenposition durch Kontrolle der Kostenantriebskräfte oder Neustrukturierung der Wertkette und/oder der nachgelagerten Wertaktivitäten entwickeln.

(5) Sicherstellen, dass Bemühungen um Kostensenkungen die Differenzierung nicht beeinträchtigen, oder hier eine bewusste Entscheidung treffen.

(6) Die Kostensenkungsstrategie auf ihre Dauerhaftigkeit hin überprüfen.“[69]

Die analytischen Schritte zur **Bestimmung der Differenzierungsbasis** und zur Wahl einer Differenzierungsstrategie lauten zusammengefasst:

(1) „Ermitteln, wer der reale Käufer ist.

(2) Unternehmen, Institutionen oder Haushalte sind nicht die realen Käufer, als solche fungieren viel eher eine oder mehrere Personen innerhalb der kaufenden Einheit, welche die Nutzungskriterien interpretieren sowie Signalkriterien bestimmen.

(3) Die Abnehmerwertkette und den Einfluss des Unternehmens auf sie ermitteln.

(4) Die Rangfolge der Kaufkriterien des Abnehmers ermitteln.

(5) Bestehende und potenzielle Quellen der Einmaligkeit in der Wertkette eines Unternehmens bewerten.

(6) Die Kosten vorhandener und potenzieller Differenzierungsquellen ermitteln.

(7) Die Zusammenstellung von Wertaktivitäten wählen, welche, an den Differenzierungskosten gemessen, die für den Abnehmer wertvollste Differenzierung schafft.

(8) Die gewählte Differenzierungsstrategie auf ihre Haltbarkeit prüfen.

(9) Bei Aktivitäten, die sich auf die gewählte Differenzierungsformen nicht auswirken, die Kosten senken.“ [70]

Da es sich bei dem Wertkettenkonzept um einen in sich geschlossenen Ansatz handelt, ist der Anwendungsbereich viel breiter als die bloße Identifizierung von Wettbewerbsvorteilen. Vielmehr kann die Wertkette auch für die Gestaltung der Organisationsstruktur des Unternehmens herange-

---

[69] Porter (2000), S. 166 f.

[70] Porter (2000), S. 219-222.

zogen werden. Wie im folgenden Kapitel beschrieben wird, existieren zahlreiche Konzepte zur Organisation. Die organisatorische Gestaltung kann je nach den zugrunde gelegten Kriterien – etwa dem Kriterium der Effizienz, strategischen Überlegungen oder der Perspektive des Rechnungswesens – vielfältige Formen annehmen. Sofern die organisatorische Gestaltung auf Basis der Wertkette erfolgt, ließen sich die Wettbewerbsvorteile des Unternehmens stärker in den Mittelpunkt stellen.

Im Folgenden soll stellvertretend für alle Aktivitäten die Anwendung des Wertkettenkonzepts am Beispiel der Technologieentwicklung in der pharmazeutischen Industrie erläutert werden. [71]

Beispiel: Das Geschäftsmodell eines forschenden Pharmaunternehmens basiert darauf, dass mit Hilfe von Forschung und Entwicklung ein Arzneimittelwirkstoff erfunden wird. Neben dieser offensichtlichen Bedeutung der Forschung und Entwicklung kommt jedoch auch anderen Teilbereichen der Technologieentwicklung eine wichtige Bedeutung zu. Ein Bereich, der in Hochtechnologieunternehmen oftmals übersehen wird, ist die Verfahrenstechnologie. Auf den ersten Blick ist ein solches Pharmaunternehmen geprägt durch die Bedeutung der F&E und die Tatsache, dass die Produktentwicklung langwierig, kostspielig und risikoreich ist. Zudem wird die Höhe der Rendite entscheidend bestimmt durch den richtigen Zeitpunkt bei der Markteinführung eines neuen Arzneimittels – kurz: je früher, desto besser. Aufgrund der hohen Gewinnmargen, die ein innovatives Arzneimittel verspricht, herrscht die Überzeugung vor, dass die Produktion des Arzneimittels nur eine untergeordnete Rolle spiele. Warum sollten nach der Erfindung und Entwicklung eines wegweisenden Wirkstoffes, der aufgrund des Patentschutzes und der damit verbundenen Quasi-Monopolstellung zu einem hohen Preis verkauft werden kann, die Produktionskosten eine Rolle spielen? Allerdings verdeutlichen die beiden nachfolgenden hypothetischen Beispiele der Unternehmen AlphaGene und BetaGene, wie Fertigungskapazitäten einen entscheidenden, positiven oder negativen Einfluss auf die Wettbewerbsfähigkeit ausüben können.

AlphaGene ist einer der Wegbereiter der Biotech-Industrie. Gegründet von einem weltbekannten Wissenschaftler, wurde fünf Jahre lang an Proteinen mit potenziellen therapeutischen Wirkungen geforscht. Während dieser Zeit wurde nach umfangreichen Laboranalysen und Tierversuchen ein vielversprechendes Molekül für die Behandlung einer ernsthaften und ansteckenden Krankheit entdeckt. Die Entwicklung eines Herstellungsprozesses zur Produktion selbst geringer Mengen des Arzneimittelwirkstoffes war aufgrund der Komplexität des Moleküls eine enorme Herausforderung. Während der nächsten 18 Monate entwickelte ein Wissenschaftler des Unternehmens in enger Zusammenarbeit mit den zuständigen Chemieingenieuren ein Produktionsverfahren im kleinen Maßstab (Prototyp), das genügend hochreines Material für die ersten klinischen Versuche produzierte. Nachdem immer mehr Patienten in die Versuchsreihe aufgenommen wurden und somit der Bedarf am Arzneimittelwirkstoff sprunghaft anstieg, führten Verfahrenstechniker eine neue Produktionsversion ein, die eine 10fache Steigerung der Produktionskapazität bewirkte.

[71] Die Beispiele sind entnommen aus: Pisano (1997), S. 4-7.

Zu diesem Zeitpunkt – zwei Jahre nach dem Start der klinischen Studien – verliefen die Fortschritte nur noch schleppend. Die anfänglichen Ergebnisse waren für den Wirkstoff nicht sehr vielversprechend und es gab ernsthafte Diskussionen über eine komplette Einstellung des Projekts. Aufgrund all dieser Ungewissheiten wurden alle Arbeiten an der Herstellungsentwicklung eingestellt und das Personal anderen dringlicheren Projekten zugeteilt. Als die vorausgehenden Tests allerdings vermuten ließen, dass der Wirkstoff zur Bekämpfung einer speziellen Krebsart geeignet sei, wurden die klinischen Versuche wieder aufgenommen. Ein mehrjähriger und großangelegter Versuch (Phase III) wurde veranlasst und führte letztendlich zur Zulassung des Arzneimittelwirkstoffes.

Während der klinischen Versuche wurde das Herstellungsverfahren allerdings nicht weiterentwickelt. Einer der beteiligten Wissenschaftler erklärte dies wie folgt: „Nach all den Schwierigkeiten während der vorangehenden klinischen Versuchsphasen und die Ungewissheit, ob der Wirkstoff überhaupt zugelassen würde, zeigte sich die Führungsebene nicht gewillt, weiter in Herstellungsverfahren oder -kapazitäten zu investieren. Ein anderes unserer Produkte befand sich kurz vor der Markteinführung und es war viel wichtiger für uns, die Fertigung dafür heraufzusetzen.“ Nach vier Jahren mit klinischen Tests waren die gewonnen Daten günstig genug für einen Zulassungsantrag bei der US-Arzneimittelbehörde, Food and Drug Administration (FDA), und der anschließenden Vermarktung des Arzneimittels.

Im Großen und Ganzen sollte es als ein sehr erfolgreiches Projekt betrachtet werden, denn nur wenige Arzneimittelstoffe gelangen überhaupt bis zur Überprüfung durch die FDA. Allerdings bemerkte das Unternehmen zu diesem Zeitpunkt, dass es aufgrund des geringen Produktionsausstoßes enorme Probleme haben würde, die gewünschten Kapazitäten bereitzustellen. Ein Verfahrenstechniker erklärte es wie folgt: „Die Produktion war nur auf die Bedürfnisse der klinischen Versuche ausgelegt. Die Kapazitäten waren für eine flächendeckende Versorgung viel zu gering.“ Das Unternehmen versuchte alles, um sowohl Ertrag wie auch Durchlauf fristgerecht zur Markteinführung zu steigern. Unglücklicherweise hatten die Verfahrenstechniker nur wenig Spielraum für ihre Anstrengungen, denn die Richtlinien der FDA fordern, dass bei der kommerziellen Vermarktung dasselbe Herstellungsverfahren eingewandt wird, das auch während der klinischen Versuche verwendet wurde. Alle wichtigen Änderungen würden kostspielige und zeitraubende Gutachten zur Gleichwertigkeit erfordern, um gegenüber der FDA zu belegen, dass ein kostengünstigeres Produktionsverfahren mindestens die gleiche Qualität des produzierten Wirkstoffes erreichen würde. Es blieb dem Unternehmen daher keine andere Wahl, als mit dem existierenden Verfahren auf den Markt zu kommen. Folglich konnte es ohne große Investitionen für erforderliche Kapazitätserweiterungen nicht den Anfangsbedarf befriedigen – eine Aufgabe, die fast zwei Jahre erforderte und einen beachtlichen Anteil der aus dem Verkauf des Arzneimittels stammenden Einzahlungsüberschüsse verschlang. Aber am Schlimmsten war, dass AlphaGene die Gelegenheit verpasste, den Markt zu durchdringen, als es noch eine Exklusivstellung hatte.

BetaGene war ähnlich wie AlphaGene eines der ersten Biotech-Unternehmen und hatte bereits seit mehreren Jahren therapeutisch wirksame Proteine entwickelt. Eine der ersten Entwicklungen war ein neuer Wirkstoff zur Bekämpfung einer lebensgefährlichen Infektionskrankheit. Allerdings war BetaGene nicht alleine.

Etliche andere Firmen hatten innerhalb von Wochen dasselbe Molekül entwickelt und alle versuchten, als erste mit den klinischen Versuchen zu beginnen, da der Patentstatus noch nicht abschließend geklärt war. Wie oftmals bei biotechnologischen Projekten war die Vorlaufzeit zur Entwicklung eines Pilotherstellungsverfahrens der kritische Pfad, um mit den klinischen Versuchen zu beginnen. Weiterhin wurde die Dringlichkeit durch die enorme Komplexität des Moleküls gesteigert. Da herkömmliche Verfahren nur biologisch inaktive Moleküle hervorbrachten, mussten die Wissenschaftler des Unternehmens einen ganz neuen Ansatz entwickeln, um das Molekül in großen Maßstab zu produzieren. Ein Wissenschaftler bemerkte: „Zu dieser Zeit dachten viele Experten, dass unser Ansatz wissenschaftlich unmöglich sei.“

Um mit den klinischen Versuchen so schnell wie möglich zu beginnen, konzentrierte sich BetaGene auf die Entwicklung eines Herstellungsverfahrens in kleinem Maßstab, das aber dafür allen Qualitätsanforderungen der FDA entsprach und mit dem eine ausreichende Menge für die klinischen Versuche hergestellt werden könnte. Bereits zu diesem Zeitpunkt wurde vermutet, dass dieses Herstellungsverfahren jedoch zur Produktion von großen Mengen ungeeignet sei; aus diesem Grund begannen die Verfahrenstechniker mit der gleichzeitigen Entwicklung von alternativen Herstellungsverfahren. Als die klinischen Versuche fortschritten, wurde offensichtlich, dass der Wirkstoff effektiv war, allerdings nur in einer höheren Dosis als ursprünglich geplant. Das bedeutete, dass sowohl in der letzten Phase der klinischen Versuche wie auch die zukünftigen kommerziellen Anforderungen (vorausgesetzt, dass der Wirkstoff zugelassen würde) wesentlich größere Mengen des Moleküls erforderten, als je mit dem anfänglich entwickelten Verfahren hergestellt werden konnten.

Das Unternehmen hatte seine Arbeiten an der Entwicklung von alternativen Herstellungsmethoden während den anfänglichen Tests fortgeführt und war somit in der glücklichen Lage, über einen Prototyp zur Massenproduktion zu verfügen, mit dem sie ohne Verzögerung mit der letzten Phase der klinischen Versuche beginnen konnte. In den kommenden drei Monaten führten weitere Verbesserungen zu einer Verdoppelung der Produktionsmenge. Als die verbleibenden klinischen Versuche nach einem Jahr abgeschlossen wurden, stellte das Unternehmen einen Antrag auf Zulassung des Arzneimittels bei der FDA. Zu diesem Zeitpunkt war BetaGenes Zeitvorsprung zum nächsten Mitbewerber – der am Anfang des Projektes gerade einmal zwei Wochen betragen hatte – auf zwei Jahre gewachsen. Die Fähigkeit des Unternehmens, sowohl die klinischen Versuche durchzuführen als auch die Produktionskapazität zu steigern, spielte eine entscheidende Rolle für den erfolgreichen Abschluss des Projektes. Als die Zulassung erfolgte, hatte das Unternehmen keine Schwierigkeiten, die Nachfrage zu befriedigen (die in den ersten Jahren drastisch anstieg). Wohl aber noch wichtiger war, dass die durch dieses Projekt entstandenen technischen und organisatorischen Leistungsfähigkeiten die Grundlage für eine Flut von zukünftigen Produktentwicklungsprojekten bildeten.

Die Beispiele von AlphaGene und BetaGene verdeutlichen die strategische Rolle, die überlegene Produktionsverfahren in einer entstehenden Technologie spielen können. In keinem der Fälle spielten die Herstellungskosten eine entscheidende Rolle. Stattdessen waren Fähigkeiten zur Verfahrensentwicklung erforderlich, um die äußerst schwierigen Produktionsprobleme zu lösen. Jedes Unternehmen verfügte über sehr fähige Wissenschaftler, aber die Unternehmensführung hatte eine unterschiedliche Auffassung über die Bedeutung der Verfahrensentwicklung. Die Beispiele von AlphaGene und BetaGene verdeutlichen ebenso die Spannungen innerhalb vieler Unternehmen. Zu einer Zeit, da die Produktentwicklung entscheidend zum Unternehmenserfolg in einer Vielzahl von Branchen beiträgt und daher auch große Aufmerksamkeit der Führungsebene auf sich zieht, spielen überzeugende Prozessfähigkeiten eine größere Rolle als in der Vergangenheit.

Abb. 42 verdeutlicht zwei unterschiedliche Vorgehensweisen zur Operationalisierung des Wertkettenkonzepts, in denen die einzelnen Wertschöpfungsstufen entweder in qualitativer oder in quantitativer Hinsicht untersucht werden:

- Der **qualitative Ansatz** stellt dabei darauf ab, worin im Detail die Schwerpunkte bei den einzelnen Wertschöpfungsstufen bestehen bzw. welchen Wertaktivitäten eine herausragende Bedeutung im Unternehmen zukommt. Obwohl die angegebene Skala auf den ersten Blick übersichtlich und eindeutig erscheint, so zeigt sich im Detail, dass bei der Umsetzung analytisch vorzugehen ist, um Zufallsergebnisse durch einen Beurteiler zu vermeiden. Möglich ist dies etwa durch die Bildung von Expertenteams, die zunächst ein Raster für die vier Ausprägungsstufen der Skala entwickeln.
- Der **quantitative Ansatz** basiert hingegen auf dem relativen Anteil der einzelnen Wertaktivitäten am gesamten Ressourcenbedarf des Unternehmens. Da hierfür jedoch in vielen Unternehmen nicht die notwendigen Voraussetzungen im Rechnungswesen erfüllt sind, kann eine quantitative Analyse mit einem hohen Aufwand verbunden sein.

In der Unternehmenspraxis haben sich mittlerweile zahlreiche Ansätze etabliert, die beschreiben, wie durch eine Neugestaltung der Wertkette des Unternehmens die Zielerreichung verbessert werden kann. Als Beispiele seien genannt: Kaizen, Kanban, Plattformstrategie, Lean Production oder Six Sigma. Bevor einer dieser Ansätze jedoch implementiert werden sollte, muss entschieden werden, welche dieser Ansätze zu einer Steigerung von Effektivität und Effizienz führen können. Zur Lösung dieses Entscheidungsproblems wird von *Coenenberg/Salfeld* ein Drei-Phasen-Modell vorgeschlagen, das in Abb. 43 dargestellt wird. Ziel der ersten Phase ist es, die Leistungserstellung, die für die Erzeugung des Kundennutzens erforderlich ist, zu vereinfachen. In der zweiten Phase sind anschließend die Aktivitäten der Wertkette grundsätzlich neu zu gestalten, indem sie zerlegt und neu kombiniert werden. In der dritten Phase können schließlich die genannten Ansätze zur Effizienzsteigerung eingesetzt werden.

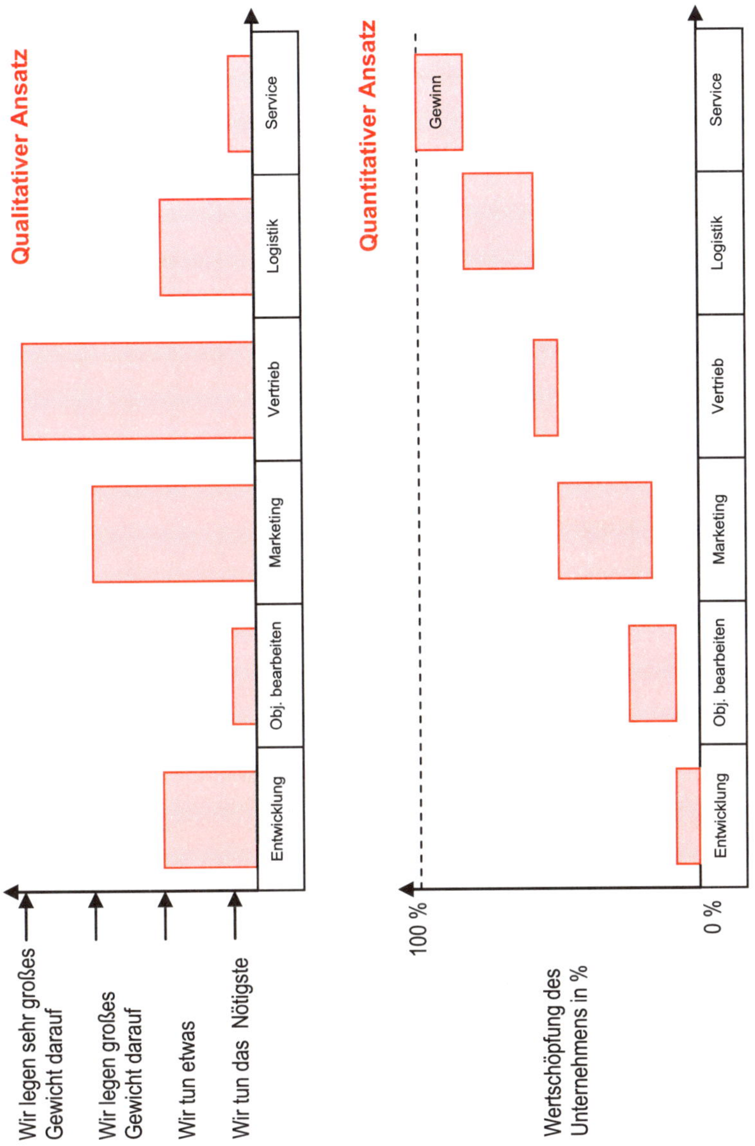

Abb. 42. Bewertung der Wertschöpfungsstufen[72]

[72] Quelle: Gutschelhofer (2002), Sp. 2126.

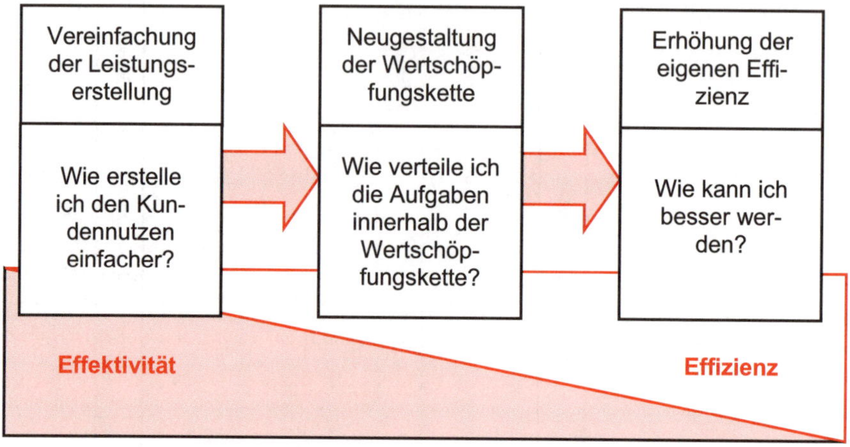

Abb. 43. Erreichen operativer Exzellenz[73]

Im Folgenden soll ein ausgewählter Ansatz beschrieben werden.

4.3 Lean Production

Der Begriff des Lean Production beschreibt kein in sich geschlossenes Organisationsmodell, sondern vielmehr einen Sammelbegriff für eine Mehrzahl an Prinzipien und Vorgehensweisen zur Verbesserung der betrieblichen Wettbewerbsfähigkeit. Der Begriff geht zurück auf eine Studie des Massachusetts Institute of Technology „The Machinist that Changed the World" im Jahre 1990.

Schlüsselelement des Lean Production ist die Verflachung der betrieblichen Weisungs- und Entscheidungshierarchien. Hierzu zählt zunächst die Verlagerung von Kompetenzen zur Organisation und selbstverantwortlichen Durchführung der jeweilig zugeteilten Tätigkeiten von den oberen Entscheidungsebenen auf nachgelagerte Stufen der Organisationsstruktur. Grundlegendes Ziel dieser Maßnahmen ist es, **innerbetriebliche Reibungsverluste** im Informationsgewinnungs-, Weiterleitungs- und Umsetzungsprozess zu minimieren. Indem man produktionsrelevante Entscheidungen von der jeweils sachnächsten Personalebene im Wertschöpfungsprozess treffen lässt, wird sichergestellt, dass ein einmal aufgetretenes Problem frühzeitig erkannt und auch frühzeitig Schritte zu dessen Behebung eingeleitet werden. Das vormals übliche Beschreiten hierarchischer Kommunikationswege durch Weiterleitung der entsprechenden Informationen auf eine höhergelagerte Entscheidungsebene und das Abwarten auf das Eintreffen von deren Entscheidung über denselben Kommunikationsweg

[73] Quelle: Coenenberg/Salfeld (2003), S. 162.

sowie eine damit zwangsläufig verbundene Wertschöpfungseinbuße entfällt somit.

In der Praxis kann sich eine Maßnahme dieser Art wie folgt darstellen: In einem mittels Fließbandproduktion arbeitenden Betrieb wird den unmittelbar in der Produktion tätigen Arbeitern die Befugnis erteilt, das Fließband und damit den Produktionsprozess anhalten zu können, um erkannte Unzulänglichkeiten zu beheben, bevor sich daraus Auswirkungen auf das Endprodukt als solches ergeben können. Diese Befugnis zur Ursachenbekämpfung geht jedoch einher mit der Verantwortung eines Mitarbeiters für „seine“ Produkte. Denn es kann nachgeprüft werden, wer den Produktionsprozess unterbrochen hat. Fehler im Produkt bzw. Unzulänglichkeiten im Produktionsablauf sind also einem einzelnen Mitarbeiter nachzuweisen. Dadurch ergibt sich ein Anreiz zur Fehlervermeidung insbesondere dann, wenn das Gehalt des Mitarbeiters an entsprechende Kriterien geknüpft wird.

Voraussetzungen für eine derartige Erweiterung des Aufgabenspektrums der nachgelagerten Ebenen sind einerseits deren Organisation auf einer horizontalen Gleichordnungsebene sowie andererseits deren Qualifizierung:

- **Organisation** bedeutet in diesem Kontext die Umsetzung der Qualifikationsgrade, so dass die Mitarbeiter in Teams aufgeteilt werden und innerhalb dieses Teams gemeinsam die für ihren Arbeitsabschnitt notwendigen Maßnahmen ergreifen, und zwar so, dass ein bestmögliches Arbeitsergebnis erreicht wird.
- **Qualifizierung** bedeutet, dass der einzelne Mitarbeiter nicht nur seine spezifische Aufgabe beherrschen soll, sondern auch all jene anderen, die in seinem Arbeitsumfeld erledigt werden müssen. Dadurch können alle Arbeiter nicht nur Fehler am Werkstück oder an Maschinen selbstständig und zeitnah beheben, sondern sich auch bei Abwesenheit oder Verhinderung gegenseitig vertreten. Nur auf diese Weise kann sichergestellt werden, dass im Wertschöpfungsprozess keine Verluste durch das Fehlen einer spezifisch benötigten Kompetenz entstehen.

Lean Production setzt also bezüglich seines innerbetrieblich-organisatorischen Ansatzes maßgeblich auf ein Konzept der Selbstverwaltung und Selbstkontrolle auf den unteren Hierarchieebenen. Probleme und Entscheidungen sollen nach dem Prinzip der Subsidiarität auf der sachnächsten Ebene gelöst und getroffen werden.

Neben den rein produktionsorientierten Bereichen findet das Konzept der Lean Production auch im Rahmen der Produktneuentwicklung Anwendung.

Auch hier werden Entscheidungskompetenzen im Rahmen des sogenannten **Shusa-Systems** nach unten verlagert. Zur Entwicklung eines neuen Produktes wird ein Verantwortlicher (der *shusa*) damit betraut, ein relativ kleines Projektteam zusammenzustellen und mit diesem über den gesamten Projektverlauf zu arbeiten. Die Zusammensetzung eines solchen Teams erfolgt gewöhnlicherweise interdisziplinär, das fertige Produkt kann also bereits im Entwicklungsprozess aus mehreren fachlichen Blickwinkeln beurteilt werden. Dies hat den Vorteil, dass mögliche Fehlerquellen frühzeitig erkannt und beseitigt werden können. Auch bietet diese Form der Zusammenarbeit die Möglichkeit, mehrere Entwicklungsschritte parallel ablaufen zu lassen, also beispielsweise die zur Produktion erforderlichen Werkzeuge und Gerätschaften gleichzeitig mit der Entwicklung des jeweiligen Produktes planen und fertigen zu lassen. Weiterhin werden die zur Koordination des Teams anfallenden Transaktionskosten dadurch gering gehalten, dass einerseits eine eher kleine Zahl an Mitgliedern eingesetzt, andererseits der teaminterne Prozess der Kommunikation und Einigung durch eine verbindliche Vorabklärung von strittigen Punkten konfliktfrei gehalten wird. Hinzu kommt der Vorteil, dass durch die personell eingeschränkte, disziplinenübergreifende Kooperation innerhalb des Unternehmens auf allen Seiten Kompetenzerweiterungen stattfinden, da jedes Mitglied des Teams hierdurch die für andere Fachbereiche relevanten Aspekte der Produktentwicklung besser nachvollziehen und sich somit in der Arbeits- und Denkweise zum Zwecke der Vorbeugung von Missständen hierauf einstellen kann.

Tab. 27 fasst die grundlegenden Unterschiede bei klassischer (Massen-) Produktion und Lean Production zusammen. Dabei werden die Kriterien nach den Bereichen Organisation, Personal und Technologie gegliedert.

Lean Production führt allerdings zu **außerbetrieblichen Maßnahmen**, da auch die Beschaffung neu gestaltet werden muss. Ziel ist dabei, die Organisation der Zulieferbeziehungen durch Erreichung der optimalen Kooperationsform auf die bestmögliche Fertigungstiefe einzustellen.

Ausgangspunkt für die Bestimmung der ökonomischsten Fertigungstiefe ist oft eine rein produktionskostenorientierte Beschaffungspolitik. Die eigenen Herstellungskosten werden mit den Beschaffungskosten pro Stück am Markt verglichen. Eine Produktionsstufe im Fertigungsprozess oder die Produktion eines einzelnen Bestandteiles des Endproduktes wird dann auf ein anderes Unternehmen übertragen, wenn die Inanspruchnahme fremder Arbeitsleistung kostengünstiger ist, als diese Leistungen im eigenen Betrieb zu erbringen. Die Auslagerung von Produktionsabläufen hat zum einen den Vorteil, dass eine dahingehende Entscheidung, nämlich ob die Eigen- oder die Fremdproduktion kostengünstiger ist, einfach zu treffen ist und somit die Produktionskosten effektiv gesenkt werden können. Da sich die einzelnen Unternehmen auf nur eine ausgewählte Zahl von Produktionsschritten spezialisieren, ermöglicht dieses Modell, dadurch Synergieeffekte zu realisieren, dass eine Konzentration auf Kernkompetenzen stattfindet. Dies führt in der Regel zu einer Verbesserung der Produktqualität und/oder einer Senkung der Kosten.

Tab. 27. Unterschiede von klassischer Produktion und Lean Production

	klassische Massenproduktion	Lean Production
Organisation	· starke Arbeitsteilung · Zentralisierung der Entscheidungskompetenz · ausgeprägte Hierarchie · Trennung dispositiver/ausführender Tätigkeiten · Einzelarbeitsplätze · geringe Puffer/Bestände hinsichtlich Material, Personal, Zeit	· geringe Arbeitsteilung · weitgehende Dezentralisierung der Entscheidungskompetenz · flache Hierarchie · Vermeidung der Trennung dispositiver/ausführender Tätigkeiten · Teamarbeitsplätze · viele Puffer/Bestände hinsichtlich Material, Personal, Zeit durch Just-in-Time
Personal	· „lightweight"-Projektmanagement · „Spezialisierung" · geringe, primäre Grundqualifikation · geringe Handlungsspielräume · „vorgedachte" Tätigkeiten („Arbeitsplan") · sporadisches Lernen (Aus-, Fort-, Weiterbildung)	· „heavyweight"-Projektmanagement · „Entspezialisierung" · hohe Grund- und Schlüsselqualifikation · große Handlungsspielräume · Nutzung des Ideenpotenzials („Quality Circles") · permanentes Lernen (Aus-, Fort-, Weiterbildung)
Technologie	· „krude" Automatisierung (Fokus: 100%-Automatisierung) · Spezialanlagen · hohe Kapitalintensität · hoher Änderungsaufwand, -zeiten · „Kapazitätsauslastungsdenken"	· „intelligente" Automatisierung (Fokus: sinnvolle Automatisierung) · flexible Anlagen · relativ geringe Kapitalintensität · geringer Änderungsaufwand, -zeiten · Flexibilitäts- bzw. Wechselproduktionsdenken

Lean Production hat jedoch auch nicht zu unterschätzende **Nachteile**. Durch das Eingehen einer Lieferbeziehung begibt sich das Unternehmen zu einem gewissen Grad in die Abhängigkeit von seinen Lieferanten. Schließlich ist eine eigene Wertschöpfung ohne deren Kooperation nicht oder nur in unzureichendem Maße möglich. Im Zweifelsfall einen Ersatzlieferanten zu finden, kann sich insbesondere dann, wenn seitens des Lieferanten hierzu Investitionen in Produktionsanlagen erforderlich sind, als schwierig erweisen. Dieses Abhängigkeitsverhältnis kann zur Folge haben, dass Zulieferer ihre Produkte unter Kosten anbieten, um den Zuschlag zu erhalten. Im Verlauf der Kooperationsverträge, die sich oftmals über Jahrzehnte hinziehen, haben die Zulieferer dann die Möglichkeit, an der Preisschraube zu drehen und die Preise auf das gewünschte Maß anzupassen. Zulieferer nehmen somit im Rahmen mittel- und langfristiger Finanzplanung Verlustgeschäfte zu Anfang der Geschäftsbeziehung in Kauf, um diese Verluste in der Folgezeit und in der Gesamtbetrachtung der Vertragsdauer wieder zu kompensieren. Für das abnehmende Unternehmen hat das zur Folge, dass nicht sicher ist, mit welchen Preiserhöhungen im Laufe der Vertragsbeziehung zu rechnen ist. Mangels ausreichender Information durch die Zulieferer kann es sich kein Bild über die tatsächlichen Kosten machen, sondern wird mit vielleicht auch überzogenen Preisforderungen konfrontiert. Eine langfristige, hinreichend genaue Abschätzung der Produktionskosten ist somit nicht möglich.

Die Zulieferer andererseits haben keinen Einblick in die Prozesse beim Abnehmer. Sie können Mängel an ihren Produkten, die sich erst im Endprodukt bemerkbar machen, nicht erkennen sowie die Qualität folglich nicht zeitnah verbessern – es fehlt an einem hinreichenden Informations- und Verständigungsfluss. Dies führt dazu, dass genau die Probleme auftreten können, denen der organisationelle Aspekt der Lean Production im innerbetrieblichen Bereich vorbeugen will. Mängel werden zu spät erkannt; aufgrund dessen wird mitunter eine Vielzahl von Werkstücken mit dem gleichen Mangel produziert und die Kosten für die Produktnachbearbeitung steigen.

Lösungen für diese Problematiken bestehen unter anderem darin, mittels durchgängig kooperativer Zusammenarbeit zwischen Abnehmer und Zulieferer das Ziel **kontinuierlicher Produktverbesserung** durch Innovationen in die Leistungsbeziehung einzuführen. Anreize hierfür können seitens des abnehmenden Unternehmens gesetzt werden, indem etwa die aus Produktverbesserungen resultierenden Kostensenkungen nicht monopolisiert, sondern diese Gewinne mit den Zulieferern geteilt werden. Weiterhin ist es möglich, die Zulieferer, genau wie die Arbeiter im Betrieb, in Gruppen aufzuteilen, die ihr jeweiliges Auftragspensum zu einem gewissen Grad gemeinsam tragen (**dual sourcing**). Das ermöglicht es, bei einem Fehlverhalten des einzelnen Zulieferers, etwa durch mangelhafte Produkte, die hieraus entstehenden Probleme dadurch zu umgehen, dass ein Teil des Produktionsvolumens des jeweiligen Lieferanten zeitweilig einem anderen Zulieferer übertragen wird. Auf diese Weise wird sichergestellt, dass ständig mangelfreie Produkte geliefert werden. Zudem hat dieses Konzept einen nicht unerheblichen Anreizeffekt hinsichtlich der Einhaltung der Qualität und Lieferzuverlässigkeit. Letztlich besteht für das abnehmende Unternehmen so auch die Möglichkeit, durch den direkten Vergleich der Zulieferer deren Qualität im Bezug zueinander abschätzen zu können.

Neben der Facette der eindeutigen Fehlerzuordnung existiert im Rahmen der Geschäftsbeziehungen zwischen Zulieferern und Abnehmern auch der bereits im Rahmen der innerbetrieblichen Arbeitsorganisation erörterte Aspekt der eigenverantwortlichen Arbeitsorganisation im Team. Lean Production setzt darauf, den Subunternehmen keine umfassenden Vorgaben zur Art des zu liefernden Produktes zu machen, sondern diesen durch rein ergebnisorientierte Anweisungen eigenen Spielraum bei der Entwicklung und Mitgestaltung des Produktes zu geben. So wird sichergestellt, dass das teilproduktspezifische Fachwissen der Zulieferer voll zum Tragen kommt und Schnittstellenproblemen vorgebeugt werden kann. Weiterhin ermöglicht dieses Maß an Handlungsfreiheit auch einen mehrstufigen Aufbau der Lieferkette. So bekommt etwa ein Zulieferer der ersten Stufe Anweisungen darüber, welchen allgemeinen Anforderungen sein zu lieferndes Produkt entsprechen soll. Diese Anforderungen setzt der Subunternehmer in ein eigenes Konzept um und vergibt Aufträge über einzelne Bestandteile seines Produktes an Zulieferer zweiter Stufe. Letztendlich sind die diesbezüglichen Lösungsmodelle also keine anderen als diejenigen, die schon für den innerbetrieblichen Bereich aufgezeigt wurden.

Das Lean Production-Konzept kann am Beispiel von Toyota verdeutlicht werden.

Das Produktionssystem von Toyota

Die geschichtlichen Wurzeln von Toyota gehen zurück auf das Unternehmen von Sakichi Toyoda, der automatische Webstühle herstellte. Sein Sohn, Kiichiro Toyoda, gründete im Jahre 1937 die Toyota Motor Company. Das Jahr 1950, in dem das Unternehmen das einzige Mal bestreikt wurde, stellt einen Wendepunkt in der Personalpolitik und dem Managementkonzept dar. Unternehmen und Belegschaft vereinbarten Grundregeln des gegenseitigen Vertrauens, welche die Unternehmensphilosophie noch heute prägen. Aufgrund des Mangels an Betriebsmitteln nach dem Krieg war Toyota gezwungen, ein Produktionssystem zu implementieren, das auf die Erhöhung der Effektivität und die Verhinderung von Ineffizienzen ausgerichtet war. Der Begründer dieses System, Taiichi Ohno, basierte es auf das Prinzip der ständigen Verbesserung (**kaizen**) und der Just-in-Time-Produktion. Später wurde dieses Toyota-Produktionssystem unter dem Namen **Lean Production** bekannt und kann als Hauptfaktor für die Verkleinerung von Warenbeständen und die Verringerung von Defekten in den Betrieben von Toyota und von seinen Lieferanten gesehen werden.

Die Auslandsproduktion von Toyota begann 1959 mit einem kleinen Betrieb in Brasilien. In Bezug auf die Globalisierung der Automobilindustrie verfolgt Toyota die Strategie, seine Betriebe vor Ort anzusiedeln, um auf die Kundenwünsche und -bedürfnisse eingehen zu können. Zusätzlich zu den Produktionsstätten hat Toyota auch das Design und die Forschung und Entwicklung in internationalen Zentren angesiedelt.

Zu der Zeit, als die amerikanische Automobilindustrie erste Verluste ihrer Marktanteile durch die Importe der europäischen Konkurrenz hinnehmen musste, wurden 1957 auf der Automobilshow in Los Angeles erstmals japanische Fahrzeuge der Firma Nissan vorgestellt. Ein Jahr später errang ein Nissan-Auto bei einem Zehntausend-Meilen-Rennen quer durch Australien den Sieg, ein zweiter Nissan erreichte ebenfalls eine gute Position. Das Produktionssystem, das diese Leistung ermöglichte, beeinflusste, wie zuvor die Massenproduktion, die gesamte Automobilindustrie des Landes und sollte sich später auf der ganzen Welt ausbreiten. Die Grundsätze dieses Produktionssystems werden jedoch nicht Nissan, sondern Taiichi Ohno, dem visionären Produktionsleiter von Toyota zugeschrieben. Er erkannte, dass die fast fünfzig Jahre alte Massenproduktion für die Produktdifferenzierung als grundlegenden Marktfaktor schlecht geeignet war. Durch die hohen Fertigungslose und die sehr speziellen Produktionsanlagen erreichte die Massenproduktion eine enorme Inflexibilität, die selbst kleine Konstruktionsänderungen nahezu unmöglich machte. Der Markt auf der anderen Seite verlangte kürzere Produktlebenszyklen, steigende Produktkomplexität und -qualität. Diesen Herausforderungen konnte das Massenproduktionssystem nicht mehr gerecht werden. Um im Weltmarkt künftig eine Rolle spielen zu können, benötigten die japanischen Hersteller ein flexibleres System, das eine effiziente Produktion in kleinen Mengen zu einer hohen Qualität ermöglichte und gleichzeitig den Ressourcenbedarf minimierte. In Verbindung mit den besonderen wirtschaftlichen Problemen in Japan nach dem Krieg entstand aus diesen innovativen Überlegungen heraus das Toyota-Produktionssystem, welches später unter dem Begriff Lean Production bekannt wurde. Im Mittelpunkt der japanischen Produktionskonzeption steht die Vermeidung jeglicher Form ineffizienten Ressourceneinsatzes. Kurz gesagt: Sie brauchen zur Erzielung des gleichen oder mehr Produktionsoutputs von allem weniger: weniger Zeit, weniger Kapital, weniger Personal, weniger Material etc.

Das schlanke Produktionssystem hat ungefähr 40 Jahre nach seiner Einführung zu einem deutlichen Gefälle zwischen schlanken Unternehmen und Massenproduzenten geführt. Die Überlegenheit gegenüber der US-amerikanischen und europäischen Automobilindustrie lässt deutliche Produktivitätsvorteile und daraus resultierend Produktionskostendifferenzen zugunsten der japanischen Automobilindustrie erkennen. So benötigten japanische Hersteller Anfang der 1980er Jahre durchschnittlich etwa 65% weniger Arbeitszeit für ein vergleichbares Produkt als amerikanische Hersteller und ca. 30% weniger als deutsche Hersteller. Die Kostendifferenz zwischen japanischen und amerikanischen Fahrzeugen betrug umgerechnet etwa 3.000 Euro und die Differenz zu europäischen Fahrzeugen ca. 1.500 Euro.

Die Stärke der japanischen Hersteller wird dabei weithin auf die Ausgestaltung ihres Produktionssystems (im umfassenden Sinne) zurückgeführt. Wesentliche Merkmale dieses Produktionssystems sind zum einen die Form der überbetrieblichen Koordinierung und Verflechtung von Unternehmungen, Zulieferern und Endherstellern, auf deren Basis kostensenkende Systeme der Just-in-Time Zulieferung Anwendung finden, und zum anderen die besondere Form der sozialen Produktionsbeziehungen auf ihren verschiedenen Ebenen. Angefangen bei Fragen der Arbeitsteilung, der Arbeitsorganisation und des Arbeitseinsatzes bis hin zu Fragen der industriellen Beziehungen und der gewerkschaftlichen Organisation.

Die Ausnahmestellung von Toyota und die hohe Profitabilität des Unternehmens basieren somit hauptsächlich auf dem flexiblen Produktionssystem, das es dem Unternehmen erlaubt, schnell auf Marktänderungen reagieren zu können. Keinem Wettbewerber gelingt es, eine Zahl von 1 Mio. Verbesserungsvorschlägen von seinen Mitarbeitern zu erreichen, diese zu prüfen und auch umzusetzen. Dies führt zu einer hohen Motivation und Zuverlässigkeit bei den Produktionsmitarbeitern, was letztendlich eine geringe Fehleranfälligkeit zur Folge hat: Die Automobile von Toyota gelten als sehr zuverlässig. Zudem ist es Toyota gelungen, seine Produktpolitik langfristig an den Kundenwünschen auszurichten und auch neue Segmente anzusprechen, ohne den üblichen Weg über Fusionen und Übernahmen gehen zu müssen. Entsprechend konnte auch die Marke Lexus im als schwierig geltenden europäischen Luxusklasse-Segment platziert werden. Während General Motors und Ford mit einem ganzen Wust verschiedener Marken kämpfen, VW sich im schwierigen Spagat zwischen Skoda und Bugatti ermüdet, hat Toyota immer dasselbe getan: Die eigenen Produkte, Strukturen und Abläufe wurden optimiert. Dies hat gravierende Konsequenzen für den Markterfolg: Anders als seine Konkurrenzen muss Toyota beispielsweise auf dem wichtigen US-Markt viel niedrigere Rabatte einräumen als seine amerikanischen Wettbewerber.

Neben dem Toyota-Produktionssystem, dem Prinzip der ständigen Verbesserung und der Markenpolitik kann die **Zusammenarbeit mit den Zulieferunternehmen** als weiterer wichtiger Erfolgsfaktor identifiziert werden. Sie werden von Beginn an in die Produktentwicklung einbezogen, so dass sie auch ihre spezifischen Kenntnisse frühzeitig einbringen können. Zwar nimmt Toyota seine Zulieferer an die „kurze Leine", räumt ihnen dafür jedoch eine vergleichsweise hohe Gewinnmarge ein.

Der Zulieferindustrie kommt innerhalb des japanischen Automobilbaus eine wesentliche Bedeutung zu. Die in Japan vorherrschenden Formen der zwischenbetrieblichen Zusammenarbeit werden dabei durch den Begriff „Zulieferung" nur unzureichend charakterisiert. Das in Japan existierende Wort **shitaukeso** („Subkontraktsbeziehung") geht weit über die im Westen vorherrschende Form der Geschäftsbeziehung rechtlich und wirtschaftlich weitgehend selbstständiger Unternehmen hinaus.

Die dargestellten Elemente des Produktionssystems von Toyota sind eng mit den folgenden kulturellen Besonderheiten des japanischen Systems verknüpft:

1. strukturelle Segmentierung der Arbeitsmärkte („industrieller Dualismus") mit unterschiedlichen Entlohnungsbedingungen zwischen den Betrieben sowie innerhalb der Betriebe (permanente und temporäre Beschäftigungsverhältnisse);
2. die Schwäche japanischer Betriebsgewerkschaften;
3. vielfältige Systeme der Motivation, Gratifizierung und Kontrolle zur Nutzung der Human-Ressourcen für Prozessinnovationen und Effizienzsteigerungen (Qualitätszirkel, Lohnsysteme).

Bei der Bewertung des Erfolgs von Toyota stellt sich insbesondere die Frage nach der Übertragbarkeit des Toyota-Produktionssystems auf die westliche Industriekultur. Die unterschiedlichen Sichtweisen in diesem Zusammenhang werden unter dem Schlagwort Globalisierungsthese bzw. Kontingenzthese zusammengefasst. Während erstere die Erfolge des Toyota-Produktionssystems als grundsätzlich unabhängig von bestimmten Branchen sowie soziokulturellen Eigenschaften ansieht und diese mit dem Erfolg japanischer Fabriken in den USA begründet, zweifelt die Kontingenzthese die konzeptionelle Überlegenheit und Übertragbarkeit des Toyota-Produktionssystems prinzipiell an. Letztere sieht den Erfolg nicht in dem Konzept begründet, sondern führt ihn auf eine hohe Leistungsverdichtung und Ressourcenverknappung zurück. Die Effizienz und Effektivität, die mit dem Toyota-Produktionssystem erzielt werden können, seien demnach nur Ergebnis einer durch die sozioökonomischen Rahmenbedingungen geprägten Umgangsweise mit dieser Knappheit. Die Funktionsfähigkeit von Betriebsstätten im Ausland wird mit einer selektiven Vorgehensweise bei der Auswahl der Mitarbeiter begründet, so dass solche Mitarbeiter angestellt werden, die mit der Toyota-Unternehmenskultur „kompatibel" sind. Ferner erfolgt eine Betriebsstättengründung oftmals in Regionen mit hoher Arbeitslosigkeit, was eine strukturelle Schwäche der Gewerkschaften beinhaltet.

Somit müssen bei der Bewertung der Übertragbarkeit des Toyota-Produktionssystems auf die Unterschiede zwischen der japanischen und westlichen Kultur berücksichtigt werden. Denn in Japan ist eine kollektivistische Grundhaltung anstelle der individualistisch geprägten westlichen Kultur vorherrschend, so dass sich die japanischen Mitarbeiter gegenüber ihrem Arbeitgeber loyal verhalten und private Interessen beinahe selbstverständlich zurückstellen. Letztendlich erweist sich das herrschende Wert- und Normengefüge in Japan noch als wichtige Rahmenbedingung für das Toyota-Erfolgsmodell und muss in anderen Standorten erst entwickelt werden, auch wenn in Japan in den vergangenen Jahren eine Angleichung hin zu den westlichen Werten zu beobachten war. Gerade in Deutschland stehen dieser Sichtweise auch arbeitsrechtliche Hürden im Weg. Auch die speziellen Zulieferbeziehungen von Toyota können nicht einfach kopiert werden. Vielmehr bedarf es eines langfristigen Aufbaus von Just-in-Time-Systemen, um Produktionsstillstände oder Qualitätsprobleme aufgrund ungenügender Abstimmung zu vermeiden.

4.4 Fragen und Aufgaben

Aufgabe 4-1

Erläutern Sie das Konzept der Wertkette nach *Porter* und analysieren Sie die Wertkette eines bestimmten Automobilunternehmens. Identifizieren Sie anhand der Wertkette die Wettbewerbsvorteile dieses Unternehmens.

Aufgabe 4-2

Eine Spedition beschäftigt im Büro vier Mitarbeiter. Während sich der Geschäftsführer um die Kundenakquise und die Koordination der Angebote kümmert, fallen Buchhaltung, Personalangelegenheiten und die Ein- und Ausgangspost in die Zuständigkeit einer Sachbearbeiterin. Sachbearbeiter x ist für Angebotserstellung und Disposition der Lkws zuständig, Sachbearbeiter y für die Kalkulation der Angebotspreise und die Kostenrechnung. Untersuchen Sie die Wertkette des Unternehmens und diskutieren Sie etwaige Probleme.

Aufgabe 4-3

Große Lebensmitteldiscounter haben in den vergangenen Jahrzehnten ihren Marktanteil zu Lasten der kleineren Lebensmittelgeschäfte immer weiter ausdehnen können, obwohl gerade die Kundenberatung in den Discountern schlechter ist. Vergleichen Sie die Wertketten und beschreiben Sie, welche Bedeutung die einzelnen Wertaktitvitäten jeweils haben. Berücksichtigen Sie dabei auch den Kundennutzen.

4.5 Literaturempfehlungen

Das Konzept der Wertkette wird beschrieben in: Porter, Michael E. (2000): Wettbewerbsvorteile: Spitzenleistungen erreichen und behaupten, 6. Auflage, Frankfurt am Main.

Eine sehr verständliche Darstellung findet sich in: Ehrmann, Thomas (2006): Strategische Planung: Methoden und Praxisanwendungen, Berlin, Kapitel 4.

Der Begriff des Lean Management sowie eine ausführliche Darstellung des Produktionssystems von Toyota findet sich in: Womack, James P.; Jones, Daniel T.; Roos, Daniel (1990): The Machine that changed the World: The Story of Lean Production, New York.

5. Unternehmensstruktur

5.1 Grundlagen und Zusammenhänge

Die Struktur eines Unternehmens ist durch zahlreiche Determinanten geprägt. Hervorstechend sind dabei die Rechtsform, d.h. die äußere Struktur eines Unternehmens, sowie die Organisation, d.h. seine Binnenstruktur. Ein besonderes Augenmerk kommt dabei der Unternehmensleitung zu, der die folgenden Aufgaben zugeschrieben werden:

- Bestimmung der Unternehmenspolitik;
- Koordinierung der betrieblichen Teilbereiche;
- Beseitigung von Störungen im Betriebsprozess;
- Maßnahmen von außergewöhnlicher betrieblicher Bedeutung;
- Bestimmung der Grundzüge der Personalpolitik;
- Außen- und Innenrepräsentation.

In der Praxis stellt sich oftmals gerade die Erfüllung dieser Aufgaben als Problem oder Streitpunkt heraus. Besondere Beachtung gewinnen sie zudem unter dem Stichwort Corporate Governance, welche sich mit der Gestaltung der (guten) Unternehmensführung auseinandersetzt. Darüber hinaus stellt angesichts von (fast) täglichen Fusions-, Akquisitions- und Outsourcing-Entscheidungen ein besonderer Aspekt die Frage dar, wie sich die Grenzen des Unternehmens bestimmen. Die Fragen der Rechtsform, der Organisation und der Leitung sind untrennbar miteinander verknüpft. So implizieren bestimmte Rechtsformen bereits konkrete Leitungs- und Binnenstrukturen, während andere Gestaltungen ausgeschlossen sind.

5.2 Rechtsform

5.2.1 Wahl der Rechtsform als Entscheidungsproblem

Die Wahl der Rechtsform stellt eine fundamentale und langfristig wirksame Entscheidung dar. Allerdings ist diese Entscheidung nicht nur bei der Unternehmensgründung zu stellen, vielmehr ist die Frage nach der optimalen Rechtsform immer dann aktuell, wenn sich grundlegende Faktoren innerhalb oder außerhalb des Unternehmens ändern.

Die Änderung der Rechtsform bezeichnet man als Umwandlung; die zivil- und steuerrechtlichen Auswirkungen einer Umwandlung sind im Umwandlungsgesetz (UmwG) festgelegt.

Die Wahl der optimalen Rechtsform kann aus betriebswirtschaftlicher Sicht auf einen Katalog von acht Entscheidungskriterien gestützt werden,

hinsichtlich derer sich die zur Verfügung stehenden Rechtsformen zum Teil deutlich unterscheiden. Die Bedeutung eines jeden Kriteriums kann nicht allgemeingültig festgelegt werden, da eine Gewichtung immer nur für den Einzelfall ermittelt werden kann. Die Entscheidungskriterien für die Wahl der Rechtsform lauten:
(1) die Rechtsgestaltung, insbesondere die Haftung;
(2) die Leitungsbefugnis (Vertretung nach außen, Geschäftsführung[74] und Mitbestimmung);
(3) die Gewinn- und Verlustbeteiligung sowie Entnahmerechte;
(4) die Finanzierungsmöglichkeiten mit Eigen- und Fremdkapital;
(5) die Flexibilität bei der Änderung von Beteiligungsverhältnissen, bei Eintritt und Ausscheiden von Gesellschaftern oder der Liquidation der Gesellschaft;
(6) die Steuerbelastung;
(7) die gesetzlichen Vorschriften über Umfang, Inhalt, Prüfung und Offenlegung des Jahresabschlusses;
(8) die Aufwendungen der Rechtsform (z.B. Gründungs- und Kapitalerhöhungskosten, besondere Aufwendungen für die Rechnungslegung).

Allerdings wird die gegenseitige Abwägung der Kriterien dadurch erschwert, dass nicht alle Kriterien quantifiziert werden können und zwischen den Kriterien Interdependenzen bestehen. So können zwar das Haftungsrisiko und die steuerlichen Vorteile einer bestimmten Rechtsform geschätzt werden. Jedoch ist es in der Praxis nicht möglich, den „Wert“ der Geschäftsführung oder der Vermeidung der betrieblichen Mitbestimmung zu ermitteln. In solchen Fällen sollte zunächst überprüft werden, ob bestimmte Ausprägungen von vornherein ausgeschlossen werden können (K.O.-Kriterien). Beispielsweise könnte ein Gründer das Unternehmen nur dann zu gründen bereit sein, wenn er sich damit nicht in die Gefahr der persönlichen Haftung begibt. In diesem Fall sind das Einzelunternehmen und die Personengesellschaften ausgeschlossen, so dass nur die verbleibenden Rechtsformen verglichen werden müssen.

Bei der Wahl der Rechtsform sind auch die Einschränkungen der möglichen Rechtsformen zu beachten. Diese sind:

- **Beschränkung des Wahlrechts durch gesetzliche Vorschriften**: An erster Stelle sind hier die Vorschriften über die Mindestzahl an Gründern bzw. das Mindestkapital zu nennen. Beispielsweise lässt sich mit einer Person keine Personengesellschaft gründen; ebenso ist die Gründung einer Gesellschaft mit beschränkter Haftung (GmbH) ohne das geforderte Mindestkapital in Höhe von 25.000 Euro nicht möglich. Zu

[74] Der Unterschied zwischen Geschäftsführung und (Stell-)Vertretung liegt vereinfacht gesagt darin, dass die Geschäftsführungsbefugnis den Geschäftsführer im Innenverhältnis gegenüber den Vertretenen berechtigt, während die Vertretungsmacht die Berechtigung zum Handeln nach außen darstellt.

beachten ist weiterhin, dass manche Unternehmen, etwa Banken und Versicherungen, nur in bestimmten Rechtsformen geführt werden dürfen. Zudem bedürfen manche Rechtsformen – so etwa die Personengesellschaften des Handelsgesetzbuches (HGB) – einen Gewerbebetrieb, der „nach Art oder Umfang einen in kaufmännischer Weise eingerichteten Geschäftsbetrieb erfordert" (§ 1 Abs. 2 HGB). Somit können kleine Unternehmen nicht in der Rechtsform der OHG, sondern nur als GbR gegründet werden, da diese eines kaufmännisch eingerichteten Geschäftsbetriebs – aufgrund ihrer Größe – nicht bedürfen.

- **Beschränkung des Wahlrechts durch die Art der wirtschaftlichen Aufgabe**: Die Rechtsform der Genossenschaft ist nur für Unternehmen zulässig, „deren Zweck darauf gerichtet ist, den Erwerb oder die Wirtschaft ihrer Mitglieder oder deren soziale oder kulturelle Belange durch gemeinschaftlichen Geschäftsbetrieb zu fördern" (§ 1 Genossenschaftsgesetz, GenG). Ebenso ist die bekannte Rechtsform des nichtwirtschaftlichen Vereins daran gebunden, dass dessen „Zweck nicht auf einen wirtschaftlichen Geschäftsbetrieb gerichtet ist" (§ 21 BGB). Der Vollständigkeit halber ist zu erwähnen, dass die Rechtsform der Reederei bzw. die des Versicherungsvereins auf Gegenseitigkeit (VVaG) das Vorliegen eines entsprechenden Geschäftsbetriebs erfordern.
- **Beschränkung des Wahlrechts durch besondere Eigentumsverhältnisse**: Der Staat kann im Rechtsverkehr nur in den hier nicht besprochenen Rechtsformen des öffentlichen Rechts bzw. der AG oder GmbH auftreten, jedoch nicht in der Rechtsform der OHG, KG oder GbR.

5.2.2 Unterschiede und Gemeinsamkeiten der Rechtsformen

Für ein Verständnis der Rechtsformen ist es wichtig, nicht nur über ein reines Faktenwissen – z.B. welches Mindestkapital die Gründung einer GmbH erfordert – zu verfügen, sondern den Gesamtüberblick über die Rechtsformen zu behalten. Denn nur dann kann man ein intuitives Gespür für das Wesen und damit die Vor- und Nachteile einzelner Rechtsformen entwickeln. Einen solchen Gesamtüberblick bietet Abb. 44, wobei allerdings nur Rechtsformen privatwirtschaftlicher Unternehmen dargestellt werden und dabei nur solche, die nicht auf bestimmte Branchen zugeschnitten sind. Somit werden etwa die öffentlich-rechtlichen Rechtsformen der Anstalten, Körperschaften und Stiftungen des öffentlichen Rechts sowie des Sondervermögens, der Regiebetriebe und der Eigenbetriebe ausgeblendet, da sie für privatwirtschaftliche Unternehmen nicht in Betracht kommen. Zudem erfolgt keine Darstellung der privatwirtschaftlichen

Rechtsformen (oder besser rechtsformähnlichen Bestimmungen), die der Gesetzgeber nur für bestimmte, ausgewählte Betriebszwecke ermöglicht hat. Auf der anderen Seite wird im vorliegenden Buch das Einzelunternehmen im Zusammenhang mit den Rechtsformen erläutert, auch wenn es sich juristisch-dogmatisch nicht um eine Rechtsform handelt.

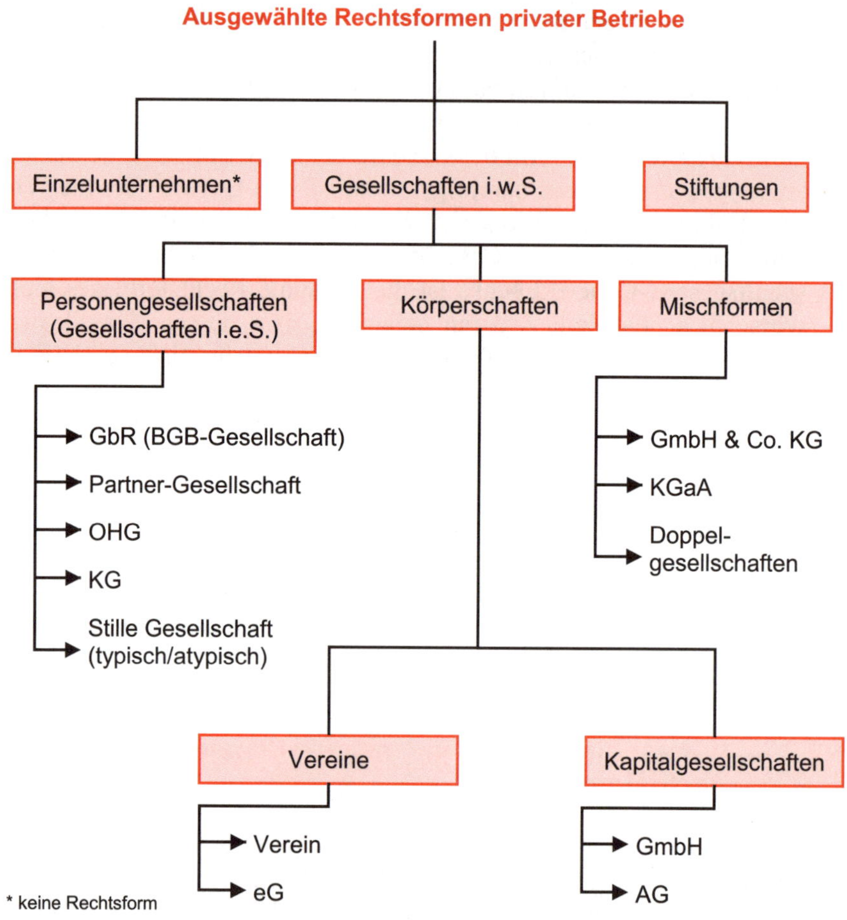

Abb. 44. Ausgewählte privatwirtschaftliche Rechtsformen

So bestimmt etwa § 484 des Handelsgesetzbuches (HGB) den „Eigentümer eines ihm zum Erwerb durch die Seefahrt dienenden Schiffes“ als Reeder und begründet somit die Rechtsform der Reederei. Ferner regeln die §§ 15-53 b Versicherungsaufsichtsgesetz (VAG) in Ergänzung der Vorschriften über den Verein nach §§ 21 ff. Bürgerliches Gesetzbuch (BGB) den Versicherungsverein auf Gegenseitigkeit (VVaG). Diese Anlehnung an die Rechtsform des Vereins führt dazu, dass der VVaG keine wirtschaftlichen Anteilseigner hat. Eventuell erwirtschaftete Überschüsse dürfen somit nicht ausgeschüttet werden, sondern verbleiben im Unternehmen oder kommen den Versicherungsnehmern als Vereinsmitgliedern zugute.

Die Klassifizierung wird in der Abbildung in verschiedenen Stufen vorgenommen. Auf der ersten Stufe wird **nach der Zahl der Anteilseigner** unterschieden. Während das **Einzelunternehmen** nur einen Anteilseigner, nämlich den Inhaber oder Einzelunternehmer hat, ist die Zahl der Anteilseigner bei den **Gesellschaften im weiteren Sinne** – wie der Name schon sagt – grundsätzlich nicht nach oben begrenzt, obwohl bei manchen Gesellschaften eine Untergrenze existiert (z.B. bei Verein oder Genossenschaft jeweils 7 Mitglieder). In Abgrenzung davon hat die **Stiftung** keinen Anteilseigner. Sie stellt eine verselbstständigte Vermögensmasse dar, welche der Stifter durch die Gründung (Stiftungsgeschäft) der Erfüllung eines von ihm vorgegebenen Zweckes gewidmet hat. Mit Bestätigung des Stiftungsgeschäfts durch die zuständige Aufsichtsbehörde der Stiftung verliert der Stifter alle Eigentumsrechte an dem gestifteten Vermögen. Ab diesem Zeitpunkt bestimmt nur noch die Zweckwidmung, was mit diesem Vermögen geschieht. An dieser Stelle ist mit dem häufigen Missverständnis aufzuräumen, dass Stiftungen grundsätzlich gemeinnützig seien und sich damit überhaupt nicht als Rechtsform für Unternehmen eigneten. Denn Stiftungen können, wie die anderen genannten Rechtsformen auch, auf Gewinnerzielung ausgerichtet sein. Die Gemeinnützigkeit stellt eine von der Rechtsform unabhängige Eigenschaft einer Rechtsform dar; der Status der Gemeinnützigkeit kann nicht nur den Stiftungen, sondern auch den Körperschaften verliehen werden. Diese Frage wird jedoch unten weiter vertieft.

Auf der zweiten Ebene unterscheidet man **nach dem Merkmal der Rechtspersönlichkeit** zwischen Personengesellschaften und Körperschaften. Unter einer Rechtsperson (Rechtssubjekt) versteht man eine Person, die rechtsfähig ist, also Träger von Rechten und Adressat von Pflichten sein kann. Neben der **natürlichen Person** kennt das deutsche Recht auch die juristische Person.[75] Während **Personengesellschaften** keine Rechtssubjekte, sondern sogenannte „Gesellschaften ohne Rechtspersönlichkeit“ sind, haben die **Körperschaften** stets eine eigene Rechtspersönlichkeit und sind damit juristische Personen. Die Mischformen sind hingegen aus Personengesellschaften und Körperschaften zusammengesetzt; ihre Sonderstellung wird unten genauer erläutert. Die Rechtspersönlichkeit stellt somit den fundamentalen Unterschied zwischen den beiden Gruppen von Rechtsformen dar, weil sich daraus ihre Besonderheiten ableiten. So stehen bei den Personengesellschaften die Gesellschafter im Vordergrund, bei

[75] Allerdings ist die rechtswissenschaftliche Begründung der juristischen Person trotz der langen Existenz immer noch umstritten. Die konträren Standpunkte werden unter der „Lehre der realen Verbandspersönlichkeit“ nach Otto von Gierke und der „Fiktionstheorie“ nach Friedrich Carl von Savigny zusammengefasst. Dieser wissenschaftliche Streit hat nur in wenigen Zweifelsfällen eine reale Auswirkung; jedoch sei jedem, der sich mit den juristischen Personen ausführlicher befassen möchte, eine Beschäftigung mit diesem Streit nahe gelegt.

Körperschaften hingegen die Gesellschaft selbst. **Körperschaften** sind als juristische Personen Inhaber (Eigentümer) des Gesellschaftsvermögens und werden selbst berechtigt und verpflichtet etwa aufgrund eines Vertrages. Bei **Personengesellschaften** werden dagegen traditionell die **Gesellschafter**, nicht die Gesellschaft, als Träger von Rechten und Pflichten angesehen. Auch das Gesellschaftsvermögen steht nicht der Gesellschaft selbst, sondern den Gesellschaftern zu und zwar wie die §§ 718, 719 BGB für die GbR bestimmen „zur gesamten Hand". Dies bedeutet, dass die Gesellschafter über die zum Gesellschaftsvermögen gehörenden einzelnen Gegenstände nur gemeinsam – „mit gesamter Hand" – verfügen können. Obwohl also das Gesellschaftsvermögen den Gesellschaftern zusteht, ist es als dinglich gebundenes Sondervermögen strikt vom sonstigen Vermögen der einzelnen Gesellschafter zu trennen, da es ausschließlich für die Verwirklichung des Gesellschaftszwecks bestimmt ist. Ein Gesellschafter kann – obwohl er wirtschaftlich gesehen anteiliger Eigentümer des Gesellschaftsvermögens ist – aufgrund dieser Zweckbestimmung über seinen Anteil am Gesellschaftsvermögen nicht ohne Weiteres verfügen. Der jedem Gesellschafter zustehende Anteil am Gesellschaftsvermögen ist vielmehr untrennbarer Bestandteil der Mitgliedschaft in der Gesellschaft und kann nur gemeinsam mit der Mitgliedschaft in der Gesellschaft auf eine andere Person übertragen werden. Diese Konstruktion ist notwendig, da die GbR nach traditioneller Konzeption nicht Trägerin (mangels eigener Rechtspersönlichkeit) des Gesellschaftsvermögens sein kann.

Diese Sichtweise hat sich für bestimmte Personengesellschaftern mittlerweile geändert: Da einige Personengesellschaften als (teil-)rechtsfähig angesehen werden, können sie auch selbst Vermögen erwerben. Bei den Personengesellschaften des HGB wird dies aus § 124 HGB abgeleitet: Hiernach kann eine Personengesellschaft des HGB (OHG, KG) „unter ihrer Firma Rechte erwerben und Verbindlichkeiten eingehen". Aufgrund dieser teilweisen Rechtsfähigkeit ist auch der Vermögenserwerb durch die Gesellschaft anerkannt. Auch die Gesellschaft bürgerlichen Rechts (GbR) wird seit dem Urteil des BGH vom 29.01.2001[76] als rechtsfähig angesehen, soweit sie Außengesellschaft ist, d.h. im Rechtsverkehr erkennbar als Gesellschaft auftritt und durch Teilnahme am Rechtsverkehr eigene Rechte und Pflichten begründet. Ist die GbR dagegen keine Außengesellschaft, so bleibt es dabei, dass das Gesellschaftsvermögen nicht der Gesellschaft selbst, sondern den Gesellschaftern (gesamthänderisch) zusteht.

Im Folgenden werden die genannten Rechtsformen und ihre Rechtsgrundlagen näher erläutert. In Bezug auf das Gesellschaftsrecht ist darauf

---

[76] BGHZ 146, 341; hierzu auch lesenswert Schmidt (2001), S. 993. Die Abkürzung BGHZ steht für die Entscheidungssammlung des Bundesgerichtshofs. Die o.g. Zitierung bedeutet, dass die zitierte Entscheidung in Band 146 der Entscheidungssammlung steht und auf Seite 341 beginnt.

zu achten, dass zahlreiche gesetzliche Vorschriften **dispositives Recht** (ius dispositivum) darstellen, das durch Verträge – etwa den Gesellschaftsvertrag der Gesellschaft bürgerlichen Rechts (GbR) – ausgeschlossen werden kann. Dies gilt etwa für die Vorschrift über die Gewinnverteilung bei der GbR:

> § 722 BGB (Anteile am Gewinn und Verlust)
> (1) Sind die Anteile der Gesellschafter am Gewinn und Verlust nicht bestimmt, so hat jeder Gesellschafter ohne Rücksicht auf die Art und die Größe seines Beitrags einen gleichen Anteil am Gewinn und Verlust.
> (2) Ist nur der Anteil am Gewinn oder am Verlust bestimmt, so gilt die Bestimmung im Zweifel für Gewinn und Verlust.

Die Gesellschafter sind demnach frei, im Gesellschaftsvertrag auch ganz andere Gewinnverteilungsmechanismen vorzusehen. Eine allgemeine Aussage, welche Vorschriften dispositiv sind, ist leider nicht möglich. Allerdings ist dies eher bei den Personengesellschaften als bei den Kapitalgesellschaften (insbesondere der Aktiengesellschaft) der Fall. Zwingendes Recht nennt man hingegen **ius cogens**.

5.2.3 Einzelunternehmen

Das Einzelunternehmen ist ein Geschäftsbetrieb, welcher durch einen einzelnen Inhaber geführt und vertreten wird; er ist sozusagen das Unternehmen. Es handelt sich daher beim Einzelunternehmen streng genommen nicht um eine Rechtsform, da für eine natürliche Person, die kein Kaufmann ist, alle Regel schon kraft Geburt gelten; für den eingetragenen Kaufmann (e.K.) gelten sie ab Eintragung. Der Einzelunternehmer haftet somit für alle Verbindlichkeiten „des Unternehmens" unbeschränkt persönlich.

Mit rund 80% aller Unternehmen[77] ist das Einzelunternehmen die am häufigsten vorkommende Rechtsform in Deutschland. Der Name des **kaufmännischen Einzelunternehmens**, d.h. seine Firma, muss seit der HGB-Reform 1998 nur noch zur Kennzeichnung des Unternehmens geeignet sein und Unterscheidungskraft besitzen (§ 18 Abs. 2 HGB). Der Vor- und Familienname des Inhabers ist damit nicht mehr Pflichtbestandteil der Firma (vor 1998 z.B. „Eisenwaren Martin Müller" oder „Friseursalon Christina Schmitt"). Nach neuem Firmenrecht sind sowohl Personal-, Sach- als auch Fantasiefirmen (z.B. „New Hair Friseur" oder „Andaman Import & Export") zulässig, solange sie die Vorgaben des § 18 Abs. 2 HGB erfüllen. Hingegen muss eine natürliche Person, die nicht Kaufmann ist, mit dem vollständigen Vor- und Nachnamen auftreten.

Für die **Gründung** eines Einzelunternehmens ist kein Gesellschaftsvertrag erforderlich. Der Gründer errichtet das Unternehmen allein. Soll die Rechtsform des Einzelunternehmens erhalten bleiben, kann die Zuführung

[77] Quelle: Destatis (2006).

von Eigenkapital im Rahmen der Beteiligungsfinanzierung nur vom Unternehmer selbst erfolgen. Beteiligt sich dagegen eine weitere Person an dem Unternehmen, so entsteht eine Personengesellschaft, auf die in den folgenden Abschnitten näher eingegangen wird. Damit wird deutlich, dass der Spielraum der **Finanzierung** des Einzelunternehmens mit Eigenkapital auf sein privates Kapital begrenzt ist.

Betreibt das Einzelunternehmen ein Handelsgewerbe und erfordert dies nach Art oder Umfang einen in kaufmännischer Weise eingerichteten Geschäftsbetrieb, so ist der Einzelunternehmer **Kaufmann** im Sinne des HGB. Ein Handelsgewerbe ist ein Gewerbebetrieb, d.h. eine organisierte Einheit sachlicher und persönlicher Mittel, mit deren Hilfe der Inhaber des Betriebs eine

- erkennbar planmäßige, auf Dauer angelegte,
- selbstständige und nicht freiberufliche, wissenschaftliche oder künstlerische
- anbietende Tätigkeit an einem Markt,
- mit Gewinnerzielungsabsicht

ausübt. Liegt nach diesen Kriterien ein Handelsgewerbe vor, hat dies zur Folge, dass der Einzelunternehmer dem **Sonderrecht der Kaufleute**, mit anderen Worten dem Handelsgesetzbuch, unterliegt. Die Normen des Handelsgesetzbuches sind nur auf bestimmte Privatpersonen, eben auf Kaufleute, anwendbar. Kaufleuten wird unterstellt, dass sie geschäftserfahrener sind als Privatleute und deshalb nicht in gleichem Maße eines Schutzes durch das Gesetz bedürfen. Die gewöhnlichen, insbesondere im Bürgerlichen Gesetzbuch (BGB) enthaltenen Rechtsregeln werden deshalb im HGB für Kaufleute modifiziert. Ein Kaufmann hat z.B. die Pflicht zur unverzüglichen Anzeige von Mängeln gegenüber einem Geschäftspartner (§ 377 HGB). Unterlässt er diese **Rügepflicht**, verliert er seine Gewährleistungsansprüche gegen seinen Geschäftspartner. Eine weitere wichtige Sonderregel für Kaufleute sind die Grundsätze über das sogenannte **kaufmännische Bestätigungsschreiben**. Das kaufmännische Bestätigungsschreiben entstammt einem Handelsbrauch im Sinne des § 346 HGB, nach dem ein Vertrag unter Kaufleuten zunächst oft erst mündlich geschlossen und alsdann durch eine Partei schriftlich zusammengefasst und bestätigt wird. Schweigt die andere Partei darauf, gilt der Vertrag nach Maßgabe des Bestätigungsschreibens als zustande gekommen. Das Schweigen auf ein kaufmännisches Bestätigungsschreiben gilt also als Einverständnis, und zwar selbst dann, wenn im Schreiben vom wirklichen Inhalt der mündlichen Abrede abgewichen wird. Der schweigende Kaufmann kann sich nicht nach dem bürgerlichen Recht auf einen Irrtum (§ 119 ff. BGB), einen Dissens (§ 155 BGB) oder auf Täuschung (§ 123 BGB) berufen. Er hätte vielmehr den Inhalt des kaufmännischen Bestätigungsschreibens prüfen und unverzüglich widersprechen müssen.

Der **kaufmännische** Einzelunternehmer ist zur Eintragung in das Handelsregister (§ 29 HGB) und zur Führung des Kürzels „e.K." oder „e.Kfm." bzw. „e.Kfr." hinter seiner Firma (§ 19 HGB) verpflichtet. Ein Einzelunternehmer, der ein Handelsgewerbe betreibt, aber dessen Unternehmen nach Art oder Umfang einen in kaufmännischer Weise eingerichteten Geschäftsbetrieb nicht erfordert (§ 1 Abs. 2 HGB), kann die Kaufmannseigenschaft durch freiwillige Eintragung in das Handelsregister herbeiführen (sog. **Kann-Kaufmann**).

Der **Beitritt neuer Gesellschafter** ist in ein Einzelunternehmen nicht möglich, genauso wenig wie die **Finanzierung** durch Eigenkapital Dritter: Tritt eine weitere Person dem Unternehmen bei, so entsteht entweder eine GbR (wenn das Einzelunternehmen kein Handelsgewerbe ist) oder eine OHG (wenn das Einzelunternehmen ein Handelsgewerbe ist). Dagegen ist ein **Gesellschafterwechsel** durch Veräußerung oder Vererbung des Einzelunternehmens möglich. Der ein kaufmännisches Unternehmen fortführende Käufer oder Erbe tritt an die Stelle des Altinhabers und haftet unbeschränkt für alle, auch **vor** Übernahme des Unternehmens begründete Verbindlichkeiten. Neben dem Käufer haftet auch der Altinhaber bei Verkauf des Unternehmens noch für die von ihm begründeten Verbindlichkeiten weiter und zwar fünf Jahre ab Verkauf (sog. Nachhaftung, § 26 HGB). In diesem Zeitraum stehen dem Gläubiger damit zwei Schuldner (Alt- und Neugesellschafter) zur Verfügung, welche gesamtschuldnerisch im Sinne des § 421 BGB haften.

Die **Auflösung** eines Einzelunternehmens erfolgt durch Aufgabe des Unternehmens durch den Inhaber, etwa aufgrund von Arbeitsunfähigkeit, hohem Alter, Tod, Strukturveränderungen in der Branche, erdrückendem Wettbewerb oder Insolvenz. Besondere Vorschriften bei der Liquidation des Unternehmens sind nicht zu beachten. Ist der Einzelunternehmer als Kaufmann im Handelsregister eingetragen, so obliegt ihm die Löschung des Eintrags.

Zusammenfassend hat der Inhaber eines Einzelunternehmens die folgenden **Rechte und Pflichten**:

- Geschäftsführung und Vertretung des Unternehmens,
- Aufbringung der erforderlichen Mittel,
- Verwendung des erwirtschafteten Gewinns, Privatentnahmen,
- Tragen von Verlusten, unbegrenzte Haftung mit dem Privatvermögen,
- Tragen des Unternehmerrisikos,
- Eintragung in das Handelsregister (nur Handelsgewerbe) und
- Verwendung des Liquidationserlöses bzw. Deckung des Verlustes.

Die **Kosten der Rechtsform** betragen beim Einzelunternehmen beinahe null. Bei einem **kaufmännischen** Einzelunternehmen (d.h. dem Betrieb eines Handelsgewerbes) entstehen die Kosten der Ein- und Austragung im Handelsregister.

5.2.4 Stiftung des Privatrechts

Die privatrechtliche Stiftung ist in den §§ 80 ff. BGB normiert. Es handelt sich dabei nicht um eine Personenvereinigung, sondern um eine juristische Person, die dazu bestimmt ist, einen definierten Zweck mit Hilfe eines dafür bestimmten Vermögens zu fördern. Stiftungen lassen sich also als rechtlich selbstständige, zweckgebundene Vermögensmassen beschreiben.

Als Stifter kommen dabei sowohl natürliche als auch juristische Personen des öffentlichen Rechts oder des Privatrechts in Frage. Einzige Voraussetzung ist hier wegen des Erfordernisses des Stiftungsgeschäftes die Geschäftsfähigkeit, also die Fähigkeit, sich im Rechtverkehr wirksam durch die Abgabe von Willenserklärungen vertraglich binden zu können. Die **Gründung** einer Stiftung erfolgt gemäß § 80 Abs. 1 BGB durch ein privatrechtliches Rechtsgeschäft, das sogenannte Stiftungsgeschäft. Dieses kann nicht nur Geschäft unter Lebenden sein (§§ 81 f. BGB), sondern auch in einer Verfügung von Todes wegen bestehen, also in einem Testament oder einem Erbvertrag (§§ 1937, 1941 BGB). Rechtlich betrachtet handelt es sich dabei um eine einseitige, nicht empfangsbedürftige Willenserklärung des Stifters mit dem Ziel, eine juristische Person in Form einer Stiftung zu errichten und dieser einen benannten Teil seines Vermögens zur Erfüllung eines bestimmten Zweckes zu widmen. Das Stiftungsgeschäft muss mindestens Regelungen über den Stiftungszweck, die Vermögenszuwendung, den Namen, den Sitz sowie die interne Organisation vorsehen. Diese können entweder im stiftungsbegründenden Rechtsakt selbst oder, mit Ausnahme der Zusicherung der Vermögensausstattung, getrennt davon in der Satzung der Stiftung getroffen werden.

Der **Stiftungszweck** stellt ein konstitutives Begriffsmerkmal der Stiftung dar, der dieser Dauer und Stabilität verleiht. Bei dessen Wahl besteht keine allgemeine Einschränkung auf solche, die das Gemeinwohl nicht gefährden (gemeinwohlkonforme Allzweckstiftung). Es sind also alle Zwecke zugelassen, die mit der Rechtsordnung in Einklang stehen, auch Zwecke wirtschaftlicher oder eigennütziger Art. Gefährdet der Zweck der Stiftung jedoch das Gemeinwohl, kann deren behördliche Genehmigung durch die Stiftungsaufsicht verweigert werden. Weitere Einschränkungen bezüglich des Zweckes gelten nur, falls mit der Stiftung steuerrechtliche Vorteile einer gemeinnützigen Stiftung realisiert werden sollen (§ 51ff. AO). Die Nutzung von Steuervorteilen durch eine Gemeinnützigkeit ist jedoch keine Besonderheit der Stiftung, sondern ist grundsätzlich bei allen juristischen Personen möglich. Da jedoch verglichen mit der GmbH ein weitaus größerer Anteil von Stiftungen als gemeinnützig anerkannt ist, werden oftmals die beiden unterschiedlichen Merkmale durcheinander geworfen.

Neben dem privatrechtlichen Stiftungsgeschäft ist weiterhin eine **behördliche Genehmigung** der Stiftung zu deren Errichtung notwendig. Erst durch diese erlangt die Stiftung ihre Rechtsfähigkeit. Die erforderliche Genehmigung ist ein privatrechtsgestaltender Verwaltungsakt, der nach dem Verwaltungsverfahrensgesetz des jeweiligen Bundeslandes erlassen wird. Zuständig ist hierfür in den meisten Ländern der jeweilige Innenminister, zum Teil aber auch die Regierungspräsidien oder andere Behörden. Voraussetzungen für die Genehmigung der Stiftung seitens der Behörde sind nach § 81 BGB im Wesentlichen der Stiftungszweck sowie eine ausreichende Ausstattung der Stiftung mit Vermögenswerten. Beim Vorliegen dieser Voraussetzungen besteht seitens des Stifters ein Rechtsanspruch auf Anerkennung durch die Behörde. Da eine Stiftung keine Anteilseigner hat, erfolgt die notwendige Kontrolle nicht etwa wie bei der Aktiengesellschaft durch eine Hauptversammlung, sondern durch staatliche Aufsicht.

Weiterhin müssen im Stiftungsgeschäft oder in der Satzung Aussagen über die **Organe** der Stiftung getroffen werden. Einziges gesetzlich vorgeschriebenes Organ der Stiftung ist der Vorstand (§§ 86, 26 BGB). Dieser ist oberste Entscheidungsinstanz und handelt im Rahmen von Stiftungszweck und Satzung für die Stiftung in eigener Verantwortung. Die Bildung des Vorstandes gestaltet sich nach den Maßgaben des Stifters, er kann aus einer nahezu beliebigen Anzahl natürlicher oder auch einer juristischen Person bestehen. So kann der Stifter den ersten Vorstand selbst auswählen und diesen in der Satzung ermächtigen, sich jeweils durch Zuwahl zu ergänzen, oder aber er kann die Bildung des Vorstandes einem externen, stiftungsfremden Gremium übertragen.

Die **Finanzierung** der Stiftung erfolgt in erster Linie durch die ihr im Rahmen des Stiftungsgeschäftes zugewendeten Vermögensbestandteile des Stifters. Eine gesetzliche Verpflichtung zu einer Mindestkapitaleinlage wie etwa bei der GmbH (§ 5 Abs. 1 GmbHG: 25.000 Euro) besteht bei der Stiftung – nicht zuletzt im Hinblick auf die verfassungsrechtlich geschützte Stifterfreiheit – nicht. Die Stiftungsgesetze der Länder fordern jedoch ein Grundstockvermögen, das ausreicht, den Stiftungszweck dauerhaft zu sichern. Die Höhe dieses Vermögens ist jedoch nur im Einzelfall zu ermitteln. Aus diesem Grund verlangt die behördliche Genehmigungspraxis teilweise eine Kapitalausstattung von mindestens 25.000 Euro.[78] Sinnvoll erscheint die Errichtung einer Stiftung angesichts der marktüblichen Kapitalverzinsung jedoch erst bei einer deutlich höheren Summe zu sein. Parallelen zur GmbH bestehen auch bezüglich der Verwendung der Kapitaleinlage. Diese ist ungeschmälert zu erhalten, darf also dem Stiftungsvermögen nicht entnommen werden. Zur Verfügung des Vorstandes steht also in einer Stiftung nur dasjenige Kapital, das über diesen Kapitalgrundstock hinausgeht, etwa Einkünfte aus Zinsen. Die Verfügbarkeit über diese Mittel ist allerdings insoweit eingeschränkt, als das sie nur dem Stiftungszweck entsprechend eingesetzt werden dürfen und auch tatsächlich einge-

[78] Vgl. Damrau/Wehinger (1998), 178 f.

setzt werden müssen. Dieses Stiftungsvermögen muss jedoch bei Errichtung nicht in vollem Umfang zur Verfügung stehen. Es wird hier als ausreichend angesehen, dass der erforderliche Kapitalstock später im Wege einer Zustiftung ergänzt wird oder weitergehend, dass nur sichere Wege zur Erlangung des erforderlichen Kapitals, also deren reale Möglichkeit, nachgewiesen werden.

Bezüglich der **Kapitalerhöhung** stehen grundsätzlich drei Möglichkeiten zur Verfügung:

- Das Stiftungskapital kann durch laufende **Erträge** erhöht werden. Unter Erträgen versteht man Früchte oder Nutzungen des Grundstocks, also etwa Zinsen oder Renditen aus getätigten Investitionen. Solche Erträge sind zwar grundsätzlich unmittelbar zur Erfüllung des Stiftungszweckes zu verwenden, dürfen jedoch in Ausnahmefällen auch wieder dem Grundstock zugeführt werden, um etwa Vermögensverluste auszugleichen. Auch die Bildung von diesbezüglichen Sonderfonds oder Rücklagen kann in der Satzung vorgesehen werden.
- Weiterhin sind **Zustiftungen** möglich. Hierbei handelt es sich um Vermögenszuwendungen an den Grundstock, die demselben Zweck dienen sollen. Diese können vom Gründer der Stiftung oder Dritten erfolgen. Um die gesetzlichen Regelungen zur Verwendung von Erträgen nicht zu umgehen, ist hier aber zu fordern, dass die Zustiftung aus stiftungsfremdem Vermögen finanziert wird. Ein Erwerb von Mitwirkungs- oder Entscheidungsbefugnissen erfolgt auf diesem Weg, im Gegensatz zu anderen Rechtsformen jedoch nicht; eine Zustiftung kann sich für die Stiftung also ausschließlich vorteilhaft auswirken. Sind Zustiftungen zweckgebunden und weicht dieser Zweck vom Stiftungszweck ab, können sie nicht dem Grundstock zugeführt werden, stattdessen kommt eine Behandlung als Spenden oder eine gesonderte Verwaltung als nicht rechtsfähige Stiftung in Frage.

Von der Kapitalerhöhung zu unterscheiden sind **Spenden**. Hierbei handelt es sich um Zuwendungen, die alsbald zur Erfüllung des Stiftungszweckes verbraucht werden sollen. Sie lassen sich von Zustiftungen dahingehend abgrenzen, als dass sie im Gegensatz zu diesen nicht in den Grundstock des Stiftungsvermögens überführt werden, sondern wie etwa Erträge zu behandeln sind. Nur in Ausnahmefällen dürfen Spenden dem Grundstock zugeführt werden.

Neben der Finanzierung ist die Frage der **steuerrechtlichen Stellung** der Stiftung zu klären. Grundsätzlich unterliegt die Stiftung wie alle Körperschaften der Körperschaftssteuer. Eine Befreiung von dieser Steuerpflicht ist möglich, wenn dem zuständigen Finanzamt die Gemeinnützigkeit der Körperschaft nachgewiesen wird. Eine Körperschaft verfolgt gemeinnützige Zwecke, wenn ihre Tätigkeit darauf gerichtet ist, die Allgemeinheit auf materiellem, geistigem oder sittlichem Gebiet selbstlos zu fördern. Dies ist dann der Fall, wenn die Körperschaft gemeinnützige, mildtätige oder kirchliche Zwecke verfolgt, die in den §§ 52-54 Abgabenordnung (AO) genau definiert sind.

Ein weiteres Problemfeld ist die Frage, ob und in welcher Form ein Unternehmen über eine Stiftung betrieben werden kann. Der ausschließliche Betrieb eines Unternehmens als Zweck einer Stiftung wird als unzulässige und damit als nicht genehmigungsfähige Selbstzweckstiftung angesehen. Ist die Stiftung selbst Träger des Unternehmens, so ist sie, insofern das betriebene Unternehmen ein Handelsgewerbe ist, als Einzelkaufmann zu sehen.

Unternehmensverbunden ist eine Stiftung dann, wenn sie unmittelbar unter ihrer Rechtsform ein wirtschaftliches Unternehmen betreibt oder Beteiligungen an Personen- bzw. Kapitalgesellschaften hält. Diesbezüglich sind zwei verschiedene Varianten abgrenzbar:

Zum einen gibt es die von Stiftungen betriebenen **Zweckbetriebe**. Hat die Stiftung etwa den Zweck, durch den Betrieb eines Krankenhauses die Krankenversorgung in einer Region zu gewährleisten oder auch durch den Betrieb der Fabrik den Menschen in einer Region Arbeit zu verschaffen, so sind Zweck und Mittel untrennbar verbunden, ohne dass man von einer Selbstzweckstiftung sprechen kann (Zweckverwirklichungsbetrieb). Gleiches gilt, wenn das stiftungseigene Unternehmen nur dazu dient, das für die Erfüllung des Stiftungszweckes erforderliche Kapital zu erwirtschaften (Mittelbeschaffungsbetrieb). Bei einer solchen Unternehmenseinbindung stellen sich also keine rechtlichen Bedenken hinsichtlich deren Zulassung, da das Unternehmen nur Mittel zur Verwirklichung des Stiftungszweckes ist.

Anders ist dies eventuell zu beurteilen, wenn der Zweck der **Stiftung ausschließlich der Betrieb eines Unternehmens** ist. In diesem Fall ist fraglich, ob eine solche Selbstzweckstiftung genehmigungsfähig ist. Die gesetzlichen Vorgaben für Stiftungen besagen lediglich, dass der Stiftungszweck das Gemeinwohl nicht gefährden darf (gemeinwohlkonforme Allzweckstiftung gemäß § 80 Abs. 2 BGB). Da der Betrieb eines Unternehmens dies regelmäßig nicht tut, wäre bei Abstellung auf den Gesetzeswortlaut eine diesbezügliche Selbstzweckstiftung zulässig. Eine andere Ansicht nimmt hier aus dem Wesen des Stiftungsbegriffes heraus an, dass das Stiftungsvermögen nicht sich selbst und seiner eigenen Perpetuierung, sondern einem extern liegenden Zweck gewidmet sein muss, der Stifter also nicht sein eigener Destinatär sein kann. Weiterhin wird in diesem Bereich problematisiert, dass hierdurch mangels pfändbarer Anteile und Ansprüche des Stifters bzw. des Destinatärs das Unternehmensvermögen gegen Gläubigerzugriffe immunisiert werden könnte. Da dies bei einer nur dem Betrieb eines Unternehmens dienenden Stiftung der Fall wäre, wären diese somit als grundsätzlich unzulässig anzusehen. Diese Ansicht findet jedoch im Gesetz keine Stütze. Anderslautende landesrechtliche Regelungen sind somit nach Art. 72 Abs. 1 GG nichtig. Es ist demnach davon auszugehen, dass der Betrieb eines Unternehmens als Stiftung als zulässig zu werten ist.

5.2.5 Personengesellschaften

5.2.5.1 Gesellschaft bürgerlichen Rechts

Die Gesellschaft bürgerlichen Rechts wird auch als GbR oder BGB-Gesellschaft bezeichnet und ist in den §§ 705 bis 740 BGB normiert. Die GbR ist eine vertragliche Vereinigung von Personen, die sich zur Erreichung eines gemeinsamen Zieles und zur Erbringung der versprochenen Einlage verpflichten (§ 705 BGB).

Der zwischen den Gesellschaftern geschlossene Vertrag enthält damit zwei wesentliche Komponenten: die **Zweckförderungs- und die Beitragspflicht** der Gesellschafter. Ansonsten sind für den Abschluss des Vertrages kaum zwingende Vorschriften zu beachten, so dass die Gesellschaft bürgerlichen Rechts im Vergleich zu anderen Rechtsformen ein hohes Maß an individuellen und flexiblen Gestaltungen ermöglicht (z.B. hinsichtlich der Gewinnverteilung, Stimmenabgabe, Vertretung, Geschäftsführung). Bei der **typischen GbR** werden die Gesellschafter als Mitunternehmer angesehen, bei der **atypischen GbR** steht – wie bei der stillen Gesellschaft – die kapitalmäßige Beteiligung im Vordergrund.

Gesellschafter einer GbR können sowohl natürliche (Herr X, Frau Y) als auch juristische Personen (GmbH, AG usw.) sein. Auch Gesellschaften ohne Rechtspersönlichkeit (OHG, KG, GbR usw.) kommen als Gesellschafter in Frage. Vielfach schließen sich Einzelunternehmer, Kleingewerbetreibende, Handwerker oder Angehörige freier Berufe, aber auch Arbeitsgemeinschaften (z.B. im Baugewerbe), Bankenkonsortien, Kartelle und Interessengemeinschaften zu einer GbR zusammen. Ein Beispiel stellt üblicherweise die Gründung einer GbR zur Durchführung eines gemeinsamen Großprojektes mehrerer Bauunternehmen dar, die oft als ARGE (Arbeitsgemeinschaft) bezeichnet werden.

Ein **Mindestkapital** ist für die Gründung einer GbR nicht vorgeschrieben. Die Gesellschaft hat keine Firma und sie wird nicht in das Handelsregister eingetragen. Das Vermögen ist gemeinschaftliches Vermögen der Gesellschafter. Da die GbR ohne Mindestkapital gegründet werden kann, haften anstatt einer bestimmten Kapitalmasse die Gesellschafter für alle Verbindlichkeiten der Gesellschaft persönlich und unbeschränkt als Gesamtschuldner (§ 421 BGB).

Die **Gründung** der GbR hat durch mindestens zwei Personen durch Abschluss eines Gesellschaftsvertrags zu erfolgen. Der Abschluss des Gesellschaftsvertrags ist formlos, d.h. auch mündlich oder konkludent („durch schlüssiges Verhalten"), möglich. Inhalt des Gesellschaftsvertrags ist die Pflicht zur Förderung eines bestimmten Zwecks. Dieser ist beliebig und muss nicht zwingend wirtschaftlicher Natur sein. Auch eine Lotto-Tippgemeinschaft, eine Fahrgemeinschaft oder ein gemeinsam geplanter Ausflug *können* zulässige Zwecke einer BGB-Gesellschaft sein. Jeder Gesellschafter wäre dann verpflichtet, diesen Zweck zu fördern und den versprochenen Beitrag zu leisten (etwa im Fall der Fahrgemeinschaft stellt A den PKW zur Verfügung, B, C und D beteiligen sich an den Benzinkosten). Eine solche Gesellschaft wird als **Innengesellschaft** bezeichnet, da sie im Rechtsverkehr nicht nach außen tritt (A-D treten nicht als „Fahrgemeinschaft A-D" auf). Eine solche Gesellschaft hat aufgrund dessen auch keine eigene Rechtspersönlichkeit.

Dagegen hat die sogenannte **Außengesellschaft** Rechtspersönlichkeit, da sie im Rechtsverkehr als Gesellschaft auftritt (z.B. „Arbeitsgemeinschaft BilfingerBerger/WalterBau Autobahnbrücke Pforzheim-Ost") und z.B. Verträge oder sonstige Verpflichtungen eingeht. Eine Außen-GbR kann also selbst Träger von Rechten und Pflichten sein, wie auch wirksam klagen und verklagt werden (Bsp.: Klagegegner sind nicht „BilfingerBerger" und „WalterBau" als Gesellschafter der GbR, sondern die „Arbeitsgemeinschaft Autobahnbrücke Pforzheim-Ost"). Die Anerkennung dieser sogenannten Teilrechtsfähigkeit der Außen-GbR erleichtert insbesondere die Durchsetzung von Klägerrechten: Soll die GbR verklagt werden, so musste der Kläger bisher alle an der Gesellschaft beteiligten Gesellschafter einzeln verklagen und somit namentlich nennen. Dies war u.U. mit großem Aufwand verbunden oder sogar unmöglich, etwa dann, wenn die beklagte Gesellschaft eine sogenannte Publikumsgesellschaft mit einer Vielzahl von Gesellschaftern war. Da eine GbR nicht in das Handelsregister eingetragen werden muss, hatte der Kläger keine Möglichkeit herauszufinden, gegen wen er seine Klage nun zu richten hat. Dieses Hindernis wurde durch die Anerkennung der Teilrechtsfähigkeit der Außen-GbR nunmehr behoben.

Für die GbR gilt grundsätzlich das Prinzip der **Gesamtgeschäftsführung** (§ 709 BGB) und **Gesamtvertretung** (§ 714 BGB), d.h. alle Gesellschafter sind gemeinschaftlich zur Vertretung der Gesellschaft und zur Führung der Geschäfte befugt. Jede Entscheidung in Angelegenheiten der Gesellschaft bedarf damit der Zustimmung aller Gesellschafter. Der Gesellschaftsvertrag kann allerdings eine von diesem Grundsatz abweichende Regelung treffen, z.B. die Geschäftsführung und Vertretung einem einzelnen Gesellschafter übertragen oder Stimmenmehrheit anordnen. Auch möglich ist eine Aufteilung der Geschäftsführungsbefugnis nach Geschäftsbereichen. Jeder Gesellschafter hat außerdem **Kontrollrechte**, auch wenn er von der Geschäftsführung ausgeschlossen ist. Er darf die Geschäftsbücher einsehen und sich jederzeit über den Stand des Gesellschaftsvermögens informieren (§ 716 BGB).

In der GbR werden **Gewinne und Verluste** gleichmäßig nach Köpfen auf die Gesellschafter verteilt (§ 722 BGB). Im Gesellschaftsvertrag kann eine hiervon abweichende Regelung getroffen werden. Üblicherweise wird vereinbart, dass die Gewinnverteilung am Kapitalanteil eines Gesellschafters anknüpft. Ist die GbR auf Dauer angelegt, so ist der Gewinn bzw. Verlust jährlich festzustellen (§ 721 Abs. 2 BGB); ansonsten erfolgt die Feststellung bei Auflösung der Gesellschaft, § 721 Abs. 1 BGB.

Die **Finanzierung** der GbR erfolgt zum überwiegenden Teil durch Eigenkapital, indem die Gesellschafter die gemäß § 705 BGB vereinbarten Beiträge leisten, welche dann das Vermögen der Gesellschaft bilden. Eine Nachschusspflicht der Gesellschafter besteht anders als bei der OHG bzw. der KG nicht (§ 707 BGB). Als weitere Finanzierungsmöglichkeit bieten sich Darlehen an; auch sogenannte Gesellschafterdarlehen sind zur Finanzierung möglich, auch wenn sie aus steuerlichen bzw. haftungsrechtlichen Gründen kaum einen Unterschied machen.

Da die GbR ein personenbezogener Zusammenschluss ist, unterliegt der **Ein- und Austritt** bzw. der **Wechsel eines Gesellschafters** in der Regel der Zustimmung der anderen Gesellschafter:

Der **Beitritt** eines neuen Gesellschafters erfolgt durch einen Aufnahmevertrag mit allen bisherigen Gesellschaftern. Ein **Gesellschafterwechsel** ist durch Übertragung des Geschäftsanteils des Altgesellschafters auf den neuen Gesellschafter mit Zustimmung aller Mitgesellschafter möglich.[79] Der Neu-Gesellschafter tritt damit in die Rechte und Pflichten seines Vorgängers ein. Er haftet damit für alle ab Eintritt in die Gesellschaft begründeten Verbindlichkeiten (§ 125 HGB analog) sowie für Altverbindlichkeiten (§ 130 HGB analog) unbeschränkt persönlich.

Der **Austritt** eines Gesellschafters ist nicht nur aufgrund eines Gesellschafterwechsels, sondern auch durch Kündigung möglich (§ 723 BGB). In beiden Fällen haftet der ausscheidende Gesellschafter gemäß § 160 HGB analog für bis dahin begründete Verbindlichkeiten fünf Jahre lang unbeschränkt persönlich weiter (Nachhaftung). Tritt ein Gesellschafter aus der GbR aus, so führt dies nach dem gesetzlichen Konzept zur Auflösung der Gesellschaft; nur wenn der Gesellschaftsvertrag eine Fortsetzungsklausel enthält (§ 736 BGB), führt die Kündigung zum Ausscheiden des Kündigenden. In diesem Fall wächst den übrigen Gesellschaftern sein Anteil am Gesellschaftsvermögen zu; der austretende Gesellschafter hat dann nach § 738 Abs. 1 Satz 2 BGB einen Abfindungsanspruch gegenüber der Gesellschaft.

Die **Auflösung** (Liquidation) der Gesellschaft wird in den §§ 726-728 BGB geregelt. Auflösungsgründe sind die Zweckerreichung (im Beispiel der Bau-ARGE wird die Autobahnbrücke fertig gestellt) bzw. die Unmöglichkeit der Zweckerreichung (z.B. kann die Brücke aufgrund eines behördlichen Verbots nicht gebaut werden), der Tod eines Gesellschaf-

[79] Fehlt die Zustimmung auch nur eines Gesellschafters, so ist der Gesellschafterwechsel zunächst schwebend unwirksam, kann aber durch eine nachträgliche Zustimmung (Genehmigung nach § 184 BGB) noch wirksam werden. Wird die Zustimmung verweigert, so ist die Übertragung des Geschäftsanteils auf den Neu-Gesellschafter insgesamt unwirksam. Der Alt-Gesellschafter ist damit nie wirksam aus der Gesellschaft ausgetreten, der Neu-Gesellschafter ihr nie wirksam beigetreten (relevant für die Haftung!).

ters[80], Insolvenz der Gesellschaft oder eines Gesellschafters, Zeitablauf oder die Einigung der Gesellschafter über die Beendigung der Gesellschaft. Der Liquidationserlös steht den Gesellschaftern zu.

Die GbR unterliegt grundsätzlich keiner gesonderten **Besteuerung**. Sie ist selbst nicht Steuersubjekt. Dennoch wird das von ihr erzielte Ergebnis durch das zuständige Betriebsfinanzamt gemäß § 180 Abgabenordnung (AO) festgestellt und jedem Gesellschafter der auf ihn entfallende Anteil zugerechnet. Diese Gewinnanteile unterliegen bei den Gesellschaftern (wenn es sich um natürliche Personen handelt) der Einkommens- bzw. (sofern es sich um juristische Personen handelt) der Körperschaftssteuer. Soweit sie eine gewerbliche Tätigkeit i.S.d. GewO ausübt, ist die GbR allerdings gewerbesteuer- und umsatzsteuerpflichtig. Auch der **Jahresabschluss** unterliegt keinen besonderen Vorschriften. Gründungskosten fallen bei der GbR außer für Rechtsberatung nicht an.

Zusammenfassend haben die Gesellschafter einer GbR die folgenden **Rechte**:

- Gemeinschaftliche Geschäftsführung und Vertretung der Gesellschaft (es sei denn im Gesellschaftsvertrag ausgeschlossen oder modifiziert),
- Gewinnbeteiligung,
- Kontrolle der Geschäftsführung, Informationsrechte,
- Liquidationserlös und
- Abfindung bei Austritt

sowie die folgenden **Pflichten**:

- Förderung des gemeinsamen Ziels,
- Erbringung der versprochenen Einlage und
- Tragen von Verlusten sowie unbegrenzte Haftung mit dem Privatvermögen.

5.2.5.2 Offene Handelsgesellschaft

Die offene Handelsgesellschaft (OHG) ist der Betrieb eines Handelsgewerbes unter gemeinschaftlicher Firma durch zwei oder mehr Personen, die unbeschränkt haften (§§ 105-160 HGB).

Die OHG ist eine **Personengesellschaft des HGB,** d.h. eine Gesellschaft ohne eigene Rechtspersönlichkeit. Sie ist aber aufgrund von § 124 HGB teilrechtsfähig und kann Trägerin bestimmter Rechte und Pflichten sein. Die OHG ist dem Grunde nach eine GbR, die allerdings nicht für jeden beliebigen Zweck gegründet werden kann, sondern den Zweck „Betrieb eines Handelsgewerbes" erfüllen soll. Folglich kann eine OHG auf zweierlei Weise entstehen: entweder wird sie direkt gegründet,

[80] Der Gesellschaftsvertrag kann abweichend hiervon regeln, dass die Gesellschaft trotz Tod eines Gesellschafters mit den bisherigen Gesellschaftern oder mit den Erben des verstorbenen Gesellschafters fortgesetzt wird (§ 727 Abs. 1 Hs. 2 BGB).

da die Gesellschafter den Betrieb eines Handelsgewerbes planen, oder sie entsteht „von selbst“, und zwar dann, wenn eine bereits bestehende GbR aufgrund ihres Geschäftsumfangs oder -tätigkeit nunmehr als Gewerbebetrieb im Sinne des § 1 Abs. 2 HGB zu qualifizieren ist. Betreibt eine bereits bestehende GbR also ein Handelsgewerbe, ist sie kraft Gesetzes eine OHG und unterliegt damit den §§ 105 ff. HBG und dem oben dargestellten Sonderrecht der Kaufleute. Auf die Eintragung in das Handelsregister (§ 123 Abs. 1 HGB) kommt es für die Eigenschaft als OHG nicht an, denn eine OHG entsteht nach § 123 Abs. 2 HGB auch durch einvernehmliche Aufnahme der Geschäfte. Auch der Beitritt einer zweiten Person zu einem **kaufmännischen** Einzelunternehmen hat die Entstehung einer OHG zur Folge. Bildlich gesprochen ist die im Handelsgesetzbuch normierte OHG das Gegenstück zur im Bürgerlichen Gesetzbuch geregelten GbR; die OHG kann man damit als eine **kaufmännische GbR** bezeichnen.

Für die (direkte) **Gründung** sind mindestens zwei Gesellschafter erforderlich, die einen Gesellschaftsvertrag abschließen. **Gesellschafter** einer OHG können natürliche und juristische Personen sowie Gesellschaften ohne Rechtspersönlichkeit sein. Ein **Mindestkapital** müssen die Gesellschafter nicht aufbringen. Dafür haften sie den Gläubigern der Gesellschaft unmittelbar und unbeschränkt mit ihrem privaten Vermögen als Gesamtschuldner (§ 128 HGB). Anders als bei der GbR unterliegen die Gesellschafter einer OHG einem ausdrücklichen **Wettbewerbsverbot** (§ 112 HGB): So ist es ihnen untersagt, im Handelszweig der Gesellschaft Geschäfte zu machen (§ 112 Abs. 1 Alt. 1 HGB) oder sich an einer anderen gleichartigen Handelsgesellschaft als persönlich haftender Gesellschafter zu beteiligen (§ 112 Abs. 1 Alt. 2 HGB).

Wie im Fall der GbR unterliegt der **Gesellschaftsvertrag** keinen bestimmten Formvorschriften, insbesondere kann der Vertragsschluss auch mündlich oder konkludent erfolgen. Inhalt des Gesellschaftsvertrags ist der Betrieb eines Handelsgewerbes, d.h. einer planmäßig, auf Dauer angelegten, selbstständigen und an einem Markt anbietenden Tätigkeit mit der Absicht der Gewinnerzielung. Der Gesellschaftsvertrag regelt die Rechte und Pflichten der Gesellschafter untereinander. Abgesehen von einigen zwingenden Vorschriften sind die Gesellschafter frei in der Ausgestaltung ihrer gegenseitigen Verpflichtungen (§ 109 HGB). Trifft der Gesellschaftsvertrag keine Regelung, so greifen die gesetzlichen Bestimmungen, insbesondere die §§ 110 bis 122 HGB. Durch Abschluss des Gesellschaftsvertrags entsteht die Gesellschaft nach innen, d.h. zwischen den Gesellschaftern. Im Außenverhältnis, d.h. gegenüber Dritten, entsteht die OHG erst durch Eintragung in das Handelsregister oder durch einvernehmliche Aufnahme der Geschäfte (§ 123 HGB).

Die **Firma** der OHG kann seit der HGB-Reform 1998 sowohl eine Personal-, Sach- als auch eine Fantasiefirma sein, soweit sie Unterscheidungskraft besitzt und zur Kennzeichnung der Gesellschaft geeignet ist

(§ 18 HGB). Die Familiennamen der Gesellschafter sind damit nicht mehr Pflichtbestandteil der Firma. Hinter der Firma ist der Zusatz „offene Handelsgesellschaft“ bzw. „OHG“ hinzuzufügen (§ 19 Abs. 1 Nr. 2 HGB). Die Firma, der Sitz der Gesellschaft sowie Angaben zu den Gesellschaftern (Name, Vorname, Geburtsdatum und Wohnort) und ihrer Vertretungsmacht sind in das Handelsregister einzutragen (§ 106 HGB).

Die OHG ist per Gesetz **Kaufmann** im Sinne des HGB. Dies ergibt sich aus den §§ 105 Abs. 1, 6 Abs. 1 HGB. Für die OHG gelten damit die besonderen Kaufmannsrechte und -pflichten des HGB, die von den für alle Privatleute geltenden allgemeinen Vorschriften abweichen.

Anders als in der GbR gilt bei der OHG das Prinzip der **Einzelgeschäftsführung** jedes Gesellschafters (§§ 114, 115 Abs. 1 HGB). Der Gesellschaftsvertrag kann allerdings eine andere Regelung treffen, etwa **gemeinschaftliche** Geschäftsführung aller Gesellschafter (wie in der GbR, vgl. § 115 Abs. 2 HGB) anordnen oder die Geschäftsführung einem oder mehreren bestimmten Gesellschafter/n zuweisen. Ist letzteres der Fall, so sind die übrigen Gesellschafter der OHG von der Geschäftsführung ausgeschlossen (§ 114 Abs. 2 HGB). Die Geschäftsführung umfasst nach § 116 HGB die Vornahme aller Geschäfte und Tätigkeiten, die zum gewöhnlichen Betrieb eines Handelsgewerbes erforderlich sind. Zur Vornahme ungewöhnlicher Geschäfte ist dagegen die Zustimmung von allen – auch den von der Geschäftsführung ausgeschlossenen – Gesellschaftern einzuholen. Beispiele für ungewöhnliche Geschäfte sind:[81] Einrichtung einer Zweigniederlassung, Baumaßnahmen auf dem Geschäftsgrundstück, Geschäfte außerhalb des Unternehmensgegenstands, Aufnahme von Großkrediten etc.

Parallel zur Einzelgeschäftsführungsbefugnis gilt in der OHG auch das Prinzip der **Einzelvertretung** jedes Gesellschafters (§ 125 Abs. 1 HGB), es sei denn der Gesellschaftsvertrag schließt einzelne Gesellschafter von der Vertretung der Gesellschaft aus. Der Gesellschaftsvertrag kann ebenfalls bestimmen, dass alle oder mehrere Gesellschafter nur in Gemeinschaft zur Vertretung der Gesellschaft ermächtigt sein sollen (sog. Gesamtvertretung, § 125 Abs. 2 HGB). Solche Beschränkungen der Vertretungsmacht müssen in das Handelsregister eingetragen werden, ansonsten sind sie gegenüber Dritten nicht wirksam. Die Vertretungsmacht erstreckt sich nach § 126 HGB auf alle gerichtlichen und außergerichtlichen Geschäfte und Rechtshandlungen einschließlich der Veräußerung und Belastung von Grundstücken sowie Erteilung und Widerruf einer Prokura.

Die Gesellschafter haben außerdem bestimmte **Kontrollrechte**: ebenso wie bei der GbR ist ihnen zu jeder Zeit die Einsicht in die Geschäftsbücher zu gewähren, auch wenn sie von der Geschäftsführung ausgeschlossen

---

[81] Weitere Beispiele und Nachweise bei Jickeli, in: Münchener Kommentar Handelsgesetzbuch § 116 Rn. 31ff.

sind (§ 118 HGB). Den **geschäftsführenden** Gesellschaftern steht zudem ein Widerspruchsrecht im Hinblick auf eine geschäftsführende Maßnahme zu (§ 115 Abs. 1 Hs. 2 HGB).

Die **Gewinne und Verluste** werden zum Schluss jedes Geschäftsjahres auf Grund einer Bilanz ermittelt und nach Kapitalanteilen wie folgt auf die Gesellschafter verteilt (§ 120 ff. HGB). Zunächst erhält jeder Gesellschafter einen Anteil in Höhe von vier Prozent seines Kapitalanteils (§ 121 HGB). Ein verbleibender Gewinn (bzw. ein erwirtschafteter Verlust) wird nach Köpfen auf die Gesellschafter verteilt. Von der Gewinn- und Verlustverteilung ist jedoch das Recht zur **Entnahme** von Kapital zu unterscheiden: Nach § 122 Abs. 1 HGB ist jeder Gesellschafter zur Entnahme von seinem Kapitalkonto bis zu einem Betrag von 4% seines für das letzte Geschäftsjahr festgestellten Kapitalanteils berechtigt. Darüber hinaus gehende Entnahmen sind ohne Einwilligung der übrigen Gesellschafter unzulässig (§ 122 Abs. 2 HGB).

Die **Finanzierung** der OHG ist traditionell durch einen hohen Eigenkapitalanteil geprägt: Die Gesellschafter leisten die versprochenen Beiträge (§ 105 Abs. 3 HGB i.V.m. § 705 BGB), die dann das Vermögen der Gesellschaft bilden. Eine Nachschusspflicht der Gesellschafter besteht nicht (§ 105 Abs. 3 HGB i.V.m. § 707 BGB). Als weitere Finanzierungsmöglichkeit bieten sich Darlehen an; auch sogenannte Gesellschafterdarlehen sind zur Finanzierung üblich.

Aufgrund ihrer personenbezogenen Struktur ist in der OHG für den **Ein- und Austritt** bzw. den **Wechsel eines Gesellschafters** die Zustimmung aller Gesellschafter notwendig:

Der **Beitritt** eines neuen Gesellschafters erfolgt durch einen Aufnahmevertrag mit allen bisherigen Gesellschaftern. Ein **Gesellschafterwechsel** ist durch Übertragung des Geschäftsanteils des Altgesellschafters auf den neuen Gesellschafter mit Zustimmung aller sonstigen Gesellschafter möglich.

Der **Austritt** eines Gesellschafters erfolgt nicht nur aufgrund eines Gesellschafterwechsels, sondern auch in den von § 131 Abs. 3 HGB geregelten Fällen. Diese Fälle sind die Kündigung durch den Gesellschafter selbst (§ 132 HGB), eine Kündigung durch Privatgläubiger des Gesellschafters (§ 135 HGB), die Insolvenz des Gesellschafters, Tod (wenn die Erben nicht nach § 139 HGB in die Gesellschafterstellung des Erblassers eintreten) oder Ausschluss des Gesellschafters durch die Mitgesellschafter. Tritt ein Gesellschafter aus der OHG aus, so wächst den übrigen Gesellschaftern sein Anteil am Gesellschaftsvermögen zu; der austretende Gesellschafter (bzw. seine Erben) haben dann nach §§ 105 Abs. 3 HGB i.V.m. § 738 Abs. 1 Satz 2 BGB einen Abfindungsanspruch gegenüber der Gesellschaft. Auch in der OHG gilt das Prinzip der fünfjährigen Nachhaftung (§ 160 HGB).

Die **Auflösung** (Liquidation) der Gesellschaft ist in § 131 Abs. 1 HGB geregelt. Auflösungsgründe sind Zeitablauf, Insolvenz der Gesellschaft, gerichtliche Entscheidung (§ 133 HGB) und der einvernehmliche Beschluss der Gesellschafter über die Auflösung. Der Liquidationserlös steht den Gesellschaftern zu.

Die **steuerliche Behandlung** der OHG entspricht der steuerlichen Behandlung der GbR: Die OHG ist selbst nicht einkommensteuerpflichtig. Steuersubjekt ist nach § 15 Abs. 1 Nr. 2 EStG der jeweilige Gesellschafter. Die OHG ist allerdings kraft Rechtsform stets gewerbesteuerpflichtig (§ 2 Abs. 1 GewStG, § 15 Abs. 3 Nr. 2 EStG) und daher regelmäßig auch umsatzsteuerpflichtig (§ 2 UStG).

Der **Jahresabschluss** einer OHG umfasst die Bilanz sowie die Gewinn- und Verlustrechnung. Die Bilanz wird nach den allgemeinen Bilanzierungsvorschriften des HGB (§§ 238 ff. HGB) von den geschäftsführenden Gesellschaftern aufgestellt und von allen Gesellschaftern durch Beschluss festgestellt. Sie wird durch die Gewinn- und Verlustrechnung ergänzt (§ 242 Abs. 2 HGB). Die Handelsbilanz zeigt das Vermögen (Aktiva) und die Schulden (Passiva) der Gesellschaft (§ 242 Abs. 1 HGB). Dargestellt wird also auf der Aktivseite die Mittelverwendung und auf der Passivseite die Mittelherkunft. In der Gewinn- und Verlustrechnung sind von den Erträgen die Aufwendungen abzuziehen; am Ende bleibt ein Jahresüberschuss oder -fehlbetrag.

Die **rechtsformspezifischen Kosten** der offenen Handelsgesellschaft umfassen die Kosten des Registergerichtes und der Anfertigung des Jahresabschlusses.

Zusammenfassend haben die Gesellschafter einer OHG die folgenden **Rechte**:

- Einzelgeschäftsführung und -vertretung der Gesellschaft (es sei denn im Gesellschaftsvertrag ausgeschlossen oder modifiziert),
- Gewinnbeteiligung,
- Privatentnahmen in Höhe von 4% des Kapitalanteils des letzten Geschäftsjahres,
- Kontrolle der Geschäftsführung, Informationsrechte,
- Widerspruchsrecht (nur geschäftsführende Gesellschafter),
- Liquidationserlös und
- Abfindung bei Austritt

und **Pflichten**:

- Erbringung der versprochenen Einlage,
- Tragen von Verlusten, unbegrenzte Haftung mit dem Privatvermögen,
- Eintragung der Gesellschaft in das Handelsregister und
- Beachtung des Wettbewerbsverbots.

5.2.5.3 Partnerschaftsgesellschaft

Die Partnerschaftsgesellschaft (PartG) ist eine der OHG nachgebildete, spezielle **Gesellschaftsform für die Angehörigen der freien Berufe** zum Zweck der gemeinschaftlichen Berufsausübung.

Als freie Berufe bezeichnet man Tätigkeiten, welche nicht der Gewerbeordnung unterliegen und sich nach § 18 EStG bzw. § 1 PartGG auf selbstständig ausgeübte wissenschaftliche, künstlerische, schriftstellerische, unterrichtende oder erzieherische oder ähnliche Tätigkeiten beziehen. Sie haben im Allgemeinen auf der Grundlage besonderer beruflicher Qualifikation oder schöpferischer Begabung die persönliche, eigenverantwortliche und fachlich unabhängige Erbringung von Dienstleistungen höherer Art im Interesse der Auftraggeber und der Allgemeinheit zum Inhalt. Ausübung eines Freien Berufs im Sinne des PartGG ist die selbstständige Berufstätigkeit der Ärzte, Zahnärzte, Tierärzte, Heilpraktiker, Krankengymnasten, Hebammen, Heilmasseure, Diplom-Psychologen, Rechts- und Patentanwälte, Wirtschaftsprüfer, Steuerberater, beratenden Volks- und Betriebswirte, vereidigten Buchprüfer, Steuerbevollmächtigten, Ingenieure, Architekten, Handelschemiker, Lotsen, hauptberuflichen Sachverständigen, Journalisten, Bildberichterstatter, Dolmetscher, Übersetzer und ähnlicher Berufe sowie der Wissenschaftler, Künstler, Schriftsteller, Lehrer und Erzieher. Nicht als freie Berufe werden etwa Tätigkeiten als Software-Programmierer, Berufssportler, Werbefachleute, Gebrauchsgrafiker, Fotographen, Hellseher, Trauerredner und Zahnersatzhersteller angesehen. Wie diese Auflistung zeigt, ist die Abgrenzung schwierig und erfolgt oftmals im Einzelfall durch gerichtliche Entscheidung.

Die Rechtsgrundlage der Partnerschaftsgesellschaft ist das Partnerschaftsgesellschaftsgesetz (PartGG) und ergänzend hierzu die Vorschriften über die OHG (§§ 105 ff. HGB) und GbR (§§ 705 ff. BGB). Sie ist als Gesellschaftsform deshalb attraktiv, da das PartGG eine Einschränkung der persönlichen Haftung gestattet. Im Vergleich zur GbR – der einzig weiteren Personengesellschaftsform, die den Angehörigen freier Berufe offen steht – bedeutet dies ein weit geringeres persönliches Risiko der Gesellschafter.

Die PartG ist wie die OHG eine **rechtsfähige Personengesellschaft** (§§ 7 Abs. 2 PartGG, 124 HGB). Sie kann unbeschränkt Verträge eingehen, Eigentum erwerben und Prozesspartei sein. Nach § 1 Abs. 1 PartGG müssen die **Gesellschafter** einer PartG natürliche Personen und zugleich Angehörige der oben genannten freien Berufe sein. Zweck des Zusammenschlusses ist die gemeinschaftliche Berufsausübung, allerdings wird dabei kein Handelsgewerbe betrieben. Die speziellen, kaufmännischen Regeln des HGB finden auf die PartG deshalb keine Anwendung.

Die **Gründung** einer PartG erfolgt durch Abschluss eines Gesellschaftsvertrags (§ 3 PartGG). Dieser Vertrag muss den Namen und den Sitz der Gesellschaft bestimmen, die einzelnen Partner und den Gegenstand der Partnerschaft benennen und schriftlich abgeschlossen werden. Durch den Gesellschaftsvertrag verpflichten sich die Gesellschafter, die versprochenen **Beiträge** zu leisten. Im Vordergrund steht hierbei der persönliche Arbeitseinsatz, vereinbarungsfähig sind allerdings auch Bar- oder Sachbeiträge. Eine Mindestkapitalanforderung existiert nicht.

Die PartG ist nicht verpflichtet, unter einer **Firma** aufzutreten, allerdings besteht die Pflicht, nach außen durch Zusätze wie „und Partner", „Partnerschaft" oder „Partnerschaftsgesellschaft" die Rechtsform kenntlich zu machen. Schließlich ist die PartG zum Partnerschaftsregister[82] anzumelden (§ 4 PartGG). Erst mit der Eintragung in das PartG-Register wird die Gesellschaft im Außenverhältnis wirksam (§ 7 PartGG). Die Eintragung hat also konstitutive („begründende") Wirkung. Vor Eintragung in das Register besteht bereits eine sogenannte Vor-PartG, die alle Merkmale der GbR erfüllt.

Die **Organisationsverfassung** der PartG beruht auf dem Gedanken gleichberechtigter Partner. Jeder Partner ist damit einzelgeschäftsführungs- und einzelvertretungsbefugt (§ 7 Abs. 3 PartGG). Bei Beschlüssen gilt das Einstimmigkeitsprinzip. Der Gesellschaftsvertrag kann allerdings hiervon abweichende Bestimmungen treffen. Der Gewinn steht – vorbehaltlich einer anderen Regelung im Gesellschaftsvertrag – allen Gesellschaftern in gleichem Umfang zu.

Die **Haftung** in der PartG ist grundsätzlich eine akzessorische Gesellschafterhaftung nach Vorbild der §§ 128 ff. HGB. Die Partner haften neben dem Partnerschaftsvermögen für alle Verbindlichkeiten der Gesellschaft unbeschränkt persönlich als Gesamtschuldner (§ 8 Abs. 1 S. 1 PartGG). Allerdings besteht die Besonderheit, dass bei **beruflichen Fehlern** eine Haftungsbeschränkung stattfindet und zwar dahingehend, dass neben der Gesellschaft nicht alle Gesellschafter (Partner) unbeschränkt persönlich haften, sondern nur derjenige Gesellschafter, der den Auftrag bearbeitet hat.

Beispiel:[83] In der ABC-Steuerberater-PartG bearbeitet A ein Mandat fehlerhaft und verursacht dadurch beim Mandanten M einen Schaden von 10.000 Euro. M kann den Schadensersatzanspruch gegen die PartG geltend machen und daneben auch gegen A persönlich, nicht jedoch gegen B und C (dies könnte er dagegen in der OHG und GbR). Damit sind deren Privatvermögen haftungsrechtlich geschützt.

Die Fragen zum **Gesellschafterwechsel** und zur **Auflösung** der Gesellschaft richten sich nach der Rechtslage bei der OHG (§§ 9, 10 PartGG). Einzige Ausnahme ist, dass der Gesellschaftsanteil an einer PartG nicht vererbbar ist (§ 9 Abs. 4 PartGG). Der Grund hierfür liegt darin, dass der Erbe im Regelfall nicht Angehöriger des gleichen Berufs wie der Erblasser ist, deshalb ergibt die Gesellschafterstellung in einer PartG für ihn und die

---

82 Das Partnerschaftsregister ist ein dem Handelsregister angelehntes Verzeichnis, in welches nur die PartG eingetragen werden. Ebenso wie das Handelsregister wird es bei den Amtsgerichten geführt und erfüllt Publizitätszwecke.

83 Nach Blaese (2003), S. 286.

Mitgesellschafter keinen Sinn. Der Erbe erhält aber einen Abfindungsanspruch. Der Gesellschaftsvertrag kann die Vererblichkeit vorsehen, wenn der Erbe den gleichen freien Beruf ausübt.

Die **Finanzierung** der PartG entspricht weitgehend derjenigen der GbR. Da sich die PartG an die freien Berufe richtet, die mit Ausnahme von Büro- und Geschäftsausstattung einen vergleichsweise geringen Kapitalbedarf haben, ist die Finanzierung der PartG durch Eigenkapital geprägt.

Die **steuerliche Behandlung** der PartG entspricht der steuerlichen Behandlung der GbR: Die PartG ist selbst nicht steuerpflichtig. Steuersubjekt ist nach § 15 Abs. 1 Nr. 2 EStG der jeweilige Partner. Da die Ausübung eines freien Berufs kein Gewerbe darstellt, fällt auch keine Gewerbesteuer an.

Die **rechtsformspezifischen Kosten** der PartG umfassen die Kosten für Ein- und Austragung in das PartG-Register sowie Kosten für die Erstellung des schriftlichen Gesellschaftsvertrags.

5.2.5.4 Kommanditgesellschaft

Die Kommanditgesellschaft (KG) ist der Betrieb eines Handelsgewerbes unter gemeinschaftlicher Firma durch zwei oder mehr Personen, wobei mindestens ein Gesellschafter (Komplementär/Vollhafter) unbeschränkt und mindestens ein Gesellschafter (Kommanditist/Teilhafter) beschränkt haftet.

Die KG ist dem Grunde nach eine OHG, die aufgrund der beschränkten Haftung der Kommanditisten speziellen Regeln unterliegt. Diese sind in den §§ 161-177a HGB zu finden. Abgesehen von diesen Sondervorschriften gelten für die KG die Vorschriften über die OHG (§§ 105 ff. HGB) und GbR (§§ 705 ff. BGB).

Wie die OHG ist auch die KG eine **Personengesellschaft**, d.h. eine Gesellschaft ohne eigene Rechtspersönlichkeit. Sie ist aber aufgrund von § 161 Abs. 2 i.V.m. § 124 HGB teilrechtsfähig und kann Trägerin bestimmter Rechte und Pflichten sein. Da die KG dem Grunde nach eine OHG ist, kann sie auf zweierlei Weise gegründet werden: Entweder durch direkte Gründung oder durch „Umwandlung" einer bestehenden OHG in eine KG, indem beschränkt haftende Gesellschafter (Kommanditisten) aufgenommen werden – etwa aufgrund Vererbung der Einlage gemäß § 139 Abs. 1 HGB.

Für die (direkte) **Gründung** sind mindestens zwei Gesellschafter erforderlich, die einen Gesellschaftsvertrag abschließen. Einer dieser beiden Gesellschafter muss unbeschränkt persönlich haften (Komplementär), der andere kann seine Haftung auf eine bestimmte „Haftsumme" begrenzen (Kommanditist). **Kommanditisten** einer KG können natürliche und juristische Personen sowie Gesellschaften ohne Rechtspersönlichkeit sein. Der **Komplementär** dagegen muss eine unbeschränkt haftende, natürliche Person sein.[84] Anders als bei der GbR unterliegen in der KG nicht alle Gesellschafter, sondern nur die Komplementäre dem **Wettbewerbsverbot** nach § 112 HGB. Die Kommanditisten dagegen sind hiervon nach § 165 HGB befreit.

Ein **Mindestkapital** müssen die Gesellschafter nicht aufbringen. Dafür haften der/die Komplementär/e den Gläubigern der Gesellschaft unmittelbar und unbeschränkt mit ihrem privaten Vermögen als Gesamtschuldner (§ 161 Abs. 2 i.V.m. § 128 HGB). Die Kommanditisten haften bis zur Höhe ihrer Einlage (§ 171 HGB). Die Höhe dieser Einlage ist beliebig und wird regelmäßig im Gesellschaftsvertrag vereinbart.

Es gibt allerdings auch Ausnahmen von der beschränkten Haftung des Kommanditisten:

- **Unbeschränkte Haftung bei Geschäftsaufnahme vor Handelsregistereintragung:** Der Kommanditist haftet immer dann unbeschränkt persönlich, wenn die KG ihre Geschäfte bereits vor der Handelregistereintragung aufgenommen und der Kommanditist der Aufnahme der Geschäfte zugestimmt hat (§ 176 Abs. 1 HGB). Durch diese Regelung will der Gesetzgeber Druck auf die Gesellschafter ausüben, die Eintragung der KG in das Handelsregister voranzutreiben, da nur auf diese Weise die beschränkte Haftung der Kommanditisten sichergestellt wird.
- **Unbeschränkte Haftung bei offener oder verdeckter Einlagenrückgewähr:** Ein Kommanditist haftet außerdem persönlich, wenn ihm seine Hafteinlage zurück bezahlt wird (§ 172 Abs. 4 HGB). Liegt ein solcher Rückgewährtatbestand vor, so gilt der Kommanditist als persönlich haftender Komplementär, auch wenn der Rückgewährvorgang bereits mehrere Jahre zurück liegt. Diese Vorschrift dient dem Schutz der Gläubiger vor Schmälerungen der Haftungsmasse und greift auch bei verdeckten oder verschleierten Einlagenrückzahlungen ein. Beispiele aus der Praxis für verschleierte Einlagenrückzahlungen sind etwa Austauschgeschäfte zwischen der KG und einem Kommanditisten zu unangemessenen Konditionen oder Zahlung unangemessen hoher „Aufwandsentschädigungen“, „Beraterhonorare“ etc. ohne entsprechende Gegenleistung des Kommanditisten. Diese erscheinen zwar nicht auf den ersten Blick als Rückgewähr der Einlage, erfüllen aber wirtschaftlich gesehen diese Funktion.

Wie im Fall der GbR und OHG unterliegt der **Gesellschaftsvertrag** keinen bestimmten Formvorschriften, insbesondere kann der Vertragsschluss auch mündlich oder konkludent erfolgen. Inhalt des Gesellschaftsvertrags ist der Betrieb eines Handelsgewerbes, d.h. einer planmäßig, auf Dauer angeleg-

---

[84] Ist der Komplementär eine juristische Person (GmbH oder AG), so handelt es sich bei der KG um die Mischform einer GmbH & Co. KG bzw. AG & Co. KG. Diese wird in Abschnitt 5.2.7.1 besprochen.

ten, selbstständigen und an einem Markt anbietenden Tätigkeit mit der Absicht der Gewinnerzielung. Durch Abschluss des Gesellschaftsvertrags entsteht die Gesellschaft nach innen, d.h. zwischen den Gesellschaftern. Im Außenverhältnis, d.h. gegenüber Dritten, entsteht die KG erst durch Eintragung in das Handelsregister oder durch einvernehmliche Aufnahme der Geschäfte (§ 161 Abs. 2 i.V.m. § 123 HGB).

Die **Firma** der KG kann seit der HGB-Reform 1998 sowohl eine Personal-, Sach- als auch eine Fantasiefirma sein, soweit sie Unterscheidungskraft besitzt und zur Kennzeichnung der Gesellschaft geeignet ist (§ 18 HGB). Die Familiennamen der Gesellschafter sind damit nicht mehr zwingend Pflichtbestandteil der Firma. Hinter der Firma ist der Zusatz „Kommanditgesellschaft" bzw. „KG" hinzuzufügen (§ 19 Abs. 1 Nr. 3 HGB). Die Firma, der Sitz der Gesellschaft sowie Angaben zu den Komplementären (Name, Vorname, Geburtsdatum und Wohnort) und ihrer Vertretungsmacht sind in das Handelsregister einzutragen (§ 106 HGB). Außerdem müssen auch die Kommanditisten und die Höhe ihrer Einlage bezeichnet und eingetragen werden (§ 162 HGB).

Die KG ist kraft Gesetzes **Kaufmann** im Sinne des HGB. Dies ergibt sich aus den §§ 161 Abs. 1, 105 Abs. 1, 6 Abs. 1 HGB. Für die KG gelten damit die besonderen Kaufmannsrechte und -pflichten des HGB, die von den für alle Privatleute geltenden allgemeinen Vorschriften nach dem BGB abweichen.

Wie in der OHG gilt auch in der KG das Prinzip der **Einzelgeschäftsführung** (§ 161 Abs. 2 i.V.m. §§ 114, 115 Abs. 1 HGB). Zur Geschäftsführung sind allerdings nur die Komplementäre befugt. Die Kommanditisten sind von der Geschäftsführung grundsätzlich ausgeschlossen (vgl. § 164 Satz 1 HGB). Der Gesellschaftsvertrag kann allerdings von der Einzelgeschäftsführung abweichende Regelungen treffen, etwa **gemeinschaftliche Geschäftsführung** aller Komplementäre anordnen oder die Geschäftsführung einem oder mehreren bestimmten Komplementären zuweisen. Ist letzteres der Fall, so sind die übrigen Komplementäre der KG von der Geschäftsführung ausgeschlossen (§ 161 Abs. 2 i.V.m. § 114 Abs. 2 HGB). Auch einem Kommanditisten kann durch entsprechende Regelung im Gesellschaftsvertrag die Geschäftsführung der KG übertragen werden. Liegt ein solcher Fall vor, spricht man von einer **atypischen KG**.

Der **Umfang der Geschäftsführung** richtet sich nach § 161 Abs. 2 i.V.m. § 116 HGB: Den Geschäftsführern ist demnach die Vornahme aller Geschäfte und Tätigkeiten, die zum gewöhnlichen Betrieb eines Handelsgewerbes erforderlich sind, gestattet. Zur Vornahme ungewöhnlicher Geschäfte ist dagegen die Zustimmung von allen – auch den von der Geschäftsführung ausgeschlossenen – Komplementären einzuholen. Eine Zustimmung der Kommanditisten ist nicht erforderlich, allerdings können diese gemäß § 164 Satz 1 Hs. 2 HGB einem ungewöhnlichen Geschäft widersprechen.

Parallel zur Einzelgeschäftsführungsbefugnis gilt in der KG auch das Prinzip der **Einzelvertretung** jedes persönlich haftenden Gesellschafters (§ 161 Abs. 2 i.V.m. § 125 Abs. 1 HGB), es sei denn der Gesellschaftsvertrag schließt einzelne Komplementäre von der Vertretung der Gesellschaft aus. Der Gesellschaftsvertrag kann ebenfalls bestimmen, dass alle oder mehrere Komplementäre nur in Gemeinschaft zur Vertretung der Gesellschaft ermächtigt sein sollen (sog. Gesamtvertretung, § 161 Abs. 2 i.V.m. § 125 Abs. 2 HGB). Solche Beschränkungen der Vertretungsmacht müssen in das Handelsregister eingetragen werden, ansonsten sind sie gegenüber Dritten nicht wirksam. Die Vertretungsmacht erstreckt sich nach § 126 HGB auf alle gerichtlichen und außergerichtlichen Geschäfte und Rechtshandlungen einschließlich der Veräußerung und Belastung von Grundstücken sowie Erteilung und Widerruf einer Prokura. Kommanditisten sind dagegen grundsätzlich nicht zur Vertretung der Gesellschaft befugt (§ 164 HGB). Allerdings kann einem geschäftsführenden Kommanditisten rechtsgeschäftliche Vertretungsmacht (Vollmacht, Prokura) erteilt werden.

Sowohl Komplementäre als auch Kommanditisten haben bestimmte **Kontrollrechte**. Die Rechte der Komplementäre sind mit den Kontrollrechten der Gesellschafter einer OHG identisch: Ihnen ist nach Maßgabe des § 118 HGB zu jeder Zeit die Einsicht in alle Geschäftsbücher zu gewähren, unabhängig davon ob sie von der Geschäftsführung ausgeschlossen sind oder nicht. Außerdem sind sie befugt, sich zu jeder Zeit persönlich über die Angelegenheiten der Gesellschaft zu unterrichten. Den Kommanditisten stehen ähnliche, aber weniger umfangreiche Einsichtsrechte zu (vgl. § 166 Abs. 1 HGB). Danach ist der Kommanditist berechtigt, die abschriftliche Mitteilung des Jahresabschlusses zu verlangen und dessen Richtigkeit unter Einsicht der Bücher und Papiere zu prüfen.

Den geschäftsführenden Komplementären und geschäftsführenden Kommanditisten steht zudem ein **Widerspruchsrecht** im Hinblick auf eine geschäftsführende Maßnahme zu (§ 115 Abs. 1 Hs. 2 HGB).

Die **Gewinne und Verluste** werden gemäß der §§ 120 ff. sowie §§ 167 ff. HGB ermittelt und verteilt. Ebenso wie bei der OHG wird zum Schluss jedes Geschäftsjahres der Gewinn bzw. Verlust ermittelt und wie folgt auf die Gesellschafter verteilt (§ 120 ff. HGB): Zunächst erhält jeder Gesellschafter einen Anteil in Höhe von vier Prozent seines Kapitalanteils (§ 121 HGB). Ein verbleibender Gewinn (bzw. ein erwirtschafteter Verlust) wird nach Köpfen auf die Gesellschafter verteilt. Das Gesetz unterscheidet bei der Gewinn- und Verlustverteilung grundsätzlich nicht zwischen Komplementären und Kommanditisten. Da die Komplementäre aber die persönliche Haftung übernehmen und in der Regel auch die Geschäfte führen, ist in den meisten Gesellschaftsverträgen eine abweichende Gewinn-/Verlustverteilung vereinbart und zwar dahingehend, dass die Komplementäre eine erhöhte Zahlung erhalten. Außerdem werden – abweichend vom gesetzgeberischen Modell – die Gewinne/Verluste im Verhältnis fest bestimmter, nicht variabler Kapitalanteile verteilt. Für die Kommanditisten gilt zudem die besondere Regel des § 169 Abs. 1 HGB: Wurde die Einlage des Kommanditisten durch Verluste geschmälert, so muss diese (in den folgenden Jahren) durch Gewinne erst wieder „aufgefüllt" werden; davor kann der Kommanditist keine Gewinnausschüttung verlangen. Bereits ausgeschüttete Gewinne müssen bei zukünftigen Verlusten aber nicht zurückgewährt werden.

Nach § 161 Abs. 2 i.V.m. § 122 Abs. 1 HGB ist jeder Komplementär außerdem zu **Entnahmen** bis zu einem Betrag von 4% seines für das letzte Geschäftsjahr festgestellten Kapitalanteils berechtigt. Darüber hinaus gehende Entnahmen sind ohne Einwilligung der übrigen Gesellschafter unzulässig (§ 161 Abs. 2 i.V.m. § 122 Abs. 2 HGB). Den Kommanditisten steht dieses Entnahmerecht nicht zu (§ 169 Satz 1 HGB).

Vergleichbar mit der OHG erfolgt die **Finanzierung** der KG durch Eigenkapital: Die Gesellschafter leisten die vereinbarten Beiträge (§§ 161 Abs. 2, 105 Abs. 3 HGB i.V.m. § 705 BGB), die dann das Vermögen der Gesellschaft bilden. Eine Nachschusspflicht der Gesellschafter besteht nicht. Allerdings können weitere Kommanditisten in die Gesellschaft aufgenommen werden, die durch Erbringung ihrer Hafteinlage der Gesellschaft frisches Kapital zuschießen. Im Unterschied zur OHG können sich die Kommanditisten mit Eigenkapital am Unternehmen beteiligen, ohne gleichzeitig die Geschäftsführung ausüben zu müssen bzw. über den Kapitalanteil hinaus für die Verbindlichkeiten der Gesellschaft zu haften.

Grundsätzlich sind auch bei der KG Darlehen als weitere Finanzierungsmöglichkeit sowie Gesellschafterdarlehen möglich. Die Finanzierungsmöglichkeiten über Fremdkapital sind grundsätzlich gut, da der Darlehensgeber auf das Privatvermögen der Komplementäre zurückgreifen kann.

Aufgrund ihrer personenbezogenen Struktur ist auch in der KG der **Ein- und Austritt** bzw. der **Wechsel eines Gesellschafters** zustimmungspflichtig.

Der **Eintritt eines Komplementärs** erfolgt durch einen Aufnahmevertrag mit allen bisherigen Gesellschaftern. Ein **Komplementärwechsel** ist durch Übertragung des Geschäftsanteils des Alt-Komplementärs auf den neuen Komplementär mit Zustimmung aller sonstigen Gesellschafter möglich.

Der **Austritt eines Komplementärs** erfolgt nicht nur aufgrund eines Gesellschafterwechsels, sondern auch in den von § 131 Abs. 3 HGB geregelten Fällen. Diese Fälle sind die Kündigung durch den Komplementär selbst (§ 132 HGB), eine Kündigung durch Privatgläubiger des Komplementärs (§ 135 HGB), die Insolvenz des Komplementärs, Tod[85] oder Aus-

---

[85] Es sei denn, die Erben treten in die Gesellschafterstellung des Erblassers ein (§ 139 HGB).

schluss des Komplementärs durch die Mitgesellschafter. Der ausscheidende Komplementär hat einen Abfindungsanspruch. Auch in der KG gilt das Prinzip der fünfjährigen Nachhaftung (§ 160 HGB).

Der **Eintritt eines Kommanditisten** erfolgt auf dieselbe Weise: Die Zustimmung aller Gesellschafter und die Eintragung in das Handelsregister ist notwendig. Der Kommanditist haftet nach § 173 HGB auch für die vor seinem Eintritt begründeten Verbindlichkeiten der Gesellschaft. Bis zur Eintragung des neuen Kommanditisten in das Handelsregister haftet dieser den Gläubigern unbeschränkt persönlich (§ 176 HGB). Durch den Eintritt in eine bereits bestehende und operierende KG erklärt der Kommanditist nämlich konkludent seine Zustimmung zur „Aufnahme" der Geschäfte mit der Haftungsfolge des § 176 HGB.

Der **Austritt eines Kommanditisten** erfolgt entweder durch Übertragung seiner Anteile auf einen Neu-Kommanditisten mit Zustimmung aller anderen Gesellschafter (sog. Kommanditistenwechsel) oder in den durch § 131 Abs. 3 HGB genannten Fällen (Kündigung, Insolvenz usw.). Anders als im Falle eines Komplementärs führt der Tod eines Kommanditisten aber nicht zum Ausscheiden des Kommanditisten (mit Abfindungsanspruch der Erben), sondern gemäß § 177 HGB zur Fortführung der Gesellschaft mit den Erben. Der Gesellschaftsvertrag kann abweichende Regelungen treffen.

Weitere Besonderheit des Kommanditistenaustritts ist die persönliche Haftung des Austretenden bei Gewährung einer Abfindung: Wird dem Kommanditisten beim Ausscheiden eine Abfindung durch die KG gewährt, so wird dies nach allgemeiner Auffassung als Einlagenrückgewähr im Sinne des § 172 Abs. 4 HGB qualifiziert. Folge hiervon ist, dass der Kommanditist gleich einem persönlich haftenden Gesellschafter (Komplementär) behandelt wird und mithin der persönlichen (fünfjährigen) Nachhaftung gemäß § 160 Abs. 1 HGB unterliegt.

Die **Auflösung** (Liquidation) der KG erfolgt – ebenso wie die OHG – nach Maßgabe des § 131 Abs. 1 HGB. Auflösungsgründe sind Zeitablauf, Insolvenz der Gesellschaft, gerichtliche Entscheidung (§ 133 HGB) und der einvernehmliche Beschluss der Gesellschafter über die Auflösung. Der Liquidationserlös steht den Gesellschaftern zu.

Die **steuerrechtliche Behandlung** der KG verläuft parallel zur OHG. Komplementäre und Kommanditisten gelten beide als Mitunternehmer im Sinne des Einkommensteuerrechts. Die KG ist zudem kraft Rechtsform stets gewerbesteuerpflichtig (§ 2 Abs. 1 GewStG, § 15 Abs. 3 Nr. 2 EStG) und daher regelmäßig auch umsatzsteuerpflichtig (§ 2 UStG).

Für den **Jahresabschluss** gelten die bei der OHG gemachten Ausführungen entsprechend.

Die **rechtsformspezifischen Kosten** umfassen bei der Kommanditgesellschaft die Kosten des Registergerichtes und der Erstellung des Jahresabschlusses.

Zusammenfassend haben die **Komplementäre** einer KG die folgenden **Rechte**:

- Einzelgeschäftsführung und -vertretung (es sei denn im Gesellschaftsvertrag ausgeschlossen oder modifiziert),
- Gewinnbeteiligung,
- Privatentnahmen in Höhe von 4% des Kapitalanteils des letzten Geschäftsjahres,
- Kontroll- und Informationsrechte,
- Widerspruchsrecht für alle geschäftsführenden Maßnahmen (gilt nur für geschäftsführende Komplementäre),
- Verweigerung der Zustimmung bei außergewöhnlichen geschäftsführenden Maßnahmen,
- Liquidationserlös und
- Abfindung bei Austritt

und **Pflichten**:

- Erbringung der versprochenen Einlage,
- Tragen von Verlusten, unbegrenzte Haftung mit dem Privatvermögen,
- Eintragung der KG in das Handelsregister und
- Beachtung des Wettbewerbsverbots.

Die **Kommanditisten** einer KG haben dagegen folgende **Rechte**:

- Geschäftsführung und Vertretung im Fall einer sogenannten „atypischen KG",
- Widerspruchsrecht bei außergewöhnlichen geschäftsführenden Maßnahmen,
- Gewinnbeteiligung,
- (eingeschränkte) Kontroll- und Informationsrechte,
- Liquidationserlös und
- Aufnahme einer weiteren (auch konkurrierenden) Tätigkeit oder Beteiligung (kein Wettbewerbsverbot)

und **Pflichten**:

- Erbringung der vereinbarten Einlage,
- Haftung für Verbindlichkeiten der KG bis zur Höhe der versprochenen Einlage,
- Verzicht auf Gewinnausschüttung bei Schmälerung der Einlage durch Verluste der/s vorangegangenen Geschäftsjahre/s und
- Eintragung der KG in das Handelsregister.

5.2.5.5 Stille Gesellschaft

Die stille Gesellschaft ist die Beteiligung einer Person mit einer Vermögenseinlage an dem Handelsgeschäft eines anderen (§ 230 Abs. 1 HGB). Rechtsgrundlage sind die §§ 230 ff. HGB.

Die stille Gesellschaft ist eine reine **Innengesellschaft**, die nicht nach außen auftritt. Nach außen tritt nur der das Handelsgewerbe betreibende Unternehmer auf. Er ist der alleinige Vermögensinhaber, Vertragspartner und Schuldner. Aus den Geschäften der Gesellschaft wird also auch nur er verpflichtet (§ 230 Abs. 2 HGB) und nicht zugleich der stille Gesellschafter. Als reine Innengesellschaft unterliegt die stille Gesellschaft keiner Registerpflicht und keiner Verpflichtung, sich nach außen hin als „stille Gesellschaft" zu bezeichnen.

Die **Gründung** einer stillen Gesellschaft erfolgt durch Vertrag zwischen dem stillen Gesellschafter und dem Unternehmer. Stiller Gesellschafter kann dabei eine natürliche oder juristische Person sein. Nach dem Grundgedanken des § 230 HGB muss der Unternehmer ein Handelsgeschäft betreiben, insoweit kommen natürliche Personen als Einzelkaufleute, rechtsfähige Personengesellschaften und juristische Personen in Betracht. Ob als Unternehmer auch ein Angehöriger eines freien Berufs auftreten kann, ist umstritten.

Die stille Gesellschaft ist immer **zweigliedrig**, besteht also nur aus zwei Personen: dem stillen Gesellschafter und dem Unternehmer. Wollen sich mehrere stille Gesellschafter an dem gleichen Unternehmen beteiligen, können sie mehrere Gesellschaftsverträge mit dem Unternehmer abschließen. Alternativ besteht auch die Möglichkeit, dass sie sich zu einer Beteiligungsgesellschaft zusammenschließen, die dann ihrerseits stille Gesellschafterin ist.

Die **Rechte und Pflichten der Gesellschafter** bestimmen sich in erster Linie nach dem Gesellschaftsvertrag. Der stille Gesellschafter ist zur Erbringung der vereinbarten Einlage verpflichtet, die in das Vermögen des Unternehmers übergeht. Es wird – im Gegensatz zu anderen Gesellschaftsformen – also kein gemeinsames Vermögen gebildet, vielmehr geht die Einlagenleistung vom stillen Gesellschafter auf den Unternehmer über. Im Gegenzug erhält der stille Gesellschafter eine Beteiligung am Gewinn. Die Geschäfte der Gesellschaft führt regelmäßig nur der Unternehmer. Der stille Gesellschafter ist von der Geschäftsführung (wie der Kommanditist) ausgeschlossen. Eine Gesellschafterversammlung existiert nicht. Der Stille ist auf die **Informations- und Kontrollrechte** nach § 233 HGB beschränkt.

Die stille Gesellschaft kommt als typische und als atypische stille Gesellschaft vor. Die jeweilige Ausgestaltung kann für die gegenseitigen Rechte und Pflichten ausschlaggebend sein.

- **Typische stille Gesellschaft**: Die typische stille Gesellschaft entspricht dem gesetzlichen Bild der §§ 230 ff. HGB. Danach ist der stille Gesellschafter nur am Ergebnis, nicht aber auch am Vermögen der Gesellschaft beteiligt. Die Folge ist, dass er von den stillen Reserven ausgeschlossen ist und in steuerlicher Hinsicht Einkünfte aus Kapitalvermögen erzielt. Die Beteiligung am Ergebnis bedeutet, dass der stille Gesellschafter sowohl am Gewinn wie auch am Verlust beteiligt ist. Davon geht auch § 231 Abs. 1 HGB aus. Der Gesellschaftsvertrag kann aber die Verlustbeteiligung ausschließen, so dass der stille Gesellschafter nur am Gewinn teilnimmt (§ 31 Abs. 2 HGB).

  Beispiel:[86] S möchte sich mit Kapital an dem Unternehmen der G-GmbH beteiligen, die große Gewinnaussichten verspricht. Eine Beteiligung am Stammkapital wäre nur durch Kapitalerhöhung möglich. Dies wünschen die übrigen Gesellschafter der GmbH nicht. Deshalb vereinbaren S und die G-GmbH die Gründung einer stillen Gesellschaft. S soll sich an der Geschäftsführung nicht beteiligen; Verluste sollen ihn nicht treffen.

- **Atypische stille Gesellschaft**: In der atypischen stillen Gesellschaft ist der stille Gesellschafter in jedem Fall am Gewinn und am Verlust beteiligt, außerdem am Vermögen und damit an den stillen Reserven, schließlich auch an der Geschäftsführung. Seine Einkünfte werden deshalb auch als Einkünfte aus Gewerbebetrieb qualifiziert.

  Beispiel:[87] M betreibt seit vielen Jahren ein eingeführtes und bekanntes Maklerbüro. Den T möchte er zu seinem Nachfolger machen, mit ihm zusammen aber vorerst keine Außengesellschaft gründen. M und T vereinbaren die Gründung einer stillen Gesellschaft dergestalt, dass sich T mit einem Kapitalbetrag an dem Unternehmen beteiligt. T soll die Geschäfte der Gesellschaft in gleicher Weise führen wie M, er soll außerdem am Gewinn und am Verlust beteiligt sein.

Die Unterscheidung zwischen der typischen und atypischen Gesellschaft ist damit eigentlich keine gesellschaftsrechtliche, sondern eine steuerrechtliche Unterscheidung.

Gewinn und Verlust der stillen Gesellschaft werden nur mit Wirkung für das Innenverhältnis festgestellt (§ 232 HGB). Da es sich um eine reine Innengesellschaft handelt, ist die stille Gesellschaft nach außen hin nicht bilanzierungspflichtig. Welche Höhe die Gewinnbeteiligung des stillen Gesellschafters annehmen soll, ist im Gesellschaftsvertrag festzulegen. Der auf den Stillen entfallende Gewinnanteil ist an ihn auszuzahlen (§ 232 HGB). Der stille Gesellschafter hat damit ein Recht auf Entnahme des Gewinnanteils. Die Entnahme ist aber ausgeschlossen, soweit die Einlage durch frühere Verluste vermindert ist (§ 232 Abs. 2 Hs. 2 HGB). Ver-

---

[86] Nach Blaese (2003), S. 288.
[87] Nach Blaese (2003), S. 288 f.

luste können vom Kapitalanteil nur abgeschrieben werden, solange der Kapitalanteil noch besteht. Da der stille Gesellschafter weder zum **Nachschuss** noch zu einer Außenhaftung verpflichtet ist, kann für ihn ein negatives Einlagenkonto nicht entstehen.

Die **Auflösung** der stillen Gesellschaft kann u.a. durch Kündigung erfolgen (§ 234 HGB). Für die Kündigung einer unbefristeten Gesellschaft gilt nach § 132 HBG eine sechsmonatige Kündigungsfrist zum Ende des Geschäftsjahres. Wurde die Gesellschaft auf eine bestimmte Zeit befristet, so kann nur außerordentlich, d.h. bei Vorliegen eines wichtigen Grundes, gekündigt werden (vgl. §§ 234 Abs. 1 Satz 2 HGB, 723 BGB). Der Tod des stillen Gesellschafters ist nach § 234 Abs. 2 HGB kein Auflösungsgrund. Der Gesellschaftsvertrag kann allerdings hiervon abweichendes regeln.

Die Auseinandersetzung richtet sich dann nach § 235 HGB. Der **typische stille Gesellschafter** ist von den zukünftigen Ertragsaussichten und von den stillen Reserven ausgeschlossen. Damit ist eine Auseinandersetzungsbilanz zu Buchwerten aufzustellen. Der **atypische stille Gesellschafter** dagegen ist als Mitunternehmer wie ein OHG-Gesellschafter zum Verkehrswert abzufinden.

5.2.6 Körperschaften

5.2.6.1 Eingetragener Verein

Der eingetragene Verein (e.V.) ist ein auf Dauer angelegter, körperschaftlich organisierter Zusammenschluss von natürlichen und/oder juristischen Personen **zu einem gemeinsamen Zweck**.

So wie die GbR Grundform aller Personengesellschaften ist, so ist der Verein die Grundform der Körperschaften. Rechtsgrundlage sind die §§ 21 ff. des BGB. Da die Gründung von Vereinen Ausfluss der verfassungsmäßigen Vereinigungsfreiheit aus Art. 9 Abs. 2 Grundgesetz (GG) ist, aber sich nicht alle Vereine mit der freiheitlich-demokratischen Grundordnung unseres Staates im Einklang befinden, hat der Gesetzgeber im Vereinsgesetz (VereinsG) zusätzlich zu den privatrechtlichen Normen des BGB öffentlich-rechtliche Vorschriften erlassen, welche insbesondere das Verbot von Vereinen betreffen.

Die **Gründung** des eingetragenen Vereins erfolgt durch mindestens sieben Personen (§ 56 BGB) mittels Errichtung einer Satzung (§ 25 BGB). Anders als bei den Personengesellschaften kann der Gesellschaftsvertrag (Satzung) des Vereins nicht mündlich oder konkludent geschlossen werden. Vielmehr ist Schriftform notwendig, da die Satzung bei der Eintragung des Vereins in das beim Amtsgericht geführte Vereinsregister eingereicht werden muss. Die **juristische Person** „Verein“ selbst entsteht erst durch die tatsächliche Eintragung in das Vereinsregister (§§ 21, 55 BGB). Nach Eintragung in das Vereinsregister ist der Verein rechtsfähig (d.h. Träger von Rechten und Pflichten) und zur Führung des Zusatzes „eingetragener Verein" bzw. „e.V." hinter seinem Namen verpflichtet (§ 65 BGB). Neben der Einreichung der Satzung müssen beim Vereinsregister auch Angaben zu den Vorständen des Vereins, deren Vertretungsbefugnis und Beschlussfassungsregeln gemacht werden (§§ 59, 67, 70 BGB). Jede spätere Änderung diesbezüglich ist dem Vereinsregister anzuzeigen (§ 71 BGB).

Der **Zweck** des rechtsfähigen, nicht-wirtschaftlichen Vereins ist ideeller Natur (im Gegensatz zum wirtschaftlichen Verein, welcher der staatlichen Errichtungsgenehmigung bedarf und praktisch inexistent ist) und meist auf sportliche, kulturelle, künstlerisch-musische oder soziale Tätigkeiten gerichtet. Die **Mitglieder** des Vereins sind verpflichtet, den in der Satzung vereinbarten Mitgliedsbeitrag zu entrichten sowie den gemeinsamen Zweck zu fördern. Wesentlicher Unterschied zu den Personengesellschaften ist, dass die Willensbildung im Verein durch **Beschlüsse** erfolgt, d.h. es ist kein Konsens durch Zustimmung aller Mitglieder zur Ergreifung bestimmter Maßnahmen erforderlich, sondern es genügt stets eine (einfache oder qualifizierte) Mehrheit der Mitgliederstimmen. Das Prinzip der Willensbildung durch Beschluss ist Merkmal aller Körperschaften. Zudem ist der Verein – anders als die Personengesellschaften – auf eine größere Zahl wechselnder Mitglieder angelegt; der Bestand des Vereins hängt zudem aufgrund seiner Verselbstständigung als juristische Person nicht von der Zugehörigkeit der einzelnen Mitglieder ab.

Da die juristische Person „Verein" selbst nicht handlungsfähig ist, handelt sie durch ihre Organe. Der Verein hat zwei **Organe**: den Vorstand und die Mitgliederversammlung.

- Die **Mitgliederversammlung** ist das für die Willensbildung maßgebliche Organ und dem Vorstand übergeordnet. Sie entscheidet über alle den Verein berührenden Fragen, soweit nicht die Satzung bestimmte Aufgaben dem Vorstand oder einzelnen Ausschüssen zuweist. Meist ist in der Vereinssatzung festgelegt, dass die Mitgliederversammlung mindestens einmal im Jahr zusammentritt. Das dafür zuständige Organ – in aller Regel der Vorstand – hat sie jedoch auch dann einzuberufen, wenn das Vereinsinteresse es erfordert (§ 36 BGB) oder wenn 10% der Mitglieder (bzw. der von der Satzung bestimmte Teil) „die Berufung schriftlich unter Angabe des Zweckes und der Gründe verlangt" (§ 37 Abs. 1 BGB). Die Mitglieder sind zur Versammlung einzuladen; dabei sind ihnen die Gegenstände der Beschlussfassung (**Tagesordnung**) mitzuteilen. Die Mitgliederversammlung bestellt auch den Vorstand (§ 27 Abs. 1 BGB) und kann ihn – im Zweifel jederzeit – abberufen (§ 27 Abs. 2 BGB). Außerdem kann sie dem Vorstand Weisungen erteilen. Weiter ist sie für Satzungsänderungen und für Änderungen des

Vereinszwecks zuständig. Gemäß § 33 Abs. 1 BGB ist für solche Beschlüsse eine Dreiviertelmehrheit der erschienenen Mitglieder notwendig. Für alle sonstigen, „normalen" Beschlüsse ist eine einfache Mehrheit ausreichend (§ 32 Abs. 1 Satz 1 BGB).

- Der **Vorstand** führt die Geschäfte des Vereins und vertritt diesen gegenüber Dritten gerichtlich und außergerichtlich (§ 26 BGB). Der Vorstand kann aus einer oder mehreren Personen bestehen. Anders als in den Personengesellschaften gilt auch im Verein das den Körperschaften immanente Prinzip der **Fremdorganschaft**, d.h. der Vorstand kann auch ein Nicht-Mitglied sein. Besteht der Vorstand aus mehreren Personen, so findet die Willensbildung ebenfalls nach dem Mehrheitsprinzip statt (§ 28 BGB i.V.m. §§ 32, 34 BGB). Die Satzung kann abweichende, z.B. einschränkende Vertretungsregeln vorsehen, die gegenüber Dritten mit Eintragung in das Vereinsregister wirksam werden (§ 26 Abs. 2 Satz 2 BGB).

Der **Eintritt** in einen Verein erfolgt durch Erwerb der Mitgliedschaft, d.h. entweder durch Mitwirkung an der Gründung oder durch Beitritt. Der Beitritt erfolgt in Form eines Vertrags: Er kommt zustande, indem der Vorstand – im Namen des Vereins – den Aufnahmeantrag oder die Beitrittserklärung annimmt (anders als im Fall der Personengesellschaften, bei denen die Zustimmung aller Mitgesellschafter notwendig ist). In der Satzung können Voraussetzungen für die Aufnahme festgelegt werden; im Zweifel entscheidet die Mitgliederversammlung (§ 32 BGB). Die Mitgliedschaft ist nicht übertragbar (§ 38 BGB).

Die Vereinsmitgliedschaft endet durch Austritt, Ausschluss oder Tod des Vereinsmitglieds. Der **Austritt** steht jedem Mitglied offen (§ 39 BGB). Die Satzung kann allerdings gemäß § 39 Abs. 2 BGB bestimmen, dass der Austritt nur zum Ende des Geschäftsjahres oder mit einer Kündigungsfrist von höchstens zwei Jahren zulässig sein soll. Liegt ein wichtiger Grund vor, so ist auch ein sofortiger Austritt möglich. Der **Ausschluss** eines Mitglieds bedarf entweder eines satzungsmäßigen oder – wenn die Satzung keine Regelung enthält – eines wichtigen Grundes. Da die Mitgliedschaft nicht vererbbar ist (§ 38 BGB), scheidet ein Vereinsmitglied mit seinem Tod aus dem Verein aus.

Die **Auflösung** des Vereins erfolgt durch Auflösungsbeschluss der Mitgliederversammlung (§ 41 BGB), durch Eintritt eines in der Satzung festgelegten Zeitpunktes oder Ereignisses (§ 74 Abs. 2 BGB), durch den Wegfall aller Mitglieder[88] oder aufgrund der Insolvenz des Vereins (§ 42 BGB). Auch ein behördliches Verbot nach Maßgabe des § 29 VereinsG[89] führt zur

---

[88] Vgl. hierzu die Entscheidung des Bundesgerichtshofs: BGHZ 49, 175 (178f.)

[89] § 29 Abs. 2 VereinsG lautet „Der Verein kann ... mit Bescheid aufgelöst werden, wenn er gegen Strafgesetze verstößt, seinen statutenmäßigen Wirkungs-

Auflösung. Der Verein ist dann aus dem Vereinsregister zu löschen (§§ 74, 75 BGB).

Die **rechtsformspezifischen Kosten** des Vereins sind die Kosten für das Registergericht bei Gründung, Wechsel von Vorständen, Satzungsänderungen und Liquidation des Vereins sowie (Rechtsberatungs-)Kosten für den Entwurf der schriftlichen Satzung.

5.2.6.2 Eingetragene Genossenschaft

Die eingetragene Genossenschaft (eG) ist aus gesellschaftsrechtlicher Sicht als eine Sonderform des wirtschaftlichen Vereins anzusehen. Sie ist geregelt in dem am 1.5.1889 erlassenen Genossenschaftsgesetz (GenG). Die historischen Wurzeln des Genossenschaftswesens liegen im 19. Jahrhundert, in dem die durch den Manchesterliberalismus verursachten sozialen Missstände in der Arbeiterschaft durch die organisierte Selbsthilfe gelindert werden sollten. In wirtschaftlicher Hinsicht bedeutsam ist die Genossenschaft vor allem in der Landwirtschaft und für Mitglieder von Genossenschaftsbanken (Volks- und Raiffeisenbanken). Zurzeit verzeichnen die deutschen Genossenschaften ca. 17,6 Mio. Mitglieder.[90]

§1 GenG definiert eine eG als „Gesellschaften von nicht geschlossener Mitgliederzahl, deren Zweck darauf gerichtet ist, den Erwerb oder die Wirtschaft ihrer Mitglieder oder deren soziale oder kulturelle Belange durch gemeinschaftlichen Geschäftsbetrieb zu fördern".

Die Genossenschaft dient somit einem **genossenschaftlichen Förderauftrag** oder auch Verbandszweck, nämlich der verbandsmäßig organisierten Selbsthilfe. Die eG kann nur für einen besonderen Verbandszweck zugelassen werden. Somit unterscheidet sie sich in diesem Merkmal grundlegend von den anderen Rechtsformen, da dieser Förderzweck nicht, wie beispielsweise bei einer AG durch Satzungsänderung entfallen kann. Die Förderung des Erwerbs der Mitglieder kann sich sowohl auf die Vermehrung der Einnahmen, als auch auf die Senkung der Ausgaben (bspw. durch günstigere Einkaufskonditionen bei Großhändlern oder Wohnungsförderung) beziehen. Unter Wirtschaft im Sinne des § 1 GenG ist im weitesten Sinne die private Haushaltung zu verstehen, also die gesamte Lebensführung, welche nicht der Erwerbstätigkeit dient. Ob die bezweckte Förderung tatsächlich eintritt, ist irrelevant. Der gemeinschaftliche Geschäftsbetrieb ist die organisatorische Zusammenfassung von Sach- und Personalmitteln bei der planmäßigen und auf Dauer angelegten Tätigkeit, welche auf den Abschluss von vermögensrelevanten Geschäften gerichtet ist. Hier muss die Genossenschaft selbst den Geschäftsbetrieb führen und

---

kreis überschreitet oder überhaupt den Bedingungen seines rechtlichen Bestands nicht mehr entspricht."

[90] Quelle: http://www.dgrv.de.

Trägerin der Unternehmensorganisation sein. Ihrer Grundstruktur nach ist die eG eine Sonderform des rechtsfähigen Wirtschaftsvereins, also eine Körperschaft und juristische Person (§ 17 GenG). Somit können die Vereinsvorschriften aus dem BGB (§§ 21 ff. BGB) analog herangezogen werden.

Die Genossenschaft muss zu ihrer **Gründung** mindestens 3 Mitglieder haben (§ 4 GenG); wenn dies nicht mehr gewährleistet ist, ist die Genossenschaft auf Antrag des Vorstandes oder nach 6 Monaten von Amts wegen durch das zuständige Gericht aufzulösen (§ 80 GenG). Mitglieder können sowohl natürliche als auch juristische Personen und Gesamthandsgesellschaften sein. Für die eG muss gemäß 5 GenG eine **Satzung** errichtet werden, die den Mustervorschriften der §§ 6, 7 GenG entspricht. Gemäß § 9 GenG muss ein **Vorstand** aus mindestens 2 Personen (§ 24 Abs. 2 GenG) und ein **Aufsichtsrat** aus mindestens 3 Personen (§ 36 Abs. 1 GenG) bestellt werden. Gemäß § 37 GenG besteht ein „Grundsatz der personellen Inkompatibilität“, d.h. dass nicht beide Ämter gleichzeitig von einer Person bekleidet werden können.

Weiterhin muss gemäß § 11 Abs. 2 Nr. 3 GenG die Bescheinigung eines genossenschaftlichen Prüfungsverbandes, beispielsweise des regionalen Prüfungsverbandes „Badischer Genossenschaftsverband“ oder eines Fachprüfungsverbandes „EDEKA“, eingeholt werden.

Abschließend muss der Vorstand gemäß §§ 10 Abs. 1, 11 GenG die Genossenschaft zur **Eintragung** in das Genossenschaftsregister anmelden, damit eine eingetragene Genossenschaft entsteht. Hierbei findet eine Antragsprüfung durch das zuständige Gericht statt, wobei insbesondere geprüft wird, ob der Genossenschaftszweck im Einklang mit § 1 GenG steht und ob die formellen Voraussetzungen vorliegen. Das seit 1976 erforderliche Gründungsgutachten des Prüfungsverbandes stellt hierbei ein wichtiges Indiz dar. Die Eintragung wird bei einem positiven Bescheid anschließend gemäß § 12 GenG durch die auszugsweise Veröffentlichung der Satzung durch das Gericht publiziert.

Vor der Eintragung als eG besitzt die Genossenschaft gemäß § 13 GenG keine Rechtsfähigkeit, allerdings besteht davor eine sogenannte **Vorgründungsgesellschaft** oder auch „Gesellschaft zur Gründung einer Genossenschaft“. Diese besteht, sobald sich die Gründungsmitglieder in Form einer BGB-Gesellschaft ernstlich verabreden, eine Genossenschaft zu gründen. Hierbei ist ein Schriftformerfordernis nicht gegeben, es müssen der gemeinsame Zweck („Zweck ist die Gründung einer Genossenschaft“) und die Beiträge der einzelnen Mitglieder vereinbart worden sein (Beiträge sind hier die Schritte bis zur Gründung einer Genossenschaft).

Mit der Aufstellung einer Satzung entsteht bis zur Eintragung die sogenannte **Vor-Genossenschaft**. Diese ist jedoch nicht Rechtsnachfolgerin der Vorgründungsgesellschaft und tritt somit nicht in deren Verbindlichkeiten ein. Trotz mangelnder Rechtsfähigkeit der Vor-Genossenschaft sind

Vorschriften des GenG, welche keine Rechtsfähigkeit voraussetzen, bereits auf sie anwendbar. Die Vor-Genossenschaft kann bereits finanzielle Verpflichtungen eingehen wie etwa Verträge abschließen, für welche die Gründungsgesellschafter, falls es nicht zur Eintragung der Genossenschaft kommt, unbeschränkt persönlich haften. Die eingetragene Genossenschaft ist Rechtsnachfolgerin der Vor-Genossenschaft und durch die Eintragung gilt sie gemäß § 17 Abs. 2 GenG als Kaufmann im Sinne des HGB.

Die **Organe** der Genossenschaft sind der Vorstand, der Aufsichtsrat und die Generalversammlung, zwischen welchen ein Gleichordnungsverhältnis besteht. Der **Vorstand** und dessen Aufgaben sind in den §§ 24 ff. GenG definiert. Er besteht gemäß § 24 Abs. 2 S. 1, 2 GenG aus mindestens zwei Mitgliedern und wird von der Generalversammlung gewählt. Durch Satzung kann auch eine andere Art der Bestellung festgelegt werden (§ 24 Abs. 2 GenG). Es wird zwischen hauptamtlichen, nebenamtlichen und ehrenamtlichen Vorstandsmitgliedern unterschieden, wobei diese Unterscheidung keinerlei Auswirkungen auf deren Kompetenz besitzt. Der Vorstand hat gemäß § 27 Abs. 1 S. 1 GenG die Genossenschaft unter eigener Verantwortung zu leiten (§ 76 Abs. 1 AktG). Dies umfasst die **Geschäftsführungsbefugnis** und die **Vertretung der Genossenschaft**. Diese beinhalten alle Rechtshandlungen und tatsächlichen Handlungen, die der Verwirklichung des Genossenschaftszweckes dienen, sowohl gegenüber den eigenen Mitgliedern als auch gegenüber Dritten wie beispielsweise die Zulassung von Beitrittserklärungen oder Vertragsabschlüsse. Nicht von den Kompetenzen des Vorstandes umfasst sind hingegen die Satzungsgestaltung, die Bestellung bzw. Abberufung von Organen oder die ausdrücklich von der Geschäftsführung des Vorstandes ausgenommenen Bereiche. Vertretung bedeutet für einen anderen rechtswirksam Willenserklärungen in dessen Namen abzugeben oder zu empfangen (vgl. § 164 BGB). Gemäß § 25 Abs. 1 GenG vertritt der Vorstand die Genossenschaft in der Regel in der Form der Gesamtvertretung. Allerdings kann durch die Satzung auch Einzelvertretung oder unechte Gesamtvertretung angeordnet werden. Gemäß § 29 Abs. 1 Alt. 2, Abs. 2 GenG werden diese Änderungen Dritten gegenüber jedoch erst mit Eintragung in das Genossenschaftsregister wirksam. Das Genossenschaftsregister genießt hier (wie auch das Handelsregister oder das Vereinsregister) negative Publizität, d.h. „Man darf seinem Schweigen trauen“[91]. Inhaltlich jedoch kann die Vertretungsmacht des Vorstandes nicht beschränkt werden. Die Genossenschaft haftet gemäß § 31 BGB gegenüber Dritten für Schäden, welche der Vorstand verursacht hat. Nach § 34 Abs. 1 GenG ist der Vorstand bei der Wahrnehmung seiner Aufgaben zur Einhaltung besonders hoher Sorgfalt verpflichtet. In den Absätzen 2 bis 4 des § 34 GenG sind die Voraussetzungen bestimmt, unter

[91] So entschied der Bundesgerichtshof in seiner in BGHZ 55, 267 (272) veröffentlichten Entscheidung.

welchen der Vorstand der Genossenschaft gegenüber zum Ersatz der Schäden verpflichtet ist. Für Sorgfaltspflichtverletzungen haftet er persönlich, unbeschränkt und gesamtschuldnerisch (§§ 421 ff. BGB). Diese Haftung kann weder ausgeschlossen noch gemindert werden.

Der **Aufsichtsrat** wird gemäß § 36 GenG von der Generalversammlung gewählt, welche auch das Vorschlagsrecht für die Kandidaten besitzt, und besteht aus mindestens 3 Mitgliedern. Vorstandsmitglieder dürfen nicht vorgeschlagen oder gewählt werden (§ 37 GenG). Besonderheiten ergeben sich aus den Regelungen über die betriebliche Mitbestimmung. Bei Genossenschaften mit mehr als 500 Arbeitnehmern muss gemäß § 77 Abs. 3 Betriebsverfassungsgesetz (BetrVG) ein Drittel des Aufsichtsrates aus Arbeitnehmern bestehen. Weiter muss bei Genossenschaften mit mehr als 2.000 Mitgliedern der Aufsichtsrat gemäß § 7 Mitbestimmungsgesetz (MitbestG) aus Mandatsträgern bestehen, welche je zur Hälfte von der Generalversammlung und von Arbeitnehmervertretern gestellt werden. Aufsichtsratsmitglieder dürfen gemäß § 36 Abs. 2 GenG keine Tantiemen beziehen. Der Aufsichtsrat besitzt gemäß § 38 GenG die Pflicht, den Vorstand zu überwachen. Diese Prüfungspflichten umfassen auch den Geschäftsbericht, über welchen der Aufsichtsrat anschließend gegenüber der Generalversammlung Bericht erstattet. Weitere Aufgaben können durch die Satzung bestimmt werden. Zur Erfüllung seiner Aufgaben besitzt der Aufsichtsrat die folgenden Befugnisse:

- Einberufung der Generalversammlung gemäß § 38 Abs. 2 GenG,
- einstweilige Amtsenthebung von Vorstandsmitgliedern gemäß § 40 GenG und
- Prozessvertretungsbefugnis der Genossenschaft gegen den Vorstand gemäß § 39 Abs. 1 GenG.

Die **Generalversammlung**, welcher grundsätzlich alle Mitglieder der Genossenschaft angehören, ist das oberste Beschlussorgan der Genossenschaft. Bei großen Genossenschaften können gemäß § 43a GenG auch Vertreter der Mitglieder (mindestens 50) gewählt werden (dann: **Vertreterversammlung**). Gemäß § 43 Abs. 1 GenG besteht der Grundsatz der Allzuständigkeit für die Generalversammlung, d.h. soweit nichts anderes durch Gesetz oder Satzung vorgeschrieben ist, ist die Generalversammlung für alle Angelegenheiten zuständig. Die Generalversammlung hat gemäß § 131 AktG analog ein Auskunftsrecht über die Angelegenheiten der Genossenschaft.

Der einzelne **Genosse** muss für den Mitgliedschaftserwerb gemäß § 15 GenG eine Beitrittserklärung (schriftlich und mit dem in § 15a GenG festgelegten Inhalt) unterzeichnen und sein Betritt muss durch die Genossenschaft (regelmäßig durch den Vorstand) zugelassen werden. Hierbei besteht kein Anspruch auf die Zulassung. Nach der Zulassung kommt es zu einer deklaratorischen Eintragung in die Mitgliederliste gemäß §§ 15

Abs. 2 S. 1, 30 GenG. Die einzelnen Genossen haben aus ihrer Mitgliedschaft verschiedene Rechte und Pflichten. Die **Pflichten** können in finanzielle Leistungs- und Sachleistungs- bzw. Teilnahmepflichten unterteilt werden:

- Die **finanziellen Leistungspflichten** der Mitglieder unterliegen einem numerus clausus, d.h. sie können nicht durch Satzung festgelegt werden, damit die Deckung der allgemeinen Betriebskosten gewährleistet wird. Aber die Genossenschaft kann für die Erbringung von Leistungen bestimmte Entgelte von ihren Mitgliedern verlangen (nur in Höhe des wirtschaftlich angemessenen Gegenwertes).
- Die **Pflichteinlage** des Genossen bestimmt sich nach §§ 7 Nr. 1, 50 GenG, wonach in der Satzung festgelegt werden muss, bis zu welchem Betrag sich die Genossen mit Einlagen an der Gesellschaft beteiligen können und wie viel jeder auf diesen „Geschäftsanteil" mindestens einzahlen muss. Unter dem Geschäftsanteil versteht man eine abstrakte Rechengröße, welche weder verbrieft werden kann noch börsengängig ist. Von diesem zu unterscheiden ist das Geschäftsguthaben, welches aus den tatsächlich auf den Geschäftsanteil geleisteten Einzahlungen des Genossen sowie den ihm gemäß § 19 GenG zugewiesenen Gewinnzuschreibungen oder Verlustabschreibungen gebildet wird (tatsächliche finanzielle Beteiligung). Hierin liegt auch das Problem für den Zugang zu Eigenkapital in der Rechtsform der Genossenschaft, da es keine Möglichkeit gibt, außerhalb der Mitgliederkreise liegende Eigenkapitalgeber zu finden oder zu Investitionen in die Genossenschaft zu animieren.
- **Sachleistungspflichten** der Genossen sind in der Satzung festzulegen und gemäß § 16 Abs. 3 GenG nur mit 9/10-Mehrheit zu ändern. Sie dürfen nicht der Qualität einer indirekten finanziellen Leistungspflicht nahe kommen.
- Weiter haben die Genossen **Teilnahmepflichten**, welche gemäß § 16 Abs. 3 GenG ebenfalls in Satzungen festzulegen sind. Hierzu gehören beispielsweise Bezugs- und Benutzungspflichten, Verhaltenspflichten, Mitteilungs-, Obhuts- und Schutzpflichten, Mitwirkung an dem Geschäftsbetrieb der Genossenschaft, Pflicht zur Vermeidung unlauteren Gebarens und die allgemeine Treuepflicht.

Bei einer **Pflichtverletzung** können dem Genossen die folgenden Sanktionen und Strafen auferlegt werden: allgemeiner Schadensersatz (aus den Grundsätzen des BGB) oder Vereinsstrafen (die Entscheidung hierüber obliegt der Generalversammlung), wie beispielsweise Rügen, Verwarnungen, Entzug von Mitgliedschaftsrechten, Aberkennung von Ehrenämtern, Geldbußen oder der Ausschluss aus der Genossenschaft.

Aus der Mitgliedschaft ergeben sich jedoch auch folgende **Rechte**:

- Die sogenannten **Herrschaftsrechte**, auch Organschaftsrechte, umfassen das Recht auf die Teilnahme an der Generalversammlung, das passive Wahlrecht in Bezug auf Genossenschaftsämter und Informationsrechte.
- Weiter haben die Genossen sogenannte **Vermögensrechte**, nämlich das Beteiligungsrecht bis zur Höhe des Geschäftsanteils an der Genossenschaft; bei der Auseinandersetzung hat der Genosse gemäß § 73 GenG das Recht auf Auszahlung seiner finanziellen Beteiligung, das Recht an der Beteiligung am Liquidationserlös gemäß § 91 GenG, die Teilnahme an der Überschussverteilung gemäß § 19 Abs. 1 GenG und ein Teilnahmerecht an den Einrichtungen und dem Geschäftsbetrieb der Genossenschaft.

Die Mitgliedschaft eines Genossen kann auf mehreren Wegen enden: Einmal durch den Austritt, der freiwillig durch die Kündigung (ordentlich oder außerordentlich) erfolgen kann, oder gemäß § 76 Abs. 1 GenG durch die Übertragung seines Geschäftsguthabens auf einen anderen, der bereits Mitglied ist oder es durch die Übertragung wird. Weiter kann der Genosse gemäß § 67 Abs. 2 GenG ausgeschlossen werden oder die Mitgliedschaft durch gesetzliche Beendigungsgründe wie etwa der Tod des Mitglieds beendet werden. Die Lösung des Rechtsverhältnisses zwischen der Genossenschaft und dem Genossen führt (außer in den Ausnahmefällen der §§ 76 Abs. 1 S. 1, 77 GenG) zu der sogenannten Auseinandersetzung. Dabei wird festgestellt, ob den Parteien gegeneinander ein abschließender Ausgleichsanspruch zusteht, um die gegenseitigen Ansprüche zu saldieren. Bei der Kündigung einzelner Geschäftsanteile kommt es gemäß § 67b GenG zu einer sogenannten Teilauseinandersetzung bei der § 73 GenG ebenfalls zur Anwendung kommt.

5.2.6.3 Aktiengesellschaft

Die Aktiengesellschaft (AG) ist eine Kapitalgesellschaft mit eigener Rechtspersönlichkeit, deren Gesellschafter (Aktionäre) mit Einlagen auf das in Aktien zerlegte Grundkapital in Höhe von mindestens 50.000 Euro beteiligt sind.

Rechtsgrundlage für die AG ist das AktG. Die AG gehört rechtssystematisch zu den Vereinen. Als juristische Person ist sie rechtsfähig und besteht nach ihrer Gründung „als solche“, unabhängig von der Zugehörigkeit einzelner Gesellschafter. Diese haften für Verbindlichkeiten der Gesellschaft nicht persönlich, sondern es haftet nur die AG (§ 1 Abs. 1 Satz 2 AktG). Die AG ist außerdem kraft Gesetz Handelsgesellschaft, auch wenn sie nicht gewerblich tätig ist (sog. **Formkaufmann**, § 3 Abs. 1 AktG). Da gemäß § 6 Abs. 1 HGB alle Handelsgesellschaften Kaufmann im Sinne des § 1 HGB sind, unterliegt auch die AG dem Recht der Kaufleute, d.h. den meist strengeren handelsrechtlichen Vorschriften.

Die **Gründung** einer AG ist seit 1994 durch eine oder mehrere Personen (§ 2 AktG) möglich; vormals waren mindestens fünf Gründer erforderlich. Die AG wird durch Feststellung der Satzung (§ 28 Abs. 1 AktG) und Übernahme der Aktien durch die Aktionäre (§ 29 AktG) errichtet. Die Satzungsfeststellung muss notariell beurkundet werden (§ 23 Abs. 1 AktG). Für den Inhalt der Satzung ist § 23 Abs. 2, 3 AktG maßgeblich; zudem gilt in Deutschland – anders als etwa in den USA – der **Grundsatz der Satzungsstrenge** (§ 23 Abs. 5 AktG). Dieser besagt, dass die Satzung von den Vorschriften des AktG nur dann abweichen darf, wenn dies im Gesetz ausdrücklich erlaubt ist. Eine flexible Gestaltung der Satzung (Gesellschaftsvertrag), wie es in Personengesellschaften in Bezug auf die Ausübung der Stimmrechte sowie der Gewinn- und Verlustverteilung üblich ist, ist in der AG damit nicht möglich. Über die Gründung wird ein **Gründungsbericht** (§§ 32 ff. AktG) erstellt. Die Gründeraktionäre berufen außerdem den ersten Aufsichtsrat und den Abschlussprüfer für das erste Geschäftsjahr (§ 30 Abs. 1 AktG). Der Aufsichtsrat bestellt den ersten Vorstand (§ 30 Abs. 4 AktG). Die **juristische Person** „Aktiengesellschaft" entsteht anschließend durch Eintragung in das Handelsregister (§ 41 Abs. 1 AktG). Hierdurch erwirbt die AG ihre Rechtsfähigkeit und kann nunmehr Trägerin von Rechten und Pflichten sein. Die Eintragung erfolgt nur, wenn das **Grundkapital** der AG mindestens 50.000 Euro beträgt (§ 7 AktG) und ein nach § 36a AktG zu berechnender Anteil[92] hiervon „endgültig zur freien Verfügung des Vorstands" bereits eingezahlt wurde (§ 37 Abs. 1 Satz 2 AktG). Die **Firma** der AG kann Sach-, Personal- oder Fantasiefirma sein und führt den Zusatz „Aktiengesellschaft" bzw. „AG" (§ 4 AktG).

Bei der Gründung der AG unterscheidet man zwischen **Bar- und Sachgründung** (z.B. Einbringung eines Unternehmens, Grundstücks oder Gegenstands). Bei beiden Gründungswegen gilt der Grundsatz der effektiven Mittelaufbringung, d.h. bei einer Bargründung müssen die Beträge nach Einzahlung „zur freien Verfügung des Vorstands" stehen (Verbot der Hin- und Herzahlung). Bei Sacheinlagen besteht die Pflicht zur Deckung der Wertdifferenz, wenn der Gegenstand nicht dem angesetzten Wert der Aktien entspricht. Die Sachgründung unterliegt zudem aufwendigen Prüfungs- und Berichtspflichten. Die Gründer haben etwa einen Gründungsbericht anzufertigen (§ 32 AktG), der anschließend durch das Registergericht (§ 33 AktG) geprüft wird. Insbesondere wird geprüft, ob die eingebrachte Sache tatsächlich dem Wert entspricht, den die Gründungsaktionäre veranschlagt haben. Problematisch sind in diesem Zusammenhang die sogenannten „verdeckten" oder „verschleierten" Sacheinlagen. Zahlt der Akti-

---

[92] Dieser Anteil beträgt bei einer Bargründung ein Viertel des Grundkapitals, mindestens aber 25.000 Euro; bei einer Sachgründung ist die vollständige Leistung der Sache notwendig.

onär zunächst Geld ein und erwirbt später die AG mit diesem Geld Sachen oder Rechte des Einlegers, liegt in Wirklichkeit eine Sacheinlage vor. Diese ist allerdings unwirksam erbracht worden, da gegen die Prüfungs- und Berichtspflichten verstoßen wurde. Gravierende Folge ist, dass die Einlage als nicht erbracht gilt. Wird die AG später insolvent und ist bis dahin keine Heilung der verdeckten Sacheinlage erfolgt, kann der Insolvenzverwalter die Bareinlage in voller Höhe nachfordern, während der Aktionär seine Forderung auf Rückgabe des Gegenstandes nur als Insolvenzforderung zur Tabelle anmelden kann, darauf also nur die – üblicherweise geringe – Insolvenzquote erhält. Soll also eine AG durch Sachgründung ins Leben gerufen werden, ist aufgrund dieser strengen Rechtsfolgen stets auf die Einhaltung der Sachgründungsvorschriften zu achten.

Die AG kann als juristische Person nicht selbst handeln. Dazu bedarf sie entsprechender Organe. **Organe** der AG sind der Vorstand, der Aufsichtsrat und die Hauptversammlung.

- **Vorstand:** Der Vorstand ist das leitende und handelnde Organ der AG. Er besteht aus einer oder mehreren natürlichen Personen, die vom Aufsichtsrat auf höchstens 5 Jahre bestellt werden (§ 84 AktG). Nach dem MitbestG gehört dem Vorstand bei mehr als 2.000 Arbeitnehmern ein **Arbeitsdirektor** an, der von der Arbeitnehmerseite gestellt wird und für Personal- und Sozialangelegenheiten zuständig ist.
  Vom organschaftlichen Akt der **Bestellung** ist stets das **Anstellungsverhältnis** der Vorstände zu trennen: der Vorstand wird zu seinem Amt als Organ der AG bestellt; kraft dieser Bestellung ist er gesetzlicher Vertreter der Gesellschaft. Neben der Bestellung besteht aber auch ein schuldrechtliches (d.h. vertragliches) Verhältnis zwischen Gesellschaft und Vorstand, welches die gegenseitigen Rechte und Pflichten der Parteien bestimmt und insbesondere die Grundlage für das Vorstandsgehalt ist. Dieses Schuldverhältnis ist entweder ein entgeltlicher Dienstvertrag im Sinne der § 611 ff. BGB oder (weitaus seltener) ein unentgeltliches Auftragsverhältnis nach §§ 662 ff. BGB und kann konkludent, d.h. stillschweigend, geschlossen sein. Bestellung und Anstellung stehen selbstständig nebeneinander: die Beendigung des einen hat grundsätzlich keinen Einfluss auf den Bestand des anderen Rechtsverhältnisses. Allerdings ist allgemein anerkannt, dass die **Abbestellung** ein außerordentliches Kündigungsrecht des Anstellungsverhältnisses nach sich zieht.
  Zu den Aufgaben des Vorstandes gehört die Vertretung und **eigenverantwortliche Geschäftsführung** der AG; einem Weisungsrecht durch die Aktionäre oder den Aufsichtsrat unterliegt der Vorstand – anders als ein Geschäftsführer der GmbH – nicht.
  Besteht der Vorstand aus mehreren Mitgliedern, so sieht das Gesetz **Gesamtgeschäftsführung und -vertretung** vor (§§ 77 Abs. 1, 78 AktG). Die Satzung kann eine hiervon abweichende Regelung tref-

fen, etwa Einzelgeschäftsführung und -vertretung zulassen (§§ 77 Abs. 1 Satz 2, 78 Abs. 3 AktG).
Gegenstück der Eigenverantwortlichkeit des Vorstands ist die strenge **Haftung** des Vorstands für **Pflichtverletzungen**: Beachtet der Vorstand die „Sorgfalt eines ordentlichen und gewissenhaften Geschäftsleiters" (§ 93 Abs. 1 AktG) nicht und erleidet die AG hierdurch einen Nachteil, so hat der Vorstand Schadensersatz zu leisten (§ 93 Abs. 2 AktG).
Weitere Aufgaben des Vorstands sind die vierteljährliche Berichterstattung an den Aufsichtsrat, die Aufstellung des Jahresabschlusses und des Lageberichts und die Vorlage dieser Unterlagen an den Abschlussprüfer, die Einberufung der Hauptversammlung sowie der Vorschlag der Gewinnverwendung.

- **Aufsichtsrat:** Der Aufsichtsrat ist das überwachende Organ der AG und zugleich Sitz der **Arbeitnehmermitbestimmung**. Er besteht nach § 95 AktG aus mindestens drei Mitgliedern, die nicht zugleich als Vorstände der AG tätig sein dürfen. Die Satzung der AG kann eine höhere Zahl festlegen (§ 95 Abs. 1 Satz 2 AktG). Bei Gesellschaften, die regelmäßig zwischen 500 und 2.000 Arbeitnehmer beschäftigen, ist ein Drittel der Aufsichtsratsmitglieder von der Belegschaft zu wählen (BetrVG 1952). Bei Gesellschaften mit regelmäßig mehr als 2.000 Arbeitnehmern und Gesellschaften der Montanindustrie ist der Aufsichtsrat paritätisch mit Anteilseignern und Arbeitnehmern besetzt. In der Montanindustrie kommt zu den Arbeitgeber- und Arbeitnehmervertretern ein weiteres, neutrales Mitglied hinzu, um Mehrheiten zu ermöglichen. In Gesellschaften außerhalb der Montanindustrie mit regelmäßig mehr als 2.000 Arbeitnehmern entscheidet bei Stimmengleichheit die Stimme des Aufsichtsratsvorsitzenden, der aus den Reihen der Anteilseigner stammt (MontanMitbestG, MitbestG).
  Zu den Aufgaben des Aufsichtsrats gehört neben der Bestellung und Abberufung der Vorstandsmitglieder (§ 84 AktG) die **Überwachung und Kontrolle des Vorstands** bei der Geschäftsführung (§ 111 Abs. 1 AktG). Dem Aufsichtsrat stehen hierfür Einsichts- und Prüfungsrechte (§ 111 Abs. 2 AktG) zu, er prüft außerdem den Jahresabschluss, spricht dessen Billigung und Feststellung aus (§§ 170, 171 AktG) und vertritt ausnahmsweise nach § 112 AktG die Gesellschaft, wenn es um Rechtsgeschäfte oder -handlungen gegenüber amtierenden oder ausgeschiedenen Vorstandsmitgliedern geht (Vermeidung von Interessenkollisionen).
  Bei nicht ordnungsgemäßer Ausführung seiner Aufgaben haftet der Aufsichtsrat – wie der Vorstand – der Gesellschaft auf Schadensersatz (§ 116 AktG).
- **Hauptversammlung:** Die Hauptversammlung besteht aus den Aktionären der Gesellschaft und ist das beschließende und für Grundlagen-

geschäfte zuständige Organ. Zentrale Kompetenz der Hauptversammlung ist die Bestellung und Abberufung der Aufsichtsratsmitglieder (§§ 101, 103 AktG). Sie tritt einmal im Jahr zusammen und entscheidet bei dieser Gelegenheit über die Verwendung des Bilanzgewinns und die Entlastung von Vorstand und Aufsichtsrat (§§ 119 Abs. 1 Nr. 2 u. 3, 120 AktG). Um eine sachkundige Entscheidung treffen zu können, haben die Aktionäre ein umfassendes Auskunftsrecht nach § 131 AktG. Anders als bei der GmbH besteht in der AG kein Verhältnis der Überordnung der Hauptversammlung über den Vorstand und damit auch kein Weisungsrecht, sondern es gilt das **Prinzip der Teilung der Zuständigkeiten**: Die Hauptversammlung ist für die in § 119 Abs. 1 AktG aufgeführten **Grundlagengeschäfte** zuständig. Hierzu gehören Satzungsänderungen, die Bestellung der Abschlussprüfer, Entscheidungen über Kapitalerhöhungen, -herabsetzungen oder die Liquidation der Gesellschaft. Die tagtägliche **Geschäftsführung** dagegen ist Sache des Vorstands, die er eigenverantwortlich ausübt (§ 76 AktG). Die Hauptversammlung entscheidet über Maßnahmen der Geschäftsführung nur, wenn der Vorstand es verlangt (§ 119 Abs. 2 AktG). Anlass für ein solches Verlangen ist in der Regel das Bestreben des Vorstands, sich auf den Beschluss der Hauptversammlung berufen zu können, wenn die getroffene Maßnahme misslingt. Hat nämlich die Hauptversammlung zugestimmt, haftet der Vorstand nicht auf Schadensersatz (§ 93 Abs. 4 S. 1 AktG).
Da die Aktionäre aufgrund der Zuständigkeitsteilung keinen Einfluss auf das „Tagesgeschäft" der Gesellschaft haben, können sie nur in der Hauptversammlung Macht ausüben. Hierfür stehen ihnen von Gesetzes wegen bestimmte Rechte zu. Jeder Aktionär hat etwa das **Recht auf Teilnahme** an der Hauptversammlung (§ 118 AktG) und das **Recht auf Auskunft** (§ 131 AktG). Weder die Teilnahme an der Hauptversammlung, noch eine Auskunft über die Angelegenheiten der Gesellschaft, die zur sachgemäßen Beurteilung des Gegenstands der Tagesordnung erforderlich sind, dürfen dem Aktionär verwehrt werden. Grundsätzlich darf sich jeder Aktionär oder sein Vertreter zu Wort melden. Voraussetzung ist dazu meist, die Eintragung in die Liste am Wortmeldetisch. Eine generelle Beschränkung der Redezeit existiert zwar nicht. Allerdings darf der Versammlungsleiter Redezeiten begrenzen. Wird auch auf wiederholte Aufforderung eine Frage nicht beantwortet, kann der Aktionär sie vom Notar als nicht beantwortet protokollieren lassen. Das hält ihm die Möglichkeit einer Auskunftsklage innerhalb von zwei Wochen offen. Außerdem steht jedem Aktionär das **Stimmrecht** (§ 134 AktG) sowie das **Anfechtungsrecht** (§ 245 AktG) zu. Stimmberechtigt ist jeder Aktionär, eine Aktie berechtigt grundsätzlich zu einer Stimme. Bei Abstimmungen in der Hauptversammlung ist im Grundsatz die einfache Stimmenmehrheit entscheidend

(§ 133 AktG).[93] Als Anfechtungsrecht bezeichnet man die Befugnis, gesetzeswidrige Beschlüsse der Hauptversammlung anfechten zu können. Von diesem an sich sinnvollen Recht machen in der Praxis gewisse „Berufsaktionäre" nur deshalb Gebrauch, um sich von der Gesellschaft anschließend die Rücknahme der Anfechtungsklage „abkaufen" zu lassen. Diese sogenannten „räuberischen Aktionäre" sind meist mit einem nur geringen Investment an der Gesellschaft beteiligt und benutzen die Hauptversammlung dazu, den Vorstand und Versammlungsleiter mit umfangreichen Fragenkatalogen zu einem Fehlverhalten zu provozieren oder die Hauptversammlung mit endlosen Reden in die Länge ziehen. Anschließend wird dann behauptet, einzelne Fragen seien nicht beantwortet oder Form- und Verfahrensvorschriften nicht eingehalten worden. Die sofort eingelegten Widersprüche zur Niederschrift und wenige Tage später eingereichten Anfechtungsklagen lassen sie sich dann von der Gesellschaft gegen ein „Schweigegeld" abkaufen. Man spricht in solchen Fällen von einem **Missbrauch des Anfechtungsrechts**. Zwar hat der Bundesgerichtshof (BGH) solche erpresserischen Anfechtungen für missbräuchlich und unzulässig erklärt. Dies hat aber nur dazu geführt, dass diese Aktionäre subtiler vorgehen. Aus Angst davor, einen wichtigen Hauptversammlungsbeschluss (etwa über die Durchführung einer Sanierung, Umstrukturierung, Fusion usw.) bis zu einer gerichtlichen Entscheidung nicht umsetzen zu können, lassen sich betroffene Unternehmen die „Schweigegelder" einiges kosten. Im Fall einer deutschen Versicherungsgruppe flossen 1986 angeblich rund 1,5 Millionen DM an die Altaktionäre der übernommenen Gesellschaft. Durch das Gesetz zur Unternehmensintegrität und Modernisierung des Anfechtungsrechts (UMAG) trat in 2005 eine einschneidende Veränderung in Kraft. Einerseits wurden damit zwar Schadensersatzklagen von Aktionären, die sich auf Pflichtverletzungen von Vorstand und Aufsichtsrat der Aktiengesellschaft stützen, erheblich erleichtert. Andererseits wurde für Beschlüsse zu Maßnahmen der Kapitalbeschaffung oder -herabsetzung sowie zum Abschluss von Unternehmensverträgen das sogenannte Freigabeverfahren eingeführt, durch das das Prozessgericht auf Antrag der AG feststellen kann, dass die betreffende Klage eines Aktionärs der Eintragung ins Handelsregister nicht entgegensteht und Mängel des Hauptversammlungsbeschlusses die Wirkung der Eintragung unberührt lassen. Somit kann der Missbrauch von Anfechtungsklagen gegen Hauptversammlungsbeschlüsse durch einzelne Aktionäre dadurch verhindert werden, dass eine solche Klage Unternehmenshandeln nicht verzögern kann.

---

[93] Qualifizierte Mehrheitserfordernisse gibt es z.B. bei der Satzungsänderung (§ 179 Abs. 2 AktG: Dreiviertelmehrheit).

Verluste der AG tragen nicht die Aktionäre, sondern die Gesellschaft haftet mit ihrem eigenen Vermögen. Eine **Nachschusspflicht** der Aktionäre existiert nicht; diese kann aufgrund der Satzungsstrenge auch nicht in der Satzung vereinbart werden.

Aus dem **Gewinn** der AG müssen zunächst **gesetzliche Rücklagen** gebildet werden. Diese berechnen sich nach § 150 HGB und sind von den Vorjahresverlusten abhängig. Erst danach können Gewinne an die Aktionäre in Form von **Dividenden** ausgeschüttet werden. Über die Höhe der Dividende entscheidet die Hauptversammlung. Grundlage ist der **festgestellte** Jahresabschluss, der unten näher beschrieben wird.

Die **Finanzierung** ist – zumindest nach dem Kriterium der Rechtsform – bei der Aktiengesellschaft im Vergleich zu den anderen Rechtsformen am besten. Wie der Kommanditist einer KG trägt der Aktionär dabei nur die Haftung bis zur Höhe seines Kapitalanteils. Im Gegensatz zur Beteiligung eines Kommanditisten eröffnet die börsennotierte Aktie dem Investor die Möglichkeit, sich jederzeit zu vergleichsweise geringen Transaktionskosten an der betreffenden Gesellschaft zu beteiligen bzw. eine Beteiligung aufzulösen („Fungibilität der Aktie"). Dem Eigenkapital kommen aus Sicht des emittierenden Unternehmens die folgenden Funktionen zu:

- Finanzierungsbasis: Bei der Erstausgabe (Emission) von Aktien fließen dem Unternehmen liquide Mittel zu.
- Haftungsfunktion und Risikopuffer: Aufgrund der beschränkten Haftung von Kapitalgesellschaften muss eine Haftungsbasis vorhanden sein, das Grundkapital der AG.
- Gewinnverteilungsmaßstab: Der Jahresüberschuss wird an die Aktionäre nach der Zahl ihrer Aktien ausgeschüttet, sofern nicht die Ausnahme verschiedener Aktientypen wie Stamm- und Vorzugsaktien vorliegt.
- Kreditvergabekriterium: Je höher das Eigenkapital, desto höher ist grundsätzlich die Bonität des Unternehmens.

Die Veränderung des Eigenkapitals ist bei der AG an formelle Voraussetzungen gebunden, die jeweils eine Satzungsänderung mit den entsprechenden Mehrheiten erforderlich machen. Besonders geregelt sind dabei die Formen der Kapitalerhöhung, wobei jedoch nicht jede Kapitalerhöhung mit der Erhöhung des Eigenkapitals gleichzusetzen ist (Abb. 45).

Der **Eintritt** in eine AG erfolgt durch Erwerb der Gesellschafterstellung durch Teilnahme an der Gründung der AG oder durch Erwerb einer Aktie. Dies ist durch Erbschaft oder Kauf an der Börse als einem geregelten Markt oder außerhalb der Börse frei nach Angebot und Nachfrage möglich. Die Zustimmung der übrigen Aktionäre oder der Gesellschaft ist nicht erforderlich. Ausnahme sind sogenannte **vinkulierte Namensaktien**, die nur mit Zustimmung der Mitaktionäre übertragen werden dürfen und auf den Namen des Inhabers lauten. Üblicherweise werden solche Aktien nur in kleineren oder Familien-AGs ausgegeben, die sich vor einer Überfremdung schützen wollen.

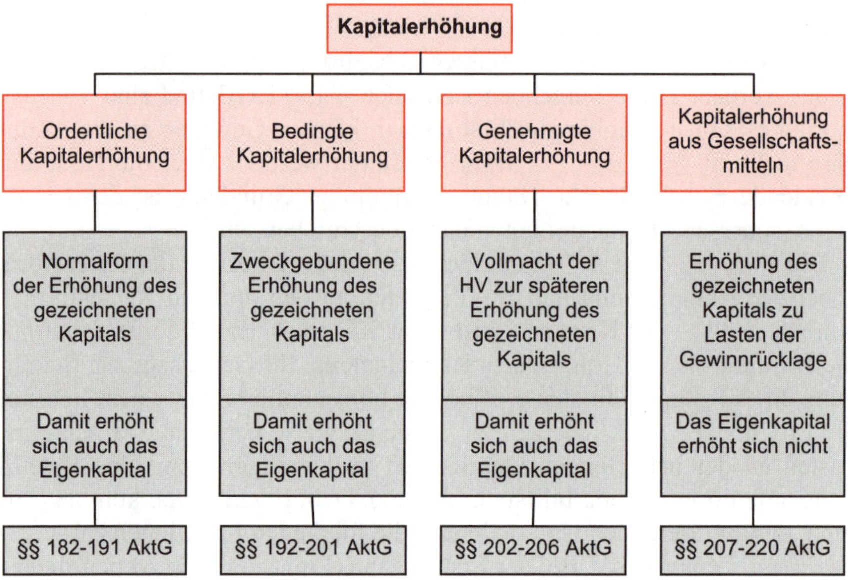

Abb. 45. Formen der Kapitalerhöhung bei der Aktiengesellschaft

Der **Austritt** aus einer AG erfolgt ohne weitere Formalitäten durch schlichten Verkauf der Aktien. Eine Zustimmung der Gesellschaft oder der Mitaktionäre ist auch hier nicht notwendig. Auch durch Tod des Aktionärs verliert dieser zu Gunsten seiner Erben seine Stellung als Aktionär.

Die **Auflösung** einer AG erfolgt nach Maßgabe des § 262 Abs. 2 AktG durch Zeitablauf, Beschluss der Hauptversammlung mit Dreiviertelmehrheit, durch Eröffnung des Insolvenzverfahrens über das Gesellschaftsvermögen oder aufgrund schwerer Satzungsmängel, welche nach Maßgabe des § 144a FGG (Gesetz über die Angelegenheiten der freiwilligen Gerichtsbarkeit) gerichtlich festgestellt wurden. Der Liquidationserlös steht den Aktionären zu (§ 271 Abs. 1 AktG). Die Liquidation der Gesellschaft ist in das Handelsregister einzutragen (§§ 263, 273 AktG).

Der Umfang und die Offenlegung des **Jahresabschlusses** einer AG richten sich nach ihrer Größe (§ 267 HGB, §§ 325ff. HGB). Grundsätzlich gilt, dass der Jahresabschluss innerhalb der ersten drei Monate des neuen Geschäftsjahres erstellt werden muss. Für kleine und mittelgroße Gesellschaften gelten Erleichterungen (vgl. §§ 326, 327 HGB). Der Jahresabschluss umfasst nach §§ 264, 242 HGB eine Bilanz, die Gewinn- und Verlustrechnung sowie den Anhang. Zudem ist ein **Lagebericht** (§ 289 Abs. 1 HGB) zu erstellen, der den Geschäftsverlauf und die Lage der Gesellschaft, insbesondere die Risiken künftiger Entwicklungen schildert. Jahresabschluss und Lagebericht sind von den Abschlussprüfern und anschließend vom Aufsichtsrat zu prüfen. Der Aufsichtsrat spricht nach Billigung die Feststellung des Jahresabschlusses aus (§ 172 AktG). Der **festgestellte** Jahresabschluss ist schließlich Grundlage der Gewinnverteilung in der Hauptversammlung. Jahresabschluss und Lagebericht unterliegen der **Offenlegung**, d.h. sie sind beim Handelsregister einzureichen sowie im Bundesanzeiger bekannt zu geben.

Die AG ist als juristische Person selbstständiges **Steuersubjekt**. Nach § 1 Abs. 1 Nr. 1 KStG (Körperschaftsteuergesetz) ist die AG als Kapitalgesellschaft körperschaftsteuerpflichtig. Der Steuersatz richtet sich nach § 23 KStG. Die Steuer bemisst sich nach dem „zu versteuernden Einkommen". Was als „Einkommen" gilt und wie das Einkommen zu ermitteln ist, bestimmt sich nach den Vorschriften des Einkommensteuergesetzes unter Berücksichtigung der körperschaftsteuerrechtlichen Besonderheiten (§ 8 KStG). Weiterhin ist die AG auch gewerbesteuerpflichtig, da sie kraft Rechtsform stets und in vollem Umfang ein Gewerbe betreibt (§ 2 Abs. 2 Satz 1 GewStG). Die AG ist außerdem in der Regel umsatzsteuerpflichtig, da die Umsatzsteuerpflicht jeden Unternehmer trifft, der „eine gewerbliche Tätigkeit selbstständig ausübt" (§ 2 Abs. 1 Satz 1 UStG).

Die **rechtsformspezifischen Kosten** der AG bestehen in Notariatsgebühren, Kosten des Registergerichtes, Kosten der Hauptversammlung, Kosten der Aktienemission, Kosten der Börsennotierung, Steuern und Kosten für die Erstellung, Prüfung und Veröffentlichung des Jahresabschlusses.

5.2.6.4 Europäische Aktiengesellschaft

Die Europäische (Aktien-)Gesellschaft (SE, Societas Europaea) oder Europa-AG ist eine supranationale, europäische Rechtsform, die 2004 ins Leben gerufen wurde. Sie ist auf die Beteiligung von Gesellschaften aus verschiedenen Mitgliedsstaaten ausgerichtet. Die Gründung ist daher nur grenzüberschreitend möglich. Natürliche Personen können nicht Gründer sein.

Die SE beruht auf europäischen Rechtsgrundlagen: einerseits der „Verordnung über das Statut der Europäischen Gesellschaft"[94] (SE-VO), andererseits auf einer Richtlinie, die ergänzend Fragen der Unternehmensmitbestimmung regelt (SE-RL). Die SE-VO enthält unmittelbar in den Mitgliedsstaaten der EG geltendes Recht und trat am 08.10.2004 in Kraft. Darüber hinaus gilt in Deutschland seit dem 29.12.2004 das SEEG, das Gesetz zur Einführung der Europäischen Gesellschaft. Vergleichbare Gesetze finden sich in anderen europäischen Mitgliedsstaaten. Neben diesen drei

---

[94] Verordnung (EG) Nr. 2157/2001 des Rates vom 8. Oktober 2001 über das Statut der Europäischen Gesellschaft (SE), Amtsblatt der Europäischen Gemeinschaften L 294/1.

Gesetzen gelten für die SEs schließlich die Bestimmungen des Sitzstaates über die jeweilige nationale Aktiengesellschaft, in Deutschland also das AktG.

Die ursprünglichen Versuche, eine wirklich einheitliche Rechtsform für alle Mitgliedsstaaten zu schaffen, sind damit nicht gelungen. Die SE hat trotz gewisser Grundregeln, die überall gelten, durch die ergänzenden nationalen Bestimmungen in jedem Mitgliedsstaat ihr eigenes Gepräge. Selbst innerhalb eines Landes können Varianten auftreten, da es z.B. in Deutschland den Gründern ermöglicht wird, die SE entweder nach dem Vorbild der deutschen AG mit einem dualistischen Leistungssystem (Vorstand und Aufsichtsrat) oder nach dem angloamerikanischen Vorbild mit einem monistischen Board-of-Directors-System (einheitlicher Verwaltungsrat) auszustatten.

Trotz dieser Uneinheitlichkeit hat sich bereits im Jahr 2006 die Allianz AG als erstes deutsches Unternehmen zu einer SE umgewandelt. Auch die Fresenius SE sowie die BASF SE haben mittlerweile die Umwandlung vollzogen.

5.2.6.5 Gesellschaft mit beschränkter Haftung

Die Gesellschaft mit beschränkter Haftung (GmbH) ist eine Handelsgesellschaft mit eigener Rechtspersönlichkeit (juristische Person), deren Gesellschafter mit Einlagen auf das in Geschäftsanteile zerlegte gezeichnete Kapital (Stammkapital) von mindestens 25.000 Euro beteiligt sind.

Jede Stammeinlage muss auf Euro lauten, also mindestens 1 Euro betragen (§ 5 Abs. 2 GmbHG). Es gilt das GmbH-Gesetz (GmbHG). Die Gesellschafter einer GmbH haften, soweit sie ihre Stammeinlage vollständig geleistet haben (§§ 7 Abs 1, 11 GmbHG), nicht für Verbindlichkeiten der Gesellschaft. Diese haftet den Gläubigern gegenüber vielmehr mit ihrem eigenen Vermögen (§ 13 Abs. 2 GmbHG). Aufgrund ihrer Eigenschaft als Handelsgesellschaft (§ 13 Abs. 3 GmbHG) ist die GmbH unabhängig von ihrem Gesellschaftszweck Formkaufmann nach § 6 Abs. 1 HGB und damit an die handelsrechtlichen Vorschriften gebunden. Die GmbH ist regelmäßig die für kleine und mittlere Unternehmen bevorzugte Rechtsform. Aber auch einige Großunternehmen sind in der Rechtsform der GmbH aufzufinden wie etwa die Robert Bosch GmbH.

Die **Gründung** einer GmbH ist durch eine oder mehrere Personen zu jedem gesetzlich zulässigen Zweck möglich (§ 1 GmbHG). Sie entsteht durch Abschluss eines Gesellschaftsvertrags (Satzung), welcher zu seiner Wirksamkeit der **notariellen Form** bedarf (§ 2 Abs. 2 GmbHG). Nach § 3 GmbHG muss die Satzung mindestens enthalten: Firma und Sitz der Gesellschaft, Gegenstand des Unternehmens, Betrag des Stammkapitals und die Stammeinlage eines jeden Gesellschafters. In einfach gelagerten Fällen kann hierzu auf das Musterprotokoll in der Anlage des GmbHG zurückgegriffen werden (§ 2 Abs. 1a GmbHG). Gesellschafter können sowohl natürliche und juristische Personen als auch Gesellschaften ohne Rechtspersönlichkeit sein. Auch bei der GmbH ist sowohl eine Bar- als auch eine Sachgründung möglich (§ 5 Abs. 4 GmbHG). Hierzu gelten die Ausführungen bezüglich der AG entsprechend; ein wesentlicher Unterschied besteht jedoch hinsichtlich der Gesellschaftsgründung mittels verdeckter Sacheinlagen. In diesem Fall steht nach § 19 Abs. 4 S. 2 GmbHG die Erbringung der Sacheinlage der Erfüllung bezüglich der geschuldeten Bareinlage nicht entgegen. Folge für den jeweiligen Gesellschafter ist, dass er nicht verpflichtet ist, die Bareinlage in voller Höhe zu erbringen und sich die Sacheinlage von der Gesellschaft zurückgewähren zu lassen, was die oben schon aufgezeigten, gravierenden Rechtsfolgen nach sich ziehen würde. Folge der verdeckten Sacheinlage ist lediglich, dass deren Wert auf die Bareinlage angerechnet wird (§ 19 Abs. 4 S.3 GmbHG), wobei die Beweislast für die Werthaltigkeit der Sacheinlage den Gesellschafter trifft. Der Differenzbetrag zum Wert der geschuldeten Bareinlage ist vom Gesellschafter in entsprechender Anwendung des § 9 Abs. 1 GmbHG auszugleichen.

Firma der GmbH kann Sach-, Personal- oder Fantasiefirma sein (§ 18 HGB); verpflichtend ist wiederum die Führung eines die Haftungsbeschränkung kenntlich machenden Zusatzes, etwa „Gesellschaft mit beschränkter Haftung“ bzw. „GmbH“ (§ 4 GmbHG).

Erst durch Eintragung in das Handelsregister wird die juristische Person „GmbH“ schließlich ins Leben gerufen (§ 11 Abs. 1, §§ 7, 8 GmbHG) und hierdurch die Haftung auf das Vermögen der Gesellschaft beschränkt. Konsequenterweise bestimmt § 11 Abs. 2 GmbHG, dass vor Eintragung in das Handelsregister die Gesellschafter für Verbindlichkeiten persönlich zu haften haben, etwa dann wenn sie bereits im Namen der Gesellschaft Verträge eingegangen sind. Grund hierfür ist, dass vor Abschluss des Gesellschaftsvertrags eine **Vorgründungsgesellschaft** entstanden ist, welche je nach Gesellschaftszweck eine OHG oder GbR ist. Folge ist die unbeschränkt persönliche Gesellschafterhaftung nach Maßgabe der OHG- bzw. GbR-Vorschriften. Mit Abschluss des Gesellschaftsvertrags entsteht hingegen eine **Vor-GmbH** oder **Gesellschaft mit beschränkter Haftung in Gründung (GmbH i.G.)**, auf die die Haftungsbeschränkung des § 13 Abs. 2 GmbHG nicht ohne Weiteres anwendbar ist. Diese Regelungslücken wurden durch die Rechtsprechung ausgefüllt.

Auch die GmbH bedarf, um handlungsfähig zu sein, ihrer Organe. **Organe** einer GmbH sind der bzw. die Geschäftsführer und die Gesellschafterversammlung. Bei mehr als 500 Arbeitnehmern muss im Interesse der Arbeitnehmermitbestimmung ein Aufsichtsrat eingesetzt werden.

- **Geschäftsführung**: Die Geschäftsführung einer GmbH besteht aus einer oder mehreren Personen (§ 6 Abs. 1 GmbHG). Ihnen obliegt die Vertretung und Leitung der Gesellschaft (§ 35 GmbHG). Hat die

GmbH mehrere Geschäftsführer, so gilt nach § 35 Abs. 2 Satz 2 GmbHG das Prinzip der **Gesamtgeschäftsführung**; die Satzung kann allerdings eine hiervon abweichende Regelung treffen. Nach Maßgabe des § 6 Abs. 2 GmbHG können nur natürliche, unbeschränkt geschäftsfähige Personen das Amt des Geschäftsführers innehaben. Sowohl Gesellschafter als auch andere Personen (sog. **Fremdorganschaft**) kommen als Geschäftsführer in Frage (§ 6 Abs. 3 GmbHG). Beschäftigt die GmbH regelmäßig mehr als 2.000 Arbeitnehmer, so gehört der Geschäftsführung zwingend ein sogenannter Arbeitsdirektor an. Die **Bestellung** zum Geschäftsführer erfolgt entweder durch Beschluss der Gesellschafterversammlung (§ 46 Nr. 5 GmbHG) oder bei Gründung der GmbH in der Satzung (§ 6 Abs. 3 Satz 2 a.E. GmbHG). Vom organschaftlichen Akt der Bestellung ist stets das **Anstellungsverhältnis** der Geschäftsführer zu trennen, hierzu gilt das bei der AG Ausgeführte entsprechend.

- Die Geschäftsführung unterliegt – im Gegensatz zum Vorstand einer AG – den **Weisungen** der Gesellschafterversammlung (§ 37 Abs. 1 GmbHG). Sie ist verpflichtet, sich an diese Weisungen zu halten, unabhängig davon, ob diese Weisungen „sinnvoll“ sind oder nicht. Geschäfte, welche der/die Geschäftsführer entgegen einer Weisung gegenüber Dritten vornehmen, sind gleichwohl wirksam, da sich das Weisungsrecht im Interesse des Rechtsverkehrs nicht auf die nach außen („gegenüber Dritten“) tretende Vertretungsmacht der Geschäftsführer niederschlägt (§ 37 Abs. 2 GmbHG). Ein Verstoß gegen Weisungen kann aber Schadensersatzansprüche der Gesellschaft gegenüber den Geschäftsführern nach sich ziehen (§ 43 Abs. 2 GmbHG), für welche sie als Gesamtschuldner (§ 421 ff. BGB) haften. Besonders problematisch erscheint das Weisungsrecht in der (drohenden) Insolvenz, etwa dann wenn der/die Geschäftsführer ausdrücklich zur Fortführung der Geschäfte trotz Zahlungsunfähigkeit bzw. Überschuldung der Gesellschaft angewiesen werden, obwohl sie gemäß § 64 Abs. 1 und § 84 GmbHG verpflichtet sind, einen Insolvenzantrag zu stellen.
- **Gesellschafterversammlung**: Die Gesellschafterversammlung ist das oberste Organ der GmbH und setzt sich aus den Gesellschaftern (Anteilseignern) der Gesellschaft zusammen. Die Willensbildung erfolgt durch Beschluss mit einfacher Kapitalmehrheit. Bei satzungsändernden Beschlüssen bedarf es nicht nur einer qualifizierten Mehrheit (75 % des Kapitals), sondern der Beschluss muss auch notariell beurkundet werden (§ 53 Abs. 2 GmbHG). Die Aufgaben der Gesellschafterversammlung bestimmt § 46 GmbHG. Hierzu gehören unter anderem die Feststellung des Jahresabschlusses und Verwendung des Ergebnisses, Überwachung, Bestellung und Abberufung der Geschäftsführer sowie Entlastung der Geschäftsführung. Außerdem ist die Gesellschafterversammlung zu Weisungen gegenüber der Geschäftsführung befugt (vgl.

§§ 37, 45, 46 Nr. 6 GmbHG), so dass man von einem Über-/Unterordnungsverhältnis spricht.

- **Aufsichtsrat**: Jede GmbH kann einen fakultativen, d.h. freiwilligen Aufsichtsrat bilden. Soweit für diesen keine abweichenden Bestimmungen getroffen wurden, gelten nach § 52 GmbHG im Wesentlichen die Vorschriften des Aktienrechts. Bei mehr als 500 Arbeitnehmern muss nach dem BetrVG 1952 ein Aufsichtsrat gebildet werden. Die Rechte und Pflichten des Aufsichtsrats bestimmen sich nach dem Aktienrecht in Verbindung mit § 76 BetrVG. Arbeitnehmer stellen dann ein Drittel der Mitglieder. Bei mehr als 2.000 Arbeitnehmern erfolgt die Besetzung sogar paritätisch.[95]

Verluste der Gesellschaft trägt nur diese selbst (§ 13 Abs. 2 GmbHG). Die Gesellschafter haften hierfür nicht. Allerdings kann sie eine **Nachschusspflicht** treffen, wenn in der Satzung eine solche Pflicht vereinbart wurde (§ 26 GmbHG). Auch nachträglich kann eine Nachschusspflicht vereinbart werden, allerdings ist hierfür die Zustimmung *aller* Gesellschafter notwendig, d.h. weder eine einfache noch eine qualifizierte Mehrheit sind ausreichend (§ 53 Abs. 3 GmbHG).

Die **Finanzierung** der GmbH ist dadurch geprägt, dass im Gegensatz zur AG für GmbH-Geschäftsanteile kein geregelter Kapitalmarkt existiert. Ihre Finanzierung erfolgt deshalb ähnlich der Personengesellschaften. Die Möglichkeiten der Fremdkapitalaufnahme sind durch die hohe Insolvenzquote der GmbHs beeinträchtigt, so dass Kreditinstitute gerade bei neu gegründeten Gesellschaften zumeist zusätzliche Sicherheiten wie etwa eine Bürgschaft des Geschäftsführers bzw. Gesellschafters verlangen. In diesem Fall ist die beschränkte Haftung zumindest gegenüber dem Kreditgeber aufgegeben, da dieser die Rückzahlung eines Darlehens von der Gesellschaft oder dem Bürgen verlangen kann.

Der **Eintritt** in eine GmbH erfolgt durch Mitwirkung an der Gründung oder durch Erwerb eines Geschäftsanteils. Der Gesellschaftsvertrag (Satzung) kann vorsehen, dass die Mitgesellschafter dem Erwerb des Geschäftsanteils durch einen neuen Gesellschafter zustimmen müssen. Möglich ist der Erwerb durch Abschluss eines Kaufvertrages zwischen bisherigem Anteilseigner (Gesellschafter) und Eintretendem. Der Kaufvertrag bedarf der notariellen Form (§ 15 Abs. 3 GmbHG). Auch im Wege der Erbfolge ist der Eintritt in eine GmbH möglich. Weiterhin können die bisherigen Gesellschafter durch eine Satzungsänderung, die einer qualifizierten Mehrheit sowie der notariellen Beurkundung bedarf, die Aufnahme neuer Gesellschafter ermöglichen, indem sie eine Kapitalerhöhung oder die Teilung der bisherigen Geschäftsanteile beschließen.

---

[95] Die Ausgestaltung der Arbeitnehmermitbestimmung wird in Abschnitt 5.4 genauer erläutert.

Der **Austritt** aus einer GmbH erfolgt durch Verlust der Geschäftsanteile. Dies kann durch Verkauf der Fall sein oder durch Tod. Verletzt ein Gesellschafter eine ihm nach dem Gesellschaftsvertrag obliegende wesentliche Verpflichtung vorsätzlich oder aus grober Fahrlässigkeit, so können die übrigen Gesellschafter in entsprechender Anwendung der §§ 140, 133 HGB seinen Ausschluss aus der Gesellschaft beschließen. Der Ausschluss wird durch gerichtliche Entscheidung ausgesprochen. Weiter ist auch der Austritt im Wege der Kündigung möglich. Das GmbHG sieht zwar kein Kündigungsrecht vor, allerdings ist ein solches üblicherweise in der Satzung enthalten.

Die **Auflösung** der GmbH erfolgt nach Maßgabe des § 60 GmbHG durch Zeitablauf, Gesellschafterbeschluss über die Auflösung mit einer Mehrheit von 75 %, durch Gerichtsurteil (§ 61 GmbHG) bzw. Entscheidung einer Verwaltungsbehörde (§ 62 GmbHG), durch Insolvenz, aufgrund von Satzungsmängeln oder sonstigen, im Gesellschaftsvertrag genannten Gründen. Die Auflösung ist dem Handelsregister anzuzeigen (§§ 65, 74 GmbHG). Der Liquidationserlös steht den Gesellschaftern im Verhältnis ihrer Kapitalanteile zu (§ 72 GmbHG).

Umfang und Offenlegung des **Jahresabschlusses** einer GmbH richten sich nach ihrer Größe. Die GmbH unterliegt damit seit 1985 denselben Vorschriften wie die Aktiengesellschaft, da diese Materie seit dem Bilanzrichtliniengesetz nur noch größen-, aber nicht mehr rechtsformabhängig geregelt ist (§§ 242 ff., 264 ff., 325ff. HGB). § 42 GmbHG enthält nur noch einige spezielle Ergänzungen. Auch die Regelung über die Gewinnverwendung ist in § 29 GmbHG weitgehend der des Aktienrechts (§ 58 Abs. 4 AktG) angeglichen worden.

Die **steuerliche Behandlung** der GmbH entspricht weitgehend der der Aktiengesellschaft. Die GmbH ist als juristische Person selbstständiges Steuersubjekt. Die GmbH ist nach § 1 Abs. 1 Nr. 1 KStG körperschaftsteuerpflichtig. Der Steuersatz richtet sich nach § 23 KStG. Für GmbHs kommt der Freibetrag für kleinere Körperschaften nach § 24 KStG in Betracht. Weiterhin ist die GmbH auch gewerbesteuerpflichtig, da sie kraft Rechtsform als Gewerbebetrieb gilt (§ 2 Abs. 2 Satz 1 GewStG). Außerdem ist sie als Unternehmer i.S. des Umsatzsteuerrechts steuerpflichtig.
Als **rechtsformspezifische Kosten** fallen Notariatsgebühren, Kosten des Registergerichtes, Kosten der Gesellschafterversammlung, Kosten für die Offenlegung/Veröffentlichung des Jahresabschlusses sowie Steuern an.

Die **Unternehmergesellschaft (haftungsbeschränkt)** wurde im Rahmen des Gesetzes zur Modernisierung des GmbH-Rechts und der Bekämpfung von Missbräuchen vom 1.11.2008 (MoMiG) eingeführt. Nach dem Wortlaut von § 5a Abs. 1 GmbHG handelt es sich dabei um keine neue Rechtsform. Die Unternehmergesellschaft ist vielmehr ein Unterfall der GmbH, so dass die für die GmbH geltenden Vorschriften auch auf diese anzuwenden sind, soweit keine, im Folgenden dargestellten, Sonderregelungen existieren.

Wesentliches Charakteristikum der Unternehmergesellschaft im Unterschied zur „normalen" GmbH ist die Nicht-Geltung der Regelung für das einzuzahlende **Mindeststammkapital** nach § 5 Abs. 1 GmbHG (§ 5a Abs. 1 GmbHG). Für die Gründung einer Unternehmergesellschaft ist mit Blick auf § 5 Abs. 2 GmbHG also eine Kapitaleinlage von nur 1 Euro ausreichend. Diese muss im Gegenzug aber auch vor der Anmeldung der Gesellschaft in voller Höhe und in bar eingezahlt werden (§ 5a Abs. 2 GmbHG). Die Unternehmergesellschaft weist damit deutliche Parallelen zur englischen Rechtsform der „Private Limited Company" auf. Es ist dabei jedoch zu beachten, dass für den Fall, dass die Unternehmergesellschaft die Gründungskosten trägt, mit einer derart niedrigen Einlage bereits von Beginn an eine insolvenzbegründende Unterbilanz bestehen würde.

Im Unterschied zur britischen Limited ist die mögliche Unterkapitalisierung bei der Unternehmergesellschaft allerdings nicht auf Dauer, sondern nur für eine Übergangsphase angelegt. Das Mindeststammkapital soll nach der Intention des Gesetzgebers letztlich auf mindestens die für die GmbH geltende Schwelle von 25.000 Euro angehoben werden. Um dies zu bewerkstelligen, schreibt § 5a Abs. 3 GmbHG der Unternehmergesellschaft die **Bildung von Rücklagen** im Jahresabschluss in Höhe von 25% des Jahresüberschusses vor. Diese dürfen nicht ausgeschüttet werden, eine Verwendung ist nur zur Deckung eines Jahresfehlbetrages oder Verlustvortrages sowie einer Kapitalerhöhung zulässig. Die Pflicht zur Bildung von Rücklagen entfällt erst dann, wenn die Unternehmergesellschaft eine Kapitalerhöhung vornimmt und den Mindeststammkapitalbetrag des § 5 Abs. 1 GmbHG erreicht.

Obgleich die Unternehmergesellschaft eine GmbH ist, ist ihr nach § 5a Abs. 1 GmbHG ein Auftreten unter dieser **Firma** nicht gestattet. Die vergleichsweise geringe Ausstattung mit Eigenkapital ist im Rechtsverkehr durch die Verwendung des Zusatzes „Unternehmergesellschaft (haftungsbeschränkt)" anzuzeigen, wobei die Abkürzung als „UG (haftungsbeschränkt)" zulässig ist. Eine Firmierung als GmbH ist der UG erst dann gestattet, wenn sie durch eine Kapitalerhöhung das Mindeststammkapital einer „normalen" GmbH erreicht. Es bleibt dem Unternehmen jedoch unbenommen, auch in diesem Fall als Unternehmergesellschaft weiter zu firmieren (§ 5a Abs. 5 GmbHG).

Durch das MoMiG haben sich jedoch noch weitere, einschneidende Änderungen für die GmbH ergeben:

Gründung im vereinfachten Verfahren: Nach § 2 Abs. 1a GmbHG ist es nunmehr in einfach gelagerten Fällen (maximal drei Gesellschafter und ein Geschäftführer) möglich, die Gründung durch eine notarielle Beglaubigung des Musterprotokolls in der Anlege des GmbHG durchzuführen. Das Gesetz bietet damit einen

„Standard-Gesellschaftsvertrag", der es rechtsunkundigen Parteien erlaubt, alle wesentlichen Punkte auch ohne individuell erstellten Vertrag zu regeln.

Erfüllung trotz Hin- und Herzahlens: Nach § 19 Abs. 5 GmbHG gilt die Pflicht zur Bareinlage auch für den Fall als erbracht, dass ausgehend von einer Verwendungsabrede zwischen Gesellschafter und Gesellschaft die Einlage nach Zahlung unmittelbar wieder in Form eines Darlehens zurückfließt. Hierzu muss die Gesellschaft im Gegenzug allerdings einen vollwertigen Rückgewähranspruch erhalten. Mit dieser Regelung stellt der Gesetzgeber die Praxis des sogenannten „Cash-Poolings", also einen konzerninternen Ausgleich überschüssiger Liquidität, auf eine gesetzliche Grundlage. Bisher wurde diese Praxis analog zur verdeckten Sacheinlage behandelt; die Bareinlage galt als nicht erbracht und musste im Zweifelsfall nachgezahlt werden. Zu diesem Regelungszweck gehört auch die Einführung des § 30 Abs. 1 S. 2 GmbHG, mit dem die absolute Sperre der Ausschüttung des Stammkapitals, d.h. die Verlagerung von Vermögenswerten innerhalb eines Konzerns unter gewissen Voraussetzungen ermöglicht wird.

Kapitalaufbringung in der Ein-Mann-GmbH: Nach bisherigem Recht musste bei der Ein-Mann-GmbH im Gegensatz zur Mehrpersonen-GmbH vor der Anmeldung der Gesellschaftsgründung nicht nur die Hälfte des Stammkapitals eingezahlt, sondern überdies hinaus noch Sicherheit für die verbleibende Hälfte gewährt werden. Durch die Abschaffung des bisherigen § 7 Abs. 2 S. 3 GmbHG wurde dies der Mehrpersonen-GmbH angeglichen. Weiterhin entfällt durch Änderung des § 19 Abs. 4 GmbHG die Pflicht zur Volleinzahlung, wenn sich innerhalb eines Jahres alle Gesellschaftsanteile in der Hand eines Gesellschafters befinden.

Genehmigtes Kapital: Durch den neu eingeführten § 55a GmbHG ist es nunmehr möglich, bereits im Gesellschaftsvertrag (entsprechend dem § 202 AktG) für eine Dauer von 5 Jahren festzulegen, bis zu welchem Nennbetrag das Stammkapital durch Ausgabe neuer Geschäftsanteile gegen Einlagen erhöht werden darf. Diese Übernahme des Geschäftsanteiles, die ohne diese Regelung im Gesellschaftsvertrag nur durch vom Übernehmenden notariell beurkundet oder beglaubigten Erklärung erfolgen kann (§ 55 Abs. 1 GmbHG), ist lediglich noch als Kapitalerhöhung zum Handelsregister anzumelden.

Grenzüberschreitende Verlegung des Verwaltungssitzes: Nach § 4a Abs. 2 GmbHG und § 5 S. 2 AktG entfällt durch das MoMiG das Erfordernis der Übereinstimmung von Satzungs- und Verwaltungssitz. Eine deutsche Kapitalgesellschaft dürfte also nach geltender Rechtslage einen vom inländischen Satzungssitz abweichenden Verwaltungssitz auch im Ausland wählen. Die GmbH sowie die AG werden damit als Rechtsform für im Ausland tätige Tochtergesellschaften eines Konzerns interessant.

5.2.7 Mischformen

5.2.7.1 GmbH & Co. KG

Die GmbH & Co. KG ist eine Sonderform der KG, bei der die Position des Komplementärs von einer GmbH – und nicht von einer natürlichen Person – eingenommen wird. Als Komplementärin haftet die GmbH zwar persönlich und unbeschränkt für Verbindlichkeiten der KG, da sie aber als Körperschaft selbst haftungsbeschränkt ist, ist die GmbH & Co. KG letztlich eine Personengesellschaft mit Haftungsbeschränkung.

Die Komplementär-GmbH hat in aller Regel keine eigene wirtschaftliche Funktion, sondern wurde nur gegründet, um als Komplementärin auftreten zu können. Aus diesem Grund wird in der Satzung und der Firma der GmbH auf die Komplementärfunktion bzw. Vermögensverwaltung Bezug genommen. Die hinter der GmbH stehenden Gesellschafter sind so vor einer persönlichen Haftung geschützt, genießen aber zugleich alle Vorteile einer Personengesellschaft (flexible Vertragsgestaltung und Gewinnverteilung, günstigere Steuerbelastung, geringere Publizität usw.).

Das folgende Beispiel soll die Unterschiede zwischen der Haftungsstruktur einer „klassischen" KG und einer GmbH & Co. KG erläutern:

(1) Klassische KG: Wollen A, B und C ein Handelsgewerbe in der Form einer KG betreiben, so muss mindestens einer von ihnen Komplementär werden, d.h. unbeschränkt persönlich haften. Die beiden anderen dagegen können sich als (beschränkt haftende) Kommanditisten beteiligen. Erklärt sich z.B. A dazu bereit, so haftet er neben dem Gesellschaftsvermögen für alle Verbindlichkeiten der KG unbeschränkt auch mit seinem Privatvermögen. B und C dagegen haften nur in Höhe ihrer Einlage, sofern diese vollständig eingezahlt wurde.

(2) GmbH & Co. KG: A, B und C wollen wiederum ein Handelsgewerbe in der Form einer KG betreiben. Hierzu gründet Gesellschafter A eine (Ein-Personen-)GmbH und zahlt für diesen Zweck einmalig 25.000 Euro Stammkapital ein. Die GmbH wird nun Komplementärin der zu gründenden KG. Die anderen beiden Gesellschafter B und C beteiligen sich als Kommanditisten und haften damit nur beschränkt. In dieser Konstellation haftet also keiner der drei Gesellschafter unbeschränkt persönlich. Es haftet neben dem Gesellschaftsvermögen der KG nur die GmbH (mit ihrem „Vermögen", in der Regel nur dem Mindeststammkapital). Das Privatvermögen von A, B und C ist geschützt.

Aufgrund dieser Haftungsbeschränkung liegt die Popularität der GmbH & Co. KG auf der Hand. Außer dieser Besonderheit ist die GmbH & Co. KG eine ganz normale KG, die Ausführungen zur KG gelten hier also entsprechend. Da im Gegensatz zu einer „normalen" KG keine natürliche Person persönlich haftet, darf die KG im Rechtsverkehr aber nicht als „KG" auftreten, sondern muss der **Firma** eine Bezeichnung beifügen, welche die Haftungsbeschränkung kenntlich macht, etwa „GmbH & Co. KG" (§ 19 Abs. 2 HGB).

Geschäftsführung und **Vertretung** der GmbH & Co. KG obliegen dem Komplementär, d.h. der GmbH, die wiederum durch ihre/n Geschäftführer vertreten wird. Regelmäßig ist dies der/die Gründergesellschafter, in unserem obigen Beispiel also A. Die Kommanditisten sind von Vertretung und Geschäftsführung per Gesetz ausgeschlossen. Wollen sie trotzdem geschäftsführend tätig werden, so können sie zu Geschäftsführern der GmbH bestellt und dann, als Vertreter der Komplementär-GmbH, die Geschäfte der KG führen. Die Personenidentität ist dabei unerheblich und stellt keinen Verstoß gegen die §§ 164, 170 HGB (Ausschluss der Kommanditisten von der Geschäftsführung) dar. In der Praxis ist etwa die Gestaltung der sogenannten Ein-Personen-GmbH & Co. KG häufig. Damit ist gemeint, dass der Gesellschafter der GmbH mit dem Kommanditisten der KG identisch ist. Die GmbH & Co. KG hat dann zwar formal zwei Gesellschafter, die GmbH und den Kommanditisten. Letztlich steht aber nur eine natürliche Person hinter dem Unternehmen, der Kommanditist.

Des Weiteren ist darauf hinzuweisen, dass eine vergleichbare Konstruktion auch mit anderen Kapitalgesellschaften wie AG, KGaA und eG (z.B. AG & Co. KG), der OHG als Personengesellschaft (z.B. GmbH & Co. OHG) bzw. Kapitalgesellschaften anderer Staaten der EU, etwa einer britischen Limited möglich ist (z.B. Limited & Co. KG), wobei als Komplementär dann die Limited auftritt. Vorteile letzterer Konstruktion sind die geringen Gründungskosten und die geringe Stammeinlage, die zur Gründung der Limited notwendig sind.

5.2.7.2 Kommanditgesellschaft auf Aktien

Die Kommanditgesellschaft auf Aktien (KGaA) ist eine juristische Person mit mindestens einem persönlich haftenden Gesellschafter, der das Unternehmen leitet. Die übrigen Gesellschafter sind als Kommanditaktionäre mit Einlagen auf das in Aktien zerlegte Kapital beteiligt, ohne dass sie mit ihrem Privatvermögen haften.

Es gibt also zwei Arten von Gesellschaftern: Zum einen die persönlich haftenden Gesellschafter, auf welche im Wesentlichen das Recht der Kommanditgesellschaft Anwendung findet sowie die „Kommanditaktionäre“, die mit Aktien am Grundkapital beteiligt sind und nicht persönlich haften.

Die KGaA ist eine Mischform zwischen der AG und der KG. Obwohl sie Elemente der KG enthält ist sie keine Personengesellschaft, sondern eine juristische Person mit eigenem Vermögen. Rechtsgrundlagen sind die §§ 278-290 AktG und §§ 161-177 HGB. Mit der KGaA kann über den Kapitalmarkt ein großes Finanzvolumen aufgebracht werden. Im Vergleich zur Aktiengesellschaft spielt die KGaA aufgrund ihrer komplizierten Struktur sowie der vergleichsweise geringen Rechte der Kommanditaktionäre nur eine untergeordnete Rolle. In Deutschland lassen sich nur wenige Unternehmen in dieser Rechtsform ausmachen, u.a. die Henkel KGaA in Düsseldorf, die Merck KGaA in Darmstadt und die Michelin Reifenwerke KGaA in Karlsruhe.

Die **Gründung** einer KGaA erfolgt durch Feststellung der Satzung durch einen oder mehrere Gründer; mindestens einer von ihnen muss persönlich haftender Gesellschafter sein. Die Feststellung der Satzung bedarf notarieller Beurkundung (§ 280 Abs. 1 AktG). Das Mindestkapital beträgt 50.000 Euro (§§ 278 Abs. 3, 7 AktG). Die KGaA wird in das Handelsregister eingetragen und ist Handelsgesellschaft (§§ 278 Abs. 3, S. 3 AktG) und damit Kaufmann im Sinne des HGB. Die Firma muss den Zusatz „Kommanditgesellschaft auf Aktien“ bzw. „KGaA“ enthalten (§ 279 Abs. 1 AktG).

Als juristische Person kann die KGaA nur über ihre **Organe** am Rechtsleben wirksam teilnehmen. Sie hat wie die Aktiengesellschaft einen Aufsichtsrat und eine Hauptversammlung, nicht dagegen einen Vorstand; dessen Funktion übernimmt der/die persönlich haftende/n Gesellschafter. In Abweichung zum Vorstand einer AG wird der persönlich haftende Gesellschafter nicht vom Aufsichtsrat bestellt, sondern nach § 281 AktG in der Satzung festgelegt. Konsequenz hiervon ist, dass der Wechsel des persönlich haftenden Gesellschafters nur durch Satzungsänderung (Änderung des Gesellschaftsvertrags) möglich ist.

- **Persönlich haftender Gesellschafter:** Die Rechtsstellung des persönlich haftenden Gesellschafters entspricht der des Vorstands einer AG. Gemäß § 283 AktG gelten sinngemäß die für den Vorstand einer AG geltenden Vorschriften. Ihm steht die Geschäftsführung und Vertretung der Gesellschaft zu. Bei mehreren persönlich haftenden Gesellschaftern gilt das Prinzip der Einzelgeschäftsführung und Einzelvertretung (§§ 278 Abs. 2 AktG, 161 Abs. 2, 114 f., 125 HGB). Umstritten ist bisher, ob auch eine juristische Person (insb. eine GmbH) die Komplementärfunktion in der KGaA übernehmen kann. Der Bundesgerichtshof bejaht dies mit Rücksicht auf die Interessen der mittelständischen Wirtschaft (insbesondere Familienunternehmen) an der Beschaffung von Eigenkapital über den Kapitalmarkt, ohne die Führung der Gesellschaft aus den bisherigen Händen geben zu müssen.
- **Aufsichtsrat**: Der Aufsichtsrat ist wie im Aktienrecht Überwachungsorgan der KGaA. Zugleich ist er aber auch für die Vertretung der Kommanditaktionäre gegenüber den persönlich haftenden Gesellschaftern zuständig. Zudem obliegt ihm die Ausführung der Beschlüsse der Hauptversammlung (§ 287 AktG). Aufgrund der starken Stellung der persönlich haftenden Gesellschafter hat der Aufsichtsrat in der KGaA weniger Rechte als in der AG.
- **Hauptversammlung:** In der Hauptversammlung der KGaA sind die Kommanditaktionäre vertreten. Auch die persönlich haftenden Gesellschafter haben nach § 285 AktG ein Stimmrecht für ihre Aktien, allerdings gelten sie bei bestimmten Arten von Abstimmungen als befangen, so dass sie ihr Stimmrecht nicht ausüben dürfen. Hierzu gehören u.a. Abstimmungen über die Wahl und Abberufung des Aufsichtsrats oder über die Entlastung der persönlich haftenden Gesellschafter und Aufsichtsratsmitglieder (§ 285 Abs. 1 Satz 2 u. 3 AktG). Die Beschlüsse der Hauptversammlung bedürfen der Zustimmung der persönlich

haftenden Gesellschafter, soweit sie die Angelegenheiten betreffen, für die bei einer KG das Einverständnis der Komplementäre und der Kommanditisten erforderlich ist (§ 285 Abs. 2 AktG). Dies gilt für sämtliche „Grundlagenänderungen“, aber nach § 286 Abs. 1 Satz 1 AktG auch für die der Hauptversammlung obliegende Feststellung des Jahresabschlusses.

Die **Auflösung** der KGaA richtet sich nach § 289 AktG und den Regeln über die Auflösung der KG. Eine Auflösung erfolgt etwa durch Kündigung eines persönlich haftenden Gesellschafters, Insolvenz oder Beschluss der Hauptversammlung.

Die **Finanzierung** der KGaA ist vergleichbar mit derjenigen der AG. Genauso wie Aktien der AG können auch Kommanditaktien an Börsen gehandelt werden. Allerdings sind die Rechte der Kommanditaktionäre insgesamt schwächer ausgestaltet, so dass der Kurs der Kommanditaktie oftmals mit einem Kursabschlag versehen wird. Zudem ist die KGaA per se dadurch gekennzeichnet, dass neben den Kommanditaktionären ein oder mehrere Komplementäre existieren, denen die alleinige Geschäftsführung obliegt. Demnach kann eine börsennotierte KGaA nicht im Wege einer feindlichen Übernahme übernommen werden, da die Zustimmung der Komplementäre unabdingbar ist.

Die Vorschriften über Umfang und Offenlegung des **Jahresabschlusses** einer KGaA richten sich nach den Regeln über die AG.

Die **steuerliche Behandlung** der KGaA ähnelt ebenfalls der AG. Die KGaA ist körperschaftssteuerpflichtig. Jedoch unterliegen die Gewinnanteile der persönlich haftenden Gesellschafter als Einkünfte aus Gewerbebetrieb gemäß § 15 Abs. 1 Nr. 3 EStG nicht der Körperschafts-, sondern nur der Einkommensteuer. Dieser Teil des Gewinns ist bei der Körperschaftsteuerveranlagung der KGaA „abziehbare Aufwendung“ im Sinne des § 9 Abs. 1 Nr. 1 KStG. Die KGaA ist außerdem gewerbesteuer- (§ 2 Abs. 2 GewStG) und regelmäßig auch umsatzsteuerpflichtig (§ 2 UStG).

Die **rechtsformbezogenen Kosten** einer KGaA entsprechen denen einer AG.

5.2.8 Sonderfragen

5.2.8.1 Die britische „Limited“

Die Limited ist eine britische Rechtsform, die der GmbH ähnlich und wie diese eine Kapitalgesellschaft ist. „Limited“ oder „Ltd.“ steht dabei für Private Company Limited by Shares. Nach britischem Recht gilt für die Limited, dass die Haftung der Gesellschafter auf die Höhe der übernommenen, aber noch nicht eingezahlten Anteile beschränkt ist. Im Gegensatz zur GmbH ist für die Limited durch das Gesellschaftsrecht kein Mindestkapital vorgeschrieben. Bereits mit einem britischen Pfund kann eine Limited gegründet werden. Auch ist keine notarielle Beurkundung des Gesellschaftsvertrags notwendig, so dass die Gründung einer Limited schneller und vor allem preisgünstiger ist als die Gründung einer GmbH. Aufgrund der relativ niedrigen Gründungskosten erfreut sich die Limited in Deutschland seit der Jahrtausendwende wachsender Beliebtheit.[96]

Bis zum Jahr 2000/2001 wurde allerdings eine Limited, die in Großbritannien keine Geschäftstätigkeit ausübt und den Sitz der Hauptverwaltung in Deutschland hatte, als sogenanntes „rechtliches Nullum“ ohne Rechts- und Parteifähigkeit gewertet. Nach der vom Bundesgerichtshof vertretenen sogenannten Sitztheorie war für Gesellschaften mit Hauptsitz in Deutschland ausschließlich deutsches Recht anzuwenden. Eine britische Limited erfüllte allerdings nicht die nach deutschem Recht erforderlichen Gründungsvorschriften einer GmbH. Als Folge der Missachtung der nach deutschem Recht erforderlichen Gründungsvorschriften wurde die ausländische Gesellschaft nicht anerkannt, was letztendlich im Insolvenzfall die persönliche Haftung des Handelnden bzw. der Gesellschafter zur Folge hatte.

Der Europäische Gerichtshof (EuGH) hat schließlich durch seine beiden Entscheidungen in Sachen „Centros“ (Urteil vom 09.02.1999) und „Überseering“ (Urteil vom 05.11.2002) der Auffassung des BGH eine Absage erteilt und geurteilt, dass Gesellschaften, die im Ausland gegründet, jedoch im Inland ihre Geschäftstätigkeit ausüben, auch dort rechtsfähig sind und mithin Zweigniederlassungen gründen können. Der EuGH begründete seine Entscheidung damit, dass die im EG-Vertrag garantierte Niederlassungsfreiheit die Mitgliedsstaaten der Europäischen Union verpflichtet, die Rechts- und Parteifähigkeit von Gesellschaften aus anderen Mitgliedsstaaten anzuerkennen. Der BGH hat sich dann schließlich in der Sache „Überseering“ (Urteil vom 13. März 2003, Az: VII ZR 370/98) dem Richterspruch aus Brüssel gebeugt und seine sogenannte Sitztheorie aufgegeben.

Trotz dieser neuen BGH-Rechtsprechung wurde von einigen Untergerichten, darunter das Amtsgericht Hamburg (Insolvenzgericht), die Auffassung vertreten, dass die Haftungsbeschränkung der Limited nicht anzuerkennen sei, da in der Regel eine missbräuchliche Verwendung der Rechtsform durch Umgehung der inländischen Gründungsvorschriften vorliege.

Auch dieser Ansicht erteilte der EuGH in der Rechtssache „Inspire Art“ (Urteil vom 30.09.2003) eine Absage. In diesem Urteil wurde klargestellt, dass es keinen Missbrauch darstellt, wenn ein Unternehmen zur Umgehung der nationalen Gründungsvorschriften ein ausländisches Unternehmen gründet und eine Zweigniederlassung im Inland die vollständigen

[96] Die Gründung einer Limited wird etwa im Internet von einer Vielzahl mehr oder weniger seriöser Anbieter beworben. Bei der Internetsuche nach diesem Begriff stehen die Gründungsberater an erster Stelle.

Geschäfte führt. Dieses Urteil zeigt, welch hohen Stellenwert der EuGH der europarechtlichen Niederlassungsfreiheit bezüglich der grenzüberschreitenden Mobilität von Gesellschaften innerhalb der Europäischen Union beimisst.

Aufgrund der geschilderten Entwicklung ist mittlerweile eine Vielzahl von Gesellschaften in der Rechtsform der Limited in Deutschland tätig. Allerdings täuscht die billige Gründung über die hohen Folgekosten hinweg, die die Limited langfristig kostspieliger als eine GmbH machen können. Nach einem kurzen Überblick über die Organisationsstruktur einer Limited soll auf diese versteckten Kosten und Risiken nochmals eingegangen werden.

Organe einer Limited sind das „General Meeting" (Gesellschafterversammlung), der „Director" – bzw. bei mehreren Geschäftsführern „Board of Directors" genannt – (Vorstand/Geschäftsführung) sowie der „Company Secretary" (Schriftführer der Gesellschaft). Zudem sind die meisten Limited-Gesellschaften verpflichtet, Auditors (Wirtschaftsprüfer) zur Überprüfung der jährlich beim Gesellschaftsregister einzureichenden Bilanzen zu bestellen.

- **General Meeting (Gesellschafterversammlung):** Die im General Meeting vertretenen Anteilseigner der Limited üben ihre Rechte im Rahmen einer Gesellschafterversammlung aus. Die Gesellschafterversammlung ist beschlussfähig, wenn mindestens zwei Gesellschafter, bei einer Einpersonengesellschaft ein Gesellschafter anwesend ist. Die Gesellschafter einer Limited können beschließen, dass die Gesellschaft keine Jahresgesellschafterversammlung abhalten soll.
- **Director/Board of Directors (Geschäftsführung):** Die Limited benötigt mindestens einen Director (Geschäftsführer), der die Geschäfte der Gesellschaft im Innenverhältnis leitet. Ihm obliegt außerdem die gerichtliche und außergerichtliche Vertretung der Gesellschaft im Außenverhältnis. Sind mehrere Directors bestellt, so gilt grundsätzlich das Prinzip der Gesamtgeschäftsführung und -vertretung der Gesellschaft. Ausnahmen sind möglich, etwa dann, wenn einem sogenannten Board-Ausschuss oder einem einzelnen Director Rechte zur alleinigen Ausübung der außergerichtlichen Vertretung eingeräumt wurden. Anders als in der deutschen GmbH ist das General Meeting nicht berechtigt, in die Geschäftsführung einzugreifen (kein Weisungsrecht), solange der Director/Board of Directors im Rahmen seiner Befugnisse handelt. Der Director ist verpflichtet, seinen gesetzlichen und vertraglichen Pflichten nachzukommen (etwa die ordnungsgemäße Aufstellung der Bilanz) und ist der Gesellschaft gegenüber zur Treue und Sorgfalt verpflichtet.
- **Company Secretary (Schriftführer):** Drittes Organ der Limited ist der sogenannte Company Secretary – eine Position, die im deutschen Gesellschaftsrecht keine Entsprechung hat. Der Company Secretary ist in erster Linie für die Erledigung von Verwaltungsangelegenheiten der

Gesellschaft verantwortlich. Er hat die Verantwortung für die Erfüllung gesetzlich normierter, formeller Pflichten, wie die Unterzeichnung des Berichts der Directors im Jahresabschluss, die Vorbereitung des Annual Return (jährliche Übersicht zu Company Secretary und Director/Board of Directors, der Gesellschafter und ihrer Anteile und weiterer gesetzlich vorgeschriebener Daten zu einem bestimmten Stichtag, welche beim Gesellschaftsregister einzureichen ist), die Vervollständigung und Unterzeichnung diverser Formulare des Gesellschaftsregisters, die Erstellung der verschiedenen gesetzlich vorgeschriebenen Listen sowie die Überwachung der Einhaltung von Verfahrensvorschriften bei der Directors- und der Gesellschafterversammlungen. Der Company Secretary bedarf keiner besonderen beruflichen Qualifikation. Allerdings sollte jemand mit dieser Position betraut werden, der vertiefte Kenntnisse im britischen Gesellschafts- und Registerrecht hat. Ein Verstoß gegen die genannten formellen Pflichten kann strenge Sanktionen durch das Gesellschaftsregister nach sich ziehen.

Neben dieser vom deutschen Recht deutlich abweichenden Organisationsstruktur der Limited sind weitere Besonderheiten zu beachten, die u.U. hohe oder unerwartete Kosten mit sich bringen können.

- **Jahresabschluss/Bilanzierung/Besteuerung:** Auch wenn die Limited ausschließlich in Deutschland ihren Geschäften nachgeht, ist sie zur Erstellung des Jahresabschlusses nach britischem Recht verpflichtet und hat diesen Jahresabschluss beim Gesellschaftsregister zu Zwecken der Publizität einzureichen. Für die Erstellung des Jahresabschlusses sind britische Bilanzierungsregeln zu beachten. Neben dem Jahresabschluss muss ebenfalls jährlich ein Bericht der Directors, eine Bilanz, eine Gewinn- und Verlustrechnung und ein Testat des Abschlussprüfers eingereicht werden. Verstöße gegen diese Veröffentlichungspflichten oder die Missachtung von Fristen können Bußgelder oder eine Zwangslöschung der Gesellschaft aus dem Register[97] nach sich ziehen. Neben diesen recht strikten und umfangreichen Publizitätsvorschriften gilt es zu bedenken, dass die britischen Bilanzierungsvorschriften deutlich von den deutschen abweichen. In den meisten Fällen wird es deshalb notwendig sein, einen Fachmann für britisches Bilanzrecht einzuschalten. Dessen Honorar kann hohe Kosten verursachen. Kommen dann noch Übersetzungs-, Versand-, Reise- und ähnliche Nebenkosten hinzu, so kann der Jahresabschluss eine teure Angelegenheit werden. Daneben wird in der Regel auch hinsichtlich der steuerlichen Behandlung der Limited Beratungsbedarf bestehen, der ebenfalls Kosten verursacht.

---

97 Das vorhandene Vermögen geht in dem Fall auf die britische Krone über. Das betrifft auch Briefkastenfirmen, die ausschließlich in Deutschland tätig sind.

- **Doppelte Handelsregistereintragung:** Oftmals unberücksichtigt bleibt, dass eine in Großbritannien gegründete und in Deutschland tätige Limited der doppelten Handels- bzw. Gesellschaftsregisterpublizität unterliegt. Zum einen ist die Eintragung der eigentlichen Gesellschaft im britischen Gesellschaftsregister notwendig. Daneben muss aber auch die in Deutschland tätige sogenannte Niederlassung in das deutsche Handelsregister eingetragen werden. Die zur handelsregisterlichen Eintragung erforderlichen Dokumente müssen in deutscher Sprache oder in Englisch mit entsprechender Übersetzung eingereicht werden. Der Umfang der einzureichenden Dokumente und Anhänge entspricht in etwa denjenigen Dokumente (§§ 13 ff. HGB), die auch bei einer normalen, inländischen Gesellschaftsgründung einzureichen sind. Letztlich fallen also dieselben, wenn nicht höhere (durch die zusätzliche Eintragung in Großbritannien) Registerkosten an.
- **Haftung:** Aufgrund fehlender Mindestkapitalisierung unterliegen Geschäftsführer und Gesellschafter einer weiteren persönlichen Haftung als in einer deutschen GmbH. Das britische Gesellschaftsrecht beinhaltet neben der Haftung für Verletzung der allgemeinen Sorgfalts-, Treue- und Loyalitätspflichten auch ein der deutschen Durchgriffshaftung ähnliches Rechtsinstitut, wonach der Geschäftsführer einer Limited unter Umständen mit seinem Privatvermögen für die Gesellschaftsverbindlichkeiten haftet (Durchgriffshaftung[98]). Die Möglichkeit des Durchgriffs kann sich daneben auch auf die Gesellschafter erstrecken. Von praktischer Bedeutung sind dabei vor allem die Fälle der Haftung des Hintermannes für einen Strohmann, die Haftung im Betrugsfall und im Fall der materiellen Unterkapitalisierung. Zudem wurde das Rechtsinstitut des **„wrongful trading“** entwickelt. Nach Eröffnung des Insolvenzverfahrens führt dies zu einer persönlichen Haftung des Limited-Directors, wenn er entgegen besseren Wissens nicht jeden Schritt unternommen hat, die Insolvenz abzuwenden und die Nachteile für die Gläubiger zu minimieren. Schwierig ist dabei die Frage zu beantworten, wann ein Geschäftsführer die drohende Insolvenz vorhersehen muss. Nach der Rechtsprechung kann dies bereits bei Gründung der Gesellschaft der Fall sein, wenn diese eindeutig unterkapitalisiert ist. Unabhängig vom Eintreten der Insolvenz ist der Director zudem nach dem Institut des **„fraudulent trading“** haftbar, wenn er angesichts einer drohenden Insolvenz gegen Gläubigerinteressen handelt. Zudem sei darauf hingewiesen, dass die deutschen Grundsätze der Rechtsscheinhaftung bei der Limited in gleichem Maße wie bei der GmbH greifen. Danach haftet eine Person, die für eine Limited auftritt, jedoch

[98] Die Durchgriffshaftung wird im angelsächsischen Recht anschaulich mit dem Rechtsgrundsatz des „Piercing the Corporate Veil“ bezeichnet.

den Eindruck vermittelt, diese unternehmerische Haftung sei unbeschränkt, persönlich mit ihrem Privatvermögen.
Neben der persönlichen Haftung ist auch ein u.U. kostspieliger juristischer Beistand, etwa für Beratung und gerichtliche Vertretung in Großbritannien, zu berücksichtigen, sollte es zu einem (drohenden) Haftungsfall kommen.

- **Kapitalerhaltung, Erwerb eigener Anteile bzw. Kapitalherabsetzung:** Im Gegensatz zur deutschen GmbH unterliegt die Limited einer strengen „Ausschüttungssperre". Die Limited darf nur erwirtschaftete Gewinne nach Verrechnung mit Verlustvorträgen zur Ausschüttung bringen (ähnlich der deutschen AG). Bei der GmbH greift dagegen eine Ausschüttungssperre erst ein, wenn das Stammkapital durch Verlustvorträge gemindert oder gefährdet ist (§§ 30, 31 GmbHG). Solange das Stammkapital unangetastet bleibt, kann – jedenfalls unter Beachtung des Gleichbehandlungsgrundsatzes – beliebig viel Vermögen an die GmbH-Gesellschafter ausgeschüttet werden.
  Auch der Erwerb eigener Anteile durch die Limited ist nur aus Gewinnen möglich, anderenfalls nur in einem aufwändigen Verfahren unter Einbezug eines Wirtschaftsprüfers.
  Des Weiteren kann eine Kapitalherabsetzung – anders als nach deutschem Recht – nur unter Einschaltung eines Gerichts erfolgen. Die britischen Kapitalerhaltungsregeln können damit als ähnlich streng wie die deutschen Regelungen angesehen werden.
- **Kreditwürdigkeit:** Aufgrund des fehlenden Stammkapitals gilt – jedenfalls in Deutschland – die Limited als wenig kreditwürdig. Geschäftspartner oder Kreditgeber sind deshalb eher zurückhaltend bei Geschäften mit Unternehmen in der Rechtsform der Limited oder gehen diese nur ein, wenn die Gesellschafter/Geschäftsführer umfangreiche Sicherheiten zur Verfügung stellen. Regelmäßig werden Kredite oder größere Geschäfte nur gegen persönliche Bürgschaft der Gesellschafter gewährt bzw. abgeschlossen.
- **Rechtsunsicherheit:** Weiter stellt sich bei einem Auseinanderfallen von Gründungssitz und Ort des Geschäftsbetriebes immer wieder die Frage, wie die rechtlichen Verhältnisse im jeweiligen Fall tatsächlich sind. Dies gilt insbesondere für die Haftungsbeschränkung. So ist es keinesfalls sicher, dass die deutschen Gerichte eine Haftungsbeschränkung des Gesellschafters und/oder Geschäftsführers anerkennen, wenn z.B. eine Unterkapitalisierung vorliegt. In diesem Bereich ist vieles umstritten. Auch die insolvenzrechtliche und steuerliche Behandlung der Limited wirft immer wieder schwierige juristische Fragen auf, die letztlich gerichtlich geklärt werden müssen. Die anwaltliche und/oder steuerliche Beratung und Vertretung kann wiederum kostspielig sein.

Die anfängliche Euphorie über die Zulassung von Limiteds in Deutschland hat sich aufgrund der soeben geschilderten Kosten und Unsicherheiten bereits etwas gedämpft. Zudem wird die Limited aufgrund der Einführung der Unternehmergesellschaft (haftungsbeschränkt) an Attraktivität einbüßen und wahrscheinlich weitgehend aus dem deutschen Wirtschaftsleben verschwinden.

5.2.8.2 Sonstige europäische Rechtsformen

Im zusammenwachsenden europäischen Wirtschaftsraum ist es sehr wahrscheinlich, auf Rechtsformen anderer europäischer Staaten zu stoßen. Im Folgenden wird daher ein kurzer Überblick über die Rechtsformen der Kapitalgesellschaften innerhalb Europas gegeben. Die Beschränkung auf die Kapitalgesellschaften ist durch die großen Gemeinsamkeiten dieser Rechtsformen begründet (Tab. 28).

Tab. 28. Ausgewählte Kapitalgesellschafts-Rechtsformen in Europa[99]

Land	Kurzform	Bezeichnung
Belgien	SA / NV	Société Anonyme / Naamloze Vennootschap (AG)
Belgien	SCA	Société en commandite par actions (KGaA)
Belgien	SPRL / BVBA	Societé Priveé à responsabilité Limitée / Besloten Venootschap met beperkte Aansprakellijkheid (GmbH)
Dänemark	A / S	Aktieselskab (AG)
Dänemark	K / S	Kommanditelskab (KGaA)
Dänemark	Aps	Anpartsselskab (GmbH)
Europa	SE	Societas Europea
Finnland	OY	Osakeyhtiö
Frankreich	SA	Société Anonyme (AG)
Frankreich	SCA	Société en Commandite par Actions (KGaA)
Frankreich	SARL	Société à Responsabilité Limitée (GmbH)
Griechenland	AE / SA	Anonymos Etairia / Societas Anonymos (AG)
Griechenland	EPE	Etairia Periorismenis Efthinis (GmbH)
Großbritannien	Plc.	Public Limited Company (AG)
Großbritannien	Ltd.	Private Limited Company (GmbH)

[99] Quelle: Löhr (2006)

Tab. 28. Ausgewählte Kapitalgesellschafts-Rechtsformen in Europa (Forts.)

Land	Kurzform	Bezeichnung
Irland	Plc	Public Limited Company (AG)
Irland	Ltd.	Private Limited Company (GmbH)
Italien	SpA	Società per Azioni (AG)
Italien	S.a.p.a.	Società in Accomandita per Azioni (KGaA)
Italien	Srl.	Societá a Responsabilitá Limitata (GmbH)
Liechtenstein	AG	Aktiengesellschaft
Liechtenstein	GmbH	Gesellschaft mit beschränkter Haftung
Luxemburg	SA	Société Anonyme (AG)
Luxemburg	SCA	Société en Commandite par Actions (KGaA)
Luxemburg	SARL	Société à Responsabilité Limitée (GmbH)
Niederlande	NV	Naamloze Venootschap
Niederlande	CVoA	Commanditaire Vennootschap op Aandelen
Niederlande	BV	Besloten Venootschap met beperkte Aanspra-kellijkheid (GmbH)
Norwegen	ASA	Allment aksjeselskap (AG)
Norwegen	AS	Privat aksjeselskap (GmbH)
Österreich	AG	Aktiengesellschaft
Österreich	Ges.m.b.H.	Gesellschaft mit beschränkter Haftung
Portugal	CSA	Sociedade Anónima
Portugal	Lda.	Sociedade por Quotas / Sociedade de Responsa-bilidade Limitade (GmbH)
Schweden	AB	Aktiebolag
Schweiz	AG / SA	Aktiengesellschaft / Société Anonyme
Schweiz	KGaA	Kommanditaktiengesellschaft (KGaA)
Schweiz	GmbH	Gesellschaft mit beschränkter Haftung
Spanien	SA	Sociedad Anónima (AG)
Spanien	S.Comp.p.A.	Sociedad Comanditaria por Acciones (KGaA)
Spanien	SRL	Sociedad de Responsabilidad Limitada (GmbH)

So besitzen die genannten Rechtsformen jeweils eine eigene Rechtspersönlichkeit, so dass die Haftung für Verbindlichkeiten auf die Höhe des Gesellschaftsvermögens beschränkt ist. Darüber hinaus können diese Rechtsformen innerhalb der Staaten der EU jeweils auch als Ein-Personen-

Unternehmen gegründet werden. Zwar wurde dies früher unterschiedlich gehandhabt – so war noch zu Beginn der 1980er Jahre in Deutschland, Großbritannien und Spanien eine Ein-Personen-Kapitalgesellschaft unzulässig. Allerdings hat die 12. EG-Richtlinie aus dem Jahr 1989 zu einer Rechtsangleichung in den betreffenden Mitgliedsstaaten geführt.

An dieser Stelle wird bewusst auf die Angabe exakter Daten zu den Rechtsformen verzichtet, da eine solche Liste nach kurzer Zeit wieder veraltet wäre. Für eine beabsichtigte Rechtsformengründung im europäischen Ausland oder die Zusammenarbeit mit einem solchen Unternehmen sind daher aktuelle Informationen insbesondere hinsichtlich der folgenden Merkmale zu beschaffen:

- die **Höhe des Mindeststammkapitals** und der davon **zu erbringenden Einlagen**,
- den **Ablauf des Gründungsprozesses** wie etwa erforderliche Unterlagen, Form der Unterlagen (z.B. notarielle Beurkundung) und Formalitäten der Anmeldung,
- die **Kosten und Dauer der Gründung** sowie
- die **Verwaltungskosten und -pflichten** nach erfolgter Gründung.

5.2.8.3 US-amerikanische Rechtsformen

Aufgrund der wirtschaftlichen Bedeutung der USA und der zum Teil gravierenden Unterschiede zum Gesellschaftsrecht der europäischen Staaten soll im Folgenden ein kurzer Abriss der US-amerikanischen Rechtsformen folgen. Da die Gestaltung des Gesellschaftsrechts weitgehend den Bundesstaaten obliegt, sind die Ausführungen auf die grundsätzlichen Merkmale beschränkt. Allerdings sind auch in den USA Harmonisierungsbestrebungen zu erkennen. Eine große Rolle spielt dabei der Bundesstaat Delaware, in dem ein besonders liberales Gesellschaftsrecht herrscht. Denn dieser Bundesstaat hat es sich zum Ziel gesetzt, seine Konzessionseinnahmen für die Gründung von Rechtsformen zu erhöhen. Hinzu kommt, dass die Gerichte in Delaware bei gesellschaftsrechtlichen Streitigkeiten schnell und effizient arbeiten. So werden die Richter speziell ausgebildet. Dadurch hat sich eine Art Case-Law zu den allgemeinen Prinzipien gebildet. Diese Attraktivität der Rechtsformgründung in Delaware hat zum sogenannten Delaware-Effekt geführt, der darin besteht, dass andere Bundesstaaten versuchen, ihr Gesellschaftsrecht wettbewerbsfähig zu gestalten, indem sie sich dem Beispiel Delawares anpassen.

Die Personengesellschaften werden als **partnership** bezeichnet. Hierbei sind die folgenden Partnerships bekannt:[100]

- Die **general partnership** kann von natürlichen und juristischen Personen gegründet werden. Ihre rechtliche Grundlage bildet vor allem die

[100] Vgl. Hay (2002).

Privatautonomie der einzelnen Partner; sie wird durch Regelungen der Bundesstaaten konkretisiert. Definiert wird sie als eine von Gewinnerzielungsabsicht getragene Vereinigung von zwei oder mehr Personen, die gemeinschaftlich als Miteigentümer Geschäfte betreiben. Nach außen besitzt die general partnership keine Rechtsfähigkeit (legal entity), wobei Ausnahmen im Prozessrecht einzelner Bundesstaaten möglich sind. Daraus folgt, dass nicht die Gesellschaft an sich Gewinne versteuert, sondern jeder einzelne Partner seinen jeweiligen Anteil steuerlich geltend machen muss. Die Gründung der general partnership erfolgt durch ein partnership agreement, welches keine bestimmte Form erfordert. Der Abschluss ist somit schriftlich, mündlich oder durch konkludentes, d.h. schlüssiges Verhalten möglich, wobei das allgemeine Vertragsrecht anwendbar ist. Manche Regelungen der Bundesstaaten sind jedoch zwingende Vorschriften, z.B. bezüglich der fiduciary duties (Treuepflichten), die nicht durch Vertrag abbedungen werden können. Die einzelnen Partner haften den Gläubigern der general partnership unmittelbar und unbeschränkt. Vergleichbar ist die general partnership am ehesten mit der GbR und der OHG nach deutschem Gesellschaftsrecht. Wesentliches Abgrenzungskriterium zur GbR ist die zwingende Gewinnerzielungsabsicht, die bei der GbR im deutschen Recht nicht gefordert ist. Von der OHG unterscheidet sich die general partnership im Erfordernis der Eintragung in das Handelsregister. Zudem muss der Geschäftszweck der general partnerhip nicht gewerblich sein.

- Die **limited partnership** setzt sich aus einem oder mehreren general partners zusammen, die wie bei der general partnership unbeschränkt haften. Hinzu kommen jedoch einer oder mehrere limited partners, die jeweils nur beschränkt bis zur Höhe ihrer Einlage haften. Diese Einlage kann in Geld (cash), aber auch als Sacheinlage (property) oder mit Dienstleistungen (service) erfolgen. Der limited partner ist Anteilseigner der Gesellschaft, ohne jedoch Geschäftsführungsbefugnis zu besitzen. Im Gegensatz zur general partnership ist die Gründung der limited partnership zwingend an die Schriftform gebunden (certificate of limited partnership). Die limited partnership ist vergleichbar mit der deutschen KG, wobei den general partners in etwa die Komplementäre entsprechen, während die limited partners mit den Kommanditisten vergleichbar sind.
- Bei der **limited liability partnership (LLP)** schließen sich zwei natürliche Personen zusammen. Sie können sich aber von einer persönlichen Haftung für deliktisches Handeln ihres Partners freizeichnen. Hierfür muss eine Versicherung abgeschlossen werden. Dann haftet die LLP in Höhe der Versicherung.

Die Kapitalgesellschaften (**corporations**) zeichnen sich nach US-amerikanischem Recht insbesondere dadurch aus, dass sie eine eigene Rechtspersönlichkeit (legal entity) besitzen und damit unabhängig von dem einzelnen Gesellschafter sind. So wird in der Kapitalgesellschaft die Geschäftsführung nicht von den Gesellschaftern übernommen, sondern vollständig durch das board of directors ausgeübt. Eine Trennung zwischen Geschäftsführung und Kontrolle wie beim deutschen Vorstand und Aufsichtsrat kennt das US-amerikanische Gesellschaftsrecht nicht (monistisches System). Zu den corporations gehören die folgenden Rechtsformen:

- Die **public corporation** ist eine juristische Person, die gewerblich tätig ist. Sie ist rechtsfähig (legal entity) und kann daher in eigenem Namen Träger von Rechten und Pflichten sein. Die Haftung erstreckt sich dabei nur auf das Gesellschaftsvermögen und nicht auf das private Vermögen der Gesellschafter. Daher spricht man auch in den USA nicht von einem Haftungsausschluss, sondern von einer beschränkten Haftung. Die public corporation weist im Vergleich zum deutschen Gesellschaftsrecht sowohl Parallelen zur AG als auch zur GmbH auf. Gegründet wird die public corporation durch das Einreichen (filing) der articles of incorporation. Diese sind vergleichbar mit der Satzung einer AG oder dem Gesellschaftsvertrag einer GmbH. Mindestanforderung an die articles of incorporation sind die Bestimmung der Firma der corporation, der Anzahl der auszugebenden Anteile, des Verwaltungssitzes, des Gesellschaftszwecks, der Gründungsdirektoren sowie der Namen und Anschriften der Gründungsgesellschafter. Als Beweis für die Gründung wird eine Urkunde ausgestellt. Im Geschäftsverkehr handelt die public corporation fortan wie eine natürliche Person. Der in den articles of incorporation festgelegte capital stock entspricht bei der AG dem Grundkapital, bei der GmbH dem Stammkapital. Geführt wird die Corporation von einem board auf directors. Dieses überträgt die Führung der täglichen Geschäfte an die Officers. Die Organe der corporation werden in Abschnitt 5.4.2.2 im Rahmen der Corporate Governance ausführlich dargestellt.
- Die **close corporation** wurde in einigen Bundesstaaten eingeführt, da man feststellte, dass die Regelungen der public corporation für solche Unternehmen unpassend sind, deren Anteile aus rechtlichen oder tatsächlichen Gründen dauerhaft im Eigentum bestimmter Personen stehen. Aus diesem Grund sehen diese Staaten für corporations, die eine bestimmte Anzahl von shareholder und Gesellschaftsvermögen nicht überschreiten, Erleichterungen vor. So kann in der close corporation das board of directors abgewählt und die Geschäftsführung direkt den Gesellschaftern übertragen werden. Zudem ist die Übertragbarkeit der Gesellschaftsanteile meist beschränkt, da in vielen Bundesstaaten den anderen shareholdern ein Vorkaufsrecht eingeräumt wird.

Neben den partnerships und den corporations existieren noch folgende Sonderformen:

- Die **sole proprietorship** ist ein Ein-Personen-Unternehmen und entspricht daher dem Einzelunternehmen im deutschen Recht. Sie ist folglich ein Unternehmen, das einer einzelnen Person gehört. Allerdings besitzt dieses Ein-Personen-Unternehmen keine Rechtspersönlichkeit, so dass der sole proprietor als einziger Gesellschafter auch mit seinem Privatvermögen haftet. Im US-Recht hat die sole proprietorship Parallelen zur partnership, von der sie sich nur durch die Zahl der Gesellschafter unterscheidet.
- Die **limited liability company** (LLC) ist im Grunde eine Form der limited partnership, die allerdings als Körperschaft gegründet wird und daher mit eigener Rechtsfähigkeit ausgestattet ist. Bei dieser Gesellschaftsform kann sich jeder Gesellschafter an der Geschäftsführung beteiligen, ohne der persönlichen Haftung zu unterliegen. Die LLC ist folglich eine Mischform von Personen- und Kapitalgesellschaft und bietet die Möglichkeit, die jeweiligen Vorteile aus haftungs- und steuerrechtlicher Sicht zu verbinden.

5.2.8.4 Insolvenz

Die Eigenschaft des Schuldners, seinen Zahlungsverpflichtungen nicht mehr nachkommen zu können, bezeichnet man als (materielle) Insolvenz. Insolvent ist ein Schuldner dann, wenn seine Gläubiger sich nicht aus seinem Vermögen befriedigen können, er also zahlungsunfähig ist (§ 17 Insolvenzordnung, InsO). Für juristische Personen ist darüber hinaus die Überschuldung (§ 19 InsO) als Insolvenzgrund benannt.

> § 17 Abs. 2 InsO
> Der Schuldner ist zahlungsunfähig, wenn er nicht in der Lage ist, die fälligen Zahlungspflichten zu erfüllen. Zahlungsunfähigkeit ist in der Regel anzunehmen, wenn der Schuldner seine Zahlungen eingestellt hat.

> § 19 Abs. 2 InsO
> Überschuldung liegt vor, wenn das Vermögen des Schuldners die bestehenden Verbindlichkeiten nicht mehr deckt. Bei der Bewertung des Vermögens des Schuldners ist jedoch die Fortführung des Unternehmens zugrunde zu legen, wenn diese nach den Umständen überwiegend wahrscheinlich ist.

Natürlich kann auch beides gemeinsam auftreten. Ursache der Insolvenz kann also sowohl fehlendes Eigenkapital als auch mangelnde Liquidität sein. Für diesen Zustand der materiellen Insolvenz genügt es, dass ein einziger Gläubiger nicht befriedigt werden kann. Die formelle Insolvenz wird hingegen in dem nachfolgend erläuterten Insolvenzverfahren gerichtlich festgestellt.

Die **Ursachen der Insolvenz** im Unternehmensbereich sind unterschiedlich und lassen sich in unternehmensinterne und -externe Sachverhalte unterscheiden. Unternehmensinterne Ursachen sind etwa Fehler des

Managements z.B. die falsche Markteinschätzung, eine zu träge Reaktion auf Veränderungen der Märkte, fehlende Modernisierung von Fertigungsprozessen, unvernünftige Fusionen oder ein zu großer Optimismus in expansiven Konjunkturphasen. Unternehmensexterne Ursachen sind hingegen ein massiver Wettbewerbsdruck, Nachfragerückgang, Verschlechterung der Zahlungsmoral der Kunden oder der Ausfall größerer Forderungen. Hinzu kommen Faktoren, die zu einem Zusammentreffen von internen und externen Ursachen führen wie etwa die Globalisierung, welche insbesondere einheimische Unternehmen trifft, die nicht rechtzeitig ihre Kostenstruktur (durch Produktionsverlagerung oder Rationalisierungsmaßnahmen) verändert haben, sowie die Basler Eigenkapitalvorschriften, welche die traditionell mit niedriger Eigenkapitalquote ausgestatteten mittelständischen Unternehmen treffen. Letztere führt zu einer erhöhten Abhängigkeit von Fremdkapitalgebern wie Banken und schränkt den unternehmerischen Handlungsspielraum gerade in konjunkturell schwachen Zeiten sehr ein. Hierbei ist ferner daran zu erinnern, dass im Gegensatz zu früheren Jahren die Kosten einer Fremdfinanzierung gerade für bonitätsschwache Unternehmen sich im Zuge von Basel II merklich verschlechtert haben und die Banken ihre (schlechten) Schuldner insofern an die „kurze Leine“ nehmen.

Für das Management ist die Tatsache von Bedeutung, dass die meisten Insolvenzen nicht plötzlich auftreten, sondern sich über einen längeren Zeitraum entwickelt haben. In diesem Zusammenhang spricht man von **Krisenstadien** (Abb. 46), an deren Beginn die **strategische Krise** mit dem Verlust von Erfolgspotenzialen steht. In einem Zeitraum von 1-2 Jahren vor der Insolvenz folgt eine **Erfolgskrise**, in der sich die strategische Krise in sinkenden Gewinnen oder steigenden Verlusten auswirkt. Direkt vor Eintritt der Insolvenz tritt dann die **Liquiditätskrise** auf, die durch einen negativen Cash Flow und folglich sinkende Liquidität gekennzeichnet ist. Am Ende kann das Unternehmen den Zahlungsverpflichtungen nicht mehr nachkommen (**Konkurs**).

Da die Nachricht einer Insolvenz regelmäßig schnell die Runde bei anderen Gläubigern des zahlungsunfähigen Schuldners macht, werden diese versuchen, die eigenen Forderungen noch durchzusetzen, bevor bei dem Schuldner gar nichts mehr zu holen ist. Es entsteht also bildlich gesprochen ein Wettlauf der Gläubiger auf die Vermögensmasse des Schuldners. Aus diesem Grund wird die Insolvenz auch als Konkurs bezeichnet (lat. **concursus** = Zusammenströmen). Ohne weitere gesetzliche Regelung würde dieser Zustand dazu führen, dass einige Gläubiger hinsichtlich ihrer Forderungen vollumfänglich, andere überhaupt nicht befriedigt werden würden, da hierbei generell das Prioritätsprinzip („Wer zuerst kommt, mahlt zuerst.“) gilt. Ziel der Regelungen der Insolvenzordnung (früher Konkursordnung) ist es daher, die Gläubiger gemeinschaftlich zu befriedigen und dies nicht dem Zufall zu überlassen (wer vollstreckt zuerst bzw.

wer kennt den Schuldner gut und wird vorrangig aus dem schwindenden Restvermögen befriedigt). Der sogenannte Gläubigerwettlauf wird zugunsten der Wahrung des Rechtsfriedens unterbunden. Auch entspricht es dem allgemeinen Gerechtigkeitsempfinden eher, wenn das Restvermögen auf *alle* Gläubiger verteilt wird.

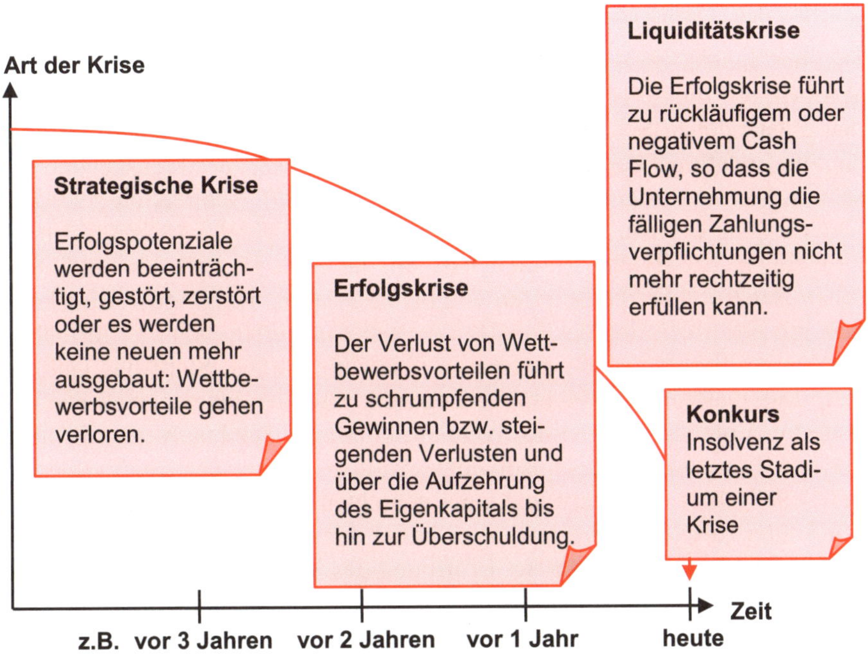

Abb. 46. Zeitliche Abgrenzung der Krisenstadien[101]

Das Insolvenzverfahren beginnt gemäß § 13 InsO mit dem Antrag eines Gläubigers oder des Schuldners vor dem Insolvenzgericht. Der Schuldner kann bereits bei drohender Zahlungsunfähigkeit, d.h. wenn er voraussichtlich nicht in der Lage sein wird, die bestehenden Zahlungspflichten im Zeitpunkt der Fälligkeit zu erfüllen, gemäß § 18 InsO einen Insolvenzantrag stellen. Gemäß § 15 InsO sind im Falle einer juristischen Person zudem das Vertretungsorgan und unter gewissen Voraussetzungen sogar nur Teile des Vertretungsorgans antragsberechtigt.

> § 15 InsO
> (1) Zum Antrag auf Eröffnung eines Insolvenzverfahrens über das Vermögen einer juristischen Person oder einer Gesellschaft ohne Rechtspersönlichkeit ist außer den Gläubigern jedes Mitglied des Vertretungsorgans, bei einer Gesellschaft ohne Rechtspersönlichkeit oder bei einer Kommanditge-

[101] Quelle: Schierenbeck/Lister (2002), S. 318.

sellschaft auf Aktien jeder persönlich haftende Gesellschafter sowie jeder Abwickler berechtigt.

(2) Wird der Antrag nicht von allen Mitgliedern des Vertretungsorgans, allen persönlich haftenden Gesellschaftern oder allen Abwicklern gestellt, so ist er zulässig, wenn der Eröffnungsgrund glaubhaft gemacht wird. Das Insolvenzgericht hat die übrigen Mitglieder des Vertretungsorgans, persönlich haftenden Gesellschafter oder Abwickler zu hören.

Darüber hinaus besteht für juristische Personen eine **Antragspflicht**.[102] Wird diese Pflicht von den handelnden Organen verletzt, so haften sie für den entstandenen Schaden mit ihrem Privatvermögen. Außerdem können sie zur Erstattung eines vom Gläubiger geleisteten Verfahrenskostenvorschusses herangezogen werden (§ 26 Abs. 3 InsO). Schließlich stellt die Unterlassung einer unverzüglichen Antragstellung gemäß §§ 283 ff. Strafgesetzbuch (StGB) eine Straftat dar, für die etwa im Fall des betrügerischen Bankrotts Freiheitsstrafen von bis zu 5 Jahren verhängt werden können. Ab der Eröffnung des Insolvenzverfahrens spricht man von formeller Insolvenz; diese setzt die materielle Insolvenz voraus. Stellt das Gericht fest, dass materielle Insolvenz vorliegt, d.h. der Schuldner gemäß den erläuterten Voraussetzungen insolvent ist, kommt es zur Insolvenzeröffnung und zur Einsetzung eines Insolvenzverwalters. Dieser hat das Vermögen der Gesellschaft zu sichern und einer gerechten Verwertung zuzuführen.[103] Für Fehler bzw. Pflichtverletzungen haftet der Insolvenzverwalter persönlich (§ 60 Abs. 1 InsO). Ab der Eröffnung des Verfahren geht die Verwaltungs- und Verfügungsbefugnis für das Vermögen des Schuldners auf den vom Gericht bestimmten Insolvenzverwalter über (§ 80 InsO). Er rückt somit in allen vertraglichen und faktischen Rechtsverhältnissen an die Stelle des insolventen Unternehmens. Das Unternehmen bzw. die Geschäftsführung kann nicht mehr wirksam über das Unternehmensvermögen verfügen (§ 81 InsO). Somit kann die ursprüngliche Geschäftsführung ab diesem Zeitpunkt einzelne Schuldner nicht mehr bevorzugt wirksam befriedigen.

§ 81 Abs. 1 InsO
Hat der Schuldner nach der Eröffnung des Insolvenzverfahrens über einen Gegenstand der Insolvenzmasse verfügt, so ist diese Verfügung unwirksam.

Von der vom Insolvenzverwalter anzustrebenden gleichmäßigen Verteilung des Gesellschaftsvermögens gibt es jedoch Ausnahmen für spezielle Gläubigergruppen. Zunächst können die nach § 47 InsO zur **Aussonderung** Berechtigten die ihnen zustehenden Forderungen in voller Höhe be-

---

[102] Dieses ergibt sich für die einzelnen Gesellschaftsformen aus §§ 42 Abs. 2 BGB, 130a HGB, 177a HGB, 99 GenG, 92 Abs. 2 AktG bzw. 64 GmbHG.

[103] Zu den wesentlichen Pflichten und zum Verlauf der Verwertung im Einzelnen vgl. § 148-173 InsO.

friedigen, sofern die Vermögensmasse des Gläubigers dies überhaupt gestattet. Dies ist in der Praxis insbesondere dann der Fall, wenn dem insolventen Unternehmen etwas unter Eigentumsvorbehalt verkauft wurde. In diesem Fall kann der **Vorbehaltsverkäufer** seinen Anspruch auf Herausgabe des noch nicht vollständig abbezahlten Gegenstandes aus § 985 BGB geltend machen und so verhindern, dass die Sache in die Insolvenzmasse fällt. Anschließend kommt es zur Befriedigung der sogenannten **Massegläubiger** (bevorzugte Gläubiger). Hier geht es im Wesentlichen um die Deckung der Gerichtskosten sowie um die Erstattung der Auslagen des Insolvenzverwalters und der Mitglieder des Gläubigerausschusses. Erst wenn diese beiden Gläubigergruppen befriedigt wurden, wird das verbleibende Vermögen der Insolvenzmasse zugeschlagen. Aus dieser werden dann die **Insolvenzgläubiger** befriedigt. Der jeweilige Gläubiger erhält hierbei eine sogenannte quotale Befriedigung, was bedeutet, dass er nur den prozentualen Anteil am Restvermögen bekommt, den seine Forderung an den Gesamtforderungen gegen den insolventen Schuldner ausmacht. Bestehen beispielsweise gegen den Schuldner Forderungen in Höhe von 1.000.000 Euro und beläuft sich sein Restvermögen auf 23.000 Euro, so erhält ein Gläubiger, der gegen den Schuldner eine Forderung in Höhe von 100.000 Euro hat, einen Betrag von 2.300 Euro. In der Praxis beläuft sich die Quote des Gläubigers einer ungesicherten Forderung regelmäßig nur auf 2-3% des Forderungswertes. Daher ist gerade bei der Insolvenz von juristischen Personen immer von besonderem Interesse, ob nicht im Wege einer Durchgriffshaftung auf das (Privat-)Vermögen der einzelnen Gesellschafter zurückgegriffen werden kann.

5.2.8.5 Handelsregister

Das Handelsregister ist ein mit dem Grundbuch vergleichbares öffentliches Register, also ein Verzeichnis von Rechtstatsachen. Es dient damit durch die Unterrichtung der Öffentlichkeit über bestimmte rechtserhebliche Tatsachen – wie schon seine historischen Vorgänger, die mittelalterlichen Gilderollen – dem Schutz von Gläubigern und potenziellen Geschäftspartnern.

Die Funktionen des Handelsregisters lassen sich somit wie folgt untergliedern:

- Die **Publizitätsfunktion** bewirkt, dass im Interesse der Verkehrssicherheit durch das Handelsregister Auskunft über bestimmte Rechtstatsachen im Zusammenhang mit kaufmännischen Gewerben gegeben wird. Gewährleistet wird diese Funktion auf der einen Seite durch die Pflicht zur Bekanntmachung der genannten Fakten sowie auf der anderen Seite durch die Rechte zur Einsicht, zur Abschrift und zum Online-Abruf (§§ 8 ff. HGB). So kann beispielsweise jemand, der mit dem Prokuristen eines anderen Unternehmens in Vertragsverhandlungen steht, im Handelsregister nachforschen, ob die Prokura seines Verhandlungspartners überhaupt wirksam erteilt wurde und nicht etwa wieder erloschen ist (§ 53 Abs. 1 bzw. Abs. 3 HGB).[104]

- Eine weitere Facette ist die **Kontrollfunktion**. Das Registergericht prüft nicht nur die formellen Eintragungsvoraussetzungen, sondern auch deren sachliche Richtigkeit, also ob die eintragungspflichtigen Tatsachen und Rechtsverhältnisse dem Gesetz entsprechend begründet wurden. Es ist diesbezüglich zu weiteren Nachforschungen im Rahmen des § 12 FGG befugt.
- Aus dieser gerichtlichen Prüfung ergibt sich für das Handelsregister in gewissem Umfang auch eine **Beweisfunktion**. Der Eintrag in das Register erleichtert dem eintragenden Kaufmann den Beweis über Umstände, die Voraussetzung für bestimmte Tatbestände sind.[105] Der Begriff der Beweisfunktion ist hierbei aber insoweit irreführend, als dass bei Einträgen im Handelsregister keine die Beweislast umkehrende Vermutung der materiell-rechtlichen Richtigkeit des Registerinhaltes besteht. Es besteht hier nur ein Beweis des ersten Anscheins, der im Prozess vom Gegner nur erschüttert, nicht aber widerlegt werden muss.
- Wenn es auch als Beweismittel widerlegbar ist, gibt das Handelsregister mittels seiner **Publikationsfunktion** dem Kaufmann jedoch die Möglichkeit, die Öffentlichkeit über bestimmte Vorgänge zu informieren und Unklarheiten entgegenzuwirken. Das Handelsregister schützt den Kaufmann hier insoweit, als dass ein Dritter jede wahrheitsgemäße Eintragung nach deren Bekanntmachung nach § 15 Abs. 2 HGB gegen sich gelten lassen muss. Diese Funktion bildet damit das Gegenstück zu der primär die Öffentlichkeit schützenden Publizitätsfunktion. Das Setzen eines Rechtsscheines, auf den ein Dritter sich berufen könnte, wird also durch eine Eintragung vermieden. So ist es beispielsweise einem Dritten nicht mehr möglich, sich auf die erloschene Prokura des Prokuristen im Wege einer Rechtsscheinsvollmacht zu berufen, wenn deren Erlöschen im Handelsregister bekanntgemacht wurde. Der für den Kaufmann negative Aspekt der Publikationsfunktion ist jedoch, dass ein Dritter sich im Gegenzug nach § 15 Abs. 3 HGB auf eine unrichtig eingetragene, eintragungspflichtige Tatsache berufen kann. Das Handelsregister schafft also kein materiell-richtiges Recht, entfaltet aber eine im Einzelfall durchaus erhebliche Indizwirkung für selbiges.

Das Handelsregister wird gemäß §§ 8, 29 HGB und § 125 FGG bei dem Amtgericht geführt, in dessen Bezirk der Kaufmann bzw. das Unterneh-

[104] Weitere Umstände, über die das Handelregister Auskunft bietet, sind z.B. die Firma (§ 29 HGB), Änderungen der Firma (§ 31 HGB), der Ort der Niederlassung (§§ 29, 31 HGB), die Eröffnung des Insolvenzverfahrens (§ 32 HGB), die Höhe des Stammkapitals der GmbH (§ 10 Abs. 1 GmbHG) oder das Grundkapital einer AG (§ 39 AktG).

[105] Vgl. §§ 22, 125 Abs. 2 HGB.

men seinen Sitz hat. Funktionell ist hierbei aufgrund der Qualifizierung der Registereintragung als Handelssache der Rechtspfleger nach § 3 Nr. 2d Rechtspflegergesetz (RPflG) zuständig. Eine richterliche Zuständigkeit ergibt sich gemäß § 17 Nr. 1 RPflG nur bei ausdrücklicher Zuweisung. Die Einzelheiten der Registerführung sind hierbei in der auf der Grundlage des § 125 Abs. 3 FGG erlassenen Handelsregisterverordnung (HRV) aus dem Jahre 1937 geregelt.

Zentrale Frage im Rahmen des Verfahrens ist zunächst, welche Tatsachen[106] überhaupt in das Register eingetragen werden müssen. Ausgehend von dem Interesse des Kaufmannes, nicht alle Details seiner Geschäftstätigkeit preisgeben zu müssen und der Notwendigkeit eines noch handhabbaren und damit nicht informationsüberladenen Registers, kann und muss nicht alles in das Handelsregister eingetragen werden, was irgendwie im Handelsverkehr für potenziell Einsichtnehmende von Bedeutung sein kann.

Eintragungsfähig sind grundsätzlich nur diejenigen Umstände, die im Gesetz ausdrücklich als solche qualifiziert werden. Diesbezüglich lässt sich noch weiter in eintragungspflichtige und sonstige eintragbare Tatsachen differenzieren. Erstere sind hierbei die Regel, ihr Vorliegen ergibt sich aus dem jeweiligen Gesetzeswortlaut („ist anzumelden", §§ 29, 31, 32, 106, 162 HGB). Ihre Nicht-Eintragung kann mit Zwangsgeld (§ 14 HGB, §§ 132-139 FGG, § 11 RPflG) sanktioniert werden. Weiterhin entfaltet das Handelsregister nur bezüglich der eintragungspflichtigen Tatsachen die sogenannte **negative Publizität**. Diese bedeutet, dass bei nach wirklicher Sachlage bestehender, eintragungspflichtiger Tatsache diese nicht eingetragene Tatsache einem Dritten nur entgegengehalten werden kann, wenn sie ihm bekannt ist. Scheidet also beispielsweise ein Gesellschafter aus der OHG aus und wird dieses Ausscheiden nicht eingetragen, so kann ein diesbezüglich kenntnisloser Gläubiger der Gesellschaft den ausgeschiedenen Gesellschafter nach § 128 HGB zur Haftung heranziehen, ohne dass dieser dem Haftungsbegehren den Umstand seines Ausscheidens entgegenhalten könnte.

Die Eintragungsfähigkeit der gesetzlich nicht genannten Tatsachen bestimmt sich im Übrigen danach, ob die Eintragung im Interesse des Rechtsverkehrs dringend geboten und unumgänglich ist. Diese sehr weite und sehr weiche Definition ist aber dahingehend einzugrenzen, dass die Eintragungsfähigkeit sich hierbei aufgrund der Auslegung gesetzlicher Vorschriften, aufgrund von Analogien oder im Wege der richterlichen Rechtsfortbildung ergeben muss. Wichtig ist diese Abgrenzung nicht zuletzt deswegen, weil wie oben bereits erörtert eintragungspflichtige Um-

[106] Tatsachen im Sinne des HGB sind nicht lediglich Tatsachen im engeren Sinne, sondern auch Rechtsumstände, beispielsweise das Bestehen oder Nicht-Bestehen einer Prokura.

stände in Zusammenhang mit dem Handelsregister eine Indizwirkung entfalten und Rechtsschein setzen können (§ 15 Abs. 2, Abs. 3 HGB).

Die eintragungsfähigen Aspekte sind weiter zu untergliedern in solche mit konstitutiver und solche mit rein deklaratorischer Wirkung. Bei ersteren wirkt allein die Eintragung unmittelbar rechtsgestaltend, bei letzteren – diese sind der Regelfall – kann der Umstand der Eintragung bzw. der Nicht-Eintragung allenfalls einen Rechtsschein setzen bzw. widerlegen.

Die **konstitutiven Eintragungen** umfassen die folgenden Aspekte:

- Sog. „Kann-Kaufmann" i.S.d. § 2 HGB. Dieser ist mangels Handelsgewerbe kein Kaufmann i.S.d. § 1 HGB. Der Kann-Kaufmann-Status ist nur durch Eintragung zu erlangen.
- § 105 Abs. 1, 2 HGB (Errichtung einer OHG)
- § 123 Abs. 1, 2 HGB (Wirksamwerden der OHG nach außen): Konstitutiv nur, sofern die Gesellschaft nicht schon ein Handelsgewerbe i.S.d. § 1 HGB darstellt (§§ 105 Abs. 2, 123 Abs. 2 HGB). (Die zwingende Anmeldepflicht ergibt sich aus § 106 HGB.)
- Für Errichtung und Wirksamwerden der OHG gilt aufgrund des Verweises in § 161 Abs. 2 HGB auf §§ 105, 123 HGB bezüglich der Eintragungswirkung das zur OHG Gesagte. (Die zwingende Anmeldepflicht ergibt sich aus §§ 161 Abs. 2, 106 HGB.)

Die **deklaratorischen Eintragungen** umfassen die folgenden Aspekte:

- Sog. „Ist Kaufmann" i.S.d. § 1 HGB. Hier ist die Eintragung zwar obligatorisch nach § 29 HGB, die Kaufmannseigenschaft leitet sich aber allein aus der Qualifizierung als Handelsgewerbe ab (§ 1 Abs. 1, 2 HGB).
- §§ 105 Abs. 1, 2, 123 Abs. 1, 2 HGB: Falls bereits ein Handelsgewerbe i.S.d. § 1 Abs. 2 vorliegt. (Die zwingende Anmeldepflicht ergibt sich aus § 106 HGB.)
- Für die Errichtung und das Wirksamwerden der OHG gilt aufgrund des Verweises in § 161 Abs. 2 HGB auf §§ 105, 123 HGB bezüglich der Eintragungswirkung das zur OHG Gesagte. (Die zwingende Anmeldepflicht ergibt sich aus §§ 161 Abs. 2, 106 HGB.)
- Prokuraerteilung/Prokuraerlöschen, §§ 48, 53 HGB
- Auflösung der Gesellschaft, § 143 Abs. 1 HGB (ggf. i.V.m. 161 Abs. 2 HGB)
- Ausscheiden eines Gesellschafters, § 143 Abs. 2 HGB (ggf. i.V.m. 161 Abs. 2 HGB)
- Gesellschafterdaten, Firma, Sitz und Gründungsdatum der Gesellschaft, § 106 Abs. 1, 2 Nr. 2 HGB (ggf. i.V.m. § 161 Abs. 2 HGB)
- Veränderung bei Sitz, Firma oder Zusammensetzung der Gesellschaft, §§ 107, 108 HGB (ggf. i.V.m. § 161 Abs. 2 HGB)
- Anmeldepflicht der Gesellschaftsliquidatoren, § 148 HGB

Die Eintragungen und Löschungen erfolgen aufgrund einer Anmeldung (§ 12 Abs. 1 HGB, § 129 Abs. 1 BGB, § 39a BeurkG), stehen also grundsätzlich zur Disposition des jeweiligen Kaufmanns/Unternehmens.[107] Diese hat nach der Änderung des § 12 HGB durch das EHUG (Gesetz über elektronische Handelsregister und Genossenschaftsregister sowie Unternehmensregister)[108] seit dem 01.01.2007 in elektronischer Form zu erfolgen, wofür allerdings in manchen Bundesländern bis zum 31.12.2009 Übergangsfristen festgelegt wurden. Ganz gleich, ob die Anmeldung nach Art der neuen oder der alten Rechtslage erfolgt, ist die Hinzuziehung eines Notars zwecks der öffentlichen Beglaubigung, also der Vornahme einer Identitäts- und Echtheitsprüfung der Anmeldung, notwendig.

Eine Ausnahme dazu, dass die Eintragungen im Handelsregister grundsätzlich zur Disposition der betreffenden Kaufleute stehen, findet sich in § 141a Abs. 1 S. 1 FGG. Dieser Norm zufolge kann die Löschung der dort aufgeführten Unternehmensarten (AG, KGaA, GmbH; entsprechende Anwendung bei OHG und KG) auch von Amts wegen bzw. auf Antrag der Steuerbehörde erfolgen, wenn die Gesellschaft vermögenslos ist, eine diesbezügliche Verpflichtung zur Löschung (§ 141a Abs. 1 S. 2 FGG) besteht, wenn vor der Feststellung der Vermögenslosigkeit das Insolvenzverfahren durchgeführt wurde. Vermögenslosigkeit i.S.d. Norm ist gegeben, wenn nach ordentlicher kaufmännischer Betrachtungsweise kein Vermögen mehr vorhanden ist, das als Aktivum in die Bilanz aufgenommen werden kann und zur Befriedigung der Gläubiger oder zur Verteilung an die Gesellschafter zur Verfügung steht. Ziel der Regelung ist es, das Handelsregister von nicht mehr bestehenden Kapitalgesellschaften, Genossenschaften und Personenhandelsgesellschaften ohne persönlich haftende Gesellschafter zu säubern. Dies geschieht, um die Teilnahme von vermögenslosen und damit für künftige Gläubigern risikoreichen Gesellschaften am Rechtsverkehr zu verhindern.

5.2.8.6 Vertretung und Vollmachten

Die Unternehmensstruktur wurde mit den obigen Ausführungen bislang in seinem äußeren „Kleid“, d.h. der Rechtsform beschrieben. Im Folgenden soll mit der Organisationsstruktur die Gestaltung des inneren Aufbaus von Unternehmen untersucht werden. Beide Themenbereiche, sowohl Rechtsform als auch Organisationsstruktur gehen zwangsläufig vom Zusammenwirken mehrerer Personen aus. Zwar ist auch eine Ein-Personen-GmbH möglich, bei der der Geschäftsführer oft gleichzeitig als Geschäftsführer

---

[107] Auch wenn die Nicht-Eintragung eintragungspflichtiger Tatsachen mit Zwangsgeld durchsetzbar ist, so ist die Anmeldung nach wie vor von einer entsprechenden Erklärung des jeweiligen Kaufmanns bzw. deren Fingierung durch ein gerichtliches Urteil abhängig.

[108] BGBl. 2005, Teil I, S. 2553.

der einzige Mitarbeiter des Unternehmens ist, dennoch wird in der Regel das Mehrpersonenunternehmen vorherrschen. Die Verbindung zwischen Rechtsform und Organisation besteht dabei in Bezug auf Vertretung und Vollmachten. Während mit der Organisation des Unternehmens gerade eine „sinnvolle“ Arbeitsteilung entwickelt werden soll, ist aus gesellschaftsrechtlicher Sicht nur ein begrenzter Personenkreis befugt, im Außenverhältnis für das Unternehmen aufzutreten, was als **organschaftliche Vertretung** bezeichnet wird. Diese erfolgt bei den juristischen Personen durch die Organe oder bei den Personengesellschaften durch die zur Geschäftsführung befugten Gesellschafter. So werden etwa die AG durch ihren Vorstand (§ 78 AktG), die GmbH durch ihre Geschäftsführer (§ 35 GmbHG) und die KG durch ihre Komplementäre (§§ 125, 161, 170 HGB) organschaftlich vertreten. Beim Einzelunternehmen erübrigt sich diese Frage, da sich der Einzelunternehmer als natürliche Person natürlich selbst „vertreten“ kann.

Allerdings ist es unmittelbar einsichtig, dass es in der Praxis unmöglich ist, jedes einzelne Rechtsgeschäft durch die Geschäftsführung abschließen zu lassen. So müsste etwa in einem Laden eines Warenhauskonzerns jeder Verkauf, jede Reklamation und jede Warenbestellung durch den Vorstand der AG persönlich getätigt werden. Aus diesem Grund bedient sich die Geschäftsführung bestimmter Stellvertreter (Hilfspersonen). Die rechtlichen Grundlagen dieser Hilfspersonen finden sich im Recht der Stellvertretung (§§ 164 ff. BGB). Hiernach erfolgt eine Zurechnung rechtsgeschäftlichen Vertreterhandelns gegenüber dem Unternehmen, indem der Vertreter eine **eigene** Willenserklärung **in fremden Namen** abgibt und hierfür eine **Vertretungsmacht** (Vollmacht, § 166 Abs. 2 BGB) vorliegt. Falls der Handelnde ohne Vertretungsmacht handelt, so ist er zwar dennoch Vertreter, seine Willenserklärung wird in diesem Fall dem Vertretenen jedoch nicht zugerechnet und der „falsche“ Vertreter macht sich in der Regel dem Dritten gegenüber schadensersatzpflichtig. Neben den allgemeinen Vorschriften zur Stellvertretung im BGB finden sich im HGB drei besondere Hilfspersonen des Kaufmanns, deren Vertretungsmacht gesetzlich umschrieben ist: Prokuristen, Handlungsbevollmächtigte und Ladenangestellte.

Die **Prokura** (§§ 48-53 HGB) ist eine Sonderform der Vollmacht im Sinne des § 166 Abs. 2 BGB, deren Sinn in der Rechtssicherheit besteht. Denn der Umfang der Vertretungsmacht ist nach § 49 Abs. 1 HGB sehr weit gefasst und ermächtigt zu allen Arten von gerichtlichen und außergerichtlichen Geschäften und Rechtshandlungen, die der Betrieb eines Handelsgewerbes mit sich bringt. Dazu gehören die Einstellung von Personal, die Erteilung von Handlungsvollmacht, die Aufnahme von Darlehen, die Begründung oder Beendigung von Dauerschuldverhältnissen wie etwa Mietverträgen, die Klageerhebung gegen Dritte oder Prozesshandlungen, wie etwa der Abschluss von Vergleichen. Die Vertretungsmacht umfasst nicht nur Rechtsgeschäfte eines konkreten Handelsgewerbes, sondern bezieht sich grundsätzlich auf Handelsgewerbe. Somit kann der Prokurist sogar die Branche erweitern, solange es ein Handelsgewerbe bleibt. Gesetzliche Grenzen der Prokura sind höchstpersönliche Geschäfte (z.B. die Testamentserrichtung), Inhabergeschäfte (z.B. die Prokuraerteilung) und Grundlagengeschäfte, die nicht zum Betrieb des Handelsgewerbes gehören (Änderung der Rechtsform, Änderung des gesamten Unternehmensgegenstandes, Aufnahme von Gesellschaftern, Änderung der Firma). Zudem darf der Prokurist Grundstücke nur veräußern oder belasten, wenn er hierzu gemäß § 49 Abs. 2 HGB eine besondere Vollmacht besitzt. Eine Beschränkung des Umfangs der Vertretungsmacht nach außen ist grundsätzlich unwirksam (§ 50 Abs. 1 und 2 HGB). Lediglich die Beschränkung auf Gesamt- und Filialprokura, d.h. die Erteilung an mehrere Personen gemeinschaftlich oder die Beschränkung der Vertretungsmacht auf eine Niederlassung, stellen eine zulässige rechtsgeschäftliche Beschränkung dar.

Wichtig ist, dass bei der Prokura – wie bei allen Vollmachten – zwischen Innen- und Außenverhältnis zu unterscheiden ist. Während bei der Prokura – wie erläutert – im Außenverhältnis fast keine Beschränkung möglich ist, kann sie im Innenverhältnis eingeschränkt werden. Zumeist besteht zwischen dem Kaufmann und seinem Prokuristen ein arbeitsrechtliches Verhältnis. Dieses Innenverhältnis wird von einem Erlöschen der Prokura nicht berührt. Im Innenverhältnis kann der Kaufmann seinem Prokuristen Grenzen setzen und vorgeben, welche Rechtsgeschäfte er in welchem Umfang durchführen darf. Diese Beschränkung ist zwar nach außen unwirksam, doch führt sie im Innenverhältnis gegebenenfalls zu einem Schadensersatzanspruch des Kaufmanns gegenüber dem Prokuristen.

Die besondere Bedeutung der Prokura ergibt sich daraus, dass dem Rechtsverkehr das Risiko pflichtwidrigen Vertreterhandelns weitgehend abgenommen wird. Ein Vertragspartner kann also auf den gesetzlichen Umfang der Vertretungsmacht vertrauen.

Die Prokura kann nur von einem Kaufmann erteilt werden. Erteilt ein Nichtkaufmann eine Prokura, so ist diese in eine einfache Vollmacht umzudeuten, unter Umständen muss der Nichtkaufmann sich wegen des dadurch erweckten Rechtsscheins als Kaufmann behandeln lassen. Inhaber einer Prokura kann nur eine natürliche, nicht eine juristische Person sein. Gemäß § 48 Abs. 1 HGB muss die Prokura ausdrücklich erklärt werden. Dabei ist es nicht nötig, dass ausdrücklich das Wort Prokura erwähnt wird, es genügt, wenn mit „ppa." (per procura) unterzeichnet wird. Vom Grundsatz der Ausdrücklichkeit ist jedoch dann eine Ausnahme zu machen, wenn ein Nichtprokurist den Rechtsschein erweckt, Prokurist zu sein. Die Prokuraerteilung muss gemäß § 53 Abs. 1 HGB im Handelsregister eingetragen werden. Diese Eintragung ist jedoch keine Wirksamkeitsvoraussetzung für die Erteilung der Prokura. Sie hat also nur deklaratorischen, d.h. rechtsbezeugenden Charakter. Dasselbe gilt für das Erlöschen der Prokura nach § 53 Abs. 3 HGB. Die Prokura erlischt durch Erlöschen des Grundverhältnisses, Widerruf, Verlust der Kaufmannseigenschaft oder Geschäftsinhaberschaft des Erteilers.

Handlungsvollmacht (§§ 54-58 HGB) ist jede Vollmacht, die ein Kaufmann im Rahmen seines Handelsgewerbes erteilt und die keine Prokura ist. Die Handlungsvollmacht nimmt somit eine Zwischenstellung zwischen der Prokura und der BGB-Vollmacht ein. Vom Umfang der Vertretungsmacht unterscheidet § 54 Abs. 1 HGB drei Arten der Handlungsvollmacht:

(1) Die **Generalhandlungsvollmacht** bevollmächtigt zu allen Rechtsgeschäften, die der gesamte Betrieb des konkreten Handelsgewerbes gewöhnlich mit sich bringt.
(2) Die **Arthandlungsvollmacht** berechtigt, eine bestimmte Art von Geschäften durchzuführen.
(3) Die **Einzelhandlungsvollmacht** bevollmächtigt, alle Rechtsgeschäfte abzuschließen, die ein einzelnes und damit ein bestimmtes Geschäft gewöhnlich mit sich bringt.

Besondere Formen der Handlungsvollmacht sind der **Abschlussvertreter** (§ 55 HGB) und die **Gesamthandlungsvollmacht**. Letztere ist eine Sonderform der Gesamtvertretung. § 55 HGB erweitert den Anwendungsbereich über die Handlungsvollmacht auch auf solche Handlungsbevollmächtigte, die Handelsvertreter (§ 84 HGB) oder Handlungsgehilfen (§ 59 HGB) sind. Welche Art der Handlungsvollmacht vorliegt, bestimmt der Kaufmann. Dann gilt gemäß § 54 Abs. 1 eine Vermutungsregel: Jeder gutgläubige Dritte darf bei der Prüfung des Umfangs des jeweiligen Handlungsvollmachtstyps von dem Gewöhnlichen ausgehen. Der Handlungsbevollmächtigte muss mit seiner Vollmachtsstellung unterzeichnen, § 57 2. Hs. HGB. In Betracht kommt: „per“, „i.V.“, „für“, „in Vollmacht“. Vermieden werden muss jedoch der Eindruck, dass eine Prokura vorläge. Die Handlungsvollmacht kann jeder Kaufmann erteilen, der ein Handelsgewerbe betreibt (§ 54 Abs. 1 HGB). Die Erteilung bestimmt sich nach den Regeln der §§ 167-171 BGB. Sie erfolgt also durch einseitige empfangsbedürftige Willenserklärung. Anders als bei der Prokura können auch juristische Personen Inhaber einer Handlungsvollmacht sein. Ein Unterschied zur Prokura liegt auch darin, dass die Handlungsvollmacht nicht ins Handelsregister eingetragen werden kann.

Das Erlöschen der Handlungsvollmacht ist gesetzlich nicht geregelt. Aus diesem Grunde führt zum Erlöschen der Handlungsvollmacht das Erlöschen des Grundrechtsverhältnisses, der Widerruf, die Beendigung oder die grundlegende Änderung des Handelsgewerbes.

Die **Stellvertretung durch Ladenangestellte** (§ 56 HGB) ist eine Sonderregelung der Anscheinsvollmacht. Zudem ist in dieser Vorschrift die Regelung einer besonderen Form der Handlungsvollmacht zu sehen, nämlich die Arthandlungsvollmacht. § 56 HGB enthält die unwiderlegbare Vermutung, dass Angestellte für Geschäfte bevollmächtigt sind, wenn diese in Läden oder Warenlagern von Kaufleuten vollzogen werden. Als bevollmächtigt gilt, wer mit Wissen und Wollen des Geschäftsherrn in einer von § 56 HGB genannten Verkaufsstätte tatsächlich tätig ist. Der Umfang der Vollmacht nach § 56 HGB betrifft nur Geschäfte, die gewöhnlich geschehen. Hinsichtlich des Erlöschens der Vollmacht gilt das gleiche wie bei der Handlungsvollmacht.

Zu diesen im HGB konkret definierten Vollmachten treten nun diejenigen des BGB hinzu. Hier unterscheidet man nach dem Umfang der Vollmacht zwischen zwei Arten:

- Bei der **Spezialvollmacht** beschränkt sich die Berechtigung, für den Vollmachtsgeber zu handeln, auf das Vornehmen eines bestimmten Rechtsgeschäftes.
- Bei der **Art- oder Gattungsvollmacht** wird der Bevollmächtigte zur Vornahme einer bestimmten Art von Rechtsgeschäften berechtigt. Diese Berechtigung kann im Zusammenhang mit wiederkehrenden, gleichartigen Rechtsgeschäften stehen. Als Beispiel ist hier die Bankvollmacht zu nennen; die Vollmacht umfasst also alle Arten von zu tätigenden Bankgeschäften. Die Berechtigung kann aber auch an die Funktion des zu Bevollmächtigenden anknüpfen, also an seine Tätigkeit als Kassierer oder Kellner.

5.3 Organisationsstruktur

5.3.1 Aufbauorganisation

Nach der Gestaltung des Zielsystems, der Formulierung der Strategie, des Marketings und der Wahl der Rechtsform ist nun die Frage zu klären, wie die notwendigen Maßnahmen umgesetzt werden. Da dies im Regelfall nicht durch eine Person möglich ist (Ein-Personen-Unternehmen), rückt im nächsten Schritt die Frage der Organisation in den Mittelpunkt.

Bei der Organisation geht es vor allem um die Festlegung der Zuständigkeiten und Verantwortlichkeiten einzelner Organisationsmitglieder, welche durch Arbeitsteilung und Spezialisierung notwendig wird. Der Schwerpunkt gilt dabei der Ausrichtung der Organisation am Ziel der Effizienz.

Schon 1776 hat der Schotte Adam Smith am Beispiel der Stecknadelproduktion in Südengland die Produktivitätsvorteile von Arbeitsteilung und Spezialisierung verdeutlicht:[109] In dem klassischen Beispiel von Adam

[109] Smith, Adam (1776): An Inquiry into the Nature and Causes of the Wealth of Nations.

Smith kann ein Arbeiter, der alle Arbeitsgänge allein ausführt, nur 20 Stecknadeln pro Tag herstellen. Wird jedoch die Arbeit in der von Smith beschriebenen Weise zerlegt, so können 10 auf verschiedene (Teil-)Verrichtungen spezialisierte Arbeiter pro Tag 48.000 Nadeln herstellen. Die Zerlegung der Aufgabe in 10 Teilaufgaben vergrößert den Output auf das 240fache. Zugleich ergibt sich mit Arbeitsteilung und Spezialisierung immer auch die Notwendigkeit der **Koordination** und **Motivation**.

Allerdings gilt auch für die Organisationsstruktur ebenso wie für die Rechtsform, dass eine konkrete Festlegung immer nur für das gegenwärtige Unternehmensumfeld optimal sein kann. Gerade bei neu gegründeten Unternehmen werden daher regelmäßige Anpassungen der Organisationsstruktur in den ersten Jahren notwendig sein, um flexibel auf neue Gegebenheiten reagieren zu können. Ziel der Organisation ist es, den Leistungserstellungsprozess in eine sinnfällige Ordnung zu bringen, so dass die Leistungsziele des Unternehmens erreicht werden. Dabei sind im Rahmen der organisatorischen Gestaltungsaufgabe zum einen die anstehenden Aufgaben sinnvoll aufzuteilen, zum anderen sind die sich daraus ergebenden Arbeitsergebnisse anschließend zu einem Ganzen zusammenzuführen. In der Wissenschaft existieren zahlreiche unterschiedliche Ansätze von Organisationstheorien, die an dieser Stelle nicht ausführlich behandelt werden können. Wenn man allerdings versucht, anhand dieser Theorierichtungen die Bedeutung der Organisation auf die Wettbewerbsfähigkeit eines Unternehmens zu erklären, so wird deutlich, dass die folgenden Aspekte der Organisation zu beachten sind:

- Ziele und Strategien einer Organisation;
- Verfügbarkeit von Ressourcen und Information;
- Prozesse und Methoden der Gewinnung und Bindung von Ressourcen und Personen;
- Zuordnung von Verantwortlichkeiten, Entscheidungsbefugnissen und Entscheidungsfindungsprozessen;
- Autoritäts- und Kontrollstrukturen;
- Machtgrundlagen und Machtverteilung;
- Organisatorische Routinen;
- Mittel und Prozesse der Generierung und Diffusion von neuen Ideen und neuem Wissen;
- Adaption organisatorischer Prozesse und Routinen zur Förderung organisatorischer Lernprozesse.

Die Gestaltung der Organisationsstruktur gliedert sich in zwei Teilaufgaben: die Gestaltung der Aufbauorganisation und die Gestaltung der Ablauforganisation (Abb. 47). Gegenstand der Aufbauorganisation ist die Gestaltung der Aufgabenverteilung und die Schaffung von Stellen, die schließlich in eine Hierarchie gebracht werden (statische Betrachtung). In der Ablauforganisation werden anschließend die Aufgaben nach Raum- und Zeit-Merkmalen festgelegt, d.h. es geht darum zu klären, welcher Mitarbeiter wann und wo die Aufgaben wahrnehmen soll (dynamische Betrachtung).

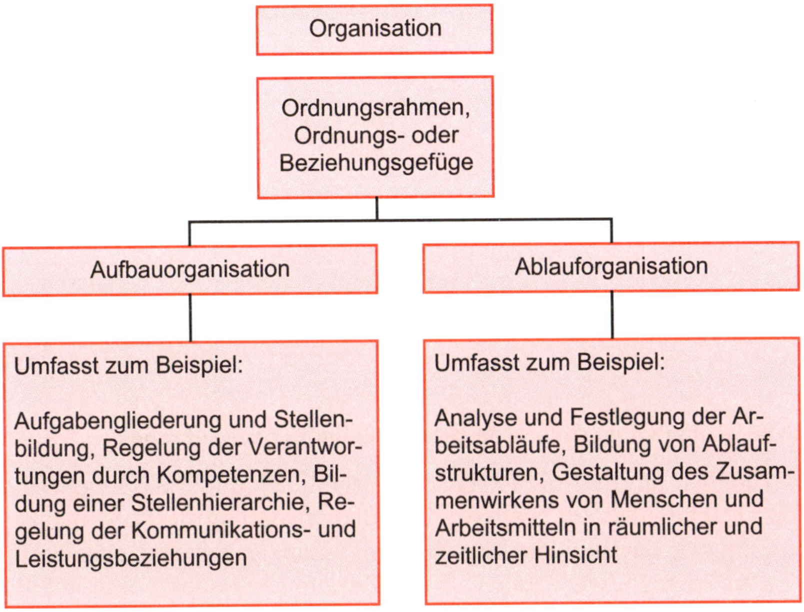

Abb. 47. Aufbau- und Ablauforganisation

Während das **Organigramm** die wichtigste Darstellungsform der Aufbauorganisation darstellt, wird die Ablauforganisation durch einen **Netzplan** oder ein **Gantt-Diagramm** dargestellt. Obwohl die Gestaltung der Aufbauorganisation für bestehende Unternehmen ein zwar komplexes, aber doch lösbares Unterfangen darstellt, gestaltet sich ihre Schaffung im Zuge einer Unternehmensgründung als äußerst schwierig. Denn hier muss sich der Gründer Gedanken darüber machen, welche Personen welche Aufgaben unter Einsatz von bestimmten Sachmitteln und Informationen wahrnehmen sollen. Es müssen somit bereits im Planungsstadium Vorstellungen über das Profil von Stellen sowie die Anforderungen an die Kompetenz des Stelleninhabers entwickelt werden. Da sich jedoch die Aufgaben ständig erweitern, werden Stellenbeschreibungen wie in schon länger existierenden Unternehmen meist nicht zu finden sein.

Um die Unternehmensaufgabe auf die Organisation zu verteilen, sind zunächst die zu erfüllenden Aufgaben systematisch zu analysieren. Diese (Teil-)Aufgaben leiten sich aus dem Unternehmenszweck ab (z.B. Herstellung und Vertrieb von Pkws). Zwar wird im Folgenden die Anzahl dieser Teilaufgaben aus Vereinfachungsgründen als gering angenommen. In der Praxis wird sich aber selbst für kleinere Unternehmen eine Vielzahl von Teilaufgaben ergeben. Welche tiefen Untergliederungen dabei möglich und notwendig sind, verdeutlicht Abb. 48 am Beispiel der Bearbeitung eines Kundenauftrages.

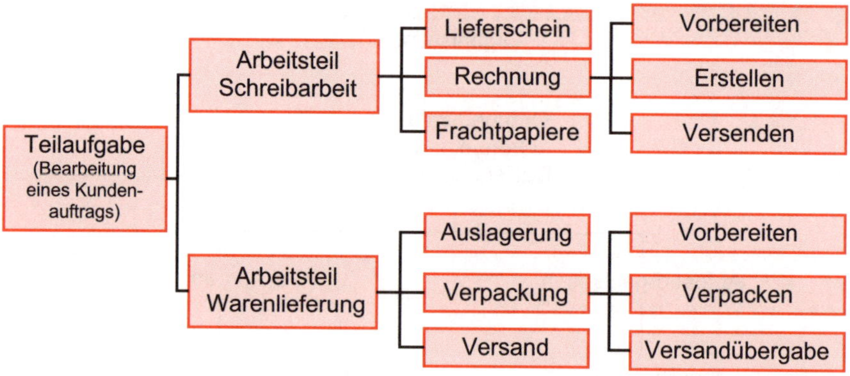

Abb. 48. Aufgabenanalyse „Bearbeitung eines Kundenauftrages"

Im Anschluss an die Aufgabenanalyse ergibt sich durch die Synthese einzelner Teilaufgaben zu Stellen die Stellengliederung des Unternehmens. Wie Abb. 49 verdeutlicht, können einer Stelle dabei eine oder mehrere Aufgaben zugewiesen werden. Diese Zusammenfassung sollte auf Basis von Effizienz- bzw. Effektivitätsüberlegungen erfolgen, d.h. an der Frage orientiert sein, welche mögliche Aufgabensynthese zu den geringsten Kosten oder der höchsten Leistung führt. Orientiert man sich an der Effektivität, so kann beispielsweise eine Rolle spielen, welche Informationsflüsse zwischen den Stellen notwendig sind. Anhand welcher Überlegungen die Aufgabensynthese erfolgen soll, kann jedoch nur im Einzelfall unter Rückgriff auf das individuelle Zielsystem des Unternehmens entschieden werden. Während ein Konsumgüterhersteller, der eine Kostenführerschaft anstrebt, seine Organisation hinsichtlich der Effizienz ausrichten wird, werden Unternehmen in forschungs- und wissensintensiven Branchen wie etwa der Biotechnologie oder der IT eher Effektivitätsüberlegungen wie etwa innerbetriebliche Informationsflüsse im Auge haben, denn eine kostengünstige Organisation kann in Hinblick auf Kreativität und Flexibilität keine Höchstleistungen vollbringen.

Die so gebildeten Stellen sind personenunabhängig zu sehen. So kann eine Stelle von mehreren Personen besetzt sein, so wie auch eine Person mehrere Stellen innehaben kann. Von Bedeutung ist in diesem Zusammenhang, dass die Stelle und ihre Stellenbeschreibung die Anforderungen an den Stelleninhaber sowie seine Qualifikation definieren. Stellen dienen daher drei Zwecken: der Erstellung von Anforderungsprofilen, der Festlegung der Kompetenzen und der Festlegung der Verantwortung. Somit ermöglichen die Stellenanzeigen der Tageszeitung einen Einblick in typische Stellenbeschreibungen.

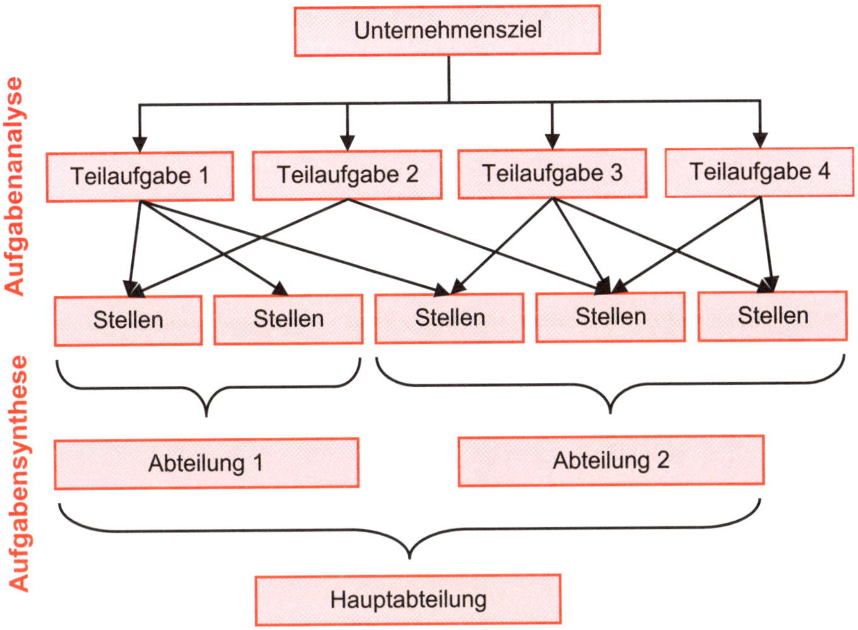

Abb. 49. Aufgabenanalyse und Aufgabensynthese

Wie Abb. 49 verdeutlicht, entsteht die Stellenhierarchie durch anschließende Zusammenfassung von Stellen zu Abteilungen und von Abteilungen zu Hauptabteilungen usw. Die in der Abbildung dargestellte Zusammenfassung von Stellen und deren Beziehungen untereinander bildet schließlich die Aufbauorganisation des Unternehmens ab. Der vorgesetzte Mitarbeiter wird dabei als **Instanz** oder **Principal** bezeichnet, während der nachgeordnete Mitarbeiter **Entscheidungsträger** oder **Agent** genannt wird. Dieser Nomenklatur liegt das Verständnis zugrunde, dass der nachgeordnete Mitarbeiter von seinem Vorgesetzten eine Weisung bzw. einen Auftrag erhält, die allgemein als Verhaltensnormen bezeichnet werden. Hierbei unterscheidet man zwischen expliziten und impliziten Verhaltensnormen. Während erstere dem Entscheidungsträger eine genaue Vorgabe machen, welche Entscheidungen er zu treffen hat, geben letztere nur das zu erreichende Ziel an und räumen dem Entscheidungsträger die Möglichkeit ein, den Weg der Zielerreichung selbst zu bestimmen. In der Praxis wird ein Entscheidungsträger durch beide Arten von Verhaltensnormen angeleitet. Typischerweise haben größere Unternehmen einen Katalog von Vorschriften, die als explizite Verhaltensnormen bezeichnet werden können, wie etwa Sicherheitsvorschriften, Standard Operating Procedures (SOPs) und Guidelines. Hinzu kommen häufig Zielvorgaben hinsichtlich bestimmter Werttreiber wie Umsatzerlöse oder Marktanteile.

Damit sind zwar die Vorgehensweise zur Schaffung der Aufbauorganisation und deren Funktion beschrieben, allerdings wird damit nicht die

Frage beantwortet, anhand welcher Kriterien die Aufgabensynthese erfolgen soll. Hierfür bieten sich die sogenannten Grundmodelle der Organisation an, die grundlegend zwei wichtige Gestaltungsmerkmale der Aufbauorganisation ausprägen:

(1) **Strukturierung der Leitung,** d.h. der Weisungs-, Entscheidungs- und Informationsrechte von Organisationsmitgliedern untereinander;
(2) **Gestaltung der obersten Führungsebene,** d.h. der Abteilungsgliederung auf der ersten Ebene nach der Unternehmensspitze.

Im Folgenden soll zunächst der erste Punkt erläutert werden. Die sogenannte Linie, die man aus Grafiken der Aufbauorganisation kennt, bestimmt, inwieweit ein Organisationsmitglied Weisungs-, Entscheidungs- und Informationsrechte gegenüber einem anderen Organisationsmitglied geltend machen kann. In der Organisationstheorie unterscheidet man grundsätzlich zwischen zwei Grundformen von Liniensystemen, dem Einlinien- und dem Mehrliniensystem.

Die einfachste und straffste Grundform stellt dabei die **Einlinienorganisation** dar, welche sich ausschließlich nach dem Prinzip der Einheitlichkeit der Auftragserteilung richtet und auf dem Grundprinzip von *Fayol* basiert (Abb. 50). Danach darf ein Entscheidungsträger nur von *einer* übergeordneten Instanz Anweisungen erhalten. Die Unterstellungsverhältnisse und Kompetenzbereiche sind somit klar geregelt. Sämtliche Abteilungen sind in einen einheitlichen Dienstweg eingegliedert: Anweisungen gehen von der Leitung an den jeweils unmittelbar unterstellten Abteilungsleiter weiter, der sie wiederum weiterleitet, bis die Empfangsstelle erreicht wird. Hierdurch ist die Einheitlichkeit der Leitung garantiert.

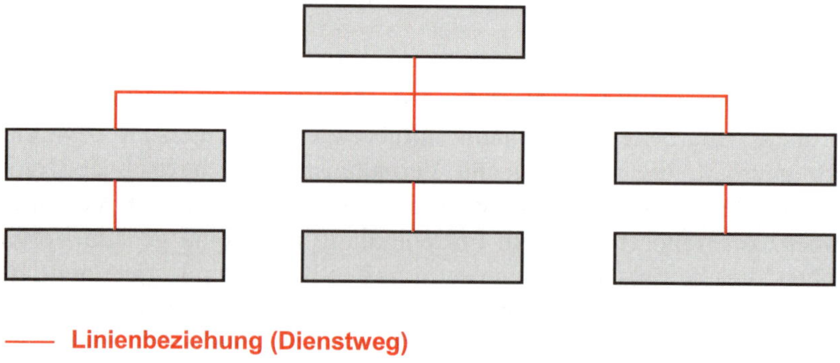

Abb. 50. Einlinienorganisation

Die Einlinienorganisation ist insbesondere für kleinere Unternehmen mit relativ stabilen Verhältnissen geeignet, da sie klare und übersichtliche Befehlsverhältnisse sicherstellt. Des Weiteren bietet sich die Einlinienorganisation für all diejenigen Fälle an, in denen die Einheitlichkeit der Leitung und die damit verbundenen Vorteile eine besondere Rolle spielen, wie etwa beim Militär oder bei der öffentlichen Verwaltung.

Die Vorteile der Einlinienorganisation ergeben sich durch die Orientierung am Prinzip der Einheitlichkeit der Leitung. Diese stellt eine klare Aufgaben- und Kompetenzabgrenzung sowie klare Unterstellungsverhältnisse sicher und ermöglicht so eine rasche und eindeutige Entscheidungsfindung. Gleichzeitig ergibt sich durch die straffe Organisation eine strikte Ausrichtung auf das Zielsystem des Unternehmens. Dem Unternehmen gibt sie durch die formale Klarstellung der Kompetenzstruktur und der individuellen Verantwortlichkeit Sicherheit.

Die Nachteile der Einlinienorganisation werden deutlich, wenn man sich die Kommunikationswege betrachtet, die sich ergeben, wenn sich zwei Sachbearbeiter auf der untersten Hierarchiestufe aus unterschiedlichen Abteilungen miteinander abstimmen müssen. In diesem Fall muss ein Sachbearbeiter die Anfrage an seinen vorgesetzten Abteilungsleiter weitergeben, der sie wiederum seinem vorgesetzten Hauptabteilungsleiter weiterreicht, bis sie schließlich die Unternehmensspitze erreicht. Von dort wird die Anfrage wieder auf dem umgekehrten Weg über den Hauptabteilungsleiter und dem ihn untergebenen Abteilungsleiter an den anderen Sachbearbeiter weitergereicht. Diese Vorgehensweise ist Quelle für die zahlreichen Nachteile der Einlinienorganisation. Insgesamt besteht die Gefahr einer Überlastung der Leitungsspitze, langer Kommunikationswege und einer unnötigen Belastung der Zwischeninstanzen. Allerdings sind damit auch die Zwischeninstanzen betroffen, da eine erschwerte horizontale Koordination, eine erschwerte kooperative Zusammenarbeit zwischen gleichrangigen Stellen und Instanzen sowie die Gefahr der Informationsfilterung durch Zwischeninstanzen, Vernachlässigung neuer Entwicklungen bei der Entscheidungsvorbereitung gegeben sind. Durch die Praxis der Entscheidungs- und Informationsweitergabe durch fachlich unbeteiligte Zwischeninstanzen kommt es zu einer Überbetonung der positionsspezifischen Autorität.

Die in Abb. 51 dargestellte **Stablinienorganisation** weicht dadurch von der Einlinienorganisation ab, dass (ausgewählten) Vorgesetzten Spezialisten, sogenannte Stäbe, zur Seite gestellt werden, die sie in Bezug auf bestimmte Aufgaben entlasten. Wichtig ist dabei, dass es sich bei den Stäben um einzelne Stellen wie auch um Stabsabteilungen handeln kann. Stäbe dürfen selbst keine Weisungen erteilen, sondern werten für die vorgesetzte Instanz Informationen aus und bereiten Entscheidungen vor. Stäbe können grundsätzlich unterschieden werden in persönliche Stäbe, die überwiegend eine Assistenz- und Sekretariatsfunktion wahrnehmen, und Fachstäbe, die Spezialisten in Bezug auf bestimmte Aufgabenstellungen sind und beratende Funktionen gegenüber anderen Abteilungen einnehmen (Fachstab). Eine Stabsabteilung vom Typ „Fachstab" ist häufig die Rechtsabteilung oder das Controlling. Zwar besitzen diese Stabsabteilungen keine Weisungs- und Entscheidungsrechte. Allerdings können sie über ihre Vorlagen an die betreffende vorgesetzte Instanz Entscheidungen beeinflussen. Da auch bei der Stablinienorganisation die Einheitlichkeit der Leitung gewährleistet ist, wird diese oftmals als Unterform der Einlinienorganisation gesehen.

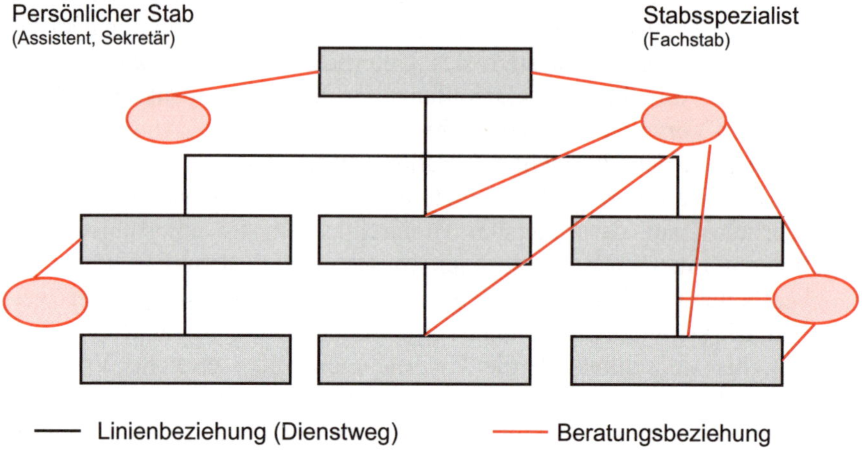

Abb. 51. Stablinienorganisation

Für den Einsatz von Fachstäben bieten sich innovative Leitungsaufgaben an, die gründliche und fachspezifische Entscheidungsvorbereitung verlangen, durch die ein Stab die Instanz bei ihren Leitungsaufgaben entlastet. Dadurch ermöglichen Stäbe eine fachspezifische, sorgfältige Vorbereitung von Entscheidungen sowie einen sinnvollen Austausch zwischen Spezialistendenken des Stabes und Überblick der Linie. Zudem erlaubt die Stablinienorganisation eine Stellenbesetzung gemäß der individuellen Persönlichkeitsstrukturen, so dass die weniger kommunikativen Fachspezialisten sich auf ihre Stärke konzentrieren können, ohne gleichzeitig die Führungsverantwortung einer Abteilung in der „Linie" übernehmen zu müssen. Gleichzeitig sind führungsstarke Mitarbeiter, die bei fachlichen Auseinandersetzungen weniger den Kompromiss als vielmehr die Konfrontation suchen, nicht für diese Aufgabe geeignet.

Die Nachteile der Stablinienorganisation liegen in der Machtstellung, die die organisatorische Nähe zur Führungsebene des Unternehmens eröffnet. Durch diese Nähe kann die Transparenz der Entscheidungsprozesse verloren gehen und es besteht die Gefahr, dass die Linieninstanz Vorschläge des Stabes unkritisch übernimmt und dadurch manipuliert wird oder umgekehrt die Stabsvorschläge unberücksichtigt bleiben. Da Fachkompetenz und Status der Stabsstelleninhaber nicht mit ihren Entscheidungs- und Anordungskompetenzen im Einklang stehen, bergen Stäbe das Potenzial von persönlichen Spannungen und der Entwicklung von „Grauen Eminenzen". Zudem können Stabsmitarbeiter in Überschreitung ihrer Kompetenzen die beratende Beziehung zu Weisungsrechten „umfunktionieren" und damit einen Kompetenzkonflikt zwischen Linie und Stab provozieren. Umgekehrt sind Linienstellen oftmals über Kompetenz und Einfluss der Stabsstelle unsicher, da diese näher an der Unternehmensspitze sind.

Von den beiden vorgenannten Strukturierungen der Leitung unterscheiden sich die **Mehrliniensysteme** durch die Abkehr vom Prinzip der Einheitlichkeit der Leitung. Während das Mehrliniensystem im Idealtyp von *Taylor* eine mehrfache Unterstellung einer Stelle unter sogenannte Funktionsmeister vorsah (Funktionsmeisterprinzip), tritt das Mehrliniensystem in der Unternehmenspraxis meist nur in zwei Varianten auf: der Mehrlinienorganisation mit zentralen Stellen und der Matrixorganisation. Beide Varianten haben gemein, dass das Prinzip der Einheitlichkeit der Leitung aufgegeben wird, zugunsten einer stärkeren Spezialisierung.

Frederick Winslow Taylor (1856-1915) war Ingenieur beim legendären Autofabrikanten Henry Ford, der mit seiner Fließbandproduktion des Model T die Automobilindustrie revolutionierte. Hierbei entwickelte Taylor das Funktionsmeistersystem als Sonderfall des Mehrliniensystems: Auf der ausführenden Ebene wurden bis zu acht Funktionsmeister installiert, die jeweils nur für einen begrenzten Bereich weisungsbefugt waren. Während die Funktionsmeister auf ihren jeweiligen Arbeitsbereich spezialisiert waren, handelte es sich bei den ihnen nachgeordneten Mitarbeitern um gering qualifizierte Hilfsarbeiter. Auf diese Weise konnte Ford viele Mitarbeiter zu geringen Lohnkosten einstellen und somit auch die Produktionskosten niedrig halten.

Bei der **Mehrlinienorganisation mit zentralen Stellen** werden für ausgewählte Aufgaben Zentralabteilungen gebildet (Abb. 52). Diese Zentralabteilungen verfügen im Gegensatz zu den zuvor beschriebenen Stabsabteilungen über ein begrenztes funktionales Weisungsrecht. Dadurch ergibt sich neben der Spezialisierung auch eine Verkürzung der Kommunikations- und Dienstwege. Die Schaffung von Zentralabteilungen bietet sich insbesondere bei größeren Unternehmen an, in denen eine Zentralisation bestimmter Kapazitäten sowie entsprechende Fach-, Entscheidungs- und Anordnungskompetenzen möglich und zweckmäßig sind.

Typische Bereiche der Ausgliederung und Zusammenfassung sind administrative Verwaltungsaufgaben wie etwa Personal, Finanzen, Rechnungswesen oder Informationstechnologie. Die jeweiligen Zentralabteilungen haben dann ein auf ihre Aufgabe begrenztes Weisungs- und Entscheidungsrecht. Beispielsweise bedürfen Abschlüsse und Änderungen von Arbeitsverträgen sowie andere arbeitsrechtliche Maßnahmen der Zustimmung der Personalabteilung. Sachlicher Grund für dieses funktionale Weisungsrecht sind insbesondere die Folgen falscher arbeitsrechtlicher Entscheidungen. Beispielsweise können Stellenausschreibungen oder Fragen im Bewerbungsgespräch, die bestimmte Bewerber/innen diskriminieren, hohe Schadensersatzansprüche von in der Regel 3 Monatsgehältern nach sich ziehen. Zudem sind Gehaltsverhandlungen – trotz der Budgethoheit der einzelnen Linienabteilungen – immer auch aus Sicht des Gesamtunternehmens zu sehen. Beispielsweise kann die Personalabteilung Über- oder Unterschreitungen der Tarifsätze ablehnen, um eine Ungleichbehandlung anderer Arbeitnehmer im Unternehmen zu verhindern.

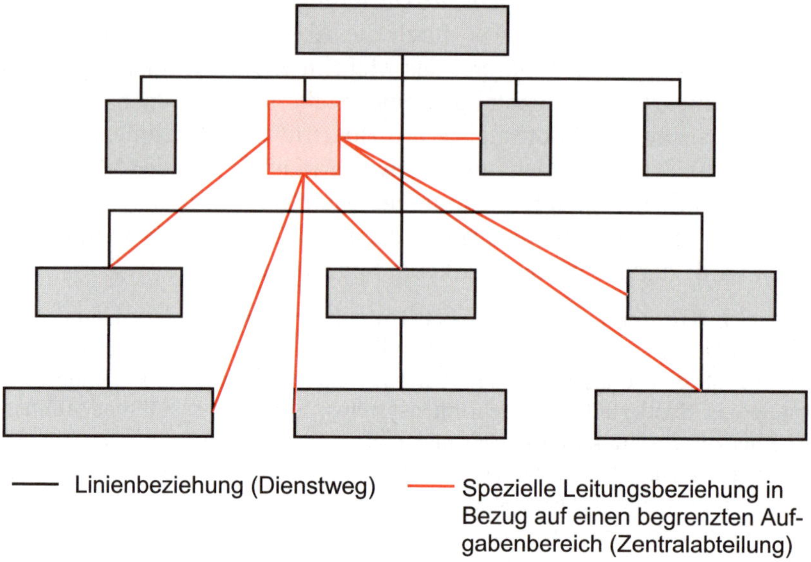

Abb. 52. Mehrlinienorganisation mit zentralen Stellen

Die Vorteile der Mehrlinienorganisation mit zentralen Stellen liegen zunächst einmal in der Entlastung und Unterstützung der Instanzen aller Rangstufen sowie der Nutzbarmachung und Auslastung kostenintensiver Fachspezialisten und Anlagen für das gesamte Unternehmen, so dass Economies of Scale realisiert werden können. Wie das Beispiel der Personalabteilung zeigt, ermöglichen Zentralabteilungen eine wirkungsvolle zentrale Koordination in Bezug auf spezifische Aufgabenstellungen und den Einsatz hochqualifizierter Spezialisten, die sich durch fachliche und nicht durch hierarchische Autorität auszeichnen.

Die Nachteile der Mehrlinienorganisation mit zentralen Stellen bestehen in dem durch die Spezialisierung hohen Bedarf an qualifizierten Fachspezialisten. Zudem beinhalteten Mehrliniensysteme aufgrund der Mehrfachunterstellung grundsätzlich die Gefahr von Kompetenzkonflikten, sofern keine klaren Aufgaben- und Kompetenzabgrenzungen zwischen Leitlinienstellen und zentralen Stellen vorgenommen werden. Zu den Kompetenzkonflikten kann auch eine Unsicherheit über die eigenen Verantwortungsbereiche hinzukommen, welche Entscheidungen hemmt. Die Zentralabteilungen weisen grundsätzlich die Tendenz auf, sich von dem zugrunde liegenden Servicegedanken zu entfernen und ein Ressortdenken zu entwickeln, bei dem die Probleme der Linienstellen zu wenig berücksichtigt werden. Beispielsweise könnte die Zentralabteilung Informationstechnologie die Sicherheitsanforderungen im Netzwerk so erhöhen, dass ein sinnvolles Arbeiten für die Linienstellen ausgeschlossen ist.

Eine weitere bekannte Ausprägung der Mehrliniensysteme ist die **Matrixorganisation** (Abb. 53). Die Matrixorganisation zeichnet sich dadurch aus, dass eine Stelle zwei Instanzen zugeordnet ist, die für ihren Aufgabenbereich jeweils weisungsbefugt sind. Sie verbindet damit eine nach Funktionen gegliederte Organisation (Primärstruktur) mit einer objektorientierten Organisation (Sekundärstruktur) mit dem Ziel, die Entscheidungsgeschwindigkeit zu erhöhen und die Organisation an sich ändernde Umweltbedingungen anpassungsfähig zu machen. Objektorientiert bedeutet hierbei eine Gliederung nach Produkten bzw. Dienstleistungen oder Projekten. Die Matrixorganisation erfordert durch die „Doppelbelegung" der Managementebene einen höheren Personalbedarf. Sie kommt daher nur für mittlere und größere Unternehmen in Frage. Zudem sind die höheren Personalkosten nur dann gerechtfertigt, wenn die Stärken der Matrixorganisation ausgespielt werden können. Dies ist der Fall bei einer dynamischen und komplexen Umwelt, die eine organisatorische Flexibilität, d.h. problem- und aufgabenadäquate Leitungsstrukturen verlangt. Bewusstes Element der Matrixorganisation ist dabei der sich aus der Mehrfachunterstellung ergebende Konflikt, wenn die Manager auf der Primär- und Sekundärstruktur dem ihnen gemeinsam unterstellten Mitarbeiter Weisungen erteilen, die nicht miteinander in Einklang gebracht werden können.

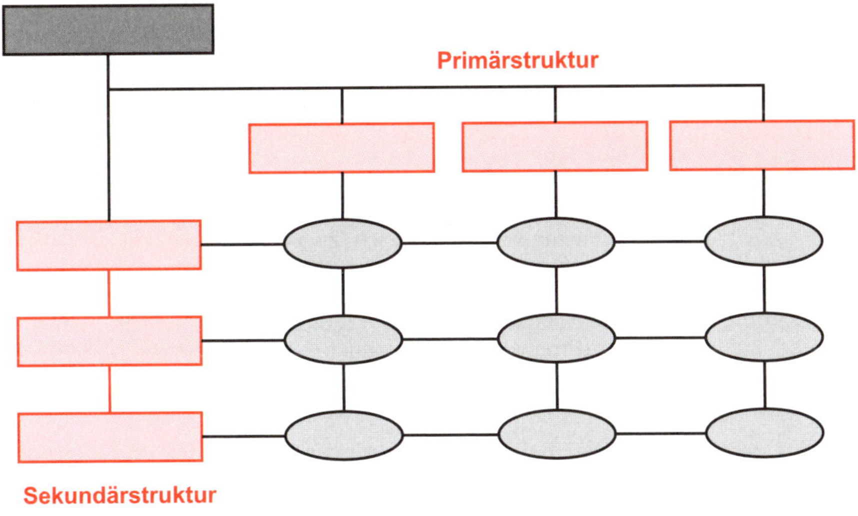

Abb. 53. Matrixorganisation

Die Vorteile liegen in der durch die kürzeren Kommunikationswege bedingte Entlastung der obersten Leitung. Hinzu kommt, dass Konflikte bewusst von der Unternehmensspitze auf das mittlere Management übertragen werden, da hier die relevanten Bereichsinteressen besser berücksichtigt werden können. Im Gegensatz zur starren Einlinienorganisation ermöglicht die Matrixorganisation die mehrdimensionale Koordination durch gemeinsame Entscheidungsfindung sowie eine direkte und situationsbedingte Kontaktaufnahme zwischen den betroffenen Stellen. Die „Linie“ wird genau so gezogen, wie sie den natürlichen Kenntnissen und Kompetenzen der Stelleninhaber entspricht. Somit kann die im Unternehmen vorhandene Fachkompetenz der verschiedenen Instanzen bestmöglich ausgenutzt werden, indem mehrere Mitarbeiter mit ihren individuellen Spezialkenntnissen zur Entscheidungsfindung beitragen können. Dies führt dazu, dass der Fachautorität gegenüber hierarchischen Kompetenzen und Privilegien ein höherer Stellenwert beigemessen wird und durch Teamarbeit und Gruppenentscheidungen die persönliche Entfaltung der Mitarbeiter gefördert wird.

Die Nachteile sind untrennbar mit der Besonderheit der Mehrfachunterstellung verbunden, die nicht immer nur die gewünschten fachlichen Konflikte zur Folge hat. Aus diesem Grund ist es notwendig, die Kompetenzen in Bezug auf die verschiedenen Aufgabenstellungen eindeutig abzugrenzen, organisatorische Regelungen für Konfliktsituationen zu schaffen und die „disziplinarische“ Unterstellung eines Stelleninhabers klarzustellen. Gleichzeitig ist bei den erwünschten Konflikten zu prüfen, ob diese nicht zu verwässerten Kompromissen führen oder einen Zeitverlust bis zur Entscheidungsfindung zur Folge haben. Zudem existiert keine Allgemeinverantwortung eines einzelnen Vorgesetzten, weshalb man sich die Konsequenzen von Fehlentscheidungen gegenseitig zuweisen kann. Insgesamt ist die Matrixorganisation aufgrund ihres erhöhten Personalbedarfs und Kommunikationsanforderungen mit vergleichsweise hohen Organisationskosten verbunden.

Bei der Gestaltung der ersten Ebene nach der Unternehmensführung, d.h. der **Abteilungsgliederung**, bestehen grundsätzlich zwei Gestaltungskriterien. Eine Verteilung der Aufgaben auf organisatorische Einheiten nach dem **Verrichtungsprinzip** bedeutet, dass innerhalb einer Abteilung solche Aufgaben zusammengefasst werden, die ähnliche Tätigkeiten erfordern: Vorprodukte einkaufen (Einkauf), Endprodukte produzieren (Produktion), Endprodukte verkaufen (Absatz). Bei einer Orientierung am **Objektprinzip** erfolgt die Abteilungsgliederung z.B. nach Dienstleistungen, Produkten, Regionen oder Kundengruppen.

Die Frage, welches der beiden Gliederungsprinzipien für ein Unternehmen vorteilhaft ist, kann nicht allgemeingültig beantwortet werden, sondern ist vom betrachteten Einzelfall abhängig. Für die Bezeichnung der gewählten Abteilungsgliederung ist dabei nur die erste Ebene nach der Unternehmensführung von Bedeutung. So kann ein auf der ersten Ebene nach Objekten gegliedertes Unternehmen auf den darunter liegenden Hierarchieebenen nach dem Verrichtungsprinzip gegliedert sein. Maßgeblich und prägend bleibt in diesem Fall jedoch das Objektprinzip, so dass in der Organisationstheorie diese Ebene für die Bezeichnung der Aufbauorganisation herangezogen wird.

Eine Gliederung der ersten Ebene unterhalb der Unternehmensführung nach dem Verrichtungsprinzip wird als **funktionale Organisation** bezeichnet, da durch die Spezialisierung auf einzelne Tätigkeiten Funktionen entstehen (Abb. 54).

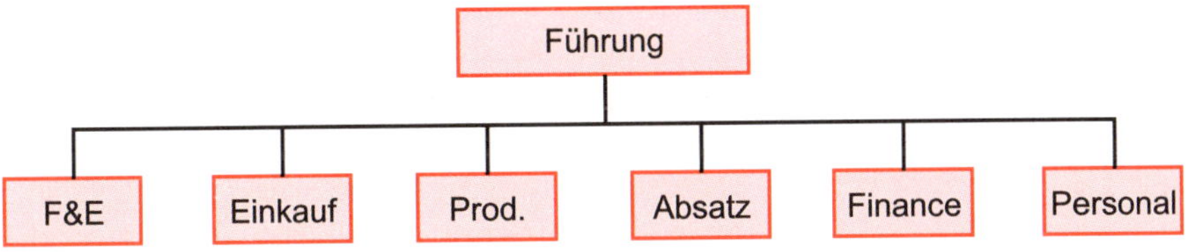

Abb. 54. Funktionale Organisation

So werden in der funktionalen Abteilung „F&E" alle Mitarbeiter zusammengefasst, deren Arbeitsinhalt Forschung und Entwicklung ist. Hingegen gehören alle Mitarbeiter des Produktionsbereichs zur Abteilung „Produktion". Voraussetzung für den Einsatz der funktionalen Organisation ist das Vorliegen eines kleineren oder mittleren Unternehmens mit relativ einheitlichem Sortiment und relativ stabilen Markt- und Umweltverhältnissen. Dies ergibt sich direkt aus den Vorteilen der funktionalen Organisation. Denn sie entspricht der logischen Arbeitsteilung und der beruflichen Spezialisierung, da Stellen mit ähnlichen Tätigkeiten zusammengefasst werden und somit fachlich homogene Abteilungen entstehen. Zudem gewährleistet das Verrichtungsprinzip, dass die wesentlichen Aufgaben bei stabilen Umweltverhältnissen leicht überschaubar und klar organisiert sind. Denn bei gegebenen Verhältnissen weiß jeder Stelleninhaber, was von ihm verlangt wird, und Abstimmungen zwischen mehreren Personen erfolgen in der Regel innerhalb einer Abteilung. Da die abteilungsübergreifende Koordination durch die Unternehmensführung erfolgt, kommen in dieser direkt Spezialkenntnisse und Methoden zur Anwendung, so dass eine einheitliche Führung des Gesamtsystems gewährleistet ist. Die Unternehmensführung muss über fachliche (Grund-)Kenntnisse aus allen Bereichen des Unternehmens verfügen, da sie nur so in der Lage ist, Anfragen zu beantworten und weiterzuleiten bzw. Entscheidungen zu treffen.

Die Nachteile der funktionalen Organisation ergeben sich gerade durch die erläuterte homogene Abteilungsbildung und die herausgehobene Stellung der Unternehmensführung. Denn die Abteilungen haben gezwungenermaßen keinen Blick für das Gesamtunternehmen, sondern betrachten vielmehr alles aus Abteilungssicht. Daher kommt es zu eher fachspezifischen Entscheidungen; integrierte, produkt- bzw. marktspezifische Probleme werden in der Regel nicht berücksichtigt. Beispielsweise wird die

Abteilung „Forschung und Entwicklung" nicht unbedingt die Produkte entwerfen, die die Abteilungen „Produktion" und „Absatz" herstellen bzw. am Markt verkaufen möchte. Vielleicht ist das entwickelte Produkt zu komplex, um es effizient herstellen zu können, oder es besitzt teure Komponenten, welche am Markt gar nicht nachgefragt werden. Dieses Beispiel verdeutlicht, dass die große Interdependenz der einzelnen Funktionsbereiche zu einem hohen Koordinationsaufwand führt, der schließlich von der Unternehmensführung erbracht werden muss. Denn die Funktionsbereiche weisen aufgrund der Abhängigkeiten nur eine geringe Eigenständigkeit auf, so dass den Abteilungsleitern nur eine beschränkte Führungsaufgabe verbleibt. Daher ist es kaum möglich, für die einzelnen Funktionsbereiche eine Gewinnverantwortung herzustellen, um diese am Erfolg zu beteiligen. Insgesamt führt die funktionale Organisation dazu, dass die Unternehmensführung bei zunehmender Größe bzw. Sortiments- und Marktausweitung mit den produkt- bzw. marktspezifischen Koordinationsproblemen überlastet wird.

Bei der Gliederung der ersten Hierarchieebene nach dem Objektprinzip ergibt sich die **divisionale Organisation**, wobei die Divisionen mitunter auch als Sparten oder Geschäftsbereiche bezeichnet werden (Abb. 55). Die divisionale Organisation bietet sich insbesondere an für größere Unternehmen mit sehr verschiedenartigem Sortiment und mit relativ dynamischen und produktbezogenen, heterogenen Märkten. Denn in diesem Fall ist eine produktorientierte Untergliederung von Forschung und Entwicklung, Produktion und Absatz nicht mehr möglich. In der divisionalen Organisation kommt es – und dies ist beabsichtigt – zu einer Dominanz der Produktbereiche als relativ autonome, unternehmerische Einheiten. Die Division leitet ihre marktleistungsbezogenen Funktionsbereiche weitgehend autonom. Der Unternehmensführung verbleibt nur noch die finanzielle Steuerung und Kontrolle aus gesamtunternehmerischer Sicht. Alle produktbezogenen Fragen und Entscheidungen können innerhalb der betreffenden Division geklärt werden und bedürfen daher keiner Entscheidung der Unternehmensführung. Diese muss nur dann tätig werden, wenn Interdependenzen zwischen zwei Divisionen auftreten.

Die Vorteile der divisionalen Organisation liegen an erster Stelle darin, dass die oberste Unternehmensleitung von Koordinationsproblemen zwischen dem marktleistungsorientierten Funktionsbereichen entlastet wird. Hinzu kommt, dass die objektorientierte Gliederung eine geringere Interdependenz zwischen den Geschäftsbereichen zur Folge hat. Oftmals können aufgrund der klar zu trennenden Verantwortungsbereiche sogenannte **Profit Centers**, d.h. Organisationseinheiten mit eigener Erfolgs- oder Gewinnverantwortung gebildet werden, was auch eine erfolgsorientierte Vergütung der Divisionsmitarbeiter möglich macht. Die Zusammenfassung vielfältiger Aufgaben und Tätigkeiten zu einer Produktgruppe ermöglich es den beteiligten Mitarbeitern, sich Kenntnisse spezifischer Umwelt- und

Marktverhältnisse anzueignen und darauf aufbauend schnelle integrierte und produktbezogene Anpassungsentscheidungen zu treffen. Zudem beinhaltet die divisionale Organisation eine größere Autonomie der organisatorischen Einheiten und bietet daher bessere Entfaltungsmöglichkeiten für Produktbereichsleiter. Oftmals können erfolgreiche Divisionsleiter aufgrund ihrer produktbezogenen Managementkenntnisse direkt in der Unternehmensführung eingesetzt werden.

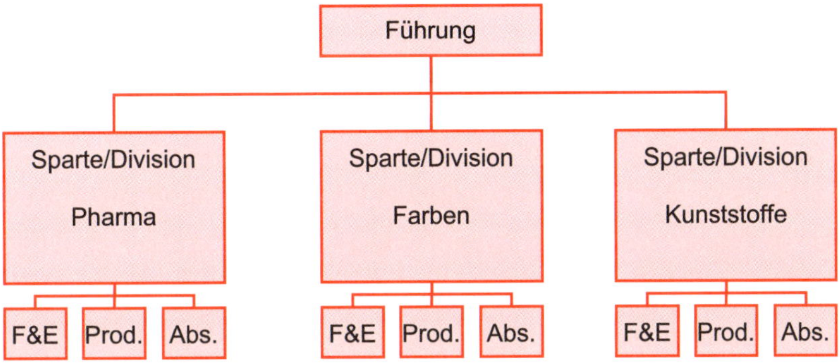

Abb. 55. Divisionale Organisation

Der größte Nachteil der divisionalen Organisation liegt darin, dass sie im Vergleich zur funktionalen Organisation ineffizient ist. Denn schließlich verursacht die Aufgabe von Economies of Scale in den einzelnen Verrichtungen einen größeren Personalbedarf. So existieren im Beispiel der Abb. 55 nun drei Absatzabteilungen. Hinzu kommt die Zwischenschaltung einer zweiten Führungsebene: die Ebene der Divisionsleiter. Neben der Doppelspurigkeit in Funktionsbereichen werden somit zusätzliche zentrale Stellen zur Koordination und Kontrolle der Divisionen notwendig. Allerdings hofft man, dass diese Kosten durch einen höheren Erfolg am Markt überkompensiert werden. Die am Divisionserfolg gebundenen Vergütungen können auch Fehlanreize bewirken. Es besteht die Gefahr einer Suboptimierung in den Produktbereichen. Beispielsweise könnte ein Divisionsleiter in der Erwartung, dass er nur auf bestimmte Zeit diese Position innehat, die kurzfristigen Divisionsgewinne zulasten der langfristigen Entwicklung verbessern. Zudem bestehen in der divisionalen Organisation keine Anreize für eine ausreichende Koordination zwischen den Divisionen. Vielmehr ist bei Interdependenzen zwischen den Produkten eine Division nicht gehindert, Maßnahmen zu ergreifen, die zulasten einer anderen Division gehen. Es kommt zum Verlust einer einheitlichen Unternehmenspolitik.

Eine Sonderform der divisionalen Organisation ist die **Gliederung nach Marktbereichen** (Abb. 56). Diese bietet sich für Großunternehmen und Konzerne an, die ihre Produkte in sehr unterschiedlichen Regionen produzieren bzw. absetzen und den regionalen Besonderheiten durch die Errichtung von Werken oder Niederlassungen Rechnung tragen.

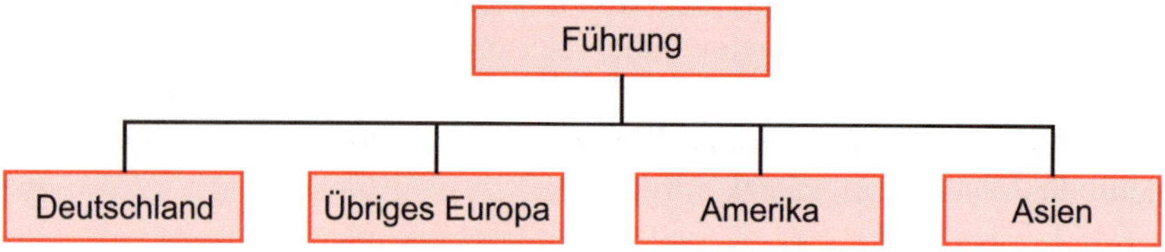

Abb. 56. Gliederung nach Marktbereichen

Die Vorteile entsprechen hierbei weitgehend den Vorteilen der divisionalen Organisation, hängen jedoch weitgehend von geographischen Faktoren ab. So können durch die Verteilung und die Konzentration unternehmerischer Funktionen entsprechend der lokalen Standortvorteile Kosten eingespart werden. Zudem ermöglicht eine oftmals bestehende geringe Interdependenz zwischen den Marktbereichen gerade im Bereich der Konsumgüter die Rücksichtnahme auf regionale Bedürfnisse und Vorschriften.

Die Nachteile der Gliederung nach Marktbereichen liegen in dem noch höheren Bedarf an qualifizierten, regional erfahrenen Führungskräften und den Koordinationsschwierigkeiten in Bezug auf den Produkt- und Funktionsbereich zwischen den verschiedenen Regionen. Hinzu kommt, dass derart geographisch verstreute Konzerne von der Wirtschaftspolitik verschiedener Staaten abhängig sind. Der hohe Grad an Autonomie und Unabhängigkeit erschwert die Gesamtführung und verringert die Chancen einer einheitlichen Unternehmenspolitik.

Auch die Wahl der Aufbauorganisation hängt untrennbar mit der gewählten Unternehmensstrategie zusammen. Für diesen Zusammenhang prägte Alfred Chandler, Professor am MIT und später an der Harvard University, im Jahre 1962 die Formel „Structure follows strategy".[110] In seinen historischen Studien hat *Chandler* den zu Beginn des 20. Jahrhunderts bei General Motors, DuPont, Sears und Standard Oil zu beobachtenden Strukturwandel von der funktionalen zur divisionalen Organisation analysiert, die er als **multidivisional structure** (M-form) bezeichnete. Nach seinen Erkenntnissen stellt die verfolgte Unternehmensstrategie die zentrale Ursache für Reorganisationen dar, denn „growth without structural adjustment can lead only to economic inefficiency"[111]. Die Diversifikation in zahlreiche Geschäftsfelder hätte zu einer Überlastung der Unternehmensleitung geführt. Mit der divisionalen Organisation können jedoch die meisten funktionalen Aufgaben wie Produktion, Marketing und Logistik an die

---

[110] Chandler, Alfred D. (1962): Strategy and Structure: Chapters in the History of the American Industrial Enterprise, Cambridge/MA.

[111] Chandler (1962), S. 16.

Divisionsleiter übertragen werden. Der Unternehmensleitung verbleibt dann „nur noch" die Aufgabe, die Unternehmensstrategie festzulegen und die Allokation (Zuteilung) der Ressourcen unter den Divisionen vorzunehmen. Später war *Chandlers* These in ihrem Absolutheitsanspruch zwar umstritten, da auch der Geschichte des Unternehmens, den persönlichen Erfahrungen des Managements und nicht zuletzt den „Management-Moden" bedeutende Einflüsse auf die Organisationsentscheidungen zugeschrieben werden. Jedoch haben inzwischen auch empirische Studien nachgewiesen, dass stark diversifizierte Unternehmen mit einer divisionalen Organisation erfolgreicher sind als mit einer funktionalen Organisation.[112]

5.3.2 Ablauforganisation

Da im Rahmen der Aufbauorganisation die Beschreibung der Aufgaben sehr allgemein vorgenommen wird, sind die übertragenen Aufgaben durch ablauforganisatorische Regelungen zu präzisieren und zu konkretisieren (Abb. 57). Die Ablauforganisation bestimmt somit das räumliche und zeitliche Neben- und Nacheinander der zur Erzielung eines bestimmten Arbeitsergebnisses auszuführenden Arbeitsvorgänge. Hierbei wird geregelt, was zu tun ist, und zwar

- von wem etwas zu tun ist (personale Betrachtung),
- wo etwas zu tun ist (lokale Betrachtung),
- wann etwas zu tun ist (temporale Betrachtung) und
- ggfs. wie etwas zu tun ist.

„Die ablauforganisatorischen Maßnahmen ... dienen dazu, die Organisations-, Objekt- und Kommunikationsentscheidungen der nachgeordneten Mitarbeiter so zu steuern, dass schließlich auf der untersten Ebene ihres Hierarchiebereichs ‚gute' Objektentscheidungen getroffen und diese gut in die Wirklichkeit umgesetzt werden. Der Zielerreichungsgrad der Objektentscheidungen hängt insbesondere auch davon ab, inwieweit diese Entscheidungen aufeinander abgestimmt sind. Die Koordination der konkreten Objektentscheidungen ist daher eines der Kernprobleme der Ablauforganisation."[113]

Während für die Aufbauorganisation in der Wissenschaft schon zu Beginn des 20. Jahrhunderts zahlreiche Modelle entwickelt wurden, stellt die

---

[112] Armour, Henry O.; Teece, David J. (1978): Organizational structure and economic performance: A test of the multidivisional hypothesis, in: Bell Journal of Economics, Vol. 9, S. 106-122; Hoskisson, Robert E. (1987): Multidivisional structure and performance: The contingency of diversification strategy, in: Academy of Management Journal, Vol. 30, S. 625-644.

[113] Laux/Liermann (2005), S. 190.

Ablauforganisation immer noch einen blinden Fleck dar, da Standardmaßnahmen – wie sie etwa bei der Aufbauorganisation beschrieben wurden – nicht existieren.

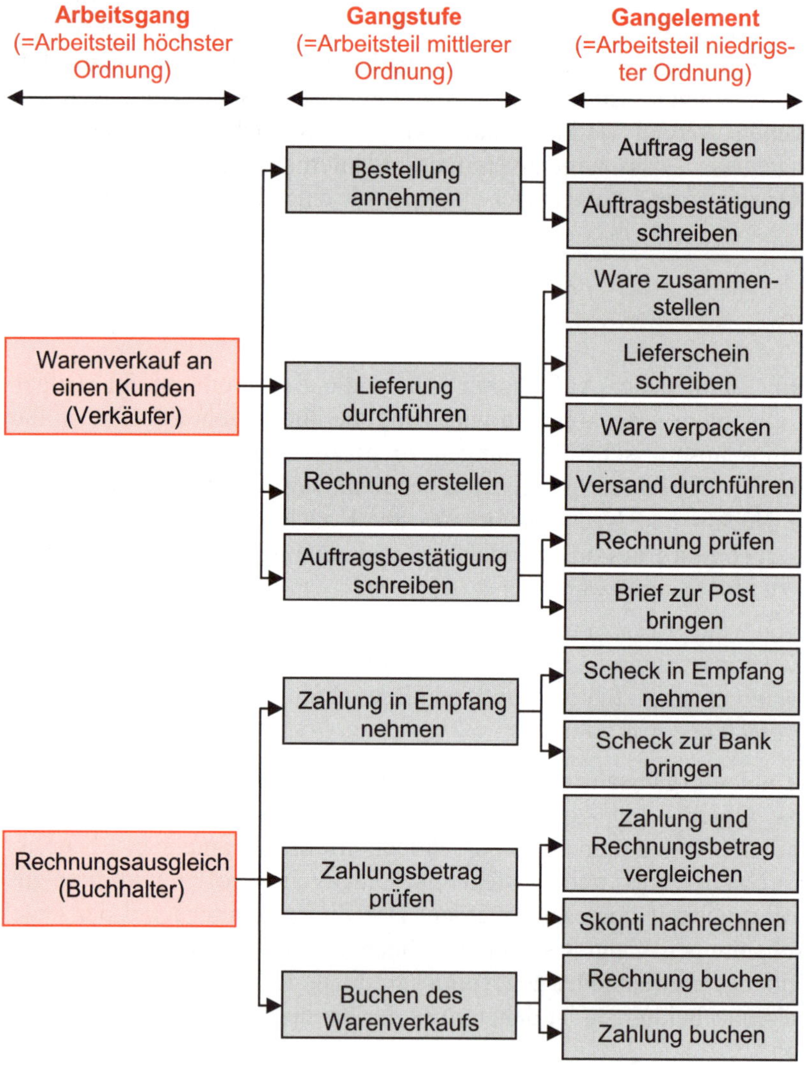

Abb. 57. Beispiele für Arbeitsteile und Arbeitsgänge[114]

Dennoch können die folgenden Leitsätze der Ablauforganisation eine gewisse Orientierung geben:

- Ausrichtung der Organisation an Regelfällen.
- Abläufe und Arbeitsstationen sind prozessorientiert entsprechend den Prinzipien der Aufbauorganisation zu gestalten.

[114] Modifiziert nach: Thommen/Achleitner (2001), S. 746.

- Die Zahl der berührten Stellen soll möglichst gering gehalten werden.
- Die notwendigen Informationen müssen rechtzeitig zur Verfügung stehen.
- Arbeitsgänge zu Kontrollzwecken sind zu minimieren.
- Arbeitsplätze müssen mit zeitgemäßer Technik ausgestattet sein.
- Personal soll entsprechend dem qualitativen und quantitativen Arbeitsanfall zur Verfügung stehen.
- Kontrolle der Geschäftsprozesse entsprechend den Prinzipien der Führung und unter Beachtung der Managementprinzipien.
- Arbeitsabläufe sollen unabhängig von Personen nach sachlichen Arbeitsabläufen gestaltet werden.

Die getrennte Behandlung von Aufbau- und Ablauforganisation darf nicht darüber hinwegtäuschen, dass sie „zwei Seiten derselben Medaille" darstellen. So fängt die Ablauforganisation in der Regel an dem Detaillierungsgrad an, an dem die Aufbauorganisation aufhört. Abb. 58 verdeutlicht daher den Zusammenhang zwischen beiden Sichtweisen.

Die klassische Organisationstheorie geht dabei davon aus, dass zunächst die Aufbauorganisation und anschließend erst die Ablauforganisation zu bestimmen ist. Allerdings darf nicht unerwähnt bleiben, dass diese Dominanz der Strukturen und Hierarchien zu Unvereinbarkeiten zwischen beiden Sichtweisen führen kann. So wird unter dem Begriff „Schnittstellenproblematik" seit längerem diskutiert, wie sichergestellt werden kann, dass betriebliche Prozesse durch die Aufbauorganisation willkürlich durchtrennt werden. Unter dem Begriff **Business Process Reengineering** (Geschäftsprozessneugestaltung) haben Michael Hammer und James Champy im Jahr 1993 einen Ansatz vorgestellt, der die Orientierung des Unternehmens an den Geschäftsprozessen und deren Ausrichtung auf den Kunden gewährleisten soll.[115]

5.3.3 Organisationstheorien

5.3.3.1 Synergieeffekte

Organisationstheorien haben den Zweck, Organisationen, d.h. ihr Entstehen, ihr Bestehen und ihre Funktionsweise zu verstehen und zu erklären. Die Realisierung von Synergieeffekten stellt das wohl am häufigsten vorgebrachte, aber auch umstrittenste Argument für organisatorische Gestaltungsmaßnahmen dar. Beispielsweise wird fast jede Akquisition oder Fusion mit Synergieeffekten begründet. Die Verwirrung um den Begriff der „Synergie" ist auf die häufige Verwendung in der Praxis zurückzuführen,

[115] Hammer, Michael; Champy, James (1995): Business Reengineering. Die Radikalkur für das Unternehmen, 5. Auflage, Frankfurt am Main.

da im Grenzfall alle wünschenswerten Wirkungen als Synergien bezeichnet werden.

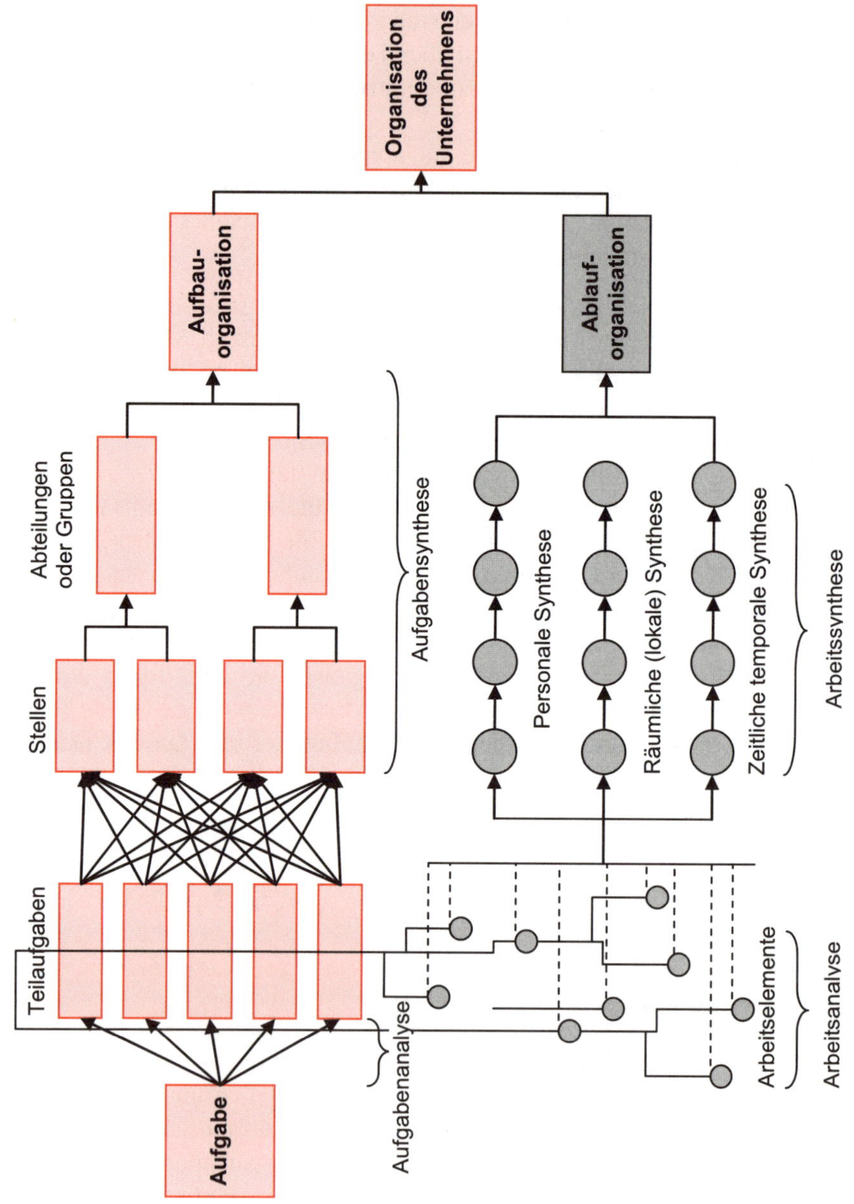

Abb. 58. Zusammenhang Aufbau- und Ablauforganisation[116]

[116] Quelle: Thommen/Achleitner (2001), S. 748.

Als (positive) Synergieeffekte bezeichnet man, wenn durch ein Zusammenwirken bzw. eine Zusammenfassung bestimmter Ausführungsfunktionen (Aktivitäten) von Geschäftsfeldern zusätzliche Vorteile erzielt werden können, die zur Folge haben, dass die Summe der Markt- oder Kapitalwerte[117] größer ist als die Summe ohne Zusammenfassung.

Es existieren jedoch unzählige Abgrenzungen des Begriffs „Synergie“. Die hier verwendete nimmt sozusagen eine mittlere Position ein. Ganz eng gefasste Abgrenzungen verstehen unter Synergieeffekten ausschließlich die bereits erläuterten Economies of Scale und Economies of Scope. Ganz weit gefasste Abgrenzungen hingegen führen alle Markt- oder Kapitalwertänderungen in der Folge eines Zusammenwirkens zweier Ausführungsfunktionen „A“ und „B“ auf (positive) Synergieeffekte zurück:

$$MW(A) + MW(B) < MW(A+B).$$

Wer den Begriff des Kapitalwerts bereits kennt, wird feststellen, dass damit einerseits das **Value Additivity Principle** der Kapitalwertmethode verletzt wird, da hier der gemeinsame Kapitalwert nach Realisierung der Synergieeffekte eben nicht identisch ist mit der Summe der Kapitalwerte vorher. Andererseits wird dabei vorausgesetzt, dass bereits vorher jeweils sämtliche Möglichkeiten für eine optimale Unternehmensstrategie ausgenutzt wurden, denn jeder Markt- oder Kapitalwert ist von den realisierten bzw. geplanten Strategien abhängig. Diese Annahme ist notwendig, um sicherzustellen, dass die Wertsteigerungseffekte nicht durch eine Änderung der Strategie verursacht werden.

Der (künstliche) Begriff der Ausführungsfunktion macht es schwierig, das einfache Synergiekonzept zu verstehen. Einfacher ist das Wesen der Synergien anhand Porters Konzepts der Wertkette (value chain) zu verdeutlichen: Beim Zusammenwirken einzelner Aktivitäten zweier Wertketten können Synergieeffekte auftreten (Abb. 59).

Synergieeffekte lassen sich folgendermaßen weiter untergliedern:

- **Economies of Scale** liegen vor, wenn die langfristigen Durchschnittskosten bei einer Steigerung der Ausbringungs- bzw. Produktionsmenge fallen. Dieser Größendegressionseffekt kommt allein dadurch zustande, dass der Fixkostenanteil auf eine größere Stückzahl verteilt wird. Einen Extremfall stellt „verschleißfreies“ Know-how dar, das Grenzkosten (einer zusätzlichen Einheit) in Höhe von null aufweist.
- **Economies of Scope** hingegen stellen eine Übertragung des Economies of Scale-Effektes auf ein Mehrproduktunternehmen dar. Der von *Panzar/Willig*[118] geprägte Begriff beschreibt den Sachverhalt, dass die gemeinsame Produktion zweier Güter durch ein Unternehmen kosten-

---

[117] Die Begriffe Marktwert und Kapitalwert werden in Kapitel 7 erläutert.

[118] Vgl. Panzar, John C.; Willig, Robert D. (1977): Economies of Scale in Multi-Output Production, in: Quarterly Journal of Economics, Vol. 91, August, S. 481-493; Panzar, John C.; Willig, Robert D. (1981): Economies of Scope, in: American Economic Review, Vol. 71, No. 2, S. 268-272.

günstiger ist, als die Summe der Kosten bei Produktion durch zwei spezialisierte Unternehmen. Während sich das Konzept der **Economies of Scale** also auf die Ausbringungsmenge *eines* bestimmten Produkts bezieht, entstehen **Economies of Scope** in der gemeinsamen Nutzung von Inputfaktoren für verschiedene Produkte. Dieser Sachverhalt stellt sich mathematisch folgendermaßen dar:

$$K(x_1, x_2) < K(x_1, 0) + K(0, x_2),$$

wobei $K(x_1, x_2)$: Kosten für die Produktion der Menge x_1 von Gut 1 und der Menge x_2 von Gut 2.

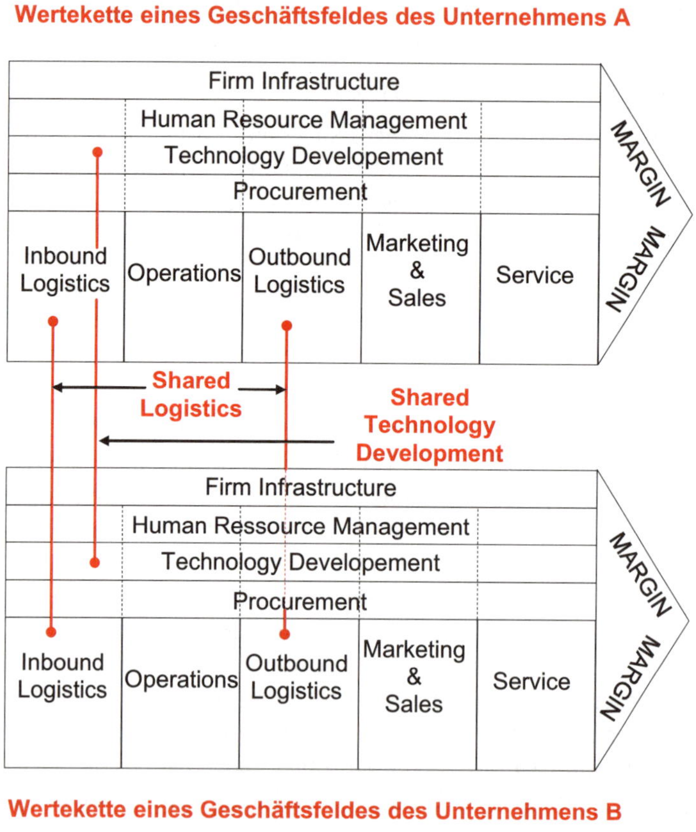

Abb. 59. Synergien beim Zusammenwirken zweier Wertketten[119]

- Dem in Kapitel 3 bereits dargestellten Konzept der **Lerneffekte** liegt die Idee zugrunde, dass der Produktionsprozess mit wachsender Erfahrung effizienter abläuft, da einerseits während der Anfangsphase der Produktionsprozess noch nicht optimal angepasst ist und andererseits mit steigender Erfahrung der Produktionsprozess, aber auch die Bedie-

[119] In Anlehnung an: Porter (1985), S. 327.

nung der Maschinen optimiert werden. Wenn Lerneffekte bestehen, dann hängt der Verlauf der Kostenfunktion von der kumulierten Ausbringungsmenge ab. Im Falle positiver Lerneffekte resultiert eine Minderung der Produktionskosten je Produktionseinheit mit steigender kumulierter Produktionsmenge.

- **Synergien im engeren Sinne**: Bei der Verwendung des Konzeptes der Synergieeffekte wird meist vernachlässigt, dass gerade Economies of Scale sowie Economies of Scope lediglich auf einem Größendegressionseffekt beruhen, also die gegebene Kostenfunktion durch die Zusammenfassung der Aktivitäten unverändert bleibt; die Verringerung der (Stück-)Kosten kann jedoch auch gerade durch eine Veränderung der Kostenfunktion zustande kommen. Die der neoklassischen Theorie verhafteten Konzepte der Economies of Scale und Economies of Scope können jedoch gerade diesen bedeutenden Sachverhalt der Synergien im engeren Sinne nicht berücksichtigen. Es ist aber beispielsweise nicht irrelevant, ob Bayer Schering Pharma oder VW ein pharmazeutisches Produkt herstellt; es ist nicht anzunehmen, dass Produkte und die zu ihrer Herstellung benötigten Ressourcen zwischen Unternehmen hin und her bewegt werden können ohne Veränderung ihrer Rentabilität. Synergien im engeren Sinne ermöglichen jedoch gerade die Betrachtung solch interessanter Gesichtspunkte wie etwa einer höheren Qualität der Produkte durch die Zusammenfassung der Aktivitäten. Diese Qualitätssteigerung könnte sich dann positiv auf die Ertragsfunktion auswirken, da die Käufer diesem Produkt nun einen höheren „Wert“ beimessen. Synergien im engeren Sinne umfassen somit alle (synergetischen) Effekte, die sich positiv in (einer Verschiebung) der Kosten- oder Ertragsfunktion niederschlagen, jedoch nicht durch Lerneffekte verursacht werden.

Synergien entstehen jedoch nicht automatisch, sondern existieren zunächst nur als **Synergiepotenziale**. Der Begriff Synergiemanagement verdeutlicht in diesem Zusammenhang, dass Synergieeffekte nicht von alleine auftreten, sondern eine aktive und systematische Schaffung und Nutzung von Synergiepotenzialen erfordern. „Hierzu gehören beispielsweise Überlegungen über den Aufkauf anderer Unternehmen, die Entstehung neuer Sparten und die optimale Ausnutzung von Ressourcen und Kernkompetenzen des Unternehmens. Von der Entwicklung ist die Realisierung zu unterscheiden, die den beteiligten Unternehmenseinheiten zukommt. Beispielsweise lassen sich bei General Electric positive Synergieeffekte von den verschiedenen Sparten realisieren, die auf der einen Seite Elektromotoren produzieren und auf der anderen Seite Haushaltsgeräte, in die die zuvor produzierten Elektromotoren eingebaut werden. Ähnliche Economies of Scope realisieren die betreffenden Divisionen beim dänischen Unternehmen Danfoss, indem nicht nur Thermostate hergestellt werden, sondern u.a. auch Kühlschränke, für deren Bau die Thermostate benötigt werden."[120]

Bei der Ermittlung von Synergieeffekten ist allerdings zu beachten, dass bei einer Zusammenfassung verschiedener Aktivitäten grundsätzlich nicht nur positive, sondern gleichzeitig auch (unvermeidbare) negative Synergieeffekte auftreten können:

- Durch die zur Realisierung der Synergiepotenziale notwendige gemeinsame Nutzung von Aktivitäten können erstens **Koordinierungskosten** entstehen, da zur Abstimmung der beiden Geschäftsfelder beispielsweise (Arbeits-)Zeit und vielleicht auch zusätzliche Ressourcen benötigt werden.
- Zweitens können **Kompromisskosten** auftreten, die darin begründet sind, dass zur gemeinsamen Nutzung von Aktivitäten eine gewisse „Standardisierung" erfolgen muss. Beispielsweise müssen gemeinsam genutzte Vorprodukte so entworfen werden, dass sie sich zur Verwendung in beiden Geschäftsfeldern eignen. Zum Beispiel können Außendienstmitarbeiter, die nun die Produkte oder Dienstleistungen von zwei Geschäftsfeldern zu vermarkten haben, nicht mehr so exakt über die Produktspezifikationen informiert sein, wie bei der vormals individuellen Betreuung der Abnehmer durch zwei spezialisierte Gruppen von Außendienstmitarbeitern.
- Drittens stellen **Inflexibilitätskosten** eine weitere Art von negativen Synergieeffekten dar. Diese können dadurch entstehen, dass auf Veränderungen des (Wettbewerbs-)Umfeldes nicht mehr so flexibel reagiert werden kann, da nun von einer Anpassung der gemeinsam genutzten Aktivität beide Geschäftsfelder tangiert werden, obwohl dies vielleicht nur für eines gewünscht ist. Wenn also in einem Geschäftsfeld wegen einer plötzlich gestiegenen Wettbewerbsintensität eine besondere Qualität von einem Vorprodukt verlangt wird, das gleichzeitig auch in einem anderen Geschäftsfeld Verwendung findet, dann wird eine erneute Abstimmung hinsichtlich des Ausmaßes der Qualitätserhöhung des Vorprodukts notwendig. Denn vielleicht sieht sich das andere Geschäftsfeld gerade einem Kostendruck ausgesetzt, so dass unter der Verteuerung des Vorproduktes seine Wettbewerbsfähigkeit leiden würde. Daher sind bei der Bewertung von Synergiepotenzialen gleichzeitig auch die erwarteten negativen Synergieeffekte zu berücksichtigen, so dass eine Entscheidung nur anhand des Saldos der positiven und negativen Effekte getroffen werden kann.

[120] Kräkel (2006), S. 5568.

5.3.3.2 Transaktionskostentheorie

Ein weiterer wichtiger Ansatz zur Organisationsgestaltung ist die von *Coase* und *Williamson* entwickelte Transaktionskostentheorie (Transaktionskostenansatz).[121] Diese beschäftigt sich mit der Fragestellung der Wahl eines geeigneten institutionellen Arrangements (governance structure) für langfristige ökonomische Transaktionsbeziehungen. Unternehmen, Markt und relationale Verträge stellen Grundformen von Governance Structures dar. Die Charakteristika der drei Governance Structures lassen sich wie folgt zusammenfassen:

- **Klassischer Vertrag** (Markt): kurze Dauer; präzise Bestimmung des Gegenstands und der Konditionen der Transaktion; begrenzte persönliche Interaktion der Transaktionspartner; Lösung von Konflikten auf dem Rechtsweg; förmliche (z.B. schriftlich fixierte) Merkmale haben Vorrang.
- **Neoklassischer Vertrag** (Hybrid): Autonomie der Vertragsparteien unter bilateraler Abhängigkeit; auch nach Vertragsabschluss Entscheidungen, Abstimmung und Kooperation der Transaktionspartner erforderlich (z.B. langfristige Lieferverträge, Franchising, Joint Ventures).
- **Relationaler Vertrag** (Hierarchie): Etablierung einer langfristigen Austauschbeziehung (z.B. Arbeitsvertrag).

Die Transaktionskostentheorie basiert auf der Annahme, dass die Auswahl einer solchen institutionellen Form rein aus Effizienzgründen erfolgt. Die Wahl einer bestimmten Governance Structure erfolgt im Hinblick auf die durch sie verursachten Transaktionskosten, wobei jedoch umstritten ist, ob die Transaktionskosten dabei eine zu minimierende Zielgröße darstellen oder lediglich als didaktisches Hilfsmittel fungieren, um ausgewählte Probleme stringenter analysieren zu können.

Transaktionskosten sind allgemein definiert als Kosten der Nutzung des Marktmechanismus, d.h. Kosten der Information und Kommunikation. Dazu gehören nicht nur die pagatorischen, d.h. tatsächlich auszahlungswirksamen Kosten wie etwa Anbahnungskosten oder Vereinbarungskosten, sondern auch die entsprechenden Opportunitätskosten wie etwa Suchkosten, Informationskosten, Entscheidungskosten, Bargainingkosten, Disincentivekosten, Kontrollkosten und Kontraktvollstreckungskosten.

Als **Opportunitätskosten** bezeichnet man in der Volkswirtschaftslehre entgangene Erlöse, die dadurch entstehen, dass Möglichkeiten (Opportunitäten) zur Nutzung von Ressourcen nicht wahrgenommen werden. In der Betriebswirtschaftslehre definiert man den Begriff noch weiter und versteht unter Opportunitätskosten den Nutzenentgang, der bei mehreren Al-

[121] Vgl. Coase, Ronald H. (1937): The Nature of the Firm, in: Economica, Vol. 4, November, S. 386-405; Williamson, Oliver E. (1975): Markets and Hierarchies: Analysis and Antitrust Implications, New York.

ternativen durch die Entscheidung für die eine und gegen die andere Möglichkeit entsteht.

Stark vereinfacht kann der Transaktionskostenansatz damit zusammengefasst werden, dass innerhalb von Hierarchien keine bzw. nur geringe Transaktionskosten entstehen, weil der Transaktionspartner, d.h. derjenige, der eine Aufgabe auszuführen hat, bekannt und aufgrund der hierarchischen Beziehung leicht zu steuern ist. Wählt man hingegen einen Transaktionspartner am Markt, so entstehen hohe Transaktionskosten. Zunächst ist ein geeigneter Transaktionspartner zu suchen (Suchkosten, Informationskosten und Entscheidungskosten). Anschließend muss ein Vertrag mit ihm geschlossen und überwacht werden (Bargainingkosten, Disincentivekosten und Kontrollkosten). Falls das Transaktionsergebnis nicht wie erwartet ausfällt, kommen Transaktionskosten für die rechtliche Durchsetzung der Ansprüche hinzu (Kontraktvollstreckungskosten).

Der Begriff „Transaktionskosten" stammt von Kenneth J. Arrow.[122] *Coase* verwendet in seiner richtungweisenden Arbeit den Begriff „Marketing Costs".[123] *Terberger* weist jedoch auf die folgende Problematik hin: „Das Dilemma des Transaktionskostenbegriffes liegt darin, dass er parallel und ohne auf den Unterschied hinzuweisen, weiterhin in zweierlei Bedeutungszusammenhängen gebraucht wird: Transaktionskosten bezeichnen einerseits das technische Phänomen der Kosten, die ein einzelnes Individuum für Koordinationsaktivitäten aufwendet, d.h. Post- und Maklergebühren oder auch den – wie auch immer bewertbaren – eigenen Input an Zeit, Arbeitskraft etc. Er bezeichnet andererseits den Ressourcenverlust, der im Vergleich zur neoklassischen Welt des reibungslosen Tauschs auftritt, der natürlich, soll die Wohlfahrt maximiert werden, zu minimieren ist."[124]

Der Transaktionskostenansatz basiert auf den folgenden Verhaltensannahmen, die in Verbindung mit der gewählten Governance Structure zur Entstehung von Transaktionskosten führen:

- **Beschränkte Rationalität (bounded rationality)**: Die Wirtschaftssubjekte sind beschränkt rational, d.h. sie verfügen nur über begrenzte Möglichkeiten, Informationen zu verarbeiten.
- **Opportunismus (opportunism)**: Wenn sich eine Möglichkeit ergibt, verhalten sie sich opportunistisch und nutzen Informationsvorsprünge, Vertragslücken und Ermessensspielräume, um ihren eigenen Nutzen (auf Kosten des Transaktionspartners) zu steigern.

Hinzu treten die folgenden Umweltfaktoren:

- **Unsicherheit (uncertainty)**: Es besteht Unsicherheit über die zukünftigen Umweltzustände, so dass es nicht möglich ist, beim Vertragsschluss alle Eventualitäten zu antizipieren und zu berücksichtigen.

---

[122] Vgl. Arrow (1974), S. 77.

[123] Vgl. Coase (1937), S. 394.

[124] Terberger (1994), S. 133.

- **Spezifität (specifity)**: Der Faktor der Spezifität kann zum Auftreten von Opportunismus führen. Je größer die Wertdifferenz zwischen der geplanten Verwendung einer Investition und der zweitbesten Verwendung ist, desto größer ist ihre Spezifität. Wenn beispielsweise ein Zulieferunternehmen direkt bei seinem wichtigsten Kunden ansiedelt, um diesen noch schneller beliefern zu können, so tätigt er in der Regel spezifische Investitionen. Er begibt sich in eine Abhängigkeit von seinem Kunden, da dieser in Anbetracht der langfristigen Bindung eine bessere Verhandlungsposition gewinnt, was mithin opportunistisches Verhalten ermöglicht.
- **Strategische Bedeutung**: Untrennbar mit der Spezifität ist auch der Faktor der strategischen Bedeutung verbunden. Je größer der Einfluss einer Transaktion auf die Wettbewerbsfähigkeit des Unternehmens ist, desto höher ist ihre strategische Bedeutung. Sofern ein Pharmaunternehmen seine Medikamente nicht selbst entwickelt, sondern Patente von anderen Unternehmen zukauft, macht es sich in diesem strategischen Bereich abhängig.
- **Transaktionsatmosphäre (atmosphere)**: Die Transaktionsatmosphäre beschreibt die Bedingungen in der Gesellschaft, unter denen Transaktionen durchgeführt werden können, wie etwa soziokulturelle, rechtliche und technische Rahmenbedingungen. Spielt z.B. Reputation eine große Rolle, so kann diese mithelfen, Opportunismus zu vermeiden.
- **Transaktionshäufigkeit (frequency)**: Die Transaktionshäufigkeit ist insbesondere dann von großer Bedeutung, wenn eine hohe Unsicherheit, eine hohe Spezifität und eine hohe strategische Bedeutung vorliegen. In diesem Fall wird es für das Unternehmen effizient sein, die betrachtete Transaktion innerhalb der Hierarchie auszuführen, wenn die Transaktionshäufigkeit groß ist. Im anderen Fall, wenn Transaktionshäufigkeit, Unsicherheit, Spezifität und strategische Bedeutung gering sind, wäre dagegen die Eigenerstellung ineffizient. Denn in diesem Fall wäre es bei Leistungsstörungen jederzeit möglich, sich am Markt andere Transaktionspartner zu suchen.

Die vorgenannten Verhaltensannahmen und Umweltfaktoren haben nun zwei Effekte zur Folge:

- **Begrenzte Zahl von Transaktionspartnern (small numbers bargaining)**: Eine geringe Zahl von potenziellen Transaktionspartnern kann dazu führen, dass Märkte nicht effizient funktionieren, da Abhängigkeiten und Manipulierbarkeit bestehen können.
- **Informationsverkeilung (information impactedness)**: Bei Informationsasymmetrie, d.h. wenn einer der beiden Transaktionspartner „besser“ informiert ist, wird ihm opportunistisches Handeln ermöglicht.

Bei der Abwägung, ob Markt oder Hierarchie die effizientere Governance Structure darstellen, lassen sich Verhaltensannahmen und Umweltfaktoren zu einem sogenannten Markt-Hierarchie-Paradigma zusammenfassen (Abb. 60). „Die zentrale These der Transaktionskostentheorie besagt nun, dass eine gegebene Transaktion unter den genannten Verhaltensannahmen umso effizienter organisiert und abgewickelt werden kann, je besser die Charakteristika des institutionellen Arrangements den sich aus den Charakteristika der abzuwickelnden Transaktion ergebenden Anforderungen entsprechen. Wenn Transaktionen nicht mit besonderer Unsicherheit oder transaktionsspezifischen Investitionen verbunden sind, stellt der Markt aufgrund seiner starken Anreizintensität und der Wirksamkeit des Konkurrenzmechanismus, welcher opportunistisches Verhalten beschränkt und kostengünstige, autonome Anpassungsprozesse ermöglicht, das vorteilhafte institutionelle Arrangement dar. Mit zunehmendem Ausmaß transaktionsspezifischer Investitionen und zunehmender Unsicherheit ändert sich dieses Bild jedoch: Zunächst werden langfristige, kontingente Verträge mit Sicherungsklauseln, bei hohem Niveau transaktionsspezifischer Investitionen schließlich die organisationsinterne Leistungserstellung vorteilhaft."[125]

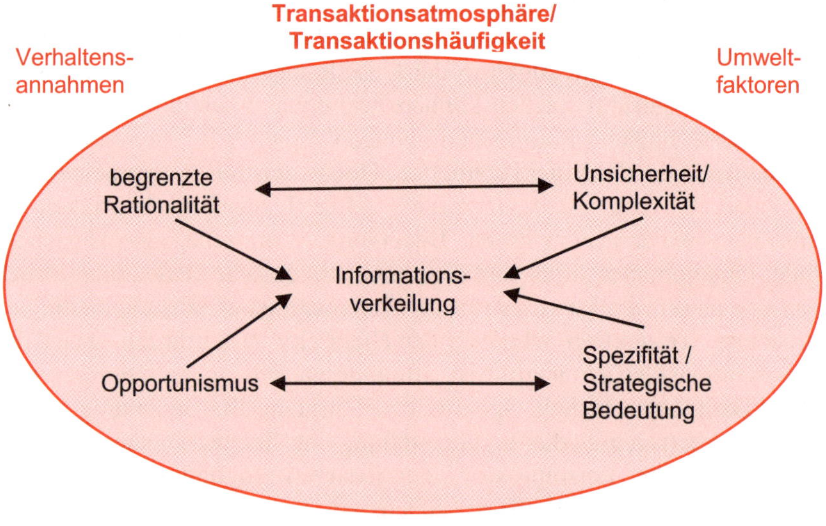

Abb. 60. Markt-Hierarchie-Paradigma[126]

Der Erklärungsbeitrag des Transaktionskostenansatzes soll im Folgenden hinsichtlich der Begründung von Unternehmensakquisitionen mit den Anwendungsbeispielen von *Williamson*, *Teece* und *Klein/Crawford/Alchian* verdeutlicht werden:

Williamson wendet sich insbesondere der Fragestellung der vertikalen Integration zu, indem er die optimale Governance Structure für eine gegebene Transaktionsbeziehung sucht und verschiedene Möglichkeiten eines

[125] Kieser/Walgenbach (2003), S. 55 f. (Hervorhebung im Original).
[126] In Anlehnung an Williamson (1975), S. 40.

Marktversagens (market failure) erörtert.[127] Er weist zunächst darauf hin, dass in vielen Situationen – nicht zuletzt wegen Economies of Scale und der Spezifität der Produkte – nur wenige Marktteilnehmer existieren. Darüber hinaus können in Verträgen nicht alle zukünftigen Umweltzustände berücksichtigt werden. Diese Gefahr besteht besonders bei technologisch komplexen Produkten, die häufige Modifikationen erfordern bzw. in unterschiedlichen Mengen benötigt werden. Gerade bei langfristigen Verträgen wird die stärkere Vertragspartei der Versuchung opportunistischen Verhaltens erliegen und somit der anderen Vertragspartei entweder *ex post* einen konkreten Schaden zufügen oder *ex ante* bei Antizipation dieser Gefahr extrem hohe Kosten für die Formulierung relationaler (bedingter) Verträge aufbürden. Hingegen werfen kurzfristige Verträge das Problem auf, dass einerseits der Zulieferer nicht bereit sein wird, spezifische Investitionen zu tätigen. Andererseits kann er **First Mover Advantages** erzielen, wodurch wiederum die Zahl der potenziellen Zulieferer verringert wird. All dies führt letztendlich dazu, dass bei einer starken Ausprägung dieser Faktoren die Transaktionskosten durch eine Akquisition verringert werden können. *Williamson* räumt ein, dass sich das erläuterte Beispiel zwar zur Untersuchung der vertikalen Integration, d.h. von Akquisitionen von Lieferanten bzw. von Abnehmern eignet, jedoch kaum in Bezug auf horizontale Akquisitionen.

Teece analysiert die grundlegenden Faktoren, die bei Akquisitionen im Forschungs- und Entwicklungsbereich eine Rolle spielen. Er setzt dabei voraus, dass externe Forschung, also Auftragsforschung, grundsätzlich vorteilhaft ist. Wegen des Transaktionsgegenstandes Technologie kann jedoch ein Marktversagen auftreten, so dass eine Akquisition erforderlich wird, um die Transaktion überhaupt durchführen zu können. Den Effekt des Marktversagens im Markt für Know-how führt er insbesondere auf folgende Ursachen zurück:[128]

- Wegen des technologischen Fortschritts ist es nicht möglich, das Forschungsziel im (Forschungs-)Vertrag explizit zu erfassen, das „Produkt" ist also *ex ante* nicht spezifizierbar.
- Des Weiteren besteht für das Unternehmen, das erwägt, einen Forschungsauftrag zu erteilen, die Gefahr eines Lock-In, da das zuerst beauftragte Forschungsinstitut einen First Mover Advantage erlangt. Dann wird eine Auftragserteilung an andere Institute in späteren Perioden dadurch erschwert, dass das anfangs gewählte Institut nach dem ersten Forschungsauftrag über nicht transferierbares Tacit Knowledge verfügt, das von Auftrag zu Auftrag anwächst. Dadurch wäre bei einem Wechsel des Instituts ein Großteil des beim ersten Forschungsauftrag generierten Know-hows verloren.

---

[127] Zum betrachteten Beispiel vgl. Williamson (1971), S. 112-123.
[128] Vgl. Teece (1988), S. 256-281.

- Ein Institut, das bereits über selbstentwickelte Technologie verfügt und diese dem agierenden Unternehmen zum Kauf (bzw. zur Lizenznahme) anbietet, wird nicht bereit sein, den potenziellen Käufer vollkommen über die Spezifikationen der Technologie in Kenntnis zu setzten, da dann grundsätzlich die Gefahr besteht, dass er zwar auf einen Kauf verzichtet, die Technologie jedoch trotzdem nutzt. Diese Problematik stellt einen Sonderfall des Informationsparadoxons von Arrow dar:[129] Um den Wert einer Information bestimmen zu können, müssen all ihre Spezifikationen dem potenziellen Käufer offengelegt werden. Dann wird er jedoch die Information nicht mehr benötigen (und somit auch nicht bereit sein, für sie etwas zu bezahlen) – er kennt sie ja bereits.

Des Weiteren untersucht *Teece* die Probleme, die bei bestimmten Vertragstypen auftreten. Den Fixed-Price Contract sieht er als problematisch an, da es – wie erläutert wurde – nicht möglich sein wird, den Wert der Technologie *ex ante* zu bestimmen. Wenn jedoch versucht werde, dieses Problem durch einen Cost-Plus Contract zu umgehen, vermindere dies den Anreiz des Forschungsinstituts, Kosten zu senken. Die dann erforderliche Kontrolle durch den Auftraggeber führe im Extremfall dazu, dass letztendlich eine Quasi-Integration stattfinde.

Klein/Crawford/Alchian betrachten den Fall, dass der Zulieferer des agierenden Unternehmens spezifische Investitionen tätigen kann, die sich ausschließlich in dieser Transaktionsbeziehung nutzen lassen und sonst wertlos sind (asset specificity).[130] Es wird angenommen, die Durchführung dieser Investitionen sei für beide Seiten vorteilhaft, da sich dadurch die variablen Kosten des Zulieferers senken ließen. Jedoch eröffnet die Spezifität, also die Tatsache, dass die Investitionen für den Zulieferer den Charakter von Sunk Costs aufweisen, dem Abnehmer die Möglichkeit eines opportunistischen Verhaltens: Indem es in Neuverhandlungen den Preis für das Vorprodukt auf die Höhe der (nun niedrigeren) variablen Kosten senkt, kann es sich eine Quasi-Rente in Höhe der Sunk Costs des Zulieferers aneignen. Diese Situation wird der Zulieferer ex ante antizipieren und nur bei Zahlung einer (Vorab-)Prämie, die als Transaktionskosten betrachtet werden kann, zur Durchführung dieser Investitionen bereit sein. Um ein opportunistisches Verhalten wirksam auszuschließen, muss der Kapitalwert der Prämie größer sein als der Kapitalwert der Quasi-Rente durch opportunistisches Verhalten. Diese Transaktionskosten ließen sich letztendlich nur durch eine vertikale Integration verhindern.

Abschließend ist darauf hinzuweisen, dass die Transaktionskostentheorie nicht unumstritten ist. Der häufigste Vorwurf ist, dass sie nicht

[129] Vgl. Arrow (1974), S. 150-152.

[130] Vgl. zu diesem Beispiel Klein, Benjamin; Crawford, Robert G.; Alchian, Armen A. (1978): Vertical Integration, Appropriable Rents, and the Competitive Contracting Process, in: Journal of Law and Economics, Vol. 21, S. 297-326.

operationabel sei, d.h. in der Praxis nicht für konkrete Fälle anwendbar sei. Ohne auf diesen und andere Kritikpunkte einzugehen, ist festzustellen, dass selbst, wenn die Transaktionskosten nicht exakt berechnet werden können, die Transaktionskostentheorie dennoch einen wichtigen Erklärungsrahmen bietet, mit dem typische Austauschbeziehungen analysiert werden können.

5.3.3.3 Agency-Theorie

Eine weitere bekannte Theorierichtung, die sich mit der Gestaltung von Organisationen beschäftigt, ist die Agency-Theorie. Untersuchungsgegenstand der Agency-Theorie ist die Existenz und Ausgestaltung vertraglicher Übereinkünfte in Kooperationsbeziehungen, durch die unterschiedlich informierte, mit Ressourcen ausgestattete und von Zielen geleitete Wirtschaftssubjekte durch Arbeitsteilung oder durch den Austausch von Gütern, Dienstleistungen oder Informationen ihre jeweiligen Nutzenpositionen verbessern möchten. Solchermaßen gestaltete Vorgänge werden als „Agency-Beziehungen", „Agentur-Beziehungen" bzw. „Auftragsbeziehungen" bezeichnet. Agency-Beziehungen treten dabei meist in Form von Delegationsbeziehungen auf, bei denen ein Auftraggeber (Principal) Entscheidungskompetenzen an einen Auftragnehmer (Agent) delegiert. Eine Agency-Beziehung zwischen zwei (oder mehreren) Kooperationspartnern besteht immer dann, wenn ein Agent im Auftrag oder im Interesse des Principals Entscheidungen trifft, die dessen Nutzen beeinflussen. Sinngemäß impliziert diese Abgrenzung eine Vertragsbeziehung zwischen Principal und Agent, bei der sich der Agent gegen einen Anspruch auf Entlohnung zur Erfüllung des Kooperationsinhaltes verpflichtet. Form und Inhalt der Kooperation können im Vertrag explizit oder implizit festgelegt sein. Durch die zugrunde gelegte Definition werden zum einen reine Kooperationsbeziehungen zwischen unabhängigen Marktsubjekten („at arm's length") erfasst (z.B. Dienstverträge und Geschäftsbesorgungsverträge); zum anderen wird auch auf (Delegations-)Beziehungen in Hierarchien Bezug genommen (z.B. Arbeitsverträge).

Explizite und implizite Verhaltensnormen stellen das primäre Instrument zur Steuerung der Entscheidungen eines Agent dar; jedoch wird der Principal versuchen, mit der Gewährung von Anreizen und der Durchführung von Kontrollen die Wahrscheinlichkeit für eine Befolgung der Verhaltensnormen durch den Agent zu erhöhen. **Anreizsysteme** sollen den Agent unter Ausnutzung seines Eigeninteresses zu einem zielkonformen Handeln bewegen. Das Anreizsystem wird mit dem Agent explizit vereinbart und sichert ihm in Abhängigkeit von Bemessungsgrundlagen vertraglich bestimmte finanzielle und nicht finanzielle Belohnungen zu. Die wichtigste Form dieser Anreizsysteme stellt die Ergebnisbeteiligung dar. Außerhalb eines Anreizsystems kann der Principal zudem „Zuwendungen" gewähren, auf die der Agent keinen vertraglich gesicherten Anspruch hat. **Kontrollen** sind zum einen von Bedeutung, um die Ausprägung der Bemessungsgrundlage eines

Anreizsystems festzustellen. Zum anderen können Kontrollen durchgeführt werden, um einen zusätzlichen Anreiz für gute Entscheidungen zu schaffen und Möglichkeiten zur Risikoreduktion auszunutzen. Allerdings bieten Kontrollen in vielen Situationen nur geringe Möglichkeiten, etwa den Informationsbeschaffungs- und Informationsverarbeitungsprozess des Agents zu überprüfen. Allerdings ist bei detaillierten Kontrollen des Agents immer der demotivierende Effekt zu berücksichtigen. Die Agency-Theorie versucht nun mittels mathematischer Modelle, Lösungen für eine effiziente vertragliche Gestaltung zu finden, wobei die Tatsache berücksichtigt werden muss, dass eine Beteiligung des Agents am Unternehmenserfolg immer auch eine Beteiligung am Risiko darstellt, was das Ausmaß der Erfolgsbeteiligung von vornherein einschränkt.

Typische Beispiele für Agency-Beziehungen in Unternehmen sind die Beziehungen zwischen den Eigentümern und dem Geschäftsführer, dem Vorstand eines Unternehmens und dem Aufsichtsrat oder zwischen dem Aufsichtsrat und den Aktionären. Zwar schließen die Aktionäre und die Organe einer Aktiengesellschaft keinen expliziten Vertrag, doch entfalten mit dem Erwerb der Aktie das Aktiengesetz und die Satzung der Gesellschaft für Aktionär und Unternehmensorgane ihre Wirkungen. Der Aktionär „erwirbt" durch den Kauf Abstimmungs- und Auskunftsrechte, die ihn zu einem Auftraggeber werden lassen. Aber auch außerhalb von hierarchischen Strukturen können Agency-Beziehungen bestehen – etwa zwischen einem Anwalt und einem Mandanten, einem Investmentbanker und einem Anleger, einem Architekten und einem Bauherren, einer Bank und einem Kreditnehmer oder aber auch zwischen einem pharmazeutischen Unternehmen und einem Biotech-Unternehmen. Anreizverträge, die das Verhalten des Auftragnehmers im Sinne des Auftraggebers steuern sollen, können also in Form von Arbeitsverträgen, Beraterverträgen, Honorarordnungen, Kreditverträgen oder Lizenzverträgen auftreten. Diese Delegationsbeziehungen sind dabei durch asymmetrische Informationsverteilung und Interessenunterschiede geprägt.

Agency-Beziehungen sind ferner dadurch gekennzeichnet, dass die Handlungen des Agents nicht nur seinen eigenen Nutzen, sondern auch den des Principals beeinflussen. Durch die Delegation von Entscheidungskompetenzen an den Agent kann sich der Principal dessen spezialisierte Arbeitskraft und seinen Informationsvorsprung zunutze machen; die ungleiche Informationsverteilung ist also gerade konstitutiv für die Agency-Beziehung. Die Delegation einer Aufgabe kann aber auch Probleme aufwerfen, wenn der Principal über die Motive, die Handlungsmöglichkeiten und das konkrete Leistungsverhalten des Agents unvollständig informiert ist. Je größer dieser Informationsnachteil des Principals ist, um so größer ist auch die Gefahr, dass sich der Agent nicht mehr (ausschließlich) an der delegierten Aufgabe orientiert, sondern seine eigenen Interessen auch dann verfolgt, wenn dies zum Nachteil des Principals geschieht. Der Principal wird in dieser Situation vertragliche Möglichkeiten nutzen, um sicherzustellen, dass sich der Agent mit seinen Handlungen am vereinbarten Kooperationsziel orientiert.

Vor diesem Hintergrund untersucht die Agency-Theorie die vertragliche Gestaltung der Beziehung zwischen Principal und Agent unter Berücksichtigung grundlegender Verhaltensannahmen und Informationsasymmetrie. Auf Basis dieser Annahmen lassen sich typische Probleme von Agency-Beziehungen analysieren und Mechanismen entwickeln, mit denen diese Probleme reduziert werden können. Die Agency-Theorie kann in zwei unterschiedliche Strömungen unterteilt werden: Die sogenannte **positive Agency-Theorie** ist deskriptiv ausgerichtet und widmet sich der Beschreibung und Erklärung der institutionellen Gestaltung von realen Agency-Beziehungen insbesondere im Rahmen der Trennung von Eigentum und Kontrolle. Die **normative Agency-Theorie** widmet sich hingegen der effizienten vertraglichen Gestaltung, wobei der Konflikt zwischen (pareto-)effizienter Risikoteilung und der Motivation unter Berücksichtigung auftretender Wohlfahrtsverluste im Mittelpunkt steht.

Im Rahmen der Agency-Theorie wird angenommen, dass sich alle Vertragspartner (beschränkt) rational verhalten und Alternativen nach dem Erwartungswert des Nutzens bewerten. Bei ihren Entscheidungen agieren die Beteiligten stets im eigenen Interesse, d.h. sie realisieren diejenige Alternative, mit der sie den Erwartungswert des eigenen Nutzens maximieren können. Die Verhaltensannahme der beschränkten Rationalität stützt sich auf das Konzept der „bounded rationality“, demzufolge Individuen zwar rationales Verhalten intendieren, dazu aber nur begrenzt in der Lage sind. Hierfür sind zwei Ursachen zu nennen: einerseits eine limitierte Informationsverarbeitungskapazität des Menschen und andererseits kommunikative Probleme, die sich auf sprachliche Barrieren zurückführen lassen. Denn mit den Beschränkungen der menschlichen Informationsaufnahme und Informationsverarbeitungsfähigkeiten rücken die Kosten der Informationsbeschaffung und -verarbeitung und damit die Kosten der Planung, Anpassung und Überwachung von Transaktionen in den Vordergrund.

Eigennutzmaximierendes Verhalten kann in unterschiedlichen Ausprägungen auftreten, wobei **Opportunismus** die stärkste Form umschreibt. Unter opportunistischem Verhalten ist die Verfolgung des Eigeninteresses unter Zuhilfenahme von Arglist („Guile“) zu verstehen, was die bewusste Schädigung eines anderen durch Lüge und Betrug einschließt. Wenn sich eine Möglichkeit ergibt, nutzen die Kooperationspartner Informationsvorsprünge, Vertragslücken und Ermessensspielräume, um ihren eigenen Nutzen (auf Kosten des Vertragspartners) zu steigern.

Opportunismus kann sich sowohl vor Vertragsabschluss als auch nach Vertragsabschluss zeigen. Anders als in der Transaktionskostentheorie wird in der Agency-Theorie eigennütziges Verhalten in der Regel nicht pauschal mit dem Begriff des Opportunismus beschrieben, sondern es wird hinsichtlich der ihm zugrundeliegenden Informationsasymmetrie differenziert. Die Vertragspartner in der betrachteten Agency-Beziehung können über entscheidungsrelevante Daten unterschiedlich gut informiert sein. Eine solche Situation, in der die Vertragspartner nicht über denselben Informationsstand verfügen, wird als **asymmetrische Informationsverteilung** bezeichnet. Eine asymmetrische Informationsverteilung kann grundsätzlich in allen Phasen einer Kooperationsbeziehung bestehen: In der Phase der Vertragsanbahnung, des Vertragsschlusses, des Handelns bzw. Entscheidens des Agents sowie des Eintretens der Störgröße. Die Abgrenzung verschiedener Formen der Informationsasymmetrie erfolgt somit in Abhängigkeit des Zeitraums ihres Auftretens. Denn je nachdem, in welcher Phase einer Kooperationsbeziehung die Vertragspartner über unterschiedliche Informationsstände verfügen, ergeben sich unterschiedliche Handlungsmöglichkeiten und Kalküle. Man unterscheidet grundsätzlich zwischen Informationsasymmetrie vor Vertragsschluss (hidden information) und Informationsasymmetrie nach Vertragsschluss (hidden action). Im Falle von **hidden information** verfügt ein Kooperationspartner über einen geringeren Informationsstand bezüglich exogen vorgegebener Daten, während dem schlecht informierten Kooperationspartner beim Vorliegen von **hidden action** Informationen über die Handlungen seines Vertragspartners verborgen bleiben.

Die Agency-Theorie geht von der Existenz eines **Zielkonflikts** zwischen Principal und Agent aus. Zielkonflikte entstehen durch negative externe Effekte und divergierende Ziele in Verbindung mit eigennützigem Verhalten, so dass die Zielerreichung des einen Vertragspartners nur zu Lasten der Zielerreichung des anderen Vertragspartners möglich ist. Typischerweise wird im Rahmen der Agency-Theorie angenommen, der Agent empfinde Arbeitsleid. Bei einem fixen Gehalt hätte er dann verständlicherweise einen Anreiz, seinen Arbeitseinsatz so gering wie möglich zu halten. Der Arbeitseinsatz kann jedoch nicht als Bemessungsgrundlage verwandt werden, da er gerade bei komplexen Tätigkeiten nicht verifizierbar ist; es besteht nachvertragliche Informationsasymmetrie (hidden action). Der Zielkonflikt besteht also darin, dass für den Principal nur das finanzielle Ergebnis von Interesse ist, welches der Agent jedoch nur berücksichtigt, soweit es seine Entlohnung verändert. Die Interessen des Agents beschränken sich neben seinem Anteil am Ergebnis auf die Minimierung seines Arbeitsleids. In diesem Fall ist eine Beteiligung des Agents am Ergebnis seiner Arbeit erforderlich. Solche Anreize bürden ihm allerdings einen Teil der Projektrisiken auf. In der Agency-Theorie wird in der Regel davon ausgegangen, dass Kooperationspartner risikoavers sind; sie versuchen also, Risiken zu vermeiden. Vor diesem Hintergrund führt eine variable Entlohnung des Agents dazu, dass er ein finanzielles Risiko tragen muss, welches nicht ausschließlich von seinen Entscheidungen abhängt. Aus diesem Grund wird er von seinem Principal eine Entschädigung für dieses Risiko verlangen, was für den Principal zusätzliche Kosten verursacht.

5.4 Corporate Governance

5.4.1 Begriffsdefinition

Seit einigen Jahren hat auch in Deutschland der Begriff Corporate Governance Einzug in die allgemeine Diskussion gehalten, wofür die stark ansteigende Anzahl der Veröffentlichungen in einschlägigen Fach- wie Publikumszeitschriften ein deutliches Indiz darstellt. Corporate Governance kann am besten übersetzt werden mit „(guter) Unternehmensführung". Da in der deutschen Sprache keine entsprechende Umschreibung gefunden werden konnte, hat sich auch hierzulande der englische Begriff durchgesetzt. Auslöser für aktuelle Diskussionen und die regelmäßige Berufung auf den Begriff sind spektakuläre Unternehmenszusammenbrüche wie etwa die Insolvenz der Philipp Holzmann AG im Jahr 2002 bzw. undurchsichtige Bilanzierungspraktiken wie etwa im Fall Enron. Ferner sorgten in Deutschland die Fälle Babcock Borsig und KirchMedia sowie in den USA der Fall WorldCom für Aufsehen (s. Kasten „WorldCom"). Nicht zuletzt diese Fälle haben seitens der Anteilseigner und dabei insbesondere der institutionellen Investoren grundsätzliche Fragen zu Führung und Funktionsweise von Unternehmen aufgeworfen, vor allem inwieweit die Kompetenz und Wirksamkeit der Spitzenorgane sichergestellt ist.

Im Zusammenhang mit der Corporate Governance unterscheidet man bei den **Spitzenorganen** zwischen den überwachenden Organen, dem Aufsichtsrat der deutschen AG bzw. dem Board of Directors der US-amerikanischen Corporation sowie den leitenden Organen, dem deutschen Vorstand bzw. dem US-amerikanischen Chief Executive Officer (CEO).

Fraglich ist, ob die internen und externen Überwachungsprozesse der Unternehmen geeignet sind, das gewünschte Maß an Kontrolle und Sicherheit zu gewährleisten, die ihnen jeweils zugemessen werden:

(1) Dem Aufsichtsrat kommen als überwachendes Organ der Aktiengesellschaft interne Überwachungsaufgaben zu, die durch die sogenannte **interne Revision** und weitere **interne Kontrollsysteme** (z.B. dem Risikomanagementsystem) ergänzt werden.

(2) Mit den externen Überwachungsprozessen sind bei den Kapitalgesellschaften vornehmlich die **Wirtschaftsprüfer** betraut.

WorldCom

MCI, Inc. (später WorldCom) war ein US-amerikanisches Telekommunikationsunternehmen mit Sitz in Ashburn, Virginia. Der Konzern war das Resultat der Fusion von WorldCom und MCI Communications, bis er infolge der Insolvenz am 14. April 2003 in WorldCom umbenannt wurde. WorldCom wurde am 6. Januar 2006 von Verizon Communications übernommen und ist nun in den Verizon-Konzern integriert worden. Die Geschichte von MCI ist untrennbar mit den Ereignissen in der US-Telekommunikationsbranche in der zweiten Hälfte des 20. Jahrhunderts verbunden und gründete sich in der behördlichen Zerschlagung des AT&T Monopols. Die Fusion von WorldCom und MCI Communications im Jahr 1997 stellte mit einem Marktwert von 37 Mrd. US-Dollar die bis dahin größte Transaktion dar.

An der Spitze des WorldCom-Falls steht der Gründer und Chief Executive Director von WorldCom, Bernard Ebbers. Ebbers wurde durch den Kursanstieg seiner WorldCom-Aktien sehr wohlhabend. Allerdings wurde das Unternehmen nach der Fusion mit MCI durch einen allgemeinen Geschäftsrückgang getroffen. Hinzu kam die missratene Fusion mit dem Telekommunikationskonzern Sprint. Infolge dessen sank der Kurs der WorldCom-Aktien stetig, was Ebbers auch persönlich unter Druck setzte, da er seine Aktien zur Finanzierung eigener Geschäfte genutzt hatte. Ebbers suchte einen Ausweg aus der Situation, indem er den Kurs der WorldCom-Aktie durch Bilanzmanipulationen künstlich aufblähte. Zudem ließ er sich vom Board of Directors einen Kredit in Höhe von 400 Mio. US-Dollar gewähren, um seine Verbindlichkeiten zu decken. Das später bekannt gewordene Ausmaß der Betrügereien in Höhe von 3,8 Mrd. US-Dollar und die Tatsache, dass diese von der Wirtschaftsprüfungsgesellschaft Arthur Andersen gedeckt wurden, erschütterten die Finanzwelt und führten dazu, dass auch Arthur Andersen – eine der damals größten Wirtschaftsprüfungsgesellschaften – zerschlagen wurde. Der Fall WorldCom machte deutlich, dass die bis dahin verlässlichen Aufsichtssysteme einen Betrug mit solchen Ausmaßen nicht verhindern konnten.

Fälle wie der von WorldCom haben jedoch gezeigt, dass beide Institutionen sogar gleichzeitig versagen können. Zum einen haben die überwachenden Organe vom Ausmaß der Existenzgefährdung des Unternehmens keine Kenntnis gehabt bzw. trotz Kenntnis nicht die erforderlichen Maßnahmen ergriffen. Zum anderen haben Wirtschaftprüfungsgesellschaften offensichtliche Unregelmäßigkeiten nicht erkannt bzw. trotz Kenntnis den uneingeschränkten Bestätigungsvermerk erteilt. Entsprechende Missstände sind zwar nicht neu, sondern haben auch früher schon in den Führungsetagen renommierter Unternehmen existiert – gerade im Kreditwesen. Ein Beispiel mag der Zusammenbruch des Nordwolle-Konzerns sein, der im Jahr 1931 in Spekulation auf steigende Preise den gesamten Jahresbedarf auf Kredit einkaufte und somit auch zum Zusammenbruch der beteiligten Banken wie etwa der Danatbank, einer der größten deutschen Banken zur damaligen Zeit, beitrug. Andere Banken wie etwa die Dresdner Bank konnten nur durch das Eingreifen des Staates gerettet werden, der zu deren Sanierung insgesamt 1,3 Mrd. Reichsmark aufbrachte. Das in Folge dieser Konkurswelle unter deutschen Banken erlassene Kreditwesengesetz

(KWG) vom 5. Dezember 1934 konnte einen ähnlichen Fall nicht verhindern. So spekulierten 1973 Mitarbeiter der Herstatt-Bank in Köln mit Billigung von Vorstand und Aufsichtsrat im Volumen von 8 Mrd. DM auf einen steigenden US-Dollar-Kurs. Tatsächlich erwirtschafteten die Mitarbeiter jedoch einen Verlust in Höhe von 500 Mio. DM, der das Eigenkapital der Bank von 77 Mio. DM bei Weitem überstieg. Selbst in den 1990er Jahren sorgt ein fast identischer Fall weltweit für Aufsehen. So führten riskante und unerlaubte Zins- und Währungsspekulationen des Wertpapierhändlers Nick Leeson in Asien am 26. Februar 1995 zu einem Verlust von 1,4 Mrd. US-Dollar und damit zum Bankrott der traditionsreichen britischen Barings Bank. Die Dimensionen ließen Öffentlichkeit und Politik aufhorchen – nicht zuletzt aufgrund der erhöhten Medienpräsenz bei entsprechenden Vorkommnissen.

Große Beachtung erhielt das Thema der Corporate Governance als eine von der Bundesregierung beauftragte Regierungskommission erste Vorschläge zu einer Neuregelung der Unternehmensführung durch Entwicklung des Deutschen Corporate Governance Kodex (DCGK) erarbeitete. Dieser deutsche Ansatz basiert jedoch auf Empfehlungen und Richtlinien, die nicht verpflichtend umgesetzt werden müssen. Die Gefahr einer solchen „soft law"-Lösung besteht allerdings darin, dass die Corporate Governance zu einem Instrument verkommt, welches lediglich die Öffentlichkeit beruhigt und Investoren aus dem In- und Ausland in ihrer Entscheidungsfindung blendet. Auf der anderen Seite erweist sich die Evaluation und das Benchmarking der Qualität der Corporate Governance von Unternehmen als sehr schwierig. Aus diesem Grund wurden Evaluierungsinstrumente entwickelt, mit denen eine optimale Investitionsentscheidung unter Berücksichtigung der Effizienz von Führung und Kontrolle gewährleistet werden soll. Einen ersten Versuch in dieser Richtung stellt die im Rahmen der Initiative der Deutschen Vereinigung für Finanzanalyse und Asset Management (DVFA) entwickelte „Scorecard for German Corporate Governance©" dar, die auf dem Deutschen Corporate Governance Kodex aufbaut.

Die Corporate Governance stellt ein Instrument zur effizienten Unternehmensführung und Unternehmenskontrolle dar, welches von den Unternehmen mit Hilfe von Kodizes umgesetzt werden soll. Allerdings zeigen die entwickelten Kodizes nur den Weg auf, wie eine effiziente Unternehmensführung und Unternehmenskontrolle erreicht werden kann. Sofern sie jedoch nur halbherzig und unentschlossen umgesetzt werden, verkommt der Corporate Governance Gedanke zu einem Schlagwort. Ein Beispiel bietet die Tatsache, dass nach der Einführung des DCGK noch im Jahr 2003 gerade einmal die folgenden sechs der insgesamt 30 im DAX notierten Unternehmen die Empfehlungen des Kodex vollumfänglich umgesetzt haben:[131] RWE, Altana, ThyssenKrupp, Deutsche Bank, MAN und Allianz. Aus diesem Grund ist in Deutschland eine Überarbeitung und Verschärfung des bestehenden Deutschen Corporate Governance Kodex unabdingbar, um der Gefahr der fehlenden Umsetzung entgegenzuwirken. Zur Sicherstellung dieser Umsetzung sind verschiedene Alternativen denkbar. So wäre es möglich, bei Nichteinhaltung des Kodex Sanktionen auszusprechen, wie dies etwa in den USA bei dem Sarbanes-Oxley Act von 2002 der Fall ist.

In den Unternehmensspitzen setzt sich erst langsam die Erkenntnis durch, dass eine gute Corporate Governance auch im Sinne des Unternehmens ist. So kann damit in einem turbulenten Börsenumfeld das Vertrauen der Aktionäre zurückgewonnen werden, welches die Quelle für die externen Finanzierungsmöglichkeiten darstellt. Ohne diese Kapitalbeschaffungsmöglichkeiten über den Kapitalmarkt ist es Unternehmen kaum möglich, Investitionsstrategien zu entwickeln und erfolgreich umzusetzen. Dabei ist zu beachten, dass Großunternehmen nicht nur Eigenkapital, sondern häufig auch Fremdkapital über die Börse aufnehmen.

5.4.2 Ansätze

5.4.2.1 *Corporate Governance in Deutschland*

Die folgenden Ausführungen zur Corporate Governance in Deutschland beziehen sich aufgrund ihrer qualitativen Bedeutung vornehmlich auf die Aktiengesellschaft, auch wenn die Mitbestimmungsgesetze für alle Körperschaften gelten. Die Unternehmensverfassung der deutschen Aktiengesellschaften wird durch das Aktiengesetz (AktG) und die Mitbestimmungsgesetze (MitbestG)[132] geprägt, in welchen die Organe und deren Zusammensetzung, Aufgaben und Verantwortungsbereiche definiert werden. Das System der Corporate Governance ist in Deutschland maßgeblich durch das Grundprinzip der Trennung der Funktion der Unternehmensleitung und der der Überwachung charakterisiert (Trennungsmodell). Im Gegensatz zu den angelsächsischen Modellen hat man sich hierzulande dazu entschieden, diese beiden Funktionen an jeweils getrennte Organe, dem Vorstand und dem Aufsichtsrat, zu delegieren. Die drei nach dem deutschen Aktiengesetz vorgesehenen Organe – Vorstand, Aufsichtsrat und Hauptversammlung – stehen gleichberechtigt nebeneinander ohne eine gegenseitige Weisungsbefugnis. Nach § 76 Abs. 1 AktG obliegt dem Vorstand die eigenverantwortliche Leitung der Gesellschaft. Er vertritt diese

[131] Vgl. Büschemann (2003), S. 2.

[132] Der Mitbestimmungsansatz soll in Deutschland sicherstellen, dass das Unternehmen nicht nur die Interessen der Aktionäre berücksichtigt, sondern sich auch an den Zielen der Mitarbeiter orientiert.

im Innenverhältnis und nach außen, gegebenenfalls auch vor Gericht (§ 78 Abs. 1 AktG). Der Vorstand wird vom Aufsichtsrat für eine Dauer von maximal fünf Jahren bestellt (§ 84 Abs. 1 AktG) und kann nur bei Vorliegen eines wichtigen Grundes vorzeitig abberufen werden (§ 84 Abs. 3 S. 1 AktG). Ein solcher wichtiger Grund wird etwa in einer groben Pflichtverletzung, in der Unfähigkeit zur ordnungsmäßigen Geschäftsführung oder im Vertrauensentzug durch die Hauptversammlung gesehen (§ 84 Abs. 3 Satz 2 AktG).

Nach dem deutschen Trennungsmodell hat der Vorstand der Aktiengesellschaft eine sichere Stellung, muss jedoch bei seiner Tätigkeit die Sorgfaltspflichten und die Verantwortlichkeit eines ordentlichen Kaufmanns beachten. Hinzu kommt, dass der Vorstand nach dem deutschen Recht für Pflichtverletzungen gesamtschuldnerisch haftet (§ 93 Abs. 1 und 2 AktG), d.h. ein Vorstandsmitglied haftet für Pflichtverletzungen eines anderen Mitglieds, selbst wenn ihm dessen Handeln nicht bekannt war. Sogar eine vorstandsinterne Ressortverteilung entbindet nicht von dieser gesamtschuldnerischen Haftung, sondern verpflichtet ein Vorstandsmitglied trotz Ressortverteilung, die Handlungen anderer Vorstände im Auge zu behalten und gegebenenfalls einzuschreiten.

Gegenüber dem Aufsichtsrat der Gesellschaft muss der Vorstand nach § 90 AktG Bericht erstatten über

- die beabsichtigte **Geschäftspolitik** und andere **grundsätzliche Fragen der Unternehmensplanung** (insbesondere die Finanz-, Investitions- und Personalplanung), wobei auf Abweichungen der tatsächlichen Entwicklung von früher berichteten Zielen unter Angabe von Gründen einzugehen ist (mindestens einmal jährlich, wenn nicht Änderungen der Lage oder neue Fragen eine unverzügliche Berichterstattung gebieten);
- die **Rentabilität** der Gesellschaft, insbesondere die Rentabilität des Eigenkapitals (in der Sitzung des Aufsichtsrats, in der über den Jahresabschluss verhandelt wird);
- den **Gang der Geschäfte**, insbesondere den Umsatz, und die Lage der Gesellschaft (regelmäßig, mindestens vierteljährlich);
- **Geschäfte**, die für die Rentabilität oder Liquidität der Gesellschaft **von erheblicher Bedeutung** sein können (möglichst so rechtzeitig, dass der Aufsichtsrat vor Vornahme der Geschäfte Gelegenheit hat, zu ihnen Stellung zu nehmen).

Der Vorstand muss darüber hinaus nach § 91 Abs. 2 AktG ein Überwachungssystem einrichten, damit den Fortbestand der Gesellschaft gefährdende Entwicklungen früh erkannt werden (Risikomanagement). Neben der Überwachung der Geschäftsführung bzw. des Vorstands (§ 111 Abs. 1 AktG) ist der Aufsichtsrat als überwachendes Organ auch für die Bestellung und Abberufung des Vorstandes zuständig (§ 84 Abs. 3 AktG). Des

Weiteren legt der Aufsichtsrat die Höhe der Bezüge des Vorstands fest (§ 87 Abs. 1 S. 1 AktG). Die Zahl der Mitglieder des Aufsichtsrats bestimmt sich nach der Satzung der Gesellschaft. Die Mindestzahl der Mitglieder beträgt 3; die Höchstzahl ist nach dem Grundkapital auf 9, 15 bzw. 21 Mitgliedern gestaffelt (§ 95 S. 1 AktG). Zwar werden nach den Grundsätzen des AktG im Aufsichtsrat primär die Interessen der Aktionäre vertreten. Die Mitbestimmungsgesetze bestimmen jedoch eine Beteiligung der Arbeitnehmer am Aufsichtsrat bzw. schreiben sogar zusätzliche Mitglieder vor.

Hinsichtlich des Begriffs „Mitbestimmung“ soll auf mögliche Missverständnisse hingewiesen werden: So bezeichnet man die Befugnisse des Betriebsrates als betriebliche Mitbestimmung, während die hier betrachtete Mitbestimmung in den Kontrollorganen des Unternehmens als Unternehmensmitbestimmung bezeichnet wird. Allerdings hat auch der Betriebsrat Mitbestimmungsrechte bei wichtigen unternehmerischen Entscheidungen. Die Unternehmensmitbestimmung ist nur bei den Körperschaften, d.h. AG, GmbH, KGaA, Genossenschaft möglich, da nur diese über Organe verfügen, während in den Personengesellschaften wie der Gesellschaft bürgerlichen Rechts, der offenen Handelsgesellschaft und der Kommanditgesellschaft die Gesellschafter selbst entscheiden, handeln und haften.

Diese Beteiligung der Arbeitnehmerseite an der Unternehmensleitung ist weltweit einzigartig und trifft insbesondere im angloamerikanischen Raum auf Unverständnis. Sie findet sich allerdings nicht im Aktiengesetz, sondern ist in den in Abb. 61 genannten Spezialgesetzen geregelt.

1951: Montan-Mitbestimmungsgesetz (MontanMitbestG)
Paritätische Unternehmensmitbestimmung für die Bergbau- und Eisenschaffende Industrie (Montan-Industrie). Beteiligung der Arbeitnehmer im Aufsichtsrat mit der Hälfte der Sitze, neutraler Aufsichtsratsvorsitzender.

1952: Betriebsverfassungsgesetz (BetrVG)
Neufassung 1972 mit stärkeren Mitwirkungs- und Mitbestimmungsrechten der Betriebsräte in sozialen, personellen und wirtschaftlichen Angelegenheiten. 2001 Reform mit erweiterten Rechten.

1976: Gesetz über die Unternehmensmitbestimmung / Mitbestimmungsgesetz (MitbestG)
Beteiligung der Arbeitnehmer im Aufsichtsrat (die Hälfte der Sitze) bei Unternehmen ab 2000 Beschäftigten.

1996: Gesetz über die Europäischen Betriebsräte / Europäische-Betriebsräte-Gesetz (EBRG)
Bei Unternehmen mit mindestens 1000 Beschäftigten, von denen mindestens 150 jeweils in zwei EU-Ländern arbeiten, kann ein Europäischer Betriebsrat gebildet werden.

2004: Drittelbeteiligungsgesetz (DrittelbG)
Erweiterte Beteiligung der Arbeitnehmer (ein Drittel der Sitze im Aufsichtsrat) bei Unternehmen ab 500 Beschäftigten.

Abb. 61. Gesetze zur Mitbestimmung der Arbeitnehmer

Bei der Aktiengesellschaft werden die Vertreter der Kapitalseite von der Hauptversammlung nach § 102 Abs. 1 AktG jeweils für vier Jahre gewählt. Die Wahl der Vertreter der Arbeitnehmerseite erfolgt nach den Vorschriften der Mitbestimmungsgesetze (Abb. 62).

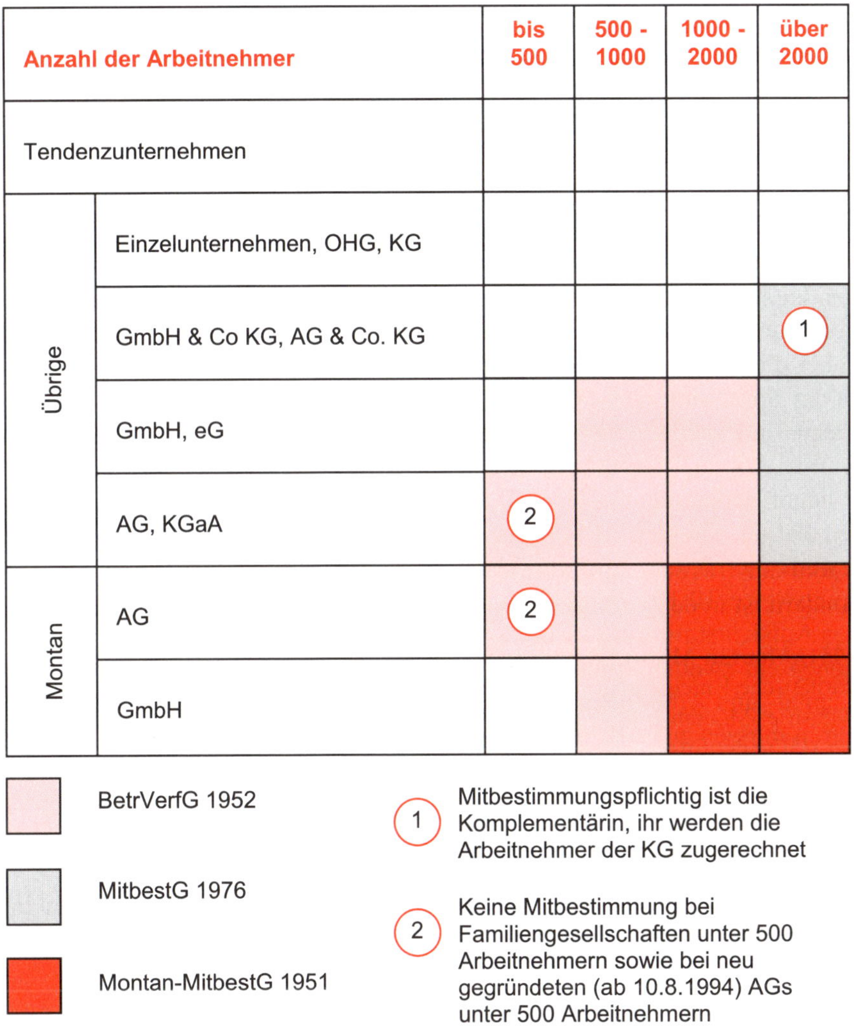

Abb. 62. Geltungsbereiche der Mitbestimmung[133]

Gesellschaften mit weniger als 500 Arbeitnehmern sind von der Mitbestimmung befreit. Als Grundregel gilt, dass bei Gesellschaften mit mehr als 500, jedoch weniger als 2.000 Beschäftigten das Betriebsverfassungsgesetz gilt und somit von den Anteilseignern zwei Drittel und von den Ar-

[133] Quelle: Eisenführ/Theuvsen (2004), S. 147.

beitnehmern ein Drittel des Aufsichtsrats gestellt werden (§ 76 Abs. 1 BetrVG). Bei größeren Gesellschaften mit mehr als 2.000 Beschäftigten greift das Mitbestimmungsgesetz und ordnet die paritätische Besetzung des Aufsichtsrats an (§ 7 MitbestG). Sogenannte Tendenzunternehmen, die geistig-ideelle Ziele verfolgen, politischen, erzieherischen, wissenschaftlichen oder künstlerischen Bestimmungen bzw. Zwecken der Berichterstattung dienen, sind von betriebsverfassungs- und mitbestimmungsrechtlichen Vorschriften befreit. Die wichtigsten Tendenzunternehmen sind Betriebe der Kirchen wie z.B. kirchliche Krankenhäuser, der Parteien, der Gewerkschaften und Presse- bzw. Medienunternehmen. Grund für diese Ausnahme ist, dass diese Betriebe jeweils einem besonderen grundrechtlichen Schutz unterliegen (Religionsfreiheit, Pressefreiheit etc.), aufgrund dessen ihnen eine Mitbestimmung der Arbeitnehmer nicht zugemutet werden kann. Dagegen gilt für Unternehmen der Montanindustrie eine besonders starke Mitbestimmung. Als Montanindustrie (lat. Mons – Berg) wird dabei die Industrie bezeichnet, deren überwiegender Unternehmenszweck in der Förderung oder Aufbereitung von Kohle oder Eisenerz bzw. in der Eisen- und Stahlerzeugung liegen.

Wie Abb. 62 zeigt, kommt dem MitbestG 1976 zahlenmäßig eine besondere Bedeutung zu. Danach gilt im Aufsichtsrat das Prinzip der unechten Parität: Zwar wird von der Arbeitnehmer- und der Kapitalgeberseite jeweils die gleiche Zahl von Mitgliedern des Aufsichtsrats bestimmt, beispielsweise 10:10 wie in Abb. 63. Allerdings kommt dem Vorsitzenden des Aufsichtsrats, der von der Kapitalgeberseite gestellt wird, bei Pattsituationen ein zweites Stimmrecht zu. Diese Vorschrift stellt sicher, dass sich Kapital- und Arbeitnehmerseite nicht gegenseitig blockieren können. Weiterhin müssen auf Arbeitnehmerseite mindestens ein leitender Angestellter und drei Gewerkschaftsvertreter in den Aufsichtsrat entsandt werden. Nach dem MitbestG 1976 ist durch den Aufsichtsrat ein Vorstandsmitglied als „Arbeitsdirektor“ zu bestimmen, der für das Ressort „Arbeit und soziale Angelegenheiten“ zuständig ist.

Die Rechte des Aufsichtsrats als Kontrollorgan erschöpfen sich in Informationsrechten, wie etwa dem in § 90 Abs. 1 und 3 AktG normierten Informationsanspruch bezüglich der Unternehmensentwicklung bzw. das Recht, jederzeit Informationen über die aktuelle Unternehmenssituation einzuholen. Als Kontrollorgan kommt dem Aufsichtsrat grundsätzlich keinerlei Geschäftsführungsbefugnis zu (§ 111 Abs. 4 Satz 1 AktG). Allerdings können in der Satzung oder vom Aufsichtsrat bestimmte Arten von Geschäften festgelegt sein, die seiner Zustimmung bedürfen (§ 111 Abs. 4 Satz 2 AktG). Im Rahmen der Abschlussprüfung erteilt der Aufsichtsrat dem Wirtschaftsprüfer den Prüfungsauftrag[134] für den Jahres- und den

[134] Die Erteilung des Prüfungsauftrags ist zu trennen von der Bestellung, d.h. der Auswahl des Abschlussprüfers, welche der Hauptversammlung obliegt.

Konzernabschluss (§ 111 Abs. 2 AktG). Das Trennungsmodell verlangt, dass Aufsichtsratsmitglieder nicht gleichzeitig dem Vorstand angehören dürfen (§ 105 AktG), um eine Vermengung von Geschäftsführung und Kontrolle zu vermeiden.

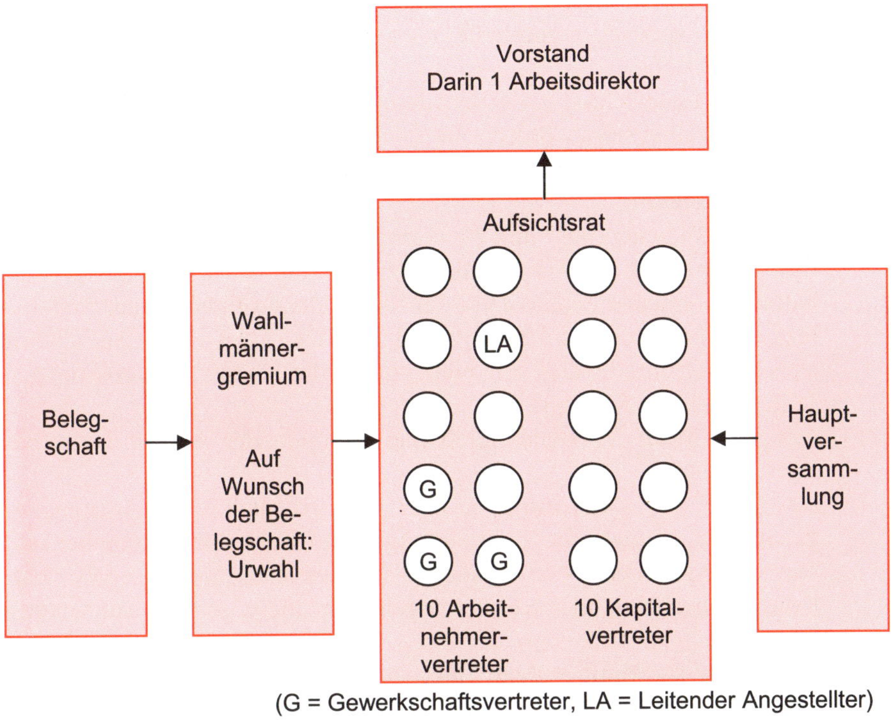

Abb. 63. Mitbestimmung nach dem MitbestG 1976[135]

Die Aktionäre üben ihre Rechte auf der Hauptversammlung aus (§ 118 Abs. 1 AktG), an der sie entweder selbst oder durch einen Vertreter (Dritte Person oder ihre Bank) teilnehmen können. Grundlage der Hauptversammlung bildet der vom Vorstand vorgelegte Jahresabschluss, der Lagebericht und der Bericht des Aufsichtsrates (§ 120 Abs. 3 Satz 2 AktG) sowie die in der Einladung festgelegte Tagesordnung. Jeder einzelne Aktionär besitzt unabhängig von der Zahl seiner Aktien ein Auskunftsrecht gegenüber dem Vorstand über alle Angelegenheiten der Gesellschaft (§ 131 Abs. 1 AktG), soweit sie zur sachgemäßen Beurteilung des Gegenstands der Tagesordnung erforderlich sind. Das bedeutet, dass ein einzelner Aktionär konkrete Fragen zu allen damit verbundenen Punkten stellen kann. Sofern der Vorstand zur Auskunft verpflichtet ist, so hat diese den Grundsätzen einer gewissenhaften und getreuen Rechenschaft zu entsprechen. Bei wahrheits-

---

[135] Quelle: Eisenführ/Theuvsen (2004), S. 146.

widrigen Auskünften steht dem Aktionär unter Umständen ein Schadensersatzanspruch zu. Der Vorstand darf die Auskunft verweigern,

(1) soweit die Erteilung der Auskunft nach vernünftiger kaufmännischer Beurteilung geeignet ist, der Gesellschaft oder einem verbundenen Unternehmen einen nicht unerheblichen Nachteil zuzufügen;
(2) soweit sie sich auf steuerliche Wertansätze oder die Höhe einzelner Steuern bezieht;
(3) über den Unterschied zwischen dem Wert, mit dem Gegenstände in der Bilanz angesetzt worden sind, und einem höheren Wert dieser Gegenstände, es sei denn, dass die Hauptversammlung den Jahresabschluss feststellt;
(4) über die Bilanzierungs- und Bewertungsmethoden, soweit die Angabe dieser Methoden im Anhang ausreicht, um ein den tatsächlichen Verhältnissen entsprechendes Bild der Vermögens-, Finanz- und Ertragslage der Gesellschaft im Sinne des § 264 Abs. 2 des Handelsgesetzbuches zu vermitteln; dies gilt nicht, wenn die Hauptversammlung den Jahresabschluss feststellt;
(5) soweit sich der Vorstand durch die Erteilung der Auskunft strafbar machen würde;
(6) soweit bei einem Kreditinstitut oder Finanzdienstleistungsinstitut Angaben über angewandte Bilanzierungs- und Bewertungsmethoden sowie vorgenommene Verrechnungen im Jahresabschluss, Lagebericht, Konzernabschluss oder Konzernlagebericht nicht gemacht zu werden brauchen;
(7) soweit die Auskunft auf der Internetseite der Gesellschaft über mindestens sieben Tage vor Beginn und in der Hauptversammlung durchgängig zugänglich ist (§ 131 Abs. 3 AktG).

Allerdings kann das Frage- und Rederecht des Aktionärs zeitlich angemessen beschränkt werden, um einen ordnungsgemäßen Ablauf der Hauptversammlung sicherzustellen. Voraussetzung dafür ist, dass die Satzung oder die Geschäftsordnung dem Versammlungsleiter eine Ermächtigung hierzu erteilt hat. Von der zeitlichen Beschränkung des Rederechts wird insbesondere bei den großen Publikumsaktiengesellschaften Gebrauch gemacht, bei denen die große Zahl an Teilnehmern der Hauptversammlung und die Zahl der zu erwartenden Redebeiträge den Zeitrahmen überspannen würde.

Trotzdem stellt die Hauptversammlung ein wichtiges Organ zur Kontrolle des Exekutivorgans dar. Die Beschlussrechte der Hauptversammlung umfassen nach § 119 Abs. 1 AktG mindestens die folgenden Punkte, sofern die Satzung nicht weitergehende Rechte festlegt:

(1) die Bestellung der Mitglieder des Aufsichtsrats, soweit sie nicht in den Aufsichtsrat zu entsenden oder als Aufsichtsratsmitglieder der Arbeitnehmer nach dem Mitbestimmungsgesetz, dem Mitbestimmungsergänzungsgesetz, dem Drittelbeteiligungsgesetz oder dem Gesetz über

die Mitbestimmung der Arbeitnehmer bei einer grenzüberschreitenden Verschmelzung zu wählen sind;

(2) die Verwendung des Bilanzgewinns;
(3) die Entlastung der Mitglieder des Vorstands und des Aufsichtsrats;
(4) die Bestellung des Abschlussprüfers;
(5) Satzungsänderungen;
(6) Maßnahmen der Kapitalbeschaffung und der Kapitalherabsetzung;
(7) die Bestellung von Prüfern zur Prüfung von Vorgängen bei der Gründung oder der Geschäftsführung;
(8) die Auflösung der Gesellschaft.

Über Fragen der Geschäftsführung kann die Hauptversammlung nur entscheiden, wenn der Vorstand dies verlangt.

5.4.2.2 Corporate Governance in den USA

Im Gegensatz zum deutschen Gesellschaftsrecht besitzt das US-amerikanische Gesellschaftsrecht einen grundlegend anderen Aufbau. Hauptmerkmal ist die geringere Regelungsdichte in den USA und die Zuweisung der Gesetzgebungskompetenz an die Bundesstaaten. Somit existiert für Aktiengesellschaften kein für alle Bundesstaaten einheitliches Regelwerk (corporate statutes), wodurch die (Führungs-)Struktur der US-amerikanischen Kapitalgesellschaften sehr heterogen ist, was sich auch auf die Corporate Governance auswirkt.

Dennoch bestehen im Wirtschaftsrecht einige Bundesgesetze, die sich einheitlich auf alle Bundesstaaten erstrecken. Allerdings betreffen diese Bundesgesetze nur einzelne Teilbereiche wie etwa das Wettbewerbsrecht, die Regelung von Mehrfachmandaten in derselben Geschäftssparte (interlocking directories) sowie die Bilanzfälschung (Sarbanes-Oxley Act von 2002). Ein maßgeblicher Einfluss kommt hierbei der US-amerikanischen Wertpapier- und Börsenkommission Securities and Exchange Commission (SEC) zu. Im Bereich des Gesellschaftsrechts wurde eine gewisse Harmonisierung durch das von der Kommission der US-amerikanischen Anwaltsvereinigung (American Bar Association) entwickelte einheitliche Gesetzesmodell aus dem Jahre 1946 (Model Business Corporation Act) erreicht, an dem sich die Mehrheit der Bundesstaaten orientiert. Dennoch haben sich die Staaten auseinanderentwickelt, wobei festzustellen ist, dass es einigen Staaten gelungen ist, ihr Gesellschaftsrecht zu einem Wettbewerbsvorteil werden zu lassen, vor allem durch die Reaktionsgeschwindigkeit der Verwaltung, die Flexibilität und die Rechtssicherheit. Herausragend ist dabei der Bundesstaat Delaware, dessen Rechtsform von einer Vielzahl der überregionalen amerikanischen Gesellschaften genutzt wird, auch wenn sie in einem anderen Bundesstaat ihren Verwaltungssitz haben (Delaware-Effekt). Delaware bietet mit dem Chancery Court ein spezielles Gericht, das in Streitfällen in Bezug auf Kapitalgesellschaften zügig und „vorhersagbar“ entscheidet. Zudem ist die Gründung einer Gesellschaft zum Teil per Fax und über Nacht möglich. Allerdings verlangt Delaware höhere Konzessionsgebühren für Gründung und Bestand der Kapitalgesellschaft als andere Bundesstaaten. Innerhalb der USA zwingt die Interstate Commerce Clause einen Bundesstaat, Kapitalgesellschaften aus einem anderen Bundesstaat anzuerkennen und Entscheidungen über die **internal affairs** nach dem Recht des Gründungsstaates zu fällen (United States Supreme Court, CTS Corp. v. Dynamics, 481 US 69 (1987)).

Im Gegensatz zum deutschen Trennungsmodell basiert der US-amerikanische Aufbau der Aktiengesellschaft auf dem **monistischen Prinzip**. Es besteht somit grundsätzlich keine Trennung zwischen der Funktion der Unternehmensleitung und der Funktion der Überwachung, vielmehr werden beide Aufgaben im sogenannten **Board of Directors** (Verwaltungsrat) vereinigt, weshalb man auch vom Vereinigungsmodell spricht. Die Mitglieder des Boards haben gegenüber der Gesellschaft umfassende Pflichten, für deren Verletzung sie persönlich haftbar gemacht werden können. Es existieren grundsätzlich drei **Verhaltenspflichten**, bei deren Verletzung eine Haftung begründet werden kann:
(1) Duty of Obedience (Pflicht zum gesetzmäßigen Handeln),
(2) Duty of Loyalty (Treuepflicht) und
(3) Duty of Care (Pflicht zu sorgfältigem Handeln).

Das Board of Directors wird vom Shareholders' Meeting gewählt und umfasst in Abhängigkeit von der Unternehmensgröße 7 bis 13 Mitglieder. Ein Wahlvorschlag wird vom sogenannten Nominating Committee (Ernennungsausschuss) abgegeben. Das Board of Directors setzt sich aus geschäftsführenden Mitgliedern (Officers) und den nicht geschäftsführenden oder nicht hauptberuflich tätigen Mitgliedern zusammen. Diese Trennung wird bisweilen auch mit den Begriffen Inside bzw. Outside Directors verdeutlicht; geläufiger ist jedoch die Bezeichnung als Executive Directors bzw. Non Executive Directors. Das Board wählt aus seinen Reihen den Chairman of the Board (CoB), dem die Überwachung der Unternehmensführung obliegt und dessen Stellung mit dem deutschen Aufsichtsratsvorsitzenden vergleichbar ist. Während es sich bei den Inside Directors um leitende Angestellte des Unternehmens handelt, sind die nebenamtlichen Outside Directors meist Führungskräfte von fremden Unternehmen. Letztere sollen die Unternehmensführung der Inside Directors überwachen und im Board einen externen, unvoreingenommenen Sachverstand repräsentieren. Die Aufgaben des Boards of Directors umfassen:

- Festlegung der Geschäftspolitik, beispielsweise die Neuaufnahme oder Aufgabe eines Geschäftszweiges;
- Bestellung der leitenden Angestellten und Festlegung deren Vergütung;
- Entscheidung über die Ausgabe neuer Aktien und den Emissionskurs;
- Entscheidung über den Rückkauf von Aktien bzw. die Höhe der Dividende.

Herausragendes Merkmal des US-amerikanischen Systems ist die Stellung des **Chief Executive Officers (CEO)**, der in der Regel eigenständig die Geschäftsführung ausübt und somit Einzelgeschäftsführungs- und Vertretungsbefugnis für alle Tätigkeiten des täglichen Geschäfts besitzt. Der Chief Executive Officer wird vom Board of Directors gewählt, kann aber auch gleichzeitig Mitglied des Board of Directors sein. Damit ergibt sich im Vergleich zum deutschen Trennungsmodell die Besonderheit, dass der Chairman of the Board gleichzeitig als CEO fungieren kann, was in einer Vielzahl von Unternehmen auch der Fall ist. Sofern die Funktionen des CoB und des CEO voneinander getrennt sind, kommt dem Chairman die Aufgabe zu, in enger Zusammenarbeit mit dem CEO bei der strategischen Ausrichtung und Entwicklung des Unternehmens mitzuwirken.

Das Board of Directors wird in seiner Arbeit von **Committees**, d.h. Ausschüssen unterstützt. Durch entscheidungsvorbereitende Maßnahmen schaffen die Committees eine Entlastung des Boards und ermöglichen somit ein breiteres Überwachungsspektrum. Zudem können sie durch Bündelung von verschiedenen Qualifikationen und Fachwissen eine intensive und effiziente Diskussion und Prüfung der relevanten Themengebiete sicherstellen. Hinzu kommt, dass sie zu einer vorbeugenden und begleitenden Kontrolle des Chief Executive Officer führen und mithin das Überwachungssystem des Unternehmens verbessern und das Vertrauen der Investoren stärken.

Typischerweise werden mindestens die folgenden drei Ausschüsse gebildet:

(1) Audit Committee (Prüfungsausschuss);
(2) Nominating Committee (Ernennungsausschuss);
(3) Compensation Committee (Vergütungsausschuss).

Der zahlenmäßig wichtigste Ausschuss ist das sog. **Audit Committee**, das bei fast allen börsennotierten Gesellschaften gebildet wird. Der hohe Prozentsatz ist darauf zurückzuführen, dass die New York Stock Exchange (NYSE) und der National Association of Securities Dealers Automated Quotations (NASDAQ) Stock Market die Börsenzulassung von der Existenz eines Audit Committees abhängig machen. Grundsätzlich können nur Board-Mitglieder Mitglied des Audit Committee sein. Die Mitglieder des Audit Committee müssen in zweierlei Hinsicht unabhängig sein. Zum einen dürfen sie neben der Vergütung für die Board-Mitgliedschaft keine weiteren Vergütungen beziehen, was die oftmals üblichen Beraterverträge ausschließt. Zum anderen dürfen die Mitglieder des Audit Committee keine im Verhältnis zum Unternehmen und seinen Tochtergesellschaften nahe stehende Person („affiliated person“) sein, womit die Mitgliedschaft von Executive Directors in der Regel ausgeschlossen ist. Dem Audit Committee kommt die Rolle eines Aufsichtsunterorgans innerhalb des Board of Directors zu, welches die Geschäftsführung der Executive Directors überwacht und kontrolliert. Da sich diese Aufgabe insbesondere auf die Überwachung der Rechnungslegungspraktiken, der Internen Revision, des Risikomanagements sowie die Auswahl und Überwachung der Zusammenarbeit mit dem Abschlussprüfer erstreckt, erfordern die NYSE-Zulassungsanforderungen eine fachliche Eignung der Mitglieder im Bereich des Finanzwesens und der Abschlussprüfung. Sollte kein Audit Committee eingerichtet sein, so gelten die vorgenannten Aufgaben, Anforderungen und Pflichten für alle Mitglieder des Boards.

Als weiterer Ausschuss beschäftigt sich das **Nominating Committee** mit der Weiterentwicklung und der Organisation des Boards of Directors, indem es etwa potenzielle Kandidaten für eine Board-Mitgliedschaft auswählt und Beschlüsse über die Gestaltung des Boards trifft. Die NYSE-Zulassungsanforderungen erfordern auch bezüglich des Nominating Committee, dass nur Non Executive Directors Mitglied dieses Ausschusses sind.

Aufgabe des **Compensation Committee** ist die Bestimmung der Vergütungspolitik des Unternehmens, was insbesondere die Höhe der Vergütung des CEO betrifft. Auch hier ist erforderlich, dass die Non Executive Directors die Entscheidung treffen.

Des Weiteren existieren bei einigen Gesellschaften ein Finance Committee (Finanzausschuss) und ein Investment Policy Committee (Ausschuss für Investitionsentscheidungen). Die aufgeführten Committees beschreiben aber nicht alle möglichen Ausschüsse.

Die Aktionäre US-amerikanischer Gesellschaften können im Rahmen des Shareholders' Meeting ihre Rechte geltend machen, dessen gesetzliche Rahmenbedingungen und Regelungen sich in den Corporate Statutes wiederfinden. Eine einmal jährlich stattfindende Sitzung ist zwingend vorgeschrieben. Hier haben die Aktionäre dann beispielsweise die Möglichkeit, u.a. den Board of Directors abzuberufen und einen neuen Board zu wählen. Die Mitglieder des Board of Directors werden ausschließlich durch das Shareholders' Meeting bestimmt.

5.4.3 Deutscher Corporate Governance Kodex

Vor dem Hintergrund der Diskussion um die Corporate Governance hat die Bundesregierung im Mai 2000 eine Regierungskommission „Corporate Governance – Unternehmensführung – Unternehmenskontrolle – Modernisierung des Aktienrechts“ unter Vorsitz von Prof. Dr. Theodor Baums eingesetzt (Baums-Kommission). Der Auftrag der Regierungskommission war, sich aufgrund der Erkenntnisse aus der Insolvenz des Baukonzerns Philipp Holzmann AG mit möglichen Defiziten des deutschen Systems der

Unternehmensführung und -kontrolle zu befassen.[136] Darüber hinaus sollte sie im Hinblick auf den durch Globalisierung und Internationalisierung der Kapitalmärkte sich vollziehenden Wandel der Unternehmens- und Marktstrukturen Vorschläge für eine Modernisierung des rechtlichen Regelwerkes in Deutschland unterbreiten. Ziel der Bundesregierung war es, den Finanzplatz Deutschland zu stärken, die Wettbewerbsfähigkeit deutscher Unternehmen weiter zu verbessern und die Chancen der Internationalisierung der Märkte sowie der rasanten Entwicklung von Informations- und Kommunikationstechnologien zu nutzen. Das deutsche System der Unternehmensführung und Unternehmenskontrolle soll in seinen Stärken ausgebaut und mögliche Defizite behoben werden, um im Wettbewerb der Corporate Governance Systeme eine führende Rolle zu behaupten. Vorgabe der Bundesregierung war, dass die Kommissionsarbeit sich nicht einen Ausbau der gesetzlichen Regulierung vornimmt, sondern vorhandene Regelungen anpasst. Es sollte ein Ausgleich zwischen staatlichem Ordnungsrahmen und Instrumenten der Selbstregulierung hergestellt werden.[137]

Die wichtigste Empfehlung der Baums-Kommission bezog sich auf die Schaffung eines deutschen Corporate Governance-Kodex, dessen Regeln die vorhandenen gesetzlichen Regelungen nicht ersetzen, sondern ergänzen sollten. Daher sollten die Regeln des Kodex inhaltlich nicht verbindlich sein, sondern nur den Charakter von Empfehlungen haben. Allerdings sollte eine verbindliche Information über die Beachtung der Regeln des Kodex („comply or explain“ bzw. „entsprich oder erkläre“) erfolgen. Weiterhin sollten Vorstand und Aufsichtsrat von börsennotierten Aktiengesellschaften jährlich erklären, dass sie die Empfehlungen dieses Kodex beachten („Entsprechens-Erklärung“), wobei Abweichungen von den im Corporate Governance-Kodex enthaltenen Empfehlungen zu begründen seien. Zudem empfahl die Baums-Kommission der Bundesregierung, eine weitere Kommission mit dem Auftrag einzusetzen, einen Corporate Governance-Kodex für die Unternehmensleitung und -überwachung deutscher börsennotierter Gesellschaften zu entwickeln.[138]

---

[136] Im Jahr seines 150jährigen Bestehens wurden die wirtschaftlichen Schwierigkeiten des weltweit tätigen Traditionsunternehmens bekannt, welches durch Missmanagement in Verbindung mit den schwierigen Rahmenbedingungen für die deutsche Bauwirtschaft einen Verlust von 2,4 Mrd. DM anhäufte. Trotz eines medienwirksamen Rettungsversuches durch Bundeskanzler Gerhard Schröder musste die Philipp Holzmann AG am 21. März 2002 endgültig Insolvenz anmelden.

[137] Vgl. hierzu und zum Folgenden: Unterrichtung durch die Bundesregierung, Bericht der Regierungskommission „Corporate Governance“ Unternehmensführung – Unternehmenskontrolle – Modernisierung des Aktienrechts, Bundestags-Drucksache 14/7515, 14.08.2001, S. 3.

[138] Vgl. Unterrichtung durch die Bundesregierung, Bericht der Regierungskommission „Corporate Governance“ Unternehmensführung – Unternehmenskon-

Gemäß der Empfehlung der Baums-Kommission hat die Bundesministerin der Justiz, Frau Prof. Dr. Herta Däubler-Gmelin, am September 2001 die Regierungskommission „Deutscher Corporate Governance-Kodex" (Kodex-Kommission) eingesetzt, in der institutionelle und private Anleger, Vorstands- und Aufsichtsratsmitglieder börsennotierter Aktiengesellschaften, Arbeitnehmervertreter sowie Vertreter der Börse, Wirtschaftsprüfer und Wissenschaftler vertreten waren. Durch die Einsetzung der Kodex-Kommission sollte die Wirtschaft die Möglichkeit haben, den Corporate Governance-Kodex in einem Akt der Selbstorganisation zu entwickeln. Der Deutsche Corporate Governance Kodex wurde schließlich im Februar 2002 verabschiedet, wobei die Kodex-Kommission mit den entwickelten Bestimmungen und Regelungen insbesondere die folgenden Kritikpunkte am deutschen System der Unternehmensverfassung im Blick hatte:

- mangelhafte Ausrichtung auf Aktionärsinteressen;
- die duale Unternehmensverfassung mit Vorstand und Aufsichtsrat;
- mangelnde Transparenz deutscher Unternehmensführung;
- mangelnde Unabhängigkeit deutscher Aufsichtsräte;
- eingeschränkte Unabhängigkeit der Abschlussprüfer.

Der Kodex besitzt den folgenden Aufbau:

(1) Präambel
(2) Aktionäre und Hauptversammlung
(3) Zusammenwirken von Vorstand und Aufsichtsrat
(4) Vorstand
(5) Aufsichtsrat
(6) Transparenz
(7) Rechnungslegung und Abschlussprüfung

Der Kodex wird in der Regel von der Kommission einmal jährlich angepasst; er wird im elektronischen Bundesanzeiger veröffentlicht, wobei die jeweils neueste Fassung auch im Internet unter http://www.corporate-governance-code.de abrufbar ist. Bei der Verwendung des Kodex ist genau auf die Formulierungen zu achten: Empfehlungen sind im Text durch die Verwendung des Wortes „soll" gekennzeichnet. Die Gesellschaften können hiervon abweichen, sind dann aber verpflichtet, dies jährlich offen zu legen. Dies ermöglicht den Gesellschaften die Berücksichtigung branchen- oder unternehmensspezifischer Bedürfnisse. So trägt der Kodex zur Flexibilisierung und Selbstregulierung der deutschen Unternehmensverfassung bei. Ferner enthält der Kodex Anregungen, von denen ohne Offenlegung abgewichen werden kann; hierfür verwendet der Kodex Begriffe wie „sollte" oder „kann".

---

trolle – Modernisierung des Aktienrechts, Bundestags-Drucksache 14/7515, 14.08.2001, S. 14.

Der Kodex besitzt mittlerweile über die durch das Transparenz- und Publizitätsgesetz vom 26.07.2002 eingefügte Entsprechenserklärung gemäß § 161 AktG eine gesetzliche Grundlage. Er ist im amtlichen Teil des elektronischen Bundesanzeigers in der für die Erklärung nach § 161 AktG maßgeblichen Fassung bekannt gemacht. Gemäß § 161 AktG erklären die Vorstände und Aufsichtsräte der börsennotierten Gesellschaften in Deutschland jährlich,

> „dass den vom Bundesministerium der Justiz im amtlichen Teil des elektronischen Bundesanzeigers bekannt gemachten Empfehlungen der ‚Regierungskommission Deutscher Corporate Governance Kodex' entsprochen wurde und wird oder welche Empfehlungen nicht angewendet wurden oder werden. Die Erklärung ist den Aktionären dauerhaft zugängig zu machen."

Diese Entsprechenserklärungen werden auf der Homepage des entsprechenden Unternehmens veröffentlicht. Ihnen kommt im Rahmen des Deutschen Corporate Governance Kodex eine zentrale Rolle zu. Die zugrunde liegende Idee ist, dass den börsennotierten Unternehmen statt verbindlicher Vorschriften eine Empfehlung gegeben wird und sie mitteilen, ob sie den Code beachten oder erklären, aus welchen Gründen sie in welchen Punkten davon abweichen. Die dadurch geschaffene Transparenz ermöglicht es dem Kapitalmarkt, selbst zu entscheiden, ob die Abweichung gerechtfertigt ist und im anderen Falle das Unternehmen durch eine Abwertung seines Aktienkurses „abzustrafen".

5.5 Unternehmensentwicklung

5.5.1 Gestaltung der Grenzen des Unternehmens

Die Verwirklichung der Strategie stellt das Management des Unternehmens oftmals auch vor die Frage, die Grenzen des Unternehmens zu bestimmen bzw. zu gestalten. Dabei lassen sich die strategischen Ziele in der Regel durch verschiedene Alternativen erreichen. Die Vorteilhaftigkeit einer Alternative kann damit nur im Vergleich mit ihren Alternativen bestimmt werden. So kann die Strategie des Eintritts in einen attraktiven Markt mit internem Wachstum wie mit der Akquisition eines bestehenden Unternehmens in diesem Marktsegment angestrebt werden. Ebenso ist empirisch zu beobachten, dass technologische Kompetenz gleichsam mit Forschungsallianzen wie mit einer Unternehmensakquisition erlangt werden kann. Es erscheint also angebracht, von kleineren Ausnahmen zu abstrahieren und eine grundsätzliche Wahlmöglichkeit hinsichtlich der Alternative, mit der eine Strategie realisiert werden kann, anzunehmen (Abb. 64).

Die Wahl einer Alternative wird daher ausschließlich von den (Opportunitäts-)Kosten und (Opportunitäts-)Erträgen determiniert, die durch diese

Wahl verursacht werden. Alle anderen Effekte, die zwar bei der Wahl einer Alternative auftreten, sich jedoch letztendlich nicht in Kosten bzw. Erträgen niederschlagen, können auch nicht als entscheidungsrelevant angesehen werden. Eine bestimmte Alternative wird eben nicht um ihrer selbst Willen durchgeführt, sondern weil sie höhere Überschüsse erwarten lässt als die Realisierung der strategischen Ziele mit Hilfe anderer Alternativen. Dabei sind auch Opportunitätskosten sowie Opportunitätserträge zu berücksichtigen, die bei der Wahl einer Alternative auftreten.

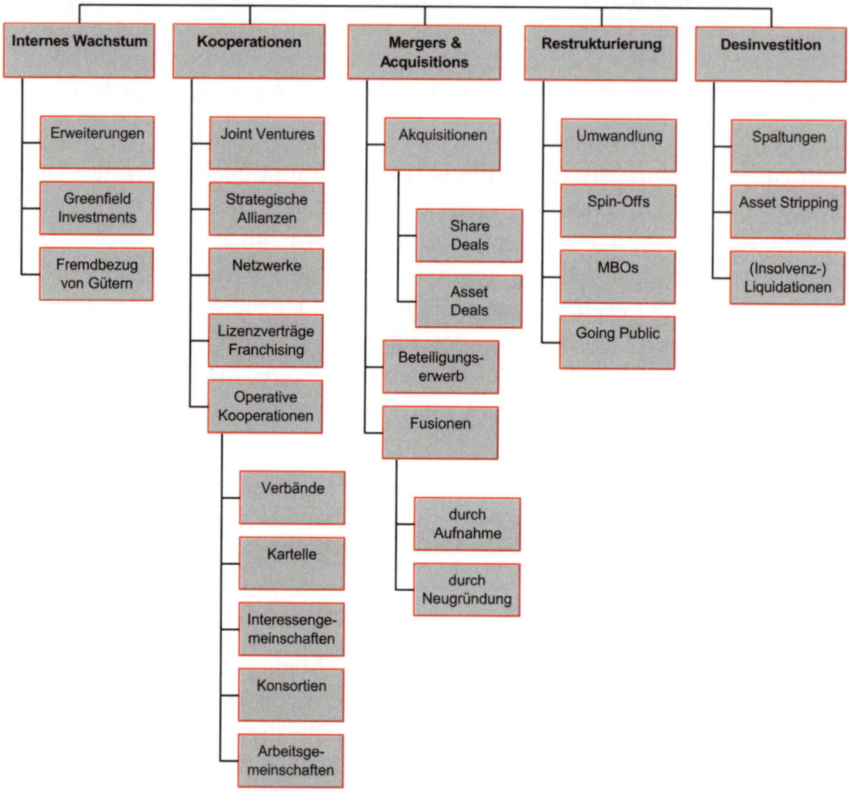

Abb. 64. Alternativen zur Realisierung der Unternehmensstrategie[139]

5.5.2 Internes Wachstum

Internes Wachstum – auch organisches Wachstum genannt – bezeichnet die Erweiterung des Unternehmens durch den Kauf zusätzlicher Produktionsfaktoren, die entweder in den bisherigen Niederlassungen (**Erweiterungen**) oder als neue Niederlassung (**Greenfield Investment**) eingesetzt werden. Darüber hinaus kann ein internes Wachstum aber auch durch den

[139] Quelle: Jansen (2000), S. 38.

zusätzlichen **Fremdbezug von Gütern** bewirkt werden. Internes Wachstum zeichnet sich zunächst dadurch aus, dass es eine relativ flexible Gestaltbarkeit und Anpassung an das agierende Unternehmen beispielsweise in Bezug auf die Standortwahl erlaubt, so dass hierbei etwa im Gegensatz zur Akquisition Integrationsprobleme weitgehend vermieden werden können. Das interne Wachstum verursacht allerdings wegen der notwendigen Planung und Durchführung des „Ausbaus" einen im Vergleich zur Akquisition hohen Zeitaufwand, so dass die Konkurrenz genügend Zeit zur Reaktion oder zum Aufbau von Marktanteilen zur Verfügung hat.

5.5.3 Kooperationen

Unter einer Kooperation versteht man die gemeinsame Ausübung von Funktionen, deren Ziel es ist, eine höhere Effizienz und Rentabilität für die beteiligten Unternehmen zu realisieren. Ziel ist die Erwirtschaftung eines Kooperationserfolges, um Doppelaktivitäten zu vermeiden oder die eigene unvollkommene Ressourcenausstattung zu überwinden.

Joint Ventures sind Transaktionen einer Kooperation auf gesellschaftsrechtlicher Ebene. Dabei ist die gesellschaftsrechtliche Verknüpfung nicht so stark wie in einem Konzern, da beide Kooperationspartner ihre rechtliche und wirtschaftliche Eigenständigkeit bewahren. Diese institutionalisierte Kooperationsform wird durch die gemeinsame Gründung eines rechtlich selbstständigen Unternehmens realisiert. Es wird die strategische und operative Zielsetzung verfolgt, Aufgaben im gemeinsamen Interesse der Gesellschafterunternehmen auszuführen. Die Kapitalverteilung ist häufig paritätisch. Im Gegensatz zum Konzernunternehmen werden Joint Ventures nicht unter einheitlicher Leitung durchgeführt. Allerdings ergibt sich in der Regel nach 1-5 Jahren die Notwendigkeit, dass einer der beiden Partner das Joint Venture vollständig übernimmt, da eine paritätische Geschäftsführung auf Dauer nur selten gelingt (s. Kasten „VW und Škoda").

VW und Škoda

„Škoda ist der drittälteste Automobilhersteller der Welt. Škodas Ursprünge gehen zurück auf die 1895 im tschechischen Mlada Boleslav gegründete Firma L&K, die 1925 mit Škoda fusionierte. Škoda wurde nach dem Zweiten Weltkrieg von der tschechischen Regierung verstaatlicht. In den sechziger Jahren wurden die Kapazitäten stark ausgeweitet, so dass Škoda in den siebziger Jahren etwa eine Million Fahrzeuge jährlich produzierte. Vom gesamten Produktionsvolumen verblieben 70% in Ostblockländern, ca. 30% wurden in westliche Länder exportiert.

Škoda galt als der erfolgreichste Automobilhersteller des Ostblocks. So kam es nach Öffnung der Grenzen dazu, dass zahlreiche westliche Unternehmungen Interesse an einer Kooperation mit Škoda zeigten: Unter ihnen waren General Motors, Citroen, Renault, BMW und Volkswagen. In die engere Auswahl wurden vom tschechischen Staat schließlich Renault und Volkswagen genommen. Am

10. Dezember 1991 erhielt Volkswagen den Zuschlag. Vereinbart wurde ein Joint Venture, bei dem Volkswagen 30%, der tschechische Staat 70% der Anteile hielt. Ursprünglich plante Volkswagen bis zum Jahr 2000 Investitionen in Höhe von 8,2 Mrd. DM (~ 4,2 Mrd. €) bei Škoda. Diese Investitionssumme wurde jedoch später aufgrund der weltweiten Überkapazitäten in der Automobilbranche auf 3,7 Mrd. DM (~ 1,9 Mrd. €) reduziert.
Bis Ende 1995 hat Volkswagen die restlichen 70% der Anteile von Škoda übernommen. Aus dem Joint Venture wurde damit eine Tochtergesellschaft. Heute ist Škoda die vierte große Marke im Volkswagen-Konzern, neben Volkswagen, Audi und Seat. Doch ein Teil des Joint-Venture-Charakters blieb bestehen: Der tschechische Staat als Joint-Venture-Partner behielt sich für den Fall, dass Volkswagen die Produktionskapazität reduzieren sollte, 50% der Stimmrechte vor."[140]

Strategische Allianzen (und die durch sie geknüpften strategischen Netzwerke) haben in den letzten Jahren immer mehr an Bedeutung gewonnen. Man versteht darunter langfristig angelegte (jedoch zeitlich beschränkte), vertragliche Kooperationen zwischen zwei oder mehreren direkten Wettbewerbern, wobei die Ziele sowie der Beitrag der einzelnen Partnerunternehmen festgelegt werden. Ein typisches Beispiel für eine strategische Allianz ist die Star Alliance (s. Kasten „Star Alliance").

Star Alliance®

Im Jahr 1997 haben sich fünf Fluggesellschaften zusammen geschlossen und eine strategische Allianz gegründet, welche die folgenden Bereiche umfasste: zusammengeschlossene Netzwerke, gemeinsame Nutzung von Flughafenlounges, Check-in Services, Verbesserungen bei der Ticketausstellung und vielen zusätzlichen Leistungen, die das erlebte Reisen für Passagiere angenehmer und die Abläufe der Fluggesellschaften effizienter gestalten. Sie nannten diesen Verbund das Star Alliance Netzwerk. Im Jahr 2008 ist diese Allianz auf 24 Mitglieder angewachsen.
Aus Sicht der Star Alliance bedeutet ein großes Netzwerk von Fluggesellschaften mehr Möglichkeiten für die Passagiere, da die Star Alliance-Partner mehr Destinationen anfliegen als jeder der Mitbewerber. Dies bedeutet für den Kunden schnellere Verbindungen. Das Fliegen wird für den Kunden reibungsloser, da er sich nicht mehr mit jedem Partnerunternehmen auseinandersetzen muss, sondern über einen Partner auf das gesamte Netzwerk zugreifen kann. In der Praxis bedeutet dies, die Mitgliedsgesellschaften unter einem Dach im Terminal eines Flughafens zu vereinen, die Einführung neuer Technologien, Errichten gemeinsamer Einrichtungen an Flughäfen, Abstimmung von Flugplänen und den Einsatz von speziellen Teams, die für eine noch schnellere Beförderung von Passagieren und Gepäck sorgen.
Flankiert wird die strategische Allianz durch die gemeinsame Dachmarke, welche dem Kunden verspricht, dass alle Partnerunternehmen den hohen Anforderungen gerecht werden.

[140] Quelle: Kutschker/Schmid (2005), S. 866.

Von strategischen Allianzen verspricht man sich unter anderem die folgenden Vorteile:

- gezielter, beschränkter Einsatz der Ressourcen auf synergetische Bereiche,
- geringeres Risiko und höhere Flexibilität, da im Vergleich zu Akquisitionen Revisionen einfacher möglich sind,
- mit einem relativ geringen Kapitaleinsatz lässt sich beispielsweise den Anforderungen der Globalisierung Rechnung tragen,
- (wissenschaftliches) Know-how entwickelt sich so rasant, dass ein Unternehmen nicht in der Lage ist, alleine der Entwicklung zu folgen,
- Vermeidung von Sunk Costs bei gemeinsamer Nutzung von Vertriebskanälen und
- kürzere Entwicklungszeiten.

Der bedeutendste Nachteil von strategischen Allianzen liegt in der Gefahr, dass die Ziele der beteiligten Unternehmen nicht mehr harmonieren und die „Partnerschaft" auseinander bricht bzw. ein Partner versucht, auf Kosten des anderen einen Vorteil zu erlangen. Wie Abb. 65 verdeutlicht, nimmt daher die strategische Allianz bei den Kriterien strategische Bedeutung und eigene Fähigkeiten jeweils eine mittlere Position ein.

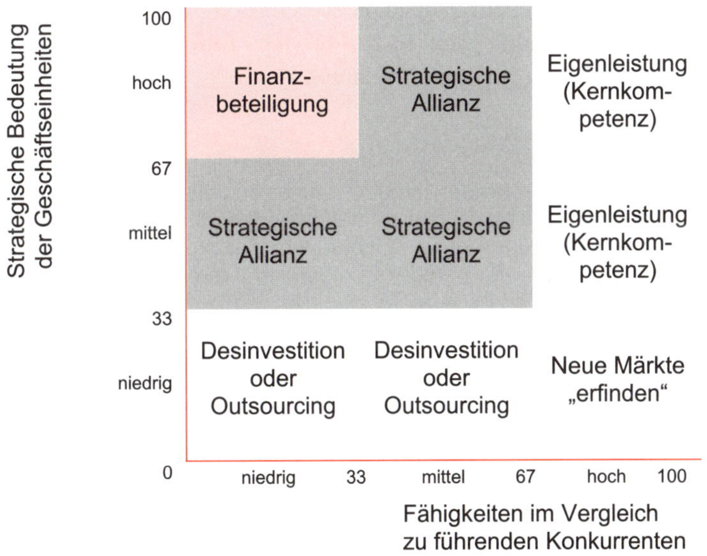

Abb. 65. Strategische Allianz, Kernkompetenz und Outsourcing[141]

Der zunehmende internationale Wettbewerbsdruck zwingt gerade kleinere Unternehmen zu strukturellen Innovationen, mit denen sie ihre spezifischen Stärken im Wettbewerb ausspielen können. In diesem Zusammen-

[141] Quelle: Hinterhuber (1996), S. 16.

hang hat sich in den vergangenen beiden Jahrzehnten das **Netzwerk** als ernstzunehmende Organisationsform etabliert. Von einem Netzwerk spricht man, wenn Wettbewerbsvorteile dadurch erreicht werden sollen, dass sich mehrere Unternehmen auf einfachvertraglicher Basis langfristig aneinander binden. Typisches Merkmal der Netzwerke sind die komplex-reziproken und kooperativen Strukturen, die durch stabile Beziehungen zwischen rechtlich selbstständigen, wirtschaftlich jedoch meist unabhängigen Unternehmen geprägt sind.

Grundsätzlich lassen sich eine Vielzahl von Netzwerkformen unterscheiden. Aus ökonomischer Sicht wird immer dann von interorganisationalen bzw. strategischen Netzwerken gesprochen, wenn Beziehungen zwischenbetrieblicher Art vorliegen. Ferner sind Informations- und Forschungsnetzwerke sowie soziale, technisch-, strukturell- und kulturell-organisierte Netzwerke zu nennen. Beispiele für Netzwerke sind etwa die in Existenzgründerzentren zu beobachtenden Cluster voneinander abhängiger selbstständiger Unternehmen. Beispielsweise siedeln sich in Biotech-Existenzgründerzentren neben technischen Dienstleistern auch Berater und andere Freiberufler an. An diesem Beispiel wird deutlich, dass die Bindung nicht explizit vertraglich vereinbart wird. Allerdings wird durch die gegenseitige Abhängigkeit eine langfristige, für beide Seiten vorteilhafte Beziehung entstehen. Ein frühes Beispiel moderner Unternehmensnetzwerke stellen die japanischen **Keiretsu** (jap. Reihe) dar, allen voran die Mitsubishi-Gruppe (s. Kasten „Mitsubishi“).

Mitsubishi

Die Mitsubishi Mail Steamship Company wurde im Jahre 1873 von Yataro Iwasaki gegründet und wuchs in den darauffolgenden Jahren nicht nur im Schiffverkehr, sondern erweiterte durch Zukäufe ihre Tätigkeit auch auf die Bereiche Bergbau und Schiffbau. Im Laufe der folgenden Jahre wurde Mitsubishi, stets unter der Leitung der Familie Iwasaki, zu einem Firmenkonglomerat von über 70 Firmen und weitete die Geschäftsfelder auf Bankwesen, Handel und Immobilien aus. In den 1930er und 1940er Jahren war Mitsubishi einer der führenden Waffenproduzenten in Japan. Die Firma stellte unter anderem das Kampfflugzeug Mitsubishi A6M her. Bis 1945 wuchs Mitsubishi auf über 200 Firmen an.

Nach dem Ende des Zweiten Weltkriegs wurde der von einer Holding verwaltete Mitsubishi-Konzern von den amerikanischen Besatzungsbehörden in eine Reihe von Firmen zerschlagen, die in jeder Hinsicht voneinander unabhängig sind, aber weiter unter dem Mitsubishi-Logo firmieren und Mitsubishi als Teil des Firmennamens tragen. Dieses Keiretsu wird gebildet durch zahlreiche Verflechtungen, welche nicht vertraglich vereinbart sind. Solche Verflechtungen entstehen etwa durch regelmäßige Präsidententreffen, durch Existenz einer „Hausbank“, in diesem Fall die Mitsubishi Trust and Banking Corp., durch Existenz eines Generalhandelshauses (Mitsubishi Corporation), das für den Handel in In- und Ausland beauftragt wird, durch Überkreuzbeteiligungen, durch das Vorziehen der Vergabe von Aufträgen innerhalb der Gruppe, durch das Entsenden von Managern in die Unternehmensleitung anderer Unternehmen der Gruppe sowie ein starkes Zugehörigkeitsgefühl unter einem gemeinsamen Namen.

Neben den genannten Unternehmen gehören zum Mitsubishi-Netzwerk u.a.: Mitsubishi Motors Corporation (Fahrzeugbau), Mitsubishi Electric Corporation, Mitsubishi Chemical Holdings Corporation, Mitsubishi Paper-Mills, Mitsubishi Estate und Mitsubishi Heavy Industries.

Lizenzabkommen werden neben den hier nicht betrachteten Managementverträgen und der gegenseitigen Kapitalbeteiligung zu den einfacheren vertraglichen Bindungen gezählt, da sie anders etwa als Joint Ventures unter Beachtung einer Kündigungsfrist relativ schnell wieder aufgelöst werden können. Sie erlauben zum einen, (technologisches) Know-how anderen Unternehmen zur Verfügung zu stellen (**Lizenzvergabe**), zum anderen kann durch eine **Lizenznahme** auch das agierende Unternehmen in den Besitz des benötigten Know-hows gelangen. Ein **Franchisingvertrag** ist hierbei eine besonders starke Ausprägung des Lizenzabkommens, da der Lizenznehmer nicht nur Rechte, sondern besonders auch Pflichten übernimmt. Beim Franchising gewährt der Franchisegeber (Franchisor) dem Franchisenehmer (Franchisee) entgeltlich das Recht, Güter und Dienstleistungen nach Vorgaben des Franchisegebers unter einer bestimmten Marke zu vertreiben. Franchising ist für den Franchisegeber interessant, weil er ohne eigenen Kapitaleinsatz sehr schnell expandieren kann. Der Franchisenehmer hat den Vorteil, dass er auf ein etabliertes Geschäftsmodell und eine eingeführte Marke zurückgreifen kann und das Risiko verringert, obwohl er unternehmerisch tätig ist.

Der Franchisegeber stellt in der Regel die folgenden Ressourcen:

- Unternehmensname und Marken,
- Methoden und Techniken der Unternehmensführung,
- Produktionsverfahren, Patente und Know-how,
- Betriebs- und Geschäftsausstattung, Produkte und Vorprodukte,
- Marketing und
- Schulungen.

Das Entgelt setzt sich in der Regel aus einer Einmalzahlung und sogenannten Royalties zusammen. Letztere bestehen meist aus einem monatlichen Fixum und einer Umsatzbeteiligung. Beispielsweise soll bei einer US-amerikanischen Fast-Food-Kette für ein Restaurant eine einmalige Einstandsgebühr in Höhe von 35.000 US-Dollar gezahlt werden; zusätzlich müssen monatlich ca. 6% des Umsatzes als Franchisegebühr und 3,5% des Umsatzes als Werbegebühr abgeführt werden. Bekannte Beispiele für Franchisinggeber sind McDonald's und Coca-Cola.

Coca-Cola®

„Die The Coca-Cola Company als Markeninhaberin arbeitet weltweit mit lizenzierten Partnerunternehmen zusammen, die für die Produktion und den Vertrieb der Coca-Cola Produkte verantwortlich sind.
In diesem System arbeiten mehr als 600.000 Mitarbeiter in über 200 Ländern.

Sie sorgen dafür, dass sich die Menschen überall auf der Welt mit Coca-Cola Produkten erfrischen können.“[142]

„Coca-Cola ... setzt ca. 100 Mrd. Liter an Getränken ab. Mehr als 80% des Umsatzes von 20,5 Mrd. US-$ werden außerhalb des Heimatmarktes USA erzielt. Dabei vergibt Coca-Cola an lokale Unternehmungen Lizenzen zur Herstellung der Coca-Cola-Getränke (u.a. Coke, Fanta, Sprite, Bonaqua, Kinley), zur Abfüllung in Flaschen oder Dosen sowie zum Verkauf in exklusiven Vertriebsgebieten.

Coca-Cola unterscheidet prinzipiell drei Arten von Lizenznehmern:

1. Lizenznehmer, an denen Coca-Cola selbst überhaupt nicht beteiligt ist (ca. 27% der Produktion),
2. Lizenznehmer, an denen Coca-Cola mit einer Minderheit beteiligt ist (ca. 58% der Produktion) und
3. Lizenznehmer, bei denen Coca-Cola einen mehrheitlichen Anteil hält (ca. 15% der Produktion).

Die Lizenznehmer variieren beträchtlich in ihrer Größe. So werden in Deutschland 70% des Umsatzes von der Coca-Cola Erfrischungsgetränke AG direkt (oder indirekt über Beteiligungen an lokalen oder regionalen „Bottlern“) getätigt. An der Coca-Cola Erfrischungsgetränke AG sind neben der deutschen 100%-Tochtergesellschaft Coca-Cola GmbH (Essen) auch andere große deutsche Lizenznehmer, wie etwa Schörghuber (Paulaner, Kulmbacher), beteiligt. Etwa 30% des Umsatzes werden in Deutschland von lokalen oder regionalen „Bottlern“ ohne Beteiligung der Coca-Cola Erfrischungsgetränke AG erzielt. Aufgrund der verstärkten Lokalisierungsbestrebungen des Coca-Cola-Chefs Douglas Daft sollen in Zukunft jedoch kleine, unabhängige Abfüller wieder eine größere Rolle spielen.“[143]

Alle anderen Kooperationen werden als **operative Kooperationen** bezeichnet. Sie haben gemein, dass sie Markttransaktionen darstellen, die über kurzfristige bzw. langfristige Verträge arrangiert werden. Sie stellen einen horizontalen Zusammenschluss von Unternehmungen auf vertraglicher Basis dar mit dem Ziel, die gemeinsamen Interessen dauerhaft zu wahren und fördern. Dabei bleiben die beteiligten Unternehmen jedoch wirtschaftlich und rechtlich selbstständig. Die Kooperation erfolgt somit in Form der BGB-Gesellschaft. (Wirtschafts-)Verbände stellen einen freiwilligen Zusammenschluss von Unternehmen oder deren Verbände dar mit dem Ziel der Interessenwahrnehmung insbesondere gegenüber der Politik. Neben dem – oft vernachlässigten – Zentralverband des Deutschen Handwerks (ZDH) stellt der Bundesverband der Deutschen Industrie (BDI) einen der wichtigsten Verbände dar (s. Kasten „BDI“).

BDI

„Der BDI ist die Spitzenorganisation im Bereich der Industrieunternehmen und industrienahen Dienstleister. Als Interessenvertretung der Industrie trägt der BDI bei seinen Mitgliedern zur Meinungsbildung und Entscheidungsfindung bei.

[142] Quelle: http://www.coca-cola-gmbh.de/unternehmen/international/index.html (22.01.2007).

[143] Quelle: Kutschker/Schmid (2005), S. 843.

Er bietet Informationen für alle Bereiche der Wirtschaftspolitik an. Der BDI unterstützt so die Unternehmen im intensiven Wettbewerb, den die Globalisierung mit sich bringt. Mit seinen 36 Mitgliedsverbänden vertritt er die Interessen von mehr als 100.000 Unternehmen mit über 8 Mio. Beschäftigten. ... Mitglied im BDI können Wirtschaftsverbände und Arbeitsgemeinschaften der Industrie und industrienaher Dienstleister werden, die Spitzenvertretung einer gesamten Industrie- oder Dienstleistungsgruppe für das Gebiet der Bundesrepublik Deutschland sind."[144]

Kartelle sind vertragliche Zusammenschlüsse von Unternehmen einer Produktionsstufe, die rein über Absprachen geführt werden, ohne dass eine kapitalmäßige Verflechtung besteht. Kartelle werden mit dem Ziel der Marktbeherrschung durch Beseitigung oder Einschränkung des Wettbewerbs vereinbart mit dem Ziel, ein Monopol zu erreichen. Kartelle können durch den Gesetzgeber legalisiert werden oder aber gegen das Kartellgesetz verstoßen (§§ 2-8 Gesetz gegen Wettbewerbsbeschränkungen, GWB). Kartellabsprachen können sich in Form von Konditionen-, Preis-, Rabatt-, Spezialisierungs-, Kooperations-, Einkaufs- oder Exportkartellen darstellen. Das Syndikat (Zentralisierung des Absatzes) stellt die Form mit dem höchsten Bindungsgrad dar. Abb. 66 gibt einen Überblick über die möglichen Unternehmensverbindungen und die Abgrenzung von Kartellen im deutschen Wettbewerbsrecht.

Konsortien stellen Verbindungen auf Vertragsbasis dar, die zur Durchführung bestimmter abgegrenzter Projekte gebildet werden. Dazu wird die Rechtsform der BGB-Gesellschaft gewählt. Die wirtschaftliche und rechtliche Selbstständigkeit bleibt grundsätzlich unberührt.

5.5.4 Mergers & Acquisitions

Der Begriff Mergers & Acquisitions (M&A) hat seinen Ursprung im angelsächsischen Sprachgebrauch und kann umschrieben werden mit dem Zusammenschluss, der Vereinigung, der Fusion, der Verschmelzung bzw. dem Kauf von Unternehmen. Es handelt sich somit um einen Sammelbegriff für den Erwerb oder die Veräußerung von Unternehmensbeteiligungen oder Fusionen, mit denen eine substantielle Einflussnahme auf die Unternehmenspolitik des Zielunternehmens angestrebt wird. Neben dieser Definition werden in einer weiten Begriffsauslegung häufig auch die anderen Aktivitäten, d.h. Management-Buy-Outs, Management-Buy-Ins, Joint Ventures oder Kooperationen als M&A bezeichnet. Beim M&A-Begriff ist es wichtig, zwischen einer wirtschaftlichen und rechtlichen Betrachtung zu unterscheiden. Denn eine Transaktion, die bei wirtschaftlicher Betrachtung eine Akquisition darstellt, kann hingegen juristisch in Form einer Fusion

[144] Quelle: http://www.bdi-online.de/de/bdi/103.htm (22.01.2007).

gestaltet werden und umgekehrt. Aus diesem Grund bietet es sich an, **Mergers & Acquisitions** als untrennbares Begriffspaar anzusehen.

Im deutschen wird hingegen üblicherweise zwischen Fusionen und Akquisitionen differenziert, wobei die Juristen für den Begriff der Akquisition oft „Unternehmenskauf" sagen.

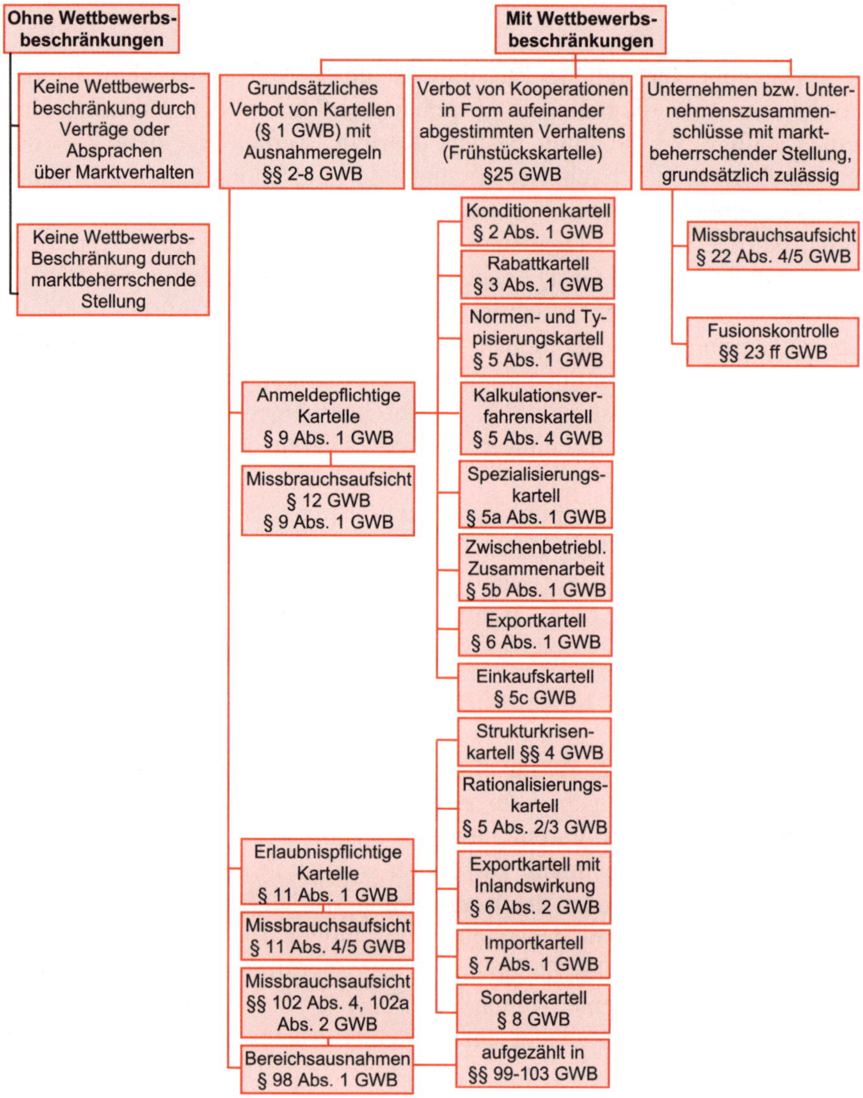

Abb. 66. Systematisierung des deutschen Kartellrechts

Die Bedeutung des Begriffs hängt vom Zusammenhang ab:

- Bei **wirtschaftlicher Betrachtung** verwendet man den Begriff der Akquisition, wenn das agierende Unternehmen infolge der Transaktion einen beherrschenden Einfluss auf ein anderes Unternehmen erlangt. Dies schließt auch den Erwerb nur einer bestimmten Quote von Anteilen ein, mit deren Stimmrechten ein maßgeblicher Einfluss auf die Geschäftspolitik des Zielunternehmens ausgeübt werden kann. In der Regel werden Beteiligungen mit Stimmrechtsanteilen über 75% als Akquisition bezeichnet, falls die Ausübung dieser Stimmrechte nicht vertraglich eingeschränkt ist. Anteilskäufe mit einer Stimmrechtsbeteiligung zwischen 50-75% können im Einzelfall als Unternehmensakquisition klassifiziert werden. Eine Fusion liegt hingegen dann vor, wenn beide Unternehmen Triebkraft des Zusammenschlusses sind. In diesem Fall spricht man meist auch vom „Merger of Equals".

- Bei **juristischer Betrachtung** bezeichnet eine Akquisition die Übernahme eines vormals rechtlich selbstständigen Unternehmens durch den Kauf aller Vermögensgegenstände (asset deal) bzw. aller gesellschaftsrechtlicher Unternehmensanteile (share deal). Eine Fusion liegt hingegen dann vor, wenn durch den Zusammenschluss der beiden Unternehmen mindestens eines seine Rechtspersönlichkeit verliert. Hier unterscheidet man zwei Formen: Die **Verschmelzung durch Aufnahme** führt dazu, dass das Vermögen eines Unternehmens als Ganzes auf das andere Unternehmen übertragen wird (§ 2 Abs. 1 Ziff. 1 UmwG). Eine **Verschmelzung durch Neubildung** (§ 2 Abs. 1 Ziff. 2 UmwG) liegt hingegen vor, wenn das Vermögen oder die Verfügungsgewalt über das Vermögen aller am Fusionsvorgang beteiligten Unternehmen als Ganzes auf eine neu errichtete Rechtsperson transferiert werden. Die letztere Vorgehensweise wurde etwa bei ABB nach der Fusion der Unternehmen Asea und Brown Boveri sowie bei Novartis nach der Fusion von Ciba-Geigy und Sandoz verwendet.

Diese Unterscheidung ist wichtig, weil ein und dieselbe Transaktion jeweils unterschiedlich bezeichnet werden kann. So könnte man die „Fusion" zwischen der Daimler-Benz AG und der Chrysler Corporation im Nachhinein aus wirtschaftlicher Sicht als Akquisition bezeichnen, weil die deutsche Seite einen bestimmenden Einfluss auf die Transaktion genommen hat. Hingegen stellte der Zusammenschluss juristisch ganz klar eine Fusion dar.

Neben der rechtlichen Konstruktion lassen sich M&A-Transaktionen nach den folgenden Merkmalen klassifizieren:

- **Wachstumsrichtung**: Hier unterscheidet man, ob ein Zusammenschluss erfolgt von Unternehmen der gleichen Leistungsstufe (horizontal), vor- oder nachgelagerter Leistungsstufe (vertikal) bzw. ohne Verbindungen in der Leistungsstufe (konglomerat);
- **„Freundlichkeit" der Transaktion**: Je nach Verhalten des Managements des Zielunternehmens bezeichnet man eine Transaktion mit Zustimmung des Managements als freundlich (friendly takeover) bzw.

ohne Zustimmung als unfreundlich (unfriendly takeover). Im letzteren Fall steigt die Übernahmeprämie.

- **Höhe der Beteiligungsquote**: Die Höhe der Beteiligungsquote bestimmt die Einflussmöglichkeiten des übernehmenden Managements.
- **Existenz von Synergieeffekten**: Werden Synergieeffekte durch den Zusammenschluss der beiden Unternehmen erwartet?
- **Finanzierung**: Zur Finanzierung von M&A-Transaktionen bestehen grundsätzlich die Alternativen Erwerb gegen Barmittel (cash offer), Erwerb gegen Aktien (stock offer) und Erwerb durch Fremdmittel (leveraged buy-out, LBO).

Mergers & Acquisitions geraten durch zahlreiche Transaktionen immer wieder in den Blickpunkt des öffentlichen Interesses. Aber auch, wenn meist nur die großen, spektakulären Transaktionen eine größere Aufmerksamkeit erlangen, handelt es sich dabei lediglich um einen Bruchteil der Gesamttransaktionen eines Jahres. Dies belegt die Statistik deutlich: Die **Anzahl** der Mergers & Acquisitions mit deutscher Beteiligung hat sich nach einem starken Anstieg in den 1990er Jahren und anschließendem Absturz wieder stabilisiert (Abb. 67). So waren im Jahr 2006 (gemäß der hier zugrunde gelegten Abgrenzung) 991 Übernahmen zu verzeichnen.

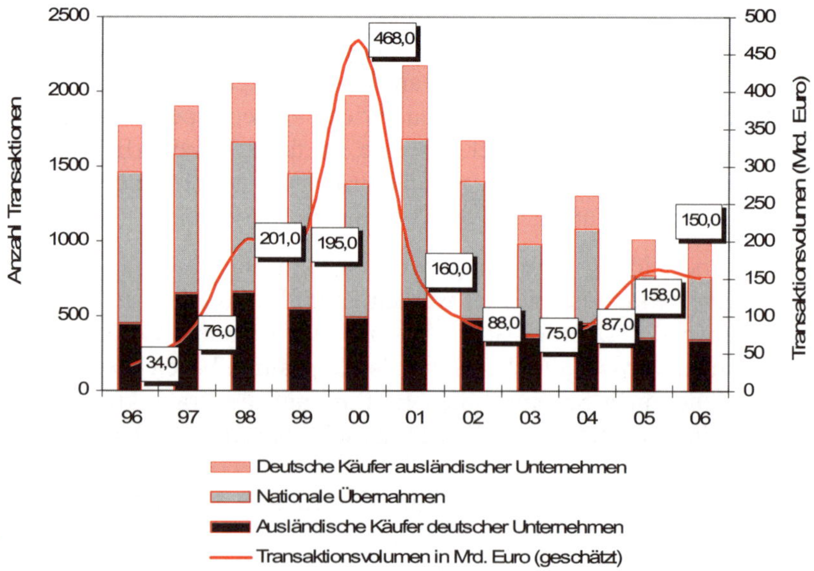

Abb. 67. Anzahl und Volumen der M&As mit deutscher Beteiligung[145]

[145] Quelle: M&A International, Kronberg im Taunus. Die Unternehmensberatung M&A International veröffentlicht regelmäßig aktuelle Daten zum M&A-Geschehen in Deutschland: http://www.m-a-international.de.

Diese Zahlen können jedoch nur einen Teil der eigentlichen Trendentwicklung widerspiegeln. Denn anders als in den USA sind in Deutschland keine aussagekräftigen statistischen Daten hinsichtlich des **Transaktionsvolumens**, also des Gesamtwertes der Transaktionen eines Jahres in Euro, verfügbar. Dies ergibt sich aus dem Umstand, dass hierzulande ein Großteil der M&A-Transaktionen nicht über die Börse getätigt und infolgedessen der Kaufpreis nicht offengelegt wird. Somit ist eine Verzerrung durch die unterschiedlichen **Größen** der erworbenen Unternehmen unvermeidbar, da in dieser Statistik die Akquisitionen von „großen" und „kleinen" Unternehmen gleich gewichtet werden.

Mit ihrer gewachsenen Bedeutung haben sich die M&A-Transaktionen mittlerweile auch hierzulande als eine strategische Wachstumsalternative etabliert, ersichtlich an vielen mittleren und großen Unternehmen, die durch die Schaffung funktionaler Zuständigkeiten die Grundlagen für eine systematische Behandlung des M&A-Prozesses gelegt haben: In vielen Fällen wurde eine „Akquisitionsabteilung" geschaffen, deren Aufgabe es ist, die Arbeit der beteiligten Stellen zu koordinieren und als Ansprechpartner zu fungieren, wenn von Geschäftsbereichen oder der Unternehmensleitung Anregungen oder Initiativen hinsichtlich potenzieller Kandidaten ausgehen. Des Weiteren organisiert sie bei Akquisitionen die Kaufverhandlungen und führt nach dem Erwerb das erforderliche Akquisitionscontrolling durch. Die meisten Unternehmen haben diese speziellen Akquisitionsabteilungen in Abteilungen mit der Bezeichnung „Unternehmensentwicklung" integriert. Es handelt sich hier um Stabsabteilungen, die allgemein mit der Vorbereitung „strategischer" (im Sinne langfristig wirksamer) Entscheidungen auf Unternehmens- oder Geschäftsfeldebene betraut sind.

Hinsichtlich der zahlenmäßigen Entwicklung der M&A-Transaktionen lässt sich langfristig die Existenz von M&A-Wellen beobachten, wobei in einzelnen Zeitabschnitten Häufungen auftreten. Unter Berücksichtigung der frühen M&A-Wellen in den USA lassen sich bislang die in Abb. 68 verzeichneten fünf Wellen identifizieren.

Die **erste M&A-Welle**, die unter dem Namen „Great Merger Wave" bekannt wurde, war in den USA in den 1890er Jahren, insbesondere zwischen 1895-1904, zu beobachten. Auslöser dieser Entwicklung war die vorherrschende Rezession, einschneidende Änderungen in den gesetzlichen Rahmenbedingungen sowie die gewachsene Bedeutung des Aktienhandels an der New York Stock Exchange (NYSE). Durch horizontale Fusionen versuchten die Unternehmen, den 1893 erlassenen Sherman Act, der Absprachen zwischen den Unternehmen untersagte, zu umgehen. Aus diesem Grund lag der Anteil der horizontalen Zusammenschlüsse auch bei 78,3 % der 2.943 vollzogenen Zusammenschlüsse. Die Great Merger Wave führte überwiegend in der Industrie zu einer Konsolidierung und Konzentration. Ziel der Zusammenschlüsse war die Schaffung von Monopolen durch Verringerung des Wettbewerbs und nicht durch eine Ausnutzung von Economies of Scale. Durch horizontale Integration entstand eine Reihe riesiger Gesellschaften, welche ihre jeweiligen Industrien dominierten. Typische Vertreter dieser Zusammenschlusswelle waren neben den Unternehmen der Öl- und Tabak- in der Lebensmittel- und Transportindustrie zu finden; beispielsweise kontrollierte Standard Oil am Ende des 19. Jahrhunderts 90 % der amerikanischen Ölindustrie. Die erste Welle wurde durch den Kollaps des Aktienmarktes zwischen 1903 und 1905 eingeleitet. Die negativen Auswirkungen der marktbeherrschenden Monopole auf den freien Markt führten zu einer kartellrechtlichen Gesetzgebung, welche eine Aufspaltung der Monopole zur Folge hatte.

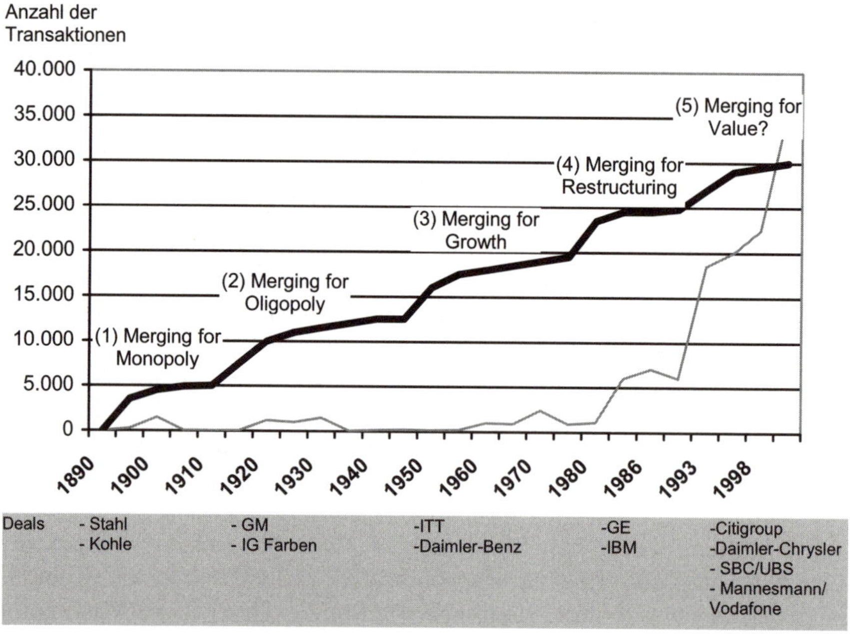

Abb. 68. M&A-Wellen 1890-2000[146]

Eines der wichtigsten Gesetze in diesem Zusammenhang ist der Sherman Act, der auch heute noch für M&As in den USA geltendes Recht ist (s. Kasten „Sherman Antitrust Act").

Die **zweite M&A-Welle** in den Jahren 1922-1929 war ebenfalls durch das Streben nach einer marktbeherrschenden Stellung geprägt, obwohl die Antitrustgesetze zu diesem Zeitpunkt weitere horizontale Transaktionen erschwerten. Im Unterschied zur ersten Welle wurden nun also oligopolistische Marktstrukturen mit Augenmerk auf Wettbewerbsvorteile durch Economies of Scale angestrebt. Statt horizontaler Integration setzten die Unternehmen größtenteils auf vertikale Integration. Beendet wurde die 2.

[146] Quelle: Coenenberg/Salfeld (2003), S. 190.

M&A-Welle durch den „Schwarzen Donnerstag" am 24. Oktober 1929 und die sich daran anschließende Weltwirtschaftskrise.

Sherman Antitrust Act[147]

Der Sherman Antitrust Act wurde im Jahre 1890 erlassen und stellte die erste Rechtsquelle für das US-amerikanische Kartellrecht dar. Mit dem Gesetz sollte auf die stark anwachsende Zahl von Monopolen wie etwa Standard Oil Company, Carnegie Steel Company, Accessory Transit Company reagiert werden, die ihre Macht durch das Setzen von (überhöhten) Preisen ausnutzten. Ein wichtiges Beispiel stellte dabei der Schienenverkehr dar, der ab 1887 durch die Interstate Commerce Commission reguliert wurde.

> *§ 1 Sherman Act, 15 U.S.C. § 1*
> *Every contract, combination in the form of trust or otherwise, or conspiracy, in restraint of trade or commerce among the several States, or with foreign nations, is declared to be illegal. Every person who shall make any contract or engage in any combination or conspiracy hereby declared to be illegal shall be deemed guilty of a felony, and, on conviction thereof, shall be punished by fine not exceeding $10,000,000 if a corporation, or, if any other person, $350,000, or by imprisonment not exceeding three years, or by both said punishments, in the discretion of the court.*

Der Sherman Antitrust Act bedeutet ein generelles Verbot von Wettbewerbsbeschränkungen durch Monopole und verbietet horizontale und vertikale Absprachen. Das Gesetz eröffnet einem Gericht die Möglichkeit, unter bestimmten Voraussetzungen die Entflechtung von Unternehmen sowie Strafen von bis zu 10 Mio. US-Dollar für Unternehmen bzw. 350.000 US-Dollar und/oder bis zu zehn Jahre Haft für natürliche Personen anzuordnen.
Auf Basis des Sherman Antitrust Act wurden folgende Maßnahmen ergriffen:

- 1911: Entflechtung von American Tobacco
- 1906/1911: Entflechtung von Standard Oil
- 1982: Entflechtung von AT&T
- 1982: Anklage von IBM (Verfahrenseinstellung)
- 1991: Anklage von Microsoft (Vergleich 1994).

Die **dritte M&A-Welle** erreichte die USA wegen der weltweiten Wirtschaftskrise der 1930er Jahre und des nachfolgenden zweiten Weltkrieges erst in den Jahren 1965-1969. Allerdings unterschied sie sich in der Ausrichtung grundsätzlich von den bisher zu beobachteten Monopolbestrebungen. Die Ursache darin lag in dem Cellar-Kefauver-Act von 1950, der das

---

[147] Zum amerikanischen Rechtssystem: Act ist die Bezeichnung des Gesetzes, die in den USA üblicherweise nach den Urhebern im Kongress – hier nach John Sherman – gesetzt wird. Auch wenn es mit dem U.S.C., dem United States Code, eine offizielle Sammlung und Kodifikation des allgemeinen und permanenten Bundesrechts der USA gibt, erfolgt eine Bezugnahme fast immer nur mit dem inoffiziellen Namen. Demnach sagt man nicht „15 U.S.C. § 1", d.h. Titel 15 im United States Code § 1, sondern „§ 1 Sherman Act".

US-amerikanische Kartellrecht so verschärft hatte, dass auch vertikale Fusionen als Wettbewerbsbeeinträchtigungen angesehen wurden. Infolgedessen sank die Zahl der vertikalen und horizontalen Akquisitionen innerhalb von zehn Jahren auf nur noch ca. 20 % des Vorkriegsniveaus. Hingegen bestanden für konglomerate Unternehmenszusammenschlüsse noch keine gesetzlichen Verbote, so dass viele Unternehmen außerhalb ihres Kerngeschäfts nach Wachstumsmöglichkeiten suchten. Hinzu kam die in der Praxis eingeschränkte Verfügbarkeit von Risikokapital auf dem Kapitalmarkt. Die Unternehmen versuchten daher, Liquiditätsengpässe durch Diversifikation zu begegnen. Typisch ist dabei das Verständnis des Unternehmens als „Bank" – man sprach auch vom internen Kapitalmarkt. Diese M&A-Transaktionen führten zur Metamorphose bislang unbekannter Unternehmen zu riesigen Finanzkonglomeraten, die die verschiedensten Geschäftsfelder unter ihrem Dach vereinigten. Die Fehler, die mit diesem unfokussierten Wachstum gemacht wurden, führten später zu der Forderung nach einer strategischen Ausrichtung durch *Porter* und der Entwicklung der oben dargestellten Agency-Theorie. Als anerkanntes Ziel galt es damals, durch eine Diversifikation Gewinnschwankungen entgegenzuwirken. Weil die Erkenntnisse der Finanzierungstheorie – insbesondere der Ansatz der Portfolio Selection[148] nach Harry Markowitz – am Kapitalmarkt noch nicht ausreichend beachtet wurden, übersah man, dass diese Diversifikation aus der Motivation der Risikostreuung sich nicht positiv auf den Unternehmenswert auswirkt. Denn die Anteilseigner können durch die Strukturierung eines entsprechenden Portfolios selbst eine Risikostreuung vornehmen. Die Entwicklung der ungezügelten Diversifikation lässt sich rückblickend auf die schwachen und unterentwickelten Kontrollmechanismen der Anteilseigner und die fehlenden Technologien zur effizienten Kommunikation und Datenauswertung zurückführen, was insgesamt eine Informationsasymmetrie zulasten der Anteilseigner zur Folge hatte. Die Diversifikation wirft auch ein schlechtes Licht auf die Managementtheorien, welche diese Tendenzen weiter anfeuerten. Bekannte Beispiele für die in dieser Zeit entstandenen Konglomerate sind Gulf & Western, LTV, Telneco und Teledyne; alleine letztere akquirierten 125 Unternehmen. Ihren Höhepunkt erreichte die Welle schließlich im Jahr 1968 und brach im Jahr 1973 während der durch die Ölkrise ausgelösten Rezession zusammen.

Die **vierte M&A-Welle** hatte ihre Anfänge in den späten 1970er und frühen 1980er Jahren und wurde begünstigt durch fundamentale Änderungen in den Rahmenbedingungen. Zum einen war nun der Einsatz von „modernen" Datenverarbeitungsanlagen möglich; zum anderen entwickelten sich in dieser Zeit innovative Finanzinstrumente, von denen insbeson-

[148] Markowitz, Harry M. (1952): Portfolio selection, in: Journal of Finance, Vol. 7, 77-91.

dere die sogenannten Junk Bonds hervorzuheben sind. Junk Bonds (wörtlich: Schrottanleihen) sind Wertpapiere (z.B. Schuldverschreibungen, Anleihen), die von Emittenten mit schlechter Bonität herausgegeben werden und sich durch eine hohe Verzinsung ausweisen, weshalb sie als hochspekulativ anzusehen sind. Bedeutung haben Junk Bonds dadurch erlangt, dass man versucht hat, durch dieses Instrument eine Übernahme zu finanzieren. Verlief die Übernahme erfolgreich, wurden die Wertpapiere mit dem Vermögen des übernommenen Unternehmens getilgt. Kam die versuchte Übernahme zu keinem Ergebnis, ging der Emittent in Konkurs und die Käufer des Wertpapiers bekamen nur noch einen Teil des ursprünglich eingesetzten Kapitals zurück. Eine solche Vorgehensweise bei der Finanzierung wird seither als Leveraged Buyout (LBO) bezeichnet. Die Welle der 1980er ist ferner durch eine Vielzahl von „feindlichen Übernahmen" (Unfriendly oder Hostile Takeovers) geprägt gewesen, bei denen die Übernahme gegen den Willen des Managements des gekauften Unternehmens erfolgte. Für den feindlichen Käufer, der ein unterbewertetes Unternehmen kauft, restrukturiert und mit Gewinn wieder verkauft, wurde seither der Begriff des „Corporate Raider" geprägt. Als die LBO-Blase im Zuge von einer Reihe von Insolvenzen Ende der 1980er Jahre platzte, bedeutete dies ebenso das Ende der vierten M&A Welle. Ein typischer Vertreter der vierten M&A-Welle war das Unternehmen KKR.

KKR vs. RJR Nabisco

„Sicherlich der spektakulärste und daher auch bestdokumentierte LBO war die Übernahme von RJR Nabisco (u.a. Nahrungsmittel und Tabak) durch Kohlberg, Kravis und Roberts (KKR) im Wert von 25 Milliarden Dollar. Der Vorstandsvorsitzende F. Ross Johnson kündigte am 28. Oktober 1988 zusammen mit seinen Vorstandskollegen an, Nabisco für 75 Dollar pro Aktie, also umgerechnet für 17,6 Milliarden Dollar zu übernehmen. Der Kurs sprang auf 77 Dollar und brachte an einem Tag für die Aktionäre einen Gewinn von 36% zum Vortagskurs. Dadurch wurden andere Übernahmespezialisten aus New York aufmerksam, die die Transaktion verteuerten. Schließlich wurde die Übernahme von KKR gegen viele Wettbewerber entschieden. KKR ist mit weitem Abstand die größte LBO-Firma der Welt. 1991 besaßen sie Firmen mit einem Gesamtumsatzvolumen von mehr als 60 Milliarden Dollar. Neben der Transaktion mit Nabisco gehörten 1991 in ihr Portfolio Safeway, eine der größten Lebensmittelketten der USA, Owen-Illinois, Amerikas größter Glashersteller, Duracell, der Batterienproduzent und Jim Walter, einen großen Baustoffkonzern. Bei KKR arbeiten lediglich 60 Mitarbeiter und diese fast vollkommen dezentral. Die Chief Executive Officers der KKR-Geschäftsbereiche haben einen signifikanten Eigenkapitalanteil in den von ihnen geführten Bereichen und bekommen so eine eindeutigere Anreizstruktur als vergleichbare Vorstände von Unternehmen. So erhielten Manager von LBO-Firmen 6,40 Dollar pro 100 Dollar erzielter Werterhöhung, während normale Manager nur 20 Cents verbuchen konnten. Es gab zahlreiche Untersuchungen, die eine höhere Rentabilität der LBO-Firmen gegenüber Unternehmenakquisiteuren belegten. Kennzeichnend für KKR ist das Motto ‚Buy, build and harvest!', welches sie fremdfinanziert, ohne jegliche Querverbindungen zu anderen Bereichen handhaben – d.h. ohne Berücksichtigung von Synergien – und durch den Einkauf der besten Manager zu realisieren versuchen. Der Gewinn für die ausgekauften Aktionäre von RJR waren dabei rund 8 Milliarden Dollar. Die Gründe für die hohen Angebote, die z.T. noch höher lagen als das von KKR, sind exemplarisch für die Bandbreite der LBOs. Sie sind in der Steuerersparnis zu suchen (mit ca. 1,8 Milliarden Dollar) sowie in dem Verkauf von Aktiva (‚Equity-Kicker'), die nicht zu dem Kerngeschäft gehören (mit ungefähr einem Volumen von 5 Milliarden Dollar) und in radikalen Kostensenkungen im Verwaltungsbereich (hohe Anzahl von Freisetzungen). Weiterhin werden die zuvor besicherten Kredite nun einem stark erhöhten Risiko ausgesetzt. Im Zuge der Aktienhausse fielen die Kurse der Anleihen von RJR erheblich mit einem Nettoverlust von 575 Millionen Dollar für die Bondholder. Als ein weiterer Grund für den Kaufpreis und die Gewinne der ausgekauften Aktionäre ist die bereits erwähnte Erhöhung der Managementleistung durch die Erbringung des Kapitaldienstes. Im weiteren Verlauf wurde diese LBO-Transaktion Höhepunkt einer in den 80er Jahren tobenden Welle: Im starken Wettbewerb mit dem Philip Morris Konzern stehend und durch die hohe Cash Flow-Bindung einer auf 28 Milliarden Dollar angewachsenen Tilgungs- und Zinslast konnten keine der erforderlichen Investitionen in das operative Geschäft getätigt werden. Mit Lou Gerstner wurde der bisher bei American Express erfolgreiche Manager engagiert, der bereits im ersten Jahr im Wert von 6 Milliarden Dollar Desinvestitionen, darunter z.B. den Fruchtkonzern Del Monte, vornahm. KKR zogen sich sukzessive aus dem Engagement heraus; heute halten sie nur noch rund 17,5 Prozent am Eigenkapital. Dieser Fall scheint symptomatisch für die Entwicklung der LBO-Transaktionen. Während einerseits noch die hohen Renditen von LBO-Firmen durch Transaktionen ohne Synergien als Argument angeführt werden, geht die Diskussion indes weiter: ‚Leveraged Build Up' als eine ebenfalls hochverschuldete auf Synergie abgestellte Strategie des Aufbaus eines Unternehmensportfolio."[149]

Die **fünfte M&A-Welle** schloss sich Anfang der 1990er an und hat sich mit etwa dem fünffachen Ausmaß im Vergleich zu den 1980er Jahren als die bislang volumenmäßig größte M&A-Welle erwiesen. Aber auch die einzelnen Transaktionen erreichten zuvor unerreichte Transaktionsvolumen von häufig weit mehr als 10 Mrd. US-Dollar. Die Fusion von AOL und Time Warner mit einem Wert von mehr als 180 Mrd. US-Dollar sowie die feindliche Übernahme von Mannesmann durch Vodafone für umgerechnet 183 Mrd. US-Dollar in Aktien stellten wohl die spektakulärsten Transaktionen dieser fünften Welle dar. Ein Auslöser war die in vielen Märkten erfolgte internationale Deregulierung. Zudem hat die verstärkte Globalisierung von Produkten, Dienstleistungen und Kapitalmärkten zu einem erheblichen Anteil von grenzübergreifenden Transaktionen geführt. Viele Unternehmen ergriffen M&As als Instrument zur Nutzung günstiger Rahmenbedingungen, wie beispielsweise Lohnkosten oder Steuervergünstigungen. Hinzu kam die rasche Verbreitung des Internets, was zum einen den Aktionären ganz neue Möglichkeiten bot und zum anderen eine neue Branche schuf, deren Aktienkurse in unermessliche Höhen schnellten. So

[149] Jansen (2000), S. 51 f.

stieg der Marktwert von Netscape im Jahr 1995 bei jährlichen Umsatzerlösen von ca. 85 Mio. US-Dollar auf 6 Mrd. US-Dollar. Diese Überbewertung hatte Auswirkungen auf das M&A-Geschehen, da vornehmlich Aktien als billige Finanzierung für M&As genutzt wurden. Die Welle fand schließlich auch mit dem Platzen der Dotcom-Blase im Jahr 2000 ihr Ende.

Mergers & Acquisitions werden in der Praxis hauptsächlich mit Synergieeffekten begründet.[150] Synergieeffekte sind jedoch weder eine notwendige noch eine hinreichende Bedingung für M&As, da sie sich auch über eine Marktlösung realisieren lassen. So könnte zum Beispiel bei Existenz von Economies of Scale durch den Verkauf freier Kapazitäten am Markt eine hohe Produktionsmenge erzielt und damit die Stückkosten gesenkt werden. Im Falle einer herausragenden Prozesstechnologie des Unternehmens wäre eine Lizenzvergabe an andere Unternehmen denkbar. Da solches Know-how ein immaterielles Gut darstellt, das durch die Nutzung nicht verbraucht wird (vielleicht aber im Zeitablauf veraltet), und bei der Lizenzvergabe darauf geachtet werden kann, dass nicht gerade ein direkter Konkurrent diese Technologie erhält, müssen im Lichte des Ansatzes des Synergiemanagements Marktlösung und Akquisition gleichwertige Alternativen darstellen. Jedoch stellt nicht nur der Verkauf von überschüssigen Kapazitäten des agierenden Unternehmens eine alternative Realisierungsmöglichkeit von Synergieeffekten dar: Überschüssige Kapazitäten könnten auch durch internes Wachstum Verwendung finden.

5.5.5 Restrukturierung

Eine **Umwandlung** stellt eine Veränderung der Rechtsform eines Unternehmens dar, welche meist aus steuerlichen oder haftungsrechtlichen Gesichtspunkten erfolgt. Maßgeblich für die Umwandlungsentscheidung sind die bei den Rechtsformen erläuterten acht Kriterien zur Wahl der optimalen Rechtsform. Das Unternehmen bleibt somit in seiner Ressourcenzusammensetzung unverändert, nur die rechtliche „Einkleidung" ändert sich.

Als **Spin-Off** bezeichnet man die Ausgliederung und Verselbstständigung einer Abteilung oder eines Unternehmensteils aus einem Unternehmen bzw. einem Konzern heraus.

Bei einem **Management-Buy-Out (MBO)** wird das Unternehmen durch das derzeitige Management übernommen. Ein MBO ist immer dann möglich, wenn die Manager größere Erfolgserwartungen hegen als die Anteilseigner. Zudem sorgen MBOs auch dafür, dass der übliche Zielkonflikt zwischen Anteilseignern und Managern dadurch ausgeschaltet wird,

---

[150] In der Wissenschaft werden unzählige alternative Erklärungsversuche unternommen. Vgl. Oehlrich (1999), 9-31.

dass Anteilseigner und Manager personenidentisch sind. Da die Manager ihr eigenes Vermögen in das Unternehmen investiert haben, bestehen für sie größere Leistungsanreize.

Ein **Going Public** – auch Initial Public Offering (IPO) genannt – ist die Umwandlung eines bisher privaten Unternehmens in ein börsennotiertes Unternehmen. Hierfür muss das Unternehmen in der Rechtsform der AG oder der KGaA geführt werden. Allerdings bedeutet dies nicht im Umkehrschluss, dass alle Gesellschaften in Form der AG bzw. der KGaA auch börsennotiert sein müssten.

Daneben können jedoch auch andere Formen des Restrukturierungs-Verkaufs genannt werden. Ist der Verkäufer ein institutioneller Investor, so kommen für eine Desinvestition folgende Alternativen (sog. Exitkanäle) in Betracht: Bei einem **Trade Sale** werden die Anteile an einen industriellen Investor verkauft. Während beim Going Public der Verkauf der Anteile über die Erstemission an einer Börse erfolgt, kaufen bei einem **Buy Back** die Altgesellschafter ihre Anteile zurück. Ein **Secondary Purchase** ist hingegen dadurch gekennzeichnet, dass ein anderer Finanzinvestor die Anteile erwirbt.

5.5.6 Desinvestition

Auch die Alternative der Desinvestition stellt einen elementaren Bestandteil des strategischen Managements dar. Schließlich muss etwa einer M&A-Transaktion auf Käuferseite eine entgegengesetzte Transaktion auf der Verkäuferseite gegenüberstehen. Neben der **Spaltung** des übernommenen Unternehmens kann seine Zerschlagung durch Verkauf von Teilbereichen oder Vermögensgegenständen (**asset stripping**) oder seine vollständige Liquidation infolge einer Insolvenz in Frage kommen.

5.6 Fragen und Aufgaben

Aufgabe 5-1

Für die Wahl der Rechtsform wurden einige Entscheidungskriterien genannt, anhand derer man die Vorteilhaftigkeit einer Rechtsform beurteilen kann. Greifen Sie exemplarisch eine Rechtsform heraus und diskutieren Sie sie kurz und prägnant vor dem Hintergrund dieser Entscheidungskriterien.

Aufgabe 5-2

Recherchieren Sie im Internet Beispiele oder Muster für den Gesellschaftsvertrag einer Gesellschaft bürgerlichen Rechts, einer offenen Handelsgesellschaft, einer Partnerschaftsgesellschaft, einer Kommanditgesellschaft bzw. für die Satzung eines eingetragenen Vereins, einer eingetragenen Genossenschaft, einer Aktiengesellschaft, einer Gesellschaft mit beschränkter Haftung oder einer Kommanditgesellschaft auf Aktien. Satzungen von börsennotierten Gesellschaften finden Sie meist auf deren Homepage. Musterverträge werden von den Industrie- und Handelskammern (IHK) im Internet zur Verfügung gestellt.

Aufgabe 5-3

Erläutern Sie das Grundmodell der funktionalen Organisation. Versuchen Sie, die gängige Beobachtung zu erklären, warum Unternehmen in ihrer Gründungs- und Pionierphase eher eine funktionale Organisation annehmen, in späteren Entwicklungsphasen jedoch zur divisionalen oder Matrix-Organisation wechseln!

Aufgabe 5-4

Recherchieren Sie Beispiele für Unternehmen, die als AG, GmbH, GbR und Einzelunternehmen geführt werden und erläutern Sie, warum die jeweilige Rechtsform gewählt wurde. Recherchieren Sie auch Mischformen der Ihnen bekannten Rechtsformen.

Aufgabe 5-5[151]

Mit einem Kommanditisten K ist ein Kapitalanteil von 100.000 Euro vereinbart, der auch eingezahlt und ins Handelsregister eingetragen wurde. Im Jahr 2007 macht die KG einen Verlust, von dem auf K 20.000 Euro entfallen. Dieser Betrag wird von seinem Einlagenkonto abgebucht, das sich danach auf 80.000 Euro stellt. Im Jahr 2008 entsteht ein hoher Gewinn, von dem K 40.000 zugeteilt werden. K lässt sich diesen Betrag auszahlen. 2009 muss die KG Insolvenz anmelden. Der Insolvenzverwalter fordert K auf, 20.000 Euro aus seinem Privatvermögen zur Befriedigung von Gläubigern zur Verfügung zu stellen. K entgegnet, er hafte als Kommanditist nur bis zur Höhe der Einlage von 100.000 Euro. Da er diese Einlage auch eingezahlt habe, könne er nicht mit weiteren 20.000 Euro in Anspruch genommen werden. Wer hat Recht?

[151] Entnommen aus: Mertens/Bodendorf (2005), S. 134.

Aufgabe 5-6

Herbert Schmidt und Andreas Schulze sind Anteilseigner eines Handelsbetriebs mit der Firma „Schmidt und Schulze GmbH & Co. KG". Herbert Schmidt ist mit 80 % an der GmbH beteiligt, Andreas Schulze, der innerhalb der Kommanditgesellschaft als Komplementär fungiert, mit 20 %. Außerdem sind Herr Schmidt und Herr Schulze mit einer Einlage von jeweils 20.000 Euro Kommanditisten Gesellschafter der KG.

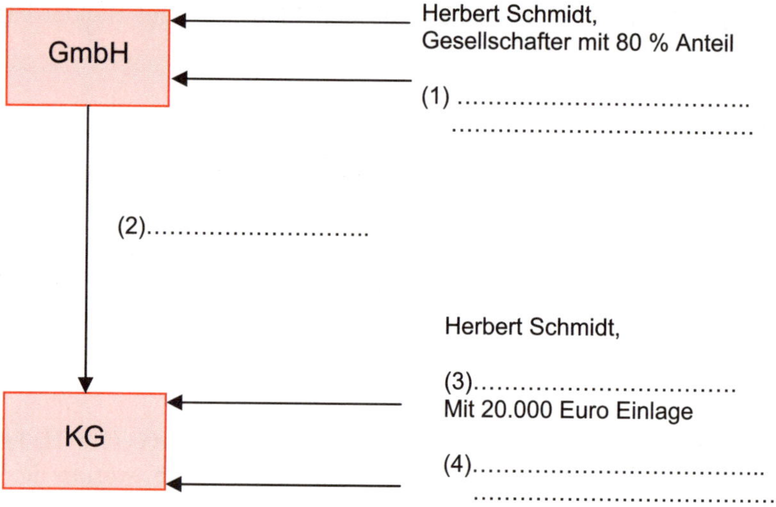

Bitte ergänzen Sie das Schema. Welches sind Ihrer Meinung nach die Motive für eine derart komplizierte Rechtsform? Warum gründet man nicht einfach eine KG oder eine GmbH?

Aufgabe 5-7

Unter der Chemical Pharma AG sind weltweit alle Pharma-Aktivitäten der Chemical AG zusammengefasst. Im vergangenen Jahr wurde mit rund 7.500 Mitarbeitern weltweit ein Umsatz von 2 Mrd. Euro bei F&E-Aufwendungen von 330 Mio. Euro erwirtschaftet. Seit Anfang des Jahres ist das unter Alien Pharmaceuticals zusammengefasste Pharmageschäft der Alien PLC von der Chemical AG akquiriert und in die Chemical Pharma AG integriert worden. Mit weltweit rund 5.800 Mitarbeiter wurde von der Alien PLC hauptsächlich in ergänzenden Geschäftsfeldern im vergangenen Jahr ein Umsatz von ca. 1 Mrd. Euro bei F&E-Aufwendungen von etwa 140 Mio. Euro erzielt.

Beim Pharmageschäft handelt es sich um eine sehr forschungsintensive Branche mit hoher Innovationsfähigkeit. Ca. 15-16% vom Umsatz werden im Durchschnitt für F&E aufgewendet. Die Pharmaforschung wird zunehmend schwieriger, langwieriger und damit auch kostspieliger. Die durchschnittliche Entwicklungsdauer liegt bei 10-12 Jahren, die Kosten für die Entwicklung eines neuen Marktproduktes werden – einschließlich Fehlschläge – je nach Quelle – auf ca. 800 Mio. US-Dollar geschätzt.

Die Entwicklung des Pharmamarktes in den letzten 10 Jahren kann wie folgt charakterisiert werden:

(1) Es herrscht insgesamt verstärkter Wettbewerbsdruck.
(2) Der Preisdruck ist sowohl staatlich induziert (durch den Umbruch der Gesundheitssysteme, der in Europa durch staatliche Reglementierungen und in den USA durch Bildung sogenannte Managed Care Organizations eingeleitet wurde), als auch Ergebnis des verstärkten Wettbewerbsdrucks.
(3) Die Änderung der Gesundheitssysteme (Krankenkassensysteme, Genehmigungsverfahren usw.) in Europa und USA erfordern für international tätige Unternehmen wesentlich stärkere länderspezifische Anpassungen als bisher.
(4) Der Strukturwandel der Abnehmer führt zu neuen Kunden bzw. Kundenbeziehungen. Es müssen neben Ärzten verstärkt Patienten, Apotheker, Krankenkassen und relevante Zulassungsbehörden als Kunden betrachtet werden.
(5) Die Vertriebswege ändern sich; es besteht ein Trend hin zum Internetversandhandel.
(6) Es besteht ein Trend zur Vorwärtsintegration, bei der ein Hersteller sich auf den Verbraucher zu bewegt und einen Teil der Produkte im Direktvertrieb an den Markt bringt.

Die Struktur der Chemical Pharma war durch eine rein funktionale Organisation mit Dominanz der Zentrale gekennzeichnet. Zahlreiche Schnittstellen mit geteilter Verantwortung behinderten einen effizienten Transformationsprozess.

Das Chemical Pharma Management beschloss deshalb kürzlich, gemeinsam mit einem externen Berater die Organisationsstruktur an die gegebenen Bedingungen anzupassen. Es wurden folgende organisatorische Optionen untersucht:

(1) Beibehaltung der funktionalen Organisation;
(2) Organisation nach Therapiegebieten (Produktgruppen);
(3) Regionale Organisation;
(4) Hybridstruktur (Kombination von Funktion und Therapiegebieten oder Funktion und Region).

Diskutieren Sie die obengenannten alternativen Organisationsdesigns für Chemical Pharma nach den Ihnen bekannten Kriterien. Beurteilen Sie die Effizienz jeder Alternative nach den Effizienzkriterien Motivations- und Koordinationseffizienz. Was würden Sie der Chemical Pharma empfehlen? Begründung?

Aufgabe 5-8

Sie sind Manager in einem mittelgroßen, börsennotierten Unternehmen der pharmazeutischen Industrie. Das Unternehmen ist auf allen wichtigen Märkten der Welt tätig und erzielte im vergangenen Jahr mit Kunden im Ausland ca. 90 % des Umsatzes von insgesamt rund 6,7 Mrd. Euro. Das Unternehmen stellt patentgeschützte Medikamente gegen Krebs sowie Herz-Kreislauf-Medikamente her. Hierfür unterhält das Unternehmen am deutschen Hauptsitz eine umfangreiche Forschungsabteilung, die auf ihrem Gebiet als weltweit führend gilt. Die Forschungsmitarbeiter sind stolz darauf, dass sie mit ihrer Arbeit einen großen Beitrag bei der Bekämpfung der beiden Erkrankungen leisten, die in Westeuropa und Nordamerika als häufigste Todesursache gelten.

Aufgrund der Kostensenkungsbestrebungen im Gesundheitswesen, die weltweit zu beobachten sind, gerät Ihr Unternehmen unter Druck. Denn auch für lebensrettende Medikamente sind die Krankenkassen nicht mehr bereit, *jeden* Preis zu zahlen. Daher entschließt sich Ihr Vorstand zu einer drastischen Maßnahme: Zum ersten Mal in der über hundertjährigen Unternehmensgeschichte soll das Unternehmen nicht nur innovative Medikamente herstellen, sondern die Produktpalette soll um „gewöhnliche Gesundheitsprodukte“ ergänzt werden, die auch in Supermärkten verkauft werden: Vitamintabletten, Hustenpastillen und Rheumasalben. Der Vorstand ist der Ansicht, dass dieses Marktsegment so profitabel ist, dass es einen Versuch wert ist. Er möchte sich aber auch die Möglichkeit offenhalten, das neue Geschäftsfeld „Selbstmedikation“ an die Börse zu bringen.

Sie werden gebeten, den Aufbau des neuen Geschäftsfeldes „Selbstmedikation“ vorzubereiten. Dafür müssen Sie die beiden Geschäftsfelder „innovative Originalpräparate“ und „Selbstmedikation“ vergleichen. Orientieren Sie sich bei diesem Vergleich an den folgenden Fragen:

(1) Würden Sie sagen, dass sich Vision und Leitbild für beide Geschäftsfelder unterscheiden oder gibt es Vision und Leitbild nur für das Gesamtunternehmen? Wie könnten Vision und Leitbild aussehen?
(2) Wie sind Ihrer Meinung nach die 5 Wettbewerbskräfte in den beiden Geschäftsfeldern ausgeprägt?
(3) Welche Unterschiede könnte es im Marketing geben?
(4) Welche Stärken benötigt das Unternehmen für das jeweilige Geschäft? Was sind Chancen und Risiken?
(5) Welche Organisationsstruktur würden Sie für das neue Geschäftsfeld „Selbstmedikation“ wählen? Sollte es in das alte Unternehmen integriert werden oder sollte hierfür ein eigenständiges Unternehmen gegründet werden? Falls ja, in welcher Rechtsform?

Aufgabe 5-9

Nennen Sie Beispiele für Konzerne und stellen Sie die Konzernstruktur einschließlich der Leitungsbeziehungen grafisch dar.

Aufgabe 5-10

Nennen Sie Beispiele für Mergers & Acquisitions und versuchen Sie, die Transaktionen ökonomisch zu begründen.

Aufgabe 5-11

Die folgende Abbildung stellt die personellen Verflechtungen zwischen Vorstand und Aufsichtsrat deutscher Aktiengesellschaften dar, wie sie tatsächlich bestanden haben. Kommentieren Sie diese Situation unter dem Gesichtspunkt guter Corporate Governance. Welche Probleme könnten auftreten?

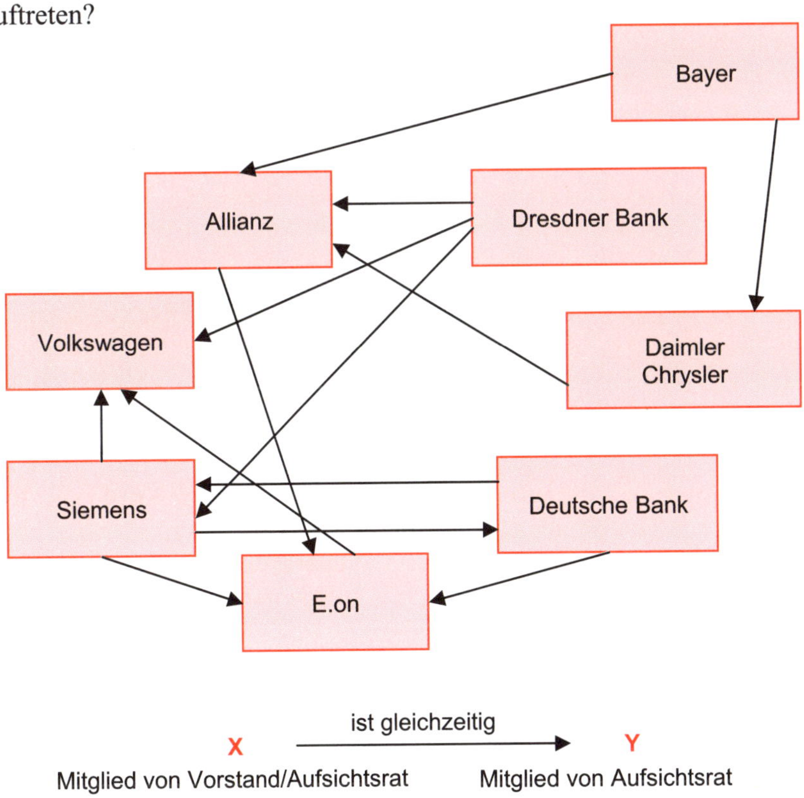

Abb. 69. Verflechtungen zwischen Vorständen und Aufsichtsräten[152]

[152] Quelle: Mertens/Bodendorf (2005), S. 145.

5.7 Literaturempfehlungen

Eine Einführung in die Fragen der Rechtsformen, deren Gründung und Umwandlung bieten: Eisenhardt, Ulrich (2007): Gesellschaftsrecht, 13. Auflage, München, und Schmidt, Karsten (2002): Gesellschaftsrecht, 4. Auflage, Köln.

Die beiden besten deutschsprachigen Lehrbücher zur Organisation sind: Laux, Helmut; Liermann, Felix (2005): Grundlagen der Organisation: Die Steuerung von Entscheidungen als Grundproblem der Betriebswirtschaftslehre, 6. Auflage, Berlin; Kieser, Alfred; Walgenbach, Peter (2007): Organisation, 5. Auflage, Stuttgart.

Das Buch von Milgrom/Roberts beschäftigt sich mit dem Design von (möglichst) effizienten Organisationsstrukturen in Unternehmen und Volkswirtschaften. Überzeugend sind nicht nur die Darstellungen der gängigen ökonomischen Theorien, sondern auch die vielen ‚case studies', mit denen reale Erscheinungen (Unternehmenskrisen, Monopole etc.) ökonomisch analysiert werden: Milgrom, Paul; Roberts, John (1992): Economics, Organization, and Management, Englewood Cliffs.

Fragen der Corporate Governance und Unternehmensverfassung behandelt: Schewe, Gerhard (2005): Unternehmensverfassung – Corporate Governance im Spannungsfeld von Leitung, Kontrolle und Interessenvertretung, Berlin.

Zu Synergieeffekten siehe die grundlegenden Arbeiten: Panzar, John C.; Willig, Robert D. (1977): Economies of Scale in Multi-Output Production, in: Quarterly Journal of Economics, Vol. 91, August, S. 481-493, sowie Panzar, John C.; Willig, Robert D. (1981): Economies of Scope, in: American Economic Review, Vol. 71, No. 2, S. 268-272.

Die Basis des Transaktionskostenansatzes wurde gelegt durch: Coase, Ronald H. (1937): The Nature of the Firm, in: Economica, Vol. 4, November, S. 386-405. Eine breite Darstellung und Weiterentwicklung findet sich in: Williamson, Oliver E. (1975): Markets and Hierarchies: Analysis and Antitrust Implications, New York.

Eine Einführung in das Thema der Unternehmenszusammenschlüsse findet sich in: Oehlrich, Marcus (1999): Strategische Analyse von Unternehmensakquisitionen, Wiesbaden.

In seiner interessanten Fallstudie des Unternehmens Beatrice untersucht George Baker anhand der 100jährigen Geschichte des Unternehmens die Auswirkungen der Organisationsstruktur, des externen Wachstums und der Corporate Governance auf die Entwicklung des Marktwertes: Baker,

George P. (1992): Beatrice: A Study in the Creation and Destruction of Value, in: Journal of Finance, Vol. 47, No. 3, S. 1081-1119.

6. Rechnungswesen

6.1 Grundlagen und Zusammenhänge

6.1.1 Teilgebiete des Rechnungswesens

Das (betriebliche) Rechnungswesen nimmt eine zentrale Stellung in der betriebswirtschaftlichen Praxis ein. Als wichtigste Inhalte des Rechnungswesens werden im Allgemeinen die Erfassung, Aufbereitung, Auswertung und Übermittlung quantitativer Daten angesehen, die die gegenwärtigen und zukünftigen wirtschaftlichen Tatbestände eines Unternehmens abbilden sollen. Dazu werden die ökonomischen Vorgänge in Unternehmen nicht durch mengenmäßige, sondern durch wertmäßige Größen erfasst, indem beispielsweise eine Bewertung in Euro erfolgt. Dies ist notwendig, um die verschiedenen Wirtschaftsgüter (Produkte und Dienstleistungen) von Unternehmen vergleichbar zu machen.

Das Rechnungswesen untergliedert sich in vier Teilbereiche:

- Die **externe Rechnungslegung** (financial accounting) bildet die Vermögens-, Finanz- und Ertragslage des Unternehmens nach innen und nach außen ab. Aufgabe ist neben der Informationsfunktion die Bemessung eines ausschüttbaren Gewinns (Zahlungsbemessungsfunktion).
- Das **interne Rechnungswesen** (management accounting) hat hingegen Planung, Kontrolle und Koordination der Unternehmensprozesse im Hinblick auf die Erreichung der Unternehmensziele zur Aufgabe und soll der Unternehmensleitung Informationen für optimale Entscheidungen bieten.
- Die **betriebswirtschaftliche Statistik und Vergleichsrechnung** befasst sich mit der Aufbereitung und Auswertung von Daten des externen und internen Rechnungswesens und vergleicht diese mit früheren Perioden (Zeitvergleich) oder mit Unternehmen der gleichen Branche (Betriebsvergleich).
- Die **Planungsrechnung** beschäftigt sich als einziger Teilbereich nicht mit vergangenheitsorientierten Daten, sondern dient der Vorbereitung von Entscheidungen durch Prognose zukünftiger Daten.

Gerade der Planungsrechnung kommt daher im Business Plan eine besondere Rolle zu. Diese schlägt sich nieder in der Notwendigkeit eines Finanzmodells, welches auf Basis des Geschäftsmodells zu entwickeln ist (Abb. 70).

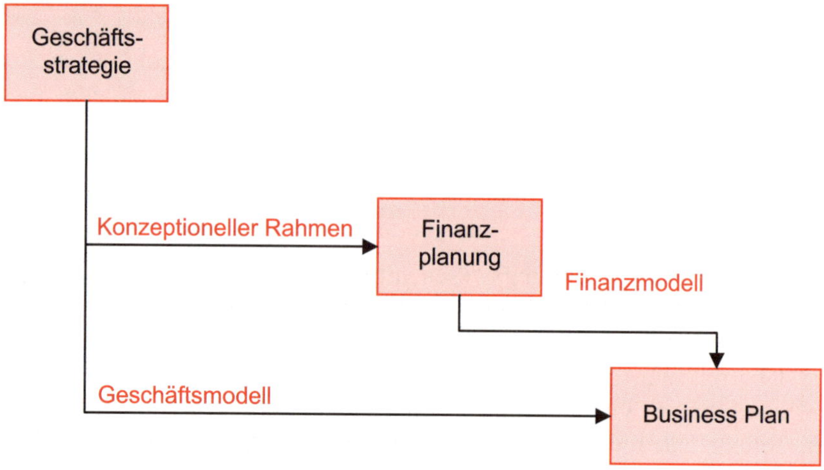

Abb. 70. Geschäftsmodell und Finanzmodell

Trotz dieser herausragenden Bedeutung der Planungsrechnungen dürfen die anderen Teilbereiche nicht vernachlässigt werden. Vielmehr hängen sie voneinander ab und sind untrennbar miteinander verknüpft. So bauen etwa Planungsrechnungen auf den Daten des externen und internen Rechnungswesens auf.

Um die für das Rechnungswesen notwendigen Informationen bereitzustellen, müssen im Einzelnen ermittelt werden:

- das Vermögen und das Kapital an einem bestimmten Stichtag (Jahresabschlussstichtag) durch die Aufstellung der **Bilanz**,
- die Aufwendungen und Erträge während eines genau festgelegten Zeitraumes (einer Periode) durch die **Gewinn- und Verlustrechnung**,
- die Kosten und Leistungen einer Periode durch die **Kosten- und Leistungsrechnung**,
- die Auszahlungen und Einzahlungen einer Periode durch die **Liquiditätsrechnung** sowie
- die Ausgaben und Einnahmen einer Periode durch die **Finanzierungsrechnung**.

Die Erstellung der Bilanz sowie der Gewinn- und Verlustrechnung, d.h. des Jahresabschlusses, fasst man im Allgemeinen unter dem Begriff des **externen Rechnungswesens** zusammen. Demgegenüber zählt die Kosten- und Leistungsrechnung zum **internen Rechnungswesen**. Sowohl die Liquiditäts- als auch die Finanzierungsrechnung werden üblicherweise zur Investition und Finanzierung als separate Teilgebiete der Betriebswirtschaftslehre gerechnet; aufgrund der zahlreichen Verbindungen werden sie im vorliegenden Buch im Rahmen des internen Rechnungswesens besprochen.

6.1.2 Wertgrößen des betrieblichen Rechnungswesens

Bevor im Einzelnen auf die jeweiligen Teilgebiete des Rechnungswesens eingegangen werden kann, ist es notwendig, die dabei verwendeten Wertgrößen zu beschreiben und voneinander abzugrenzen. Grundlegend ist dabei die Unterscheidung zwischen Bestands- und Wertgrößen.

Bestandsgrößen sind stichtagsbezogene Größen und geben einen bestimmten Sachverhalt lediglich an einem ganz bestimmten Stichtag, in der Regel dem Jahresabschlussstichtag, wieder. Die in der Bilanz angegebenen Werte sind beispielsweise solche Stichtagswerte. Der Wert des Vermögens auf der Aktivseite der Bilanz oder auch die Höhe des Kapitals auf der Passivseite gelten nur für den jeweiligen Jahresabschlussstichtag. Das in einer Bilanz ausgewiesene Vermögen ergibt sich aufgrund einer Entscheidung über die Beschaffung von Wirtschaftsgütern, z.B. den Kauf einer Maschine. In Abgrenzung dazu entstehen Kapitalpositionen in der Bilanz aufgrund einer Entscheidung über die Beschaffung von Finanzmitteln, z.B. eine Kreditaufnahme.

Beispiel: Die Bilanz der BusPlan GmbH weist am 31.12.2007 einen Kassenbestand von 1 Mio. Euro aus. Diese 1 Mio. Euro befinden sich nur am Stichtag der Bilanz, d.h. am 31.12.2007 in der Kasse der GmbH. Am 02.01.2008 kann die Kasse bereits einen gänzlich anderen Wert aufweisen. Dieser Kassenbestand am 31.12.2007 ist also keine Gewähr dafür, dass die BusPlan GmbH möglichen Zahlungsverpflichtungen in Höhe von 500.000 Euro am 10.01.2008 nachkommen kann.

Im Gegensatz zu den Bestandsgrößen stellen **Stromgrößen** zeitraumbezogene Informationen dar. Der Wert von Stromgrößen gilt nicht nur für einen Stichtag, sondern einen vorher genau definierten Zeitraum, eine Periode, wie z.B. ein Geschäftsjahr. Die Erträge und Aufwendungen der Gewinn- und Verlustrechnung sind typische Stromgrößen.

Beispiel: Der Umsatz der BusPlan GmbH in der Gewinn- und Verlustrechnung zum 31.12.2007 in Höhe von 25 Mio. Euro bedeutet natürlich nicht, dass das Unternehmen diesen Umsatz allein an diesem Tag erzielt hat. Vielmehr sagt die Stromgröße aus, dass das Unternehmen diesen Umsatz im gesamten, abgelaufenen Geschäftsjahr 2007 erwirtschaftet hat.

Bis auf die Bestandsgrößen der Bilanz sind die Wertgrößen der anderen Teilgebiete des Rechnungswesens jeweils **Stromgrößen**. Zu unterscheiden sind dabei

- die **Einzahlungen** und **Auszahlungen** der Liquiditätsrechnung,
- die **Einnahmen** und **Ausgaben** der Finanzierungsrechnung,
- die **Erträge** und **Aufwendungen** der Gewinn- und Verlustrechnung sowie
- die **Leistungen** und **Kosten** der Kosten- und Leistungsrechnung.

Tab. 29 stellt die Definitionen dieser Begriffspaare gegenüber.

Tab. 29. Stromgrößen des betrieblichen Rechnungswesens

Einzahlung	Zufluss liquider Mittel als Erhöhung des Bar- und Buchgeldbestandes in einer Periode.
Auszahlung	Abfluss liquider Mittel als Verminderung des Bar- und Buchgeldbestandes in einer Periode.
Einnahme	Wert aller Wirtschaftsgüter, die einem Unternehmen in einer Periode zugegangen sind.
Ausgabe	Wert aller Wirtschaftsgüter, die von einem Unternehmen in einer Periode abgegeben wurden.
Ertrag	Wertzuwachs einer bestimmten Periode, der in der Gewinn- und Verlustrechnung ausgewiesen wird.
Aufwand	Werteverzehr einer bestimmten Periode, der in der Gewinn- und Verlustrechnung ausgewiesen wird.
Leistungen	Wertzuwachs durch alle in einer Periode erstellten, betrieblichen Produkte und Dienstleistungen (betrieblicher, periodenbezogener und ordentlicher Ertrag).
Kosten	Werteverzehr durch alle in einer Periode erstellten, betrieblichen Produkte und Dienstleistungen (betrieblicher, periodenbezogener und ordentlicher Aufwand).

Diese Begriffspaare sollen zum besseren Verständnis voneinander abgegrenzt und den jeweiligen Bestandsgrößen gegenübergestellt werden (Abb. 71). Jede Stromgröße ist somit definiert durch eine Veränderung einer bestimmten Bestandsgröße. So stellt eine Veränderung des **Zahlungsmittelbestandes** (Kassenbestand und Sichtguthaben bei Kreditinstituten) eine Auszahlung bzw. Einzahlung dar. Hingegen nennt man jeden Geschäftsvorfall, der zu einer Verminderung bzw. Erhöhung des **Geldvermögens** führt, Ausgabe bzw. Einnahme. Das Geldvermögen ist dabei definiert als Zahlungsmittelbestand + Forderungen – Verbindlichkeiten. Eine Verminderung bzw. Erhöhung des **Reinvermögens** nennt man Aufwand bzw. Ertrag.

Weiterhin bauen auch die Bestandsgrößen jeweils aufeinander auf:

Bargeld + verfügbare Bankguthaben
= Zahlungsmittelbestand

+ Forderungen – Verbindlichkeiten
= Geldvermögen

+ Sachvermögen
= Reinvermögen

+ Verbindlichkeiten
= Gesamtvermögen

– betriebsfremdes Vermögen
= betriebsnotwendiges Vermögen

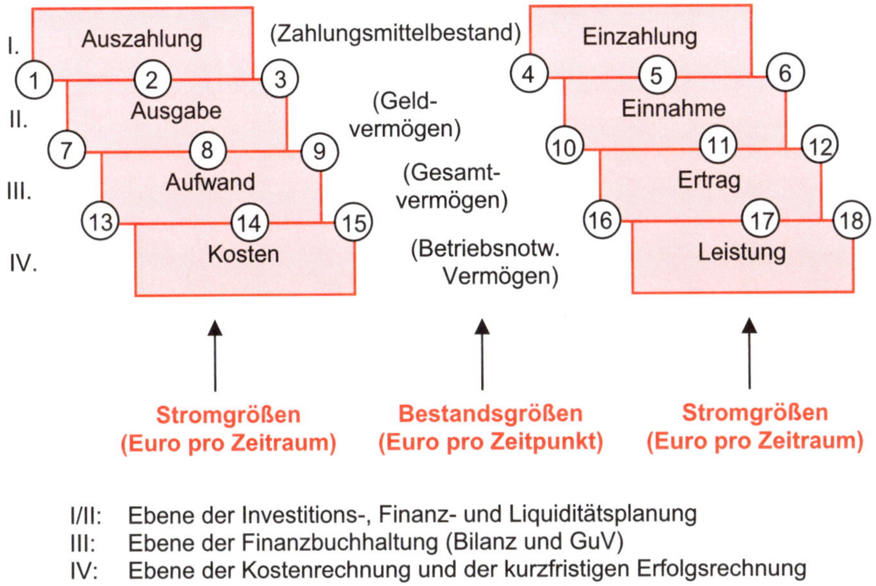

Abb. 71. Zusammenhang zwischen Strom- und Bestandsgrößen

Wie Abb. 71 verdeutlicht, kann ein Geschäftsvorfall gleichzeitig mehrere Stromgrößen darstellen. So kann ein Geschäftsvorfall gleichzeitig Auszahlung, Ausgabe, Aufwand und Kosten sein. Dies wäre etwa der Fall bei einer Reparatur an einer betrieblich genutzten Maschine, die bar bezahlt wird. In der Regel lässt sich für den typischen Sachverhalt der Herstellung eines physischen Produkts der in Abb. 72 dargestellte zeitliche Ablauf annehmen.

Da nicht alle möglichen Kombinationen von Stromgrößen besprochen werden sollen, soll im Folgenden jeweils die Abgrenzung zwischen zwei Stromgrößen vorgenommen werden. Durch diese Abgrenzung ergeben sich insgesamt 18 Fälle. Die in der Abbildung angegebenen arabischen Ziffern stehen für die nachfolgend zu besprechenden Beispielfälle. Zu beachten ist, dass ein Geschäftsvorfall nicht gleichzeitig eine negative und eine positive Stromgröße darstellen kann. Eine Auszahlung kann also (beim gleichen Unternehmen) nicht auch einen Ertrag darstellen. Einzige Ausnahme bildet der Verkauf von Vermögensgegenständen unter ihrem Buchwert.

Der Erwerb von Wirtschaftsgütern führt regelmäßig zur Verpflichtung einer Gegenleistung – im Allgemeinen durch die Bezahlung der gekauften Produkte und Dienstleistungen. Erfolgen Kauf und Bezahlung in der gleichen Periode, so handelt es sich sowohl um eine **Auszahlung** als auch eine **Ausgabe**, andernfalls fallen beide Stromgrößen auseinander.

Beispiel: Die BusPlan GmbH kauft im Jahre 2007 Baumaterial für 450.000 Euro. Der Zugang dieser Wirtschaftsgüter stellt im Jahr 2007 eine Ausgabe dar. Ob es sich allerdings gleichzeitig auch um eine Auszahlung in 2007 handelt, hängt vom Zeitpunkt der Zahlung ab. Bezahlt die BusPlan GmbH das Baumaterial per Banküberweisung noch im Jahr 2007, so liegt in diesem Jahr sowohl eine Auszahlung als auch eine Ausgabe vor. Nimmt die BusPlan GmbH allerdings einen Lieferantenkredit in Anspruch und bezahlt das Baumaterial erst 2008, gilt für 2007, dass zwar keine Auszahlung, aber eine Ausgabe vorliegt. Die Zahlung in 2008 bedeutet für dieses Geschäftsjahr zwar eine Auszahlung, aber keine Ausgabe.

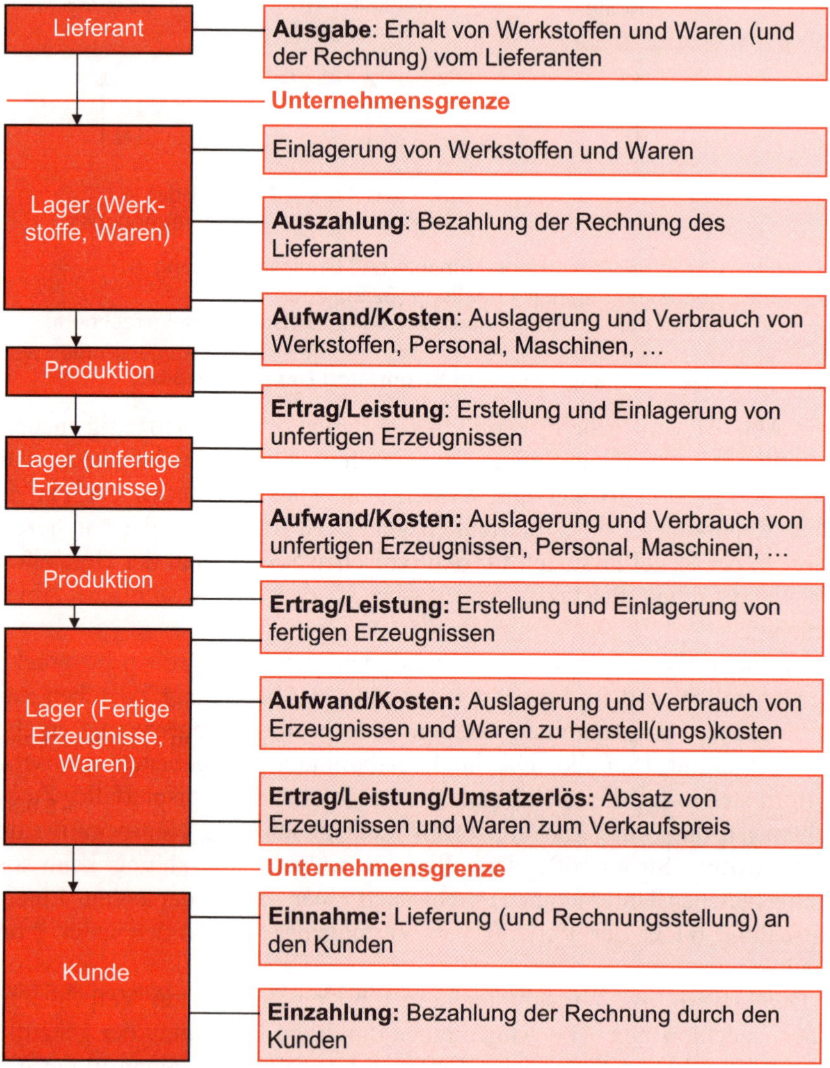

Abb. 72. Typische zeitliche Abfolge der Stromgrößen[153]

[153] Vgl. Vahs/Schäfer-Kunz (2007), S. 601.

Die Fälle 1-3 beziehen sich auf die Abgrenzung von Auszahlungen und Ausgaben.

A u s z a h l u n g e n (Periode)
(= Verminderung des Zahlungsmittelbestandes)

Auszahlungen,
keine Ausgaben
(1)

Auszahlungen =
Ausgaben
(2)

Ausgaben =
Auszahlungen
(2)

Ausgaben,
keine Auszahlungen
(3)

A u s g a b e n (Periode)
(= Verminderung des Geldvermögens)

Fall 1: Auszahlungen, keine Ausgaben (Beispiel 1)								
Bartilgung eines Finanzkredits, der in einer früheren Periode aufgenommen wurde.								
Auszahlungen	±	Forderungsänderung	+	Schuldenabgang			=	Ausgaben
- 100.000	±	0	+	100.000			=	0
Änderung des Zahlungsmittelbestandes							=	- 100.000
Änderung des Geldvermögens							=	± 0

Fall 1: Auszahlung, keine Ausgabe (Beispiel 2)								
Herauslegung eines eigenen Darlehens (Finanzkredits)								
Auszahlungen	+	Forderungszugang	±	Schuldenänderung			=	Ausgaben
- 8.000	+	8000	±	0			=	0
Änderung des Zahlungsmittelbestandes							=	- 8.000
Änderung des Geldvermögens							=	± 0

Fall 2: Auszahlungen = Ausgaben								
Barentnahme in Höhe von € 6.000, Bareinkauf von Produktionsfaktoren (€ 6.000)								
Auszahlungen	±	Forderungsänderung	±	Schuldenänderung			=	Ausgaben
- 6.000	±	0	±	0			=	- 6.000
Änderung des Zahlungsmittelbestandes							=	- 6.000
Änderung des Geldvermögens							=	- 6.000

Fall 3: Ausgaben, keine Auszahlungen								
Wareneinkauf auf Ziel in Höhe von € 900								
Auszahlungen	±	Forderungsänderung	-	Schuldenzugang	=	Ausgaben		
0	±	0	-	900	=	- 900		
Änderung des Zahlungsmittelbestandes					=	± 0		
Änderung des Geldvermögens					=	900		

Die Fälle 4-6 beziehen sich auf die Abgrenzung von Einzahlungen und Einnahmen.

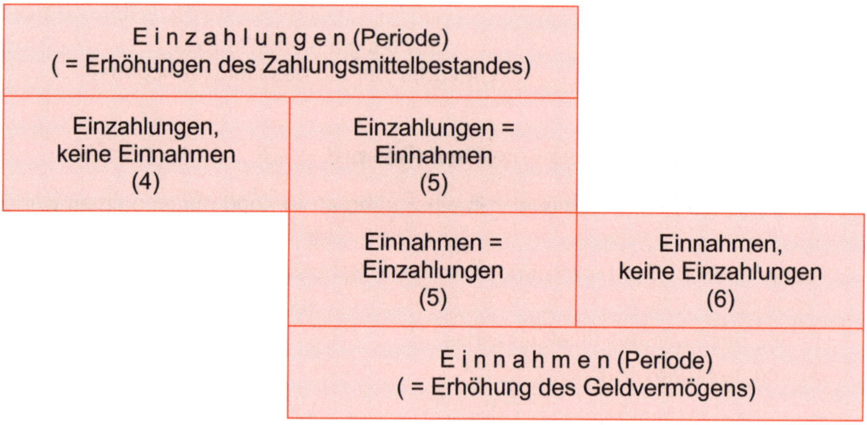

Fall 4: Einzahlungen, keine Einnahmen (Beispiel 1)						
Aufnahme eines Barkredits						
Einzahlungen	+	Forderungszugang	-	Schuldenzugang	=	Einnahmen
20.000	+	0	-	20.000	=	0
Änderung des Zahlungsmittelbestandes					=	+ 20.000
Änderung des Geldvermögens					=	± 0

Fall 4: Einzahlungen, keine Einnahmen (Beispiel 2)						
Bartilgung in Bar eines vom Betrieb gegebenen Finanzkredits						
Einzahlungen	-	Forderungsabgang	±	Schuldenänderung	=	Einnahmen
20.000	-	20.000	±	0	=	0
Änderung des Zahlungsmittelbestandes					=	+ 20.000
Änderung des Geldvermögens					=	± 0

Fall 5: Einnahmen = Einzahlungen (Beispiel 1)						
Barzuführung von € 2.000 Eigenkapital						
Einzahlungen	±	Forderungsänderung	±	Schuldenänderung	=	Einnahmen
2.000	±	0	±	0	=	2.000
Änderung des Zahlungsmittelbestandes					=	+ 2.000
Änderung des Geldvermögens					=	+ 2.000

Fall 5: Einnahmen = Einzahlungen (Beispiel 2)						
Barverkauf von Fertigfabrikaten oder Waren (€ 3.000)						
Einzahlungen	±	Forderungsänderung	±	Schuldenänderung	=	Einnahmen
3.000	±	0	±	0	=	3.000
Änderung des Zahlungsmittelbestandes					=	+ 3.000
Änderung des Geldvermögens					=	+ 3.000

Fall 6: Einnahmen, keine Einzahlungen						
Warenverkauf auf Ziel in Höhe von € 700						
Einzahlungen	+	Forderungszugang	±	Schuldenänderung	=	Einnahmen
0	+	700	±	0	=	700
Änderung des Zahlungsmittelbestandes					=	0
Änderung des Geldvermögens					=	+ 700

Kauft ein Unternehmen Wirtschaftsgüter ein, so erfolgt in der Regel im Anschluss daran der vollständige Verbrauch oder ein Gebrauch über einen längeren Zeitraum. Beides stellt im wirtschaftlichen Sinne einen Werteverzehr dar. Werden der Erwerb und der Werteverzehr in der gleichen Periode vorgenommen, handelt es sich gleichzeitig um eine Ausgabe und einen Aufwand, ansonsten fallen die beiden Stromgrößen in unterschiedlichen Perioden an.

Beispiel: Die BusPlan GmbH kauft im Jahre 2007 das Baumaterial – der Zeitpunkt der Bezahlung soll jetzt vernachlässigt werden. Im Jahre 2007 fällt damit die Ausgabe an. Verbraucht die BusPlan GmbH im selben Jahr das Baumaterial, so liegt für 2007 sowohl eine Ausgabe als auch Aufwand vor. Wandert das Baumaterial allerdings in das Lager und wird erst 2008 verbraucht, so bedeutet dies für 2007, dass zwar eine Ausgabe, aber kein Aufwand vorliegt. Für 2008 kann dann allerdings keine Ausgabe, dafür aber ein Aufwand festgestellt werden.

Die Fälle 7-9 beziehen sich auf die Abgrenzung von Ausgaben und Aufwand.

<table>
<tr><td colspan="2">A u s g a b e n (Periode)
(= Verminderung des Geldvermögens)</td><td></td></tr>
<tr><td>Ausgaben,
kein Aufwand
(7)</td><td>Ausgaben
= Aufwand
(8)</td><td></td></tr>
<tr><td></td><td>Aufwand =
Ausgaben
(8)</td><td>Aufwand,
keine Ausgaben
(9)</td></tr>
<tr><td></td><td colspan="2">A u f w e n d u n g e n (Periode)
(= Verminderung des Nettovermögens)</td></tr>
</table>

Fall 7: Ausgaben, kein Aufwand				
Kauf von Sachvermögen (z.B. Maschine) und Ansatz in der Finanzbuchhaltung zu den Anschaffungskosten, unabhängig von der Art und dem Zeitpunkt der Zahlung				
Sachvermögenszugang		Geldvermögensabgang		Gesamtvermögens-
20.000	-	(Ausgabe)	=	abgang (Aufwand)
	-	20.000	=	0

Fall 8: Ausgaben = Aufwand				
Entstehung einer Zinszahlungsverpflichtung in Höhe von € 1.400 gegenüber einem Kreditgeber				
Sachvermögens-		Geldvermögensabgang		- Gesamtvermögens-
änderung	-	(Ausgaben)	=	abgang (Aufwand)
0	-	1.400	=	- 1.400

Fall 9: Aufwand, keine Ausgaben					
Abschreibung einer früher angeschafften Maschine					
	Sachvermögens-		Geldvermögensänderung		- Gesamtvermögens-
-	abgang	±	(Ausgaben)	=	abgang (Aufwand)
-	900	±	1.400	=	- 900

Eine besondere Rolle für den Fall 9 (Aufwand, keine Ausgaben) stellen Abschreibungen und Rückstellungen dar, da beide immer Aufwand aber niemals Ausgaben sind.

Abschreibungen dienen der Erfassung des betrieblichen Werteverzehrs. Ziel der planmäßigen Abschreibung bei Vermögensgegenständen des Anlagevermögens ist die Periodisierung, d.h. eine periodengerechte Aufwandsverteilung, indem die Anschaffungs- und Herstellungskosten auf die erwartete Nutzungsdauer verteilt werden. In jeder Periode wird der Wertansatz der betreffenden Bilanzposition (Vermögensgegenstand) um die Abschreibung der jeweiligen Periode vermindert. Bei der außerplanmäßigen Abschreibung wird eine Wertberichtigung bei einer Bilanzposition des Anlage- oder Umlaufvermögens vorgenommen. Planmäßige Abschreibungen sind gekennzeichnet durch den zugrunde gelegten Abschreibungszeitraum und die Wahl der Abschreibungsmethode.

Der **Abschreibungszeitraum** bestimmt sich grundsätzlich nach der wirtschaftlichen Nutzungsdauer des Vermögensgegenstands. Aus Vereinfachungsgründen wird die Nutzungsdauer bei der handelsrechtlichen Buchführung aufgrund der Maßgeblichkeit der Handelsbilanz für die Steuerbilanz meist den steuerrechtlichen AfA-Tabellen (AfA, Absetzung für Abnutzung) entnommen. Die AfA-Tabellen werden vom Bundesfinanzministerium auf Basis der Erfahrungen von Betriebsprüfungen herausgegeben und geben für eine Vielzahl von Vermögensgegenständen die betriebsgewöhnliche Nutzungsdauer an.

Die Höhe der Abschreibung pro Periode bestimmt sich durch die Wahl der **Abschreibungsmethode**. Grundsätzlich sollte die Abschreibung zwar genau den Werteverzehr in der Periode wiedergeben. Allerdings wird aus Gründen der Praktikabilität meist auf vereinfachende Methoden zurückgegriffen. Grundsätzlich unterscheidet man die folgenden Abschreibungsmethoden:

- **zeitproportionale Abschreibung**, bei der nur die Zeit den Wertverzehr bestimmt;
- **leistungsproportionale Abschreibung**, bei der der Wertverzehr abhängig von der verrichteten Leistung (z.B. Betriebsstunden einer Maschine) gemessen wird;
- **Substanzwertabschreibung**: Durch Nutzung wird die Substanz verringert (z.B. Kiesgrube, Steinbruch).

Die bekannteste Abschreibungsmethode ist dabei die zeitproportionale Abschreibung. Diese kann wiederum untergliedert werden in:

- **lineare Abschreibung**, bei der die Anschaffungs- bzw. Herstellungskosten des abzuschreibenden Wirtschaftsgutes gleichmäßig auf die Jahre der Nutzungsdauer aufgeteilt werden. Die Höhe der Abschreibung ist dabei in jeder Periode konstant und bestimmt sich, indem die Anschaffungs- bzw. Herstellungskosten durch die Nutzungsdauer dividiert werden. Die lineare Abschreibung wird in den meisten Fällen angewendet, da sie sowohl handels- als auch steuerrechtlich anerkannt ist.
- **geometrisch-degressive Abschreibung**, bei der jeweils ein fester Prozentsatz (z.B. 30%) des Restbuchwertes abgeschrieben wird. Da bei einer prozentualen Abschreibung immer ein Restbuchwert verbleibt,

muss später auf die lineare Abschreibungsmethode gewechselt werden, um eine Vollabschreibung zu erreichen.

- **arithmetisch-degressive Abschreibung**, die handelsrechtlich zulässig ist. Hierbei verringert sich der Abschreibungsbetrag in jeder Periode um einen festen Betrag (Degressionsbetrag). Der Degressionsbetrag ist der Quotient aus Anschaffungskosten und der Summe der geplanten Nutzungsjahre (z.B. bei 3 Nutzungsjahren: 1 + 2 + 3 = 6). Damit ist das Wirtschaftsgut am Ende der Nutzungsdauer vollständig abgeschrieben. Die gängigste Form der arithmetisch-degressiven Abschreibung stellt die digitale Abschreibung, bei welcher die Abschreibung im letzten Nutzungsjahr genau so hoch ist wie der jährliche Differenzbetrag.
- **progressive Abschreibung**, die durch im Zeitablauf steigende Abschreibungsbeträge gekennzeichnet ist. Ein Beispiel sind etwa Kohlebergwerke, da mit zunehmender Nutzungsdauer der Abbau des Materials immer komplizierter, technisch anspruchsvoller und damit teurer wird. Der Progressionsbetrag ist der Quotient aus Anschaffungskosten und der Summe der geplanten Nutzungsjahre (z.B. bei 3 Nutzungsjahren: 1 + 2 + 3 = 6).

Zu beachten ist, dass es sich bei Wirtschaftsgütern des Anlagevermögens typischerweise so verhalten wird, dass zwar in der ersten Periode in der Liquiditätsrechnung eine Auszahlung in voller Höhe der Anschaffungskosten zu verbuchen ist, wohingegen sich in der Gewinn- und Verlustrechnung nur ein Aufwand in Höhe des ersten Abschreibungsbetrages niederschlägt. Die Gesamtsumme der Abschreibungen stimmt jedoch (in der externen Rechnungslegung) mit der Anschaffungsauszahlung überein. Liquiditäts- und Gewinn- und Verlustrechnung unterscheiden sich daher nur in der zeitlichen Verteilung der Anschaffungsauszahlung. Etwas anderes gilt jedoch für die Kostenrechnung, bei der etwa durch die Berücksichtigung von Inflation die Summe der Abschreibungen höher sein kann als die Anschaffungsauszahlung.

Rückstellungen sind Bilanzposten für ungewisse Verbindlichkeiten, also wirtschaftliche Verpflichtungen, die

- dem Grunde nach,
- des Auszahlungszeitpunktes oder
- der Höhe nach

noch nicht bestimmt sind. Durch ihre Passivierung wird dem in den deutschen Rechnungslegungsvorschriften vorherrschenden Gläubigerschutzgedanken (Vorsichtsprinzip) Rechnung getragen, da gewährleistet wird, dass ein Unternehmen bei Eintritt der ungewissen Verbindlichkeit über hinreichend Kapital verfügt, um die Verpflichtung zu erfüllen. Ihre Bildung wird mit dem Realisationsprinzip oder dem Imparitätsprinzip begründet.

Ausdrücklich geregelt ist die Rückstellungsbildung in § 249 HGB. Das HGB sieht für eine Bilanz nach deutschem Recht zwei grundsätzliche Rückstellungsarten vor:

- **Rückstellungen für ungewisse Verbindlichkeiten** im Außenverhältnis, § 249 Abs. 1 HGB (auch als Schuldrückstellungen bezeichnet) und
- **Aufwandsrückstellungen**, bei denen keine Verpflichtung gegenüber Dritten besteht, sondern nur im Innenverhältnis, § 249 Abs. 2 HGB, einschließlich Instandhaltungsverpflichtungen (§ 249 Abs. 1 Nr. 1 Passivierungspflicht, unter Umständen Wahlrecht zur Bildung nach § 249 Abs. 1 S. 3 HGB).

Zur ersten Variante gehören die **Rückstellungen für ungewisse Verbindlichkeiten im engeren Sinne** (§ 249 Abs. 1 S. 1 1. Hs. HGB) und die **Rückstellungen für nur faktische Verpflichtungen ohne rechtliche Verpflichtung** (§ 249 Abs. 1 Nr. 2 HGB). Diese liegen vor, wenn Aufwendungen entstanden sind, die der Höhe nach (oder dem Grunde nach) noch unbekannt sind. Diese Aufwendungen hängen aber mit bereits erzielten Erträgen zusammen. Daher müssen sie diesen Erträgen zugeordnet werden. Beispiele sind:

- **Pensionsrückstellungen**, die als Aufwendungen wie die laufenden Lohnzahlungen mit dem abgelaufenen Geschäftsjahr zusammenhängen, in dem die Angestellten beschäftigt sind.
- **Gewährleistungsverpflichtungen** für die in dem jeweiligen Geschäftsjahr verkauften Produkte. Dies geschieht in der Regel durch den pauschalen Ansatz von Erfahrungswerten.
- **Gewinnsteuerzahlungen** für das abgelaufene Geschäftsjahr (Körperschaftsteuer und Gewerbesteuer).
- **Erwartete Schadensersatzpflichten** aus Produkthaftungsprozessen für schadhafte Produkte, die eventuell in weit zurückliegenden Geschäftsjahren verkauft wurden.
- **Rückstellungen für passive latente Steuern**, die Kapitalgesellschaften nach § 274 Abs. 1 HGB bilden müssen.

Zu der ersten Variante gehören auch die **Rückstellungen für drohende Verluste aus schwebenden Geschäften** nach § 249 Abs. 1 S. 1 2. Hs. HGB (**Drohverlustrückstellungen**), die zu bilden sind, wenn der erwartete Ertrag aus einem schwebenden Geschäft geringer ist als die erwarteten Kosten.

Beispiel: Am 1. Dezember 2008 wird mit einem Kunden ein Vertrag über die Herstellung einer Maschine abgeschlossen. Die Maschine soll am 1. Februar 2009 geliefert werden, der vereinbarte Kaufpreis beträgt 100.000 Euro. Die zur Herstellung nötigen Teile sollen ca. 50.000 Euro kosten, die Maschine soll im Januar 2009 gebaut werden. Wegen einer Rohstoffknappheit steigt der zu erwartende Einkaufspreis des Materials bereits im Dezember 2008 auf 150.000 Euro, so dass die Herstellung und der Verkauf der Maschine im Januar 2009 zu einem Verlust von 50.000 Euro führen werden. Dieser Verlust ist durch die Bildung einer Drohverlustrückstellung noch im Geschäftsjahr 2008 zu antizipieren.

Aufwandsrückstellungen unterscheiden sich von den anderen Rückstellungen dadurch, dass keine Verpflichtung gegenüber Dritten besteht, sondern vielmehr eine sogenannte Innenverpflichtung besteht.

Beispiel: Eine Maschine müsste im Dezember gewartet werden, was jedoch aus betrieblichen Gründen unterbleibt. Die Wartung soll im nächsten Jahr nachgeholt werden. (a) Wenn die Wartung bis Ende März durchgeführt werden soll, so ist nach § 249 Abs. 1 Nr. 1 HGB zwingend eine Aufwandsrückstellung zu bilden. (b) Wenn die Wartung zwischen April und Dezember nächsten Jahres durchgeführt werden soll, darf nach § 249 Abs. 1 Nr. 2 eine Aufwandsrückstellung gebildet werden, sie muss aber nicht gebildet werden.

Die Fälle 10-12 beziehen sich auf die Abgrenzung von Einnahmen und Erträgen.

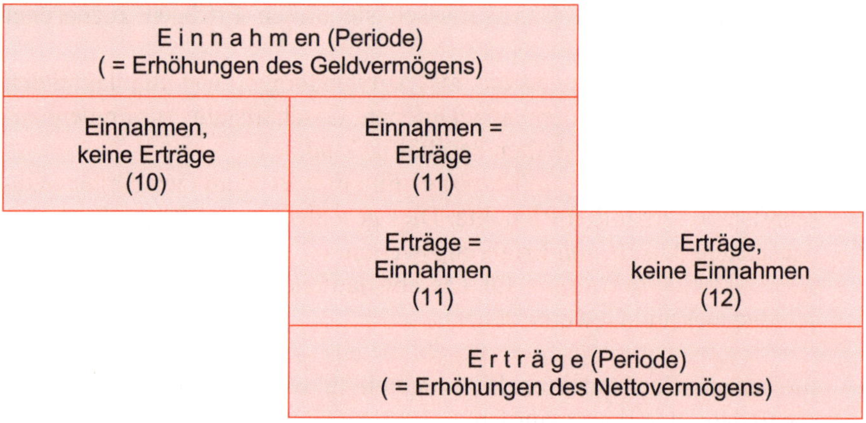

Fall 10: Einnahmen, keine Erträge						
Verkauf von Sachvermögen zum Buchwert						
	Sachvermögens-		Geldvermögensänderung		Gesamtvermögens-
-	abgang	+	(Einnahme)	=	änderung (Ertrag)
-	900	+	900	=	0

Fall 11: Einnahmen = Erträge				
Entstehung eines Zinsanspruches gegenüber einem Kreditnehmer				
Sachvermögens-		Geldvermögenszugang		Gesamvermögens-
änderung	+	(Einnahme)	=	änderung (Ertrag)
0	+	1.000	=	1.000

Fall 12: Erträge, keine Einnahmen				
Werterhöhung eigener Sachvermögensgegenstände				
Sachvermögenszugang		Geldvermögensänderung		Gesamtvermögens-
3.000	±	(Einnahme)	=	zugang (Ertrag)
	±	0	=	3.000

Zwar gilt grundsätzlich, dass sowohl Aufwand als auch Kosten jeweils den Werteverzehr in einer Periode erfassen, dies erfolgt allerdings einerseits im externen Rechnungswesen und andererseits im internen Rechnungswesen. Da die Aufgaben dieser beiden Teilgebiete des Rechnungswesens unterschiedlicher Natur sind, wird der verwendete Werteverzehr auf verschiedene Weise definiert. Zwar sind dennoch Aufwand und Kosten in der Mehrzahl der Fälle identisch, allerdings bestehen auch Unterschiede, weil

- neutraler Aufwand keine Kosten darstellt und
- kalkulatorischen Kosten kein Aufwand oder aber Aufwand in anderer Höhe gegenübersteht.

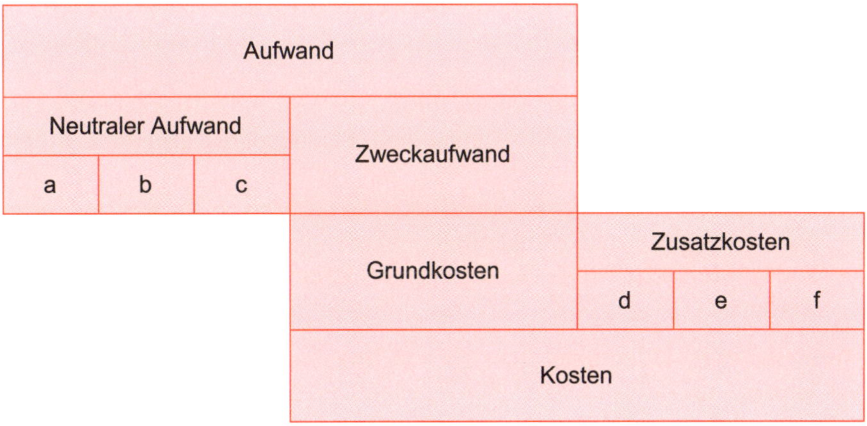

Neutraler Aufwand kann in drei unterschiedlichen Ausprägungen auftreten und zwar als

- **betriebsfremder Aufwand**, wenn der Werteverzehr nicht dem Erreichen des betrieblichen Hauptzweckes dient (z.B. Spenden oder Aufwand für betriebliche Sportanlagen);
- **periodenfremder Aufwand**, wenn der Werteverzehr und die Erfassung in der Gewinn- und Verlustrechnung auseinanderfallen und sich somit keine Kosten in der betreffenden Periode ergeben (z.B. Gewerbesteuernachzahlung) oder
- **außerordentlicher Aufwand**, wenn der Werteverzehr zwar dem betrieblichen Hauptzweck dient, aber dieser Werteverzehr unvorhergese-

hen eintritt oder in nicht erwarteter Höhe (z.B. die Vernichtung der Vorräte durch Wassereinbruch).

Der neutrale Aufwand wird zwar in der Gewinn- und Verlustrechnung ausgewiesen, aber nicht in der Kosten- und Leistungsrechnung.

Kalkulatorische Kosten verrechnet man in der Kosten- und Leistungsrechnung entweder

- zusätzlich (Zusatzkosten) oder
- in anderer Höhe (Anderskosten)

als in der Gewinn- und Verlustrechnung. Dies ist deshalb notwendig, um den Aufgaben der Kosten- und Leistungsrechnung für Planungs-, Steuerungs- und Kontrollzwecke gerecht werden zu können. Andererseits dürfen aufgrund der Notwendigkeit, einen objektiven Jahresüberschuss auszuweisen, die kalkulatorischen Bestandteile in der Gewinn- und Verlustrechnung nicht erscheinen.

Zusatzkosten dienen dazu, den Nutzen zu erfassen, auf den der Unternehmer verzichtet, da die im eigenen Unternehmen eingesetzten Produktionsfaktoren von einer anderweitigen Verwendung ausgeschlossen sind. Dieser Verzicht auf einen anderweitigen Nutzen stellt damit aus Unternehmersicht Kosten dar, die als Opportunitätskosten bezeichnet werden.

Als Zusatzkosten verrechnet man in der Kosten- und Leistungsrechnung im Allgemeinen:

- **Kalkulatorische Unternehmerlöhne**, die den Arbeitseinsatz der Unternehmer in Einzelunternehmen und Personengesellschaften widerspiegeln.
- **Kalkulatorische Eigenkapitalzinsen** als Gegenwert für das im Unternehmen eingesetzte Eigenkapital.
- **Kalkulatorische Miete** für die eigenen Räume, die betrieblich genutzt werden.

Anderskosten stellen eine abweichende Bewertung des Werteverzehrs in der Kosten- und Leistungsrechnung gegenüber der Gewinn- und Verlustrechnung dar. Anderskosten werden vor allem in folgenden Fällen ermittelt:

- **Kalkulatorische Abschreibungen**, weil in der Gewinn- und Verlustrechnung von den Anschaffungskosten, in der Kosten- und Leistungsrechnung aber von Wiederbeschaffungspreisen ausgegangen wird.
- **Kalkulatorische Zinsen**, weil an Stelle der tatsächlich gezahlten Fremdkapitalzinsen in der Kosten- und Leistungsrechnung ein kalkulatorischer Zinssatz verrechnet wird.
- **Kalkulatorische Wagnisse**, weil in der Kosten- und Leistungsrechnung nicht die tatsächlich eingetretenen Wagnisse, sondern Durchschnittswerte berücksichtigt werden.

6.2 Externe Rechnungslegung

6.2.1 Grundlegende Zusammenhänge

Für das Verständnis der externen Rechnungslegung ist die Erkenntnis von Bedeutung, dass es für den externen Rechnungslegungsadressaten nur drei Auswertungen gibt, von denen er die Ausgangsdaten für seine Beurteilung des Unternehmens beziehen kann. Es handelt sich dabei um

- die Bilanz (Balance Sheet),
- die Gewinn- und Verlustrechnung (Profit and Loss Statement) und
- die Kapitalflussrechnung (Cash Flow Statement).

Bevor in den nachfolgenden Abschnitten detailliert auf diese drei Auswertungen vor dem Hintergrund der Rechnungslegungsnormen eingegangen wird, soll ihre Bedeutung im Folgenden abstrakt erläutert werden.

Die **Bilanz** kann als ein Motor mit einer bestimmten Leistung angesehen werden, der Geschwindigkeit in Form von Gewinn erzeugt. Die Analogie verdeutlicht, dass ein solcher Motor zwar einen zu erwartenden Leistungsbereich hat, er aber je nach den individuellen Fahrkünsten die Geschwindigkeit variieren wird. Die Bilanz ist damit eine Momentaufnahme aller von dem Unternehmen verwendeten Vermögensgegenstände und dem ihm zur Verfügung gestellten Kapital. Es handelt sich um eine statische Auswertung, die sich auf einen bestimmten Zeitpunkt bezieht. Mit Momentaufnahmen zu verschiedenen Zeitpunkten wie etwa Monat, Quartal bzw. Jahr kann untersucht werden, wie sich die Vermögenswerte und das Kapital im Laufe der Zeit entwickeln.

Die **Gewinn- und Verlustrechnung** ermittelt den Gewinn bzw. den Verlust, der sich aus der Geschäftstätigkeit in einer Periode ergibt. Grundsätzlich geschieht dies durch Bildung der Differenz aus den Gesamterträgen und den Gesamtaufwendungen. Während in der Bilanz der Gewinn einer Abrechnungsperiode als Saldo anhand der Gegenüberstellung von Vermögens- und Kapitalpositionen zu einem Zeitpunkt (Bilanzstichtag) ermittelt wird, saldiert die Gewinn- und Verlustrechnung sämtliche Erträge und Aufwendungen einer Periode und ermittelt somit nicht nur den Gewinn, sondern gibt zusätzlich seine Quellen an. Grundidee der Gewinn- und Verlustrechnung ist es, die Erträge und Aufwendungen den jeweiligen Geschäftsjahren zuzurechnen, wodurch sich ein „gleichmäßiger" Gewinnausweis ergibt. Verdeutlichen lässt sich dies am Beispiel der Abschreibungen. Wie erläutert wurde, werden bei der Abschreibung die Anschaffungs- bzw. Herstellungskosten eines Vermögensgegenstandes des Anlagevermögens auf die Geschäftsjahre der Nutzung verteilt. Dahinter steht die Prämisse, dass mit Hilfe dieses Vermögensgegenstandes in den entsprechenden Jahren auch Erträge erwirtschaftet wurden, denen die Aufwendungen gegenübergestellt werden sollen. Diese Vorgehensweise bietet zwar bedeutende Vorteile, wenn man sich die einzelnen Funktionen des Jahresabschlusses, insbesondere die Zahlungsbemessungsfunktion, vor Augen hält. Problematisch ist jedoch, dass zum einen durch den glättenden Effekt der Gewinnermittlung Informationen verloren gehen und zum anderen die Gewinngröße manipulationsanfällig ist.

Die **Kapitalflussrechnung** ermöglicht einen Einblick in die Liquiditätslage des Unternehmens. Die Veränderung der Liquidität, d.h. die Differenz aus Einzahlungen und Auszahlungen, bezeichnet man dabei als **Cash Flow**. Addiert man den Anfangsbestand der liquiden Mittel und den Cash Flow, so erhält man den Endbestand der liquiden Mittel am Ende der Periode. Die Kapitalflussrechnung hat im Vergleich zur Gewinn- und Verlustrechnung zwei grundlegende Vorteile. Erstens gilt die Kapitalflussrechnung als eine sehr aussagefähige und wenig manipulierbare Auswertung, da Ein- und Auszahlungen in der Regel eindeutig bestimmt werden können. Zweitens handelt es sich bei der Liquidität, anders als beim Gewinn, nicht um eine Buchgröße, sondern um eine reale Größe. Ein Zufluss von liquiden Mitteln kann dazu verwendet werden, Investitionen zu tätigen, Forschung und Entwicklung durchzuführen, Schulden zu tilgen, andere Unternehmen zu kaufen oder Ausschüttungen an die Anteilseigner vorzunehmen.

Im Gegensatz dazu sagt ein hoher Gewinn nichts darüber aus, ob das Unternehmen überhaupt die Liquidität besitzt, diesen Gewinn für irgendeinen der genannten Zwecke zu verwenden. Da Aufwendungen und Erträge einer Periode nicht mit den Ein- und Auszahlungen dieses Zeitraumes deckungsgleich sein müssen, verbergen sich in der Gewinn- und Verlustrechnung auch die Ein- und Auszahlungen aus vorherigen oder nachfolgenden Perioden. Zum Cash Flow zählen deshalb der Jahresüberschuss und alle nicht auszahlungswirksamen Aufwendungen (z.B. Abschreibungen auf Anlagen oder Zuführungen zu langfristigen Rückstellungen). Der Cash Flow lässt grundsätzlich erkennen, in welchem Maße sich ein Unternehmen aus eigener Kraft finanzieren kann. Anhand der Höhe und Entwicklung des Cash Flows lassen sich Rückschlüsse auf die Ertragskraft, Selbstfinanzierungskraft, Kreditwürdigkeit und Expansionsfähigkeit eines Unternehmens ziehen.

Die drei erläuterten Auswertungen stehen jedoch nicht unverbunden nebeneinander, sondern hängen vielmehr voneinander ab (Abb. 73). Denn erst zusammen ergeben sie einen vollständigen Überblick über die Vermögens-, Finanz- und Ertragslage des Unternehmens. Der Zusammenhang ergibt sich dadurch, dass die Kapitalflussrechnung die Veränderung der liquiden Mittel zweier aufeinanderfolgender Bilanzen erläutert, während die Gewinn- und Verlustrechnung die Veränderung des Eigenkapitals erklärt.

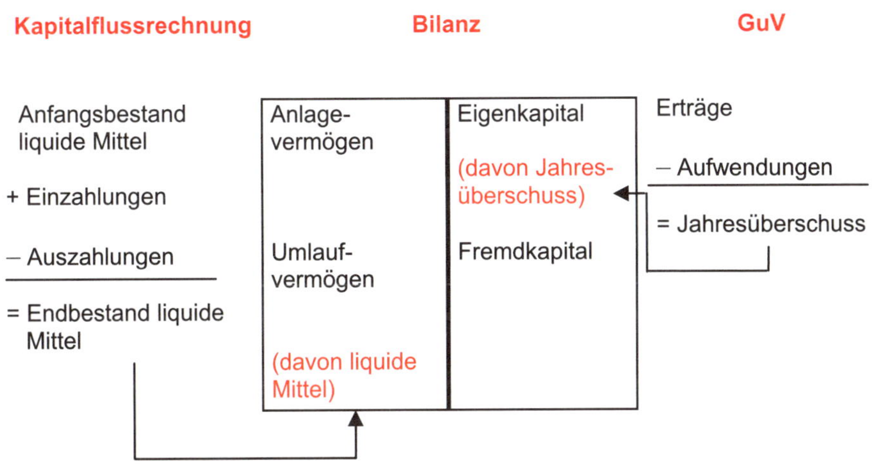

Abb. 73. Zusammenhang zwischen Kapitalflussrechnung, Bilanz und GuV

6.2.2 Der handelsrechtliche Jahresabschluss

Im Rahmen der Darstellung des externen Rechnungswesens unterscheidet man die beiden Teilbereiche des handelsrechtlichen und steuerrechtlichen Jahresabschlusses. Die folgenden Ausführungen beziehen sich ausschließlich auf die handelsrechtliche Jahresabschlusserstellung.

Die **Jahresabschlussadressaten** sind neben der Unternehmensführung alle an der wirtschaftlichen Lage eines Unternehmens interessierten Personen (stakeholder). Dazu zählen insbesondere

- die Eigen- und Fremdkapitalgeber,
- die Arbeitnehmer,
- die Kunden und Lieferanten sowie
- der Staat bzw. Fiskus.

Das Interesse dieser Personengruppen ist vielfältiger Natur, führt aber jeweils dazu, dass Informationen über die wirtschaftliche Lage des Unternehmens abgerufen werden. Die Eigen- und Fremdkapitalgeber versprechen sich durch die Bereitstellung von Kapital eine feste oder möglichst hohe Verzinsung. Die Arbeitnehmer erwarten eine angemessene Bezahlung und einen krisensicheren Arbeitsplatz. Kunden und Lieferanten sind ebenfalls Interessengruppen, die sich durch die Geschäftsverbindung zum Unternehmen einen eigenen Vorteil in Form von guten Produkten bzw. einer festen Absatzbasis versprechen. Und nicht zuletzt der Staat erwartet von den Unternehmen einen soliden Beitrag zum Steueraufkommen.

Der Jahresabschluss soll mittels einer objektivierten Darstellung den Informationsbedürfnissen der einzelnen Gruppen von Adressaten nachkommen, um sichtbar zu machen, ob ihre jeweiligen Interessen im Unternehmen ausreichend vertreten sind. Um gleichzeitig zu verhindern, dass Fremdkapitalgeber und Minderheitsgesellschafter eines Unternehmens aufgrund ihres geringen wirtschaftlichen Einflusses Vermögensverluste erleiden, hat der Gesetzgeber versucht, den Gedanken des Gläubiger- und Anlegerschutzes in den gesetzlichen Vorschriften zu verankern.

Somit lassen sich die folgenden Aufgaben des handelsrechtlichen Jahresabschlusses unterscheiden:

- Zahlungsbemessungsfunktion und
- Informationsfunktion.

In der Literatur und Rechtsprechung hat sich die Auffassung durchgesetzt, dass die Ermittlung des ausschüttbaren Jahresüberschusses das primäre Ziel der Jahresabschlusserstellung ist (**Zahlungsbemessungsfunktion**). Hierbei muss der Gesetzgeber dem Konflikt Rechnung tragen, dass die Gläubiger an einer möglichst niedrigen und die Anleger an einer möglichst hohen Ausschüttung interessiert sind. Unter dem Gedanken des Gläubigerschutzes existieren Regelungen, die zu einer Ausschüttungssperre führen. Andererseits sind bestimmte gesetzliche Vorschriften so zu interpretieren, dass eine Mindestausschüttung, vor allem für Minderheitsgesellschafter, gewährleistet sein soll.

Um die **Informationsfunktion** zu erfüllen, sollen mit der Erstellung des Jahresabschlusses die Ergebnisse des Wirtschaftens im Unternehmen in der vergangenen Periode möglichst realistisch abgebildet werden.

Je nach Informationsempfänger kann die Informationsfunktion in weitere Teilfunktionen zerlegt werden und zwar vor allem in die

- Dokumentationsfunktion,
- Rechenschaftsfunktion und
- Publizitätsfunktion.

Die **Dokumentationsfunktion** stellt eine Art Selbstschutz der Unternehmensführung dar. Es soll durch die Pflicht zur Aufstellung eines Jahresabschlusses erreicht werden, dass die Unternehmensführung jederzeit über die wirtschaftliche Lage des Unternehmens und seiner Vermögensgegenstände informiert ist. Außerdem dient der Jahresabschluss der Schuldendeckungskontrolle. Dies bedeutet, dass die Überprüfung der Zahlungsfähigkeit des Unternehmens die Frage beantworten soll, mit welcher Wahrscheinlichkeit eine Insolvenz eintreten könnte. Da der Jahresabschluss aber nur eine vergangenheitsbezogene Rechnung ist, lassen sich mit ihm lediglich Anhaltspunkte über die zukünftige Liquidität ableiten.

Die Unternehmensleitung ist rechtlich der Verwalter fremden Vermögens – des Vermögens der Eigenkapitalgeber. Es ist deshalb selbstverständlich, dass vor allem in Kapitalgesellschaften aus der Trennung von

Unternehmensführung und Anteilseignern die Notwendigkeit resultiert, die Eigenkapitalgeber periodisch über den Stand ihres Vermögens zu unterrichten (**Rechenschaftsfunktion**). Der Jahresabschluss stellt somit für die Eigenkapitalgeber ein wichtiges Instrument dar, um den Wert ihres Kapitalanteils im Unternehmen richtig einschätzen zu können.

Weiterhin wendet sich der Jahresabschluss mit seiner **Publizitätsfunktion** an die übrigen externen Informationsadressaten, die ein berechtigtes Interesse an Informationen über die wirtschaftlichen Verhältnisse des Unternehmens haben. Abschließend sollte nicht unerwähnt bleiben, dass der Gesetzgeber nicht nur das Informationsbedürfnis der externen Informationsadressaten, sondern auch das Schutzbedürfnis des jeweiligen Unternehmens beachten muss. Denn häufig können publizierte Informationen an Konkurrenten gelangen, die durch die Ausnutzung dieser Informationen dem Unternehmen wirtschaftlich schaden könnten, was natürlich nicht im Sinne der Interessengruppen des Unternehmens sein kann.

Aus den Aufgaben des handelsrechtlichen Jahresabschlusses leiten sich die gesetzlichen Bestimmungen zu dessen Erstellung und Veröffentlichung ab. Die Rechtsgrundlagen dazu finden sich vor allem im Handelsgesetzbuch (HGB). Die den Jahresabschluss betreffenden Bestimmungen sind im Dritten Buch des HGB konzentriert. Nach § 238 Abs. 1 HGB i.V.m. § 242 HGB muss jeder Kaufmann einen Jahresabschluss erstellen, jedoch gilt diese Verpflichtung nur für den Ist-Kaufmann. Nach § 140 Abgabenordnung (AO) muss der Kaufmann, der nach dem HGB zur Jahresabschlusserstellung verpflichtet ist, diese Verpflichtung auch für die Besteuerung erfüllen. Gilt für gewerbliche Unternehmen nicht bereits § 140 AO, so erweitert § 141 AO die Verpflichtung auf Gewerbebetriebe, die eine der dort genannten Wertgrenzen überschreiten, d.h. im Kalenderjahr einen Umsatz von mehr als 500.000 Euro oder im Wirtschaftsjahr einen Gewinn von mehr als 50.000 Euro erwirtschaftet haben.

Das HGB sieht für Kapitalgesellschaften ergänzende Vorschriften vor. Begründet ist dies in der auf das Vermögen der Gesellschaft beschränkten Haftung. Aus Gründen des Gläubigerschutzes soll die Haftungsmasse vor ungerechtfertigtem Zugriff geschützt werden. Insbesondere soll verhindert werden, dass die Anteilseigner der Gesellschaft die Haftungsmasse durch „übermäßige" Ausschüttungen verringern (Zahlungsbemessungsfunktion).

Die Vorschriften zur Erstellung des Jahresabschlusses sind allerdings nicht nur rechtsformabhängig, sondern richten sich auch nach der Größe der jeweiligen Unternehmen. Das HGB unterteilt die Kapitalgesellschaften in

- kleine Kapitalgesellschaften (§ 267 Abs. 1 HGB),
- mittelgroße Kapitalgesellschaften (§ 267 Abs. 2 HGB) und
- große Kapitalgesellschaften (§ 267 Abs. 3 HGB).

Tab. 30 gibt einen Überblick über die Abgrenzungsmerkmale.

Tab. 30. Größenkriterien nach § 267 HGB

Abgrenzungs-merkmal	Bilanzsumme	Umsatzerlöse	∅ Arbeitnehmer pro Jahr
Kleine Kapital-gesellschaft	≤ 4,015 Mio. Euro	≤ 8,03 Mio. Euro	≤ 50 Arbeitnehmer
Mittelgroße Kapi-talgesellschaft	> 4,015 und ≤ 16,06 Mio. Euro	> 8,03 und ≤ 32,12 Mio. Euro	> 50 und ≤ 250 Arbeitnehmer
Große Kapital-gesellschaft	Mehr als 16,06 Mio. Euro	Mehr als 32,12 Mio. Euro	Mehr als 250 Arbeitnehmer

Ein Unternehmen wird dann einer der drei Größenklassen zugeordnet, wenn mindestens zwei der drei Abgrenzungsmerkmale erfüllt sind. Das Unternehmen unterliegt damit den jeweiligen in den drei Klassen geltenden Aufstellungs-, Prüfungs- und Offenlegungspflichten. Ein Wechsel der bisherigen Größenklasse wird dann notwendig, wenn an zwei aufeinanderfolgenden Abschlussstichtagen mindestens zwei der drei Abgrenzungsmerkmale über- oder unterschritten werden.

Eine Kapitalgesellschaft wird immer als große Kapitalgesellschaft behandelt (§ 267 Abs. 3 S. 2 HGB), wenn von ihr ausgegebene Aktien oder Wertpapiere an einer Börse in einem Mitgliedstaat der EU

- zum amtlichen Handel zugelassen sind oder
- in den geregelten Freiverkehr einbezogen sind oder
- die Zulassung zum amtlichen Handel beantragt ist.

Neben dem HGB existieren Bestimmungen des AktG für Aktiengesellschaften, des GmbHG für Gesellschaften mit beschränkter Haftung sowie des Publizitätsgesetzes für Personengesellschaften, die zusätzlich zur Erstellung des Jahresabschlusses heranzuziehen sind.

Der handelsrechtliche Jahresabschluss, den **Einzelkaufleute und Personengesellschaften** zu erstellen haben, besteht aus der Bilanz und der Gewinn- und Verlustrechnung (§ 242 Abs. 3 HGB). Weder für die Bilanz (§ 242 Abs. 1 HGB) noch für die Gewinn- und Verlustrechnung (§ 242 Abs. 2 HGB) existieren explizite Vorschriften über den Inhalt und die Darstellung, d.h. dass beide Jahresabschlussteile entweder in Staffel- oder in Kontenform erstellt werden könnten. Im Allgemeinen richten sich aber auch diese Unternehmen nach den expliziten Vorschriften des HGB für Kapitalgesellschaften.

Kapitalgesellschaften haben einen handelsrechtlichen Jahresabschluss aufzustellen, der die Bilanz und die Gewinn- und Verlustrechnung beinhaltet sowie um den Anhang zu erweitern ist (§ 264 Abs. 1 HGB). Für Kapitalgesellschaften schreibt der Gesetzgeber detailliert vor, wie der Inhalt der Bilanz auszusehen hat und dass sie in Kontenform aufzustellen ist (§ 266 HGB). Auch für die Gewinn- und Verlustrechnung ist der Inhalt genau vorgegeben. Die Darstellung hat in Staffelform zu erfolgen. Es ist sowohl das Gesamt- als auch das Umsatzkostenverfahren erlaubt (§ 275 HGB).

Neben dem Anhang, dessen Vorschriften sich in §§ 284-288 HGB befinden, besteht für Kapitalgesellschaften eine Pflicht zur Aufstellung des Lageberichts (§ 289 HGB). Der Lagebericht ist allerdings *nicht* Bestandteil des Jahresabschlusses.

Der Aufstellungsumfang und die jeweils zur Aufstellung des Jahresabschlusses verpflichteten Personen werden in Tab. 31 zusammengefasst.

Tab. 31. Aufstellungsumfang und Aufstellungspflichtiger

Rechtsform	Umfang	Aufstellungspflichtiger
Einzelkaufleute und Personenhandelsgesellschaft	Bilanz Gewinn- und Verlustrechnung	Einzelkaufmann Gesellschafter
Kapitalgesellschaft	Bilanz Gewinn- und Verlustrechnung Anhang	Vorstand Geschäftsführer
Genossenschaft	Bilanz Gewinn- und Verlustrechnung Anhang	Vorstand

Versucht man, die Tätigkeiten im Rahmen der Jahresabschlusserstellung anhand des zeitlichen Aspektes zu systematisieren, so ergeben sich folgende Schritte:

(1) Aufstellung,
(2) Prüfung,
(3) Feststellung und
(4) Offenlegung.

Die vollständige Abfolge dieser Vorgehensweise haben gemäß HGB allerdings nur Kapitalgesellschaften einzuhalten sowie die dem Publizitätsgesetz unterliegenden Einzelkaufleute und Personenhandelsgesellschaften. Ansonsten sind für Einzelkaufleute und Personenhandelsgesellschaften nur die Vorschriften der Aufstellung zu berücksichtigen. Die Aufstellung des Jahresabschlusses bezeichnet die Aufbereitung von Informationen, die der Jahresabschluss aufgrund gesetzlicher Vorschriften enthalten muss oder aufgrund von Wahlrechten enthalten kann. Die Tätigkeiten zur Bereitstellung der notwendigen Informationen für die Aufstellung beginnen im Allgemeinen nicht erst am Bilanzstichtag, sondern erstrecken sich über den gesamten Zeitraum des Geschäftsjahres, z.B. in Form der laufenden Buchung von Geschäftsvorfällen in der Finanzbuchführung.

Der Jahresabschluss von Einzelkaufleuten und Personengesellschaften besteht aus der Bilanz und der Gewinn- und Verlustrechnung (§ 242

Abs. 3 HGB). Die **Aufstellung** des Jahresabschlusses dieser Rechtsformen ist innerhalb einer dem ordnungsmäßigen Geschäftsgang entsprechenden Zeit vorzunehmen (§ 243 Abs. 3 HGB). Dieser unbestimmte Zeitraum wird durch den Bundesfinanzhof so ausgelegt, dass die Aufstellung innerhalb von 12 Monaten nach Ablauf des betreffenden Geschäftsjahres zu erfolgen hat (BFH-Urteil v. 06.12.1983, BStBl II 1984, S. 227).

Kapitalgesellschaften haben für den Jahresabschluss neben der Bilanz und der Gewinn- und Verlustrechnung auch einen Anhang zu erstellen (§ 264 Abs. 1 HGB). Für diese Rechtsformen schreibt der Gesetzgeber die in der folgenden Tabelle genannten expliziten Aufstellungsfristen vor (§ 264 Abs. 1 HGB), die allerdings von der Zugehörigkeit einer Kapitalgesellschaft zur jeweiligen Größenkategorie des HGB abhängt.

Tab. 32. Aufstellungsfristen für den Jahresabschluss

Unternehmenskategorie	Aufstellungsfrist	Veröffentlichungsfrist
Kleine Kapitalgesellschaft	6 Monate	12 Monate
Mittelgroße Kapitalgesellschaft	3 Monate	9 Monate
Große Kapitalgesellschaft	3 Monate	9 Monate

Im Rahmen der **Prüfung** wird die Übereinstimmung des vorliegenden Jahresabschlusses mit den gesetzlichen Vorschriften untersucht. Für mittelgroße und große Kapitalgesellschaften schreibt der Gesetzgeber die Prüfungspflicht verbindlich vor (§ 316 HGB). Andere Gesellschaften können sich auf freiwilliger Basis prüfen lassen. Die Jahresabschlussprüfung hat ein nicht am Unternehmen beteiligter Wirtschaftsprüfer oder vereidigter Buchprüfer vorzunehmen.

Nach der Prüfung bedarf es bei der GmbH und der AG eines Feststellungsbeschlusses, damit der Jahresabschluss rechtskräftig wirksam wird. Mit der **Feststellung** wird der vorliegende Jahresabschluss von den Beteiligten als richtig anerkannt. Auf der Grundlage des festgestellten Jahresabschlusses wird die Ergebnisverwendung festgelegt. Die Feststellung erfolgt bei der GmbH durch die Gesellschafter. Demgegenüber nehmen bei der AG entweder der Vorstand und der Aufsichtsrat gemeinsam oder die Hauptversammlung die Feststellung vor.

Der Gesetzgeber schreibt im HGB ferner die **Offenlegung** des festgestellten Jahresabschlusses für Kapitalgesellschaften vor (§ 325 HGB). Diese Publizitätspflicht ist deshalb notwendig, weil bei Kapitalgesellschaften nicht alle Gesellschafter die Möglichkeit haben, Einblick in die Bücher des Unternehmens zu nehmen, an dem sie beteiligt sind. Als Offenlegung unterscheidet man die Veröffentlichung im Bundesanzeiger und die Bekanntmachung im Bundesanzeiger, bei welchem Handelsregister die Unterlagen eingereicht wurden.

Gemäß HGB hat jeder (Voll-)Kaufmann am Anfang und am Ende jedes Geschäftsjahres seine Vermögensgegenstände und Schulden art-, mengen- und wertmäßig anzugeben (§ 240 HGB). Das dabei zu erstellende Verzeichnis wird **Inventar** genannt. Die zum Inventar führende Tätigkeit der mengen- und wertmäßigen Erfassung bezeichnet man als **Inventur**. Diese Bestandsaufnahme erfolgt körperlich (bei körperlichen Vermögensgegenständen) durch Zählen, Messen oder Wiegen und buchmäßig (bei nichtkörperlichen Vermögensgegenständen und Schulden) durch die Abstimmung vorhandener Belege.

Das HGB lässt verschiedene Inventurarten zu (§§ 240 u. 241 HGB), die sich hinsichtlich Zeitpunkt und Zeitraum der Bestandsaufnahme unterscheiden:

- **Stichtagsinventur** (§ 240, Abs. 2 HGB): Bei diesem klassischen Inventurverfahren fallen Bilanzstichtag, Tag der Bestandsaufnahme und Inventarstichtag zusammen.
- **Permanente Inventur** (§ 241 Abs. 2 HGB): Um die mögliche Schließung des Unternehmens und einen zusätzlichen Personalbedarf zu vermeiden, kann im Rahmen der permanenten Inventur die Bestandsaufnahme auf beliebige Zeitpunkte im Laufe des Geschäftsjahres mit geringer Kapazitätsauslastung verteilt werden. Bei diesem Verfahren muss zur Erstellung des Inventars (der Inventarstichtag und Bilanzstichtag sind identisch) eine mengenmäßige Fortschreibung erfolgen, wobei die Bewertung erst am Bilanzstichtag vorgenommen wird.
- **Vor- oder nachverlegte Inventur** (§ 241 Abs. 3 HGB): Der Inventurtag kann innerhalb der letzten 3 Monate vor oder innerhalb der ersten 2 Monate nach dem Bilanzstichtag liegen. Inventarstichtag und Bilanzstichtag fallen auseinander, weil am Inventurtag ein „besonderes Inventar" erstellt wird. Der sich in der Bilanz ergebende Wert wird durch eine wertmäßige Fortschreibung bzw. Rückrechnung festgestellt.

Das Inventar ist die Grundlage für die Erstellung der Bilanz, dem wichtigsten Teil des Jahresabschlusses. Zwar zeigen sowohl Inventar als auch Bilanz die Höhe des Vermögens und der Schulden an, jedoch unterscheiden sie sich in formaler und materieller Hinsicht. Während das Inventar in Staffelform erstellt wird, erfolgt die Darstellung der Bilanz in Kontenform. Im Inventar findet man z.B. in Bezug auf den Fuhrpark die genaue Auflistung aller in einem Unternehmen vorhandenen Fahrzeuge mit der Bezeichnung des Typs, Farbe, Kennzeichen und Baujahr, um eine genaue Identifizierung zu ermöglichen. Weiterhin wird jedes einzelne Fahrzeug zahlenmäßig und mit seinem Wert erfasst. In der Bilanz hingegen erscheint nur die zusammengefasste Bilanzposition „Fuhrpark" mit dem Wert der Gesamtposition.

6.2.3 Bilanz

6.2.3.1 Grundlegender Aufbau der Bilanz

Die Bilanz ist eine Aufstellung von Vermögen und Kapital des Unternehmens. Traditionell besteht die Bilanz aus zwei Spalten, die in Vermögenswerte (Aktiva) und Kapital (Passiva) eingeteilt wurden (Abb. 74). Zum besseren Verständnis kann die Aktivseite als Mittelverwendung und die Passivseite als Mittelherkunft interpretiert werden, wobei diese allerdings die hinter den Bestandsgrößen stehenden Stromgrößen beschreiben. Wichtig ist, dass die Bilanzsummen beider Seiten identisch sein müssen.

Abb. 74. Zusammenhang zwischen Aktiv- und Passivseite der Bilanz

Gerade im angelsächsischen Wirtschaftsraum wird heutzutage oftmals auch ein einspaltiges Layout verwendet. Diese Darstellung hat einige Vorteile, vor allem bietet sie den Vorteil, dass sie einfach in Tabellenkalkulationsprogrammen entwickelt werden kann.

Auf der **Aktivseite** der Bilanz werden alle Vermögensgegenstände aufgeführt, die im Eigentum des Unternehmens stehen. Vermögensgegenstände werden in den Konten mit ihren Anschaffungs- oder Herstellungskosten bzw., sofern sie bereits abgeschrieben wurden, mit den verbleibenden Buchwerten aufgeführt. Daher stellt die Aktivseite eine Liste aller Vermögensgegenstände und deren Zeitwert für das Unternehmen dar.

Auf der **Passivseite** der Bilanz steht hingegen das Kapital des Unternehmens. Hierbei kann grundsätzlich unterschieden werden zwischen dem **Eigenkapital**, das dem Unternehmen von den Anteilseignern zur Verfügung gestellt wurde, und dem **Fremdkapital**. Für die Unterscheidung ist jedoch nicht die Person des Kapitalgebers von Bedeutung als vielmehr die Ausgestaltung der mit dem Kapital verbundenen Rechtsposition. Während Eigenkapital das Haftungskapital des Unternehmens darstellt und (etwa bei einer Kapitalgesellschaft) im Falle der Insolvenz verloren ist, haben die Fremdkapitalgeber grundsätzlich einen Rückzahlungsanspruch, der freilich mangels Masse oft nicht in voller Höhe durchgesetzt werden kann. Somit kann auch ein Eigenkapitalgeber dem Unternehmen zusätzliches Kapital als Fremdkapital zur Verfügung stellen, genauso wie ein Fremdkapitalgeber auch (Eigenkapital-)Anteile des Unternehmens erwerben kann.

Der Ausgleich der Bilanzsummen ergibt sich dadurch, dass das Eigenkapital als Residualgröße behandelt wird und genau in der Höhe ausgewiesen wird, dass die Bilanz ausgeglichen ist.

Abb. 75 verdeutlicht den grundsätzlichen Aufbau der Bilanz nach HGB bzw. IFRS. Diese setzt sich aus fünf Blöcken zusammen, wovon sich zwei auf der Aktivseite und drei auf der Passivseite der Bilanz befinden. Da sich dieser grundlegende Aufbau sowohl in der handelsrechtlichen Bilanz als auch in der Bilanz nach den International Financial Reporting Standards (IFRS), den internationalen Rechnungslegungsvorschriften, wiederfindet, sind in der Abbildung auch die englischen Begriffe in Klammern angegeben. Ein großer Unterschied besteht bezüglich der **Rückstellungen**, die im HGB gesondert, bei IFRS jedoch im Rahmen der Liabilities ausgewiesen werden. Abb. 75 orientiert sich daher an den IFRS.

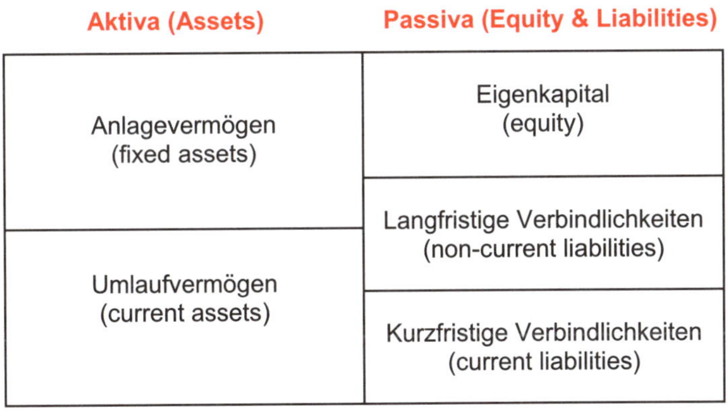

Abb. 75. Grundsätzlicher Aufbau der Bilanz

An der Darstellung wird deutlich, dass die **Fristigkeit des Vermögens bzw. des Kapitals** eine besondere Rolle spielt und dass die Fristigkeit von oben nach unten abnimmt. Betrachtet man zunächst die beiden Kategorien der Aktivseite, so werden hier die Positionen in langfristige und kurzfristige Vermögensgegenstände untergliedert

- Anlagevermögen (AV) und
- Umlaufvermögen (UV).

Das **Anlagevermögen (fixed assets)** umfasst diejenigen Vermögensgegenstände, die dazu bestimmt sind, dem Unternehmen langfristig zu dienen (§ 247 Abs. 2 HGB). Nach IFRS ist die Abgrenzung nach einem Kriterienkatalog vorzunehmen (IAS 1.57), der im Regelfall zu einem vergleichbaren Ergebnis führt. Nach dem Prinzip der Fristigkeit stehen sie an erster

Stelle auf der Aktivseite der Bilanz. Der Begriff Anlagevermögen darf nicht zu wörtlich verstanden werden, da hier auch solche Wirtschaftsgüter aufgeführt werden, die – streng gesehen – keine Anlage darstellen.

Man unterscheidet drei Arten von Gegenständen des Anlagevermögens:

- **Immaterielle Vermögensgegenstände (intangible assets)**: Hier werden mit Ausnahme der Finanzanlagen alle Werte zusammengefasst, die nicht physisch greifbar sind wie etwa Patentrechte, Marken, Lizenzen sowie der Geschäfts- oder Firmenwert. Hinsichtlich der Aktivierung von immateriellen Vermögensgegenständen unterscheiden sich die deutschen Rechnungslegungsnormen deutlich von den internationalen Standards. Während nach dem HGB immaterielle Vermögensgegenstände des Anlagevermögens nur dann aktiviert werden dürfen, also in der Bilanz angesetzt werden, wenn sie entgeltlich erworben wurden, können etwa nach den IFRS auch selbst geschaffene Rechte aktiviert werden (IAS 38). Für selbst geschaffene immaterielle Vermögensgegenstände des Anlagevermögens gilt das Aktivierungsverbot des § 248 Abs. 2 HGB.
- **Sachanlagen (property, plant and equipment)**: Sachanlagen sind materielle Vermögensgegenstände, die sich im Eigentum eines Unternehmens befinden, auf Dauer im Unternehmen verbleiben und betriebsnotwendig sind, also nötig, um die Produktion und den Betrieb aufrechtzuerhalten. Grundstücke, Gebäude, Maschinen und Fuhrpark sind die häufigsten Positionen und werden in § 266 Abs. 2 HGB zum Teil explizit genannt. Nach IFRS muss wahrscheinlich sein, dass der mit dem Asset verbundene zukünftige Nutzen dem Unternehmen zugute kommt und die Anschaffungs- und Herstellungskosten müssen bestimmbar sein (IAS 16.7). Typischerweise werden die Anschaffungs- und Herstellungskosten um die planmäßige Abschreibung vermindert, um so den aktuellen Bilanzwert zu ermitteln.
- **Finanzanlagen (financial assets)**: Nur in seltenen Fällen handelt es sich bei den Finanzanlagen um klassische Kapitalanlagen. Vielmehr beinhalten die Finanzanlagen in der Regel strategische Beteiligungen von Unternehmen im Konzernverbund. Aufgrund der vielfältigen Finanz- und Lieferbeziehungen in Konzernen ist in diesem Fall ein separater Konzernabschluss aufzustellen, der die Aufgabe hat, den Konzern als Einheit darzustellen.

Zum **Umlaufvermögen** (current assets) eines Unternehmens gehören Vermögensgegenstände, die umlaufen beziehungsweise umgesetzt werden sollen, deren Bestand sich also durch Zu- und Abgänge häufig ändert. Sie befinden sich nur kurze Zeit im Unternehmen und dienen nicht, wie das Anlagevermögen, dauerhaft dem Geschäftsbetrieb. Die Entscheidung darüber, welchen Zweck ein Gegenstand erfüllen soll und welcher Vermögensart er somit zuzurechnen ist, trifft die Unternehmensleitung. Eine selbst produzierte Maschine, die verkauft werden soll, wird zum Umlaufvermögen gerechnet. Verbleibt sie dauerhaft im Betrieb, ist sie ein Anlagegegenstand. Eine typische Unterscheidung findet sich bei Pkws: Während bei den meisten Unternehmen Pkws zum Fuhrpark gehören und somit im Anlagevermögen aktiviert werden, weist ein Automobilhersteller die von ihm hergestellten und zum Verkauf bestimmten Fahrzeuge im Umlaufvermögen aus. Nach IFRS ist wiederum der Kriterienkatalog nach IAS 1.57 maßgeblich. Ein wichtiger Unterschied zwischen den IFRS im Vergleich zum HGB besteht darin, dass bei langfristigen Fertigungsaufträgen, die über den Abschlussstichtag hinaus reichen (construction contracts), grundsätzlich auch eine Aktivierung teilfertiger assets möglich ist (IAS 11). Die damit einhergehende Teilgewinnrealisierung ist bei den IFRS gerade eine gewünschte Konsequenz im Sinne des Prinzips der periodengerechten Erfolgsermittlung.

Die Posten des Umlaufvermögens können unter folgenden Überschriften zusammengefasst werden:
- Vorräte (inventories),
- Forderungen und sonstige Vermögensgegenstände (trade receivables),
- Wertpapiere (current investments) und
- Liquide Mittel (cash and cash equivalents).

Diese Positionen des Umlaufvermögens verändern sich im Rahmen der Geschäftstätigkeit des Unternehmens ständig. Rohmaterial wird zu fertigen Waren weiterverarbeitet. Wenn diese Waren verkauft werden, entsteht eine Forderung, die in absehbarer Zeit dem Unternehmen wieder liquide Mittel zuführt. In Bezug auf das Umlaufvermögen stellt sich in der Bilanzierungspraxis die Frage, wie mit den sich laufend ändernden Marktwerten der Vermögensgegenstände des Umlaufvermögens zu verfahren ist. Wie ist der Bilanzwert zu bestimmen, und in welchen Fällen muss bzw. darf er angepasst werden? Diese Frage wird zum einen von den unterschiedlichen Rechnungslegungsstandards unterschiedlich beantwortet, zum anderen bieten selbst genaue Regelungen dem Bilanzersteller einen Ermessensspielraum, den er „strategisch" ausnutzen kann.

Auf der Passivseite der Bilanz ist bei einer nach Fristigkeit orientierten Betrachtung zunächst das **Eigenkapital** zu untersuchen. Das Eigenkapital setzt sich aus den von den Anteilseignern dem Unternehmen ohne zeitliche Begrenzung zur Verfügung gestellten Mitteln zusammen. Gemeinsam ist dem HGB und den IFRS, dass es sich beim Eigenkapital um eine Residualgröße, d.h. der Differenz aus Vermögen und Fremdkapital handelt. Vor diesem Hintergrund ist zu beachten, dass für den Bilanzleser primär der Saldo des Eigenkapitals entscheidend ist und nicht die Unterteilung in viele verschiedene Positionen. Zwar existieren je nach Rechtsform unterschiedliche Ausweise der Eigenkapitalpositionen, deren Behandlung sich weiterhin in den unterschiedlichen Rechnungslegungsstandards deutlich unterscheidet. Allerdings kann hinsichtlich der Kapitalgesellschaften die folgende Einteilung vorgenommen werden:

- **Gezeichnetes Kapital (paid-in capital)**: Hierbei handelt es sich um den Nennwert (par value) der ausgegebenen Eigenkapitalanteile des Unternehmens.
- **Kapitalrücklagen (share premium)**: Bei den Kapitalrücklagen handelt sich um Rücklagen, die nicht durch die Geschäftstätigkeit erwirtschaftet wurden, sondern vielmehr im Rahmen von Kapitalerhöhungen durch die Gesellschafter dem Unternehmen zugeführt wurden. In den meisten Fällen handelt es sich dabei um den Betrag, der bei der Ausgabe von Anteilen über den Nennbetrag hinaus eingezahlt wurde (**Agio**).
- **Gewinnrücklagen (other reserves)**: Die Gewinnrücklagen basieren auf Mitteln, die von der Gesellschaft im Rahmen der betrieblichen Tätigkeit erwirtschaftet wurden. Die im HGB unterschiedenen fünf Arten von Gewinnrücklagen (§ 266 Abs. 3) werden im folgenden Abschnitt erläutert.
- **Retained earnings**: Die reteained earnings der IFRS haben keine Entsprechung im HGB. Es handelt sich dabei um die thesaurierten Vorjahresergebnisses sowie das Ergebnis des Geschäftsjahres. Sie stellen daher das Ausschüttungspotenzial des Unternehmens dar.

Das **Fremdkapital (liabilities)** umfasst diejenigen Kapitalbeträge, die dem Unternehmen nur zeitlich begrenzt zur Verfügung stehen. Während im HGB dabei zwischen Verbindlichkeiten, Rückstellungen und passiven Rechnungsabgrenzungsposten unterschieden wird, werden nach den IFRS und den US-GAAP die Rückstellungen den Liabilities zugeordnet. Verbindlichkeiten sind Zahlungsverpflichtungen eines Unternehmens gegenüber Dritten, die dem Grunde und der Höhe nach bekannt sind sowie deren Fälligkeitstermin eindeutig determiniert ist. Beispiele für Verbindlichkeiten finden sich im Gliederungsschema des § 266 HGB:

(1) Anleihen;
(2) Verbindlichkeiten gegenüber Kreditinstituten;
(3) erhaltene Anzahlungen auf Bestellungen;
(4) Verbindlichkeiten aus Lieferungen und Leistungen;
(5) Verbindlichkeiten aus der Annahme gezogener Wechsel und der Ausstellung eigener Wechsel;
(6) Verbindlichkeiten gegenüber verbundenen Unternehmen;
(7) Verbindlichkeiten gegenüber Unternehmen, mit denen ein Beteiligungsverhältnis besteht;
(8) sonstige Verbindlichkeiten.

In der Bilanz oder im Anhang werden nach HGB bei großen und mittelgroßen Kapitalgesellschaften zusätzliche Informationen verlangt, die es dem Bilanzleser ermöglichen, die Fristigkeit einzelner Verbindlichkeitspositionen anhand deren Restlaufzeit einzuteilen. Eine solche Einteilung erfolgt nach HGB grundsätzlich anhand der Restlaufzeit. Dabei unterscheidet man typischerweise kurzfristige Verbindlichkeiten (Restlaufzeit kleiner als 1 Jahr), mittelfristige Verbindlichkeiten (Restlaufzeit zwischen einem und fünf Jahren) und langfristigen Verbindlichkeiten (Restlaufzeit größer als 5 Jahre). Einen anderen Weg schlagen die IFRS ein, bei denen die Unterscheidung nicht nur auf Basis der Restlaufzeit, sondern auch auf Basis der geschäftlichen Art der Verpflichtung erfolgt:

- Die **kurzfristigen Verbindlichkeiten (current liabilities)** weisen eine große Ähnlichkeit mit dem Umlaufvermögen auf. Beispielsweise bilden die Verbindlichkeiten aus Lieferung und Leistung das Pendant zu den Forderungen aus Lieferung und Leistung. Ebenso können den liquiden Mitteln im Umlaufvermögen die Kontokorrentkredite in den kurzfristigen Verbindlichkeiten gegenübergestellt werden. Wie die liquiden Mittel können auch die kurzfristigen Verbindlichkeiten, dann zu Lasten des Unternehmens, täglich zurückgefordert werden. Das Verhältnis von Umlaufvermögen und kurzfristigen Verbindlichkeiten stellt daher einen grundlegenden Zusammenhang bei der Bilanzanalyse dar.
- Die **langfristigen Verbindlichkeiten (non-current liabilities)** umfassen alle Hypotheken, Darlehen, Kredite und Anleihen, die eine Rückzahlungsfrist von mindestens einem Jahr haben. Generell ist bei den langfristigen Verbindlichkeiten verwirrend, dass so vielfältige Bezeichnungen existieren. Diese sind zwar aus Sicht des Finanzmanagements von Bedeutung, da sie mit unterschiedlichen Konditionen wie Zinsen, Gestaltung der Rückzahlung etc. verbunden sind, der durchschnittliche Bilanzleser hat allerdings trotz in der Regel umfangreicher Anhangsangaben zu wenig Detailinformationen, um diese Positionen näher zu betrachten.

Die bereits beschriebenen **Rückstellungen** stellen nach HGB Bilanzposten für ungewisse Verbindlichkeiten dar, also wirtschaftliche Verpflichtungen, die

- dem Grunde nach,
- des Auszahlungszeitpunktes oder
- der Höhe nach

noch nicht bestimmt sind. In der HGB-Bilanz zählen die Rückstellungen nicht zu den Verbindlichkeiten, sondern stellen eine eigenständige Bilanzposition auf der Passivseite dar. Im Gegensatz dazu existiert in den IFRS kein exaktes Gegenstück. Vielmehr unterscheidet IAS 37 zwischen provisions, accruals und contingent liabilities. Diese stellen jedoch keine eigenständige Bilanzposition dar, sondern werden unter den liabilities ausgewiesen.

Die **passiven Rechnungsabgrenzungsposten** stellen schließlich Einnahmen vor dem Abschlussstichtag dar, die erst in einem Folgejahr zu Erträgen führen. Ein typisches Beispiel stellt die Vorauszahlung eines Kunden dar. Auch nach den IFRS sind wegen des Prinzips der Periodenabgrenzung (IAS 1.25) grundsätzlich Rechnungsabgrenzungsposten zu bilden, die jeweils in den liabilities auszuweisen sind.

Die in Abb. 75 dargestellte Bilanz bietet mit ihren fünf Einteilungen eine einfache und übersichtliche Grobgliederung. Gerade im Rahmen der Bilanzanalyse wird deutlich, wie leistungsfähig dieser Aufbau ist, um die Vielschichtigkeit der Unternehmensfinanzierung zu durchschauen und auch die auf Basis der Bilanz erstellten Kennzahlen verstehen zu können.

Im Folgenden wird nun der Aufbau der Bilanz nach HGB gesondert erläutert.

6.2.3.2 Die Bilanz nach dem HGB

Für **Einzelkaufleute** und **Personengesellschaften** bestimmt § 247 Abs. 1 HGB eine Mindestgliederung, nach der das Anlage- und Umlaufvermögen, das Eigenkapital, die Schulden sowie die Rechnungsabgrenzungsposten gesondert auszuweisen und hinreichend aufzugliedern sind. Die Darstellungsform ist allerdings gesetzlich nicht geregelt. Nach herrschender Meinung sollen sich Einzelkaufleute und Personenhandelsgesellschaften bei der Aufstellung des Jahresabschlusses an der verkürzten Bilanz für kleine Kapitalgesellschaften orientieren. Als Darstellungsform wird in der Praxis in der Regel die Kontenform gewählt.

Große und mittelgroße Kapitalgesellschaften haben ihre Bilanz nach der in § 266 HGB vorgegebenen Gliederung zu erstellen. **Kleine Kapitalgesellschaften** brauchen bei der Bilanzerstellung nur die in § 266 HGB mit Buchstaben und römischen Zahlen bezeichneten Posten in die Bilanz aufzunehmen. Grundsätzlich dürfen Kapitalgesellschaften ihre Bilanz nur in Kontenform aufstellen (§ 266 Abs. 1 HGB). Das Gliederungsschema für kleine Kapitalgesellschaften wird in Tab. 33 wiedergegeben.
Die auf der **Aktivseite** der Bilanz zu aktivierenden Vermögensgegenstände lassen sich in das Anlage- und das Umlaufvermögen unterteilen.

Zum **Anlagevermögen** gehören nur die Vermögensgegenstände, die dazu bestimmt sind, dauernd dem Geschäftsbetrieb zu dienen (§ 247 Abs. 2 HGB). Im Umkehrschluss stehen Vermögensgegenstände des Umlaufvermögens dem Unternehmen nur vorübergehend, d.h. nicht dauerhaft zur Verfügung. Der unbestimmte Rechtsbegriff der Dauerhaftigkeit wurde durch den Bundesfinanzhof dahingehend konkretisiert, dass Vermögensgegenstände des Anlagevermögens Gebrauchsgüter sind, die dem Unternehmen für eine mehrmalige Nutzung zur Verfügung stehen sollen. Bei Verbrauchsgütern ist hingegen nur ein einmaliger Nutzungsvorgang (Verkauf oder Verbrauch) beabsichtigt; diese sind damit dem Umlaufvermögen zuzurechnen (BFH-Urteil v. 13.01.1972, BStBl. II 1972, S. 744).

Tab. 33. Gliederungsschema der Bilanz nach § 266 Abs. 2, 3 HGB

Aktiva	Passiva
A. Anlagevermögen	A. Eigenkapital
I. Immaterielle Vermögensgegenstände	I. Gezeichnetes Kapital
II. Sachanlagen	II. Kapitalrücklage
III. Finanzanlagen	III. Gewinnrücklage
	IV. Gewinnvortrag/Verlustvortrag
	V. Jahresüberschuss/Jahresfehlbetrag
B. Umlaufvermögen	
I. Vorräte	
II. Forderungen und sonstige Vermögensgegenstände	B. Rückstellungen
III. Wertpapiere	
IV. Schecks, Kassengeld, Bundes- und Postgiroguthaben, Guthaben bei Kreditinstituten	C. Verbindlichkeiten
C. Rechnungsabgrenzungsposten	D. Rechnungsabgrenzungsposten

Zum Anlagevermögen gehören (§ 266 Abs. 2 HGB):
- Immaterielle Vermögensgegenstände,
- Sachanlagen und
- Finanzanlagen.

Zu den immateriellen Vermögensgegenständen des Anlagevermögens zählen z.B. Patente, Lizenzen oder auch Rechte, wenn sie entgeltlich erworben wurden und dem Geschäftsbetrieb dauernd zur Verfügung stehen, sowie der derivative Geschäfts- oder Firmenwert.

Bei den **Sachanlagen** unterscheidet man zwischen abnutzbaren und nicht abnutzbaren Vermögensgegenständen. Die abnutzbaren Sachanlagegegenstände unterliegen einem nutzungsbedingten Verschleiß, wie z.B. Gebäude, technische Anlagen und Maschinen sowie die Betriebs- und Geschäftsausstattung. Demgegenüber erfahren die nicht abnutzbaren Sachanlagegegenstände wie etwa Grundstücke bei der Nutzung keine Wertminderung.

Vermögensgegenstände des **Finanzanlagevermögens** sind verbriefte und unverbriefte Anteilsrechte und Gläubigerrechte, die dazu bestimmt sind, dem Geschäftsbetrieb dauernd zur Verfügung zu stehen. Die Dauerbesitzabsicht ist das entscheidende Kriterium für die Aktivierung von Anteilsrechten im Anlagevermögen. Der Ausweis nach § 266 HGB erfolgt vor allem als

- **Beteiligungen**, wobei nach § 271 Abs. 1 HGB im Zweifelsfall ab 20 % Anteilsbesitz eine Beteiligung vorliegt (sogenannte Beteiligungsvermutung) und
- **Anteile an verbundenen Unternehmen**, die durch einen Anteilsbesitz an einem Tochterunternehmen gekennzeichnet sind.

Sollen Anteilsrechte dem Geschäftsbetrieb nicht dauernd zur Verfügung stehen, so sind sie im Umlaufvermögen als Wertpapiere zu aktivieren.

In der Bilanz muss das **Umlaufvermögen** vom Anlagevermögen getrennt ausgewiesen und hinreichend untergliedert werden. (§ 247 Abs. 1 HGB). Aus dem Umkehrschluss des § 247 Abs. 2 HGB ergibt sich, dass zum Umlaufvermögen alle Vermögensgegenstände gehören, die nicht dazu bestimmt sind, dem Geschäftsbetrieb dauernd zur Verfügung zu stehen. Im Einzelnen sind dies aufgrund der Aufzählung des § 266 Abs. 2 HGB

- Vorräte,
- Forderungen und sonstige Vermögensgegenstände,
- Wertpapiere des Umlaufvermögens und
- liquide Mittel.

Das **Vorratsvermögen** als in der Regel größter Posten des Umlaufvermögens setzt sich zusammen aus Roh-, Hilfs- und Betriebsstoffen, unfertigen und fertigen Erzeugnissen, gekauften Waren und geleisteten Anzahlungen. Rohstoffe sind Hauptbestandteile der fertigen Endprodukte (z.B. Holz); Hilfsstoffe sind hingegen nur Nebenbestandteile (z.B. Leim zur Verarbeitung des Holzes). Betriebsstoffe gehen bei der Produktion unter, sind aber für die Herstellung erforderlich (z.B. Schmiermittel für die Holzfräsmaschine). Sind Produkte schon be- oder verarbeitet worden, aber noch nicht verkaufsfertig, so handelt es sich um unfertige Erzeugnisse; liegt auch die Verkaufsfertigkeit vor, bezeichnet man sie als fertige Erzeugnisse. Zahlt ein Unternehmen für bestellte, aber noch nicht gelieferte Vermögensgegenstände an Dritte im Voraus, so sind diese Beträge als geleistete Anzahlungen zu aktivieren.

In den **Forderungen** sind alle finanziellen Leistungen enthalten, die das Unternehmen von Dritten erwartet. Die Forderungen aus Lieferungen und Leistungen stellen dabei die größte Einzelposition dar. Kapitalgesellschaften haben den Betrag von Forderungen mit einer Restlaufzeit von mehr als einem Jahr jeweils gesondert zu vermerken (§ 268 Abs. 4 HGB). Wechsel dürfen nicht in einer eigenen Position ausgewiesen werden, sondern unter den jeweils zugrundeliegenden Forderungen.

Die Position der **sonstigen Vermögensgegenstände** beinhaltet Forderungen, die nicht zu den näher in § 266 HGB aufgeführten Forderungen gehören sowie Vermögensgegenstände, die sonst keiner Position der Aktivseite zugeordnet werden können. Sonstige Vermögensgegenstände sind beispielsweise Gehaltsvorschüsse, Kautionen, Steuererstattungsansprüche oder auch Forderungen aus Bürgschaften.

Die **Wertpapiere des Umlaufvermögens** lassen sich untergliedern in Anteile an verbundenen Unternehmen, eigene Anteile und sonstige Wertpapiere. Besteht für Anteile an verbundenen Unternehmen keine dauerhafte Besitzabsicht, so hat eine Aktivierung im Umlaufvermögen zu erfolgen. Eigene Anteile sind generell im Umlaufvermögen zu aktivieren. Alle übrigen Wertpapiere, die nur zur vorübergehenden Anlage freier Mittel gehalten werden, sind als sonstige Wertpapiere des Umlaufvermögens auszuweisen. Dies sind z.B. festverzinsliche Wertpapiere, Zins- und Dividendenscheine, Bezugsrechte oder auch Finanzwechsel.

Zu den **liquiden Mitteln** gehören im Einzelnen Schecks, Kassenbestände, Sichtguthaben bei Kreditinstituten und bei der Bundesbank.

Die **Passivseite** wird nach der Rechtsstellung der Kapitalgeber in Eigen- und Fremdkapital (Schulden) untergliedert.

Das **Eigenkapital** stellt den Kapitalbetrag in Form von Geld- oder Sachmitteln dar, den die Eigentümer einem Unternehmen bis zum Zeitpunkt der Bilanzerstellung zugeführt oder nicht entnommen haben. Der Inhalt und die Darstellung der Bilanzpositionen des Eigenkapitals sind sehr stark von der Rechtsform des Unternehmens abhängig. Grundsätzlich kann man zwischen konstanten und variablen Eigenkapitalbestandteilen unterscheiden. Das konstante Eigenkapital ist dadurch gekennzeichnet, dass es in einer vorher vereinbarten Höhe dem Unternehmen dauerhaft zur Verfügung stehen soll. Aus diesem Grund ist die Rückzahlung dieser Art des Eigenkapitals an ganz bestimmte gesetzliche Regelungen gebunden. Variable Eigenkapitalbestandteile können sich dagegen von Jahr zu Jahr verändern. Tab. 34 stellt die bilanzielle Zusammensetzung des Eigenkapitals bei den deutschen Rechtsformen dar.

Aufgrund der herausgehobenen Bedeutung der Kapitalgesellschaften sollen ihre Eigenkapitalpositionen im Folgenden näher dargestellt werden. Hierbei sind vor allem die Regelungen der §§ 266, 268 Abs. 1, 272 und 283 HGB zu beachten. Gemäß § 266 HGB ist das Eigenkapital von Kapitalgesellschaften in folgende Positionen zu unterteilen:

I. Gezeichnetes Kapital;
II. Kapitalrücklage;
III. Gewinnrücklagen:
   1. gesetzliche Rücklage;
   2. Rücklage für eigene Anteile;
   3. satzungsmäßige Rücklagen;
   4. andere Gewinnrücklagen;
IV. Gewinnvortrag/Verlustvortrag;
V. Jahresüberschuss/Jahresfehlbetrag.

Das **Gezeichnete Kapital** stellt das konstante Eigenkapital einer Kapitalgesellschaft dar, das nur durch Kapitalerhöhungen oder Kapitalherabsetzungen verändert werden kann. Diese Ausschüttungssperre soll verhindern, dass Ausschüttungen in Zeiten, in denen das Unternehmen keinen Gewinn erzielt, die Substanz der Kapitalgesellschaft gefährden. Die Positionen II. bis V. sind hingegen variable Eigenkapitalbestandteile. In der Bilanz von Kapitalgesellschaften wird das Nominalkapital als gezeichnetes Kapital bezeichnet. Es repräsentiert bei Aktiengesellschaften das **Grundkapital** und bei der GmbH das **Stammkapital**. Das gezeichnete Kapital ist mit dem Nennbetrag der ausgegebenen Anteile anzusetzen (§ 283 HGB).

Tab. 34. Zusammensetzung des Eigenkapitals bei den Rechtsformen

Rechtsform	konstanter Anteil	variabler Anteil
Einzelunternehmen		Kapitalkonto/Privatkonto des Einzelkaufmanns
BGB-Gesellschaft		Kapitalkonten/Privatkonten der Gesellschafter mit den jeweiligen Einlagen
Offene Handelsgesellschaft (OHG)		Kapitalkonten/Privatkonten der Gesellschafter mit den jeweiligen Einlagen
Kommanditgesellschaft (KG)	Kapitalkonto(en) mit der/den Einlage(n) des/der Kommanditisten	Kapitalkonto(en)/Privatkonto(en) des/der Komplementärs(e) mit der/den jeweiligen Einlage(n)*
Stille Gesellschaft	Einlage des/der stillen Gesellschafter(s)	Kapitalkonto/Privatkonto des Firmeninhabers*
Genossenschaft		Geschäftsguthaben der Genossen
Aktiengesellschaft (AG)	Grundkapital (§§ 6, 7, 152 AktG)	Kapitalrücklage Gewinnrücklage Gewinnvortrag/Verlustvortrag Jahresüberschuss/Jahresfehlbetrag
Kommanditgesellschaft auf Aktien (KGaA)	Grundkapital (§§ 6, 7, 152 AktG i.V.m. 278 Abs. 3 AktG	
Gesellschaft mit beschränkter Haftung (GmbH)	Stammkapital (§ 5, 42 GmbHG)	

* Es ist möglich, konstante Kapitalkonten (Kapitalkonto I) mit einem vorgeschalteten (variablen) Sonderkonto (Kapitalkonto II) zu führen.

In der **Kapitalrücklage** werden die Eigenkapitalbeträge ausgewiesen, die die Anteilseigner über das Nominalkapital hinaus der Kapitalgesellschaft zur Verfügung gestellt haben. Nach § 272 Abs. 2 HGB resultieren diese Beträge z.B. aus der Bezahlung eines Aufgeldes (**Agio**) für die Kapitalanteile über den Nennbetrag hinaus, den Mehreinnahmen aus der Ausgabe von Wandel- und Optionsanleihen sowie sonstigen Zuzahlungen der Anteilseigner.

Im Unterschied zu den Kapitalrücklagen werden **Gewinnrücklagen** durch die Einbehaltung nicht ausgeschütteter Gewinne gebildet. Die Gewinnrücklage besteht ihrerseits wieder aus verschiedenen Komponenten. Nach § 150 AktG sind Aktiengesellschaften und KGaAs zur Bildung einer gesetzlichen Rücklage verpflichtet. In diese sind 5% des um einen eventuellen Verlustvortrag des Vorjahres geminderten Jahresüberschusses einzustellen, bis die gesetzliche Rücklage und die Kapitalrücklage 10% des Grundkapitals erreichen. Eine gesetzliche Rücklage ist für die GmbH nicht vorgesehen.

Weist eine Kapitalgesellschaft unter den Aktiva eigene Anteile im Umlaufvermögen aus, so ist hierfür in gleicher Höhe auf der Passivseite eine **Rücklage für eigene Anteile** zu bilden (§ 272 Abs. 4 HGB). Für Aktiengesellschaften ist nach § 71 Abs. 2 AktG das Halten eigener Aktien auf 10% des Nennbetrages des Grundkapitals begrenzt. Die Pflicht zur Bildung der Rücklage für eigene Anteile dient der Ausschüttungssperrfunktion, damit der Besitz von eigenen Anteilen nicht mit einer Ausschüttung an die Eigentümer verbunden wird.

In die **satzungsmäßigen Rücklagen** fließen die Beträge, zu deren Bildung die Kapitalgesellschaft durch den Gesellschaftsvertrag oder die Satzung verpflichtet ist.

Möchte die Kapitalgesellschaft zur Risikovorsorge weitere Gewinne einbehalten, werden diese in die **anderen Gewinnrücklagen** eingestellt. Die **anderen Gewinnrücklagen** stellen eine Sammelposition dar, die meist auch als freie Rücklagen bezeichnet wird. Die Bildung der anderen Gewinnrücklagen hängt davon ab, welches Organ den Jahresabschluss feststellt. Die Satzung kann nur für den Fall, dass die Hauptversammlung den Jahresabschluss feststellt, bestimmen, dass Beträge aus dem Jahresüberschuss in andere Gewinnrücklagen einzustellen sind. Aufgrund einer solchen Satzungsbestimmung kann höchstens die Hälfte des Jahresüberschusses in andere Gewinnrücklagen eingestellt werden. Stellen Vorstand und Aufsichtsrat den Jahresabschluss fest, so können sie einen Teil des Jahresüberschusses, höchstens jedoch die Hälfte, in andere Gewinnrücklagen einstellen. Die Satzung kann Vorstand und Aufsichtsrat zur Einstellung eines größeren oder kleineren Teils des Jahresüberschusses ermächtigen. Aufgrund einer solchen Satzungsbestimmung dürfen Vorstand und Aufsichtsrat keine Beträge in andere Gewinnrücklagen einstellen, wenn die anderen Gewinnrücklagen die Hälfte des Grundkapitals übersteigen oder soweit sie nach der Einstellung die Hälfte übersteigen würden.

Der in § 266 Abs. 3 HGB für Kapitalgesellschaften vorgeschriebene Eigenkapitalausweis zeigt das Eigenkapital vor dem Beschluss zur Gewinnverwendung. Dabei ist der Jahresüberschuss bzw. Jahresfehlbetrag der

Saldo der Gewinn- und Verlustrechnung, der sich durch die Subtraktion der Aufwendungen von den Erträgen ergibt.

Liegt bei der Aktiengesellschaft bereits ein Gewinnverwendungsbeschluss vor, so kann das Eigenkapital nach § 268 Abs. 1 HGB auch unter der Berücksichtigung der vollständigen oder teilweisen Verwendung des Jahresergebnisses ausgewiesen werden. Bei der teilweisen Gewinnverwendung haben Vorstand und Aufsichtsrat bereits einen Teil des Jahresergebnisses mit den Rücklagen verrechnet. Über die Verwendung des restlichen Ergebnisses entscheidet die Hauptversammlung. In diesem Fall sind die Bilanzpositionen „Gewinn- bzw. Verlustvortrag" und „Jahresüberschuss/Jahresfehlbetrag" durch die Position **Bilanzgewinn/Bilanzverlust** zu ersetzen. Im Fall der vollständigen Verrechnung des Jahresergebnisses mit den Rücklagen (Regelfall der GmbH) erübrigt sich der Ausweis einer Ergebnisgröße.

Das folgende Schema soll den Zusammenhang der einzelnen Ergebnisgrößen verdeutlichen:

	Umsatzerlöse und sonstige Erträge
–	Aufwendungen
=	**Jahresüberschuss/Jahresfehlbetrag**
+	Gewinnvortrag
–	Verlustvortrag
+	Entnahmen aus den Rücklagen
–	Einstellung in die Rücklagen
=	**Bilanzgewinn/Bilanzverlust**

Der Ausweis des Fremdkapitals ist geprägt durch das Vollständigkeitsgebot des § 246 Abs. 1 HGB, welches die Passivierung sämtlicher Schulden (Verbindlichkeiten und Rückstellungen) fordert. Für Verbindlichkeiten besteht somit eine Passivierungspflicht. Nach § 266 Abs. 3 HGB sind Verbindlichkeiten vor allem Bankkredite, vom Bilanzierenden emittierte Anleihen, erhaltene Anzahlungen, Verbindlichkeiten aus Lieferungen und Leistungen sowie Verbindlichkeiten aus Wechseln.

Der handelsrechtliche Schuldenbegriff umfasst neben den Verbindlichkeiten auch die **Rückstellungen** (§ 249 HGB). Ihr Zweck ist es, Aufwendungen, die erst in einer späteren Periode zu einer Ausgabe führen, der Periode der Verursachung zuzurechnen. Im Gegensatz zu den Verbindlichkeiten ist der Eintritt der Ausgabe zwar wahrscheinlich, aber unbestimmt. Die Unbestimmtheit kann sich

- auf die Höhe der Ausgabe oder
- den Eintrittszeitpunkt der Ausgabe oder
- den Rechtsgrund

beziehen. Das Vorliegen eines Merkmals reicht für die Unbestimmtheit aus und führt zur Passivierung als Rückstellung.

6.2.4 Gewinn- und Verlustrechnung

6.2.4.1 Grundlegender Aufbau der GuV

Wie bereits erläutert, stellt die Gewinn- und Verlustrechnung die Verbindung her zwischen der Eröffnungs- und Schlussbilanz eines Geschäftsjahres, indem sie die Entwicklung des Eigenkapitals erklärt (Abb. 76). Dies geschieht über den Vergleich zwischen dem Gesamtertrag und dem Gesamtaufwand dieses Zeitraums. Die Differenz ist der erwirtschaftete **Gewinn**. Anders als beim Vergleich der Bestandsgröße Eigenkapital zu Beginn und zum Ende der Periode kann die Gewinn- und Verlustrechnung durch Betrachtung der Stromgrößen Ertrag und Aufwand nicht nur den Gesamterfolg, sondern auch **Art, Höhe und Quellen des Unternehmenserfolges** der Periode aufzeigen. Es ist demnach unerlässlich, die Bilanz als Zeitpunktrechnung durch eine Gewinn- und Verlustrechnung als Zeitraumrechnung zu ergänzen. Während nach dem HGB der in der Gewinn- und Verlustrechnung ermittelte Periodenerfolg in der Regel mit dem Saldo des Vermögensvergleichs der Eröffnungs- und Schlussbilanz übereinstimmt, werden sich die Werte nach IFRS meist unterscheiden. Daher kommt der Gewinn- und Verlustrechnung hier eine noch größere Bedeutung zu.

Durch die Aufgliederung des Gewinns bietet die Gewinn- und Verlustrechnung dem Leser zusätzliche Informationen. Wenn beispielsweise ein Maschinenbauunternehmen eine Lagerhalle zu einem Preis verkauft, der über dem Buchwert liegt, so wird sich dadurch das Eigenkapital in der Bilanz des Unternehmens erhöhen. Allerdings darf diese Reinvermögensmehrung nicht den Eindruck erwecken, als handele es sich um einen Gewinnbestandteil aus der gewöhnlichen Geschäftstätigkeit des Unternehmens. Vielmehr muss der Ertrag in einer Position der Gewinn- und Verlustrechnung ausgewiesen werden, die deutlich macht, dass es sich um einen einmaligen und **außerordentlichen Geschäftsvorfall** handelt.

Auch in Bezug auf den Aufwand sind Sonderfälle denkbar, die in der Gewinn- und Verlustrechnung entsprechend der zugrunde gelegten Rechnungslegungsvorschriften ausgewiesen werden müssen. Sollten Entwicklungskosten in dem Jahr ihrer Entstehung angerechnet werden oder erst dann, wenn das entwickelte Produkt verkauft wird? Wenn wir das Fabrikdach reparieren, handelt es sich dann wirklich um einen Aufwand, der der gewöhnlichen Geschäftstätigkeit zuzuordnen ist? Der Anhang der Bilanz wird diese Aspekte genauer erläutern und sollte vom Bilanzleser bei wertmäßig bedeutenden Positionen zu Rate gezogen werden.

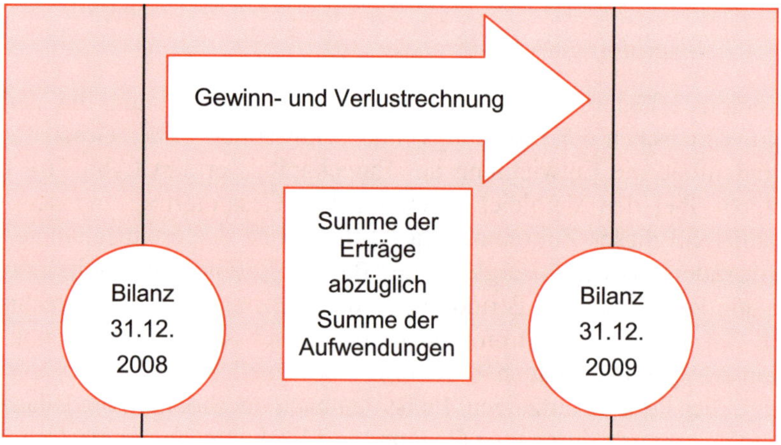

Abb. 76. Zusammenhang zwischen Strom- und Bestandsgrößen

Der Saldo aus den ausgewiesenen Erträgen und Aufwendungen ergibt den **Jahresüberschuss (profit) bzw. Jahresfehlfehlbetrag (loss)**, der zwar die wichtigste, aber nur eine von den verschiedenen Positionen der Gewinn- und Verlustrechnung darstellt. Gerade zu Zwecken der Jahresabschlussanalyse werden Zwischenergebnisse wie etwa EBIT, EBT oder EBITDA definiert, mit denen jeweils bestimmte Bereinigungen vorgenommen werden, welche die Vergleichbarkeit der Größen erhöhen sollen. Diese werden in Abschnitt 6.2.7 näher erläutert.

Die Aufstellung der Gewinn- und Verlustrechnung basiert darauf, dass vergleichbare Größen gegenübergestellt werden, d.h. die Erträge und Aufwendungen sich auf das gleiche Mengengerüst beziehen. So dürfen den Umsatzerlösen nur die auf die abgesetzte Produktionsmenge entfallenden Herstellungskosten gegenübergestellt werden. Immer dann, wenn sich Produktions- und Absatzmenge in einem Geschäftsjahr unterscheiden, es demnach zur Veränderung von Lagerbeständen kommt, muss in der Gewinn- und Verlustrechnung eine Angleichung der Mengengerüste vorgenommen werden. Dies kann dadurch erreicht werden, dass man die Erträge des Geschäftsjahres an das Mengengerüst der Aufwendungen (Gesamtkostenverfahren) oder umgekehrt die Aufwendungen des Geschäftsjahres an das Mengengerüst der Erträge angleicht (Umsatzkostenverfahren). Tab. 35 fasst die Unterschiede der beiden Verfahren zusammen.

„Beim **Gesamtkostenverfahren** werden allen in der betrachteten Periode erzielten Erträgen sämtliche Aufwendungen gegenübergestellt, die bei Erbringung der Betriebsleistungen angefallen sind. Da auf der Aufwandsseite die gesamten Periodenaufwendungen erfasst werden, ist das Gesamtkostenverfahren mit einer primären Gliederung nach Aufwandsarten verbunden, d.h. die betrieblichen Aufwendungen werden in Material- und

Personalaufwand, Abschreibungen und sonstige betriebliche Aufwendungen aufgegliedert. Die rechnerische Angleichung von Aufwand und Ertrag gelingt dadurch, dass Mehrungen des Bestandes an unfertigen und fertigen Erzeugnissen und Eigenleistungen mit ihren Herstellungskosten den Umsatzerlösen hinzugerechnet und Minderungen des Bestandes an unfertigen und fertigen Erzeugnissen mit ihren Herstellungskosten von den Umsatzerlösen abgezogen werden.“ [154]

Tab. 35. Unterschiede beim Gesamt- bzw. Umsatzkostenverfahren

Unterscheidungsmerkmal	Gesamtkostenverfahren	Umsatzkostenverfahren
Umfang der in die GuV übernommenen Aufwendungen eines Geschäftsjahres	Ausweis der gesamten Aufwendungen eines Geschäftsjahres	Ausweis nur der Aufwendungen, die auf den Umsatz des Geschäftsjahres entfallen
Gliederung der in der GuV aufgeführten Aufwendungen	Gliederung nach Aufwandsarten in Material- und Personalaufwand sowie Abschreibungen	Funktionale Gliederung wie in der Kostenrechnung in Herstellungs-, Verwaltungs- und Vertriebskosten
Behandlung von Lagerbestandsveränderungen in der GuV	Lagerbestandserhöhungen erhöhen die Erträge, Lagerbestandsverminderungen erhöhen die Aufwendungen in der Periode	Lagerbestandsveränderungen werden nicht erfasst
Berücksichtigung aktivierter Eigenleistungen in der GuV	Aktivierte Eigenleistungen erhöhen die Erträge, da sie gleichzeitig auch in den gesamten ausgewiesenen Aufwendungen enthalten sind	Aktivierte Eigenleistungen werden nicht berücksichtigt

„Beim **Umsatzkostenverfahren** werden dem effektiven Umsatz der betrachteten Periode nicht die gesamten Aufwendungen der Periode, sondern außer den zeitlich abzugrenzenden nur diejenigen sachlich abzugrenzenden Aufwendungen gegenübergestellt, welche für die verkauften Produkte angefallen sind (sog. Umsatzaufwendungen). Dadurch bedingt folgt der Ausweis der betrieblichen Aufwendungen einer sekundären Gliederung nach Funktionsbereichen, die zwischen den sachlich abgegrenzten Herstellungskosten des Umsatzes und den zeitlich abgegrenzten Forschungs- und Ent-

[154] Coenenberg (2005), S. 477, Hervorhebungen durch den Verfasser.

wicklungskosten, Vertriebskosten, Verwaltungskosten und sonstigen betrieblichen Aufwendungen unterscheidet.“[155]

Die Vor- und Nachteile der beiden Verfahren fasst Tab. 36 zusammen.

Tab. 36. Vergleich von Gesamt- und Umsatzkostenverfahren

Kriterium	Gesamtkostenverfahren	Umsatzkostenverfahren (UKV)
Aussagefähigkeit	Es wird die Gesamtleistung des Geschäftsjahres allen Aufwendungen des Geschäftsjahres gegenübergestellt.	Das Bruttoergebnis vom Umsatz ist als Zwischenergebnis eine aussagefähigere Erfolgsgröße als das alleinige Betriebsergebnis.
Erstellungsaufwand	Geringerer Erstellungsaufwand, da keine Anbindung an die Kostenrechnung vorgenommen wird.	
Produkterfolgsgrößen		Mit dem UKV kann der jeweilige Produkterfolgsbeitrag zum gesamten Betriebsergebnis des Geschäftsjahres ermittelt werden.
Langfristige Fertigung	Bei einer langfristigen Fertigung ist die Gesamtleistung für das Betriebsergebnis aufschlussreicher als beim UKV, bei dem für Teilleistungen kein Betriebserfolg ausgewiesen wird.	
Zurechnungsprobleme		Die Schlüsselung der Kosten auf Produkte, die im Geschäftsjahr Umsätze erzielt haben, kann nicht ohne weiteres vorgenommen werden.
Vergleichbarkeit		Aufgrund der üblichen internationalen Anwendung des UKV vor allem in den angelsächsischen Ländern ist eine bessere internationale Vergleichbarkeit gegeben.

„Der Vorteil des Umsatzkostenverfahrens liegt darin, dass es zu einem aussagefähigeren Betriebsergebnis, insbesondere für die kurzfristige (z.B. monatliche) Erfolgsrechnung, führt. Denn es zeigt einerseits das Bruttoer-

[155] Coenenberg (2005), S. 477, Hervorhebungen durch den Verfasser.

gebnis in Form der Differenz des Umsatzes und der Herstellungskosten des Umsatzes, andererseits die Kosten der übrigen Funktionen Forschung und Entwicklung, Vertrieb und Verwaltung. Bei einer entsprechenden Gliederung der Aufwendungen nach Produktarten ermöglicht das Umsatzkostenverfahren, ohne großen rechnerischen Aufwand das Betriebsergebnis für die einzelnen Produktarten zu ermitteln. Andererseits hat das Umsatzkostenverfahren den Nachteil, dass es die Struktur der ursprünglichen Aufwandsarten, gegliedert nach Materialaufwand, Personalaufwand und Abschreibungsaufwand, nicht zeigt. Stattdessen müssen diese Aufwandsarten den Funktionsbereichen zugeordnet werden, was zum Teil nur durch Schlüsselung und damit nicht immer verursachungsgerecht möglich ist."[156]

Während sowohl die deutschen Rechnungslegungsvorschriften als auch die IFRS die Aufstellung der Gewinn- und Verlustrechnung nach dem Gesamtkostenverfahren und dem Umsatzkostenverfahren ermöglichen, kennen die US-amerikanischen Normen US-GAAP nur das Umsatzkostenverfahren. Nach den IFRS wird das Umsatzkostenverfahren empfohlen.

6.2.4.2 Die GuV nach dem HGB

Explizite Vorschriften zur Erstellung der Gewinn- und Verlustrechnung bestehen nach HGB nur für Kapitalgesellschaften (§ 275 HGB), allerdings orientieren sich in der Regel auch Einzelkaufleute und Personenhandelsgesellschaften daran. Nach § 275 Abs. 1 HGB ist die Gewinn- und Verlustrechnung in Staffelform entweder nach dem Gesamtkostenverfahren oder dem Umsatzkostenverfahren zu erstellen (Abb. 77).

Die Gewinn- und Verlustrechnung ist so konzipiert, dass es ohne weiteres möglich ist, eine Erfolgsspaltung in die verschiedenen Komponenten vorzunehmen, die im Einzelnen zum Jahreserfolg eines Unternehmens beitragen: Das **Betriebsergebnis** umfasst das Ergebnis der eigentlichen betrieblichen Leistungserstellung und -verwertung eines Unternehmens. Demgegenüber enthält das **Finanzergebnis** alle Erfolgsbeiträge aus der Anlage von Kapital sowie der Fremdkapitalaufnahme. Dem **außerordentlichen Ergebnis** werden nur unternehmensfremde und seltene Aufwendungen und Erträge zugewiesen. Unternehmensfremd heißt, dass das zugrunde liegende Ereignis in hohem Maße außergewöhnlich für den normalen Geschäftsablauf des Unternehmens ist oder rein zufällig eintritt. Erfolgsbeiträge sind dann selten, wenn in absehbarer Zukunft nicht mit ihrer Wiederholung zu rechnen ist. Damit gehören nur wenige Geschäftsvorfälle unter diese Position, wie z.B. Aufwendungen für Katastrophenschäden sowie Gewinne aus dem Verkauf von Grundstücken oder Beteiligungen.

[156] Coenenberg (2005), S. 477.

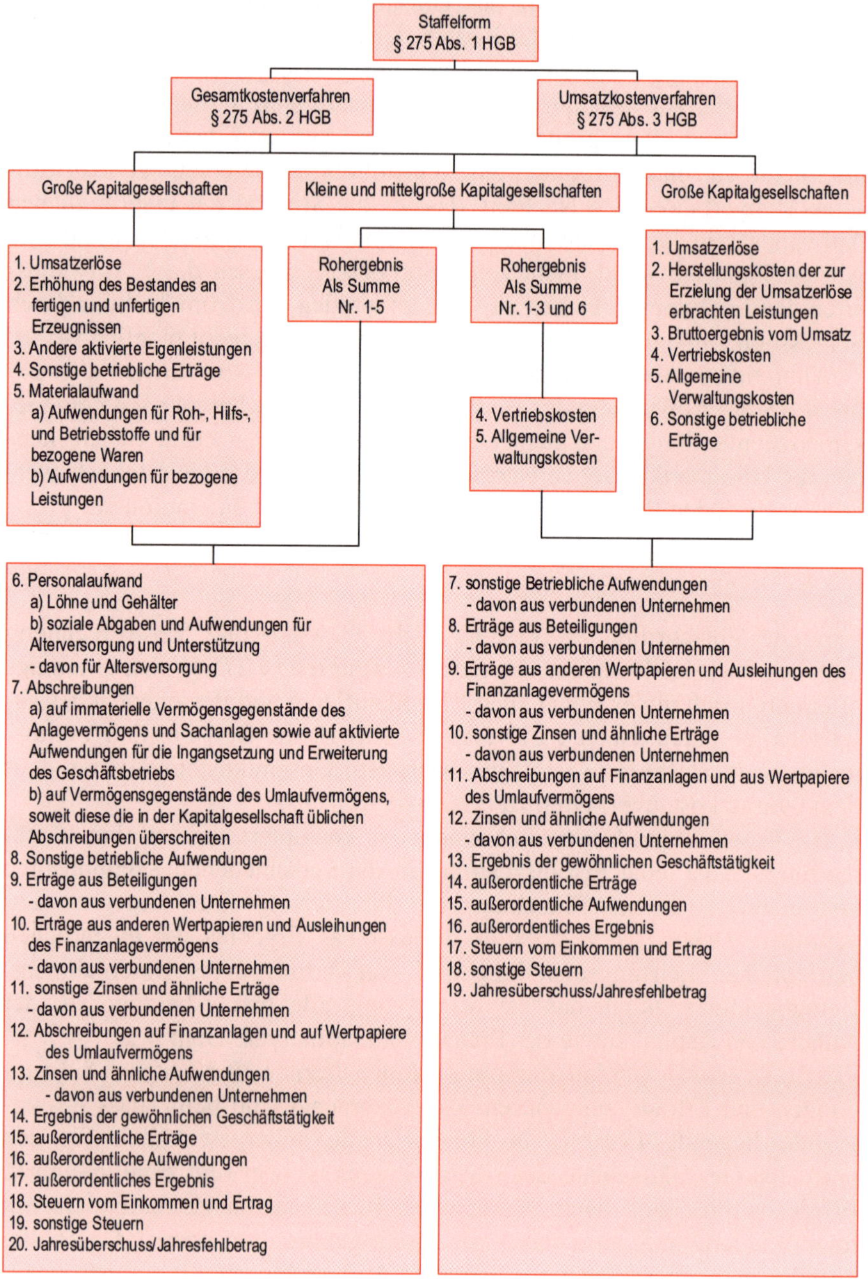

Abb. 77. GuV-Gliederungsschema nach § 275 Abs. 2 u. 3 HGB

Gesamtkosten- und Umsatzkostenverfahren unterscheiden sich allein in der Ermittlung des Betriebsergebnisses. Alle weiteren Bestandteile zur Berechnung des Jahresüberschusses bzw. Jahresfehlbetrages sind bei beiden Verfahren gleich und weichen lediglich hinsichtlich der unterschiedlichen Positionsnumerierung ab (Tab. 37).

Tab. 37. Erfolgsspaltung der GuV nach dem GKV und UKV des § 275 HGB

		GKV	UKV
	Betriebsergebnis	Pos. 1-8	Pos. 1-7
+/–	Finanzergebnis	Pos. 9-13	Pos. 8-12
=	Ergebnis der gewöhnlichen Geschäftstätigkeit	Pos. 14	Pos. 13
+/–	außerordentliches Ergebnis	Pos. 15-17	Pos. 14-16
–	Steuern	Pos. 18+19	Pos. 17+18
=	Jahresüberschuss/Jahresfehlbetrag	Pos. 20	Pos. 19

6.2.5 Kapitalflussrechnung

Die **Kapitalflussrechnung (cash flow statement)** ist ein im kontinentaleuropäischen Wirtschaftsraum vergleichsweise neues Publizitätsinstrument, welches in Deutschland für börsennotierte Mutterunternehmen erstmals im Jahre 1998 mit dem Gesetz zur Kontrolle und Transparenz im Unternehmensbereich (KonTraG) eingeführt wurde.[157] Seit dem 1.1.2005 sind in der EU alle kapitalmarktorientierten Mutterunternehmen zur Erstellung der Konzernbilanz nach IFRS verpflichtet. Dadurch wurde die Kapitalflussrechnung zum verpflichtenden Bestandteil des Konzernabschlusses.

Ähnlich wie die Gewinn- und Verlustrechnung stellt die Kapitalflussrechnung eine Verbindung her zwischen der Eröffnungs- und Schlussbilanz eines Geschäftsjahres. Allerdings erklärt sie nicht die Entwicklung des Eigenkapitals, sondern die der Position „Liquide Mittel" auf der Aktivseite der Bilanz (Abb. 76). Dies geschieht über eine Betrachtung der liquiditätswirksamen Geschäftsvorfälle, d.h. der Ein- und Auszahlungen. Die Differenz ist der **Einzahlungsüberschuss (Cash Flow)** der Periode (Abb. 78). Anders als beim Vergleich der Bestandsgröße Liquide Mittel zu Beginn und zum Ende der Periode kann die Kapitalflussrechnung durch Betrachtung der Stromgrößen Einzahlung und Auszahlung nicht nur den Cash-Flow, sondern auch seine **Zusammensetzung aus Geschäfts-, In-**

[157] Der Begriff Kapitalflussrechnung war lange Jahre umstritten, da es grundsätzlich vielfältige Möglichkeiten zur Aufstellung einer Finanzierungsrechnung gibt. Anders als in der Gewinn- und Verlustrechnung kann der Betrachtungsgegenstand und damit die Struktur der Finanzierungsrechnung durch Wahl des „Fonds" (liquide Mittel, Geldvermögen oder Netto-Geldvermögen) beeinflusst werden. Vgl. dazu Schmalenbach-Gesellschaft (1996).

vestitions- und Finanzierungsvorgängen abbilden. Wenn das Ziel des Jahresabschlusses die Vermittlung eines den tatsächlichen Verhältnissen entsprechenden Bildes der Vermögens-, Finanz- und Ertragslage ist, so bildet die Kapitalflussrechnung hierbei die Finanzlage des Unternehmens ab. Die Kapitalflussrechnung tritt somit neben die Gewinn- und Verlustrechnung als weitere Zeitraumrechnung hinzu.

Der Unterschied zwischen Gewinn und Cash Flow führt häufig zu Verwirrung. Denn in der Gewinn- und Verlustrechnung ist die Entstehung des Cash Flow gerade nicht ersichtlich. Z.B. müssen Löhne und Gehälter, die zwar aufgelaufen aber nicht gezahlt worden sind, als Aufwand behandelt werden, obwohl keine Auszahlung erfolgt ist. Auf der anderen Seite verringern Zahlungen an Lieferanten für erhaltene Waren sofort den Cash Flow. Ein Aufwand entsteht jedoch erst dann, wenn Güter verbraucht wurden, nicht aber wenn sie gekauft oder verkauft wurden. Die Rückzahlung eines Kredits stellt keinen Aufwand dar, da ein Vermögenswert (Liquide Mittel) und eine Verbindlichkeit (Kredit) im selben Umfang reduziert werden und durch diesen Geschäftsvorfall keine Eigenkapitalveränderung erfolgt.

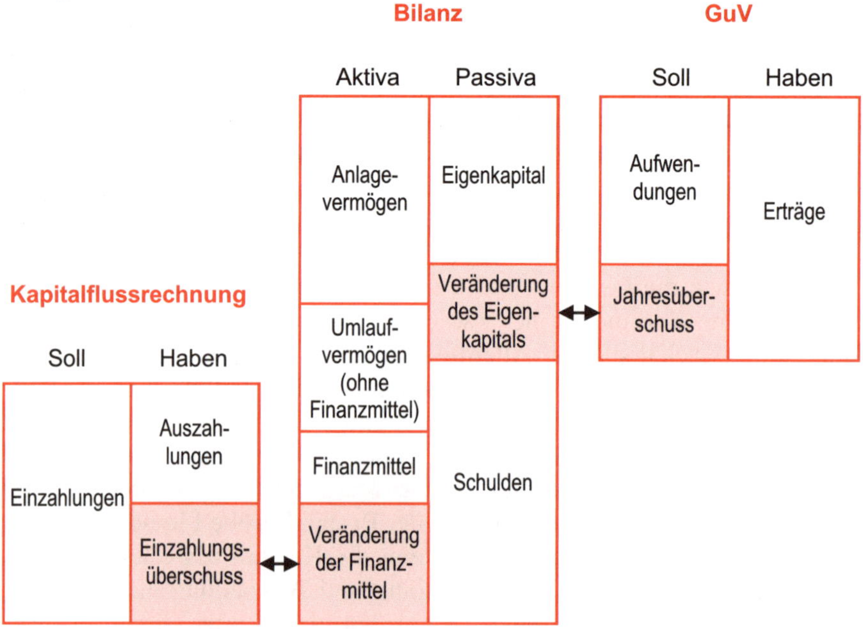

Abb. 78. Ableitungszusammenhänge der Kapitalflussrechnung, Bilanz und Gewinn- und Verlustrechnung[158]

[158] Coenenberg (2005), S. 751.

Der Cash Flow ist somit jener Teil der einzahlungswirksamen Umsatzerlöse, dem keine auszahlungswirksamen Aufwendungen gegenüberstehen (Tab. 38). Die Kapitalflussrechnung erfasst damit alle zahlungswirksamen Geschäftsvorfälle ganz gleich, ob diese erfolgswirksam oder erfolgsneutral sind.

Tab. 38. Buchungsmäßige Erfassung der Arten von Geschäftsvorfällen[159]

Arten von Geschäftsvorfällen	KFR (Zahlungskonten)	Bilanz (Bestandskonten)	GuV (Erfolgskonten)
1) erfolgs- und zahlungswirksam (Ertrag und Einzahlung oder Aufwand und Auszahlung)	X		X
2) zahlungs- und bilanzwirksam (Einzahlung und kein Ertrag oder Auszahlung und kein Aufwand)	X	X	
3) erfolgs- und bilanzwirksam (Ertrag und keine Einzahlung oder Aufwand und keine Auszahlung)		X	X
4) nur bilanzwirksam (Aktivtausch, Passivtausch, Bilanzverlängerung oder Bilanzverkürzung)		X	

Die Bedeutung des Cash Flows im Vergleich zum Gewinn ergibt sich dadurch, dass der Gewinn nur eine buchhalterische Größe darstellt, die nicht unbedingt zu einer Steigerung der Liquidität des Unternehmens führen muss. Dagegen stellt der Cash Flow genau auf diese Liquidität ab und gibt an, welchen zusätzlichen **Innenfinanzierungsmittel**

- für Investitionen,
- zur Schuldentilgung,
- für Dividendenzahlungen oder
- zur Aufrechterhaltung der für den Geschäftsbetrieb erforderlichen Liquidität

zur Verfügung stehen. Wenn erfolgversprechende Investitionen wegen mangelnder Liquidität unterbleiben müssen, wird auf die entsprechende Rendite verzichtet. Wenn Schulden nicht getilgt werden können, fallen weiterhin Zinszahlungen an. Wenn Dividendenzahlungen gekürzt oder ausgesetzt werden, kann dies insbesondere bei börsennotierten Unternehmen negative Auswirkungen auf den Aktienkurs haben. Problematisch ist es allerdings, wenn die Liquidität nicht mehr für den laufenden Geschäftsbetrieb ausreicht, da das Unternehmen dann in die Gefahr der Insolvenz

[159] Coenenberg (2005), S. 751.

gerät. Die Bedeutung der Kapitalflussrechnung ist insbesondere im Zusammenhang mit der zentralen Zielsetzung der angelsächsischen Rechnungslegungstradition zu sehen, dem Eigenkapitalgeber entscheidungsrelevante Informationen zu liefern. Die Kapitalflussrechnung weist im Vergleich zur Gewinn- und Verlustrechnung den weiteren Vorteil einer hohen Zuverlässigkeit und damit Informationsqualität auf, da sie im Gegensatz zu den periodisch abgegrenzten und daher von Schätzungen und Ermessensentscheidungen abhängigen Daten der Gewinn- und Verlustrechnung beobachtbare, tatsächlich messbare, und somit von Schätzungen unbeeinflusste Ein- und Auszahlungsgrößen präsentiert. Denn während für die Ermittlung des Gewinns ein großer Ermessensspielraum besteht, muss der Cash Flow eines Geschäftsjahres mit der Veränderung der liquiden Mittel übereinstimmen.

Allgemein lässt sich der Cash Flow bzw. Brutto Cash Flow entweder direkt (originär) oder indirekt (derivativ) ermitteln.

Bei der Anwendung der **direkten Methode** zur Aufstellung der Kapitalflussrechnung werden die zahlungswirksamen Geschäftsvorfälle direkt aus der Finanzbuchhaltung entnommen. Der Cash Flow ergibt sich dann als Differenz aus Einzahlungen und Auszahlungen (Tab. 39).

Tab. 39. Direkte Ermittlung des Cash Flows

	Einzahlungen eines Geschäftsjahres
–	Auszahlungen eines Geschäftsjahres
=	Cash Flow

Um die Entstehung des Cash Flows verstehen zu können, werden die Zahlungsvorgänge anschließend den Bereichen laufendes (operatives) Geschäft, Investition und Finanzierung zugeordnet (Tab. 40). Dadurch wird für den Leser der Kapitalflussrechnung auf einen Blick deutlich, ob aus der betrieblichen Geschäftstätigkeit ein Einzahlungsüberschuss erwirtschaftet wurde. Die Bereiche Investition und Finanzierung sind deshalb von Bedeutung, da sich Investitionen zwar negativ auf den Cash Flow auswirken, sie jedoch in folgenden Geschäftsjahren zu Einzahlungen führen werden. Ebenso wird beispielsweise auch deutlich, wenn ein positiver Cash Flow nur durch den Verkauf von Investitionsgütern erzielt werden konnte. Für den Bereich der Finanzierung verhält es sich genau andersherum: Mittelzuflüsse aus Finanzierungen erhöhen zwar den Cash Flow, sie beruhen aber auf der Aufnahme von Krediten oder der Ausgabe von jungen Aktien. Ein Defizit aus der Finanzierungstätigkeit ergibt sich etwa durch Schuldentilgung.

Tab. 40. Grundaufbau der Finanzierungsrechnung

operativer Bereich	
	Mittelzuflüsse aus operativen Geschäften
–	Mittelabflüsse für operative Geschäfte
=	Cash Flow aus der laufenden Geschäftstätigkeit
Investitionsbereich	
	Mittelzuflüsse aus Desinvestitionen
–	Mittelabflüsse für Investitionen
=	Cash Flow aus Investitionstätigkeit
Finanzierungsbereich	
	Mittelzuflüsse aus Finanzierungen
–	Mittelabflüsse für Definanzierungen
=	Cash Flow aus Finanzierungstätigkeit
Finanzmittelbereich	
	Cash Flow (Summe der drei Cash Flows)
+	Anfangsbestand des Finanzmittelfonds
=	Endbestand des Finanzmittelfonds

Bei der Anwendung der **indirekten Methode** zur Aufstellung der Kapitalflussrechnung wird hingegen von dem in der Gewinn- und Verlustrechnung ermittelten Jahresüberschuss ausgegangen (Tab. 41). Dieser wird dann um die nicht zahlungswirksamen Aufwendungen und Erträge korrigiert.

Tab. 41. Indirekte Ermittlung des Cash Flows

	Jahresüberschuss (Jahresfehlbetrag)
+	Auszahlungsunwirksame Aufwendungen eines Geschäftsjahres
–	Einzahlungsunwirksame Erträge eines Geschäftsjahres
=	Cash Flow

Ohne auf die verschiedenen Berechnungsschemen einzugehen, existieren mehrere Positionen, die regelmäßig eine Korrektur erfordern. Diese betreffen vornehmlich den Mittelüberschuss aus der laufenden Geschäftstätigkeit, der auch als operativer Cash Flow bezeichnet wird (Tab. 42). So stellen Abschreibungen und Rückstellungen zwar Aufwand dar; sie sind aber zu diesem Zeitpunkt nicht zahlungswirksam. Vielmehr hat im Falle der Abschreibungen der Mittelabfluss bereits stattgefunden, während er im Falle der Rückstellungen erst zum Zeitpunkt der Auflösung stattfindet. Die

Zunahme der Vorräte und der Forderungen aus Lieferungen und Leistungen betrifft Erträge, die keine Einzahlungen darstellen. Die Abnahme der Verbindlichkeiten aus Lieferungen und Leistungen stellt hingegen Auszahlungen dar, die bereits in früheren Perioden als Aufwendungen berücksichtigt wurden.

Tab. 42. Indirekte Ermittlung des operativen Cash Flows

operativer Bereich	
	Jahresüberschuss
+	Abschreibungen
+	Zunahme der Rückstellungen
+	sonstige zahlungsunwirksame Aufwendungen
–	Gewinn aus dem Abgang von Sachanlagen
–	Zunahme der Vorräte und der Forderungen aus Lieferungen und Leistungen
–	Abnahme der Verbindlichkeiten aus Lieferungen und Leistungen
=	Cash Flow aus der laufenden Geschäftstätigkeit

6.2.6 Konzernabschluss

Als **Konzern** bezeichnet man den Zusammenschluss mehrerer rechtlich selbstständiger Unternehmen (Konzernunternehmen) zu einer wirtschaftlichen Einheit unter der einheitlichen Leitung eines Mutterunternehmens. Für die Rechnungslegung bedeuten Konzerne eine besondere Herausforderung. Dies resultiert aus der Tatsache, dass bei einer einheitlichen Leitung oder einem beherrschenden Einfluss die Konzernunternehmen zwar rechtlich selbstständig, aber wirtschaftlich unselbstständig sind. Zudem bestehen innerhalb eines Konzerns meist vielfältige Leistungsverflechtungen. So stellen etwa Forderungen eines Konzernunternehmens gegenüber einem anderen Konzernunternehmen aus dessen Sicht Verbindlichkeiten in gleicher Höhe dar. Das Gleiche gilt für Erträge und Aufwendungen, bei denen sich die Salden meist gegenseitig aufheben. Aufgrund derartiger Leistungsverflechtungen ist die Aussagekraft der Einzelabschlüsse der einzelnen Konzernunternehmen beschränkt. Diese eingeschränkte Aussagekraft kann dadurch aufgehoben werden, dass für den Konzern als wirtschaftliche Einheit ein Konzernabschluss aufgestellt wird.

Unter einem **Konzernabschluss** versteht man einen **konsolidierten Jahresabschluss** für die Posten der Einzelabschlüsse aller Unternehmen, die unter der einheitlichen Leitung oder dem beherrschenden Einfluss des Mutterunternehmens eines Konzerns stehen. Durch die **Konsolidierung** wird der Konzern fiktiv so dargestellt, als ob er ein rechtlich einheitliches Unternehmen wäre (Einheitstheorie).

Dafür müssen die zahlreichen Verflechtungen innerhalb des Konzerns bei der Erstellung des Konzernabschlusses eliminiert werden. Der Konzernabschluss soll daher den Berichtsadressaten ein objektives Bild der Vermögens-, Finanz- und Ertragslage des Konzerns liefern (§ 297 Abs. 2 S. 2 HGB bzw. IAS 27.9).

Die Pflicht zur Aufstellung eines Konzernabschlusses ergibt sich für deutsche (Konzern-)Mutterunternehmen nach ihrer Rechtsform:

- **Kapitalgesellschaften** sowie **Personenhandelsgesellschaften im Sinne des § 264a HGB**[160] mit Sitz in Deutschland haben den Konzernabschluss nach § 290 Abs. 1 HGB aufzustellen. Eine Befreiung von dieser Pflicht zur Aufstellung ergibt sich gemäß §§ 291, 292 HGB für Mutterunternehmen, wenn sie als Tochterunternehmen in einen übergeordneten Konzernabschluss einbezogen werden. Darüber hinaus entfällt die Pflicht, wenn der Konzern die in § 293 HGB bestimmten Größenkriterien nicht überschreitet.
- Für **alle übrigen Rechtsformen**, die als Mutterunternehmen einheitliche Leitung über andere Unternehmen ausüben und deren Tätigkeit über eine bloße Vermögensverwaltung hinausgeht, ergibt sich die Pflicht zur Aufstellung eines Konzernabschlusses nach § 11 Publizitätsgesetz (PublG), sofern die dort genannten Größenkriterien überschritten werden. In diesem Fall sind die inhaltlichen Bestimmungen des HGB anzuwenden.

Die Unterscheidung in HGB und PublG betrifft also nur die unterschiedliche Abgrenzung der Konzernabschlusspflicht. So gelten unterschiedliche Größenkriterien; auch kennt das PublG das im Folgenden beschriebene Control-Konzept nicht, sondern nur das der einheitlichen Leitung.

Eine besondere Rolle spielt der Konzernabschluss nach IFRS, der den HGB-Konzernabschluss in den folgenden Fällen ersetzen kann:

- Handelt es sich bei dem Mutterunternehmen um ein sogenanntes **kapitalmarktorientiertes Unternehmen**, dessen Aktien oder Schuldverschreibungen an einer Börse innerhalb der EU gehandelt werden (Art. 4 der IAS-Verordnung[161]), so ist die Konzernrechnungslegung zwingend nach IFRS aufzustellen.
- Ein Unternehmen, das zur Konzernrechnungslegung nach HGB verpflichtet ist, kann jedoch nach § 315a HGB **freiwillig** einen Konzernabschluss und Lagebericht nach IFRS aufstellen.

---

[160] Personenhandelsgesellschaften im Sinne des § 264a HGB sind Personengesellschaften, bei denen nicht wenigstens ein persönlich haftender Gesellschafter eine natürliche Person oder eine Personengesellschaft mit einer natürlichen Person als persönlich haftenden Gesellschafter ist.

[161] Verordnung (EG) Nr. 1606/2002 des Europäischen Parlaments und des Rates vom 19. Juli 2002 betreffend die Anwendung internationaler Rechnungslegungsstandards (Nichtamtlicher Kurztitel: IAS-Verordnung).

Da sich für Unternehmen mit Sitz im Inland die Verpflichtung zur Aufstellung des Konzernabschlusses primär nach HGB ergibt, erfolgt im Folgenden eine Beschränkung auf die Vorschriften des HGB.

Der Konzernabschluss ist in §§ 290 ff. HGB geregelt. Dort wird bestimmt, welche Konzerne aus den Einzelabschlüssen ihrer rechtlich selbstständigen, aber wirtschaftlich abhängigen, Unternehmen einen konsolidierten Jahresabschluss für den gesamten Konzern erstellen müssen. Die fiktive Darstellung als einheitliches Unternehmen soll dem Betrachter eine objektive Möglichkeit geben, die Vermögens-, Finanz- und Ertragslage des Konzerns zu bewerten (§ 297 Abs. 2 S. 2 HGB). Anders als dem Einzelabschluss kommt dem Konzernabschluss nach HGB weder eine Ausschüttungsbemessungsfunktion, noch eine Gläubigerschutz- oder Besteuerungsfunktion zu. Vornehmlich dient er der Informationsfunktion, d.h. er fungiert als Grundlage für wirtschaftliche Entscheidungen. Der Konzernabschluss nach HGB besteht aus der Konzernbilanz, der Konzern-Gewinn- und Verlustrechnung, dem Konzernanhang, der Kapitalflussrechnung und dem Eigenkapitalspiegel. Er kann um eine Segmentberichterstattung erweitert werden. Darüber hinaus ist gemäß § 290 Abs. 1 HGB stets auch ein Konzernlagebericht aufzustellen.

Grundsätzlich unterscheidet § 18 AktG zwischen Unterordnungs- und Gleichordnungskonzernen, wobei nur erstere zur Konzernrechnungslegung verpflichtet sind. Der Unterordnungskonzern ist dabei von einem Über- und Unterordnungsverhältnis zwischen den beteiligten Konzernunternehmen geprägt. Ein Unternehmen beherrscht die anderen untergeordneten Unternehmen. Diese verlieren dabei ihre wirtschaftliche, aber nicht ihre rechtliche Selbstständigkeit. Innerhalb der **Unterordnungskonzerne** unterscheidet man zwischen faktischem Konzern, Vertragskonzern und Eingliederungskonzern:

- Im **faktischen Konzern** besteht formalrechtlich kein Weisungsrecht der übergeordneten Konzernmutter gegenüber dem Tochterunternehmen. Man bedient sich daher einer widerlegbaren Vermutungskette, dass eine Mehrheitsbeteiligung zu einem Abhängigkeitsverhältnis und dieses zu einer einheitliche Leitung führt. Es wird erwartet, dass die Geschäftsleitung der unterworfenen Unternehmen sich den Entscheidungen der Konzernspitze nicht entgegenstellen wird.
- Ein **Vertragskonzern** entsteht durch den Abschluss eines Beherrschungsvertrags nach § 291 Abs. 1 S. 1 AktG. Dabei unterwirft sich das „beherrschte Unternehmen“ dem anderen und verpflichtet sich vertraglich, den Weisungen des herrschenden Unternehmens Folge zu leisten, soweit sie dem Konzerninteresse dienen. Daher vermutet § 18 Abs. 1 S. 2 AktG unwiderleglich, dass ein Unterordnungskonzern besteht.
- Von einem **Eingliederungskonzern** spricht man, wenn das eine Unternehmen mit mindestens 95% am Grundkapital des anderen Unter-

nehmens beteiligt ist und das abhängige Unternehmen wie eine Abteilung in die Hauptgesellschaft eingegliedert ist. Es stellt die engste Form einer Verbindung zweier rechtlich selbstständiger Unternehmen dar.

Der **Gleichordnungskonzern** ist eine Zusammenfassung rechtlich selbstständiger Unternehmen unter einer einheitlichen Leitung, ohne dass eine wirtschaftliche Abhängigkeit besteht. Die Konzernunternehmen sind vielmehr gleichgeordnet und fügen sich auf freiwilliger Basis in den Konzern ein. Da nach dem HGB ein Mutter-Tochter-Verhältnis die Voraussetzung für die Konzernrechnungslegungspflicht ist, sind Gleichordnungskonzerne nicht dazu verpflichtet. Es fehlt ein Subordinationsverhältnis.

Das HGB unterscheidet in § 290 HGB zwei unterschiedliche Konzepte nach denen bestimmt wird, ob für einen Konzern die Aufstellung eines Konzernabschlusses zwingend ist. Zum einen das Konzept der einheitlichen Leitung (§ 290 Abs. 1 HGB) und zum anderen das Control-Konzept (§ 290 Abs. 2 HGB). Dabei spielt es keine Rolle, nach welchem Konzept ein Konzern zum Konzernabschluss verpflichtet wird. Ein Mutter-Tochter Verhältnis muss auf jeden Fall bestehen.

- Beim Konzept der **einheitlichen Leitung** nach § 290 Abs. 1 HGB besteht die Pflicht zur Konzernrechnungslegung, wenn das Mutterunternehmen die einheitliche Leitung auf ein Unternehmen tatsächlich ausübt und es an dem Unternehmen eine Beteiligung hält. Der Begriff der einheitlichen Leitung ist nicht legal definiert und muss daher in jedem Einzelfall bestimmt werden. Entscheidend ist dabei, ob das Mutterunternehmen die einheitliche Leitung tatsächlich ausübt und nicht nur die Möglichkeit dazu hat. Grundsätzlich kann man von einer einheitlichen Leitung ausgehen, wenn die Konzernleitung die Geschäftspolitik und grundsätzliche Fragen aller Konzernunternehmen aufeinander abstimmt. Das Einzelinteresse ordnet sich dabei dem Konzerninteresse unter. Um Abgrenzungsschwierigkeiten vorzubeugen, sind auch hier die widerlegbare und unwiderlegbare Vermutung der einheitlichen Leitung aus § 18 AktG anwendbar.
- Neben dem Konzept der einheitlichen Leitung besteht die Pflicht zur Konzernrechnungslegung nach dem **Control-Konzept** auch dann, wenn das Mutterunternehmen einen beherrschenden Einfluss auf das Tochterunternehmen hat. Dabei nennt § 290 Abs. 2 HGB drei unterschiedliche Tatbestände, bei deren Erfüllung jeweils ein beherrschender Einfluss vorliegt. Wesentlicher Unterschied zum Konzept der einheitlichen Leitung ist, dass nur die Möglichkeit eines beherrschenden Einflusses bestehen muss. Auf eine tatsächliche Ausübung kommt es nicht an. Entweder besitzt das Mutterunternehmen die Mehrheit der Stimmrechte am Tochterunternehmen, oder es hat das Recht, die Mehrheit der Mitglieder von Verwaltungs-, Leitungs- und Aufsichts-

ratsorganen zu bestellen oder es besteht ein Beherrschungsvertrag zwischen beiden Unternehmen.

Aber nicht in allen Fällen muss ein Konzern einen Konzernabschluss erstellen, wenn die Voraussetzungen des § 290 HGB erfüllt sind. Nach § 293 HGB kommt eine **größenmäßige Befreiung** in Betracht, wenn der Konzern eine bestimmte Größe nicht erreicht. Maßgeblich sind die Bilanzsumme, die Umsatzerlöse und die Mitarbeiterzahl.

Ist ein Konzern zur Erstellung eines Konzernabschlusses verpflichtet, so stellt sich die Frage, welche Konzernunternehmen in den **Konsolidierungskreis** aufgenommen werden können oder müssen. Nach § 296 Abs. 1 HGB besteht ein Konsolidierungswahlrecht, wenn nur eine eingeschränkte Verfügungsmacht besteht, die Aufstellung mit unverhältnismäßigen Kosten oder Aufwand verbunden ist oder die Anteile nur für den Zweck der Weiterveräußerung gehalten werden. Nach § 296 Abs. 2 HGB besteht zudem ein Wahlrecht, wenn das Tochterunternehmen nur von geringer Bedeutung für die Vermögens-, Finanz- und Ertragslage des Konzerns ist.

In welchem Umfang ein Tochterunternehmen in den Konzernabschluss einbezogen wird, bestimmt sich nach einem Stufenprinzip, das vom Grad der Beeinflussung des Mutterunternehmens auf das Tochterunternehmen abhängig ist. Stehen die Unternehmen unter einer einheitlichen Leitung, greift das Prinzip der Vollkonsolidierung. Werden die Unternehmen gemeinschaftlich geführt, so besteht ein Wahlrecht zwischen der Quotenkonsolidierung und der Equity-Methode. Bei nur maßgeblicher Beeinflussung greift die Equity-Methode.

- Bei der **Vollkonsolidierung** werden die Einzelabschlüsse der Unternehmen zu einem Konzernabschluss zusammengefügt. Dabei werden die Aktiva und Passiva eines Tochterunternehmens vollständig übernommen. Zunächst werden bei der Kapitalkonsolidierung die innerbetrieblichen Kapitalverflechtungen beseitigt, indem die Beteiligungswerte des Mutterunternehmens mit dem auf diese Anteile entfallenden (anteiligen) Eigenkapitalbetrag des einzubeziehenden Unternehmens verrechnet werden. Dies kann über die Buchwertmethode oder die Neubewertungsmethode erfolgen. Anschließend folgt die Schuldenkonsolidierung, bei der Forderungen und Verbindlichkeiten innerhalb des Konzerns saldiert werden.
- Die **Quotenkonsolidierung** nach § 310 HGB greift bei gemeinschaftlich geführten Unternehmen. Dabei werden die Aktiva und die Passiva des Tochterunternehmens nur entsprechend der Höhe der Beteiligung des Mutterunternehmens im Konzernabschluss berücksichtigt. Bei der Equity-Bewertung kommt es nicht zu einer Darstellung der Aktiva und Passiva des Tochterunternehmens im Konzernabschluss. Dort wird nur das anteilige Eigenkapital des Tochterunternehmens dargestellt.

- Die **Equity-Methode** greift beim Einbezug von Unternehmen, auf deren Geschäfts- und Finanzpolitik nur ein maßgeblicher Einfluss ausgeübt wird (**assoziiertes Unternehmen**). Bei dieser Methode wird der Wertansatz der Beteiligung aus dem Einzelabschluss des vollkonsolidierten Unternehmens so modifiziert, dass die Bewertung zeitnah mit dem anteiligen Eigenkapital erfolgen kann. Die Vereinfachung der Equity-Methode besteht darin, dass die Modifizierung nur bei erstmaliger Anwendung der Equity-Methode erfolgen muss. In den nachfolgenden Perioden ist lediglich eine Fortschreibung des Wertansatzes durchzuführen.

6.2.7 Bilanzanalyse

Aufgabe der Bilanzanalyse (Jahresabschlussanalyse) ist es, anhand der Daten des Jahresabschlusses (Bilanz, Gewinn- und Verlustrechnung, Kapitalflussrechnung und Anhang) sowie des Lageberichts die derzeitige bzw. zukünftige wirtschaftliche Lage eines Unternehmens zu beurteilen bzw. zu prognostizieren. Da der Jahresabschluss in der Regel öffentlich zugänglich ist, bildet die Bilanzanalyse insbesondere für Unternehmensexterne eine wichtige Entscheidungsgrundlage etwa für den Kauf von Anteilen, die Kreditgewährung oder die Aufnahme sonstiger Vertragsbeziehungen. Die Bilanzanalyse stellt jedoch nicht zuletzt aus diesem Grund auch für interne Steuerungszwecke eine wichtige Informationsquelle dar. Strategisch kommt der Bilanzanalyse die Aufgabe zu, den Unternehmenswert und die Wertgenerierung abzubilden. Operativ sind insbesondere Erfolg und Liquidität als Voraussetzung der Existenzerhaltung zu untersuchen.

Die Bilanzanalyse ist nicht in der Lage, jede Information aus den vorhandenen Daten gewinnen oder prognostizieren zu können. Sie leidet somit unter den gleichen Nachteilen wie der zugrunde liegende Jahresabschluss:

- Jahresabschlussinformationen weisen per se eine **mangelnde Zukunftsbezogenheit** auf, da sie sich auf abgeschlossene Perioden beziehen. Nur der Lagebericht bietet zusätzliche, zukunftsbezogene Informationen. Insofern sind Fortschreibungen bzw. Schätzungen der Informationen mit der damit verbundenen Unsicherheit notwendig.
- Die Jahresabschlussinformationen sind auf monetär bewertbare Informationen begrenzt und weisen somit eine **mangelnde Vollständigkeit** auf. Gerade immaterielle Werte wie Know-how, Managementerfahrung und Forschungsprojekte bleiben ebenso verborgen wie Transaktionen, die keinen buchhalterischen Geschäftsvorfall darstellen (z.B. Abschluss eines Kooperationsvertrages oder Gewährung einer Kreditlinie).

- Die im Rahmen der Rechnungslegungsvorschriften eingeräumten **Ermessensentscheidungen** und Möglichkeiten der **Bilanzpolitik** durch Sachverhaltsgestaltungen sind für Außenstehende nicht zu erkennen. Gerade die internationalen Rechnungslegungsvorschriften basieren auf sachgerechten Beurteilungen durch den Bilanzierenden (judgement).
- Das dem HGB zugrunde gelegte **Vorsichtsprinzip** kann zu einer Unterbewertung des Reinvermögens führen und die Aussagekraft der Jahresabschlussinformationen verringern.
- Zuletzt führt die international zu beobachtende **Vielzahl von Rechnungslegungsstandards** zu einer geringen Vergleichbarkeit der Jahresabschlüsse.

Da sich die in dem Jahresabschluss ausgewiesenen Positionen nicht immer für eine detaillierte Analyse eignen, sind zunächst Umstrukturierungen, Zusammenfassungen sowie Aufspaltungen und Saldierungen einzelner Positionen vorzunehmen. Die möglichen Anpassungen sind zum Teil sehr umfangreich, so dass auf die am Ende dieses Kapitels angegebene weiterführende Literatur verwiesen wird. Im Folgenden sollen ausgewählte Anpassungen von Größen der Bilanz und der Gewinn- und Verlustrechnung kurz dargestellt werden, die in der Unternehmenspraxis täglich verwendet werden.

Für die **Bilanz** sollen im Folgenden vier zentrale Größen dargestellt werden:

- Gesamtkapital (total assets),
- eingesetztes Kapital (capital employed),
- Reinvermögen (net assets) und
- Working Capital.

Der Zusammenhang dieser vier Größen lässt sich anhand der Grobstruktur der Bilanz erläutern, die zur Verdeutlichung in Abb. 79 mit exemplarischen Werten versehen wird. Das **Gesamtkapital (GK)** stellt das Gesamtvermögen des Unternehmens dar und errechnet sich als Summe aus dem (bilanziellen) Eigenkapital (EK) und den kurz- und langfristigen Verbindlichkeiten (KV und LV). Das bilanzielle Eigenkapital stellt dabei eine Berichtigung des Eigenkapitals um ausstehende Einlagen, Ausschüttungen, eigene Anteile und den Sonderposten mit Rücklagenanteil dar.

Wie Abb. 79 verdeutlicht, kann das Gesamtkapital aber auch auf der Aktivseite als Summe aus Anlagevermögen (AV) und Umlaufvermögen (UV) errechnet werden, sofern die o.g. Wertberichtigungen unterlassen werden.

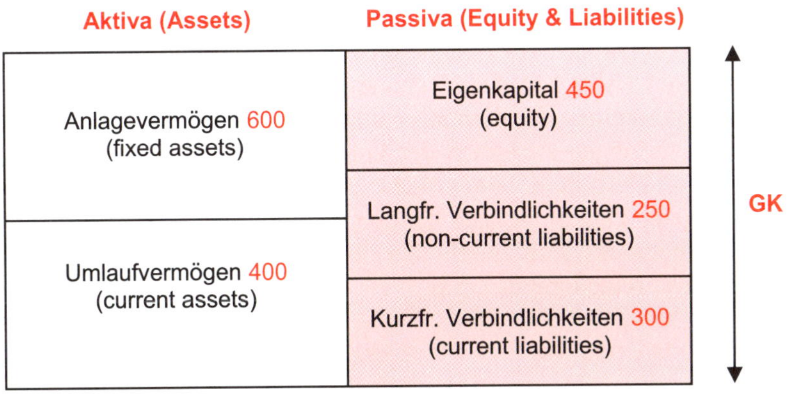

Abb. 79. Ermittlung des Gesamtkapitals

Die zweite Größe stellt das **eingesetzte Kapital** dar, das auch im deutschen Sprachraum eher unter dem Begriff **Capital Employed** bekannt ist (Abb. 80). Das Capital Employed errechnet sich als Eigenkapital zuzüglich der langfristigen Verbindlichkeiten. Es gibt dasjenige Kapital an, das dem Unternehmen langfristig zur Verfügung steht, und spielt daher bei der Beurteilung der langfristigen Liquidität eine besondere Rolle. Zu beachten ist, dass das langfristige Fremdkapital nicht nur Finanzschulden, sondern auch Pensionsrückstellungen beinhaltet. Die Größe Capital Employed macht somit auch deutlich, dass die Mitarbeiter des Unternehmens mit der (meist unfreiwilligen) Investition ihres Pensionsanspruches in das Unternehmen eine wichtige Kapitalquelle sind.

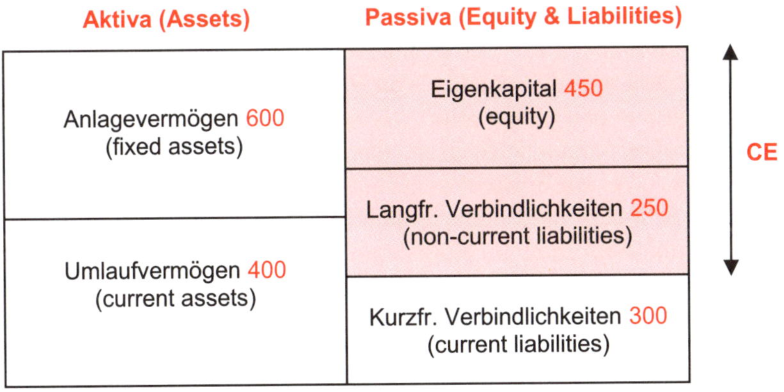

Abb. 80. Ermittlung des Capital Employed

Abb. 80 macht wiederum deutlich, dass das Capital Employed auch über die Aktivseite ermittelt werden kann. Es sind dazu das Anlagevermögen und das Umlaufvermögen zu addieren und die kurzfristigen Verbindlichkeiten abzuziehen.

Das **Reinvermögen (RV)** ist bereits als eigenständige Position in der Bilanz bekannt (Abb. 81). Das Reinvermögen wird jedoch nicht einfach der Bilanz entnommen, sondern errechnet sich aus der Summe aus Anlage- und Umlaufvermögen abzüglich der kurz- und langfristigen Verbindlichkeiten. Diese Definition verdeutlicht eindrucksvoll die Bedeutung des Reinvermögens. Es gibt an, dass der den Anteilseignern zuzordnende Wert eines Unternehmens sich durch den Wert aller Vermögensgegenstände abzüglich des Fremdkapitals ergibt.

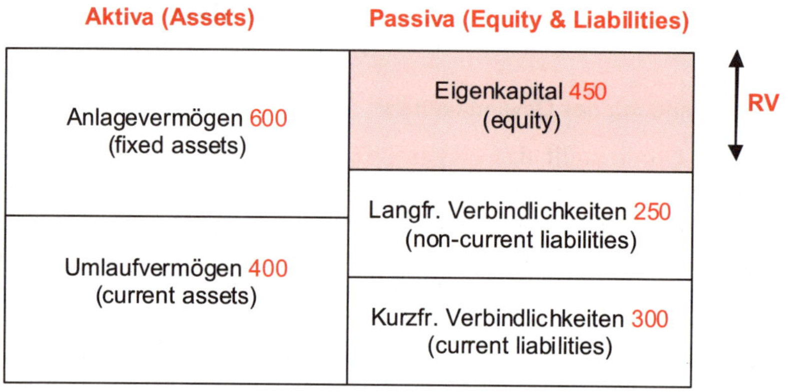

Abb. 81. Ermittlung des Reinvermögens

Die letzte Größe ist das **Working Capital (WC)**, auf das bei den Kennzahlen zurückgegriffen wird (Abb. 82). Das Working Capital errechnet sich als Umlaufvermögen abzüglich der kurzfristigen Verbindlichkeiten. Es spiegelt die faktisch zur Verfügung stehenden liquiden Mittel und somit die betriebliche Liquidität wieder. Von Bedeutung ist diese Größe, da viele Unternehmen auf den ersten Blick als sehr liquide erscheinen, da sie ein hohes Umlaufvermögen aufweisen, das bei Liquiditätsbedarf verflüssigt werden kann. Wie das Beispiel in Abb. 82 verdeutlicht, wird dabei jedoch außer Acht gelassen, dass dem Umlaufvermögen in Höhe von 400 kurzfristige Verbindlichkeiten in Höhe von 300 gegenüberstehen. Geht man davon aus, dass diese kurzfristigen Verbindlichkeiten innerhalb kurzer Zeit zurückgezahlt werden müssen, so stehen dem Unternehmen bei Verflüssigung des Umlaufvermögens nur liquide Mittel in Höhe von 100 zur Verfügung. Sofern das Working Capital positiv ist, lassen sich dadurch nicht ausgenutzte langfristige Finanzierungsvolumen identifizieren, weil Teile des kurzfristig liquidierbaren Umlaufvermögens mittel- bis langfristig finanziert sind. Ein positives Working Capital ist demnach ein Anzeichen für die Expansionskraft des Unternehmens.

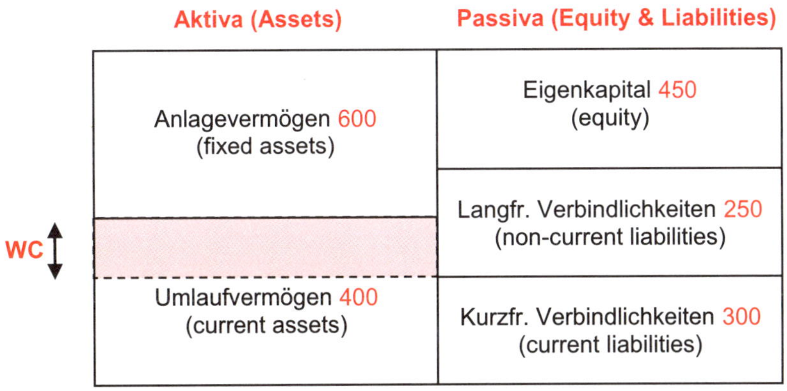

Abb. 82. Ermittlung des Working Capital

Für die **Gewinn- und Verlustrechnung** werden meist die folgenden Zwischenergebnisse ermittelt, bei denen einzelne Einflüsse herausgerechnet wurden:

- EBITDA (Earnings before interest, taxes, depreciation and amortization),
- EBIT (Earnings before interest and taxes),
- EBT (Earnings before taxes),
- EAT (Earnings after taxes) und
- RE (Retained earnings).

Im Mittelpunkt der Korrekturen stehen die gewinnabhängigen Steuern und der Zinsaufwand. Hintergrund ist, dass eine Vergleichbarkeit hergestellt werden soll, die vom Steuersystem, der Rechtsform und der Kapitalstruktur des Unternehmens unabhängig ist.

Alle Vermögenswerte des Unternehmens haben dazu beigetragen das **EBIT (earnings before interest and taxes)** zu erwirtschaften. Daher „gehört" das EBIT den Eigentümern dieser Vermögenswerte und muss entsprechend verteilt werden. Zunächst werden die Zinszahlungen an die Fremdkapitalgeber abgezogen. Es verbleibt das **EBT (earnings before taxes)**, welche die (hypothetische) Bemessungsgrundlage für die Steuerzahlung darstellt. Es verbleibt das EAT bzw. PAT (earnings/profits after taxes), der sogenannte Reingewinn, von dem die Zahlungen an die Anteilseigner, die Dividenden, abgezogen werden. Der Restbetrag, das RE (retained earnings), verbleibt im Unternehmen und kann dort reinvestiert werden.

	EBIT (earnings before interest and taxes)
–	Zinsen
=	EBT (earnings before taxes)
–	Steuern
=	EAT (earnings after taxes)
–	Dividenden
=	RE (retained earnings)

Jede dieser Kennzahlen kann für den Leser der Gewinn- und Verlustrechnung hilfreiche Informationen beinhalten. So kann man mit Hilfe des EBIT beispielsweise den betrieblichen Gewinn verschiedener Geschäftsjahre, Quartale oder Unternehmensbereiche direkt vergleichen, ohne dass die Resultate durch schwankende Steuersätze, Zinsaufwendungen oder sonstige außerordentliche Faktoren verzerrt werden. Das Herausrechnen der Zinsaufwendungen kann auch sinnvoll sein, wenn man das Unternehmen mit einem Unternehmen vergleichen möchte, welches vollständig mit Eigenkapital finanziert ist.

Eine weitere wichtige Kennzahl in diesem Zusammenhang ist das **EBITDA (earnings before interest, taxes, depreciation and amortization)**, bei dem ausgehend vom EBIT auch der Effekt von Abschreibungen und Zuschreibungen herausgerechnet wird.[162]

	EBIT (earnings before interest and taxes)
+	Abschreibungen auf das Anlagevermögen
–	Zuschreibungen zum Anlagevermögen
=	EBITDA

Allerdings hat das EBITDA seit dem Jahrtausendwechsel an Bedeutung verloren, da es zur Zeit des Neuen Marktes von manchen unprofitablen Unternehmen zur Verschleierung einer Verlustsituation genutzt wurde. Es ist unmittelbar einsichtig, dass es durch das Bereinigen des Ergebnisses um fast alle wichtigen Aufwandspositionen unter Umständen trotzdem positive Werte liefert.

Obwohl bereits die ermittelten absoluten Zahlen bereits Informationen bieten, werden betriebswirtschaftliche Entscheidungen schon seit dem Beginn des 20. Jahrhunderts auf Kennzahlen und Kennzahlensysteme gestützt. **Kennzahlen** werden gebildet, indem absolute Zahlen zueinander ins Verhältnis gesetzt werden. Durch den Vergleich dieser Zahlen kann ihre Aussagekraft erhöht werden. Der Vorteil von Kennzahlen besteht darin, dass sie eine quantitative Verdichtung der komplexen Realität darstellen

[162] Der englische Begriff „amortization" (Abschreibungen auf immaterielle Vermögensgegenstände) darf hier nicht mit dem deutschen Begriff „Amortisation" verwechselt werden.

und so über zahlenmäßig erfassbare betriebswirtschaftliche Sachverhalte informieren können. Ihr Nachteil besteht in der großen Anzahl von Kennzahlen und der Schwierigkeit der Interpretation. Dabei hängt die Verwendbarkeit einer Kennzahl grundsätzlich vom Einsatzgebiet wie Branche oder Unternehmensgröße ab. Einzige Voraussetzung ist die Beachtung des **Entsprechungsprinzips**, das besagt, dass Zähler und Nenner in einem sinnvollen Zusammenhang stehen müssen. Ein solcher Zusammenhang ist bei drei Arten von Kennzahlen gegeben:

- **Gliederungszahlen** setzen Teilgrößen einer Gesamtgröße miteinander in Beziehung wie etwa Eigenkapital und Gesamtkapital oder Eigenkapital und Fremdkapital.
- **Beziehungszahlen** setzen hingegen verschiedenartige Gesamtheiten in Bezug, die in einem sachlogischen Zusammenhang stehen. Beispielsweise kann die Gesamtkapitalrentabilität ermittelt werden, die den Gewinn mit dem Gesamtkapital in Beziehung setzt. Der sachlogische Zusammenhang besteht hierbei darin, dass das Gesamtkapital ursächlich für die Erwirtschaftung des Gewinns ist. Das Entsprechungsprinzip fordert dabei, dass der Gewinn vor Fremdkapitalzinsen (z.B. EBIT) ermittelt wird, da das Gesamtkapital sowohl Eigen- als auch Fremdkapital beinhaltet.
- **Indexzahlen** ermöglichen die Darstellung der zeitlichen Entwicklung von Größen, indem die aktuelle Größe mit dem Wert zu einem Basiszeitpunkt gemessen wird.

Kennzahlen erlauben den internen **Zeitvergleich**, indem ihre Entwicklung über verschiedene Perioden betrachtet wird. Darüber hinaus ermöglichen sie jedoch auch den **Betriebsvergleich**, indem die Kennzahlen verschiedener Unternehmen der gleichen Branche miteinander verglichen werden. Im Mittelpunkt der Kennzahlenanalyse stehen Kriterien wie Vermögensstruktur, Liquidität und Rentabilität.

Zu den bestandsorientierten Strukturkennzahlen gehören die Vermögensstruktur, die Kapitalstruktur sowie die Liquiditätskennzahlen.

Die **Vermögensstruktur** kann über zahlreiche Kennzahlen gemessen werden. Die Vermögens-Intensitätskennzahlen analysieren das Verhältnis von langfristig zu kurzfristig investiertem Vermögen. Die **Anlagenintensität** ergibt sich etwa aus der Division von Anlagevermögen mit dem Gesamtvermögen:

$$\text{Anlagenintensität} = \frac{\text{Anlagevermögen}}{\text{Gesamtvermögen}} \times 100$$

Da das Anlagevermögen dem Unternehmen längerfristig zur Verfügung steht, andererseits aber auch die finanziellen Mittel dadurch länger gebunden sind, steht ein niedriges Anlagevermögen für eine höhere (betriebliche) Flexibilität. Auf der anderen Seite ist ein geringes Anlagevermögen auch darauf zurückzuführen, dass ein Unternehmen mit abgeschriebenen Anlagen arbeitet. In Bezug dessen ist keine eindeutige Aussage zu dieser Kennzahl zu treffen.

Zwei andere Kennzahlen sind die **Vermögensintensität** und die **Umlaufintensität**:

$$\text{Vermögensintensität} = \frac{\text{Anlagevermögen}}{\text{Umlaufvermögen}} \times 100$$

$$\text{Umlaufintensität} = \frac{\text{Umlaufvermögen}}{\text{Gesamtvermögen}} \times 100$$

Eine Analyse der Vermögensstruktur ist auch über die Umschlagskoeffizienten möglich. Diese geben an, wie häufig ein Vermögensposten in der Periode umgeschlagen wurde (Umschlagshäufigkeit). Die Grundstruktur der Umschlagshäufigkeit lautet:

$$\text{Umschlagshäufigkeit} = \frac{\text{Abgang in der Periode}}{\text{durchschnittlicher Bestand}}$$

Ein Beispiel für die Umschlagskoeffizienten ist die **Umschlagshäufigkeit des Gesamtkapitals**:

$$\begin{matrix}\text{Umschlagshäufigkeit} \\ \text{des Gesamtapitals}\end{matrix} = \frac{\text{Umsatzerlöse}}{\text{durchschnittliches Gesamtkapital}}$$

Diese Kennzahl gibt an, wie oft sich das Gesamtkapital in der Periode umschlägt, d.h. wie produktiv das dem Unternehmen zur Verfügung stehende Kapital eingesetzt wurde. Je höher die Kennzahl ist, desto schneller ist der Finanzmittelrückfluss aus dem Umsatzprozess.

Die Beurteilung der finanziellen Stabilität des Unternehmens ist durch das **Kundenziel** möglich.

$$\text{Kundenziel} = \frac{\begin{matrix}\text{durchschnittlicher Bestand} \\ \text{an Warenforderungen} \times 365\end{matrix}}{\text{Umsatzerlöse}}$$

Eine Verschlechterung der Kennzahl drückt aus, dass die Kunden ihre Verbindlichkeiten später zurückführen. Dies kann einerseits mit wirtschaftlichen Schwierigkeiten zusammenhängen. Andererseits könnten Qualitätsprobleme der Produkte dazu führen, dass die Kunden Rechnungen erst verzögert begleichen.

Zentrale Kennzahl der Kapitalstruktur ist die **Eigenkapitalquote**. Sie ergibt sich aus der Division von Eigenkapital mit dem Gesamtkapital:

$$\text{Eigenkapitalquote} = \frac{\text{Eigenkapital}}{\text{Gesamtkapital}} \times 100$$

Äquivalent dazu ist der **statische Verschuldungsgrad**:

$$\text{Statischer Verschuldungsgrad} = \frac{\text{Fremdkapital}}{\text{Eigenkapital}} \times 100$$

Die in Deutschland bekanntere Eigenkapitalquote gilt als Gradmesser der Kreditwürdigkeit des Unternehmens. Grundsätzlich gilt: Je höher die Eigenkapitalquote, desto niedriger ist das Finanzierungsrisiko. Allerdings ist es in der Praxis nicht immer sinnvoll, eine möglichst hohe Eigenkapitalquote anzustreben. Denn mit steigendem Fremdkapitalanteil, steigt auch die Rentabilität des Eigenkapitals. Die Suche nach der optimalen Kapitalstruktur ist seit Jahrzehnten ein wichtiges Forschungsthema („Modigliani-Miller-Theorem").[163]

Die Liquiditätsanalyse mit den **Liquiditätskennzahlen** stellt die Frage nach dem Risiko der Zahlungsunfähigkeit in den Mittelpunkt. Der besondere Fokus liegt dabei auf der Fragestellung, inwieweit die Liquidität ausreicht, um den gegebenen Zahlungsverpflichtungen nachzukommen. Die einfachste Regel ist der **Grundsatz der Fristenkongruenz**, d.h. dass das kurzfristige Vermögen größer ist als das kurzfristige Kapital. Eine solch vereinfachende Analyse führt jedoch nicht immer zum richtigen Ergebnis.

Man unterscheidet zwischen der statischen Liquiditätsanalyse auf Basis der Bilanz und der dynamischen Liquiditätsanalyse unter Einbeziehung des Cash Flows.

Die statische Liquiditätsanalyse unterscheidet zwischen der lang- und mittelfristigen Deckungskennzahlen und den kurzfristigen Liquiditätskennzahlen.

Die **Deckungskennzahlen** errechnen sich als:

$$\text{Deckungsgrad 1} = \frac{\text{Eigenkapital}}{\text{Anlagevermögen}} \times 100$$

$$\text{Deckungsgrad 2} = \frac{\text{Eigenkapital + langfristiges Fremdkapital}}{\text{Anlagevermögen}} \times 100$$

[163] Modigliani, Franco; Miller, Merton (1958): The Cost of Capital, Corporation Finance and the Theory of Investment, in: American Economic Review, Vol. 48, S. 443-453.

Die kurzfristigen Liquiditätskennzahlen errechnen sich als:

$$\text{Liquidität 1. Grades} = \frac{\text{liquide Mittel}}{\text{kurzfristige Verbindlichkeiten}} \times 100$$

$$\text{Liquidität 2. Grades} = \frac{\text{liquide Mittel + kurzfristige Forderungen}}{\text{kurzfristige Verbindlichkeiten}} \times 100$$

$$\text{Liquidität 3. Grades} = \frac{\text{liquide Mittel + kurzfristige Forderungen + Vorräte}}{\text{kurzfristige Verbindlichkeiten}} \times 100$$

Problematisch ist bei den Liquiditätskennzahlen, dass nur Werte aus der Bilanz verwendet werden, nicht jedoch laufende Zahlungsverpflichtungen wie Löhne, Gehälter und Mieten. Sinnvoller ist daher die Verwendung dynamischer Kennzahlen auf Basis von Stromgrößen. Eine übliche Kennzahl ist der **dynamische Verschuldungsgrad**:

$$\text{Dynamischer Verschuldungsgrad} = \frac{\text{Fremdkapital}}{\text{Cash Flow}} \times 100$$

Der dynamische Verschuldungsgrad gibt an, in wie vielen Jahren das Fremdkapital getilgt sein wird, wenn der Cash Flows jeweils vollständig zur Rückführung der Schulden verwendet wird.

Die **Erfolgskennzahlen** werden erfahrungsgemäß durch die Eigenkapitalrentabilität, die Gesamtkapitalrentabilität (Return on Investment) und die Umsatzrentabilität abgebildet. Innerhalb der Betrachtung der **Eigenkapitalrentabilität** wird der erwirtschaftete Jahresüberschuss auf das in der Periode betrachtete, durchschnittlich eingesetzte Eigenkapital bezogen:

$$\text{Eigenkapitalrentabilität} = \frac{\text{Jahresüberschuss}}{\text{durchschnittliches Eigenkapital}} \times 100$$

Diese Kennzahl gibt an, wie sich die Kapitaleinlage der Eigenkapitalgeber verzinst. Grundsätzlich ist die Eigenkapitalrentabilität besser zur Beurteilung der Wirtschaftlichkeit eines Unternehmens geeignet, da diese als relative Erfolgskennzahl eine Beziehung zum Mitteleinsatz herstellt. Unter kritischer Betrachtung lässt sich hierbei allerdings festhalten, dass sich die Eigenkapitalrentabilität durch eine erhöhte Verschuldung steigern lässt (Leverage-Effekt).

Die Gesamtkapitalrentabilität und die Umsatzrentabilität sind Kennzahlen, die von einem unverschuldeten Unternehmen ausgehen. Aufgrund des Entsprechungsprinzips ist daher im Zähler nicht der Jahresüberschuss als

Erfolgsgröße anzugeben, sondern das EBIT, welches weder Zins-, noch Steueraufwand enthält. Die **Gesamtrentabilität**, die auch als **Return on Investment (ROI)** oder als **Return on Assets (ROA)** bezeichnet wird, errechnet sich als:

$$\text{Gesamtkapitalrentabilität} = \frac{\text{EBIT}}{\text{durchschnittliches Gesamtkapital}} \times 100$$

Beim ROI wird eine Ergebnisgröße auf das eingesetzte Gesamtkapital bezogen. Allerdings herrscht keine Einigkeit darüber, ob als Ergebnisgröße der Jahresüberschuss, der Jahresüberschuss vor Ertragssteuern oder das ordentliche Betriebsergebnis herangezogen werden soll.

Jedoch existieren auch ähnliche Kennzahlen, bei denen andere Größen im Nenner Verwendung finden. Die bekanntesten sind der **Return on Net Assets (RONA)** bzw. der **Return on Capital Employed (ROCE)**:

$$\text{RONA} = \frac{\text{EBIT}}{\text{Net Assets}} \times 100$$

$$\text{ROCE} = \frac{\text{EBIT}}{\text{Capital Employed}} \times 100$$

Diese beiden Kennzahlen spielen insbesondere im Rahmen von wertorientierten Steuerungsrechnungen eine Rolle. Als eigenständige Kennzahlen sind sie jedoch weniger aussagekräftig.

Die **Umsatzrentabilität** ergibt sich durch die Division des EBIT durch den Umsatz:

$$\text{Umsatzrentabilität} = \frac{\text{EBIT}}{\text{Umsatz}} \times 100$$

Diese Kennzahl gibt die durchschnittliche aus dem Umsatz erwirtschaftete Marge an.

Gesamtkapitalrentabilität und die Umsatzrentabilität sind über den **Kapitalumschlag** rechnerisch miteinander verbunden:

$$\text{Kapitalumschlag} = \frac{\text{Umsatz}}{\text{durchschnittliches Gesamtkapital}} \times 100$$

Deutlich wird der Zusammenhang, wenn man die Gesamtkapitalrentabilität (ROI) mit dem Faktor Umsatz/Umsatz multipliziert:

$$\text{ROI} = \frac{\text{EBIT}}{\varnothing\ \text{Gesamtkapital}} \times \frac{\text{Umsatz}}{\text{Umsatz}} \times 100$$

Durch Umstellen kann man den ROI in Umsatzrendite und Kapitalumschlag zerlegen:

$$\text{ROI} = \underbrace{\frac{\text{EBIT}}{\text{Umsatz}}}_{\text{Umsatzrentabilität}} \times \underbrace{\frac{\text{Umsatz}}{\varnothing\ \text{Gesamtkapital}}}_{\text{Kapitalumschlag}} \times 100$$

Mit dieser Zerlegung wird deutlich, dass der ROI verbessert werden kann, indem die Umsatzrentabilität oder der Kapitalumschlag erhöht werden. Zudem wird deutlich, dass man durch Zerlegung von Kennzahlen **Kennzahlensysteme** entwickeln kann, bei denen eine Spitzenkennzahl über verschiedene Ebenen auf zugrunde liegende Kennzahlen zurückgeführt werden kann. Eines der ältesten und zugleich bedeutendsten Kennzahlensysteme ist das „Du-Pont-System of Financial Control", das heute meist als **ROI-Kennzahlensystem** oder **Du Pont-Kennzahlensystem** bezeichnet wird (Abb. 83).

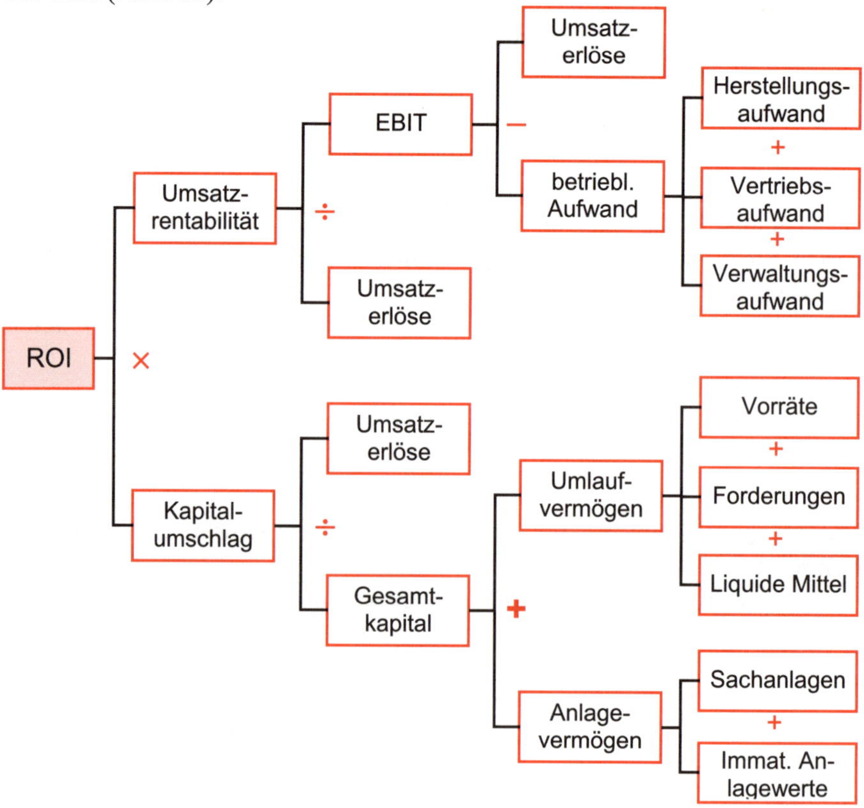

Abb. 83. ROI-Kennzahlensystem

Das ROI-Kennzahlensystem wurde bereits 1919 bei „I.E. DuPont de Nemours & Co." entwickelt und zu Beginn der 1920er Jahre von General

Motors übernommen. Im Mittelpunkt dieses Kennzahlensystems steht der Kapitalertragsstammbaum, an dessen Spitze der Return on Investment (ROI) steht. Durch dessen Erweiterung mit dem Umsatz erfolgt eine Aufspaltung in den Kapitalumschlag (Einflussbereich der Vermögensstruktur) und die Umsatzrentabilität (Einflussbereich der Kosten- und Erlösstruktur). Dank seiner sehr allgemeinen Ausformung hat sich das Modell als Basis vieler nachfolgender Systeme etabliert.

6.3 Internes Rechnungswesen

6.3.1 Grundlegende Zusammenhänge

Aufgrund der Aufgaben der externen Rechnungslegung sind die Informationen, die etwa in den handelsrechtlichen Jahresabschluss eingehen, **vergangenheitsbezogen**. Dies ist natürlich notwendig, wenn man einen im abgelaufenen Geschäftsjahr erwirtschafteten Jahresüberschuss ermitteln soll, der an die Eigenkapitalgeber ausgeschüttet werden kann. Dies führt allerdings auch dazu, dass die Daten des Jahresabschlusses für eine zukunftsorientierte Planung, Steuerung und Kontrolle eines Unternehmens nicht geeignet sind. Vor allem auch deshalb, wenn man berücksichtigt, dass ab dem Bilanzstichtag bis zur Veröffentlichung des Jahresabschlusses noch einmal drei bis sechs Monate vergehen.

Außerdem ist der Jahresabschluss eine **pagatorische Rechnung**, in die nur die Wertgrößen eingehen dürfen, die auch tatsächlich mit Zahlungen verknüpft sind. Dies ist vor dem Hintergrund der notwendigen Objektivität für außenstehende Interessengruppen verständlich und auch notwendig. Dies führt allerdings dazu, dass in der Gewinn- und Verlustrechnung nur der Werteverzehr erfasst wird, der mit Zahlungen in Verbindung steht, aber keine kalkulatorischen Größen. Soll aber der Preis eines zu verkaufenden Produktes ermittelt werden, müssen beispielsweise auch kalkulatorische Eigenkapitalzinsen erfasst werden, die ebenfalls mitverdient werden müssen.

Diese Mängel des Jahresabschlusses führen zur Notwendigkeit der Einrichtung eines **internen Rechnungswesens**, welches Planungsrechnungen bzw. eine aussagefähige Kosten- und Leistungsrechnung bereitstellt. Das interne Rechnungswesen bzw. die Kosten- und Leistungsrechnung richtet sich vor allem an die Unternehmensführung und wird intern für

- Planungs-,
- Steuerungs- und
- Kontrollzwecke

herangezogen.

Um diesen Aufgaben gerecht zu werden, hat die Kosten- und Leistungsrechnung der Unternehmensführung Informationen bereitzustellen für die Ermittlung

- der **Preisuntergrenzen** für den Absatzbereich,
- der **Preisobergrenzen** für den Einkaufsbereich sowie
- von **Verrechnungspreisen** für die innerbetriebliche Leistungserstellung.

Außerdem sind Informationen notwendig, die die Unternehmensführung in die Lage versetzen, Entscheidungen zu treffen, die kostenmäßig abzusichern sind. Dazu gehören

- die Wahl von **Fertigungsverfahren**,
- die Entscheidungen zur **Eigen- oder Fremdfertigung**,
- die **Produktionsprogrammplanung** oder auch
- die Entscheidung über die **Annahme von Zusatzaufträgen**.

Die Kosten- und Leistungsrechnung hat weiterhin **Fragen nach der Höhe** sowie der **Art und Weise des Zustandekommens des Erfolges** zu beantworten. Dabei darf auch nicht die Bewertung des Lagerbestandes vernachlässigt werden. Eine sinnvolle Erfolgsermittlung kann nach verschiedenen Kriterien vorgenommen werden, z.B.

- periodenbezogen,
- produktbezogen,
- kundenbezogen oder auch
- auftragsbezogen.

Die so gewonnenen Informationen im Rahmen der Preiskalkulation, von Entscheidungsrechnungen sowie der Erfolgsermittlung werden

- sowohl zukunftsorientiert für die **Planung**,
- gegenwartsorientiert für die **Steuerung** als auch
- vergangenheitsorientiert für die **Kontrolle**

eingesetzt.

Damit differieren die Aufgaben der Kosten- und Leistungsrechnung entscheidend von der Aufgabenstellung des Jahresabschlusses. Aus diesem Grund wird der Werteverzehr nicht über Aufwendungen, sondern **Kosten** und der Wertzuwachs nicht über Erträge, sondern **Leistungen** erfasst. Außerdem ist es nicht sinnvoll, wie in der Gewinn- und Verlustrechnung einmal pro Jahr die Wertgrößen zu ermitteln, sondern quartalsweise, monatlich oder sogar wöchentlich. Dabei reicht die Beschaffung vergangenheitsbezogener Daten nicht aus, sondern es sind für die Planung auch zukunftsorientierte Informationen notwendig.

In der Hauptsache beschäftigt sich die Kosten- und Leistungsrechnung mit der Erfassung, Ermittlung und Verrechnung von Kosten. Leistungen spielen lediglich eine untergeordnete Rolle, da sie in Form von Umsatzerlösen zwar durch den Absatzbereich, aber nicht durch den innerbetrieblichen Leistungserstellungsprozess beeinflusst werden können. Um Kosten aufgabengerecht in der Kosten- und Leistungsrechnung verwenden zu können, unterscheidet man verschiedene **Kostenkategorien**:

- nach der **Art der Zurechenbarkeit** der Kosten,
- in **Abhängigkeit von der Kosteneinflussgröße** und
- nach der **Herkunft der Kostengüter**.

Nach dem Kriterium der Zurechenbarkeit werden die Kosten aufgespalten in Einzelkosten, Gemeinkosten und unechte Gemeinkosten:

- **Einzelkosten** lassen sich den zu kalkulierenden, erstellten betrieblichen Leistungen (Kalkulationsobjekte bzw. Kostenträger) **direkt zurechnen**. Dies ist z.B. das Holz für die Produktion eines Stuhles oder der Motor für einen zu fertigenden Pkw.
- **Gemeinkosten** können dem jeweiligen Kalkulationsobjekt **nicht direkt zugerechnet** werden. Vielmehr werden sie mit Hilfe von Schlüsselgrößen verteilt. Gemeinkosten bei der Produktion von Stühlen oder Pkws sind beispielsweise Strom, Wasser oder Miete.
- **Unechte Gemeinkosten** sind zwar Einzelkosten, sie werden aber aus Wirtschaftlichkeitsgründen ebenfalls **über Schlüsselungen** den Kalkulationsobjekten zugerechnet. Hierbei kann es sich z.B. um Nägel, Leim oder auch Farben handeln.

Die Höhe von Kosten ist im Allgemeinen abhängig von der Kosteneinflussgröße, die zugrunde gelegt wird. Um die Kostenrechnung in der Praxis sinnvoll einsetzen zu können, geht man vereinfachend davon aus, dass die Kosten lediglich von **einer Kosteneinflussgröße** abhängen. In der Regel verwendet man dazu die **Beschäftigungs-** bzw. **Ausbringungsmenge**, wie z.B. die Stückzahl, Tonnen, Meter oder auch kWh. In Abhängigkeit von der Beschäftigung unterteilt man die Kosten in variable Kosten, fixe Kosten und sprungfixe Kosten.

- **Variable Kosten** sind grundsätzlich von der Beschäftigung bzw. deren Veränderung abhängig. Die dabei auftretenden Variationen können proportional, degressiv oder auch progressiv sein. Ein proportionaler Kostenverlauf führt dazu, dass auch die Kosten im gleichen Verhältnis variieren wie die Beschäftigung. Bei einem degressiven Zusammenhang ändern sich die Kosten unterproportional und bei einer progressiven Kostenfunktion überproportional zur Veränderung der Ausbringungsmenge. Variable Kosten sind etwa Vertriebsprovisionen, der Benzinverbrauch des Fuhrparks oder auch der Preis für den mengenmäßigen Verbrauch von Strom.
- **Fixe Kosten** sind in ihrer Höhe von der Beschäftigung und deren Veränderung unabhängig. Beispiele für fixe Kosten sind das Grundgehalt des Vertriebes, die Kfz-Steuer für den Fuhrpark oder die Grundgebühr für den Stromanschluss.

- **Sprungfixe Kosten** sind Kosten, die innerhalb eines bestimmten Beschäftigungsintervalls fix sind, aber bei Überschreiten dieser Intervallgrenze sprunghaft zunehmen, um sich innerhalb des nächsten Intervalls wieder beschäftigungsunabhängig zu verhalten. Die Kosten für die Beaufsichtigung der Produktion verändern sich beispielsweise nach diesem Verhaltensmuster, wenn z.B. ein zusätzlicher Meister angestellt oder eine weitere Maschine angeschafft werden muss.

Nach der Herkunft der Kostengüter differenziert man nach primären Kosten und sekundären Kosten:

- **Primäre Kosten** sind Kosten, die durch den Werteverzehr von Produktionsfaktoren entstehen, die von außen dem Produktionsprozess zugeführt werden. Primäre Kostengüter werden auf externen Beschaffungsmärkten erworben. Der Bezug von Strom von den städtischen Elektrizitätswerken ist ein Beispiel dafür.
- **Sekundäre Kosten** ergeben sich für Produktionsfaktoren, die im Unternehmen selbst erstellt werden, um sie dann im Produktionsprozess der Endprodukte einzusetzen. Erzeugt ein Unternehmen in einem eigenen Blockheizwerk Strom, um ihn für die Produktion zur Verfügung zu stellen, handelt es sich bei den Stromkosten um sekundäre Kosten.

Das größte Problem in der Praxis der Kosten- und Leistungsrechnung ist es, die **Kostenentstehung verursachungsgerecht abzubilden**. Um dieser Forderung nachzukommen, existieren eine Reihe von Kostenzurechnungsgrundsätzen, wobei im Folgenden nur das Verursachungsprinzip, das Proportionalitätsprinzip und das Marginalprinzip dargestellt werden sollen.

- Nach dem **Verursachungsprinzip** soll jedes Kalkulationsobjekt die Kosten tragen, die es auch verursacht hat. Diese theoretisch einwandfreie und begrüßenswerte Forderung lässt sich in der Praxis allerdings nicht durchsetzen, da nicht alle Kosten dem Kalkulationsobjekt direkt zugerechnet werden können. Im Gegensatz zu den Einzelkosten sind die Gemeinkosten den Kalkulationsobjekten gerade nicht direkt zurechenbar. Es müssen deshalb Kostenschlüssel gefunden werden, die eine verursachungsgerechte Schlüsselung gewährleisten. Dieses Unterfangen schlägt allerdings in der Regel fehl.
- Aus diesem Grund vereinfacht man die Zuordnung, indem die Kosten abgeleitet aus dem Verursachungsprinzip nach dem **Proportionalitätsprinzip** zugerechnet werden. Dabei verteilt man die Kosten mit Hilfe proportionaler Beziehungen auf die jeweiligen Kalkulationsobjekte. Da ausschließliche proportionale Zusammenhänge im Leistungserstellungsprozess nur selten anzutreffen sind, handelt sich bei dieser Vorgehensweise in vielen Fällen ebenfalls um eine willkürliche Zuordnung.
- Aus dieser Problematik leitet sich die Überlegung ab, einem Kalkulationsobjekt nur genau jene Kosten zuzurechnen, die durch die Existenz

des jeweiligen Kalkulationsobjektes ausgelöst werden und durch die Nichtexistenz überhaupt nicht angefallen wären. Somit rechnet man nach dem **Marginalprinzip** zwar die variablen Kosten dem jeweiligen Kalkulationsobjekt zu, nicht aber die fixen Kosten.

Im Allgemeinen werden die **Kostenrechnungssysteme** nach den Kriterien Zeitbezug der Kostenverrechnung und Vollständigkeit der Kostenverrechnung systematisiert. Der zeitliche Bezug der Kostenverrechnung führt zur Einteilung in Istkostenrechnungen, Normalkostenrechnungen und Plankostenrechnungen:

- Durch die **Istkostenrechnung** werden die innerhalb einer Periode tatsächlich angefallenen Kosten im Rahmen einer Nachrechnung erfasst und verrechnet. Die ausschließliche Orientierung an Istgrößen der Vergangenheit führt dazu, dass die Istkostenrechnung nicht sinnvoll für die Planung und Steuerung des Leistungserstellungsprozesses herangezogen werden kann. Außerdem unterliegen die Istkosten allen Schwankungen der abgelaufenen Periode, so dass die Istkostenrechnung auch nicht für den Einsatz von Kontrollmaßnahmen geeignet ist.
- Die mangelnde Eignung der Istkostenrechnung für die Kontrolle führt zur Anwendung der **Normalkostenrechnung**. Die Normalkosten werden dazu auf der Grundlage der Istkosten als durchschnittliche und damit um Schwankungen bereinigte Größen ermittelt. Da sie aber ebenfalls vergangenheitsorientiert sind, bleiben die Schwächen für die Planung und Steuerung im Vergleich zur Istkostenrechnung weitgehend erhalten.
- Die **Plankostenrechnung** verwendet demgegenüber in Form einer Vorrechnung geplante, zukunftsbezogene Kosten. Die Plankosten lassen sich unabhängig von den Istkosten erfassen. Werden sie mit den Istkosten verglichen, lassen sich sinnvolle Kontrollen durchführen.

Neben dem Zeitbezug der Kostenverrechnung unterteilt man die Kostenrechnungssysteme in die Vollkostenrechnung und die Teilkostenrechnung:

- Bei der **Vollkostenrechnung** erfolgt eine Zurechnung der gesamten Kosten auf die Kalkulationsobjekte, indem man das Verursachungsprinzip anwendet.
- In der **Teilkostenrechnung** werden dagegen nur Teile der Gesamtkosten den jeweiligen Kalkulationsobjekten zugerechnet. Von den verschiedenen Systemen der Teilkostenrechnung wird sich im Folgenden auf die Darstellung der in der Praxis am häufigsten angewandten Teilkostenrechnung beschränkt, die die Kosten auf der Grundlage des Marginalprinzips verrechnet.

Sowohl die Vollkostenrechnung als auch die Teilkostenrechnung können jeweils auf Ist-, Normal- oder Plankosten basieren, so dass man grundsätzlich sechs Kostenrechnungssysteme unterscheidet. Im Folgenden werden die Grundzüge der Voll- und Teilkostenrechnung anhand der Istkostenrechnung beschrieben, die ebenso für die Normal- und Plankostenrechnung Gültigkeit besitzen, außer, dass statt Istkosten Normal- oder Plankosten verwendet werden.

6.3.2 Vollkostenrechnung

6.3.2.1 Abrechnungsweg der Kosten

Einerseits erfolgt eine vollständige Zurechnung der Kosten in der Vollkostenrechnung nach dem Verursachungsprinzip, andererseits sind nur die Einzelkosten (EK) direkt den Kalkulationsobjekten zurechenbar, aber nicht die große Masse der Gemeinkosten (GK). Gemeinkosten können somit nur über Schlüsselungen auf die Kalkulationsobjekte verrechnet werden. Dieser Tatsache wird durch einen dreistufigen Aufbau der Vollkostenrechnung entsprochen:

(1) Kostenartenrechnung
(2) Kostenstellenrechnung
(3) Kostenträgerrechnung

Zunächst geht man in der Kostenartenrechnung der Frage nach, **welche Kosten in welcher Höhe** anfallen. Es werden in diesem Zusammenhang alle während einer betrachteten Periode entstandenen Kosten erfasst und gegliedert. Weiterhin erfolgt eine Aufspaltung der Kosten in die den Kalkulationsobjeken direkt (Einzelkosten) und nicht direkt zurechenbaren (Gemeinkosten) Kosten.

Auf der nächsten Stufe wird untersucht, **wo** die Kosten angefallen sind, d.h. an welchen Stellen des Betriebes (Kostenstellen). Die Kostenstellenrechnung beschäftigt sich ausschließlich mit den Gemeinkosten, die über Schlüsselgrößen auf die Orte ihres Entstehens verteilt werden.

In der Kostenträgerrechnung wird die Frage gestellt, **wofür** die Kosten angefallen sind. Dazu führt man letztendlich die in der Kostenartenrechnung erfassten Einzelkosten mit den in der Kostenstellenrechnung geschlüsselten Gemeinkosten zusammen. Die Kostenträgerrechnung wird sinnvoll unterteilt in die Kostenträgerstückrechnung (Kalkulation) und die Kostenträgerzeitrechnung (kurzfristige Erfolgsrechnung).

- In der **Kostenträgerstückrechnung** werden die Einzelkosten und die Gemeinkosten als Selbstkosten oder Stückkosten (SK) je Kalkulationsobjekt zugerechnet. Damit wird der Preis für die erstellten Wirtschaftsgüter eines Unternehmens ermittelt, der mindestens erzielt werden muss, um keine Verluste zu erleiden.
- Mit Hilfe der **Kostenträgerzeitrechnung** wird der Betriebserfolg (BE) der betrachteten Periode ermittelt. Dazu wird der Summe der Selbstkosten (SK) die Summe der Umsatzerlöse (UE) periodengerecht ge-

genübergestellt. Die im Zusammenhang mit der Kostenträgerzeitrechnung zugrunde liegende Abrechnungsperiode ist kürzer als das Geschäftsjahr in der Gewinn- und Verlustrechnung, in der Regel erfolgt eine monatliche bzw. quartalsweise Erfolgsermittlung.

6.3.2.2 Kostenartenrechnung

Die **Materialkosten** lassen sich üblicherweise einteilen in die folgenden Kategorien:

- **Rohstoffe** sind Hauptbestandteile der erstellten Leistungen (z.B. Blech für ein Auto);
- **Hilfsstoffe** sind hingegen nur Nebenbestandteile der erstellten Leistungen (z.B. Lack des Autos);
- **Betriebsstoffe** gehen bei der Produktion unter, sind aber für die Herstellung erforderlich (z.B. Strom zum Betreiben der Schweißroboter).
- Fremdbezogene Fertigteile, die ohne weitere Be- oder Verarbeitung in die erstellten Leistungen eingehen, werden als **Zulieferteile** bezeichnet (z.B. das Armaturenbrett für ein Auto).

Die Kosten für Rohstoffe und Zulieferteile werden als Materialeinzelkosten (MEK) auf die jeweiligen Kalkulationsobjekte verrechnet. Der Werteverzehr der Hilfsstoffe stellt zwar ebenfalls Einzelkosten dar; es erfolgt aber eine Zurechnung als unechte Materialgemeinkosten (MGK). Die Werte für verbrauchte Betriebsstoffe werden als echte Materialgemeinkosten behandelt.

Die Erfassung der Materialkosten erfolgt in zwei Schritten:

(1) Zunächst werden die in der betrachteten Periode verbrauchten Mengen ermittelt.

(2) Im Anschluss daran erfolgt eine Bewertung der Verbrauchsmengen.

Die Ermittlung der Verbrauchsmengen kann vorgenommen werden auf Basis der

- Inventurmethode (Befundrechnung),
- Skontrationsmethode (Fortschreibungsrechnung) oder
- Rückrechnung (retrograde Methode).

Nach der **Inventurmethode** ergibt sich der Verbrauch durch folgenden Zusammenhang:

Verbrauch = Anfangsbestand + Zugang lt. Lieferschein – Endbestand

Problematisch bei der Inventurmethode ist,

- dass es nicht erkennbar ist, von welchem Betriebsbereich und für welches Kalkulationsobjekt die Lagerentnahme vorgenommen wurde, welche Teile bei einer sich ergebenden Differenz zwischen der errechneten Verbrauchsmenge und der tatsächlichen Verbrauchsmenge auf

Schwund bzw. Diebstahl sowie Bruch bzw. Verderben zurückzuführen sind und
- dass mit der regelmäßigen Bestandsaufnahme (Inventur) ein hoher Arbeitsaufwand verbunden ist.

Diese Problembereiche können mit Hilfe der **Skontrationsmethode** beseitigt werden. Dazu werden sowohl die Lagerzugänge als auch die Lagerabgänge durch Materialentnahmescheine erfasst:

Verbrauch = Summe der Entnahmemengen lt. Materialentnahmescheinen

Mit der Verwendung der Skontrationsmethode ist es möglich, aufgrund der Materialentnahmescheine eine Zuordnung der Verbrauchsmengen auf den jeweiligen Betriebsbereich und die Kalkulationsobjekte vorzunehmen und den Verbrauch durch Schwund bzw. Diebstahl im Lagerbereich zu ermitteln, indem die Differenz aus dem Verbrauch laut Skontrationsmethode und dem Verbrauch nach der Inventurmethode ermittelt wird.

Bei der Anwendung der **Rückrechnung** lässt sich der Verbrauch nach folgendem Schema ermitteln:

Verbrauch = Stückverbrauch lt. Stücklisten × hergestellte Menge

Vergleicht man den nach der Rückrechnung ermittelten Verbrauch mit dem Ergebnis nach der Skontrationsmethode, stellt eine Differenz den Bruch bzw. Verderb in der Produktion dar sowie die Ab- bzw. Zunahme von kleinen Materialbeständen in den Werkstätten. Eine Gegenüberstellung mit dem Verbrauch gemäß der Inventurmethode ergibt die Abnahme durch Schwund bzw. Diebstahl im Produktionsbereich.

Die Bewertung der Verbrauchsmengen kann als Durchschnittsbewertung oder als Sammelbewertung (Verbrauchsfolgeverfahren) vorgenommen werden:
- Die Bewertung im Rahmen der **Durchschnittsmethode** kann als gewogener periodischer Durchschnitt sowie gewogener permanenter (gleitender) Durchschnitt erfolgen. Den Durchschnittspreis erhält man bei der gewogenen periodischen Durchschnittsbewertung, indem man die Summe der mit den Mengen multiplizierten Preise des Anfangsbestandes und der mit den zugehörigen Preisen bewerteten Zugänge während des Geschäftsjahres durch die Summe der Menge des Anfangsbestandes und der Zugänge dividiert. Demgegenüber wird bei der gleitenden Durchschnittsbewertung jeder Abgang laufend zu neu ermittelten Durchschnittspreisen bewertet.
- Bei den **Verbrauchsfolgeverfahren** erfolgt die Bewertung unter Zuhilfenahme einer Fiktion bezüglich des Verbrauchs der zu bewertenden Materialien.

Die in der Praxis gebräuchlichsten Verbrauchsfolgeverfahren ordnen die Zu- und Abgänge der Vermögensgegenstände des Vorratsvermögens nach der zeitlichen Reihenfolge (Lifo- und Fifo-Methode) oder der Höhe der Anschaffungs- oder Herstellungskosten der einzelnen Zugänge (Hifo- und Lofo-Methode):

- Bei der Anwendung der **Fifo-Methode** (First in / first out) geht man davon aus, dass die zuerst angeschafften oder hergestellten Vermögensgegenstände auch zuerst wieder verbraucht oder verkauft werden. In diesem Fall wird der Verbrauch der Materialien mit den Werten der zuerst angeschafften oder hergestellten Güter bewertet.
- Die Fiktion der **Lifo-Methode** (Last in / first out) beruht auf der Überlegung, dass die zuletzt angeschafften oder hergestellten Vorratsgegenstände auch zuerst wieder das Unternehmen verlassen. Im Gegensatz zur Fifo-Methode wird der Verbrauch mit den Preisen der zuletzt angeschafften oder hergestellten Güter bewertet.
- Die **Hifo-Methode** (Highest in / first out) unterstellt, dass die teuersten Vermögensgegenstände auch zuerst wieder aus dem Unternehmen ausscheiden. Der Verbrauch wird somit mit den höchsten Anschaffungs- oder Herstellungskosten bewertet.
- Eine entgegengesetzte Verbrauchsfiktion zur Hifo-Methode ergibt sich bei der **Lofo-Methode** (Lowest in / first out), bei der angenommen wird, dass die Vorratsgegenstände mit den niedrigsten Anschaffungs- oder Herstellungskosten zuerst verbraucht oder veräußert werden. In der Konsequenz wird damit der Verbrauch mit den niedrigsten Werten angesetzt.

Im Gegensatz zu den Materialkosten lassen sich Menge und Wert der durch den Einsatz des Produktionsfaktors Personal entstandenen Kosten direkt aus der Lohn- und Gehaltsabrechnung entnehmen. Die **Personalkosten** können grundsätzlich in Personalbasiskosten und Personalzusatzkosten unterschieden werden.

Die **Personalbasiskosten** stellen das direkte Entgelt für den Arbeitseinsatz im Unternehmen dar. **Löhne** werden für die Arbeitnehmer bezahlt, die in der Fertigung eingesetzt sind, wohingegen die Arbeitnehmer, die ihre Aufgaben in der kaufmännischen und technischen Verwaltung sowie im Vertrieb verrichten, **Gehälter** erhalten. **Fertigungslöhne** entstehen durch Arbeitsleistungen, die direkt am Kalkulationsobjekt vorgenommen werden, z.B. Fräsen, Schweißen, Lackieren und Montieren. **Hilfslöhne** fallen dagegen nur indirekt mit der Leistungserstellung der Kalkulationsobjekte an, beispielsweise für Reinigungs- oder Reparaturarbeiten bzw. Transport.

Erhalten die Arbeitnehmer Entgelte, die nicht in einem unmittelbaren Zusammenhang mit der Arbeitsleistung stehen, so handelt es sich um Personalzusatzkosten. Darunter fallen z.B. Urlaubs- und Feiertagsgeld sowie die gesetzlichen und freiwilligen Sozialkosten. Während die Fertigungslöhne als Fertigungseinzelkosten (FEK) auf die Kalkulationsobjekte verrechnet werden, handelt es sich bei den Hilfslöhnen und den Gehältern um Fertigungsgemeinkosten (FGK). Die Personalzusatzkosten stellen immer Fertigungsgemeinkosten dar.

Langfristig nutzbare Produktionsfaktoren werden in der Betriebswirtschaftslehre als **Betriebsmittel** bezeichnet. Sie sind dadurch charakterisiert, dass bei der Nutzung ihr Leistungspotenzial nicht auf einmal, sondern über die Laufzeit der Nutzung verteilt abnimmt. Dieser Werteverzehr pro Periode wird in der Kostenrechnung durch die kalkulatorischen Abschreibungen als Betriebsmittelkosten erfasst. In der Kosten- und Leistungsrechnung stehen als Abschreibungsmethoden vor allem folgende Varianten zur Auswahl: lineare, geometrisch-degressive, arithmetrisch-degressive und leistungsabhängige Abschreibung.

- In der Praxis wird hauptsächlich die **lineare Abschreibung** verwendet. Die Abschreibungsbeträge pro Jahr sind während der gesamten Nutzungsdauer konstant.
- Das Kennzeichen der **geometrisch-degressiven Abschreibungsmethode** sind die um einen bestimmten Prozentsatz fallenden Abschreibungen pro Jahr. Abgeleitet aus dem Steuerrecht verwendet man in der Praxis in der Regel einen maximalen Abschreibungsprozentsatz von 30 %.
- Bei der **arithmetisch-degressiven Abschreibung** ergeben sich mit einem konstanten Betrag fallende Abschreibungsbeträge.
- Die **leistungsabhängige Abschreibung** erfolgt proportional zum erwarteten Verzehr des Leistungspotenzials des Vermögensgegenstandes (z.B. die km-Leistung eines Lieferwagens).

Die kalkulatorischen Abschreibungen werden in der Kostenrechnung stets als Fertigungsgemeinkosten verrechnet.

In der Kostenrechnung werden die in der Bilanzierung berücksichtigten Fremdkapitalzinsen durch die **kalkulatorischen Zinsen** ersetzt. Dabei werden neben der Verrechnung der Zinsen auf das Fremdkapital auch Zinsanteile auf das eingesetzte Eigenkapital erfasst. Die kalkulatorischen Zinsen werden auf das sogenannte zinsberechtigte betriebsnotwendige Kapital berechnet, dessen Ermittlung in vier Schritten erfolgen kann (Tab. 43).

Zur Berechnung der kalkulatorischen Zinsen wird das zinsberechtigte betriebsnotwendige Kapital mit dem **kalkulatorischen Zinssatz** multipliziert. Der kalkulatorische Zinssatz entspricht in der Praxis vereinfacht dem durchschnittlichen, langfristigen Kapitalmarktzins für risikofreie Anleihen, z.B. der letzten fünf Jahre. Aufgrund des kalkulatorischen Charakters der Kostenrechnung ist das jeweils gebundene Vermögen mit **Wiederbeschaffungspreisen** zu bewerten, indem die ermittelten Bilanzwerte mit Hilfe von Verbrauchsgüter- bzw. Gebrauchsgüterindizes hochgerechnet werden.

In diesem Zusammenhang ist allerdings zu berücksichtigen, dass auf der einen Seite Kosten Stromgrößen darstellen, auf der anderen Seite Bilanzwerte aber stichtagsbezogen sind. Somit stellt sich die Frage, wie das aus der Bilanz abgeleitete Vermögen einer zeitraumbezogenen Betrachtung zugänglich gemacht werden soll.

Dabei unterscheidet man drei Vermögenskategorien:

- Umlaufvermögen,
- nicht abnutzbares Anlagevermögen und
- abnutzbares Anlagevermögen.

Tab. 43. Ermittlung des zinsberechtigten betriebsnotwendigen Kapitals

1.	Ermittlung des durch das eingesetzte Kapital erworbenen, gesamten Betriebsvermögens auf der Aktivseite der Bilanz.
2.	Verminderung des gesamten Betriebsvermögens, um jene Vermögensteile, die nicht für die betriebliche Leistungserstellung erforderlich sind (z.B. an Privatpersonen vermietete Gebäude).
3.	Bewertung des betriebsnotwendigen Vermögens mit Wiederbeschaffungspreisen.
=	Betriebsnotwendiges Vermögen = Betriebsnotwendiges Kapital
4.	Abzug des Fremdkapitals (Abzugskapital), das dem Unternehmen zinslos zur Verfügung steht (z.B. Kundenanzahlungen, oder auch zinslose Lieferantenkredite).
=	Zinsberechtigtes betriebsnotwendiges Kapital

Das **Umlaufvermögen** wird nicht abgeschrieben und ständig ausgetauscht. Somit kann das zwischen zwei Bilanzstichtagen gebundene Umlaufvermögen als Durchschnittsgröße in das betriebsnotwendige Vermögen eingehen:

$$\varnothing \text{ gebundenes Umlaufvermögen} = \frac{\text{Anfangsbestand} + \text{Endbestand}}{2}.$$

Die Bewertung des so ermittelten durchschnittlich gebundenen Umlaufvermögens erfolgt dann mit Wiederbeschaffungspreisen.

Der Wert des **nicht abnutzbaren Anlagevermögens** (z.B. Grundstücke) verändert sich aufgrund des Charakters dieser Vermögenspositionen während einer Periode normalerweise nicht. Es erfolgt deshalb eine Bewertung des jeweiligen Stichtagswertes der Bilanz mit den korrespondierenden Wiederbeschaffungspreisen.

Bei der Ermittlung des zu bewertenden **abnutzbaren Anlagevermögens** werden nach der Durchschnittswertmethode die kalkulatorischen Zinsen auf das durchschnittlich während der gesamten Nutzungsdauer gebundene Kapital berechnet:

$$\varnothing \text{ gebundenes Anlagevermögen} = \frac{\text{Wiederbeschaffungspreis} + \text{Restwert}}{2}.$$

Da diese Methode als Annäherungsverfahren nur mit der linearen Abschreibung vereinbar ist, existieren in der Praxis noch weitere Verfahren, auf die an dieser Stelle aber nicht näher eingegangen werden soll.

Die mit der unternehmerischen Tätigkeit verbundenen Risiken können in das allgemeine Unternehmerrisiko und die Einzelrisiken unterteilt werden. Auch diese **Risiken (Wagnisse)**, z.B. bei der Ermittlung der Preisgrenzen, sind kalkulatorisch zu erfassen. Allerdings werden in der Kostenrechnung nur die Einzelwagnisse berücksichtigt, da das allgemeine Unternehmerrisiko durch den Gewinn abgegolten wird.

Als Einzelwagnisse werden Risiken angesehen, die kalkulierbar sind und unmittelbar mit der betrieblichen Leistungserstellung anfallen. Jedoch werden nur dann kalkulatorische Wagnisse verrechnet, wenn für das jeweilige Risiko keine Versicherung abgeschlossen ist. In diesem Fall gehen bereits die Versicherungsprämien als Kosten in die Kalkulation ein. Einzelwagnisse können z.B. sein:

- Anlagenwagnis (Schwund, technisches Altern),
- Fertigungswagnis (Ausschuss, Nacharbeit) oder
- Vertriebswagnis (Forderungsausfälle, Währungsverluste).

Die Arbeitsleistung eines Einzelunternehmers oder eines Gesellschafters in einer Personengesellschaft wird nicht durch Gehalt, sondern durch den Gewinn abgegolten. Der Werteverzehr des Unternehmers muss deshalb gemäß dem Opportunitätskostenprinzip als **kalkulatorischer Unternehmerlohn** in der Kostenrechnung berücksichtigt werden. Die Höhe des kalkulatorischen Unternehmerlohns bemisst sich im Vergleich

- zu einer gleichen Tätigkeit, die der Unternehmer in einem anderen Unternehmen erhalten würde oder
- die der Unternehmer einem leitenden Angestellten in gleicher Position bezahlen müsste.

Dem gleichen Gedanken folgend ist mit Räumen zu verfahren, die einem Einzelunternehmer oder Gesellschafter einer Personengesellschaft gehören und die dem Unternehmen zur Nutzung zur Verfügung gestellt werden. Hierbei orientiert sich die Höhe der kalkulatorischen Miete an einer vergleichbaren Miete, die bei einer dauerhaften Vermietung an Dritte angefallen wäre.

Die kalkulatorischen Wagnisse, Unternehmerlohn und Miete gehen ebenso wie die kalkulatorischen Zinsen als Gemeinkosten in die Kostenrechnung ein.

6.3.2.3 Kostenstellenrechnung

Für die Gemeinkosten, die in der Kostenartenrechnung erfasst werden, ergibt sich das Problem, dass sie sich nicht direkt den Kalkulationsobjekten zurechnen lassen. Aus diesem Grund muss die **Zurechnung der Gemeinkosten über Schlüsselgrößen** erfolgen. Dazu müssen die Gemeinkosten in der Kostenstellenrechnung zunächst auf die jeweils zugehörigen Kostenstellen verteilt werden. Unter Kostenstellen versteht man in diesem Zusammenhang die Orte, in denen die Kosten für die betrieblichen Leistungen entstehen. Die Kostenstellenrechnung verbindet die Kostenarten- mit der Kostenträgerrechnung, wobei in der Kostenstellenrechnung nur eine Verrechnung der Gemeinkosten vorgenommen wird.

Kostenstellen können nach verschiedenen Gesichtspunkten eingeteilt werden. In der Praxis findet man am häufigsten eine Unterscheidung

- nach dem **Ort des Entstehens**, indem räumlich abgegrenzte Betriebsteile einzelne Kostenstellen darstellen (z.B. die Schlosserei als eigenständige Kostenstelle),
- nach den **betrieblichen Funktionen**, die im Unternehmen vorhanden sind (z.B. der Vertrieb als Vertriebskostenstelle) oder
- nach den **Verantwortungsbereichen** der Entscheidungsträger (z.B. die Abteilung als Einflussbereich des einzelnen Abteilungsleiters).

In der Kostenrechnung werden in der Regel die Kostenstellen nach der funktionalen Gliederung in den Vordergrund der Überlegungen gestellt. Diesem Ansatz soll hier gefolgt werden. Demnach unterscheidet man im Allgemeinen Hilfskostenstellen und Hauptkostenstellen.

Die **Hilfskostenstellen** sind Kostenstellen, die nur mittelbar zur betrieblichen Leistungserstellung beitragen. Die dort anfallenden Gemeinkosten werden deshalb im Rahmen der innerbetrieblichen Leistungsverrechnung auf andere Hilfs- und Hauptkostenstellen verteilt. Beispiele für Hilfskostenstellen sind die Kantine, Arbeitsvorbereitung oder auch die Reparaturstelle.

Leistungen, die unmittelbar dem Produktions- und Absatzprogramm dienen, fallen in den **Hauptkostenstellen** an. Die dort entstehenden primären Gemeinkosten und die von den Hilfskostenstellen abgenommenen sekundären Gemeinkosten werden über bestimmte Schlüsselungen den Kalkulationsobjekten zugerechnet. Als Hauptkostenstellen werden im Folgenden vor allem die

- Fertigungshauptkostenstelle,
- Materialstelle,
- Verwaltungsstelle und
- Vertriebsstelle

betrachtet.

Die Kostenstellenrechnung läuft in einem dreistufigen Prozess ab:

(1) Die in der Kostenartenrechnung erfassten Gemeinkosten werden auf die Kostenstellen verteilt, in denen sie erstmalig entstanden sind (**primäre Gemeinkosten**).
(2) Dann erfolgt im Rahmen der innerbetrieblichen Leistungsverrechnung die Umlage der primären Gemeinkosten der Hilfskostenstellen als **sekundäre Gemeinkosten** auf die Hauptkostenstellen.
(3) Zum Abschluss werden **Gemeinkostenzuschlagssätze** gebildet, mit deren Hilfe die Gemeinkosten in der Kostenträgerrechnung auf die jeweiligen Kalkulationsobjekte verteilt werden.

Um diesen Ablauf systematisch und übersichtlich vornehmen zu können, verwendet man als Hilfsmittel den **Betriebsabrechnungsbogen (BAB)**. Der Betriebsabrechnungsbogen ist ein Kostensammelbogen, der in tabellarischer Form die Gemeinkosten der einzelnen Kostenstellen erfasst. In der Vertikalen werden die kostenstellenbezogenen Kostenarten und in der horizontalen Richtung die Kostenstellen aufgelistet. Die Aufgaben des Betriebsabrechnungsbogens korrespondieren mit den drei Stufen der Kostenstellenrechnung.

Die **Verteilung der primären Gemeinkosten** auf die Kostenstellen erfolgt in der Praxis mit Kostenschlüsseln, die sowohl Mengenschlüssel (z.B. Stückzahlen oder Raumvolumen) als auch Wertschlüssel (z.B. Umsätze) sein können. Ist das Problem gelöst, dass möglichst verursachungsgerechte Kostenschlüssel gefunden sind, ist die rechentechnische Verteilung relativ einfach zu handhaben. Es wird deshalb auf die beispielhafte Darstellung an dieser Stelle verzichtet. Da weiterhin die Ermittlung der Gemeinkostenzuschlagssätze ausführlich in der Kostenträgerrechnung erläutert wird, soll sich im Folgenden auf die Beschreibung der innerbetrieblichen Leistungsverrechnung und ihrer Verfahren beschränkt werden.

Gegenstand der **innerbetrieblichen Leistungsverrechnung** ist die Verteilung der sekundären Gemeinkosten. Sekundäre Gemeinkosten entstehen für Leistungen in Hilfskostenstellen, die wiederum im innerbetrieblichen Leistungserstellungsprozess für die Produktion der eigentlichen Kalkulationsobjekte verwendet werden. Im Gegensatz zu Leistungen, die Unternehmen von außen beziehen, existieren für innerbetriebliche Leistungen keine Marktpreise. Es müssen deshalb

- zunächst die **Verrechnungspreise** für die innerbetrieblich erstellten Leistungen bestimmt und
- dann mittels der Verrechnungspreise die **Umlage der sekundären Gemeinkosten** auf die entsprechenden Hauptkostenstellen vorgenommen werden.

Aus der Vielzahl der Verfahren zur innerbetrieblichen Leistungsverrechnung sollen die Varianten des am häufigsten verwendeten Kostenstellenumlageverfahrens mit dem

- Anbauverfahren (Blockumlage),

- Stufenleiterverfahren (Treppenumlage) und
- mathematischen Gleichungsverfahren

anhand eines Beispiels dargestellt werden.

Nachfolgend sind von der Pharma GmbH auszugsweise aus dem Betriebsabrechnungsbogen (BAB) je zwei Hilfskostenstellen und Hauptkostenstellen abgebildet. Die primären Gemeinkosten (in Euro) wurden über Schlüsselgrößen den jeweiligen Kostenstellen bereits zugerechnet. Aus dem innerbetrieblichen Leistungserstellungsprozess sind für die Kostenstellen sowohl die abgegebenen als auch die empfangenen Leistungseinheiten (LE) dargestellt (Tab. 44).

Tab. 44. Betriebsabrechnungsbogen der Pharma GmbH

	Hilfskostenstellen		Hauptkostenstellen	
	Fuhrpark-verwaltung	Kfz-Instand-haltung	I	II
Primäre Gemeinkosten	41.440,00	177.000,00	346.000,00	286.000,00
Fuhrpark-verwaltung (FV)				
abgegebene LE	800 LE			
davon empfangene LE		60 LE	400 LE	340 LE
Kfz-Instand-haltung (KI)				
abgegebene LE		3.200 LE		
davon empfangene LE	200 LE		1.800 LE	1.200 LE

Beim **Anbauverfahren** wird von der Fiktion ausgegangen, dass zwischen den Hilfskostenstellen kein Leistungsverbund besteht. Die primären Gemeinkosten werden direkt auf die Hauptkostenstellen verteilt. Bei der Pharma GmbH bleiben nach dem Anbauverfahren die 60 LE der Fuhrparkverwaltung und die 200 LE der Kfz-Instandhaltung unberücksichtigt. Zunächst sind die Verrechnungspreise (q) zu ermitteln:

$$q_{FV} = \frac{41.440 \text{ Euro}}{740 \text{ LE}} = 56,00 \text{ Euro/LE}$$

$$q_{KI} = \frac{177.000 \text{ Euro}}{3.000 \text{ LE}} = 59,00 \text{ Euro/LE}.$$

Danach kann die Kostenumlage vorgenommen werden (Tab. 45). Die Vernachlässigung des Leistungsverbundes zwischen den Hilfskostenstellen führt lediglich zu einer ungenauen Verteilung der Gemeinkosten auf die Hauptkostenstellen.

Tab. 45. Kostenumlage nach dem Anbauverfahren

		Hauptkostenstelle I	Hauptkostenstelle II
	Primäre Gemeinkosten	346.000,00	286.000,00
+	Sekundäre Gemeinkosten (FV)	22.400,00	19.040,00
+	Sekundäre Gemeinkosten (KI)	106.200,00	70.800,00
=	**Summe der Gemeinkosten**	**474.600,00**	**375.840,00**

Beim **Stufenleiterverfahren** wird zwar anerkannt, dass zwischen den Hilfskostenstellen ein Leistungsverbund besteht, allerdings geht man von der Annahme aus, dass nur ein einseitiger Leistungsaustausch berücksichtigt wird. Es erfolgt deshalb lediglich eine Verteilung der Gemeinkosten der im Betriebsabrechnungsbogen vorgelagerten Kostenstellen auf die nachgelagerten Kostenstellen, aber nicht umgekehrt. Für die Pharma GmbH bleiben beim Stufenleiterverfahren die 200 LE, die die Kfz-Instandhaltung an die Fuhrparkverwaltung liefert, bei der Berechnung außen vor. Die Verrechnungspreise (q) werden damit wie folgt ermittelt:

$$q_{FV} = \frac{41.440 \text{ Euro}}{800 \text{ LE}} = 51{,}80 \text{ Euro/LE}$$

$$q_{KI} = \frac{180.108 \text{ Euro}}{3.000 \text{ LE}} = 60{,}04 \text{ Euro/LE}.$$

Danach kann die Kostenumlage vorgenommen werden (Tab. 46).

Tab. 46. Kostenumlage nach dem Stufenleiterverfahren

	Fuhrpark-verwaltung	Kfz-Instand-haltung	Hauptkosten-stelle I	Hauptkosten-stelle II
Primäre Gemeinkosten	41.440,00	177.000,00	346.000,00	286.000,00
Sekundäre Gemeinkosten (FV)	→	+ 60 × 51,80 = 3.108,00	+ 400 × 51,80 = 20.720,00	+ 340 × 51,80 = 17.612,00
Sekundäre Gemeinkosten (KI)		= 180.108,00 →	+ 1800 × 60,04 = 108.072,00	+ 1200 × 60,04 = 72.048,00
Summe der Gemeinkosten			**475.690,00**	**376.310,00**

Das eigentliche Problem bei der Anwendung des Stufenleiterverfahrens stellt die **Bestimmung der Reihenfolge der Kostenstellen** dar. Diese muss nämlich so erfolgen, dass möglichst geringe Verzerrungen bei einem wechselseitigen Leistungsverbund entstehen. Ist dies nicht gewährleistet, führt zwar auch das Stufenleiterverfahren zu Verzerrungen in der Verrechnung der Gemeinkosten, aber in erheblich geringerem Maße als beim Anbauverfahren.

Eine exakte Abbildung des innerbetrieblichen Leistungserstellungsprozesses bietet lediglich das **mathematische Gleichungsverfahren**. Um den vollständigen Leistungsaustausch zu berücksichtigen, muss zur Ermittlung der Verrechnungspreise ein Gleichungssystem erstellt werden. Die Anzahl der benötigten Gleichungen entspricht der Zahl der im Leistungsaustausch einbezogenen Hilfskostenstellen.

Bekannte Größen für die Gleichungserstellung:

Primäre Gemeinkosten der jeweiligen Hilfskostenstellen x (K_x):

$$K_{FV}= 44.100{,}00 \text{ Euro}, K_{KI} = 177.000{,}00 \text{ Euro}$$

Gesamte Leistungsabgaben der Hilfskostenstellen x (G_x):

$$G_{FV} = 800 \text{ LE}; G_{KI} = 3.200 \text{ LE}$$

Leistungsabgabe der Hilfskostenstelle x an die Hilfskostenstelle y (L_{xy}):

$$L_{FV} = 200 \text{ LE}; L_{KI} = 60 \text{ LE}$$

Gesucht wird:

Verrechnungspreis der Leistungen der Hilfskostenstellen (q_x):

$$q_{FV}; q_{KI}$$

Grundsätzlich setzt sich die Summe der Gemeinkosten aus primären und sekundären Gemeinkosten zusammen:

Gesamte Gemeinkosten = Primäre Gemeinkosten + Sekundäre Gemeinkosten

Daraus folgt für die beiden Hilfskostenstellen:

Fuhrparkverwaltung: $L_{FV} \times q_{FV} = K_{FV} + L_{FV} \times q_{KI}$

Kfz-Instandhaltung: $L_{KI} \times q_{KI} = K_{KI} + L_{KI} \times q_{FV}$

Eingesetzt ergeben sich damit die folgenden zwei Gleichungen mit zwei Unbekannten:

Fuhrparkverwaltung: $800 \times q_{FV} = 41\,440 + 200 \times q_{KI}$

Kfz-Instandhaltung: $3\,200 \times q_{KI} = 177\,000 + 60 \times q_{FV}$

Die Auflösung nach dem Additions-, Gleichsetzungs- oder Ersetzungsverfahren ergibt die folgenden Verrechnungspreise:

$$q_{FV} = 65{,}94 \text{ Euro/LE}$$

$$q_{KI} = 56{,}56 \text{ Euro/LE}$$

Die Kostenumlage ergibt damit das folgende Bild (Tab. 47).

Tab. 47. Kostenumlage nach dem Gleichungsverfahren

		Hauptkostenstelle I	Hauptkostenstelle II
	Primäre Gemeinkosten	346.000,00	286.000,00
+	Sekundäre Gemeinkosten (FV)	+ 400 × 65,94 = 26.376,00	+ 340 × 65,94 = 22.419,60
+	Sekundäre Gemeinkosten (KI)	+ 1.800 × 56,56 =101.808,00	+ 1200 × 56,56 = 67.872,00
=	**Summe der Gemeinkosten**	**474.184,00**	**376.291,60**

Das mathematische Gleichungsverfahren führt immer zu den richtigen Verrechnungspreisen. Die entsprechenden Kostenverzerrungen durch das Anbau- bzw. Stufenleiterverfahren werden im Beispiel durch den Vergleich der „Summe der Gemeinkosten" ersichtlich. Das in früheren Jahren ins Feld geführte Argument, dass das mathematische Gleichungsverfahren zu aufwendig sei, ist im Zeitalter der EDV obsolet und führt zu einer weiteren Zunahme seiner Anwendung in der Praxis.

6.3.2.4 Kostenträgerstückrechnung

In der Kostenträgerstückrechnung werden die Einzelkosten aus der Kostenartenrechnung und die Gemeinkosten aus der Kostenstellenrechnung zur Ermittlung der **Selbstkosten oder Stückkosten (SK)** je Kalkulationsobjekt zusammengefasst. Daneben existieren auch Kalkulationsverfahren, bei denen die Selbstkosten vereinfachend über Proportionalitäten ohne Kostenstellenrechnung ermittelt werden. Die in der Praxis verwendeten Kalkulationsverfahren lassen sich in drei Hauptgruppen einteilen:

- Divisionskalkulation,
- Äquivalenzziffernkalkulation und
- Zuschlagskalkulation.

Welches dieser Verfahren tatsächlich zur Kalkulation eingesetzt wird, hängt in erster Linie von der Fertigungsmethode des Unternehmens ab. Die gebräuchlichsten Fertigungsmethoden werden in Tab. 48 charakterisiert.

Tab. 48. Fertigungsmethoden

Einzelfertigung	Herstellung einzelner Produkte in jeweils unterschiedlichen Arbeitsgängen
Sortenfertigung	Fertigung weniger Produktsorten in größeren Mengen, wobei die Produktsorten untereinander verwandte Materialzusammensetzungen und Fertigungsprozesse aufweisen
Serienfertigung	Herstellung kleiner oder großer Mengen verschiedener Produkte
Massenfertigung	Erzeugung eines Produktes in großen Mengen

Die Verschiedenartigkeit der Fertigungsprozesse führt in seiner Konsequenz dazu, dass unterschiedliche Kalkulationsverfahren verwendet werden müssen (Tab. 49).

Tab. 49. Wahl des Kalkulationsverfahrens nach der Fertigungsmethode

Divisionskalkulation	Massenfertigung
Äquivalenzziffernkalkulation	Sortenfertigung
Zuschlagskalkulation	Einzelfertigung sowie Serienfertigung

Bei der **Divisionskalkulation** erfolgt keine Trennung in Einzel- und Gemeinkosten. Die Gesamtkosten stammen aus der Kostenartenrechnung, so dass eine separate Kostenstellenrechnung für die Kalkulation nicht notwendig ist. Die Selbstkosten je Kalkulationsobjekt (SK) erhält man, indem die während einer Periode angefallenen Gesamtkosten (K) durch die innerhalb dieser Periode produzierte Menge (x) dividiert werden:

$$SK = \frac{K}{x}.$$

Diese **einstufige Divisionskalkulation** besitzt nur Gültigkeit, wenn die produzierte Menge der abgesetzten Menge entspricht. Da dies aber eher die Ausnahme ist, muss für den Normalfall von Lagerbestandsveränderungen das Grundprinzip modifiziert werden. Dazu unterscheidet man

- Lagerbestandsveränderungen der Endprodukte und
- Lagerbestandsveränderungen der Zwischenprodukte.

Treten Lagerbestandsveränderungen der Endprodukte auf, so wird die **zweistufige Divisionskalkulation** angewendet. Hierbei werden

- die Herstellkosten (HK) bestehend aus den Fertigungs- und Materialkosten auf die produzierten Mengen (x_p) verteilt und
- die Verwaltungskosten (VWK) sowie die Vertriebskosten (VTK) den abgesetzten Mengen (x_a) zugerechnet:

$$SK = \frac{HK}{x_p}.$$

Die **mehrstufige Divisionskalkulation** tritt in Verbindung mit Lagerbestandsveränderungen der Zwischenprodukte auf. Hierzu werden die Kosten jeder Fertigungsstufe (i), in der ein Zwischenlager vorliegt, durch die in dieser Stufe produzierte Menge (x_{pi}) dividiert:

$$SK = \sum_{i=1}^{n} \frac{HK_i}{x_{pi}} + \frac{VWK + VTK}{x_a}.$$

Die Divisionskalkulation lässt sich allerdings nur für Einproduktunternehmen sinnvoll durchführen. Oder wenn die Fertigung einzelner Produktarten vollkommen getrennt ist und sich dadurch kostenrechnerisch separat erfassen lässt.

Beispiel: Die Schulmöbel GmbH ist ein Spezialunternehmen, das ausschließlich hochwertige Schultische fertigt. Im Mai stellt sie in einem einstufigen Produktionsprozess 2.600 Schultische her und setzt diese direkt nach der Produktion vollständig ab. Dabei fielen im Mai Gesamtkosten in Höhe von 1.118.000 Euro an. Im Juni werden wieder 2.600 Schultische hergestellt, wobei 1.600 Tische unmittelbar nach der Produktion verkauft werden und die restlichen 1.000 Tische ins Lager wandern. Die Gesamtkosten entsprechen in ihrer Höhe den Kosten vom Mai, wobei an Herstellkosten 826.800 Euro und an Verwaltungs- und Vertriebskosten 291.200 Euro entstehen. Nach einer Fertigungsumstellung produziert die Schulmöbel GmbH nach den Betriebsferien im August die Schultische in 3 Fertigungsstufen. In der 1. Stufe (Schreinerei) werden Einzelteile für insgesamt 2.600 Schultische gefertigt (Kosten: 442.000 Euro). In der Stufe 2 werden jedoch nur 2.400 Tische zusammengebaut (Kosten: 225.600 Euro), von denen in der Stufe 3 lediglich 2 000 Stück lackiert werden (Kosten: 159.200 Euro). Insgesamt verkaufte die Schulmöbel GmbH 1.600 Tische, während sie mit dem Restbestand das Fertigfabrikatelager auffüllt. Die Verwaltungs- und Vertriebskosten ergeben sich in derselben Höhe wie im Juni. Da im Mai keine Lagerbestandsveränderungen auftreten, kann die Schulmöbel GmbH die einstufige Divisionskalkulation durchführen:

$$SK = \frac{1.118.000}{2.600} = 430{,}00 \text{ Euro/Stück.}$$

Im Juni erfolgt von der Schulmöbel GmbH die Kalkulation aufgrund der Veränderungen im Endproduktlager nach der zweistufigen Divisionskalkulation:

$$SK = \frac{8.268.000}{2.600} + \frac{291.200}{1.600} = 500{,}00 \text{ Euro/Stück.}$$

Im August muss die Schulmöbel GmbH nach der Umstellung auf drei Fertigungsstufen die mehrstufige Divisionskalkulation anwenden:

$$SK = \frac{442.000}{2.600} + \frac{2.256.000}{2.400} + \frac{159.200}{2.000} + \frac{291.200}{1.600} = 525{,}60 \text{ Euro/Stück.}$$

Auch bei der **Äquivalenzziffernkalkulation** wird nicht zwischen Einzel- und Gemeinkosten getrennt, so dass sich eine separate Kostenstellenrechnung für die Kalkulation ebenfalls erübrigt. Die Selbstkosten je Kalkulationsobjekt (SK) lassen sich dadurch ermitteln, dass die während einer Periode angefallenen Gesamtkosten durch entsprechende Verhältniszahlen bzw. Äquivalenzziffern verteilt werden. Dabei geht man davon aus, dass bei der Sortenfertigung die Kosten der einzelnen Produktsorten in einem bestimmten Verhältnis zueinander stehen. Dieses Verhältnis wird durch die entsprechende Äquivalenzziffer ausgedrückt. In der Praxis wird bei der Äquivalenzziffernkalkulation eine Produktsorte als Basis bestimmt, die die

Äquivalenzziffer 1 erhält und die Äquivalenzziffern der anderen Produktsorten daran ausrichtet.

Beispiel: Ein Haushaltswarenhersteller produziert vier Sorten von Plastikschüsseln, die sich nur hinsichtlich ihrer Größe unterscheiden. Die Äquivalenzziffern gibt das Rechnungswesen aus den Erfahrungswerten der letzten Jahre vor:

Produktsorte	xa=xp in Stück	Äquivalenzziffern
A	7.600	1
B	8.000	1,375
C	7.800	1,75
D	6.000	2,125

Die Gesamtkosten betragen 90.000 Euro für die zu kalkulierende Periode.

Zunächst werden die Produktionsmengen der einzelnen Sorten mit den entsprechenden Äquivalenzziffern multipliziert. Man erhält dann die sogenannten Rechnungseinheiten (Äquivalenzziffer der gesamten Produktsorte). Dividiert man im nächsten Schritt die Gesamtkosten durch die Summe der Rechnungseinheiten, so erhält man die Kosten pro Rechnungseinheit. Zuletzt multipliziert man diese Kosten pro Rechnungseinheit mit den Äquivalenzziffern der einzelnen Sorten. Das Ergebnis stellt die Selbstkosten je Produktsorte dar:

Produktsorte	$x_a=x_p$ in Stück	Äquivalenzziffern	Rechnungseinheiten	Selbstkosten
A	7.600	1	7.600	2,00 Euro
B	8.000	1,375	11.000	2,75 Euro
C	7.800	1,75	13.650	3,50 Euro
D	6.000	2,125	12.750	4,25 Euro
Summe der Rechnungseinheiten (RE):			**45.000**	

$$\text{Kosten pro RE} = \frac{90.000}{45.000} = 2{,}00\ \text{Euro/RE}$$

Wenn Lagerbestandsveränderungen der End- oder Zwischenprodukte auftreten, wird das Grundprinzip dieses Kalkulationsverfahrens in eine

- zweistufige (Veränderungen des Endproduktelagers) bzw.
- mehrstufige (Veränderungen der Lager an Zwischenprodukten)

Äquivalenzziffernkalkulation modifiziert.

Die Anwendung der **Zuschlagskalkulation** erfordert eine Trennung in Einzel- und Gemeinkosten. Die Einzelkosten werden den einzelnen Kalkulationsobjekten direkt zugerechnet, während man die Gemeinkosten mit Hilfe von Gemeinkostenzuschlagssätzen (GKZ) verteilt:

$$\text{Gemeinkostenzuschlagssatz} = \frac{\text{Gemeinkosten}}{\text{Zuschlagsbasis}} \times 100\,.$$

Als Zuschlagsbasis verwendet man entweder Mengengrößen (z.B. Fertigungsstunden) oder auch Kostengrößen (z.B. Fertigungseinzelkosten). Die Bezugsgröße kann von jedem Unternehmen frei gewählt werden, sollte aber so abgestimmt sein, dass eine annähernde Proportionalität zwischen der Zuschlagbasis und den Gemeinkosten besteht.

Die Zuschlagskalkulation kann sowohl als summarische Zuschlagskalkulation als auch in Form einer differenzierenden Zuschlagskalkulation durchgeführt werden.

Die **summarische Zuschlagskalkulation** kommt für die Kalkulation ebenfalls ohne eine Kostenstellenrechnung aus, da sowohl die Einzel- als auch die Gemeinkosten in der Kostenartenrechnung lediglich für das gesamte Unternehmen als Summe erfasst werden. Die Gemeinkosten werden dabei als ein geschlossener Block auf nur eine einzige Zuschlagsbasis bezogen. Für diesen summarischen Zuschlag werden in der Regel entweder die Materialeinzelkosten, Fertigungseinzelkosten oder die gesamten Einzelkosten als Zuschlagsbasis herangezogen.

Bei der **differenzierenden Zuschlagskalkulation** werden für jede Kostenstelle auf der Grundlage unterschiedlicher Zuschlagsbasen eigenständige Gemeinkostenzuschlagssätze ermittelt. Nach der Differenzierung der Hauptkostenstellen auf der Grundlage funktionaler Kriterien ergeben sich damit folgende Gemeinkostenzuschlagssätze:

Fertigungsgemeinkostenzuschlagssatz:

$$\text{FGKZ} = \frac{\text{Fertigungsgemeinkosten}}{\text{Fertigungseinzelkosten}} \times 100$$

Materialgemeinkostenzuschlagssatz:

$$\text{MGKZ} = \frac{\text{Materialgemeinkosten}}{\text{Materialeinzelkosten}} \times 100$$

Verwaltungsgemeinkostenzuschlagssatz:

$$\text{VWGKZ} = \frac{\text{Verwaltungsgemeinkosten}}{\text{Herstellkosten}} \times 100$$

Vertriebsgemeinkostenzuschlagssatz:

$$(\text{VTGKZ}) = \frac{\text{Vertriebsgemeinkosten}}{\text{Herstellkosten}} \times 100$$

Die zur Berechnung der Verwaltungs- und Vertriebsgemeinkostenzuschlagssätze benötigten Herstellkosten werden gemäß dem **Grundschema der Zuschlagskalkulation** bestimmt (Tab. 50).

Tab. 50. Grundschema der Zuschlagskalkulation

	Materialeinzelkosten (MEK)
+	Materialgemeinkosten (MGK = MEK × MGKZ)
+	Fertigungseinzelkosten (FEK)
+	Fertigungsgemeinkosten (FGK = FEK × FGKZ)
+	Sondereinzelkosten der Fertigung (SEK_F)
=	Herstellkosten (HK)
+	Verwaltungsgemeinkosten (VWGK = HK × VWGKZ)
+	Vertriebsgemeinkosten (VTGK = HK × VTGKZ)
+	Sondereinzelkosten des Vertriebs (SEK_{VT})
=	Selbstkosten (SK) je Kalkulationsobjekt

Ein weiteres Element der Kostenträgerrechnung ist neben der Kostenträgerstückrechnung die Kostenträgerzeitrechnung. Durch das Aufstellen der **Kostenträgerzeitrechnung** wird der Kostenrechnung die Leistungsseite hinzugefügt, indem den ermittelten Selbstkosten der Kalkulationsobjekte deren am Markt erzielten Umsatzerlöse gegenübergestellt werden. Die Kostenträgerzeitrechnung wird als **kurzfristige Erfolgsrechnung** im Gegensatz zur Gewinn- und Verlustrechnung nicht einmal im Jahr, sondern vierteljährlich oder monatlich durchgeführt. Sie soll damit die Schwächen der Gewinn- und Verlustrechnung beheben, weil Daten, die einmal im Jahr ermittelt werden, für eine sinnvolle Planung, Steuerung sowie Kontrolle nur bedingt geeignet sind. Die kurzfristige Erfolgsrechnung weist das Betriebsergebnis aus, das bei der Erfüllung des betrieblichen Zweckes entsteht und ist nicht mit dem Jahresergebnis der Gewinn- und Verlustrechnung zu verwechseln. In der Praxis der Kostenrechnung finden zwei Verfahren Anwendung, die zwar zum gleichen Betriebsergebnis führen, jedoch unterschiedliche Aussagen über das Zustandekommen ermöglichen: Gesamtkostenverfahren und Umsatzkostenverfahren.

Beim **Gesamtkostenverfahren** werden die gesamten Kosten der Periode den Umsatzerlösen, die in dieser Periode entstanden sind, gegenübergestellt. Die Gesamtkosten sind nach Kostenarten gegliedert, wohingegen die Umsatzerlöse nach Produktarten aufgeschlüsselt werden (Tab. 51). Außerdem sind Lagerbestandsveränderungen zu Herstellkosten zu berücksichtigen, da in den seltensten Fällen die Absatzmengen den Produktionsmengen entsprechen. Neben dem Vorteil, dass die Daten für das Gesamtkostenverfahren direkt aus der Gewinn- und Verlustrechnung übernommen werden können, ohne eine ausgebaute Kostenstellen- und Kostenträgerrechnung zu besitzen, überwiegen doch die Nachteile: Bei größeren Lagerbestandsveränderungen sind erhebliche Inventurarbeiten notwendig. Zur Bewertung der Lagerbestände müssen – falls nicht vorhanden – die Herstellkosten zusätzlich ermittelt werden. Es ist keine Erfolgsanalyse möglich, weil die Kosten nach Kostenarten gegliedert und die Erlöse nach Produktarten gegliedert miteinander verglichen werden. Deshalb ist das Gesamtkostenverfahren nur für Einproduktunternehmen im Hinblick auf die Planung, Steuerung und Kontrolle geeignet.

Tab. 51. Gesamtkostenverfahren in der kurzfristigen Erfolgsrechnung

Soll	Haben
Gesamtkosten (Selbstkosten) der Periode nach Kostenarten gegliedert	Umsatzerlöse der Periode nach Produktarten gegliedert
Lagerbestandsverringerungen ($x_a > x_p$) zu Herstellkosten	Lagerbestandserhöhungen ($x_a < x_p$) zu Herstellkosten
Betriebsgewinn	**Betriebsverlust**

Das Betriebsergebnis wird beim **Umsatzkostenverfahren** auf Basis der in einer Periode abgesetzten Produkte mit den entsprechenden Umsatzerlösen der Periode ermittelt. Dadurch wird eine Berücksichtigung von Lagerbestandsveränderungen überflüssig. Im Gegensatz zum Gesamtkostenverfahren sind sowohl die Selbstkosten als auch die Umsatzerlöse nach Produktarten gegliedert. Dadurch ist für die Anwendung des Umsatzkostenverfahrens eine gut ausgebaute Kostenstellen- und Kostenträgerrechnung notwendig (Tab. 52). Im Vergleich zum Gesamtkostenverfahren ist das Umsatzkostenverfahren mit einer Reihe von Vorteilen verbunden: Die aufwendige Erfassung von Lagerbestandsveränderungen ist nicht mehr notwendig. Aufgrund der Gegenüberstellung von Kosten und Erlösen, die jeweils nach Produktarten gegliedert sind, ist eine aussagefähige Erfolgsanalyse möglich.

Tab. 52. Umsatzkostenverfahren in der kurzfristigen Erfolgsrechnung

Soll	Haben
Selbstkosten der in der Periode abgesetzten Produkte nach Produktarten gegliedert	Umsatzerlöse der Periode nach Produktarten gegliedert
Betriebsgewinn	**Betriebsverlust**

6.3.3 Teilkostenrechnung

6.3.3.1 *Notwendigkeit der Teilkostenrechnung*

Die Hauptprobleme der Vollkostenrechnung liegen in der Gemeinkostenschlüsselung und der Fixkostenproportionalisierung. Die Zurechnung der Gemeinkosten kann nur dann als verursachungsgerecht angesehen werden, wenn eine eindeutige Beziehung zwischen den Gemeinkosten und den verwendeten Bezugsgrößen vorliegt. Es gibt allerdings nur sehr wenige Gemeinkostenschlüssel, bei denen diese Bedingung erfüllt ist. Somit ergibt sich das Problem, dass man kaum für eine Schlüsselgröße begründen kann, warum sie die allein richtige ist. Die Zurechnung der Gemeinkosten führt damit zu einer willkürlichen Vorgehensweise, die zu Recht kritisiert wird.

In der oben beschriebenen Vorgehensweise der Vollkostenrechnung wurden an verschiedensten Stellen stillschweigend proportionale Beziehungen bezüglich der Verteilung der Gemeinkosten unterstellt. Beispielsweise verrechnet man die Gemeinkosten der Kalkulationsobjekte in der Kostenträgerstückrechnung über Gemeinkostenzuschlagssätze, die eine proportionale Beziehung zwischen den Gemeinkosten und den jeweiligen Zuschlagsbasen unterstellen. Allerdings setzen sich die Gemeinkosten aus variablen und fixen Bestandteilen zusammen. Es erfolgt somit eine nicht zulässige Proportionalisierung der Fixkosten.

Aus diesen Kritikpunkten ergibt sich bei der Anwendung der Vollkostenrechnung eine Reihe von Mängeln:

- Mangelnde Aussagefähigkeit der Erfolgsplanung und Erfolgsanalyse auf Basis von Nettoerfolgsgrößen (Stückgewinne).
- Fehlende Kostenaufspaltung in fixe und variable Kosten.
- Gefahren von Fehlentscheidungen bei der Produktionsprogrammplanung, der Wahl zwischen Eigen- und Fremdfertigung und der Bestimmung von Preisuntergrenzen für die Beurteilung von Zusatzaufträgen.
- Vernachlässigung betrieblicher Engpässe für unternehmerische Entscheidungen.

Aufbauend auf diesen Erkenntnissen wurde in der Praxis der Kostenrechnung die Teilkostenrechnung entwickelt, um diese Mängel zu beseitigen. In der Praxis unterscheidet man vor allem zwischen der Teilkostenrechnung auf Basis variabler Kosten und der Teilkostenrechnung auf Basis relativer Einzelkosten.

Die **Teilkostenrechnung auf Basis variabler Kosten** ist durch die Auflösung der gesamten Kosten in variable und fixe Bestandteile charakterisiert. Dabei werden lediglich die variablen Kosten auf die jeweiligen Kalkulationsobjekte verrechnet. Die Behandlung der verbleibenden Fixkosten kann auf unterschiedliche Art und Weise vorgenommen werden:

- Übernimmt man die Fixkosten als Block in die Betriebsergebnisrechnung, so handelt es sich um das **einfache Direct Costing**.

- Erfolgt aber eine stufenweise Zurechnung der jeweiligen Fixkosten, so spricht man von einer **mehrstufigen Deckungsbeitragsrechnung**.

Bei der Anwendung **der Teilkostenrechnung auf Basis relativer Einzelkosten** geht man davon aus, dass sich durch die Wahl geeigneter Bezugsgrößen alle Kosten als Einzelkosten auf die jeweilige Bezugsgröße verrechnen lassen.

6.3.3.2 Direct Costing

Im Folgenden soll exemplarisch das **einfache Direct Costing** kurz skizziert werden. Im Zusammenhang mit dem Direct Costing bedeutet „direct“, dass den Kalkulationsobjekten nur solche Kosten zugerechnet werden, die direkt mit der Beschäftigung des Betriebes variieren. Diese Kosten sind nicht mit den direkt zurechenbaren Einzelkosten zu verwechseln, sondern entsprechen den variablen Kosten (k_v). Die Differenz zwischen dem Erlös (p) des jeweiligen Kalkulationsobjektes und deren variablen Kosten ist eine Bruttoerfolgsgröße, die man als **Deckungsbeitrag** (d) bezeichnet:

$$d = p - k_v$$

Multipliziert man den so pro Kalkulationsobjekt erzielbaren Deckungsbeitrag mit der Absatzmenge (x_a) des jeweiligen Kalkulationsobjektes, so ergibt sich der in der betreffenden Periode der insgesamt erzielte Bruttoerfolg. Um dann zum Nettoerfolg bzw. Periodengewinn (G) zu gelangen, werden von diesem Bruttoerfolg die fixen Kosten (K_f) als Block abgezogen:

$$G = (p - k_v) \times x_a - K_f$$

Beispiel: Die Beton GmbH stellt drei Arten von Betonbodenplatten her und zwar Typ B_1, B_2 und B_3. Bedingt durch die Kapazität der Betonmischanlage wurde 2008 das folgende Produktionsprogramm realisiert:

	B_1	B_2	B_3
Produzierte = abgesetzte Stückmenge	200	700	300
Erzielte Marktpreise pro Bodenplatte	3.500,00	2.700,00	5.800,00
Variable Kosten pro Bodenplatte in Euro			
– Fertigungsmaterial	550,00	400,00	600,00
– Fertigungslöhne	200,00	350,00	800,00
– Gemeinkosten	1.200,00	1.600,00	1.800,00

Für die Produktion fielen im Jahr 2008 fixe Kosten in Höhe von 1.015.000 Euro an. Es soll das Betriebsergebnis 2008 für die Produktion der Betonbodenplatten ermittelt werden.

1. Ermittlung der Deckungsbeiträge pro Bodenplatte:

		B_1	B_2	B_3
	Stückerlöse	3.500,00	2.700,00	5.800,00
–	Variable Stückkosten	1.950,00	2.350,00	3.200,00
=	**Deckungsbeitrag**	**1.550,00**	**350,00**	**2.600,00**

2. Berechnung des Bruttoerfolges:

		B_1	B_2	B_3
	Deckungsbeitrag	1.550,00	350,00	2.600,00
×	abgesetzte Stückmenge	200	700	300
=	**Bruttoerfolg**	**310.000,00**	**245.000,00**	**780.000,00**

3. Ermittlung des Periodengewinns:

	Bruttoerfolg	1.335.000,00
–	Fixkosten der Periode	1.015.000,00
=	**Periodengewinn**	**320.000,00**

6.3.3.3 Break-Even-Analyse

Als Break-Even-Punkt (BEP) wird diejenige Absatzmenge bezeichnet, bei der die Umsatzerlöse (p) gerade ausreichen, die gesamten fixen Kosten der Periode (K_f) und die variablen Kosten der abgesetzten Produkte (k_v) zu decken:

$$BEP = \frac{K_f}{p - k_v}.$$

Die Break-Even-Analyse wird in der Praxis sowohl rechnerisch als auch graphisch durchgeführt, um durch die Anordnung in der Graphik weitere Erkenntnisse für unternehmerische Entscheidungen zu erhalten.

Beispiel: Für ein Einproduktunternehmen mit folgenden Daten soll der Break-Even-Punkt bestimmt werden:

Fixkosten pro Monat	500.000,00 Euro
Verkaufspreis pro Stück	10,00 Euro
Variable Stückkosten	8,00 Euro

Rechnerische Lösung:

$$\text{BEP} = \frac{500.000,00}{10,00 - 8,00} = 250.000 \text{ Stück}.$$

6.4 Planungsrechnungen

6.4.1 Notwendigkeit und Formen von Planungsrechnungen

Während sowohl das externe als auch das interne Rechnungswesen eine vergangenheitsorientierte Perspektive anlegen, ist für die Beurteilung von aktuellen Vorhaben und das Treffen von Entscheidungen eine zukunftsorientierte Betrachtung mit Hilfe von Planungsrechnungen notwendig.

Unter **Planung** versteht man einen systematischen Prozess, in dessen Verlauf auf die Zukunft bezogene Ziele, Maßnahmen und Mittel als Rahmen von Entscheidungen festgelegt werden.

Die Bedeutung quantitativer Planungsrechnungen für den Business Plan ergibt sich durch die Auswirkungen, die Existenzgründungen oder neue Projekte auf das Rechnungswesen oder die Wertschöpfung haben. Gerade in Bezug auf den Jahresüberschuss verstreicht eine lange Zeit, bis die Gewinnschwelle erreicht wird. Dabei setzt jedoch bereits vorher – bei der Feststellung der Produktreife – eine Wertsteigerung ein, die aus betriebswirtschaftlicher Sicht entscheidungsrelevant ist (Abb. 84). Die Planungsrechnung muss nicht nur die Größen des Rechnungswesens vorausplanen, die jedoch eine unabdingbare Voraussetzung für die Existenzerhaltung darstellen (Vermeidung von Insolvenz und Überschuldung). Vielmehr ist daneben die zentrale Größe der Wertsteigerung zu erfassen, die das Interesse der Anteilseigner abbildet. Eine finanzwirtschaftliche Zielgröße, die sich für diese Zwecke eignet, wird im darauffolgenden Kapitel 7 dargestellt.

Die folgenden Unterscheidungsmerkmale und Typen geben einen praxisorientierten Überblick über die Planung:

- Nach dem **Geltungsbereich** lassen sich Perioden- und Projektpläne unterscheiden. **Periodenpläne** werden in bestimmten Abständen überarbeitet und neu erstellt. **Projektpläne** hingegen kommen bei der Bewältigung von einmaligen und komplexen Aufgaben zum Einsatz.

- Bei der Betrachtung des **Planungshorizontes** wird eine Differenzierung zwischen **kurz-, mittel-** und **langfristigen** Plänen gemacht.
- Die Unterteilung der Periodenpläne nach dem Merkmal der **Tragweite** erfolgt in der Regel in die Kategorien **dispositive, operative** und **strategische** Pläne.

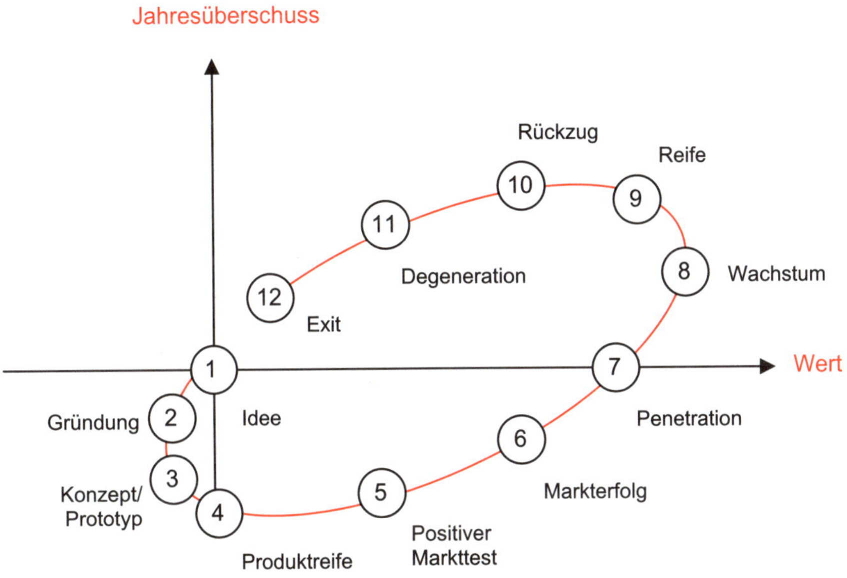

Abb. 84. Wertsteigerung und Jahresergebnis im Lebenszyklus[164]

Für die Unterteilung der Planung in Planungsebenen bietet sich die Kombination der bereits erwähnten Merkmale **Planungshorizont** und **Tragweite** an. Somit ergeben sich die **drei Ebenen** der

- langfristig-strategischen,
- mittelfristig-operativen und
- kurzfristig-dispositiven Planung.

Diese Dreiteilung ist sowohl in der Literatur wie auch in der Praxis üblich und führt zu den **Zielen der entsprechenden Planungsebenen**.

- Auf der **langfristig-strategischen Ebene** sollen Bedingungen geschaffen und erhalten werden, die den langfristigen Unternehmenserfolg sichern (Effektivität, d.h. „doing the right things“).
- Auf der **mittelfristig-operativen Ebene** sollen die bestehenden Erfolgspotenziale ausgeschöpft und optimal genutzt werden (Effizienz, d.h. „doing the things right“).

[164] Quelle: Siegert (1991), S. 244.

Planungsrechnungen sind integraler Bestandteil des Business Plans. Sie beinhalten die quantitative Umsetzung des vorab verbal beschriebenen Geschäftsmodells und orientieren sich dabei an den typischen Elementen des betrieblichen Rechnungswesens. Ziel dieser quantitativen Planung ist die Überprüfung und Planung des Vorhabens und seiner voraussichtlichen Entwicklung mit besonderem Fokus auf seine wirtschaftliche Tragfähigkeit. Zudem ermöglicht die quantitative Darstellung die Ermittlung des internen und externen Finanzbedarfs. Allerdings kann die Entwicklung des Finanzmodells nicht in einem Schritt erfolgen, vielmehr handelt es sich dabei um einen iterativen Prozess. Im Verlauf der Planung kommt es aufgrund neuer Informationen immer wieder zu Anpassungen früherer Planungen (Abb. 85).

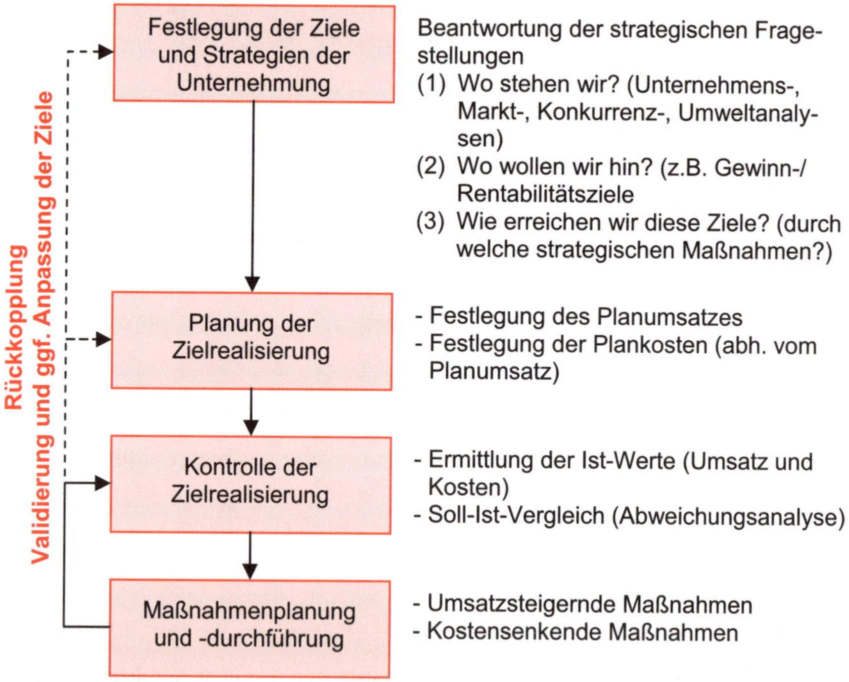

Abb. 85. Prozess der Planung des Finanzmodells

Die quantitative Planung erfolgt in zwei Schritten: Zunächst werden im Rahmen einer Datenerfassung die in Abschnitt 6.1.2 beschriebenen Stromgrößen des Rechnungswesens ermittelt: Ein- und Auszahlung, Ein- und Ausgabe, Ertrag und Aufwand sowie Leistung und Kosten. Die daraus resultierenden Daten werden anschließend ausgewertet und mit Hilfe von Teilplänen zusammengefasst und aufbereitet. Zu den wichtigsten Teilplänen gehören in diesem Zusammenhang:

- die **Finanzplanung** mit Liquiditäts- und Kapitalbedarfsplanung,

- die **bilanzielle Ergebnisplanung** mit Plan-Gewinn- und Verlustrechnung, Planbilanz und darauf basierenden Kennzahlen zur Performance Messung sowie
- die **kalkulatorische Ergebnisplanung** mit Erlös-, Kosten- und Deckungsbeitragsplänen.

Im Allgemeinen gilt es im Rahmen der Datenerfassung, die relevanten Daten der Unternehmensentwicklung vorab zusammen zu tragen. Dabei sollte der Planungshorizont mindestens drei Jahre umfassen und im ersten Jahr auf Monatsbasis erstellt werden. Auf Basis dieser Teilpläne kann anschließend ein Totalplan aufgestellt werden, da die Kapitalbedarfsplanung in Verbindung mit der bilanziellen Ergebnisplanung die Frage aufwirft, wie die Finanzierung des Kapitalbedarfs erfolgen soll. Da die Finanzierung insbesondere durch die Höhe des Eigen- und Fremdkapitals jedoch wiederum die Plan-GuV bzw. die Plan-Bilanz beeinflusst, ist diese Frage nicht mit Teilplänen zu lösen, sondern bedarf eines integrierten Totalplans, der nicht nur alle Teilpläne umfasst, sondern sich auch auf den gesamten Planungszeitraum bezieht. Ein solcher Totalplan kann nur mit Hilfe der Datenverarbeitung gelöst werden. Die Fallstudien in Kapitel 8 verdeutlichen, wie dies mit Hilfe von Microsoft Excel® erfolgen kann. Zunächst sollen im Folgenden jedoch die Grundlagen der Teilpläne dargestellt werden.

6.4.2 Finanzplanung

6.4.2.1 Kapitalbedarfsplanung

Der Kapitalbedarfsplan bildet ein grundlegendes Element bei der Planung und Umsetzung des Vorhabens, schließlich gibt er Auskunft über die Höhe des Kapitals, das beschafft werden muss, um das Vorhaben aufzunehmen bzw. aufrecht zu halten. Der Kapitalbedarf setzt sich zusammen aus dem Bedarf für das Anlage- und das Umlaufvermögen des Unternehmens. Der **Kapitalbedarf für das Anlagevermögen** ist langfristig durch dessen Anschaffungskosten bestimmt. Daher muss für das Anlagevermögen lediglich ermittelt werden, welche Vermögensgegenstände benötigt werden. Dagegen unterliegt der **Kapitalbedarf für das Umlaufvermögen** kurzfristigen Schwankungen. Diese sind insbesondere begründet, dass der Verkauf von physischen Gütern einen Prozess darstellt (Abb. 86).

Sofern keine Anzahlungen seitens der Kunden vorliegen, muss das Unternehmen die Auszahlungen zwischen dem Lagereingang des Materials und der letztendlichen Zahlung der Kunden vorfinanzieren. Der Umsatzprozess ist somit in der Regel durch **Kapitalbindung** gekennzeichnet. Die Dauer dieser Kapitalbindung ergibt sich durch die Lagerzeit des Materials, die Produktionszeit, die Lagerzeit der Fertiggüter und der Debitorenfrist (Zahlungsfrist). Um für das eigene Unternehmen die durchschnittliche Kapitalbindung zu ermitteln, ist zunächst der Umsatzprozess zu analysieren. Anschließend ist die durchschnittliche Dauer der Teilprozesse zu ermitteln.

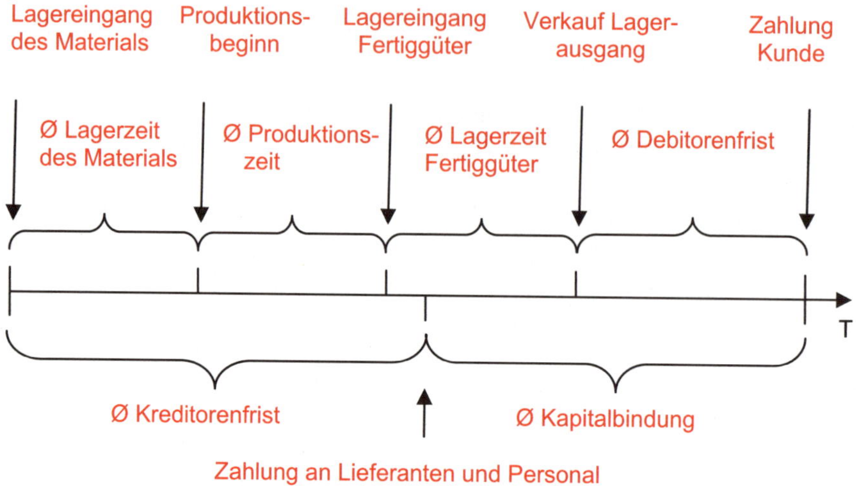

Abb. 86. Schema der Kapitalbindung[165]

In Abb. 87 wird der Kapitalbedarf für das Umlaufvermögen eines typischen Produktionsunternehmens ermittelt. Dabei wird vereinfachend mit einem Geschäftsjahr von 360 Tagen gerechnet.

Das Beispiel verdeutlicht, dass der Kapitalbedarfsplan und der im Folgenden beschriebene Liquiditätsplan nicht zu trennen sind, sondern zwischen ihnen vielfältige Verbindungen bestehen. Trotz der Tatsache, dass der Liquiditätsplan Auskunft über den Zeitpunkt der Mittelverwendung sowie dessen Höhe gibt, ist es notwendig, die entsprechenden Positionen nochmals in einem Finanzbedarfsplan festzuhalten. In Anbetracht dessen gilt es, diese Positionen nach der Kapitalbindungsdauer zu ordnen. In Anlehnung an die Inputplanung ist es zudem sinnvoll, den gründungsspezifischen Liquiditätsbedarf einschließlich der Markteinführungskosten darzustellen. Ebenso kann die Einbeziehung einer Liquiditätsreserve, um eventuelle Ausfälle kompensieren zu können, sinnvoll sein.

Für den Zusammenhang zwischen Kapitalbedarfs- und Liquiditätsplan gilt, dass ein nicht finanzierter Kapitalbedarf in der Liquiditätsplanung zu Engpässen führen wird. Daher sollten beide Planungsrechnungen miteinander verknüpft werden, um möglicherweise zu Beginn der Geschäftsaufnahme einen „Überschuss" an liquiden Mitteln einzuplanen, um Auszahlungen in darauf folgenden Perioden finanzieren zu können. Sinnvoll – auch unter dem Gesichtspunkt der Opportunitätskosten – ist es, in der Höhe des zukünftigen Liquiditätsbedarfs eine Kreditlinie zu beantragen (z.B. einen Kontokorrentkredit), für die nur dann Zinszahlungen anfallen, wenn sie tatsächlich ausgeschöpft wird.

[165] Quelle: Thommen/Achleitner (2001), S. 477.

1. Ausgangslage

a) Fristen des güter- und finanzwirtschaftlichen Umsatzprozesses	
• Ø Lagerzeit des Materials	15 Tage
• Ø Produktionszeit	60 Tage
• Ø Lagerzeit Fertiggüter	15 Tage
• Ø Debitorenfrist	30 Tage
• Ø Kreditorenfrist	30 Tage
b) Umsatz und Kosten (in Euro):	
• geplanter Umsatz pro Jahr	1.440.000
• Materialkosten pro Jahr	576.000
• Lohnkosten pro Jahr	360.000
• Herstellgemeinkosten (HKG) pro Jahr	216.000
• Verwaltungs- und Vertriebsgemeinkosten (VVGK) pro Jahr	144.000

c) Fälligkeit der Kosten

- Ø Fälligkeit der Lohnkosten: 15 Tage nach Produktionsbeginn
- Ø Fälligkeit der Verwaltungs- und Vertriebsgemeinkosten (VVGK): 20 Tage vor Verkauf
- Ø Fälligkeit der Herstellgemeinkosten (HGK): bei Produktionsbeginn

2. Berechnungen

Kostenart	Auszahlungen		Bindungsdauer (Tage)	kumulierte Auszahlungen
	pro Jahr	pro Tag		
• Material	576.000	1.600	90	144.000
• Löhne	360.000	1.000	90	90.000
• HGK	216.000	600	105	63.000
• VVGK	144.000	400	50	20.000
Maximaler Kapitalbedarf				317.000

3. Grafische Darstellung

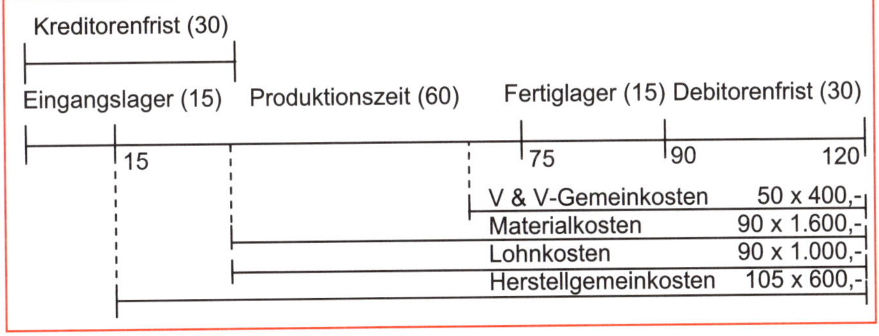

Abb. 87. Beispiel zur Berechnung des Kapitalbedarfs[166]

[166] Quelle: Thommen/Achleitner (2001), S. 478.

6.4.2.2 Liquiditätsplan

Unter dem Begriff Liquidität versteht man die Fähigkeit eines Unternehmens, jederzeit seinen Zahlungsverpflichtungen nachkommen zu können. Die Liquidität ist damit direkt mit der Existenz des Unternehmens verbunden, da mangelnde Liquidität einen Grund für die Insolvenz darstellen kann.

Der Liquiditätsplan bildet daher das Kernstück der kurzfristigen Finanzplanung und setzt sich aus den Einzahlungen und Auszahlungen zusammen. Grundlegende Zielsetzung des Liquiditätsplans ist es, einerseits die **Sicherung der Zahlungsbereitschaft** zu gewährleisten, andererseits aber auch den **zusätzlichen Finanzierungsbedarf** zu ermitteln. Schließlich bildet die Erhaltung der ständigen Zahlungsbereitschaft eines Gründungsunternehmens eine notwendige Bedingung, um überhaupt existieren zu können. Der Charakter der Liquidität verlangt, dass Zahlungskraft und Zahlungsverpflichtungen tagesgenau ausgewiesen werden. Somit genügt eine gröbere Finanzplanung nicht, da Zahlungsverpflichtungen bzw. Auszahlungen innerhalb einer Periode (Monat/Quartal) so verteilt sein können, dass die Zahlungskraft an einzelnen Tagen der Periode des Unternehmens zu gering sein kann, um erforderliche Auszahlungen tätigen zu können. Obwohl die kumulierten Ein- und Auszahlungen der Periode ausgeglichen sind, kann eine Gefährdung der Liquidität eintreten. Daher lässt sich die Prämisse für die Finanzplanung herleiten, dass die „tagesgenaue" Unterteilung des Finanzplans nur so weit getrieben werden sollte, wie die Planungsinstanzen mit hinreichender Sicherheit in der Lage sind, Zahlungskraft und Zahlungsverpflichtungen präzise anzugeben. Werden die Unsicherheitsfaktoren zu groß, sollte eine gröbere periodische Planung vorgenommen werden. Mit zunehmendem Planungshorizont wird deshalb von der Wochenplanung auf die Monats- und schließlich auf die Quartalsplanung übergegangen.

Der Liquiditätsplan sollte einen konstanten Planungshorizont haben. Das heißt, er sollte jederzeit eine Vorschau auf die nächsten 12 Monate geben. Damit dies gewährleistet wird, muss er als sogenannter „rollierender" oder „gleitender" Plan aufgebaut sein. Mit dem Auslaufen eines Teils des Finanzplanes, muss dieser um die gleiche Zeitspanne in die Zukunft vorgeschoben werden. Bei diesem Vorrücken werden alle zwischen Plan-Beginn und Plan-Ende liegenden Monate überarbeitet und neu geplant. Somit wird der Plan nach Ablaufen des aktuellen Monats um den neuen 12. Monat ergänzt und die Monate 2 bis 11 neu überarbeitet. Demnach ist jeder Monat zwölfmal geplant worden.

Der grundsätzliche Aufbau des Liquiditätsplans ist wie folgt: Ausgangspunkt der Liquiditätsplanung ist der Anfangsbestand, der sich beispielsweise aus dem Kassenbestand und den Sichtguthaben bei Kreditinstituten bildet. Zu dem Anfangsbestand (Liquidität zu Beginn der Periode) werden dann alle erfassten Einzahlungen addiert. Anschließend sind von der Summe aus Anfangsbestand und Einzahlungen die erfassten Auszahlungen zu subtrahieren. Schließlich bildet der Saldo aus Anfangsbestand, Summe der Einzahlungen und Summe der Auszahlungen den Endbestand (Liquidität am Ende der Periode). Der Endbestand stellt gleichzeitig den Anfangsbestand der folgenden Periode dar. Von besonderem Interesse ist, wie nicht nur der „Bestand" an Liquidität, sondern auch, wie sich die Liquidität in der betrachteten Periode verändert hat. Hierfür bildet man aus der Summe der Einzahlungen und der Summe der Auszahlungen eine Zwischensumme, die als **Einzahlungsüberschuss** oder **Cash Flow** bezeichnet wird.

Beispiel: Im Folgenden soll verdeutlicht werden, wie ein Liquiditätsplan abgeleitet werden kann, wenn Plan-GuV und Plan-Bilanz für zwei Monate bekannt sind.

(alle Werte in Mio. Euro)	Jan.	Feb.
Umsatzerlöse	149,7	154,3
Forderungen		
Anfangsbestand	50,1	54,9
Endbestand	54,9	47,2
Erhaltene Anzahlungen		
Anfangsbestand	26,8	21,6
Endbestand	21,6	19,1
Materialkosten	67,4	78,2
RHB-Stoffe-Bestände		
Anfangsbestand	29,8	35,3
Endbestand	35,3	37,8
Warenverbindlichkeiten		
Anfangsbestand	19,3	22,8
Endbestand	22,8	25,1
Geleistete Anzahlungen		
Anfangsbestand	6,1	6,1
Endbestand	6,1	8,5
Sonstige Kosten (voll finanzwirksam)	65,2	69,9
Investitionen in Sachanlagen (Zahlungen)	13,9	15,3
Auszahlung der 2. Rate eines langfristigen Bankkredits	5,0	-
Tilgung von mittelfristigen Bankkrediten	-	3,0
Anfangsbestand an liquiden Mitteln am 1.1.	8,1	
Offene Kreditlinien am 1.1.	10,7	

In der folgenden Tabelle ist der daraus resultierende Liquiditätsplan wiedergegeben, der eine Trennung der Zahlungen nach ihrer Herkunft aus dem laufenden Geschäft (operativer Bereich) sowie im Rahmen des Finanzbereichs vornimmt. Ausgangspunkt der Ermittlung des Endbestands ist der Bestand an liquiden Mitteln am Anfang der Periode. Die (geplante) Über- bzw. Unterdeckung im operativen Bereich ergibt sich nun als Anfangsbestand an liquiden Mitteln vermehrt um die Umsatzeinzahlungen abzüglich der Umsatzauszahlungen (Materialkosten). Für den operativen Bereich sind jedoch nur Umsatzerlöse sowie Materialkosten gegeben. Daher müssen diese um die enthaltenen nicht zahlungswirksamen Geschäftsvorfälle (Verkauf von Waren auf Kredit) bzw. die nicht enthaltenen zahlungswirksamen Geschäftsvorfälle (Einzahlungen aus bestehenden Forderungen) korrigiert werden: Zum einen erhöhen sich im Januar die Forderungen um 4,8 Mio. Euro (von 50,1 auf 54,9 Mio. Euro), wodurch zwar Umsatz*erlöse*, aber keine Umsatz*einzahlungen* generiert werden. Von den 149,7 Mio. Euro, die im Januar als Umsatz gebucht wurden, stellen daher 4,8 Mio. Euro keine Einzahlungen dar. Zum anderen sind im Januar Umsatzerlöse in Höhe von 5,2 Mio. Euro bereits durch von Kunden geleistete Anzahlungen gedeckt, da der Bestand an erhaltenen Anzahlungen von 26,8 auf 21,6 Mio. Euro abnimmt. Diese 5,2 Mio. Euro wurden also bereits in früheren Perioden eingezahlt und sind damit bereits im Kassenbestand enthalten. Somit sind von den Umsatzerlösen in Höhe von 149,7 Mio. Euro im Januar 4,8 („Korrekturposten" Forderungen) und 5,2 Mio. Euro („Korrekturposten" erhaltene Anzahlungen) nicht zahlungswirksam; die Umsatz*einzahlungen* betragen also 139,7 Mio. Euro.

Auch die Materialkosten von 67,4 Mio. Euro im Januar sind derart zu korrigieren, um die Material*auszahlungen* zu ermitteln. Hier ist im Januar eine Erhöhung der RHB-Stoffe-Bestände von 29,8 auf 35,3 Mio. Euro zu verzeichnen. Für diese zusätzlichen Lagerbestände wurden zwar Auszahlungen im Wert von 5,5 Mio. Euro geleistet, die jedoch nicht als Aufwand gebucht wurden, da noch kein Verbrauch stattgefunden hat. Daher sind im Januar zusätzlich Auszahlungen in Höhe von 5,5 Mio. Euro für eine Erhöhung der Lagerbestände an RHB-Stoffen zu berücksichtigen. Gleichzeitig erhöhen sich die Warenverbindlichkeiten im Januar um 3,5 Mio. Euro, d.h. es wurden Vorprodukte verbraucht, die jedoch noch nicht bezahlt wurden. Diese 3,5 Mio. Euro stellen demnach keine Auszahlungen dar. Wenn man also die Materialkosten von 67,4 Mio. Euro um 5,5 Mio. Euro erhöht (Auszahlungen für eine Bestandserhöhung an RHB-Stoffen) und um 3,5 Mio. Euro verringert (Kauf von Waren auf Kredit), so erhält man die Auszahlungen für Material in Höhe von 69,4 Mio. Euro.

Die Über- oder Unterdeckung der Planperiode an liquiden Mitteln wird zunächst anhand der bereits festgelegten Zahlungsvorgänge im operativen Bereich ermittelt. Anschließend können die erforderlichen Ausgleichs- und Anpassungsmaßnahmen, wie Geldbeschaffung im Fall der Unterdeckung oder Geldanlage im Fall der Überdeckung, berücksichtigt und der Finanzplan auf den gewünschten Zahlungsmittelbestand am Periodenende hin ausgeglichen werden. So ergibt sich im Februar ein Finanzbedarf von 5,2 Mio. Euro, der durch Inanspruchnahme der zur Verfügung stehenden Kreditlinie in gleicher Höhe gedeckt wird.

	Jan.	Feb.
Anfangsbestand an liquiden Mitteln	8,1	4,3
Einzahlungen im Leistungsbereich:		
Umsatzerlöse	149,7	154,3
± Veränderungen der Forderungen	-4,8	+7,7
± Veränderungen der erhaltenen Anzahlungen	-5,2	-2,5
= Summe der Einzahlungen	*139,7*	*159,5*
Auszahlungen im Leistungsbereich:		
Materialkosten	67,4	78,2
± Veränderungen der RHB-Stoffe-Vorräte	+5,5	+2,5
± Veränderungen der Warenverbindlichkeiten	-3,5	-2,3
± Veränderungen der geleisteten Anzahlungen	±0,0	+2,4
Auszahlungen für Material	69,4	80,8
sonstige finanzwirksame Kosten	65,2	69,9
Auszahlungen im Leistungsbereich	134,6	150,7
Auszahlungen für Investitionen in Sachanlagen	13,9	15,3
= Summe der Auszahlungen	*148,5*	*166,0*
= Über-/Unterdeckung im operativen Bereich	*-0,7*	*-2,2*
Terminierte Ein- und Auszahlungen im Finanzbereich:		
Auszahlungen von langfristigen Krediten	5,0	-
Tilgung von mittelfristigen Krediten	-	-3,0
= Über-/Unterdeckung im Finanzbereich	*5,0*	-3,0
= Zwischensumme	*4,3*	-5,2
Ausgleich aus offenen Kreditlinien	-	5,2
= Endbestand an liquiden Mitteln	*4,3*	*0*
nachrichtlich:		
Bestand an offenen Kreditlinien	10,7	5,5

Die bisherigen Ausführungen könnten so verstanden werden, dass eine höhere Liquidität generell vorteilhaft wäre. Zwar sind Illiquidität und Unterliquidität auf jeden Fall zu vermeiden (Tab. 53). Allerdings bedeutet eine zu hohe Liquidität immer auch, dass finanzielle Ressourcen ungenutzt bleiben. Wie im folgenden Kapitel gezeigt wird, ist Kapital – wie jede Ressource – immer der bestmöglichen Verwendung zuzuführen. Jede andere Verwendung führt zu Opportunitätskosten, die in der Differenz zu dieser bestmöglichen Verwendung bestehen. Deutlich wird dies, wenn sich die liquiden Mittel in der Kasse des Unternehmens befinden. In diesem Fall bedeutet dies nicht nur einen Verzicht auf Zinsen, sondern sogar einen realen Verlust infolge der Inflation. Doch selbst eine hochverzinsliche Anlage ungenutzen Kapitals ist für Unternehmen außerhalb der Finanzwirtschaft suboptimal, da die Mittel besseren Verwendungen zugeführt werden können. Zunächst einmal können finanzielle Überschüsse für rentable Investitionen verwendet werden. Ansonsten sollten Zahlungen an die Kapitalgeber erfolgen, d.h. entweder sollten Schulden getilgt oder Ausschüttungen an die Eigenkapitalgeber vorgenommen werden.

Tab. 53. Liquidität und Handlungsmaßnahmen

Fälle	**Unterliquidität** Fällige Verbindlichkeiten können *vorübergehend* nicht beglichen werden	**Illiquidität** Fällige Verbindlichkeiten können *dauerhaft* nicht beglichen werden	**Überliquidität** Zahlungsmitteldeckung ist größer als der Zahlungsmittelbedarf
Ursache (Beispiel)	Kunden bezahlen fällige Forderungen nicht termingerecht	Kunden bezahlen fällige Forderungen nicht	Fehleinschätzung des Finanzbedarfs
Risiken	Verschlechterung der Kreditwürdigkeit bei Lieferanten und Banken → Insolvenz droht	Konkurs und damit Auflösung des Unternehmens	Zinsverluste
Maßnahmen (Beispiele)	· Aufnahme von kurzfristigen Bankkrediten · Forderungsabtretung · Umwandlung kurzfristiger in langfristige Kredite · Skonto gewähren (als Anreiz) · Zahlungsziele mit Lieferanten verlängern · Zuführung weiterer Eigenmittel	· Siehe Unterliquidität · ausgabenwirksame Kosten reduzieren · Nicht unbedingt benötigte Investitionen zurückstellen · Zahlungen aufschieben (Vorsicht: Kreditwürdigkeit leidet) · Überprüfung des Business Plans	· Investitionen innerhalb / außerhalb des Unternehmens · Schuldenrückzahlung

6.4.3 Bilanzielle Ergebnisplanung

6.4.3.1 Plan-Bilanz

Die bilanzielle Ergebnisplanung stellt einen wichtigen Teil der umfassenden Planungsrechnung dar. Zwar stehen im Rahmen einer an der Maximierung des Shareholder Values orientierten Unternehmensführung Liquidität und Cash Flow im Mittelpunkt. Allerdings sind auch die Auswirkungen des Vorhabens auf Bilanz und Gewinn- und Verlustrechnung zu ermitteln. Denn zum einen kann selbst bei positiver Liquidität bei Kapitalgesellschaften eine Insolvenz aufgrund bilanzieller Überschuldung eintreten. Zum anderen kommt dem Gewinn, auch wenn er im Rahmen des Shareholder Value-Ansatzes keine Zielgröße darstellt, eine zentrale Bedeutung in der Kommunikation mit den Kapitalgebern zu. Der Plan-Bilanz kommt in diesem Zusammenhang die Aufgabe zu, auf der Basis der aktuellen Erwartungen über die zukünftige Zusammensetzung der Vermögensgegenstände und insbesondere Kapitalstruktur Aufschluss zu geben. Die Plan-Bilanz steht somit in direktem Zusammenhang mit der Kapitalbedarfsplanung und der Finanzierungsrechnung.

Der dabei berücksichtigte Planungszeitraum umfasst ca. 1-5 Jahre, wobei die Zeitpunkt- und Betragsgenauigkeit der Zahlungen mit der Länge des Planungszeitraums abnimmt. Jedoch kann der Planungszeitraum variieren, da im Rahmen der bilanziellen Ergebnisplanung eine Abstimmung mit der Investitionsplanung zu erfolgen hat, d.h. das die Gesamtbauzeit für Anlagegüter, die neben der Errichtungszeit von Bauten auch die Montagezeit für maschinelle Einrichtungen beinhaltet, den Planungszeitraum der langfristigen Finanzplanung bestimmt. Generell kann man sagen, dass die Ergebnisplanung in Unternehmen einen Planungszeitraum von fünf Jahren nicht übersteigt. Gegenstand der lang- und mittelfristigen Finanzplanung, welche durch eine Feinplanung, der kurzfristigen Finanzplanung, ergänzt wird und die Grundlage hierfür darstellt, sind die während der einzelnen Planungsperioden durch Ein- und Auszahlungen ausgelösten Veränderungen von Bilanzbeständen. Auf indirektem Wege wird die Liquidität durch Einhaltung von Bilanzstrukturnormen gesichert, hier spricht man auch von einer strukturellen Liquiditätssicherung, da eine angemessene Kapitalausstattung u.a. von den finanziellen Reserven und somit von der Kreditwürdigkeit des Unternehmens abhängig ist. In diesem Sinne stellt die bilanzielle Ergebnisplanung immer auch eine Kapitalstrukturplanung bzw. eine Bilanzstrukturplanung dar.

Den Ausgangspunkt für die Ermittlung der Plan-Bilanz stellen die aktuellen Bilanzpositionen und deren bereits bekannten Veränderungen (z.B. Abschreibungen) dar. Zur Ableitung weiterer Wertentwicklungen müssen zunächst die geplanten Investitionen in das Sach- und Finanzanlagevermögen ermittelt werden. Diese werden zu den aktuellen Wertansätzen addiert sowie um bereits absehbare Wertberichtigungen vermindert (Tab. 54). Hingegen können die Positionen des Umlaufvermögens wie Vorräte und Forderungen oder die Fremdkapitalpositionen wie Rückstellungen und Verbindlichkeiten aus Lieferungen und Leistungen nicht isoliert geplant werden, sondern nur in Abhängigkeit zur Umsatzplanung abgeleitet werden, indem die im Rahmen der Kapitalbedarfsplanung dargestellten Zusammenhänge berücksichtigt werden.

Tab. 54. Planung des Anlagevermögens und des Kapitalbedarfs

	2008	2009	2010	2011	2012
1. Abschreibungen auf Sachanlagen 2. Abschreibungen auf Finanzanlagen 3. Abgänge Sachanlagen					
4. = Σ Minderung Anlagevermögen					
5. Erhöhung Eigenkapital 6. + Netto-Erhöhung langfristiger Rückstellungen 7. Über-/Unterdeckung (6 – 5) 8. + Netto-Veränderung langfristiger Kredite					
9. =Σ Zunahme/Abnahme langfristiges Kapital					
10. langfristiges Gesamt-Finanzierungsvolumen (4+8)					

Der Planung des Anlagevermögens wird eine bilanzielle Investitionsplanung (Tab. 55) gegenübergestellt. Diese zeigt dem Finanzmanagement, ob Über- oder Unterdeckungen in den einzelnen Planperioden auftreten, die ggf. kurzfristig zu finanzieren bzw. anzulegen sind. Unerwünschte Defizite oder Überschüsse im langfristigen Bereich, wenn etwa eine zusätzliche kurzfristige Finanzierung zu vertretbaren Kosten nicht möglich erscheint, erfordern eine Planrevision.

Tab. 55. Planung der Investitionen

	2008	2009	2010	2011	2012	2008
1. Zugänge Sachanlagen 2. + Zugänge Beteiligungen, Ausleihungen						
3. = Σ bewilligte Investitionen						
4. + noch nicht bewilligte Investitionen						
5. = Gesamt-Investitionsvolumen						
6. Gesamt-Finanzierungsvolumen (Tab. 54)						
7. Über-/Unterdeckung (6 – 5)						

6.4.3.2 Plan-Gewinn- und Verlustrechnung

Neben den Plan-Bilanzen stellen Plan-Gewinn- und Verlustrechnungen ein geeignetes Instrument dar, um die erfolgswirksamen Maßnahmen als Prozesse von Kapitalbindung und Kapitalfreisetzung abbilden zu können.

Zwar ließe sich auch auf Basis der Bilanz der Gewinn oder Verlust ermitteln, wenn diese in Form von Bewegungsbilanzen geführt werden. Unter einer Bewegungsbilanz versteht man eine Veränderungsrechnung durch Gegenüberstellung zweier aufeinanderfolgender Bilanzen. Ziel dieser Veränderungsrechnung ist es, Kapitalherkunft und Kapitalverwendung zu untersuchen. Die zugrunde liegende Idee ist, dass alle Vermögens- und Kapitalumschichtungen mit einem Umsatz, d.h. mit Zahlungsvorgängen, verbunden sind.

6.4.3.3 Finanzierungsplan

Grundlegend gibt der Finanzierungsplan Auskunft darüber, woher das Kapital stammen soll, um den im vorherigen Abschnitt ermittelten Kapitalbedarf zu decken. Die Finanzierungsstruktur bildet hiefür den Ausgangspunkt. In diesem Zusammenhang wird aufgelistet, wann und in welchem Umfang dem Unternehmen Eigen-, Fremdkapital oder sonstige Fördermittel zugeführt werden und wer als Kapitalgeber in Frage kommt. Die Positionen innerhalb der Gliederung orientieren sich dabei einerseits nach Eigen- und Fremdkapital, andererseits aber auch nach der Dauer der Kapitalverfügung. Der Zeitpunkt der Kapitalbereitstellung sollte mit der im Finanzbedarfsplan bestimmten Verwendung übereinstimmen. Mithilfe der in der Finanzierungstheorie beschriebenen Regelungen (goldene Finanzierungsregel und goldene Bilanzregel), ist es dann möglich zu entscheiden, welcher Bedarf mit welchen Mitteln gedeckt wird.

6.5 Fragen und Aufgaben

Aufgabe 6-1

(1) Erklären Sie die Aufgaben des Rechnungswesens.
(2) Nennen Sie die Teilgebiete des Rechnungswesens.
(3) Unterscheiden Sie Bestandsgrößen von Stromgrößen.
(4) Definieren Sie die Begriffe Einzahlung, Auszahlung, Einnahme, Ausgabe, Ertrag, Aufwand, Leistung und Kosten und nennen Sie hierfür Beispiele.
(5) Erklären Sie die Begriffe Zusatzkosten und Anderskosten und nennen Sie Beispiele.

Aufgabe 6-2

Was verstehen Sie unter der Liquidität eines Unternehmens? Erläutern Sie anhand eines kurzen Beispiels, warum neu gegründete Unternehmen oft auch bei einem „prächtigen“ Gewinnausweis nicht in der Lage sind, auch nur einen geringen Teil des Gewinns an die Anteilseigner auszuschütten. Gehen Sie dabei insbesondere darauf ein, in welcher Form sich die erforderlichen Investitionen auf Gewinn und Liquidität auswirken.

Aufgabe 6-3

Ein Unternehmen weist am 31.12. die folgenden Vermögensgegenstände auf: Ein bebautes Grundstück 300.000 Euro, Hypothekenschulden 240.000 Euro, Bankguthaben 22.000 Euro, Waren 160.000 Euro, erworbene Patentrechte 60.000 Euro, Darlehensverbindlichkeiten 350.000 Euro, Forderungen a. LL 26.500 Euro, Postbankguthaben 1.000 Euro, Wertpapiere des Anlagevermögens 30.000 Euro, Fuhrpark 37.000 Euro, Betriebs- und Geschäftsausstattung 42.500 Euro, Beteiligung an der XY-AG 20.000 Euro, Maschinen 115.000 Euro, Lieferantenverbindlichkeiten 75.000 Euro, Kasse 11.000 Euro.

a) Erstellen Sie die Bilanz in Anlehnung an das gesetzlich vorgeschriebene Schema (§ 266 HGB).
b) Wie hoch sind Bilanzsumme und Eigenkapital?
c) Welche Mittel werden zur Finanzierung der Unternehmenstätigkeit eingesetzt? Kann aufgrund der Vorlage der Bilanz die Finanzierung einzelner Vermögensgegenstände beurteilt werden?

Aufgabe 6-4

Die Anschaffungskosten einer Spezialfräsmaschine belaufen sich auf 59.500 Euro inkl. 19% MWSt. Die betriebsgewöhnliche Nutzungsdauer wird vom Hersteller mit 5 Jahren angegeben.

Erstellen Sie einen Abschreibungsplan, bei dem die Fräsmaschine am Ende der Nutzungsdauer einen Restwert von 10.000 Euro aufweist. Wenden Sie dabei das lineare Abschreibungsverfahren an.

Aufgabe 6-5

Die Bad Homburger Industrie GmbH besitzt am 1. Januar des Geschäftsjahres die folgenden Anfangsbestände (alle Werte in Euro):

Gebäude	310.000
Technische Anlagen	170.000
Rohstoffe	30.000
Forderungen aus Lieferungen und Leistungen	35.000
Kasse	5.000
Bank	55.000
Darlehensschulden	20.000
Verbindlichkeiten aus Lieferungen und Leistungen	46.000
Eigenkapital	?

a) Erstellen Sie eine Eröffnungsbilanz. Verwenden Sie dabei das vereinfachte gesetzliche Gliederungsschema.
b) Erstellen Sie eine Schlussbilanz, indem Sie die folgenden Geschäftsvorfälle des laufenden Jahres berücksichtigen:
   Banküberweisung an den Lieferanten: 11.300
   Kauf von Rohstoffen auf Ziel: 7.200
   Teilrückzahlung einer Darlehensschuld durch Banküberweisung: 5.000
   Kunde überweist Rechnungsbetrag auf das Bankkonto: 5.200
   Bareinzahlung aus der Kasse des Unternehmens auf das eigene Bankkonto: 2.200
c) Was versteht man unter der Bilanzposition „immaterielle Vermögensgegenstände"? Welche Einschränkungen bestehen für die Aktivierung immaterieller Vermögensgegenstände nach dem deutschen Recht?

Aufgabe 6-6

Die Neue Film AG mit einem Grundkapital von 15 Mio. Euro hat am 1.1.2008 die folgenden Bilanzwerte:

Liquide Mittel:	20 Mio. Euro
Warenbestand:	60 Mio. Euro
Verbindlichkeiten:	30 Mio. Euro

Ebenso konnten aus den Gewinnen der Vorjahre Rücklagen in nennenswerter Höhe gebildet werden.

a) Erstellen Sie auf Basis dieser Angaben eine Eröffnungsbilanz zum 1.1.2008.
b) Erstellen Sie eine Schlussbilanz, indem Sie die folgenden Geschäftsvorfälle des Jahres 2008 berücksichtigen.
   Von dem Warenbestand wurden zwei Drittel verkauft. Die Zahlungsbedingungen waren:
   Zahlung im Dezember 2008: 30 Mio. Euro
   Zahlung im Januar 2009: 20 Mio. Euro
   Im Dezember wurden Roh-, Hilfs- und Betriebsstoffe im Wert von 4 Mio. Euro eingekauft und vollständig bezahlt. Davon wurde 2008 aber nur die Hälfte verbraucht.
c) Was versteht man unter der Bilanzposition „immaterielle Vermögensgegenstände"? Nennen Sie dabei auch vier Typen von immateriellen Vermögensgegenständen.

Aufgabe 6-7

Ihr Buchhalter legt Ihnen die folgenden Geschäftsvorfälle vor. Geben Sie jeweils entsprechend dem dargestellten Muster an, inwieweit diese Geschäftsvorfälle heute mit Ein- und Auszahlungen, Einnahmen und Ausgaben, Erträgen und Aufwendungen verbunden sind. Ermitteln Sie die Jahressalden und kommentieren Sie kurz etwaige Unterschiede in den Jahressalden.

Beispiel (s. Tabelle): Ein Kunde begleicht eine offene Rechnung über 13.000 Euro durch Banküberweisung (nur Einzahlung). Berücksichtigen Sie das Beispiel nicht bei der Berechnung.

(1) Verkauf einer gebrauchten Maschine (Buchwert: 60.000 Euro) für 40.000 Euro gegen Barzahlung.
(2) Zulässige bilanzielle Neubewertung eines auf 30.000 Euro abgeschriebenen Gebäudes mit 40.000 Euro.
(3) Ein Kunde bezahlt 1.000 Euro für Waren, die er vor zwei Monaten auf Ziel gekauft hat.
(4) Barzahlung (6.000 Euro) einer notwendigen Reparatur eines betrieblichen Heizungssystems.
(5) Verkauf von Waren (Buchwert: 8.000 Euro) für 10.000 Euro auf Ziel.
(6) Eingang von Schuldnerzinsen in Höhe von 1.000 Euro auf ein Girokonto.
(7) Eintragung der Erhöhung der Einlage eines Kommanditisten um 10.000 Euro ins Handelsregister. Die sofortige Einzahlung hierauf beträgt 5.000 Euro.
(8) Weihnachten: Spende an Brot für die Welt im Wert von 1.000 Euro.
(9) Barentnahme aus der Kasse in Höhe von 5.000 Euro für private Zwecke.
(10) Eine Maschine (Buchwert: 2.000 Euro) wird für 2.000 Euro verkauft. Dem Kunden wird ein Zahlungsziel von 3 Monaten eingeräumt, das er ausnutzt.
(11) Aufgrund eines Totalschadens wird ein Firmenwagen (Buchwert: 10.000 Euro) nach einer aufwendigen Reparatur auf 3.000 Euro abgeschrieben. Die Reparaturkostenrechnung über 3.500 Euro wurde noch nicht bezahlt.
(12) Verbrauch von Rohstoffen aus dem Lager laut Materialentnahmeschein im Wert von 15.000 Euro.
(13) Tilgung einer Darlehensschuld (20.000 Euro) durch Banküberweisung.

Geschäfts-vorfall	Einzahlung + Auszahlung –	Einnahme + Ausgabe –	Ertrag + Aufwand –	Leistung + Kosten –
Beispiel	+ 13.000 Euro			
1				
2				
3				
4				
5				
6				
7				
8				
9				
10				
11				
12				
13				
Jahressaldo				

Aufgabe 6-8

Geben Sie jeweils entsprechend der vorigen Aufgabe an, inwieweit die folgenden Geschäftsvorfälle heute mit Ein- und Auszahlungen, Einnahmen und Ausgaben, Erträgen und Aufwendungen bzw. Leistungen und Kosten verbunden sind. Ermitteln Sie die Jahressalden und kommentieren Sie kurz etwaige Unterschiede in den Jahressalden.

(1) Wir schreiben Forderungen im Buchwert von 500 Euro ab, weil die Schuldner offensichtlich zahlungsunfähig sind.
(2) Der Betrieb kauft auf Ziel einen neuen LKW für 150.000 Euro.
(3) Der im Vorjahr gekaufte Computer mit einem Buchwert in Höhe von 1.000 Euro ist defekt und wird für 100 Euro an einen Schrotthändler verkauft.
(4) Sie verkaufen eine auf 1.500 Euro abgeschriebene Maschine für 1.000 Euro bar.
(5) Sie verkaufen aus den Vorräten einen mit 1.500 Euro bewerteten Gegenstand für 1.800 Euro.
(6) Der Betrieb überweist dem DRK eine Spende von 200 Euro.

(7) Sie verkaufen aus den Vorräten einen mit 1.000 Euro bewerteten Gegenstand für 1.800 Euro.
(8) Ein Lieferant verzichtet auf Forderungen im Wert von 500 Euro.
(9) Der Betrieb kauft gegen bar einen neuen LKW für 150.000 Euro.
(10) Auf den im Vorjahr gekauften Computer wird eine planmäßige Abschreibung in Höhe von 1.000 Euro vorgenommen.
(11) Sie verkaufen eine auf 1.500 Euro abgeschriebene Maschine auf Ziel für 1.000 Euro aufgrund einer Betriebsaufgabe.
(12) Sie verkaufen aus den Vorräten einen mit 1.500 Euro bewerteten Gegenstand für 1.800 Euro
(13) Sie verkaufen aus den Vorräten einen mit 2.000 Euro bewerteten Gegenstand für 1.800 Euro

Aufgabe 6-9[167]

Folgende Geschäftsvorfälle treten während des Monats März auf. Ermitteln Sie mit Hilfe einer Tabelle die Höhe der Auszahlungen, Ausgaben, Aufwendungen, Kosten, Einzahlungen, Einnahmen, Erträge und Leistungen für den Monat März sowie die Veränderungen der entsprechenden Bestandsgrößen (alle Werte in Euro):
(1) Anlieferung von 3.000 kg des Rohstoffs X zu 8 Euro/kg.
(2) Barverkauf von im März produzierten Waren im Werte von 12.000.
(3) Überweisung der Löhne und Gehälter für März von 16.700 sowie einer Nachzahlung für Februar in Höhe von 3.300.
(4) Gutschrift von 25.000 auf dem Bankkonto. Sie stammen vom Kunden C, der für diesen Betrag im Januar Waren bezogen hatte.
(5) Verkauf einer gebrauchten Maschine für 6.800 auf Ziel. Der Verkaufspreis liegt 1.800 über dem bilanziellen Buchwert.
(6) Mahnung des Lieferanten des Rohstoffs X. Die Geschäftsleitung entscheidet, Mitte April zu überweisen.
(7) Barkauf von Kleinmaterial im Wert von 5.000.
(8) Eingang einer Rechnung über 700 des Steuerberaters, der Anfang März ein Gutachten zur geplanten Umwandlung der Einzelunternehmen in eine GmbH angefertigt hatte.
(9) Versand und Inrechnungstellung von im März produzierten Waren im Wert von 48.500 an Großabnehmer G, der diese im Januar mit 40.000 angezahlt hatte. Der Rest wird im März mit Scheck beglichen.
(10) Spende an die Kirchengemeinde von 300 in bar.
(11) Für den Firmeninhaber wird kalkulatorischer Unternehmerlohn in Höhe von 8.000 pro Monat verrechnet.

[167] Quelle: Haberstock, L., Kostenrechnung I, 9. Aufl., Hamburg, 1997, S. 197f.

(12) Außerdem fallen im März sonstige Kosten in Höhe von 11.000 an, die zugleich Aufwand sind, aber nicht in diesem Monat zu Ausgaben und Auszahlungen führen.

(13) Die Finanzbuchhaltung (Lagerbuchhaltung) gibt folgende wertmäßigen Inventur-Endbestände (Anfangsbestände in Klammern) an:
Rohstoff X = 14.000 (2.000)
Kleinmaterial = 1.000 (2.000)
Waren = 45.000 (30.000)

Abweichend von den obigen bilanziellen Werten werden für die Warenbestände aufgrund des anteilig enthaltenen kalkulatorischen Unternehmerlohns für Zwecke der Betriebsergebnisrechnung (kurzfristigen Erfolgsrechnung) 50.000 (32.000) angesetzt.

Aufgabe 6-10

Für die Beantragung eines Bankkredits benötigt einer Ihrer Kommilitonen dringend einen Liquiditätsplan. Er bittet Sie, mit den nachfolgenden Angaben einen Liquiditätsplan für die ersten beiden Monate seiner Geschäftstätigkeit zu erstellen. Kommentieren Sie kurz Ihr Ergebnis und erklären Sie ihm, warum die Bank einen Liquiditätsplan von ihm verlangt.

Einmalige Investitionen: Im ersten Monat wird eine Büroausstattung für insgesamt 20.000 Euro angeschafft; die PC-Ausstattung kostet ca. 9.000 Euro. Mit dem Verkäufer der PC-Ausstattung wurde eine Ratenzahlung vereinbart, als Anzahlung werden sofort 3.000 Euro fällig; der Rest ist in monatlichen Raten zu 600 Euro fällig – beginnend mit dem nächsten Monat. Die Ausstattung der Werkstatt mit den benötigten Gerätschaften kostet ca. 100.000 Euro.

Laufende Auszahlungen: Das Büro hat eine Fläche von 100 qm zu einem Mietpreis von 16 Euro/qm. Die angrenzende Werkstatt mit einer Fläche von 35 qm wird zu einem Quadratmeterpreis von 10 Euro angemietet. Drei Pkw-Stellplätze kosten pro Monat zusammen 180 Euro. An laufenden Bürokosten ist pro Monat eine Summe von 1.000 Euro zu veranschlagen.

Die Telefonanlage wird von der Telekom für 10 Jahre gemietet und kostet monatlich 150 Euro. Der Kopierer, das Faxgerät und ein für den Verkauf notwendiges Videogerät werden für zusammen 200 Euro pro Monat geleast. Der Leasingvertrag hat eine Laufzeit von 3 Jahren. An Kleinteilen werden pro Monat durchschnittlich ca. 1.500 Euro benötigt, die in jedem Monat zu berücksichtigen sind, egal wie hoch der Absatz ist.

In der ersten Phase wird an Personal eine Sekretärin benötigt. Glücklicherweise hat die Freundin des Existenzgründers eine entsprechende Ausbildung. Sie verlangt einen Bruttolohn von 2.500 Euro. Aufgrund der schwierigen finanziellen Lage erklärt sie sich jedoch bereit, für zwei Monate auf die Auszahlung des Gehalts zu verzichten.

Der Existenzgründer möchte ein Produkt anbieten, für das er folgende Absatzerwartungen besitzt:

Produkt	Nettomarktpreis in Euro je Stück	Einkaufspreis der Komponenten in Euro je Stück	Erwarteter Absatz pro Monat in Stück
Primus	57,50	15,00	100

Aufgabe 6-11

Bearbeiten Sie die folgenden Aufgaben zum Jahresabschluss:

(1) Stellen Sie dar, wer aus welchem Grund Interesse am Jahresabschluss hat.
(2) Erläutern Sie die Aufgaben des Jahresabschlusses.
(3) Nennen Sie die Bestandteile des Jahresabschlusses einer Kapitalgesellschaft.
(4) Nennen Sie die Fristen für die Aufstellung und die Feststellung des Jahresabschlusses.
(5) Unterscheiden Sie Inventar von Inventur.
(6) Worin unterscheidet sich Inventar von Bilanz?
(7) Nennen Sie die wichtigsten Bilanzpositionen der Aktivseite und der Passivseite.
(8) Definieren Sie die Begriffe Anlagevermögen und Umlaufvermögen.
(9) Nennen Sie die Bestandteile des immateriellen Vermögens in der Bilanz.
(10) Unterscheiden Sie Sachanlagen von Finanzanlagen.
(11) Definieren Sie den Begriff „Umlaufvermögen“.
(12) Nennen Sie die Bestandteile der Bilanzposition „liquide Mittel“.
(13) Definieren Sie den Begriff „Eigenkapital“.
(14) Nennen Sie die Positionen des Eigenkapitals einer Kapitalgesellschaft.
(15) Stellen Sie dar, wie der Jahresüberschuss und wie darauf aufbauend der Bilanzgewinn ermittelt wird.
(16) Erläutern Sie den Begriff „Passivierungspflicht“.
(17) Stellen Sie den Aufbau des Gesamtkostenverfahrens und des Umsatzkostenverfahrens dar.
(18) Nehmen Sie kritisch zur Aussagefähigkeit des Jahresabschlusses Stellung.

Aufgabe 6-12

Bearbeiten Sie die folgenden Aufgaben zum internen Rechnungswesen:

(1) Erklären Sie den dreistufigen Aufbau der Kostenrechnung. Berücksichtigen Sie hierbei Ziele und Aussagefähigkeit.

(2) Nennen Sie die drei Verfahren zur Ermittlung der Verbrauchsmengen.
(3) Unterscheiden Sie Fifo-Methode, Lifo-Methode und Hifo-Methode.
(4) Erklären Sie die 4 Abschreibungsmethoden.
(5) Stellen Sie die Zielsetzung von kalkulatorischen Abschreibungen dar.
(6) Nennen Sie weitere kalkulatorische Kostenarten.
(7) Nennen Sie Kriterien für die Bildung von Kostenstellen.
(8) Unterscheiden Sie Hilfs- von Hauptkostenstellen.
(9) Erklären Sie die Verfahren zur innerbetrieblichen Leistungsverrechnung.
(10) Erläutern Sie anhand von Beispielen die drei Kalkulationsverfahren.
(11) Nennen Sie die Aufgaben der Kostenträgerzeitrechnung.
(12) Unterscheiden Sie die Gesamtkostenverfahren von Umsatzkostenverfahren.
(13) Nehmen Sie zur Problematik der Gemeinkostenschlüsselung Stellung.
(14) Die Fixkostenproportionalisierung ist eine Fiktion, weil ...
(15) Stellen Sie das System des Direct Costing dar.
(16) Erklären Sie das Wesen der Break-Even-Analyse.

Aufgabe 6-13

Recherchieren Sie im Internet die Umsatzrentabilität von einem Produktionsunternehmen, einem Dienstleister und einem Handelsunternehmen. Erklären Sie, warum die Rentabilitätszahlen unterschiedlich sind.

6.6 Literaturempfehlungen

Das Standardlehrbuch zur Bilanzierung nach HGB und IFRS ist: Coenenberg, Adolf G. (2005): Jahresabschluss und Jahresabschlussanalyse, 20. Auflage, Stuttgart.

Die Diskussion um die Kapitalflussrechnung wurde wesentlich durch den Arbeitskreis der Schmalenbach-Gesellschaft geprägt: Schmalenbach-Gesellschaft (1996): Finanzierungsrechnung im Konzern: Empfehlungen des Arbeitskreises „Finanzierungsrechnung“ der Schmalenbach-Gesellschaft - Deutsche Gesellschaft für Betriebswirtschaft e.V., hrsg. von Helmut Mansch; Klaus v. Wysocki, Düsseldorf.

Eine Einführung in das wertorientierte interne Rechnungswesen findet sich in: Dahmen, Andreas; Oehlrich, Marcus (2001): Controlling, 3. Auflage, München.

Eine sehr gute Monographie zur Unternehmensplanung ist: Hahn, Dietger; Hungenberg, Harald (2001): PuK: Planung und Kontrolle, Planungs- und Kontrollsysteme, Planungs- und Kontrollrechnung, 6. Auflage, Wiesbaden.

7. Finanzierung, Shareholder Value und Wertmanagement

7.1 Grundlagen und Zusammenhänge

In diesem Kapitel schließt sich der Kreis des vorliegenden Lehrbuchs. Als Hauptaufgabe des Business Plans wurde die Gewinnung von Kapitalgebern dargestellt – seien es externe Kapitalgeber wie Aktionäre oder interne „Kapitalgeber“ wie die Unternehmensleitung, welche einzelnen Geschäftsbereichen Ressourcen zuweist. Diese Bereitstellung finanzieller Mittel wird als **Finanzierung** bezeichnet. Klassischerweise wird in der Betriebswirtschaftslehre die Finanzierung zusammen mit der **Investition**, d.h. der Verwendung finanzieller Mittel, beschrieben. Dies hat zwar didaktische Vorteile, weil Investition und Finanzierung zwei Seiten einer Medaille sind. Jedoch werden dadurch grundlegende Zusammenhänge vernachlässigt. Im Folgenden soll die Finanzierung daher vor dem Hintergrund der Interessen der Anteilseigner dargestellt werden. Schließlich werden sie nur dann bereit sein, Kapital zur Verfügung zu stellen, wenn sie sich davon einen Mehrwert versprechen. Damit rückt die Bedeutung des Wertmanagements in den Vordergrund, das sicherstellen soll, dass dieser geforderte Wert geschaffen wird. Als quantitative Größe für diesen Wert wird gemeinhin der **Shareholder Value**, d.h. der Marktwert des Eigenkapitals, angesehen, den es zu maximieren gilt.

Fast alle Probleme der Finanzierung handeln von der Ermittlung des Gegenwartswerts einer in der Zukunft liegenden **Zahlungsreihe**. In einer Zahlungsreihe werden die einzelnen Ein- und Auszahlungen den Zeitpunkten zugeordnet, zu denen sie eintreten. Aus Gründen der Vereinfachung werden nicht alle denkbaren Zeitpunkte eingetragen, sondern es findet eine Zuordnung zu einzelnen Zeitpunkten statt (Abb. 88). Für die diskreten Zeitpunkte wird meist die Variable t verwendet, die bis zum Endzeitpunkt T läuft ($t = 0,1,...,T$). Die Zahl der Perioden kann auch unendlich sein ($t = \infty$).

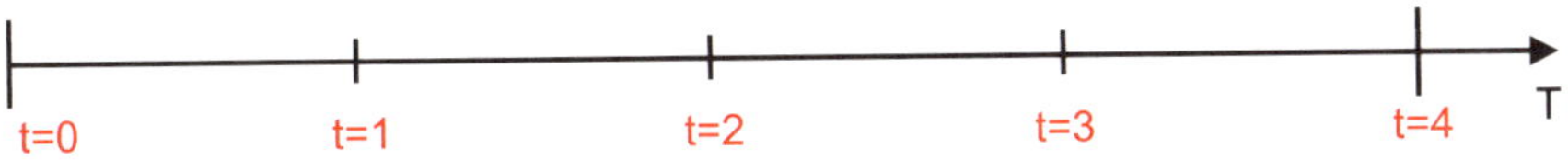

Abb. 88. Schema einer Zahlungsreihe

Einzahlungen zum Zeitpunkt t werden mit der Variablen E_t bezeichnet, Auszahlungen mit A_t. Allerdings wird eine Ein- bzw. Auszahlung nicht einzeln dargestellt, sondern es erfolgt eine Saldierung aller Ein- bzw. Auszahlungen zu einem Zeitpunkt. Der Cash Flow CF_t als Differenz aus Einzahlungen abzüglich der Auszahlungen zum Zeitpunkt *t* wurde bereits in Unterabschnitt 6.2.5 dargestellt. Da es sich bei allen zukünftigen Zahlungen um Prognosen handelt, können die Zahlungen auch unsicher sein. Grundsätzlich bietet die Finanzierungstheorie auch Instrumente an, um unsichere Zahlungsreihen zu bewerten. Im vorliegenden Abschnitt wird jedoch von sicheren Erwartungen ausgegangen.

Den Gegenwartswert, der als **Barwert (Present Value)** der Zahlungsreihe bezeichnet wird, erhält man, indem man alle Zahlungen, die vor oder nach dem Bezugszeitpunkt anfallen, auf- bzw. abzinst. Zahlungen, die vor dem Bezugzeitpunkt anfallen, werden *aufgezinst*. Zahlungen, die nach dem Bezugszeitpunkt liegen, werden *abgezinst*. Abb. 89 verdeutlicht die Berechnung des Barwerts mit dem Bezugszeitpunkt t = 2.

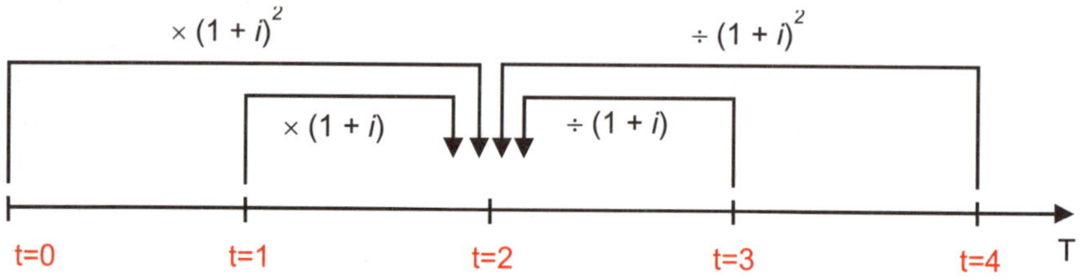

Abb. 89. Berechnung des Barwerts einer Zahlungsreihe

Für Auf- bzw. Abzinsung wird der Kalkulationszinssatz verwendet, der meist mit der Variablen *i* bezeichnet wird. Die Aufzinsung erfolgt für n Perioden durch *Multiplikation* mit dem Faktor $(1 + i)^n$. Die Abzinsung erfolgt durch *Division* durch den Faktor $(1 + i)^n$. Der Barwert errechnet sich somit über die Summenformel:

$$B_n = \sum_{t=0}^{T} CF_t \cdot (1+i)^{n-t} .$$

Für das in Abb. 89 dargestellte Beispiel gilt somit:

$$\begin{aligned} B_2 &= \sum_{t=0}^{T} CF_t \cdot (1+i)^{2-t} \\ &= CF_0 \cdot (1+i)^2 + CF_1 \cdot (1+i)^1 + CF_2 \cdot (1+i)^0 + CF_3 \cdot (1+i)^{-1} + CF_4 \cdot (1+i)^{-2} \\ &= CF_0 \cdot (1+i)^2 + CF_1 \cdot (1+i) + CF_2 + CF_3 \cdot \frac{1}{(1+i)} + CF_4 \cdot \frac{1}{(1+i)^2}. \end{aligned}$$

Dem Kalkulationszinssatz kommt eine wichtige Rolle zu, da er die Opportunitätskosten der Zahlungsreihe repräsentiert.

Unter **Opportunitätskosten** versteht man allgemein den Nutzenentgang, der bei mehreren Alternativen durch die Entscheidung für die eine und gegen die anderen Möglichkeiten entsteht. In der Investitions- und Finanzierungstheorie ergeben sich Opportunitätskosten durch die Verwendungsmöglichkeiten des Kapitals. Beispielsweise verzichtet ein Eigen- oder Fremdkapitalgeber des Unternehmens auf die Möglichkeit, sein Kapital für Konsumzwecke oder alternative Anlagen zu verwenden.

Beispiel: Nehmen wir an, dass eine Investition zu bewerten ist, die zum Jahresende der nächsten 5 Jahre jeweils (sichere) Einzahlungen in Höhe von 100 Euro verspricht. Wenn eine Bank uns einen jährlichen Zinssatz von 10 % für die Anlage des Geldes über 5 Jahre hinweg zahlen würde, dann sind diese 10 % die Opportunitätskosten der Investition, mit denen wir die Investition vergleichen müssen. Der Barwert kann also durch Abzinsung der Cash Flows ermittelt werden, indem wir die Opportunitätskosten als Kalkulationszinssatz verwenden.

Ein besonders wichtiger Gegenwartswert ist der **Kapitalwert (Net Present Value)**. Der Kapitalwert gibt den Gegenwartswert einer Zahlungsreihe unmittelbar vor der ersten Zahlung an:

$$K_0 = CF_0 + \sum_{t=1}^{T} CF_t \cdot (1+i)^{n-t} \ .$$

Der Kapitalwert gibt die Vermögensmehrung des Entscheiders zum Zeitpunkt 0 an, d.h. er könnte zu diesem Zeitpunkt aufgrund der Zahlungsreihe den Betrag K_0 zusätzlich konsumieren oder für andere Zwecke verwenden. Geht es bei der Zahlungsreihe etwa um eine Investition, so wäre der Entscheider bereits zu diesem Zeitpunkt um den Betrag K_0 reicher.

Der Kapitalwert kann damit als **Entscheidungskriterium** für Investitions- und Finanzierungsentscheidungen herangezogen werden. Immer dann, wenn der Kapitalwert größer ist als null, ist die Investition bzw. Finanzierung für den Entscheider vorteilhaft. Bei einem Kapitalwert von null ist der Entscheider indifferent. Bei einem negativen Kapitalwert ist sie für ihn nachteilig.

In der Theorie wird ein vollkommener Kapitalmarkt vorausgesetzt, bei dem alle Marktteilnehmer über denselben Informationsstand (Informationssymmetrie) sowie über eine unendlich schnelle Reaktionsgeschwindigkeit verfügen und keine Transaktionskosten anfallen. Unter diesen Annahmen werden alle Finanzierungen einen Kapitalwert von null aufweisen.

Die **Kapitalwertmethode** ist damit die grundlegende Methode der Investitions- und Finanzierungstheorie. Der Barwert der oben genannten Zahlungsreihe zum Zeitpunkt 0 beträgt 379,08 Euro, d.h. die Zahlungsreihe ist zu diesem Zeitpunkt genau diesen Betrag wert. Wenn man nun für diese Zahlungsreihe zum Zeitpunkt 0 einen Preis in Höhe von 300 Euro bezahlen müsste, dann beträgt der Kapitalwert:

$$K_0 = -300 + 379{,}08 = 79{,}08 \ .$$

Der positive Kapitalwert zeigt somit an, dass das Investitionsprojekt vorteilhaft ist und sich zum Zeitpunkt 0 das Vermögen des Entscheiders um 79,08 Euro mehrt. Würde das Projekt eine Anschaffungsauszahlung CF_0 in Höhe von 400,00 Euro erfordern, so wäre es unvorteilhaft.

Die Berechnung von Kapitalwerten erfolgt in der Praxis mit Hilfe von Microsoft Excel. Es bietet sich an, die Tabelle so aufzubauen, dass die Periode in der Zeile, die Cash Flows in der Spalte stehen (Abb. 90). Denn in der Regel sind die Cash Flows noch nicht bekannt, sondern müssen zuerst auf Basis der Ein- und Auszahlungen (direkte Methode) oder auf Basis des Jahresüberschusses (indirekte Methode) berechnet werden. Die Eingabe des Kalkulationszinssatzes erfolgt am besten in einer separaten Zelle, so dass der Kalkulationszinssatz bei Bedarf leicht geändert werden kann. Zur besseren Darstellung kann der Kalkulationszinssatz über *Zellen formatieren > Zahlen > Prozent* formatiert werden.

B1 fx 10%

	A	B	C	D	E	F	G
1	Kalkulationszinsfuß	10%					
2	Kapitalwert						
3							
4	**Jahr**	**0**	**1**	**2**	**3**	**4**	**5**
5	Cash Flow	-300	100	100	100	100	100

Abb. 90. Grundschema der Kapitalwertberechnung in MS Excel

Zu beachten ist dabei, dass sich die Bezeichnungen in Excel von den standardmäßigen Begriffen unterscheiden. Excel verwendet die Funktion „NBW (Kapitalwert)" zur Bezeichnung des Barwertes, nicht des Kapitalwerts einer Zahlungsreihe. Zum Berechnen des finanzwirtschaftlichen Kapitalwerts einer Zahlungsreihe mit Excel muss zuerst der Barwert der zukünftigen Cash Flows ermittelt werden. Dann wird von diesem Wert der Cash Flow zum Zeitpunkt 0, d.h. die Anschaffungsauszahlung abgezogen (Abb. 91). Wenn man die Zahlenformatierung mit zwei Dezimalstellen einstellt, ergibt sich als Kapitalwert der Betrag 79,08.

NBW X ✓ fx =B5+NBW(B1;C5:G5)

	A	B	C	D	E	F	G
1	Kalkulationszinsfuß	10%					
2	Kapitalwert	=B5+NBW(B1;C5:G5)					
3							
4	**Jahr**	**0**	**1**	**2**	**3**	**4**	**5**
5	Cash Flow	-300	100	100	100	100	100
6							

Abb. 91. Verwendung der Funktion „NBW (Kapitalwert)" in MS Excel

7.2 Finanzierung

7.2.1 Finanzprozesse im Unternehmen

In Kapitel 6 erfolgte die Analyse des Unternehmens anhand des Jahresabschlusses. Betrachtet man beispielsweise die Bilanz, so wird die Finanzierung auf der Passivseite abgebildet. Sie macht deutlich, welcher Anteil des Kapitals dem Unternehmen von den Anteilseignern als Eigenkapital (Haftungskapital) und welche Teile von Banken und anderen Kreditgebern (Lieferanten) als Fremdkapital (Gläubigerkapital) zur Verfügung gestellt wurde. Investition stellt hingegen die Verwendung finanzieller Mittel dar, um Sachvermögen, immaterielles Vermögen oder Finanzvermögen (Maschinen, Vorräte, Patente, Lizenzen, Wertpapiere, Beteiligungen) zu beschaffen. Vor dem Hintergrund der Bilanz liegt demnach die Aufgabe in der Finanzierung, durch Kapitalbeschaffung die Beschaffung von Vermögenswerten zu gewährleisten. Dabei umfasst die Finanzierung nicht nur den Bereich der betrieblichen Leistungserstellung und Leistungsverwendung, sondern auch die Vornahme von außerordentlichen finanztechnischen Vorgängen wie Gründung, Kapitalerhöhung, Fusion, Umwandlung, Sanierung oder Liquidation. Zur Finanzierung gehören damit auch der Verlust und die Rückzahlung früher beschafften Kapitals.

Zwar stehen die Begriffe Finanzierung und Investition in engem Zusammenhang, denn eine Mittelverwendung setzt das Vorhandensein und damit die Beschaffung von finanziellen Mitteln voraus. Doch nicht jede Verwendung finanzieller Mittel stellt eine Investition dar. Genauso hat nicht jede Beschaffung von finanziellen Mittel eine Investition zum Ziel. Eine Aufnahme von Fremdkapital kann beispielsweise möglich sein, wenn ein Unternehmen in Liquiditätsschwierigkeiten kommt. In diesem Fall erfolgt zwar eine Kapitalbeschaffung, welche zu einer Ausweitung des Gesamtkapitals führt; das Investitionsvolumen wird dadurch jedoch nicht beeinflusst. Zudem muss Finanzierung nicht zwingend die Erhöhung des Geldvermögens zur Folge haben. So können Anteilseigner eines Unternehmens auch durch die Einbringung von Sacheinlagen eine Kapitalerhöhung bewirken, so dass Investition und Finanzierung zusammenfallen. Außer bei Sacheinlagen schlagen sich die vermögensmäßigen Gegenwerte einer Finanzierung in der Bilanz zunächst in den liquiden Mitteln nieder, bevor sie für die Geschäftstätigkeit zum Beispiel zur Beschaffung von Maschinen investiert werden. Zudem ist es möglich, durch eine Desinvestition Kapital umzuschichten, indem die in Sach- und Finanzwerten investierten Geldbeträge liquidiert werden, so dass sie erneut für Investitionen zur Verfügung stehen. Neben Kapitalbeschaffung treten regelmäßig auch Kapitalabflüsse ein, wenn etwa Eigen- bzw. Fremdkapital zurückgezahlt wird, Gewinne ausgeschüttet oder Rücklagen aufgelöst werden. Somit lässt sich der gesamte Betriebsprozess als ein Prozess laufender Investitionen und Desinvestitionen, d.h. eine kontinuierlich wechselnde Bindung und Freisetzung liquider Mittel auffassen. Finanzierung und Investition unterscheiden sich daher nur im Vorzeichen der ersten Zahlung: Während eine Finanzierungszahlungsreihe durch eine Einzahlung in t_0 gekennzeichnet ist, der Auszahlungen folgen, beginnt die Zahlungsreihe einer Investition mit einer Auszahlung und weist in zukünftigen Perioden Einzahlungen auf.

Die finanziellen Vorgänge des Betriebsprozesses können mit einem idealtypischen Finanzkreislauf beschrieben werden:

(1) In der ersten Phase erfolgt die Kapitalbeschaffung durch **Außenfinanzierung** in der Form von Eigen- oder Fremdkapital. Bilanziell stellt diese Außenfinanzierung eine Bilanzverlängerung dar.

(2) In der zweiten Phase wird dieses Kapital für **Investitionen** verwendet; es findet ein Aktivtausch statt, indem liquide Mittel verringert und dafür Investitionsgüter erhöht werden.

(3) Die dritte Phase betrifft den Kapitalrückfluss, der sich hauptsächlich durch die Einzahlungen aus den vorteilhaften Investitionsprojekten ergibt. Dadurch wird dem Unternehmen zusätzliches Kapital zur Verfügung gestellt (**Innenfinanzierung**), das für weitere Investitionen in der zweiten Phase eingesetzt werden kann. Neben diesen Rückflüssen aus dem Umsatzprozess sind auch Rückflüsse aus **Desinvestitionen** möglich.

(4) Die vierte Phase umfasst den **Kapitalabfluss** durch Rückzahlungen an Eigen- und Fremdkapitalgeber, Gewinnausschüttungen und Verluste (Bilanzverkürzung).

Abb. 92 verdeutlicht den Zusammenhang zwischen den Bestandsgrößen der Bilanz und der Investition und Finanzierung.

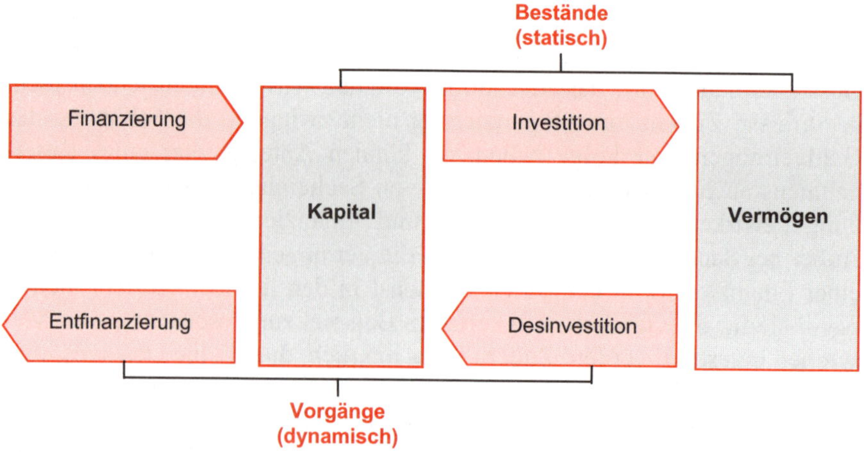

Abb. 92. Zusammenhänge zwischen Kapital, Vermögen, Finanzierung und Investition

Dieser Kreislauf kann beliebig oft durchlaufen werden. Wichtig ist nur, dass keine finanziellen Ungleichgewichte auftreten. Dies ist beispielsweise dann der Fall, wenn die Einzahlungen aus dem Umsatzprozess so hinter den Auszahlungen zurückbleiben, dass neue Außenfinanzierungen notwendig werden, ohne dass diese für neue Investitionsprojekte verwendet werden. Die exakte Beurteilung dieser Finanzflüsse ist nicht auf Grundlage des Jahresabschlusses, sondern nur auf Grundlage der Kapitalflussrechnung möglich. Im Wege der Bilanzanalyse können höchstens Vermutungen bezüglich der Finanzflüsse generiert werden.

7.2.2 Innenfinanzierung

Innenfinanzierung bedeutet, dass Kapital durch innerbetriebliche Vorgänge bereit gestellt werden kann. Neben der Finanzierung aus Gewinnen und Vermögensumschichtungen spielt die Finanzierung aus Abschreibungen und Rückstellungen eine besondere Rolle.

Abb. 93 gibt einen Überblick über diese Quellen der Innenfinanzierung.

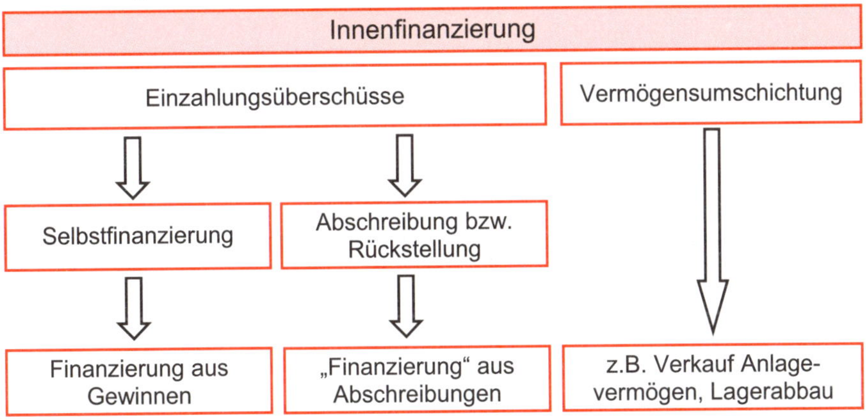

Abb. 93. Möglichkeiten der Innenfinanzierung[168]

Bei der **Selbstfinanzierung** stammen die finanziellen Mittel aus dem Umsatzprozess. Zwar fließen sie von außen zu, aber lediglich in Form des Rückflusses bereits einmal investierter Mittel. Sie stammen also im Gegensatz zu den im Rahmen der Außenfinanzierung genutzten Einlagen oder Krediten direkt aus dem Leistungsprozess. Es handelt sich bilanztechnisch daher um neu gebildete Mittel durch Vermögens- und Kapitalzuwachs und mithin um eine Bilanzverlängerung.

Davon zu unterscheiden ist die Finanzierung aus **Vermögensumschichtung**. Zwar fließen auch hier dem Unternehmen Mittel von außen zu, al-

[168] In Anlehnung an: Schierenbeck (1995).

lerdings wurden diese aus einer Liquidierung bereits investierter Mittel gewonnen. Der Erwerb neuer Vermögensgegenstände basiert somit aus dem Umsatz von vorhandenen Vermögensgegenständen. Die Finanzierung aus Vermögensumschichtung stellt somit einen Aktivtausch dar.

Die dritte Finanzierungsmöglichkeit stellt die **Finanzierung aus Abschreibungen bzw. Rückstellungen** dar. Die Vornahme von Abschreibungen bzw. die Bildung von Rückstellungen ist niemals gleichzeitig zahlungswirksam. Vielmehr ist bei der Abschreibung die Auszahlung bereits in früheren Perioden erfolgt, während bei der Rückstellung die Auszahlung erst bei der Auflösung der Rückstellung zum Tragen kommt. Die Vornahme von Abschreibungen bzw. Bildung von Rückstellungen mindert zwar den ausschüttungsfähigen Gewinn der Periode. Es handelt sich jedoch lediglich um eine Ausschüttungssperre, d.h. der Abschreibungs- bzw. Rückstellungsbetrag wird im Unternehmen reinvestiert und fließt im Falle von Rückstellungen erst bei deren Auflösung ab, so dass damit zusätzliche Investitionen finanziert werden können. Zu beachten ist dabei, dass es sich bei der Finanzierung aus Abschreibungen um eine Eigenfinanzierung handelt (Eigenkapital), während die Finanzierung aus Rückstellungen eine Fremdfinanzierung darstellt (Fremdkapital).

7.2.3 Außenfinanzierung

Außenfinanzierung bedeutet, dass das Kapital dem Unternehmen von außen zufließt, also nicht aus dem betrieblichen Umsatzprozess, sondern aus Kapitaleinlagen (Eigenkapital) oder Krediten (Fremdkapital) stammt. Daneben sind grundsätzlich auch Subventionen denkbar, die unmittelbar weder zu einer Erhöhung des Eigenkapitals, noch des Fremdkapitals führen.

Abb. 94 gibt einen Überblick über diese Quellen der Außenfinanzierung. Die verschiedenen Möglichkeiten der **Beteiligungsfinanzierung** sowie Subventionen wurden bereits in Abschnitt 1.4 im Rahmen der Gründungsfinanzierung besprochen, so dass auf Business Angels, Venture Capital und Fördermittel nicht mehr eingegangen werden muss. Da die Emission von Aktien jedoch bei der Gründungsfinanzierung keine Rolle spielt, sondern erst bei der Wachstumsfinanzierung, soll im Folgenden die Bedeutung der Aktienemission auf dem Kapitalmarkt dargestellt werden.

Dem **Kapitalmarkt** als geordneter Markt für langfristige Wertpapiere kommen verschiedene Funktionen zu. Einerseits bietet er den Unternehmen die Möglichkeit, schnell und effizient große Summen an Kapital aufzunehmen – sei es als Eigenkapital über die Emission von Aktien oder als Fremdkapital über die Emission von Anleihen. Andererseits ermöglicht er Anlegern, ihr Kapital in verschiedene Wertpapiere mit unterschiedlichen Rendite-Risiko-Kombinationen zu investieren.

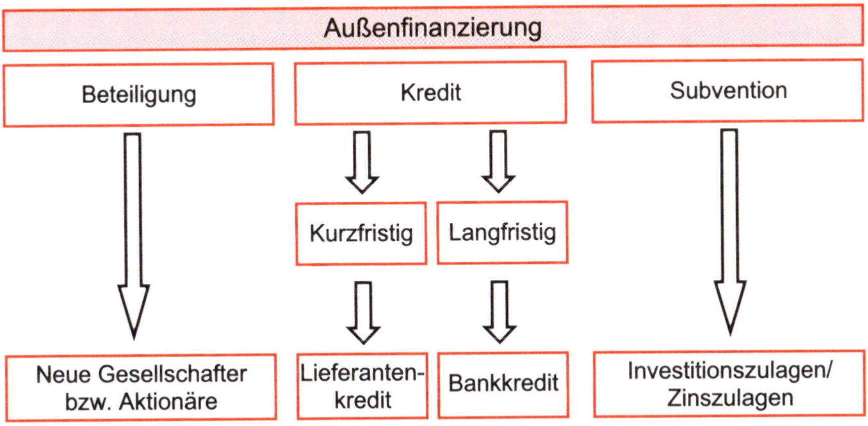

Abb. 94. Möglichkeiten der Außenfinanzierung[169]

Wichtig ist die Unterscheidung des Kapitalmarktes in den Primär- und den Sekundärmarkt. Dem **Primärmarkt** kommt die Aufgabe der **Mittelbereitstellung** zu, d.h. hier werden Unternehmen durch die Ausgabe von Wertpapieren mit neuem Kapital versorgt. Auf dem **Sekundärmarkt** werden hingegen bereits ausgegebene Wertpapiere gehandelt (**Fungibilitätsfunktion**), d.h. hier haben die Inhaber der Wertpapiere die Möglichkeit, sich jederzeit von ihrem Investment zu trennen. Insbesondere ihre Fungibilität hat die Aktie zu dem wichtigsten Instrument der Eigenkapitalbeschaffung gemacht. Denn keine andere Form der Beteiligung bietet einem Eigenkapitalgeber eine so große Flexibilität wie die Aktie eines börsennotierten Unternehmens. Die Fungibilität hängt direkt mit den Transformationsfunktionen des Kapitalmarktes zusammen:

- **Fristentransformation**: Der Kapitalmarkt ermöglicht das Zustandekommen einer Transaktion, obwohl die Partner unterschiedliche Fristen der Kapitalaufnahme bzw. -anlage haben.
- **Losgrößentransformation**: Eine große Investition kann auf viele Marktteilnehmer aufgeteilt werden.
- **Risikotransformation**: Der Kapitalmarkt bietet den Handel mit Risiken an. So können etwa unsichere Zahlungsströme in einen sicheren Zahlungsstrom umgewandelt werden, wobei der Risikoübernehmende eine Risikoprämie verlangen wird.

Durch den Ausgleich von Angebot und Nachfrage sowie der Erfüllung der genannten Transformationsfunktionen sorgt der Kapitalmarkt für eine effiziente **Allokation** (Zuteilung) der knappen Ressource Kapital. Allerdings handelt es sich bei der effizienten Allokation um eine Idealvorstellung. In

[169] In Anlehnung an: Schierenbeck (1995).

der Praxis hat sich leider gezeigt, dass irrationales Verhalten, Fehleinschätzungen sowie Spekulation den Kapitalmarkt auch destabilisieren können.

Die **Voraussetzungen für die Notierung von Aktien** an den bekannten Börsen sind streng reglementiert. Beispielsweise werden Mindestkriterien für die Zahl der öffentlich gehandelten Aktien, dem Handelsvolumen, dem Jahresüberschuss und dem Marktwert des Unternehmens vorgegeben. Solche Voraussetzungen können offensichtlich nur von großen Unternehmen erfüllt werden. Kleine und mittelständische Unternehmen müssen daher auf andere Börsensegmente oder den außerbörslichen Handel ausweichen. Dies macht deutlich, warum sich mit einigen kleinen Ausnahmen nur reifere Unternehmen bei den Börsen listen lassen.

Die **Neuemission** von Aktien erfolgt grundsätzlich auf dem Primärmarkt. Wenn ein Unternehmen, welches bis dahin noch keine Aktien herausgegeben hat, zum ersten Mal Aktien auf dem öffentlichen Markt für Aktien anbieten will, dann wird dies als **Initial Public Offering (IPO)** oder **Going Public** bezeichnet.[170] Erstemission bedeutet, dass das Unternehmen zum ersten Mal Aktien an die Investitionsöffentlichkeit anbietet. Öffentlich heißt, dass die Aktien an die allgemeine Investitionsöffentlichkeit angeboten werden, d.h. an einen breiten, nicht spezifizierten Kreis an potenziellen Investoren. Bei dem Börsengang muss der Emittent ein Prospekt über die Emission ausarbeiten, welches Informationen über den Herausgeber der Aktien und über die geplante Emission enthält.

Bei der Emission von neuen Wertpapieren spielen die **Investmentbanken** eine zentrale Rolle. Ihre Aktivität umfasst mehrere Funktionen:

- ratgebende Funktion (bei der Vorbereitung der Emission);
- administrative Funktionen (bei der Registrierung der Emission bei der zuständigen Aufsichtsbehörde);
- werbende Funktion (bei der Knüpfung von Kontakten mit potenziellen Käufern);
- die Funktion der Realisierung (d.h. Platzierung) der Emission bis hin zu den Investoren (underwriting).

Die Auswahl der Investmentbank kann auf zwei Wegen erfolgen. Erstens können zwischen dem Emittenten und der Investmentbank Verhandlungen stattfinden (negotiated offering), in denen die Bedingungen des Vertrages bei einer Verpflichtung der Bank festgelegt werden. Zweitens können konkurrierende Angebote gesammelt werden (competitive offering), wobei der Emittent zunächst die Bedingungen des Vertrages festlegt, und erst danach Angebote der interessierten Investitionsbanken sammelt. Für größere Emissionen bilden die Investmentbanken Konsortien (underwriting syndicate), um das Risiko untereinander aufzuteilen.

[170] Manchmal wird unterschieden zwischen dem Going Public als Prozess und dem IPO als Ergebnis eines Börsengangs. Da die Begriffe in der Praxis jedoch synonym verwendet werden, wird diese Unterscheidung nicht weiter verfolgt.

Bei der Platzierung von neuen Emissionen unterscheidet man zwischen zwei grundlegenden Arten von **Verpflichtungen der Investmentbanken**. Die erste Art ist das sogenannte **firm commitment**. Dies ist der Fall wenn die Investitionsbank die Emission aufkauft, danach diese jedoch an eine größere Gruppe von Investoren weiterverkauft. In diesem Fall übernimmt die Bank das mit der Platzierung der Emission verbundene Risiko bzw. garantiert die Platzierung in der Hoffnung, dass sie die Emission zu einem höheren Preis weiterverkauft als sie bei dem Erstkauf ausgegeben hat. Die zweite Art der Verpflichtung wird als **best effort** bezeichnet. Hierbei verpflichtet sich die Bank nur, sich bestmöglich für die Platzierung der Emission einzusetzen, übernimmt jedoch kein Risiko. Diese Konsortien erscheinen in den sogenannten **Tombstones**, mit denen die erfolgreiche Platzierung einer Emission veröffentlicht wird. Auf den folgenden Seiten wird der Tombstone der Erstemissision der Deutsche Telekom AG im Jahre 1996 abgebildet. Die Bedeutung der einzelnen Konsortialbanken wird deutlich über die Schriftgröße und Reihenfolge abgegrenzt.

Bezüglich der **Preisfeststellung** existieren zwei grundsätzliche Verfahren, die mit der Verpflichtung der Investmentbanken zusammenhängen:

- Sofern das Bankenkonsortium die Übernahme des gesamten Emissionsvolumens garantiert, ist das **Festpreisverfahren** anzuwenden. Hierbei wird der Ausgabekurs der Aktien vor Veröffentlichung des Verkaufsprospektes innerhalb des Konsortiums ausgehandelt. Die Preisschätzung basiert auf einer umfassenden Unternehmensanalyse in Form einer Unternehmensbewertung, dem Vergleich mit anderen Unternehmen sowie der allgemeinen Marktsituation.
- Beim **Bookbuilding-Verfahren**, dem am häufigsten angewandten Verfahren, bestimmt sich der Ausgabekurs durch Angebot und Nachfrage. Es handelt sich in der Regel um ein dreistufiges Verfahren, bei dem ein Anspruch der Altaktionäre auf Bezugsrechte ausgeschlossen ist (Abb. 95). Zunächst wird die Preisspanne in der in der Pre-Marketing-Phase mit wichtigen Investoren abgestimmt. Zu Beginn der Marketing-Phase wird diese Preisspanne öffentlich bekannt gegeben. Präsentationen des Unternehmens an den internationalen Finanzmärkten (Roadshows) dienen dazu, weitere mögliche Anleger zu gewinnen. Innerhalb der Zeichnungsfrist (Order Taking) werden anschließend die Kaufaufträge interessierter Investoren im Orderbuch gesammelt. Die Investoren können dabei den Kaufpreis nach oben beschränken (Limit). Am Ende der Zeichnungsfrist legen das emittierende Unternehmen oder der platzierende Altaktionär gemeinsam mit den Konsortialbanken die Höhe des Emissionspreises fest. Alle Kaufaufträge, die über diesem Emissionspreis liegen, werden zu diesem ausgeführt. Die anderen Kaufauträge erhalten keine Zuteilung.

Aufgrund des vorstehenden Prospekts

sind
DM 5.000.000.000,–
Stück 1.000.000.000 Inhaberstammaktien
im Nennbetrag von je DM 5,–
mit voller Gewinnberechtigung ab 1. Januar 1996

- Wertpapier-Kenn-Nummer 555 700 -

und zwar

DM 3.000.000.000,–
Stück 600.000.000 Inhaberstammaktien
aus der Kapitalerhöhung vom 15. November 1996

sowie

DM 118.500.000,–
Stück 23.700.000 Inhaberstammaktien
aus der Kapitalerhöhung vom 15. November 1996
zugunsten der Mitarbeiter

sowie

DM 1.881.500.000,–
Stück 376.300.000 Inhaberstammaktien
aus dem Bestand der Bundesrepublik Deutschland

der

Deutsche Telekom AG
Bonn

an den Wertpapierbörsen zu Frankfurt am Main, Berlin, Bremen, Düsseldorf, Hamburg, Hannover, München und Stuttgart zum Börsenhandel mit amtlicher Notierung zugelassen worden.

Globale Koordinatoren für die Privatisierung

Deutsche Bank
Aktiengesellschaft

Dresdner Bank
Aktiengesellschaft

Goldman, Sachs & Co.

Frankfurt am Main, Berlin, Düsseldorf, Erfurt, Hamburg, Hannover, Hof, Kiel, Köln, Leipzig, Mainz, München, Saarbrücken, Schweinfurt, Stuttgart, im November 1996

Dresdner Bank
Aktiengesellschaft

Deutsche Bank
Aktiengesellschaft

DG BANK
Deutsche Genossenschaftsbank

Westdeutsche Landesbank
Girozentrale

Bayerische Landesbank
Girozentrale

Commerzbank
Aktiengesellschaft

Bayerische Hypotheken- und Wechsel-Bank
Aktiengesellschaft

Bayerische Vereinsbank
Aktiengesellschaft

Landesbank Hessen-Thüringen
Girozentrale

Bankgesellschaft Berlin
Aktiengesellschaft

Norddeutsche Landesbank
Girozentrale

Südwestdeutsche Landesbank
Girozentrale

Baden-Württembergische Bank
Aktiengesellschaft

BHF-BANK
Aktiengesellschaft

Credit Suisse First Boston
Aktiengesellschaft

Goldman, Sachs & Co. oHG

Sal. Oppenheim jr. & Cie.
Kommanditgesellschaft auf Aktien

M.M. Warburg & CO
Kommanditgesellschaft auf Aktien

Joh. Berenberg, Gossler & Co.

BfG Bank AG

Delbrück & Co, Privatbankiers

Bankhaus Max Flessa & Co.

Hamburgische Landesbank
- Girozentrale -

Georg Hauck & Sohn
Bankiers
Kommanditgesellschaft auf Aktien

IKB Deutsche Industriebank
Aktiengesellschaft

Bankhaus Hermann Lampe
Kommanditgesellschaft

Landesbank Rheinland-Pfalz
Girozentrale

Landesbank Saar
Girozentrale

Landesbank Sachsen
Girozentrale

Landesbank Schleswig-Holstein
Girozentrale

Landesgirokasse
öffentliche Bank
und Landessparkasse

B. Metzler seel. Sohn & Co.
Kommanditgesellschaft auf Aktien

SchmidtBank KGaA

Schröder Münchmeyer Hengst & Co.

Trinkaus & Burkhardt
Kommanditgesellschaft auf Aktien

Abb. 95. Ablauf des Bookbuilding-Verfahrens[171]

Eine besondere Rolle beim Bookbuilding-Verfahren spielt die sogenannte **Greenshoe**. Es handelt sich dabei um eine Möglichkeit, weitere Aktien bis zu einer im Voraus festgelegten Höchstgrenze auszugeben, d.h. es wird mehr Kapital aufgenommen als eigentlich geplant. Die Greenshoe ist ein Instrument der Feinsteuerung, über das bei hoher Nachfrage weitere Aktien an den Markt gebracht werden können, um den Kurs zu stabilisieren und Kurssprünge zu verhindern.

- Das letzte Verfahren ist das **Auktionsverfahren**, bei dem wiederum verschiedene Untergruppen unterschieden werden können. Bis auf wenige Ausnahmen spielt das Auktionsverfahren bei IPOs mittlerweile eine untergeordnete Rolle.

1. Börsengang der Deutsche Telekom AG (1996)[172]

Mit dem 18. November 1996 wurde ein neues Kapitel in der Unternehmensgeschichte der Deutschen Telekom aufgeschlagen. Nach der Umwandlung der Deutschen Bundespost Telekom in eine Aktiengesellschaft zum Jahresanfang 1995 markierte der erste Börsengang der Deutschen Telekom die Öffnung des Unternehmens für den Kapitalmarkt. Mit der Platzierung von rund 713,7 Mio. Aktien wurde zum einen das Ziel verfolgt, die Verbesserung des Eigenkapitals der Deutschen Telekom AG in Form einer Kapitalerhöhung sicherzustellen und zum anderen, die Leistungsfähigkeit und Bedeutung des Finanzplatzes Deutschland zu demonstrieren.
Die Deutsche Telekom ging bei diesem ersten Börsengang innovative Wege: um möglichst viele private Interessenten für die Anlageform Aktie mit Ihren Chancen – aber auch Risiken – zu interessieren und die T-Aktie breit zu vermarkten, wurde in Deutschland das Aktien-Informations-Forum (AIF) gegründet.

---

[171] Quelle: Thommen/Achleitner (2001), S. 505.
[172] Quelle: Deutsche Telekom AG.

Das AIF wurde auch nach Abschluss der Platzierung als „Forum T-Aktie" aufrechterhalten und steht weiterhin als Investor Relations-Einrichtung der Deutschen Telekom AG für Privatanleger zur Verfügung. Privatpersonen erhielten hier kostenlos eine breite Palette von Informationen über die Aktie als solche, die Deutsche Telekom als Unternehmen und das Aktienangebot für Privatanleger im Rahmen der Platzierung. Zusätzlich wurde bereits früh in einer breit angelegten Kommunikationskampagne bekannt gemacht, dass Privatanlegern allgemein eine Bevorzugung in Form eines reduzierten Ausgabepreises und von Treue-Aktien angeboten wurde.
Die Emission war - auch nach der Erhöhung der Tranche auf 600 Mio. Aktien, zuzüglich einer Emissionsreserve, dem so genannten Greenshoe in Höhe von 90 Mio. Aktien, - fünffach überzeichnet. Zusammen mit den rund 23 Mio. Anteilscheinen für die Mitarbeiter wurden insgesamt 713,7 Mio. Aktien verkauft. Der offizielle Ausgabepreis der T-Aktie belief sich auf Euro 14,57 (bzw. US-Dollar 18,89 und Yen 2140). Bei Einhaltung der Emissions- und Transferbedingungen konnten Privatanleger in Deutschland T-Aktien zu einem ermäßigten Kaufpreis von Euro 14,32 sowie Treueaktien aus dem Bonus-Programm erhalten.
Der Deutschen Telekom flossen aus der Kapitalerhöhung ca. 10 Mrd. Euro frische Mittel zu.

7.3 Unternehmensbewertung

7.3.1 Einführung

Die Ermittlung des Wertes von Unternehmen zählt zu den interessantesten, aber auch anspruchsvollsten Aufgaben. Auch wenn viele Bewertungsanlässe wie etwa der Kauf oder Verkauf von Unternehmen im vorliegenden Buch nur am Rande gestreift werden konnten, so muss der Ersteller eines Business Plans unbedingt die Grundlagen der Unternehmensbewertung kennen. Einerseits muss im Rahmen der **Beteiligungsfinanzierung** bei der Ausgabe von Eigenkapitalanteilen deren Wert festgelegt bzw. ausgehandelt werden. Andererseits muss eine auf die Werterhöhung dieser Anteile ausgerichtete Strategie immer wieder kontrolliert werden. Schließlich schloss sich in Abb. 14 auf S. 49 an die Strategieimplementierung die **strategische Erfolgskontrolle** an. Die Unternehmensbewertung stellt daher auch die Grundlage für das wertorientierte Management dar, wie es im nachfolgenden Abschnitt am Beispiel des Shareholder Value-Ansatzes dargestellt wird.

Die Suche nach dem „richtigen" Verfahren der Unternehmensbewertung stellt ein in der Forschung seit jeher vieldiskutiertes und heftig umstrittenes Problemgebiet dar. Die Entwicklung der Theorie der Unternehmensbewertung kann historisch in drei Phasen eingeteilt werden:

(1) objektive Unternehmensbewertung;
(2) subjektive Unternehmensbewertung;
(3) funktionale Unternehmensbewertung.

Lange Zeit – bis in die 1960er Jahre hinein – herrschte in der Wissenschaft die Vorstellung einer **objektiven Unternehmensbewertung** vor. Nach dieser Lehre würde demnach jeder Bewerter denselben objektiven Unternehmenswert ermitteln. Dieser objektive Wert bildete alle Erfolgspotenziale des zu bewertenden Unternehmens ab, die von jedem Dritten realisiert werden könnten. Dabei werden besondere Absichten, Fähigkeiten oder Beziehungen des potenziellen Käufers oder Verkäufers explizit nicht berücksichtigt, sondern lediglich Tatsachen, die in dem zu bewertenden Unternehmen selbst begründet sind. Vor diesem Hintergrund spielte der **Substanzwert** eines Unternehmens, wie er insbesondere in der Bilanz abgebildet wird, eine besondere Rolle. Dementsprechend wurde eine vergangenheitsorientierte Sichtweise angelegt, während zukünftigen Entwicklungen eine geringe Bedeutung zugemessen wurde. Allerdings wurden spätestens gegen Ende der 1950er Jahre die Grenzen der Lehre vom objektiven Unternehmenswert sichtbar, da im Rahmen von Unternehmenskäufen unterschiedliche Preisvorstellungen vorherrschten. Es wurde deutlich, dass der Unternehmenswert die besonderen Verhältnisse und Interessen des Bewertenden berücksichtigen müsse.

Infolge dieser Kritik entwickelte sich in den 1960er Jahren die Lehre von der **subjektiven Unternehmensbewertung**, nach der der Unternehmenswert kein allgemeingültiger Wert des Unternehmens an sich darstellen kann. Vielmehr stellt der Unternehmenswert eine subjektive Größe dar, die jeweils nur aus Sicht eines ganz bestimmten Bewertungssubjekts ermittelt werden kann. Dabei sind die subjektiven Ziele, Möglichkeiten und Erwartungen bei der Unternehmensbewertung zu berücksichtigen. Im Rahmen eines Unternehmenskaufes stellt der subjektive Unternehmenswert die Grenze der Verhandlungsbereitschaft einer Partei dar. In diesem Fall können zwei unterschiedliche Unternehmenswerte ermittelt werden: der maximale Preis aus der Sicht eines potenziellen Käufers oder den mindestens zu erzielenden Preis aus Sicht des Verkäufers. Überlappen sich diese Grenzpreise, so ist ein Verhandlungsergebnis möglich.

Der Gegensatz zwischen der objektiven und der subjektiven Unternehmensbewertung konnte durch die in den 1970er Jahren entwickelte **funktionale Unternehmensbewertung** überwunden werden. Auch diese geht davon aus, dass kein objektiver, für jedermann allgemein gültiger Unternehmenswert existiert. Vielmehr können Unternehmensbewertungen je nach Bewertungsanlass verschiedenen Zwecken dienen. Diese Bewertungszwecke haben maßgeblichen Einfluss auf die Bewertung, das Bewertungsverfahren und damit auch auf das Ergebnis der Bewertung. Deshalb ist zunächst der Zweck der Unternehmensbewertung zu definieren, d.h. ob etwa der Kaufpreis im Rahmen eines Unternehmensverkaufs oder die angemessene Abfindung im aktienrechtlichen Kontext zu ermitteln sind.

Ab Mitte der 1980er Jahre folgte schließlich die **marktorientierte Unternehmensbewertung**. Nach dieser entspricht der Unternehmenswert der

Schätzung eines potenziellen Marktpreises unter der Annahme, dass der Markt die gleichen Erwartungen hinsichtlich der Überschüsse des Unternehmens hat, wie der Bewerter. Mit Hilfe der funktionalen Unternehmensbewertung konnte zwar der individuelle Grenzpreis, d.h. die maximale Zahlungsbereitschaft, bestimmt werden. Allerdings ist eine solche Betrachtung nicht ausreichend, wenn Anteile am Markt ge- oder verkauft werden sollen und der Markt diese Preisvorstellungen nicht teilt. Vereinfacht gesagt, hilft es einem Anteilseigner nicht, wenn er für sich einen hohen Unternehmenswert ermittelt und Anteile (scheinbar) günstig kauft, die Mehrheit der anderen Kapitalmarktakteure jedoch eine andere Bewertung vornimmt. Daher basieren die im Rahmen der marktorientierten Unternehmensbewertung eingesetzten Bewertungsverfahren auf der Kapitalmarkttheorie.

State of the Art ist die marktorientierte Unternehmensbewertung, bei der der Unternehmenswert als potenzieller Marktpreis unter bestimmten Marktannahmen ermittelt wird. Die Unternehmensbewertung erfolgt hierbei meist nach den sogenannten Discounted Cash Flow-Verfahren.

Sowohl bei der funktionalen als auch der marktorientierten Unternehmensbewertung kommen nur **Gesamtbewertungsverfahren** in Frage, bei denen der Unternehmenswert ermittelt wird, indem die zukünftigen finanziellen Überschüsse (Cash Flows) auf einen Bezugszeitpunkt diskontiert, d.h. abgezinst werden. Diese Verfahren werden deshalb als **Discounted Cash Flow-Verfahren** (DCF-Verfahren) bezeichnet. Da die Prognose zukünftiger Cash Flows nicht immer möglich ist, werden als Ergänzung das **Realoptionsverfahren** bzw. die **Multiplikatorverfahren** angewendet.

7.3.2 Discounted Cash Flow-Verfahren

7.3.2.1 Gemeinsamkeiten der Verfahren

Die Discounted Cash Flow-Verfahren stellen die derzeit gebräuchlichsten Verfahren der Unternehmensbewertung dar. Es handelt es sich dabei allerdings nicht um ein einziges Verfahren, sondern um eine Reihe von Verfahren, die alle auf der Diskontierung zukünftiger Cash Flows basieren. Theoretische Grundlage ist somit die Kapitalwertmethode. Die Discounted Cash Flow-Verfahren lassen sich wie folgt unterteilen:

- Equity-Methode,
- Entity-Methode und
- Adjusted Present Value (APV) Methode.

Wenn angenommen wird, dass sich der intrinsische Wert in voller Höhe im Marktwert niederschlägt, dann errechnet sich der Marktwert als Barwert der geschätzten Cash Flows unter Verwendung der relevanten Kapitalkosten. Für alle drei Verfahren müssen die folgenden Bewertungsfaktoren bestimmt werden, die nachfolgend näher erläutert werden:

- die Cash Flows an die Kapitalgeber,
- der Kalkulationszinssatz,
- der Planungshorizont,
- der Restwert und
- die Planungsmethode.

Die zukünftigen Cash Flows können auf Basis der entwickelten Strategien geschätzt werden. Im Falle externer Wachstumsstrategien können die angestrebten Effekte zugrunde gelegt werden wie etwa die bei einer Akquisition auftretenden Integrationsprobleme, die Effekte auf die Marktstruktur oder Synergieeffekte. Die in den Discounted Cash Flow-Verfahren zugrunde gelegte Cash Flow Variante ist die des Free Cash Flows.

Unter dem **Free Cash Flow** versteht man den frei ausschüttungsfähigen Cash Flow. Er gibt an, wie viel liquide Mittel für Dividendenzahlungen an die Eigenkapitalgeber (Free Cash Flow der Eigenkapitalgeber) oder für Zinszahlungen oder eine Rückführung der Fremdfinanzierung (Free Cash Flow der Fremdkapitalgeber) verbleibt.

Der Free Cash Flow ist eine Cash Flow-Größe nach Steuern und berücksichtigt neben den erfolgswirksamen Zahlungen auch Liquiditätszu- oder -abflüsse aufgrund der Anlageinvestitionen sowie der Veränderungen des Nettoumlaufvermögens (Abb. 96).

In den Discounted Cash Flow-Verfahren sind grundsätzlich *alle* zukünftigen Free Cash Flows mit dem jeweiligen Kalkulationszinssatz abzuzinsen. Der Kalkulationszinssatz spiegelt dabei die Kapitalkosten wider.

Unter **Kapitalkosten** versteht man die Kosten, die ein Unternehmen für die Kapitalbeschaffung aufwenden muss. Aus der Sicht der Kapitalgeber, d.h. Eigenkapitalgeber und Fremdkapitalgeber, sind die Kapitalkosten daher mit der Kapitalrendite bzw. Kapitalverzinsung gleichzusetzen. Diese Gleichsetzung ist jedoch nur dann möglich, wenn auf dem Kapitalmarkt keine Transaktionskosten existieren bzw. die vereinfachende Annahme getroffen wird, sie seien nicht existent.

Die Kapitalkosten des Unternehmens können auch als Opportunitätskosten interpretiert werden. Genauer bedeutet dies, dass ein Unternehmen auf eine Verzinsung seines Kapitals verzichtet, wenn es sich entschließt, eine Investition durchzuführen. Beispielsweise könnte ein Unternehmen das verfügbare Eigenkapital festverzinslich anlegen. Entscheidet sich das Unternehmen allerdings, eine andere Investition in z.B. neue Maschinen vorzunehmen, verzichtet es auf die sicheren Zinseinnahmen der festverzinslichen Anlage. Die Bereitstellung des verfügbaren Eigenkapitals für die Investition hat folglich einen Preis, die als Kosten angesehen und Opportunitätskosten genannt werden. Um feststellen zu können, ob die Investition oder die Vergleichsanlage einen höheren Kapitalwert verspricht, werden die erwarteten Free Cash Flows der Investition mit dem Opportunitätskostensatz des Eigenkapitals diskontiert. Ist der nach der Equity-Methode ermittelte Wert der Investition größer als der mit der Verzinsung erzielte Mehrwert der risikofreien Anlage, so ist die Investition vorteilhaft.

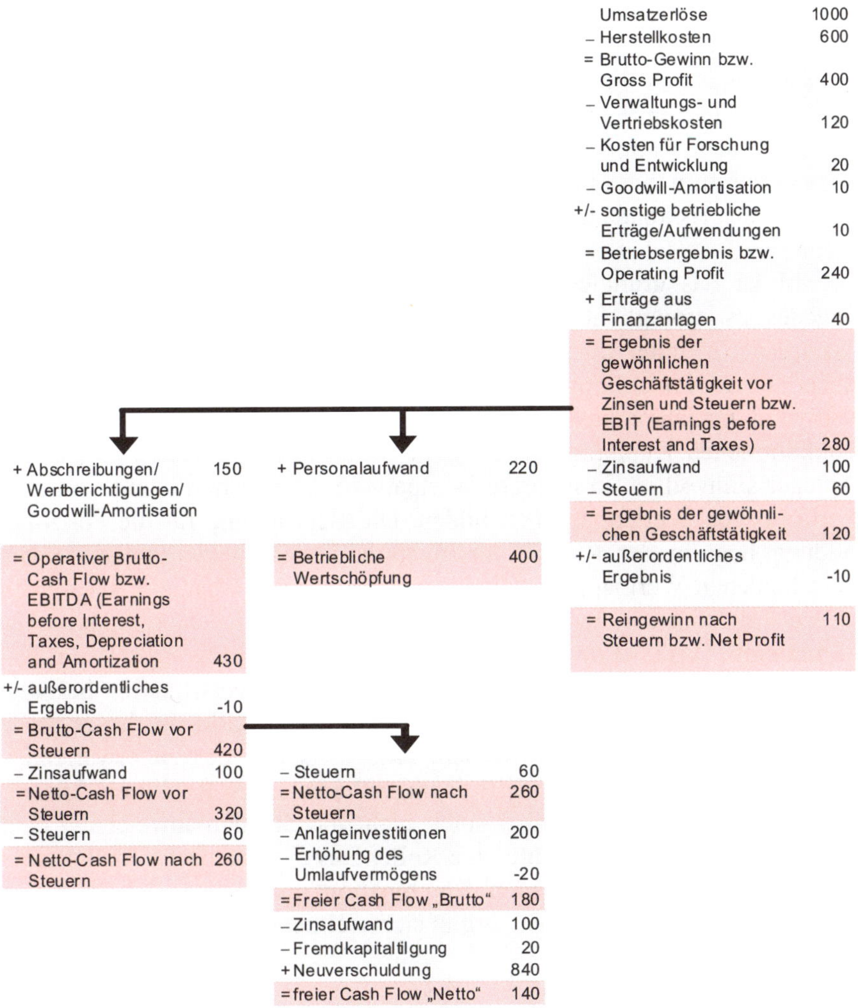

Abb. 96. Alternative Erfolgsbegriffe[173]

Da Kapital nicht kostenlos zu beschaffen ist, haben auch die Kapitalgeber eines Unternehmens immer einen Anreiz, verschiedene Investitionsalternativen miteinander zu vergleichen. Ein solcher Vergleich muss jedoch auch den unterschiedlichen Risiken der Unternehmen Rechnung tragen. Denn bei der Anlage in Unternehmensanteile besteht immer das Risiko, dass die Free Cash Flows nicht so ausfallen werden, wie sie in der Unternehmensbewertung erwartet wurden. Würde daher die Unternehmensbewertung mit einem risikofreien Zinssatz erfolgen, so hätte der Anleger die riskante An-

[173] Quelle: Schierenbeck/Lister (2002), S. 182.

lage in Unternehmensanteile mit der risikofreien Anlage in kurzfristige Staatsanleihen verglichen und damit das bestehende Risiko einer Investition nicht berücksichtigt. Der Kapitalkostensatz muss daher die Risiken der abgezinsten Cash Flows widerspiegeln (risikoadäquater Kapitalkostensatz). Die Discounted Cash Flow-Verfahren basieren somit auf dem Prinzip „that an investment adds value if it generates a return on investment above the return that can be earned on investments with similar risk"[174].

Um einen risikoadadäquaten Eigenkapitalkostensatz zu bestimmen, wird meist das **Capital Asset Pricing Modell (CAPM)** zugrunde gelegt. Das CAPM ist das grundlegende Modell eines Kapitalmarktgleichgewichts, welches es ermöglicht, die Gleichgewichtspreise für einzelne riskante Wertpapiere[175] unter Unsicherheit (Risiko) zu ermitteln. Das CAPM basiert dabei auf der Portfoliotheorie, die unter vereinfachenden Annahmen (rational und nutzenmaximierender Anleger sowie einen vollständigen und vollkommenen Kapitalmarkt) zu dem Ergebnis kommt, dass es für den Anleger sinnvoll ist, in mehrere Wertpapiere zu investieren und somit ein Portfolio von Wertpapieren zu bilden. Die Begründung für die Portfoliobildung liegt in der Risikodiversifikation: Durch die Kombination von verschiedenen Wertpapieren, die jeweils ein anderes Chance-Risiko-Profil aufweisen, kann der Anleger zumindest einen Teil der Wertpapierrisiken eliminieren. Das CAPM zeigt, dass unter gewissen Bedingungen[176] ein Teil des Gesamtrisikos eines Wertpapiers nicht durch Diversifikation beseitigt werden kann (systematisches Risiko). Ohne das CAPM an dieser Stelle herzuleiten, kann gefolgert werden, dass zwischen der zu erwartenden Rendite eines Wertpapiers und seinem systematischen Risiko ein linearer Zusammenhang besteht. Dabei spielt nicht die Standardabweichung oder Varianz der Wertpapierrendite eine Rolle. Das systematische Risiko eines Wertpapiers *i*, das nicht durch Kombination mit anderen Wertpapieren wegdiversifiziert werden kann, ergibt sich vielmehr wie folgt:

$$\beta_i = \frac{Cov(\tilde{r}_i, \tilde{r}_M)}{Var(\tilde{r}_M)}.$$

---

174 Copeland/Koller/Murrin (1996), S. 75.

175 Genau genommen sind nicht nur Wertpapiere, sondern allgemein Anlagemöglichkeiten zu berücksichtigen.

176 Diese ergänzenden Annahmen sind: risikolose Anlage- und Verschuldungsmöglichkeit; begrenzte Zahl an Wertpapieren; alle Wertpapiere werden auf vollkommenen Märkten gehandelt ohne Transaktionskosten und Marktbeschränkungen; beliebige Teilbarkeit der Wertpapiere; Existenz risikoaverser Anleger, die alleine auf Basis von Erwartungswert und Standardabweichung der Wertpapierrendite entscheiden; Planungshorizont von einer Periode; homogene Erwartungen bezüglich aller wertbestimmenden Faktoren (Erwartungswerte, Standardabweichungen und Kovarianzen).

Der Ausdruck $Cov(\widetilde{r}_i, \widetilde{r}_M)$ gibt dabei die Kovarianz zwischen der unsicheren Rendite eines Wertpapiers i und der unsicheren Rendite des Marktportfolios aller Wertpapiere an. Diese Kovarianz repräsentiert das systematische Risiko des Wertpapiers, d.h. seinen Beitrag zum Risiko des Marktportfolios, das alle Wertpapiere beinhaltet. Dividiert man die Kovarianz durch die Varianz der Rendite des Marktportfolios, $Var(\widetilde{r}_M)$, so standardisiert man die Größe; β_i ist somit eine dimensionslose Größe, die sich vielfältig interpretieren lässt. Die erwartete Rendite eines Wertpapiers, μ_i, ergibt sich nach dem CAPM als Summe aus dem risikolosen Zinssatz, r_f, und einer Risikoprämie, die sich als Produkt aus der Marktrisikoprämie je Risikoeinheit und dem aktienindividuellen Risikomaß ergibt:

$$\mu_i = r_f + (\mu_M - r_f) \cdot \beta_i .$$

Die Variable μ_i stellt die erwartete bzw. geforderte Rendite der Eigenkapitalgeber des Unternehmens i dar. Im Kapitalmarktgleichgewicht werden sich unter den zahlreichen getroffenen Annahmen die Kurse der Wertpapiere so einstellen, dass sich genau diese Rendite ergibt. μ_i kann daher (vereinfachend) als Kapitalkostensatz für Eigenkapital, r_{EK}, verwendet werden.

Um diese geforderte Rendite ermitteln zu können, ist demnach die Kenntnis des β-Faktors notwendig. Bei börsennotierten Unternehmen kann dieser auf Basis historischer Daten ermittelt werden, wobei dann davon ausgegangen wird, dass das der β-Faktor auch in jeder zukünftigen Periode genau diesen Wert annimmt. Bei nicht börsennotierten Unternehmen kann hilfsweise der β-Faktor eines vergleichbaren börsennotierten Unternehmens herangezogen werden. Die Vergleichbarkeit ist in Bezug auf die Kovarianz der Cash Flows mit dem Risiko des Marktportfolios zu sehen.

Zudem wird damit implizit auch ein für alle zukünftigen Perioden konstanter Kalkulationszinssatz unterstellt. Da nicht alle Komponenten des Cash Flows das gleiche systematische Risiko aufweisen, wäre es allerdings korrekt, für jede einzelne Cash Flow-Komponente und für jede Periode jeweils einen spezifischen Kalkulationszinssatz zu ermitteln, der seinem Risikobeitrag zum Marktrisiko (Risiko des Marktportfolios) Rechnung trägt. In der Praxis wird eine solche Differenzierung jedoch sehr selten vorgenommen. Des Weiteren ist zu beachten, dass der Eigenkapitalkostensatz *nach Steuern* zugrunde zu legen ist, da als Free Cash Flow ebenfalls eine Größe nach Steuern herangezogen wurde und so die korrespondierenden Kapitalkosten ebenfalls nach Steuern zu berücksichtigen sind. Danach sind die Eigenkapitalkosten aus dem CAPM noch um die Steuerbelastung der Eigenkapitalgeber s zu reduzieren: $e_s = e \cdot (1-s)$.

Auch wenn dies nicht über die gesamte Lebensdauer des Unternehmens möglich ist, so lassen sich dennoch vereinfachte Berechnungen durchführen, indem zumindest die Wachstumsrate der Cash Flows ab einem bestimmten Zeitpunkt geschätzt wird. Meist wird der detaillierten Prognose ein **Planungshorizont** von 3 bis 10 Jahren zugrunde gelegt und dann ein Restwert addiert, der den Wert aller danach liegenden Cash Flows umfasst. Dabei muss der Planungshorizont individuell für das zu bewertende Unternehmen festgelegt werden. Zum einen sollten die Cash Flows innerhalb des Planungshorizontes genau schätzbar sein. Zum anderen sollte die gewählte Strategie möglichst innerhalb des Planungshorizontes abgebildet werden können. Problematisch wird dies bei langfristig angelegten Investitionsstrategien, die in der Anfangsphase durch hohe negative Cash Flows gekennzeichnet sind und erst in späteren Jahren positive Cash Flows produzieren.

Die Schätzung des **Restwertes** basiert auf der vereinfachenden Annahme, dass die Cash Flows und Kapitalkosten am Ende des Planungshorizontes repräsentativ für die weitere Zukunft sind. Da der Restwert einen erheblichen Teil des gesamten Unternehmenswertes darstellt, sind die vereinfachenden Annahmen zu prüfen. Insbesondere bei Verwirklichung einer Investitionsstrategie besteht die Gefahr, dass nach dem Planungshorizont steigende Cash Flows vom Bewertungsmodell nicht erfasst werden und somit ein zu niedriger Unternehmenswert ermittelt wird. Für das Wachstumsverhaltens der Cash Flows nach Ende des Planungszeitraums sind folgende vereinfachende Annahmen möglich:

(1) kein Wachstum der Cash Flows,
(2) konstantes Wachstum der Cash Flows,
(3) temporäres „übernormales" Wachstum der Cash Flows mit konstanten Cash Flows in den Folgeperioden und
(4) temporäres „übernormales" Wachstum der Cash Flows mit konstantem Wachstum der Cash Flows in den Folgeperioden.

Auch wenn nach dem Ende des Planungszeitraums häufig ein konstantes Wachstum der Cash Flows angenommen wird, so ist von einer unkritischen Anwendung dieser Vorgehensweise abzuraten. Dies impliziert nämlich, dass ein Unternehmen dauerhaft höhere Erträge erzielt als seine Kapitalkosten. Vor dem Hintergrund eines vollständigen Wettbewerbs wird dies nur selten der Fall sein.

Im Folgenden werden folgende Notationen verwendet:

V_{GK} = Marktwert des Unternehmens (Gesamtkapitals)
V_{EK} = Marktwert des Eigenkapitals
V_{FK} = Marktwert des Fremdkapitals (= Buchwert des Fremdkapitals)
FCF_t = Free Cash Flow in Periode t an die Gesamtkapitalgeber
r_{GK} = gewogener Gesamtkapitalkostensatz
r_{EK} = Renditeforderung der Eigenkapitalgeber
r_{FK} = Renditeforderung der Fremdkapitalgeber
r_f = risikoloser Zinssatz

β = Schwankungsfaktor der Rendite des Unternehmens mit der Rendite des Marktportfolios

μ_M = Erwartungswert der Rendite aus dem Marktportfolio

7.3.2.2 Equity-Methode

Bei der **Equity-Methode** werden die den **Eigenkapitalgebern** zufließenden Free Cash Flows mit dem **Eigenkapitalkostensatz** abgezinst.

Bei den zufließenden Free Cash Flows handelt es sich jedoch nicht um die Brutto Cash Flows als Differenz aus Einzahlungen und Auszahlungen. Vielmehr sind noch alle weiteren Zahlungen abzuziehen, die den ausschüttungsfähigen Cash Flow (Free Cash Flow) verringern. Der Free Cash Flow der Eigenkapitalgeber zum Zeitpunkt *t* wird gemäß Tab. 56 ermittelt.

Tab. 56. Free Cash Flow der Eigenkapitalgeber

	Cash Flow vor Steuern (Brutto Cash Flow)
–	Steuerzahlungen
–	Anlageinvestitionen
+	Desinvestitionen
–	Zunahme des Nettoumlaufvermögens
+	Verminderung des Nettoumlaufvermögens
=	Free Cash Flow der Eigenkapitalgeber (nach Steuern) = $FCF_{EK,t}$

Als Kalkulationszinssatz werden dabei die Eigenkapitalkosten nach der CAPM-Formel berücksichtigt:

$$r_{EK} = \mu_i = r_f + (\mu_M - r_f) \cdot \beta_i \,.$$

Der Unternehmenswert nach der Equity-Methode zum Zeitpunkt $t = 0$ wird nun ermittelt, indem man die den Eigenkapitalgebern zukommenden Free Cash Flows über den Planungszeitraum mit der risikoangepassten Renditeforderung der Eigenkapitalgeber abzinst:

$$V_{EK} = \sum_{t=0}^{T} \frac{FCF_{EKt}}{\left(1 + r_{EK}\right)^t}$$

Zwar findet die Equity-Methode in der Praxis nur geringe Verwendung, doch ist sie aufgrund der Ähnlichkeit mit der Kapitalwertmethode einfacher zu verstehen. Das wichtigste Discounted Cash Flow-Verfahren ist jedoch die Entity-Methode.

7.3.2.3 Entity-Methode

Die Equity-Methode und die Entity-Methode sind ähnlich aufgebaut und führen theoretisch zum gleichen Ergebnis. Der Unterschied besteht jedoch in der Vorgehensweise. Während bei der Equity-Methode der Wert des Eigenkapitals direkt ermittelt wird, erfolgt dies bei der Entity-Methode über einen Umweg:

Bei der **Entity-Methode** wird zunächst der Marktwert des Gesamtkapitals ermittelt, indem die den **Gesamtkapitalgebern** zufließenden Free Cash Flows mit dem gewichteten **Gesamtkapitalkostensatz (weighted average cost of capital, WACC)** abgezinst werden. Anschließend wird vom Marktwert des Gesamtkapitals der Marktwert des Fremdkapitals abgezogen, um den Marktwert des Eigenkapitals zu erhalten.

Bei diesem Ansatz wird zunächst der Marktwert des Gesamtkapitals ermittelt, um in einem zweiten Schritt nach Abzug des Marktwertes des Fremdkapitals, den Marktwert des Eigenkapitals zu erhalten:

$$V_{EK} = V_{GK} - V_{FK} = \sum_{t=1}^{T} \frac{FCF_t}{(1 + r_{GK})^t} - V_{FK} .$$

Eine besondere Bedeutung kommt dabei der Bestimmung der WACC zu. Diese ergeben sich dadurch, dass die Eigen- und Fremdkapitalkostensätze jeweils mit dem entsprechenden Kapitalanteil am Gesamtmarktwert gewichtet werden:

$$WACC = r_{GK} = r_{EK} \cdot \frac{V_{EK}}{V_{GK}} + r_{FK} \cdot \frac{V_{FK}}{V_{GK}} .$$

D.h. der Eigenkapitalkostensatz wird mit dem Verhältnis aus dem Marktwert des Eigenkapitals mit dem Marktwert des Gesamtkapitals multipliziert, während der Fremdkapitalkostensatz mit dem Verhältnis aus dem Marktwert des Fremdkapitals mit dem Marktwert des Gesamtkapitals multipliziert wird. Als Eigenkapitalkostensatz findet wiederum die geforderte Rendite nach der CAPM-Formel Anwendung. Der Fremdkapitalkostensatz ergibt sich aus den Zinsen für langfristiges Fremdkapital des Unternehmens. Diese können auf Basis historischer Daten aus der Bilanz und der Gewinn- und Verlustrechnung des Unternehmens geschätzt werden. Statt des Marktwerts des Fremdkapitals wird vereinfachend dessen Buchwert angesetzt, da dieser ein guter Schätzwert für den Marktwert darstellt.

Allerdings ergibt sich bei Anwendung des WACC die folgende **Zirkularitätsproblematik**: Zur Bestimmung der WACC ist die Kenntnis der Marktwerte von Eigen- und Fremdkapital erforderlich. Diese sollen jedoch gerade im Rahmen de Unternehmensbewertung ermittelt werden. Dieses Problem lässt sich entweder iterativ lösen oder mit Hilfe einer Zielkapitalstruktur. Letzteres ist pragmatisch, da dann für die Ermittlung der WACC die Kenntnis der Eigen- bzw. Fremdkapitalkosten ausreicht.

Beispiel: Die IPO AG ist ein kleines Unternehmen, welches seit Kurzem an der Börse notiert ist und voll über Eigenkapital finanziert ist (EK/GK = 1). Wir befinden uns heute im Jahr t_0; die erwarteten Cash Flows (Einzahlungsüberschüsse) für die nächsten vier Jahre sehen wie folgt aus:

t_1: 100 Geldeinheiten
t_2: 150 Geldeinheiten
t_3: 120 Geldeinheiten
t_4: 200 Geldeinheiten

Diese Cash Flows müssen nun mit dem gewichteten Kapitalkostensatz abdiskontiert werden. Die risikolose Rendite für Bundesobligationen (i) beträgt 4%, die erwartete Rendite des Marktportfolios r_M beträgt 8% und das Beta der Aktie der IPO AG beträgt 1,5.

Die geforderte Rendite der Eigenkapitalgeber beträgt nach dem CAPM-Modell:

$$r_{EK} = i + \beta \cdot (r_M - i) = 4\% + 1{,}5 \cdot (8\% - 4\%) = 10\%.$$

Es ergibt sich demnach eine Risikoprämie in Höhe von 6% und eine geforderte Rendite der Eigenkapitalgeber in Höhe von 10%. Da das Unternehmen voll über Eigenkapital finanziert ist, entspricht der gewichtete Kapitalkostensatz nach dem WACC-Ansatz k der geforderten Rendite der Eigenkapitalgeber.

Gemäß dem DCF-Verfahren ergibt sich der Barwert der Cash Flows als:

$$\text{BW(CF)} = \frac{CF_n}{(1+i)^n} \frac{100}{(1+0{,}1)^1} + \frac{150}{(1+0{,}1)^2} + \frac{120}{(1+0{,}1)^3} + \frac{200}{(1+0{,}1)^4} = 441{,}64.$$

Der Barwert der Cash Flows entspricht nach dem Discounted Cash Flow-Verfahren dem Unternehmenswert, d.h. dem hypothetischen Marktwert des Unternehmens aus Sicht der Eigenkapitalgeber *und* der Fremdkapitalgeber. Der Shareholder Value lässt sich nun leicht ableiten. Er berechnet sich aus der Differenz zwischen dem Unternehmenswert – im Beispiel 441,64 Geldeinheiten – und dem Wert der ausstehenden Schulden – im Beispiel 0.

7.3.3 Realoptionsverfahren

Die Discounted Cash Flow-Verfahren erlauben grundsätzlich die Berücksichtigung der entwickelten Strategie, indem diese bei der Prognose der Free Cash Flows zugrunde gelegt wird. Sie versagen jedoch, wenn die strategische Planung mit einer solchen Unsicherheit verbunden ist, dass ihre Beurteilung zwar qualitativ, jedoch nicht quantitativ möglich ist. Beispielsweise dient ein grenzüberschreitender Unternehmenskauf dazu, in einem Land Fuß zu fassen und weitere Investitionen zu tätigen (**Brückenkopfakquisition**). In diesem Fall liegt das strategische Ziel des Unternehmenskaufs nicht in den Cash Flows des erworbenen Unternehmens, sondern in den weiteren **Entwicklungsmöglichkeiten**, die mit diesem Unternehmen verfolgt werden können. Dies hat zur Folge, dass das erworbene Unternehmen nicht isoliert bewertet werden kann, sondern nur zusammen mit den übrigen, noch ausstehenden Maßnahmen zur Verwirklichung der Strategie, da es mit diesen eine Erfolgseinheit bildet. Gerade solche strategischen Werte lassen sich jedoch nur schwer mit den Discounted Cash Flow-Verfahren erfassen. Aufgrund der Unsicherheit der zukünftigen Entwicklungsmöglichkeiten ist es denkbar, dass nicht einmal Wahrscheinlichkeitsvorstellungen hinsichtlich der Cash Flows in verschiedenen Umweltzuständen existieren. Die hier zu bewältigende Problematik liegt in der Tatsache, dass lediglich Potenziale, also Wahlmöglichkeiten, eröffnet werden, deren Ausschöpfung jedoch erst zu finanzwirtschaftlich bewertbaren Cash Flows führt. Die Discounted Cash Flow-Verfahren versagen daher gerade bei der Bewertung von Unternehmen im Hochtechnologiebereich. Zwar kann eine vereinfachte Ermittlung erfolgen, indem die Cash Flows ab einer bestimmten Periode mit Hilfe einer Wachstumsrate berücksichtigt werden. Dabei werden sich jedoch Ungenauigkeiten bezüglich der geschätzten Wachstumsrate der Cash Flows relativ stark auf den ermittelten Unternehmenswert auswirken.

Beispiel: Als anschauliches Anwendungsbeispiel wird häufig die Bewertung von Start Up Unternehmen im Bereich der Biotechnologie genannt. Da die etablierten Unternehmen der pharmazeutischen Industrie historisch aus dem Chemie-Sektor stammen, verfügten sie gerade in diesem Bereich lediglich über geringe Kompetenzen. Die Biotechnologie Start Up Unternehmen besaßen in der Anfangsphase zu Beginn der 1970er Jahre dagegen nicht mehr als exzellente Wissenschaftler und „gute Ideen“; selbst in einer langfristigen Betrachtung war nicht abzusehen, ob sie jemals marktfähige Produkte (und damit positive Cash Flows) hervorbringen würden. Es war allerdings absehbar, dass diese neuen Technologien ein ungeheures Potenzial aufweisen würden. Bei einer alleinigen Orientierung an den durch die Akquisition eines solchen Unternehmens verursachten Cash Flows wäre die Akquisition allerdings eindeutig als unvorteilhaft anzusehen gewesen, da meist noch viele Jahre ausschließlich negative Cash Flows prognostiziert wurden. Ein solches Vorgehen vernachlässigt jedoch die Tatsache, dass es nicht die zugrunde liegende Unternehmensstrategie war, sofort hohe Cash Flows zu erzielen, sondern an den Chancen dieses Marktes (sowie der zugehörigen Technologie) zu partizipieren.

Die wesentlichen Anwendungsfälle für das Realoptionsverfahren sind:

- **Abbruchoption (Option to Abandon)**: Unter einer Abbruchoption versteht man die Möglichkeit, ein Investitionsprojekt zu stoppen oder ganz aufzugeben. Dabei kann es für ein Unternehmen beispielsweise lohnender sein, eine Investition abzubrechen und geschaffene Werte zu liquidieren, anstatt mit weiteren Folgeinvestitionen Verluste auszuweiten. Gerade in der pharmazeutischen Industrie, in der Produktentwicklungen mehrere Entwicklungsphasen bis zur Marktzulassung erfolgreich durchlaufen müssen, kann die Integration einer Abbruchoption Sinn machen.

- **Verzögerungsoption (Option to Wait)**: Die Verzögerungsoption konzentriert sich auf die Gegebenheit, dass Entscheidungen oft nicht sofort getroffen werden sollten, da noch wichtige Informationen für eine optimale Entscheidung fehlen. Die Idee der Verzögerungsoption besteht somit darin, dass Unsicherheiten z.B. über die weitere wirtschaftliche Entwicklung vorliegen, die sich erst in der Zukunft kalkulierbarer darstellen werden.
- **Erweiterungsoption (Option to Expand)**: Unter einer Erweiterungsoption versteht man die Möglichkeit eines Unternehmens, die Produktion durch Kapazitätsausweitungen zu steigern oder auch mit Akquisitionen anderer Unternehmen den eigenen Unternehmenswert zu steigern. Ziel ist oftmals, schnell auf sich verändernde Marktbedingungen reagieren zu können. Weiterhin können z.B. auch schon begonnene Projekte durch Folgeinvestitionen erweitert bzw. ausgebaut werden.
- **Absicherungsoption (Option to Contract)**: Das Wesen der Absicherungsoption besteht darin, dass sich ein Unternehmen gegen unvorhersehbare Ereignisse absichern will. Wesentlich dabei ist, dass ein vorhandenes Risiko bezüglich bestehender Kapazitäten oder großer Investitionen vertraglich auf andere Unternehmen übertragen oder zumindest auf mehrere Schultern verteilt werden soll.
- **Wahloption (Option to Choose)**: Eine Wahloption stellt für ein Unternehmen die Möglichkeit dar, unterschiedliche Strategien auf ihre Vorteilhaftigkeit hin zu untersuchen. Beispielsweise besteht für ein Unternehmen die Möglichkeit, die Produktion auszuweiten, überschüssige Kapazität vertraglich bei Nichtauslastung an eine andere Firma weiterzugeben oder bei schlechter wirtschaftlicher Entwicklung die Produktion vollständig aufzugeben.
- **Verbundoption (Compound Option)**: Die Verbundoption findet dann Anwendung, wenn Realoptionen nur hintereinander ausgeführt werden können. Es herrscht hier eine direkte Abhängigkeit zwischen den einzelnen Realoptionen. Das bedeutet, dass eine Realoption nur dann ausgeübt werden kann, wenn die Vorgängerrealoption ausgeübt wurde und das für die aktuelle Realoption notwendige Ergebnis liefert. Eine Verbundoption ist deshalb als eine aus mehreren Realoptionen zusammengesetzte (compound) Realoption definiert. Als besonders gutes Beispiel einer Verbundoption ist die in Phasen eingeteilte Entwicklung eines neuen Medikamentes. Dabei basiert die letzte Phase der Markteinführung auf den unterschiedlichen Vor-Phasen, die vorher abgeschlossen sein müssen.

Die Bewertung auf Basis der Realoptionsverfahren erfolgt anhand einer Analogie zu finanzwirtschaftlichen Optionen. Solche finanzwirtschaftlichen Optionen gewähren dem Inhaber der Option das Recht, aber nicht die Pflicht, bis oder zu einem bestimmten Ausübungszeitpunkt (expiration date bzw. maturity) ein Wertpapier oder einen sonstigen Vermögensgegenstand (Asset) zu einem Ausübungspreis (exercise price) zu kaufen (Call-Option) oder zu verkaufen (Put-Option). Die Bewertungsverfahren für finanzwirtschaftliche Optionen beruhen auf dem Grundprinzip, dass in der Regel die mit dem der Option zugrunde liegenden Asset verbundenen Zahlungsströme für die Bewertung nicht bekannt sein müssen. Eine Bewertung ist auf Basis der folgenden **wertbestimmenden Parameter** möglich:

- derzeitige Preis des Assets,
- der Ausübungspreis der Option,
- die Restlaufzeit bis zur Ausübung,
- die Volatilität des Preises des Assets und
- der risikofreie Zinssatz.

Auf die Darstellung der Berechnungsverfahren für Optionen wird auf die weiterführende Literatur verwiesen.

7.4 Der Shareholder Value-Ansatz

7.4.1 Darstellung des Ansatzes

Das Konzept des Shareholder Value nimmt inzwischen einen festen Platz in der Führungspraxis vieler großer Unternehmen ein. Viele weltweit bekannte Großunternehmen wie Coca Cola, General Electric, Reuters, Lloyds Bank und viele andere haben sich frühzeitig für den Shareholder Value als Hauptziel ihrer Unternehmensausrichtung entschieden und ihre Unternehmensstruktur entsprechend dieser Zielsetzung angepasst. Seitdem können die meisten von ihnen tatsächlich auf eine überdurchschnittliche Wertsteigerung verweisen.

Unter dem **Shareholder Value-Ansatz** versteht man die Forderung nach einer Maximierung des Marktwertes des Eigenkapitals. Der **Shareholder Value** (wörtlich übersetzt mit „Aktionärswert") ist der Marktwert des Eigenkapitals, der sich errechnet als Marktwert des Gesamtkapitals abzüglich des Marktwerts des Fremdkapitals. Über das Entity-Verfahren der Unternehmensbewertung ermittelt man den Shareholder Value somit als Barwert zukünftiger Operating Cash Flows des Unternehmens (d.h. Barwert der Einzahlungsüberschüsse), diskontiert mit den gewichteten durchschnittlichen Kapitalkosten abzüglich dem Marktwert des Fremdkapitals.

Zu unterscheiden ist diesbezüglich zwischen dem Shareholder Value als Zielgröße und dem Shareholder Value-Ansatz, der neben der Forderung der Verwendung dieser Zielgröße ein erweitertes Theoriegerüst zur Verfügung stellt. Der Shareholder Value stellt eine Abkehr vom (kaufmännischen) Gewinn als der traditionellen Zielgröße des Rechnungswesens dar.

Die Unzulänglichkeiten der Zahlen aus dem Rechnungswesen für die Messung der Unternehmenswertsteigerung bestehen insbesondere in:

(1) der **Manipulierbarkeit des Gewinns** durch die bewusste Ausübung von Ansatz- und Bewertungswahlrechten,
(2) dem **Ausschluss von Risiko** und **Investitionserfordernissen**,
(3) der Vernachlässigung der **Dividendenpolitik**,
(4) der mangelnden Berücksichtigung des **Zeitwerts des Geldes** und
(5) der mangelnden **internationalen Vergleichbarkeit** von buchhalterischen Größen z.B. bei Fragen des Firmenwerts, der Steuerrückstellungen und der Bewertung des Vorratsvermögens.

Die Shareholder Value-Analyse, gestützt auf den „Free Cash Flow“ und die Kapitalkosten, kann solche Größen liefern, die die langfristigen Aussichten und die Ertragskraft eines Unternehmens besser beschreiben können. Der Shareholder Value-Ansatz wird regelmäßig im gleichen Atemzug mit dem Konzept der wertorientierten Unternehmensführung genannt, unter dem das Aufdecken von Ansatzpunkten zur aktiven und dauerhaften Steigerung des Unternehmenswertes verstanden wird. Der Shareholder Value-Ansatz ist hierbei eingebettet in das Konzept der wertorientierten Unternehmensführung und hat als oberstes Ziel, den Unternehmenswert nachhaltig zu steigern. Der Shareholder Value-Ansatz bietet den Bewertungsmaßstab zur wertorientierten Unternehmensführung. Die zunehmende Globalisierung der Märkte und der rasche Informations- und Kommunikationsfortschritt führen zu einem zunehmenden Kapitalbedarf. Ein gleichzeitig zunehmender Druck von Analysten, privaten und institutionellen Anlegern zwingt die Unternehmen, ihren Erfolg an den Interessen dieser Kapitalgeber auszurichten. Diese Neuausrichtung wird vor allem durch den Shareholder Value-Begriff geprägt.

Die Entwicklung des Ansatzes ist in drei Phasen erfolgt: Die **erste Phase** geht auf die 1950er und 1960er Jahre zurück und stützte sich auf die Arbeiten von *Markowitz*, *Modigliani* und *Miller* sowie *Sharpe*, *Fama* und *Treynor*, auf deren Basis, insbesondere dem Capital Asset Pricing Model (CAPM), der Shareholder Value-Ansatz als eigenständiges Konzept weiterentwickelt wurde. Die **zweite Phase** begann Ende der siebziger und Anfang der achtziger Jahre mit Arbeiten, die einige Erkenntnisse des CAPM als Leitlinien für die Unternehmensführung nutzten. Diese methodischen Ansätze wurden zwischen 1981 und 1986 durch die Veröffentlichungen von Alfred Rappaport, Professor an der Northwestern University, bekannt.[177] Nach der konventionellen Auffassung wurden Unternehmensleitungen aufgefordert, Wachstumsziele zu setzen, die Zinskosten für Kredite

---

[177] Rappaport, Alfred (1981): Selecting Strategies That Create Shareholder Value, in: Harvard Business Review, May-June 1981, S. 139-149; Rappaport, Alfred (1986): Creating Shareholder Value: The New Standard for Business Performance, New York.

zu senken und ihre Unternehmen zu diversifizieren. Nach Auffassung des Shareholder Value-Ansatzes könnten diese drei Grundsätze jedoch falsch sein. 1990 erhielt das Interesse für das Shareholder Value-Konzept mit der Veröffentlichung des Buches „Valuation“[178] von Tom Copeland, Tim Koller und Jack Murrin weiteren Auftrieb in die **dritte Phase.** Dieses Buch enthielt eine detaillierte Darstellung möglicher Problembereiche des Shareholder Value-Konzeptes und stellte Lösungsmöglichkeiten dar. Spätere Weiterentwicklungen des Shareholder Value-Konzeptes wurden durch die gewachsenen Möglichkeiten der EDV (Stichwort: Modellierung in Microsoft EXCEL©) wesentlich unterstützt, so dass das Konzept immer stärker in den Unternehmen Anwendung fand.

Die Wurzeln des Shareholder Value-Ansatzes sind vor allem in den folgenden Entwicklungen begründet:

- In den 1970er Jahren waren Misserfolge bei Akquisitionen fremder Unternehmen im Zuge einer zunehmenden Diversifikation in den USA Anlass für die Suche nach einer operationalen finanziellen Zielsetzung zur Prüfung der Eignung von Übernahmekandidaten.
- In den 1980er Jahren knüpfte an die wiederholte Feststellung divergierender Interessen zwischen Anteilseignern und Management eine Kritik der Anteilseigner an der Ausschüttungspolitik an. Danach sollten zahlungswirksame Gewinne nur dann thesauriert (d.h. einbehalten) werden, wenn bei vergleichbarem Risiko die (erwartete) Rendite einer unternehmensinternen Investition höher sei als die einer Wiederanlage auf der Ebene der Anteilseigner. Nur so könne der Marktwert des Eigenkapitals gesteigert werden.
- Aktueller Anlass für die zunehmende Ausrichtung am Shareholder Value war außerdem die Unzulänglichkeit traditioneller Gewinngrößen, die Leistungen des Managements zu beurteilen und das Kapital bestmöglich zu investieren.

Abb. 97 und Abb. 98 verdeutlichen, welche Auswirkungen die verstärkte Ausrichtung am Shareholder Value durch deutsche Unternehmen seit Mitte der 1990er Jahre gehabt haben. So untersuchte eine Studie des Max-Planck-Instituts für Gesellschaftsforschung in Köln die Verflechtungen der größten 100 deutschen Unternehmen in den Jahren 1996 und 2004. Während noch im Jahr 1996 zahlreiche Querverbindungen ein Netzwerk stützten, das lange Zeit als „Deutschland AG“ bezeichnet wurde, ist das Geflecht an Kapitalverbindungen mit zunehmendem Verkauf von Beteiligungen deutlich dünner geworden.

---

[178] Copeland, Tom E.; Koller, Tim; Murrin, Jack (1990): Measuring and Managing the Value of Companies, New York.

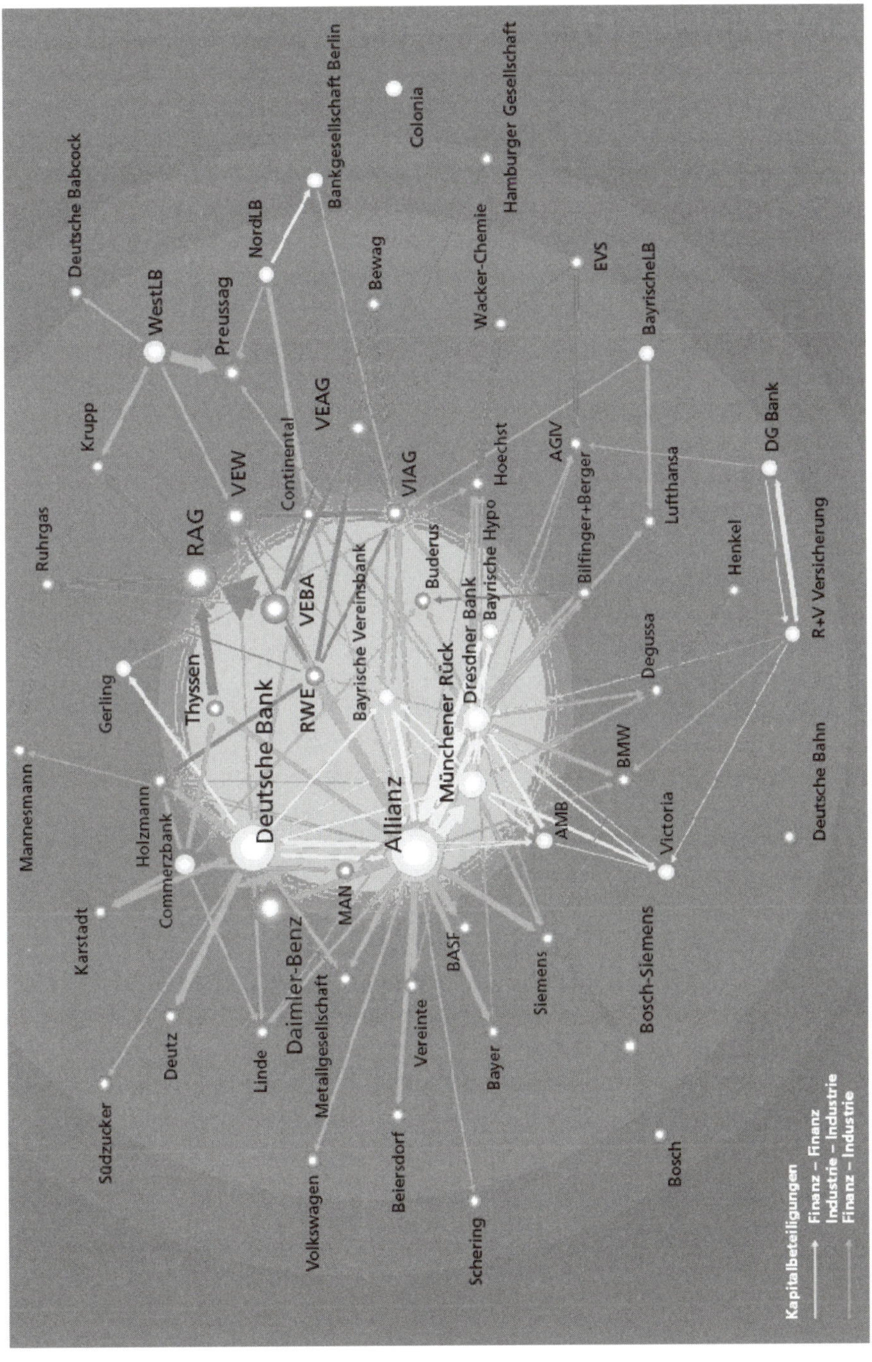

Abb. 97. Kapitalverflechtungen in Deutschland 1996[179]

[179] Quelle: Max-Planck-Institut für Gesellschaftsforschung/Lothar Krempel.

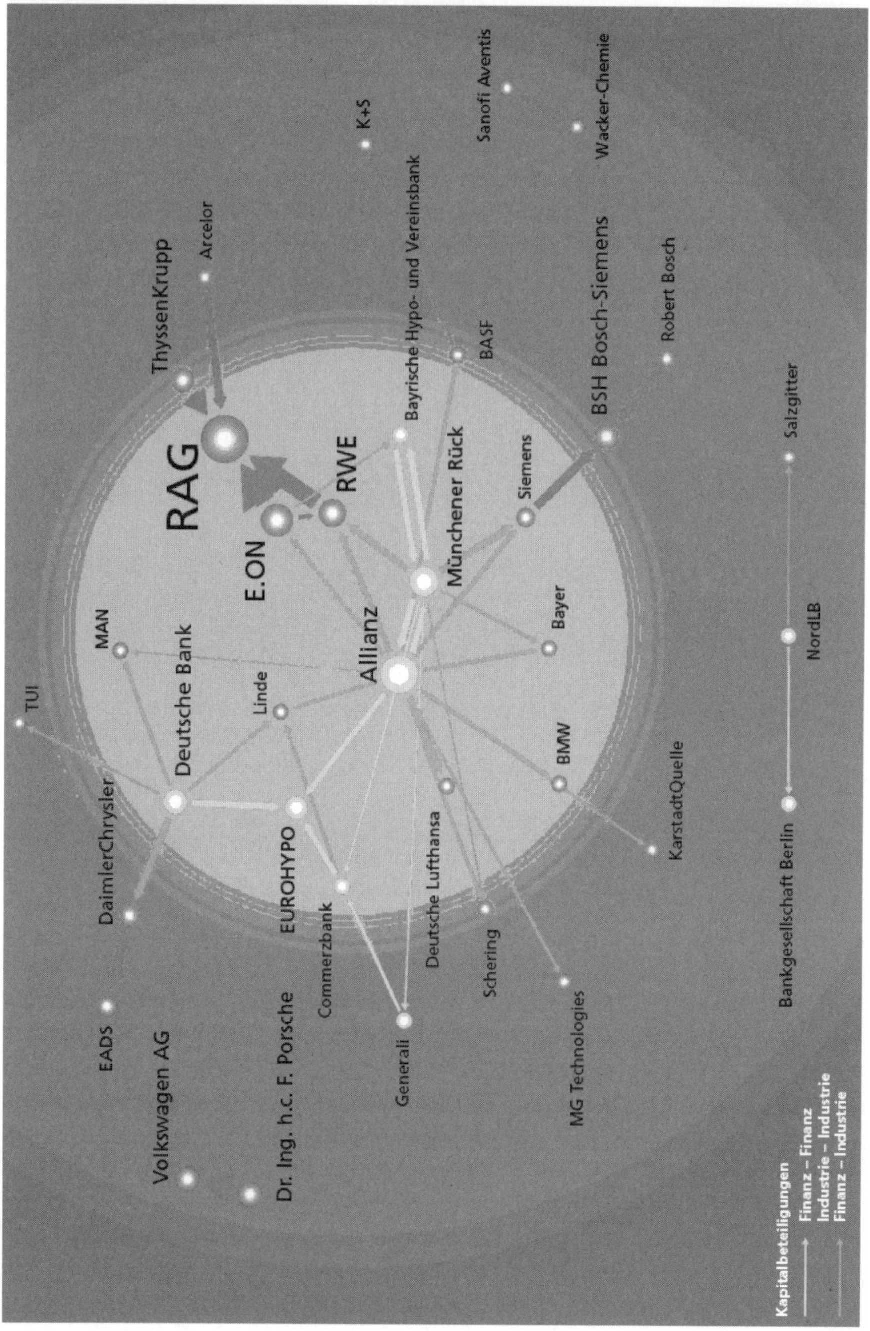

Abb. 98. Kapitalverflechtungen in Deutschland 2004[180]

[180] Quelle: Max-Planck-Institut für Gesellschaftsforschung/Lothar Krempel.

So weist Abb. 98 im Jahr 2004 nur noch Kapitalverflechtungen bei 53 der 100 größten Unternehmen auf, wovon auf dem großen Netzwerk nur noch 28 erscheinen. Diese Tatsachen erhöhten den Druck auf das Management erheblich, ihre Unternehmenspolitik am Marktwert des Eigenkapitals auszurichten. Die Notwendigkeit einer wertorientierten Unternehmensführung besteht vor allem aufgrund der Konkurrenz der Unternehmen untereinander um knappes Kapital. Unternehmen, die ihre Steuerungsinstrumente nicht an wertorientierten Bewertungsmaßstäben ausrichten, müssten mit negativen Reaktionen am Kapitalmarkt rechnen. Mit steigender Mobilität des Kapitals wird daher die Wertorientierung der Unternehmen immer wichtiger.

Aus diesen Ansatzpunkten ergeben sich die folgenden Zielsetzungen des Shareholder Value-Ansatzes:

- Die Ausrichtung am Shareholder Value-Ansatz hat zum Ziel, den Wert des Unternehmens langfristig und nachhaltig zu steigern, um so die Existenzfähigkeit sicherzustellen.
- Der Shareholder Value-Ansatz ermöglicht es, strategische Entscheidungen, Entscheidungen bezüglich der Kapitalverwendung und die Leistungen des Managements zu beurteilen.

Die Frage, die sich hierbei unmittelbar anschließt ist, wie denn der Shareholder Value-Ansatz aussieht. Es handelt sich um ein Konzept, das ursprünglich zur Unternehmensbewertung konzipiert wurde. *Rappaport* entwickelte dieses Konzept weiter. Wie oben erwähnt, ist eine Zielsetzung des Shareholder Value-Ansatzes, strategische Entscheidungen zu bewerten. Der Shareholder Value-Ansatz bietet also einen Bewertungsmaßstab, mögliche Handlungsalternativen zu beurteilen. Dabei handelt es sich sowohl um operationale Handlungsalternativen, wie beispielsweise die Nutzung von Kostensenkungs- und Ertragsteigerungspotenzialen als auch um strategische, wie zum Beispiel die Konzentration auf bestimmte Kernkompetenzen oder das Abstoßen von unrentablen nicht zu den Kernkompetenzen gehörenden Geschäftsfeldern. Die Bewertungsfunktion des Shareholder Value-Ansatzes wurde aufgrund der Unzulänglichkeiten buchhalterischen Gewinns konzipiert. Ziel war es, eine Größe zu finden, die vor allem die Erwartungen über zukünftige Erfolge der Kapitalgeber berücksichtigt. Ein Kapitalgeber investiert in ein Unternehmen mit dem finanziellen Ziel, in Zukunft einen Zahlungsstrom für Konsumzwecke zu erzielen. Die bilanziell ermittelten Gewinne spiegeln dabei aufgrund von Wertansatz- und Periodisierungsregeln die veränderten Konsummöglichkeiten der Anteilseigner nicht wider. An dieser Stelle seien kurz zwei Beispiele erwähnt:

- Wird eine Investition getätigt, so mindert die dafür notwendige Auszahlung tendenziell die Konsummöglichkeiten in diesem Geschäftsjahr; bilanzrechtlich werden sie aber nur teilweise als Aufwand in der Periode angesetzt. Es folgt also eine Überschätzung der Konsummöglichkeiten im Anschaffungszeitraum, während in den darauffolgenden Jahren bei Betrachtung der Gewinne eine Unterschätzung resultiert.

- Der ökonomische Wert einer Investition entspricht dem diskontierten Wert des zukünftig zu erwartenden Cash Flows. Denn der ökonomische Wert berücksichtigt, dass eine Geldeinheit heute mehr Wert ist als eine Geldeinheit morgen. Gewinne sind kein Maßstab für die Messung der Änderung des ökonomischen Wertes, da sie den Zinseffekt nicht berücksichtigen.

Man benötigte also eine Kennzahl, die die zukünftigen Erwartungen über Zahlungsüberschüsse im Unternehmenswert berücksichtigt. Im Folgenden soll nun kurz auf die Bewertungsfunktion eingegangen werden. Es handelt sich dabei lediglich um eine kurze Beschreibung ohne detaillierte kritische Betrachtung. Wie bereits erwähnt, ist für eine Umsetzung des Shareholder Value-Ansatzes die Messung des Marktwertes des Eigenkapitals notwendig. Hierbei wird das DCF-Verfahren in Form der oben dargestellten Entity-Methode herangezogen. Dadurch wird der grundlegende Unterschied des Shareholder Value-Ansatzes zu der traditionellen unternehmerischen Zielgröße, dem kaufmännischen Gewinn, deutlich.

Erstens basiert der Shareholder Value nicht auf der buchhalterischen Größe Gewinn als Differenz zwischen Ertrag und Aufwand, sondern auf der **Zahlungsstromgröße Cash Flow** als Differenz zwischen Einzahlungen und Auszahlungen.

Zweitens liegt dem Ansatz eine **Zukunftsbetrachtung** zugrunde. Denn nur zukünftige Größen können für den gegenwärtigen Anleger eine Rolle spielen.

Drittens berücksichtigt der Shareholder Value-Ansatz die **fundamentalen Anforderungen der Investitions- und Finanzierungstheorie:** Berücksichtigung des Zeitwerts des Geldes sowie einer risikoadäquaten Verzinsung (Opportunitätskosten).

Der Grund für die Verwendung des Cash Flows besteht darin, dass alleine er angibt, welcher Betrag, dem Unternehmen für neue Investitionen und für die Ausschüttung an ihre Kapitalgeber zur Verfügung steht.

Zeitpunktbezogene Messgrößen des Rechnungswesens wie etwa der Gewinn pro Aktie oder die Rentabilität des investierten Kapitals lassen eine Reihe von Aspekten außer Acht. Sie berücksichtigen z.B. nicht, wie sich der Marktwert für Anteile verändert oder wie viel Kapital zur Finanzierung des Unternehmenswachstums notwendig sein wird.

7.4.2 Shareholder vs. Stakeholder-Perspektive

Trotz der weiten Verbreitung des Shareholder Value-Ansatzes in der Praxis wurde seit jeher die ihm zugrunde liegende alleinige Orientierung an den Interessen der Anteilseigner (shareholder) unter Vernachlässigung anderer Stakeholder als zu einseitig kritisiert.

Stakeholder sind Individuen oder Gruppen, welche die Ziele einer Organisation beeinflussen können oder welche von deren Zielerreichung betroffen sind. Diese Stakeholder können allgemein vier Umfeldfaktoren Gesellschaft, Politik, Soziales und Markt zugeordnet werden (Abb. 99).

Der Stakeholder Value-Ansatz, auch bekannt unter dem Namen „Anspruchsgruppenmanagement" fordert, dass es für ein dauerhaftes und sinnvolles Überleben der Unternehmen nicht genüge, die Ziele und Bedürfnisse nur einer Anspruchsgruppe (der Anteilseigner) zu maximieren. Denn auch Mitarbeiter, Lieferanten, Kunden und Behörden trügen entscheidend zum Erfolg des Unternehmens bei. In diesem Zusammenhang wird der Shareholder Value-Ansatz vor allem in Kontinentaleuropa kontrovers diskutiert.

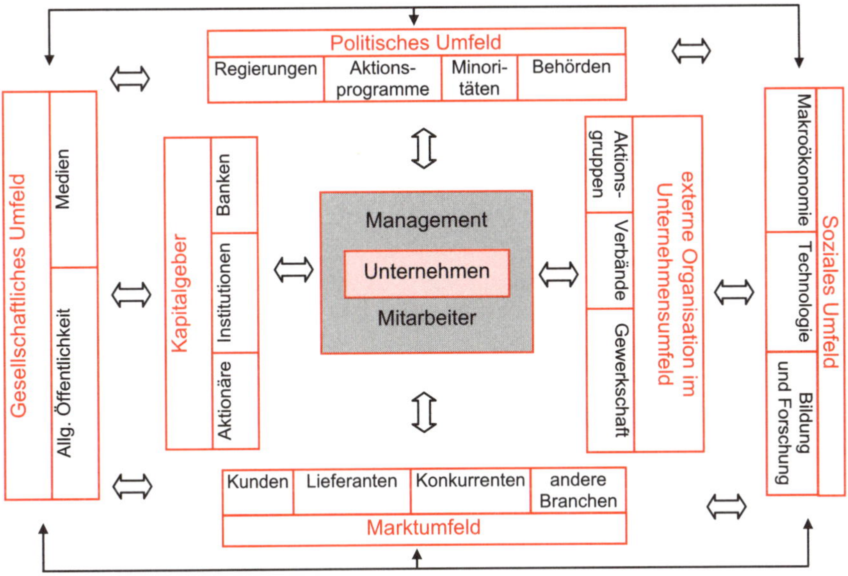

Abb. 99. Stakeholder des Unternehmens[181]

Der **Stakeholder Value-Ansatz** fordert, das Zielsystem der Unternehmung um die Interessen aller Anspruchsgruppen (Stakeholder) zu erweitern.

Unter den Anspruchsgruppen werden hierbei gemäß *Freeman* (1984) alle Individuen verstanden, die einen materiellen und immateriellen Anspruch am Unternehmen haben und seine Existenz beeinflussen.[182] Der Stakeholder Value-Ansatz fordert als oberstes Ziel nicht einen Zielmonismus sondern -pluralismus. Es solle für alle Anspruchsgruppen ein maxi-

[181] Quelle: Hill (1996).
[182] Freeman, Robert E. (1984): Strategic Management: A Stakeholder Approach, Boston.

maler Nutzen resultieren. Der Stakeholder Ansatz hat dabei als Zielfunktion die Satisfizierung der Ansprüche.

Betrachtet man zunächst die **Annahmen**, die auch der Shareholder Value-Ansatz zugrunde legt, dass die Stakeholder lediglich explizite (vertraglich fixierte) Ansprüche gegenüber dem Unternehmen besitzen, dann ist dem Vorwurf entgegenzusetzen, dass die Anteilseigner lediglich die Residualwerte der Überschüsse erhalten. Die expliziten Ansprüche der Stakeholder werden bevorzugt berücksichtigt, solange keine Insolvenz eintritt. Es besteht also Zielkongruenz, da beide Parteien an einer langfristigen Existenz des Unternehmens interessiert sind. Bleibt man zunächst bei der Betrachtung lediglich expliziter Ansprüche, so bedeutet das, dass die Orientierung am Shareholder Value-Ansatz als Maximierungskalkül zur optimalen Unternehmenspolitik führt: Das Unternehmen berücksichtigt in der Planung die „Interessen" der Stakeholder, indem die erwarteten künftigen Marktbedingungen auf den Beschaffungs- und Absatzmärkten zugrunde gelegt werden. Es prognostiziert also die von den Stakeholdern auf eigenen Kalkülen basierten Marktpreise der Inputfaktoren. Aufgrund der Koordination des Marktes wird das Unternehmen nur solche Stakeholder in seine Kalküle mit einbeziehen, bei denen es davon ausgehen kann, dass sie mit ihm kooperieren werden. Demgegenüber wird ein Stakeholder nicht mit einem Unternehmen kooperieren, wenn er sich durch dieses benachteiligt fühlt. Dies ist vor allem der Fall, wenn der Stakeholder eine Ressource besitzt, die für das Unternehmen nicht ohne hohe Kosten substituierbar ist. Die Vertreter des Stakeholder Value-Ansatzes würden also verlangen, dass die Unternehmen beispielsweise den Lieferanten mehr als den Marktpreis zahlen und/oder von den Kunden weniger als den Marktpreis verlangen. Daraus resultiert jedoch die Verfolgung eines suboptimalen Plans und es stellt sich dann die Frage, welchen der suboptimalen Pläne das Unternehmen verfolgen soll, den zugunsten der Interessen der Arbeitnehmer oder zugunsten der Lieferanten etc. Diese Problematik resultiert aus der Tatsache, dass es sich hierbei um zum Teil divergierende Interessen handelt (Zielkonflikt).

Demgegenüber lässt sich der Vorwurf des Interessenmonismus jedoch zunächst nicht mehr entkräften, berücksichtigt man zusätzlich, dass die Stakeholder auch implizite (immaterielle) Ansprüche am Unternehmen haben. Diese sind beispielsweise für den Arbeitnehmer Arbeitsplatzsicherung, Weiterbildungsmöglichkeiten, soziale Leistungen oder für den Kunden Produktbetreuung. Diese sind auch im Falle eines „gesunden" Unternehmens unsicher und nicht diversifizierbar für die Stakeholder. Eine Minderung der Finanzkraft resultiere in einer Minderung der impliziten Ansprüche. Dies erschwere es dem Unternehmen, in Zukunft derartige implizite Ansprüche den Stakeholdern zu „verkaufen" und resultiere folglich langfristig in einer Unternehmenswertminderung. Es wird geschlussfolgert, dass die impliziten Ansprüche als Nebenbedingung im Maximierungskalkül auch im Interesse der Shareholder zu berücksichtigen seien. Es sei jedoch erwähnt, dass die impliziten Ansprüche in Deutschland in Form der Forderung nach Kapitalerhaltung, d.h. durch die Beschränkung des ausschüttbaren Gewinns berücksichtigt werden.

Ein weiterer Kritikpunkt gegenüber dem Shareholder Value ist das Treffen von kurzfristigen Entscheidungen. So würden Entlassungswellen mit Berufung auf den Shareholder Value begründet. Diesem Vorwurf ist zunächst entgegenzusetzen, dass der Shareholder Value vom Konzept her die *langfristige* Steigerung des Unternehmenswertes zum Ziel hat. Ein Grund für seine Entwicklung war ja der Vorwurf gegenüber den buchhalterischen kurzfristigen Kennzahlen, wie z.B. Earnings per Share, an deren Stelle der auf die Zukunft bezogene Cash Flow trat. Betrachtet man eine Entlassungswelle, so kann diese aus zwei Motiven resultieren. Entweder wurde in der Vergangenheit versäumt, eine derartige Konsolidierung durchzuführen, dann hat die Fokussierung auf den Shareholder Value die Möglichkeit geboten, diese Ineffizienzen aufzudecken und ist damit positiv zu bewerten. Oder das Management hatte sich mit dieser Maßnahme erhofft, kurzfristig den Unternehmenswert zu steigern. Wenn dies der Fall ist, so sind die Anreizsysteme für das Management zu überdenken. Der Vorwurf richtet sich dann aber nicht gegen den Shareholder Value-Ansatz an sich, sondern gegen seine falsche Implementierung in der Unternehmenspolitik.

Abschließend sei erwähnt, dass die Betrachtung der Literatur darauf schließen lässt, dass der Unterschied, wie er zum Teil von Vertretern des Stakeholder Values propagiert wird, zwischen Shareholder und Stakeholder Value nicht existiert. Dies wird vor allem dann deutlich, wenn man berücksichtigt, dass ein hoher Shareholder Value nur erzielbar ist, wenn ein Unternehmen mit motivierten Mitarbeitern arbeitet und eine gute Beziehung zu den übrigen Stakeholdern pflegt und es auf eine langfristig orientierte Strategie ausgerichtet ist. Denn die damit erwirtschafteten Gewinne sorgen nicht nur für die Finanzierung notwendiger Investitionen, sondern auch für die Sicherung von Arbeitsplätzen. Dies ist nur möglich, wenn der Shareholder Value-Ansatz integriert wird in eine umfassende wertorientierte Unternehmensführung.

7.4.3 Werttreibermanagement

Ein Unternehmen soll konkrete langfristige Ziele zu Schaffung von Shareholder Value festlegen, die sowohl nach außen die Erwartungen der Kapitalmärkte und damit der Investoren erfüllen, als auch nach innen die Priorisierung der Geschäftsbereiche und die Aufteilung der Ressourcen auf Geschäftsbereiche und Projekte mit der Schaffung und Realisierung von Shareholder Value in Einklang bringen. Primäres Ziel der auf dem Shareholder Value-Ansatz basierenden wertorientierten Unternehmensführung ist die nachhaltige Steigerung des Unternehmenswerts. Die Umsetzung des Shareholder Value-Konzeptes ist damit kapitaltheoretisch fundiert und basiert auf der kapitalmarkttheoretischen Prämisse, dass Anteilseigner Anspruch auf eine marktgerechte Verzinsung des von ihnen eingesetzten Kapitals haben. Shareholder Value wird immer dann geschaffen, wenn ein Unternehmen in Investitionsprojekte mit einem positiven Kapitalwert investiert. Für die Unternehmensleitung folgt daraus unmittelbar die Aufgabe, erfolgversprechende Zukunftsstrategien zu entwickeln und diese dann auch erfolgreich umzusetzen.

Der Unternehmenswert muss also in die laufende Unternehmensführung integriert werden, d.h. es müssen Handlungsalternativen anhand geeigneter Steuerungsgrößen in Bezug auf ihre Wertsteigerung gemessen und frühzeitige Indikatoren für Wertschmälerungen gefunden werden. Der Shareholder Value kann mit Hilfe der dargestellten Discounted Cash Flow-Verfahren ermittelt werden, aus dessen Bewertungskomponenten sich Werttreiber (Wertgeneratoren) ableiten lassen, die den Shareholder Value determinieren und quantifizieren.

Unter Werttreibern werden Größen verstanden, die einen unmittelbaren oder mittelbaren Einfluss auf den Unternehmenswert haben. Beispiele hierfür sind: Kapazitäten, Marktanteile, Auftragsbestände, Produktqualitäten, Zufriedenheit von Kunden und Mitarbeitern.

Betrachtet man das Shareholder Value-Netzwerk in Abb. 100, so wird deutlich, dass auch *Rappaport* den Shareholder Value-Ansatz nicht auf die bereits dargestellte Bewertungsfunktion beschränkt hat. Kenntnisse dieser Werttreiber sollen den jeweiligen Beteiligten ermöglichen, rationale Entscheidungen bezüglich Wertsteigerung und -generierung zu treffen.

Das Herunterbrechen der aggregierten Größen, Cash Flow, auf operationale Werttreiber für alle Unternehmensebenen hat die folgenden Vorteile: Es ermöglicht, Potenziale des Unternehmens zu erkennen. Dies ist leichter, wenn man die Einflussmöglichkeiten auf den Unternehmenswert kennt. Hat ein Unternehmen beispielsweise festgestellt, dass die Produktqualität einen wichtigen Beitrag zur Unternehmenswertsteigerung liefert, so können Maßnahmen in Erwägung gezogen werden, diese zu verbessern. Die Prognose der erzielbaren Überschüsse aus strategischen Entscheidungen wird erleichtert. Die Durchsetzung von Strategien auf nachgeordneten Ebenen ist wesentlich leichter, da jedes Organisationsmitglied seine Möglichkeiten der Verbesserung des Unternehmenswertes kennt. Strategien auf Top-Management-Ebene können so leichter kommuniziert werden. Dieser Vorteil ist unmittelbar verbunden mit dem Motivationsaspekt. Die Motivation der Organisationsmitglieder ist höher, da sie sich an operationalen Zielen orientieren können und daran gemessen werden.

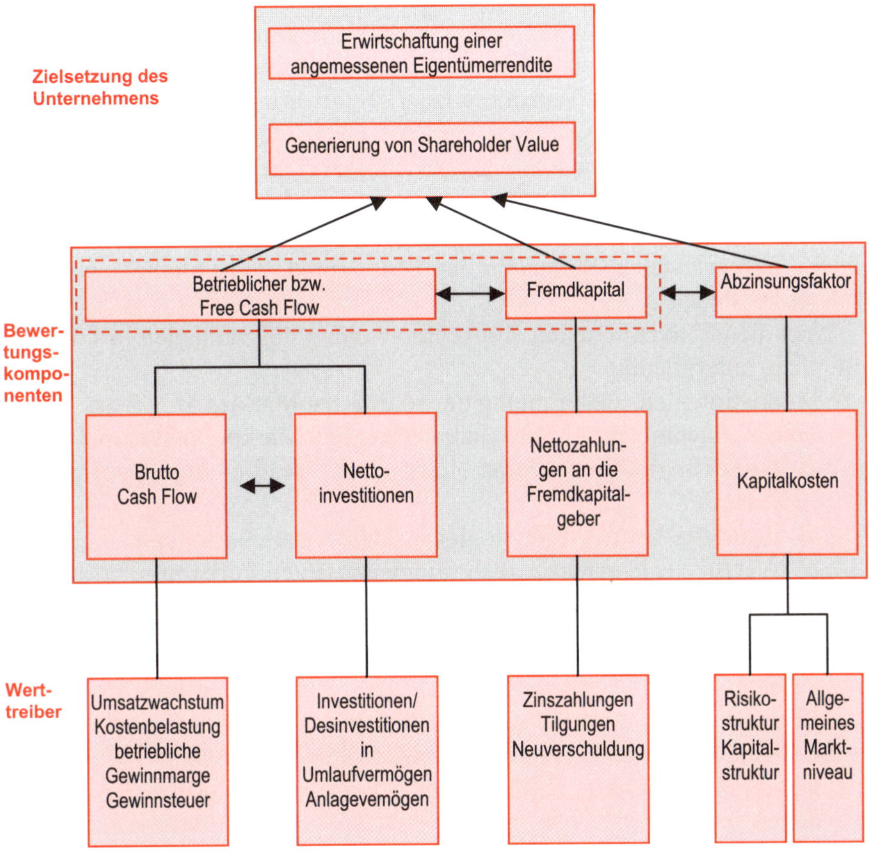

Abb. 100. Werttreiber im Shareholder Value-Netzwerk

Rappaport hat in seinem Ansatz die Werttreiber in die folgenden drei Bereiche eingeteilt:

- Operativer Bereich (die Umsatzwachstumsrate, die zahlungswirksame Umsatzüberschussrate, der Ertragssteuersatz),
- Investitionsbereich (die (Erweiterungs-)Investitionen in Anlage- und Nettoumlaufvermögen),
- Finanzierungsbereich (die Kapitalkosten).

Während die Entscheidungen im **operativen Bereich** das laufende Geschäft betreffen, beziehen sich die Entscheidungen im **Investitionsbereich** auf das Anlage- und Umlaufvermögen. Die Entscheidungen zum **Finanzierungsbereich** schließlich betreffen die Kapitalkosten und befassen sich mit der Wahl der Finanzierungsinstrumente und dem Verhältnis von Fremd- und Eigenkapital. Alle drei Führungsentscheidungen haben über die Werttreiber Einfluss auf die Bewertungskomponenten des Shareholder Value. Der betriebliche Cash Flow wird durch die Führungsentscheidungen in den Bereichen Operating und Investition sowie durch die Dauer der Wertsteigerung beeinflusst. Die zentralen Maßnahmen zur Wertsteigerung sind jedoch die extern ausgerichteten Strategien sowie die internen strategischen und operativen Veränderungen. Die extern orientierten Strategien sind letztlich auf den Kauf und Verkauf von Unternehmensteilen ausgerichtet (Mergers and Acquisitions, M&A). Dabei steht die Auseinandersetzung mit der Unternehmensbewertung im Vordergrund. Demgegenüber werden für Shareholder Value-Überlegungen in den meisten Fällen die intern ausgerichteten Strategien im Mittelpunkt des unternehmerischen Interesses stehen.

Nach den konventionellen Konzepten werden die Strategien in folgende Bereiche untergliedert:

- Marktstrategien: Bestimmung des relevanten Marktes
- Marktteilnehmerstrategien: Umgang mit den Marktteilnehmern
  A. **Kundenorientierte** Strategienansätze: Bearbeitung des Kundenmarktes
  B. **Handelsorientierte** Strategienansätze: Vertriebsstrategie
  C. **Wettbewerbsorientierte** Strategienansätze: Verhältnis zu den die eigene Marktposition bedrohenden Konkurrenten

Die wettbewerbsorientierten Strategien wurden bereits im zweiten Kapitel beschrieben. Wie dort erläutert, können die Unternehmen nach *Porter* auf der Ebene der Wettbewerbsstrategie mit drei strategischen Grundkonzeptionen versuchen, spezielle Wettbewerbsvorteile zu generieren:

- **Kostenführerschaft:** Senkung der Stückkosten unter das Niveau der Konkurrenten;
- **Differenzierungsstrategien:** Generierung von Produkt- und Leistungsvorteilen zur Befriedigung differenzierter Kundenansprüche;
- **Nischenstrategien:** konsequente Selektion von Marktsegmenten oder Spezialisierung auf ausgesuchte Zielgruppen; Entwicklung von Kosten- und Leistungsvorteilen auf kleinen Teilmärkten.

Rappaport hat nun die bereits erläuterten generischen Typen der Wettbewerbsstrategie mit einigen wichtigen Werttreibern verknüpft und daraus alternative Strategienempfehlungen zur Steigerung des Shareholder Values abgeleitet, die in Tab. 57 dargestellt werden.

Wenn der Shareholder Value-Ansatz zu den Ausführungen der ersten drei Kapitel hinzugenommen wird, dann ist die Vorgehensweise der Strategiewahl in folgender Weise zu erweitern:

1. Schritt: Strategieentwicklung für bestimmte Umweltszenarien, Abbildung der Einflüsse dieser Strategien auf die Werttreiber;

2. Schritt: Berechnung eines Cash Flow-Entwicklungspfades für alle wesentlichen Szenarien mit Hilfe von PC-Programmen;

3. Schritt: Transformation dieser in einen Discounted Cash Flow;

4. Schritt: Verdichtung aller Discounted Cash Flows zu einem aggregierten Discounted Cash Flow durch Abzinsung mit dem entsprechenden Kalkulationszinssatz;
5. Schritt: Gegenüberstellung mit anderen ermittelten Discounted Cash Flows alternativer Strategien;
6. Schritt: Bei vielen Strategiemöglichkeiten wird diejenige gesucht, die den größten Wertzuwachs für das Eigenkapital verspricht.

Tab. 57. Strategieentwicklung auf Basis der Werttreiber[183]

Werttreiber	Strategieempfehlungen	
	Kostenführerschaft	Differenzierung
Umsatzwachstum	· Konkurrenzfähige Preise · Markteinteilserwartungen zur Ausnutzung von Skalenerträgen	· Preisgestaltung nach marktlicher Belastbarkeit · Wachstumsstrategien in Segmenten mit hoher Preisbelastbarkeit
Gewinnmarge	· Ausnutzung von Skalenerträgen · Standardisierung · Senkung der Overheadkosten	· Kosteneffiziente Differenzierungsstrategien
Investitionen	· Minimierung von Kassenbestand, Debitoren, Lagerbestand · Nutzungsgrad der Aktiva erhöhen	· Minimierung des Kassenbestands · Optimierte Lagerbestände, Debitoren und Anlagebestände unter Beachtung der Notwendigkeiten der Differenzierungsstrategie
Kapitalkosten	· Optimale Kapitalstruktur · Minimierung der Eigen- und Fremdkapitalkosten · Reduktion des Geschäftsrisikos	· Optimale Kapitalstruktur · Minimierung der Eigen- und Fremdkapitalkosten · Differenzierung zur Risikoreduktion

Es wird deutlich, dass der Shareholder Value-Ansatz und die damit zusammenhängenden Verfahren eine Hilfestellung bieten, aus der Vielzahl möglicher Strategiealternativen die „richtige" auszusuchen. Allerdings ist damit das Problem der Auswahl nur auf eine andere Ebene verlagert worden, da nun zwar nicht mehr die Strategien anhand ihrer verbalen oder grafischen Beschreibung verglichen werden, sondern anhand ihrer Cash Flows. Damit ergibt sich die Problematik, die mit einer Strategiealternative verbundenen Cash Flows hinreichend genau zu schätzen. Jedoch ist der Vergleich anhand quantitativer Kriterien in aller Regel einfacher und

[183] Quelle: Rappaport (1986), S. 67 f.

nachprüfbarer möglich als anhand qualitativer Kriterien. Nach Ermittlung der Strategie, die zum höchsten Shareholder Value führt, müssen die personellen und finanziellen Ressourcen alloziiert werden, um die Umsetzung der Strategie zu gewährleisten. Aus diesem Grund sollte das Management die Ergebnisse regelmäßig und objektiv kontrollieren. Wenn beispielsweise einzelne Investitionen das vorab definierte Shareholder Value-Ziel nicht erreichen, sollte das Kapital abgezogen und in anderen Projekten mit höher erwarteter Rendite eingesetzt werden. Auch für diese Aufgabe stehen einige bewährte Methoden zur Verfügung, von denen die folgenden beispielhaft erläutert werden sollen.

Sensitivitätsanalyse: Eine Sensitivitätsanalyse erlaubt die Analyse, wie sich die Änderung einzelner Werttreiber auf den Unternehmenswert und mithin bei Konstanz des Marktwerts des Fremdkapitals auf den Shareholder Value auswirkt. Beispielsweise kann untersucht werden, wie eine einprozentige Veränderung jedes Werttreibers (bei Konstanz der anderen Werttreiber) voraussichtlich auf den Börsenkurs wirkt (Abb. 101).

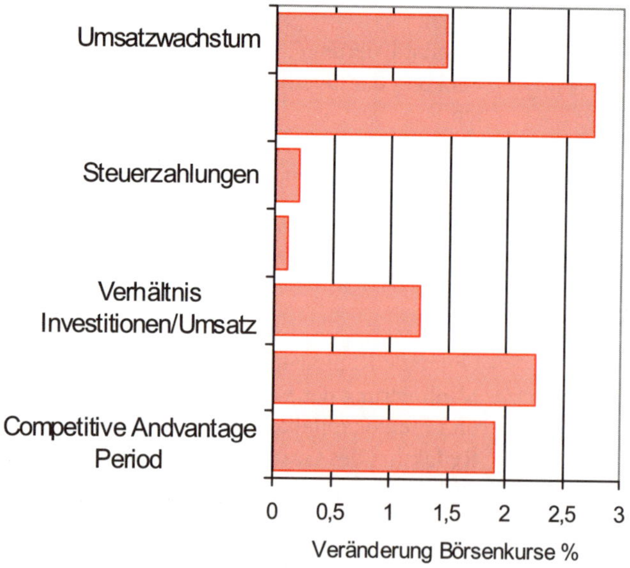

Abb. 101. Beispiel für eine Sensitivitätsanalyse[184]

Im Anschluss an die Sensitivitätsanalyse ist zu prüfen, ob und wie es möglich ist, die relevanten Werttreiber werterhöhend zu verändern. Die Sensitivitätsanalyse ermöglicht dem Management ein Verständnis für die von den Kapitalmarktakteuren wahrgenommenen Bewertungsfaktoren, um daraus die Prioritäten erforderlicher Veränderungen im Unternehmen sowie eine Vorstellung über ihre Auswirkungen abzuleiten.

[184] Quelle: Black/Wright/Bachmann (1999), S. 75.

Benchmarking: Benchmarking ist der Vergleich des eigenen Unternehmens hinsichtlich Struktur, Aktivitäten, Funktionen und gesamter Performance mit anderen relevanten Unternehmen. Als Vergleichsunternehmen werden zumeist direkte Wettbewerber ausgewählt, die vergleichbare Produkte und Dienstleistungen anbieten. Allerdings wird dieser Kreis im Rahmen des Shareholder Value-Ansatzes in der Regel auf das obere Fünftel der Branche erweitert, weil alle Kapitalmarktteilnehmer um Kapital konkurrieren und die mit der Kapitalanlage verbundene Rendite das Hauptinteresse der Kapitalanleger darstellt. Benchmarking kann auch auf andere Aspekte z.B. die Erfolgskennzahlen der Kunden, Lieferanten oder Geschäftspartner ausgeweitet werden. Mit Hilfe einer sogenannten „Externen Scorecard“ werden alle verfügbaren Informationen über die Strategien der Wettbewerber analysiert. Durch den Vergleich der Werte der Werttreiber können eigene Leistungslücken aufgedeckt und Verbesserungspotenziale zur Shareholder Value-Steigerung mit großer Sicherheit identifiziert werden. Beispielsweise könnte man die eigenen Gesamtproduktionskosten mit denen des besten Wettbewerbers vergleichen (Abb. 102), um damit Aufschluss über die sinnvollsten Änderungen zu gewinnen.

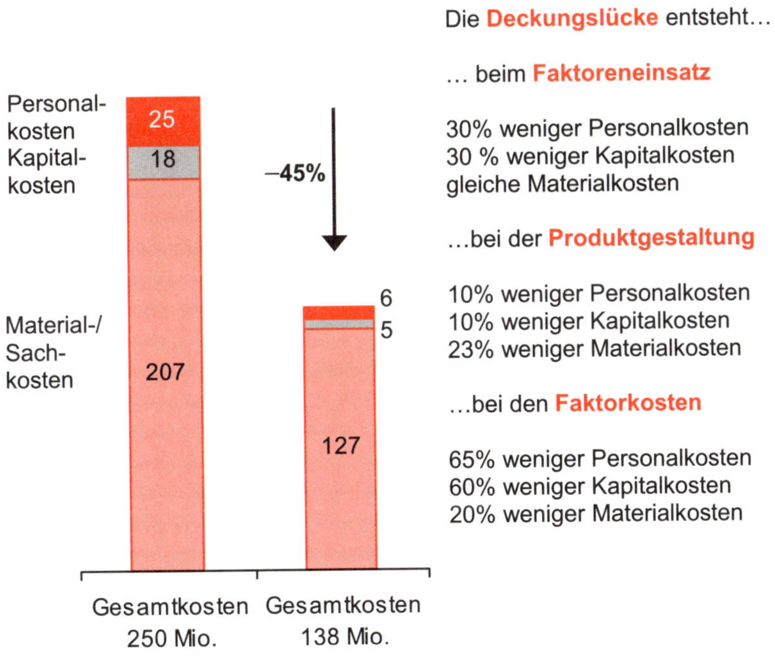

Abb. 102. Beispiel für einen Benchmark-Vergleich[185]

[185] Quelle: Müller-Stewens/Lechner (2005), S. 385.

Im Beispiel ergibt sich bei der Analyse der Deckungslücke von 45%, dass bezüglich der Faktorkosten die größte Schwäche des Unternehmens in den zu hohen Personalkosten zu finden ist.

Value Map: Die Value Map bietet eine Möglichkeit der grafischen Darstellung, welche Geschäftsbereiche zur Steigerung oder Minderung des Shareholder Value beitragen. Eine typische Vorgehensweise bei der Erstellung einer Value Map ist es, das Verhältnis von Markt- und Buchwerten der einzelnen strategischen Geschäftseinheiten innerhalb eines Unternehmens grafisch abzutragen. Im Gegensatz zu Portfolioanalysen erlaubt es Rückschlüsse von strategischen Entscheidungen auf der Ebene einzelner strategischer Geschäftseinheiten auf die Situation des Gesamtunternehmens. Ebenso wird eine Überprüfung der Dimensionierung des Unternehmens hinsichtlich der Wertschaffung im Unternehmen möglich. Im Gegensatz zur Portfolioanalyse können mit Hilfe der Value Map jedoch nicht die hinter einem Wertbeitrag stehenden Werttreiber identifiziert werden.

Beispiel: Die Ermittlung der Buchwerte wird über die Geschäftsbereichsbilanzen realisiert. Da strategische Geschäftseinheiten in der Regel nicht börsennotiert sind, werden die Marktwerte (MW) der strategischen Geschäftseinheiten (SGE) anhand der diskontierten Free Cash Flows der Gesamtkapitalgeber (FCF_{GK}) und des entsprechenden Kapitalkostensatzes bestimmt. Die nachfolgende Tabelle verdeutlicht eine solche Zusammenstellung am Beispiel eines Unternehmens mit sechs strategischen Geschäftseinheiten, wobei das investierte Kapital (IK) vereinfachend mit dem Buchwert (BW) des jeweiligen strategischen Geschäftsfeldes gleichgesetzt wird.

SGE	IK=BW	$FCF_{GK\,t}$						c	MW
		t_1	t_2	t_3	t_4	t_5	t_6-t_∞		
A	100	40	46	30	28	32	32	15%	272,27
B	70	28	22	20	18	15	15	14%	129,08
C	80	10	10	10	10	10	10	12%	83,33
D	120	-40	-30	-5	10	20	25	14%	47,51
E	60	3	-4	-2	-6	2	-7	13%	-33,68
F	50	7	6	7	5	-15	-12	10%	-63,83

Die Marktwert-Buchwert-Position der einzelnen strategischen Geschäftseinheiten werden dann kumulativ in ein Diagramm eingezeichnet (Abb. 103). Auf der Abszisse werden die Buchwerte pro strategischer Geschäftseinheit abgetragen und auf der Ordinate die Marktwerte der jeweiligen Geschäftseinheiten.

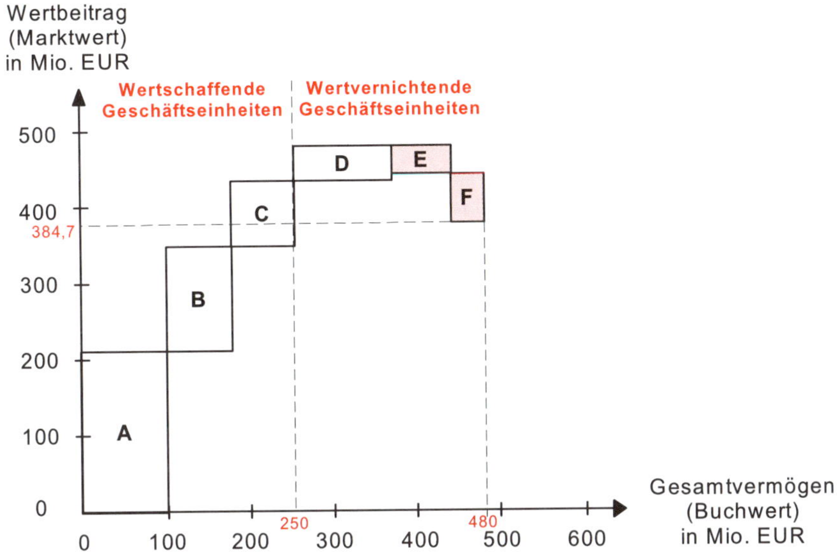

Abb. 103. Marktwert-Buchwert-Positionen der SGEs

Zuerst werden die Geschäftseinheiten aufgeführt, deren Marktwerte den Buchwert übersteigen. Hier übertrifft der Nettozufluss an die Gesamtkapitalgeber die Kapitalkosten, es wird somit Wert für das Gesamtunternehmen geschaffen. Anschließend werden jene Geschäftsbereiche abgetragen, die zwar einen positiven Marktwert erwirtschaften, der aber kleiner ist als der Buchwert. Dies resultiert aus der Tatsache, dass die positiven Nettozuflüsse an die Gesamtkapitalgeber kleiner sind als die entsprechenden Kapitalkosten. Diese strategischen Geschäftseinheiten zählen somit schon zu den Wertvernichtern. Als dritte Gruppe folgen die strategischen Geschäftseinheiten, die keinen Nettozufluss mehr erwirtschaften; ihr negativer Marktwert verringert den Unternehmenswert.

Wie Abb. 104 verdeutlicht, ermöglicht die Gegenüberstellung von Marktwerten und Buchwerten eine Beurteilung des Wertbeitrages. Die Gerade charakterisiert die Marktwert-Buchwert-Positionen, bei denen die Kapitalkosten gerade erwirtschaftet wurden, es gilt: Marktwert/Buchwert = 1. Geschäftseinheiten, die Positionen links oberhalb dieser Gerade erreichen, erzielen einen Wertbeitrag, der über dem Buchwert liegt. Demgegenüber erzielen Geschäftseinheiten rechts unterhalb der Gerade einen Wertbeitrag unterhalb des investierten Kapitals, d.h. dass die Geschäftseinheiten die Kapitalkosten nicht verdienen. In diesem Bereich können sowohl strategische Geschäftseinheiten liegen, die zwar einen positiven Marktwert liefern, der aber kleiner als der Buchwert ist, als auch Geschäftseinheiten mit negativen Marktwerten.

Überträgt man diese Betrachtungsweise auf die Darstellung der einzelnen Geschäftseinheiten aus Abb. 103, so wird deutlich, wie sich der Unternehmenswert aus den Marktwerten der strategischen Geschäftseinheiten zusammensetzt.

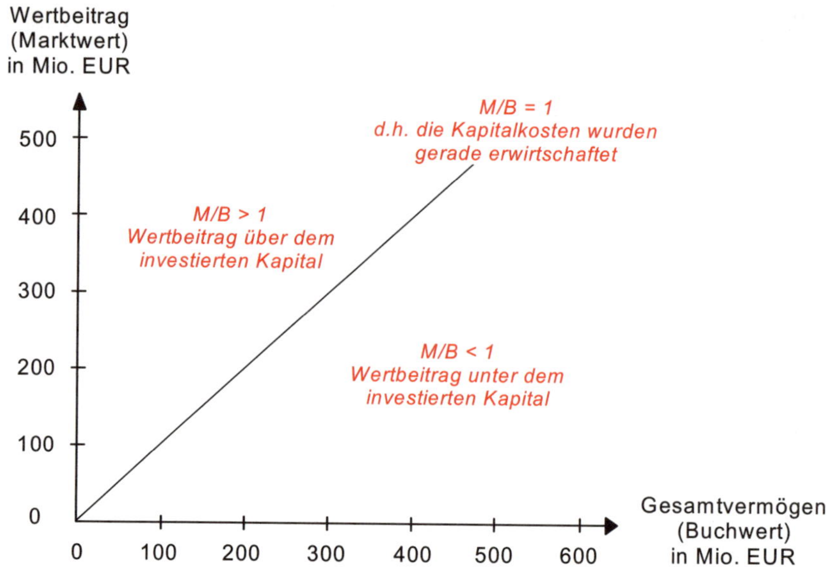

Abb. 104. Marktwert-Buchwert-Verhältnis

Die strategischen Geschäftseinheiten A und B erzielen jeweils Wertbeiträge über dem investierten Kapital. Dies ist in der Abb. 105 daran ersichtlich, dass die Kantenlänge der Geschäftseinheiten auf der Marktwertachse die auf der Buchwertachse abgetragene Kantenlänge übersteigt, was ein Marktwert-Buchwert-Verhältnis für das betreffende Geschäftsfeld größer 1 impliziert.

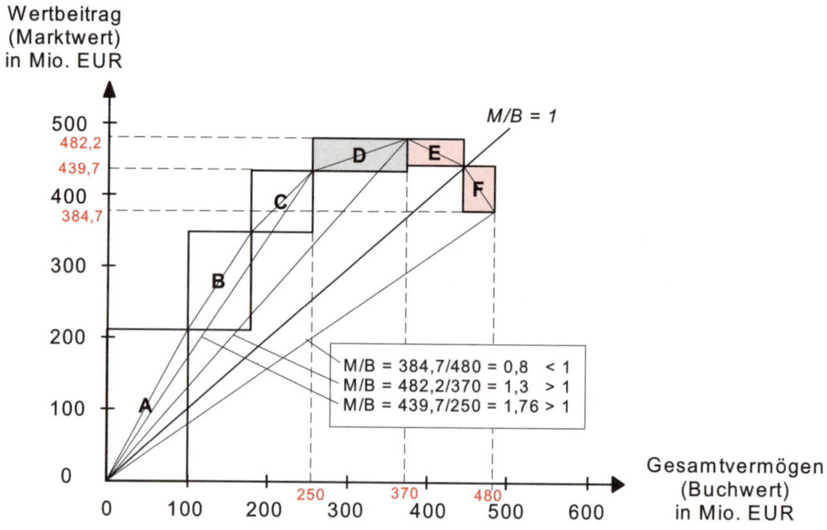

Abb. 105. Value Map mit Leaning Brick Pile

Die strategische Geschäftseinheit C hingegen erzielt gerade einen Marktwertbeitrag etwa in Höhe des entsprechenden Buchwertes, während die strategi-

schen Geschäftseinheiten D, E und F das investierte Kapital nicht verdienen können. Die strategische Geschäftseinheit D erzielt im Gegensatz zu E und F jedoch noch einen positiven Wertbeitrag.
Zusätzlich ist es nun möglich, die Entwicklung des Gesamtunternehmenswertes zu analysieren, wenn man die Kanten der einzelnen Marktwert-Buchwert-Positionen miteinander verbindet. Es ergibt sich eine Linie, das sogenannte Leaning Brick Pile, das nach jeder Geschäftseinheit einen Knick aufweist und eine geringere Steigung annimmt, was die abnehmenden Marktwert-Buchwert-Verhältnisse der einzelnen strategischen Geschäftseinheiten verdeutlicht. Während die strategischen Geschäftseinheiten A, B und C einen positiven Wertbeitrag erzielen und die Kapitalkosten erwirtschaften, liefert das strategische Geschäftsfeld D zwar ebenfalls einen positiven Wertbeitrag in Höhe von 47,5 Mio. Euro; es kann jedoch der Buchwert in Höhe von 120 Mio. Euro nicht übertroffen werden. Die strategischen Geschäftseinheiten E und F hingegen erzielen einen negativen Wertbeitrag und ein Marktwert-Buchwert-Verhältnis kleiner 1.
Für die Gesamtunternehmenssicht verdeutlicht das Leaning Brick Pile, dass der gesamte Unternehmenswert als Summe der Wertbeiträge der einzelnen strategischen Geschäftseinheiten 384,7 Mio. Euro beträgt (positiver Wertbeitrag der wertschaffenden Geschäftseinheiten abzüglich des negativen Wertbeitrages der wertvernichtenden Geschäftseinheiten). Darüber hinaus wird deutlich, dass als Ergebnis das Gesamtunternehmen ein Marktwert-Buchwert-Verhältnis kleiner 1 (M/B<1) aufweist, da die Gerade zur Ecke der strategischen Geschäftseinheit F unterhalb der Gerade liegt, die einem Marktwert-Buchwert-Verhältnis von 1 entspricht. Verbindet man die Kanten der „kritischen" strategischen Geschäftseinheiten C, D und F mit dem Nullpunkt, wird deutlich, dass das Marktwert-Buchwert-Verhältnis von 1,76 (SGE A, B und C) über 1,3 (SGE A bis D) auf 0,8 (alle SGE) sinkt.
In einer solchen Situation ist zu überlegen, wie mit den identifizierten problematischen strategischen Geschäftseinheiten verfahren wird. Falls die Desinvestition der Geschäftseinheiten E und F ohne Desinvestitionskosten möglich ist, kann damit eine weitere Wertvernichtung vermieden werden. Auf jeden Fall muss auch für die strategische Geschäftseinheit D überlegt werden, durch welche Maßnahmen ein Marktwert-Buchwert-Verhältnis größer 1 erreicht werden kann. Bei solchen Überlegungen sind jedoch immer die unternehmensinternen Interdependenzen zu berücksichtigen, da potenziellen Synergieeffekten über die Annahme der Wertadditivität nicht Rechnung getragen wird. Vielmehr werden Synergien einem der beteiligten strategischen Geschäftseinheiten zugerechnet, ohne deren Abhängigkeit von anderen Geschäftseinheiten kenntlich zu machen.

Die zuvor dargestellten Werttreiber im Shareholder Value-Netzwerk (Abb. 100, S. 471) können anschließend weiter heruntergebrochen werden auf sogenannte Mikrowerttreiber, die in Tab. 58 dargestellt werden. Die Mikrowerttreiber bilden dabei die Verknüpfung der strategischen Sichtweise der Unternehmensleitung mit der operativen Sichtweise nachgeordneter Mitarbeiter. Es ist auch möglich, die Shareholder Value-Sichtweise mit den unternehmensindividuellen Wettbewerbsvorteilen nach *Porter* zu verknüpfen.

Tab. 58. Verknüpfung der Werttreiber mit den Mikrowerttreibern

Makro-werttreiber	Mikrowerttreiber
Umsatz-wachstum	▪ Sicherstellung eines rentablen Wachstums, das den Shareholder Value steigert; ▪ Erschließung neuer Märkte und Entwicklung neuer Produkte; ▪ Globalisierung des Geschäfts; ▪ Entwicklung von Programmen zur Förderung der Kundenbindung; ▪ Gewährung von Preisvorteilen für neue Vertriebsstätten; ▪ Entwicklung einer zielgruppenorientierten, differenzierten Werbung.
Verbesserung der operativen Marge	▪ Modernisierung der Arbeitsweise; ▪ Restrukturierung einschließlich Einführung einer Mehrfacheignung der Mitarbeiter (Job Enlargement/Enrichment); ▪ Kostensenkung durch Service Sharing und Outsourcing; ▪ Zentralisierung und Zusammenlegung von Büro- und Finanzfunktionen (Finanzen, Steuern, Finanzsysteme); ▪ Prozess-Reengineering unter besonderer Berücksichtigung von IT-Systemen zur Zusammenlegung und Integration von Fakturierung, Kundenbetreuung, Prozesskostenrechnung, Data Warehousing, Netzwerk-Konfiguration und -Management.
Steuer-zahlungen	▪ Einführung einer Holdingstruktur; ▪ Identifikation und steuerliche Nutzung von geistigem Eigentum und Marken; ▪ Einrichtung von Koordinationszentren; ▪ Planung von Zöllen und Transferpreisen; ▪ Minimierung ausländischer Steuern sowie Quellensteuern.
Netto-Umlauf-vermögen	▪ Regelmäßige Überprüfung des Nettoumlaufvermögens; ▪ Verbesserung der Debitorenverwaltung; ▪ Einführung von Systemen zur Unterstützung des Einkaufs (Supply Chain Management) und der Lagerhaltung (Just-in-Time).
Investitionen	▪ Einführung eines Investitionscontrolling, welches z.B. Techniken der Investitionsrechnung beinhaltet und die Überprüfung der Durchführung von Investitionsprojekten gewährleistet; ▪ Abwägen von Kauf oder Leasing; ▪ Entwicklung von Finanz-, Kurssicherungs- und Risikomanagementsystemen.
Kapitalkosten	▪ Managementtraining zum besseren Verständnis der Kapitalkosten; ▪ Optimierung der Kapitalstruktur; ▪ Berechnung spezifischer Kapitalkosten (WACC) für Geschäftsbereiche; ▪ Aktienrückkauf und Auslagerung von Geschäftsbereichen, die nicht zum Kerngeschäft gehören.

Durch eine Analyse der Cash Flow-bestimmenden Einflussfaktoren mit Hilfe der Wertkette wird ersichtlich, wie sich aus den einzelnen Aktivitäten des Unternehmens der Free Cash Flow ergibt. In der Wertkette sind alle wertschaffenden Funktionen des Unternehmens dargestellt, die durch das zu erstellende Bewertungssystem messbar sein müssen. Die Bewertungsmaßstäbe zur Verbesserung des Shareholder Value müssen auf jeden Geschäftsbereich des Unternehmens angepasst werden und auf die Ziele und Strategien abgestimmt sein.

7.4.4 Anreizsystem

Ein angestellter Manager ist grundsätzlich nicht oder nur zum Teil am Unternehmenserfolg beteiligt, wodurch er sich vom Unternehmer unterscheidet. In diesem Fall ist aber nicht sichergestellt, dass die Ziele des Unternehmens bzw. seiner Anteilseigner und die eines einzelnen Mitarbeiters übereinstimmen. Aber nicht nur zwischen Mitarbeiter und Management existiert ein grundsätzlicher Zielkonflikt, sondern auch zwischen dem Management und den Anteilseignern des Unternehmens herrscht keine Einmütigkeit. Diese Zielkonflikte können ihre Ursache sowohl in den unterschiedlichen subjektiven Präferenzen als auch in organisationsbedingten Unterschieden haben.

Unterschiedliche subjektive Präferenzen umfassen neben Ressourcen- und Risikopräferenzen auch abweichende Zeithorizonte von Principal und Agent und damit verbunden unterschiedliche Zeitpräferenzen. Ferner zählen das Arbeitsleid des Managers sowie der sogenannte Konsum am Arbeitsplatz zu den subjektiven Präferenzen.

- **Ressourcenpräferenzen**: Der Agent wird sich bei seinen Entscheidungen zwar an dem ihm gezahlten Lohn und dem damit verbundenen Nutzen orientieren. Jedoch verbindet er mit seinen Entscheidungen meist auch nichtfinanzielle Vorteile in Form von Macht oder Prestige, was dazu führen kann, dass er auch für das Unternehmen negative Entscheidungen trifft, wenn diese durch die nichtfinanziellen Vorteile kompensiert wird. Ein typisches Beispiel stellen die bereits erläuterten Mergers & Acquisitions dar, welche mitunter deshalb durchgeführt wurden, weil die beteiligten Manager sogenanntes Empire Building betreiben wollten.
- Principal und Agent haben unterschiedliche **Risikopräferenzen**: Denn die angestellten Agents sind in der Regel risikoscheu (risikoavers), da sie anders als die risikoneutralen Anteilseigner als Principal ihr gesamtes Einkommen mit der Existenz des Unternehmens verbinden. Im Gegensatz dazu sind die Anteilseigner risikoneutral, weil sie – etwa als Aktionär – durch eine Anlage in andere Aktien das unternehmensspezifische Risiko diversifizieren können und somit nur dem systemati-

schen Risiko des Unternehmens ausgesetzt sind. Aufgrund ihrer Risikoscheu besteht die Gefahr, dass angestellte Manager andere Entscheidungen treffen als diejenigen, die die Anteilseigner an seiner Stelle treffen würden.

- Darüber hinaus hat ein Entscheider oft einen kürzeren **Zeithorizont** als die Anteilseigner des Unternehmens, weil er nicht bis zum Ende der von ihm begonnenen Projekte für die Folgen seiner Entscheidungen verantwortlich ist. Dies ist beispielsweise der Fall, wenn der Manager noch vor Abschluss eines Projekts in den Ruhestand tritt oder aus sonstigen Gründen den Verantwortungsbereich verlässt. Der hieraus resultierende verkürzte Zeithorizont führt zu einem stärkeren Interesse an kurzfristigen Erfolgen. Aus diesem Grund ziehen Manager häufig kürzere, risikoärmere Projekte den langfristigen strategischen Investitionen vor, weil letztere erst auf lange Sicht zu Erfolgen führen, aber schon sehr früh hohe Kosten verursachen. Aus Sicht der Anteilseigner führt der verkürzte Zeithorizont zu nachteiligen Entscheidungen, wenn langfristige Projekte einen höheren Kapitalwert aufwiesen und somit einen höheren Shareholder Value zur Folge hätten.
- Die meisten Menschen verspüren etwas, was in der Sprache der Agency-Theorie als **Arbeitsleid** bezeichnet wird: Sie ziehen geringere Anstrengungen höheren Anstrengungen vor. Rein theoretisch würden sie bei einem Fixgehalt aufgrund des Arbeitsleids überhaupt nicht arbeiten, was allerdings in der Praxis nur selten zu beobachten ist. Das Arbeitsleid beeinflusst den Nutzen des Agents negativ, weshalb er Anstrengungen zur Verbesserung des Ergebnisses meidet, falls er nicht gleichzeitig von dieser Verbesserung profitieren kann. Dies lässt sich durch eine Erfolgsbeteiligung realisieren, was gerade das Anreizsystem ausmacht.
- Der **Konsum am Arbeitsplatz** („Consumption on the Job") hängt eng mit den bereits erläuterten Ressourcenpräferenzen zusammen, bedeutet allerdings, dass das private Interesse des Entscheiders der ausschließliche Beweggrund für die Entscheidung darstellt. Hierzu zählen etwa komfortabel ausgestattete Büros oder teure Dienstwagen.

Es genügt also nicht, eine Orientierung am Shareholder Value zu fordern, sondern es gilt auch, die Realisierung dieser Forderung zu erzwingen. Damit bedarf es der Gestaltung von **Anreizsystemen**, die zu einer Interessenharmonisierung führen. Die in Kapitel 4 dargestellte Agency-Theorie beschäftigt sich seit über zwei Jahrzehnten mit der Fragestellung, welche Empfehlungen hinsichtlich solcher Vertragsgestaltungen aus bestimmten Prämissen deduziert werden können. Seither wurden in einer Vielzahl von wissenschaftlichen Untersuchungen in der Sichtweise der Agency-Theorie typische Vertragsbeziehungen wie etwa Versicherungsverträge, aber auch hierarchische Beziehungen in Unternehmen auf ihre Anreizwirkungen hin analysiert. Bei letzteren beschränkte man sich auf die Entscheidungsträger eines Unternehmens, deren Handlungen einen großen Einfluss auf den wirtschaftlichen Erfolg des Unternehmens ausüben können und die einen großen Ermessensspielraum besitzen, was eine direkte Kontrolle ihrer Aktivitäten ausschließt. Im Rahmen der Agency-Theorie widmete man sich hierbei natürlich insbesondere der Unternehmensleitung oder auch bestimmten Personengruppen wie etwa Fonds-Managern, die die genannten Merkmale aufweisen.

Ausgangspunkt ist somit die Tatsache, dass die Entscheidungen und deren Implementierung nicht von den Anteilseignern des Unternehmens durchgeführt, sondern an Entscheidungsträger delegiert werden. Aus diesem Grund können Interessenkonflikte zwischen beiden Parteien eine konsequente Wertorientierung verhindern. Zur Motivation des Agents, seine Entscheidungen im Sinne der Unternehmenswertsteigerung zu treffen, muss das Anreizsystem die persönlichen Interessen des Entscheiders mit den unternehmenspolitischen Zielen verknüpfen. Dazu sollte das Anreizsystem auf den gleichen Kennzahlen wie die Planung basieren, weil sich ein Agent bei seiner Entscheidung bereits im Voraus am Ergebnis der gewährten Belohnung orientiert. Dem Konzept der wertorientierten Unternehmensführung kommt somit neben der Planungsfunktion ebenso eine Verhaltenssteuerungsfunktion zu. Um den Nutzen aus dem Anreizsystem ziehen zu können, müssen die nachfolgenden Voraussetzungen erfüllt sein. Auf der einen Seite ist es erforderlich, dass alle Organisationsmitglieder mit ihren verschiedenen Erfahrungen und spezifischen Informationen in die Planung mit einbezogen werden. Auf der anderen Seite ist es erforderlich, dass die Bindung der Bonuszahlungen an Werttreiber den folgenden Anforderungen genügt:

- Manipulationsfreiheit,
- Anreizkompatibilität,
- Controllability,
- Aktualität,
- Effizienz des Anreizsystems,
- Transparenz und
- pareto-effiziente Risikoteilung.

Das Prinzip der **Manipulationsfreiheit** fordert, dass der Manager nicht die Möglichkeit haben darf, die dem Anreizsystem zugrunde liegende Bemessungsgrundlage zu manipulieren, um auf diese Weise die Belohnung zu erhöhen. Dies bedeutet ebenso, dass Interpretationsspielraum, welcher zum Beispiel wegen ungenauer Begriffsbestimmungen entstehen kann, zu verhindern ist. Weil die Ausprägung der Beurteilungsgröße die Höhe der Entlohnung beeinflusst, muss die Beurteilungsgröße weiterhin – etwa von einem Gericht – intersubjektiv überprüft werden können. Ansonsten können beachtliche Kontroll- und Erhebungskosten entstehen, welche die Effizienz des Anreizsystems verringern. Das Prinzip der Manipulationsfreiheit gebietet die Abkehr von Zahlen der kaufmännischen Buchführung als Grundlage eines Anreizsystems, weil bei der Gewinnermittlung zahlreiche Ermessensspielräume in Form von Bewertungswahlrechten existieren. Im Gegensatz dazu kann der Cash Flow nicht buchungstechnisch, sondern nur durch Sachverhaltsgestaltung beeinflusst werden.

Die Forderung der **Anreizkompatibilität** verlangt, dass der Manager nur in den Fällen einen Bonus erhalten darf, wenn auch die Anteilseigner einen Vorteil, d.h. eine Steigerung des Shareholder Values haben. Die Zielabstimmung über die Beurteilungsgröße des Anreizsystems ist notwendig, um Interessenkonflikte und daraus resultierende nicht-optimale Entscheidungen des Managers zu verhindern.

Das Prinzip der **Controllability** fordert, dass nur solche Faktoren in die Beurteilungsgröße aufgenommen werden sollen, die vom Manager beeinflusst werden können, da nur von ihnen Anreizwirkungen ausgehen können. Denn die Ausprägung einer Beurteilungsgröße wird fast immer auch von Faktoren bestimmt, die außerhalb seines Einflussbereiches liegen, wodurch er quasi für gute Ausprägungen belohnt und für schlechte bestraft wird, auch wenn es sich um zufällige Entwicklungen handelt. Grundsätzlich wäre eine Eliminierung dieser Einflussgrößen sinnvoll, weil sich dann zielgerichtete Anstrengungen des Managers unabhängig von der Umweltentwicklung in der Performancegröße widerspiegeln würden. In der Realität dürfte eine Verwirklichung dieses Prinzips jedoch nur zum Teil möglich sein, da es sehr schwierig bis unmöglich ist, außerhalb des Unternehmens liegende Faktoren herauszurechnen.

Das Prinzip der **Aktualität** fordert eine zeitnahe Berücksichtigung der Erfolge im Anreizsystem. Denn je zeitnäher die Belohnung gewährt wird, umso größer ist die Motivationswirkung, da die Belohnung stärker mit aktuellen Tätigkeiten verknüpft wird. Dem Prinzip der Aktualität kommt insbesondere bei unterschiedlichen Zeitpräferenzen eine große Bedeutung zu, weil durch die zeitliche Vorverlagerung der Belohnung ebenso späte Folgen der Investition berücksichtigt werden. So kann auf der einen Seite verhindert werden, dass strategisch bedeutsame Projekte mit spätem Erfolgsausweis unterbleiben. Auf der anderen Seite kann die Antizipation von Erfolgen allerdings zu Erfolgsausweisen in frühen Perioden führen, die in späteren Perioden durch Verluste ausgeglichen werden müssen. Diese Gefahr ist besonders akut, falls der Manager vorzeitig den Verantwortungsbereich verlässt, ohne an späteren Verlusten beteiligt zu werden.

Die **Effizienz** stellt ein betriebswirtschaftliches Grundkriterium dar, das wie alle unternehmerischen Entscheidungen auch das Anreizsystem erfüllen muss. Grundsätzlich ist ein Anreizsystem nur dann effizient, wenn die verursachten Kosten geringer sind als der resultierende Nutzen. Dabei ist der Nutzen in der Anreizkompatibilität zu sehen, weil die Aktivitäten des Entscheiders stärker am Unternehmensziel ausgerichtet sind, während die

Kosten zum einen die Belohnung des Managers selbst wie auch die Entwicklungskosten des Anreizsystems umfassen. Zwar ist es möglich, die Kosten vergleichsweise genau zu erfassen, allerdings lässt sich in der Praxis der Nutzen nur unter Inkaufnahme zahlreicher Unwägbarkeiten ermitteln, da der Unternehmenswert – wie erläutert wurde – auch von einer Vielzahl externer Faktoren abhängt. Insgesamt wird eine Kosten-Nutzen-Abwägung daher nur schätzungsweise praktikabel sein.

Das Prinzip der **Transparenz** bezieht sich auf die Verständlichkeit des Anreizsystems und seiner Elemente. Grundsätzlich sollte der Zusammenhang zwischen den Aktivitäten, der Bemessungsgrundlage sowie der Entlohnung für den Entscheider vorhersehbar und nachvollziehbar sein. Ansonsten besteht die Gefahr, dass der Entscheider nicht im Sinne des Prinzips der Anreizkompatibilität, d.h. so verhält, dass auch die Anteilseigner einen Vorteil haben. Dies würde somit die Zielerreichung verringern und die Kosten des Anreizsystems erhöhen. Wenn ein Anreizsystem für die Betroffenen nicht transparent ist, dann kann es nicht die gewünschte Motivation bewirken.

Das Prinzip der **pareto-effizienten Risikoteilung** findet seine Begründung in der bereits erläuterten unterschiedlichen Risikoeinstellung von Agent und Principal. Denn während der Agent als Angestellter des Unternehmens sein gesamtes Einkommen aus dem Arbeitslohn erhält und sich damit risikoavers verhält, haben die Anteilseigner des Unternehmens die Möglichkeit, ihr Risiko zu diversifizieren. Sie verhalten sich risikoneutral und richten sich daher nur an Erwartungswerten aus. Diese unterschiedliche Risikoeinstellung führt nun dazu, dass ein optimales Anreizsystem der Anforderung der pareto-effizienten Risikoteilung genügen muss. Diese Forderung ist erfüllt, wenn sich durch eine Umverteilung der Erfolge der Nutzen keiner Partei erhöhen lässt, ohne dass die andere Partei eine Nutzeneinbuße erleidet. Auch wenn eine an eine Erfolgsgröße gebundene Entlohnung durch die Anstrengungen des Managers selbst beeinflusst werden kann, so handelt es sich dennoch um eine ungewisse Größe. Aus diesem Grund wird der risikoaverse Manager eine Risikoprämie fordern. Diese ist umso höher, je stärker er am Erfolg beteiligt wird. Allerdings führt die Forderung der pareto-effizienten Risikoteilung zu dem folgenden Problem. Aus Sicht dieses Prinzips ist es optimal, den Manager nicht am Erfolgsrisiko zu beteiligen, sondern ihm ein fixes Gehalt zu zahlen. Diese optimale Lösung steht jedoch in Konflikt mit dem zuvor erläuterten Prinzip der Anreizkompatibilität. Denn der Manager hat bei einer fixen Entlohnung keinen finanziellen Anreiz, den Erfolg des Unternehmens zu verbessern. Eine entsprechende Motivation kann jedoch geschaffen werden, indem er in Abhängigkeit vom Unternehmenserfolg entlohnt wird. In diesem Fall partizipiert er allerdings auch am Erfolgsrisiko, was gegen das Prinzip der pareto-effizienten Risikoteilung verstößt. Zwischen dem Prinzip der Anreizkompatibilität und dem Prinzip der pareto-effizienten Risikoteilung besteht somit ein Zielkonflikt. In der optimalen Gestaltung des Anreizsystems muss dieser Zielkonflikt durch den entsprechenden **trade-off** berücksichtigt werden.

7.5 Wertmanagement und Balanced Scorecard

Inhalt des Wertmanagements ist die Ausrichtung aller Aktivitäten des Unternehmens auf die Schaffung von Mehrwert für die Eigenkapitalgeber.

Dazu reicht es nicht aus, lediglich eine Spitzenkennzahl für den Shareholder Value-Ansatz zu konstruieren, welche die Erreichung dieser Zielsetzung abbilden soll. Vielmehr ist auf allen Stufen des Unternehmens ein System zu installieren, mit dessen Hilfe sich die Zielsetzung der Maximierung des Vermögenswertes aus Sicht der Eigenkapitalgeber operationalisieren lässt. Jeder Mitarbeiter im Unternehmen benötigt eine Hilfsgröße bzw. Kennzahl, mit der sich seine Tätigkeit so messen bzw. bewerten lässt, dass festgestellt werden kann, ob das Ergebnis seiner Tätigkeit zu einem Mehrwert im Sinne des Wertmanagements führt.

Somit sind auf allen Ebenen des Unternehmens Kennzahlen zu bilden, die miteinander verknüpft ein integriertes Kennzahlensystem des Unternehmens ergeben (Abb. 106).

Zunächst lassen sich aus der Spitzenkennzahl des Shareholder Value-Ansatzes die beiden Kennzahlen Rendite und Wachstum ableiten. Hierbei ist wichtig, dass im Gegensatz zum traditionellen Controlling zusätzlich zur Steigerung der Rentabilität das profitable Wachstum als weitere wichtige, gleichberechtigte Zielsetzung Berücksichtigung findet.

Das **Renditeziel** als Unterziel geht im Rahmen des Shareholder Value-Ansatzes von folgender Überlegung aus: Eigenkapitalgeber erwarten von ihrem Kapitaleinsatz eine Mindestverzinsung in Höhe des Kapitalkostensatzes. Dieser Kapitalkostensatz ist die Alternativverzinsung der Eigenkapitalgeber (Opportunitätskosten), die diese bei einer alternativen Verwendung ihrer Mittel in einer vergleichbaren (risikoadäquaten) Anlage am Kapitalmarkt mindestens erhalten würden. Die Investition der Eigenmittel in ein betrachtetes Unternehmen mit der Verzinsung in Höhe dieses Kapitalkostensatzes wäre somit für die Eigenkapitalgeber weder mit einem Vorteil noch mit einem Nachteil verbunden. Mit anderen Worten: Diese Investition brächte den Eigenkapitalgebern keinen Mehrwert. Eine Anlage von Eigenmitteln erfolgt also nur in solche Unternehmen, die eine Rendite in Höhe von z.B. Rendite_1 (Abb. 106) versprechen. Soll nun von diesem Status quo aus der Vermögenswert der Eigenkapitalgeber gesteigert werden, so ist die Rentabilität von der Rendite_1 auf Rendite_2 zu steigern. Die dabei erzielte Renditedifferenz multipliziert mit dem eingesetzten Eigenkapital (IK_1) stellt die Wertsteigerung aus Sicht der Eigenkapitalgeber dar.

Ist ein weiterer Wertzuwachs durch die Steigerung der Rentabilität nicht mehr möglich, weil z.B. alle Kostenreduzierungen ausgeschöpft sind, so lässt sich ein Mehrwert auch durch **profitables Wachstum** erreichen. Dazu wird bei einer gegebenen $Rendite_1$ das investierte Kapital IK_1 auf IK_2 erhöht. Allerdings stellt dann nur der über den Kapitalkosten liegende Wertzuwachs einen Mehrwert aus Sicht der Eigenkapitelgeber dar.

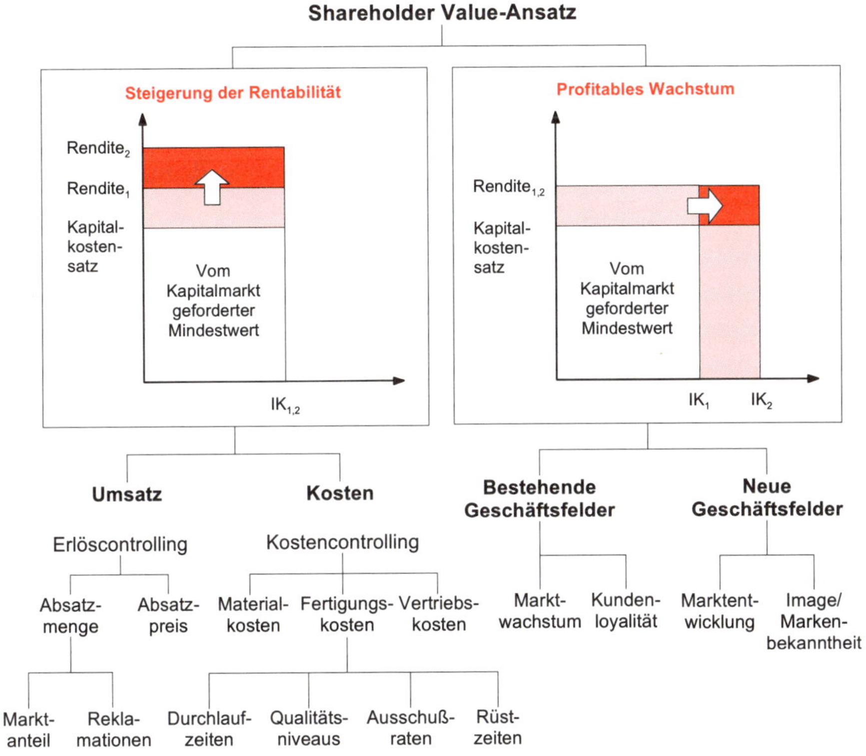

Abb. 106. Kennzahlen und Key Performance Indicators

Um die so strategisch formulierten Ziele im Unternehmen auch umsetzen zu können, ist es in den nachgelagerten (operativen) Bereichen notwendig, maßgebliche Werttreiber, sogenannte Key Performance Indicators (KPIs), zu identifizieren, die den Mitarbeitern Orientierungshilfen geben, um zielorientiert handeln zu können. Dieser Gedanke soll am Beispiel des Renditeziels illustriert werden: Zur Erreichung des strategischen Zieles der langfristigen Steigerung der Rentabilität ist es auf der operativen Ebene notwendig, die Umsätze zu erhöhen und/oder die Kosten zu senken. Dies ist nun beispielsweise dadurch möglich, dass die Fertigungskosten soweit wie möglich reduziert werden, indem die Mitarbeiter in der Fertigung die Durchlaufzeiten der Produkte minimieren, auf höchstem Qualitätsniveau fertigen, die Ausschussraten möglichst reduzieren und das Umrüsten maschineller Anlagen in kürzester Zeit vornehmen. Dabei müssen nicht notwendigerweise die verwendeten Kennzahlen mathematisch miteinander verknüpft sein, sondern es reicht aus, wenn eine eindeutige Beziehung zwischen der Veränderung einer Kennzahl und der Auswirkung auf die Spitzenkennzahl besteht. So ist es z.B. nicht möglich, rechnerisch das Qualitätsniveau mit den Fertigungskosten zu verbinden. Es ist jedoch unstrittig, dass eine höhere Qualität die Fertigungskosten senkt, dies die Gesamtkosten reduziert und so über die Steigerung der Rentabilität den Shareholder Value erhöht.

Die so identifizierten Größen wie Durchlaufzeiten oder Qualitätsniveaus werden im Rahmen des wertorientierten Controlling als Werttreiber (Value Driver) bezeichnet. Das Werttreibermanagement ist damit der operative Teil des Wertmanagements und verfolgt vor allem folgende Aufgaben:

- Steuerung des Unternehmens auf der operativen Ebene mittels Werttreiber;
- Übersetzung der aggregierten Mehrwertgrößen in bereichs- bzw. geschäftsspezifische Haupteinflussgrößen;
- Identifizierung der Werttreiber durch eine eingehende Analyse systematischer Zusammenhänge;
- Einsatz von Werttreibern, die praktikabel und von den Mitarbeitern beeinflussbar sind.

Als Beispiel für eine mögliche Form eines Werttreibermanagements wurde bereits das Konzept von *Rappaport* vorgestellt. Ein anderes Beispiel stellt die Balanced Scorecard dar.

Die **Balanced Scorecard** – der ausgewogene Berichtsbogen – ist als ein neues Instrument zur Leistungsmessung bekannt geworden, das die Ergebnisse der Aktivitäten eines Unternehmens in einer Berichtsperiode aus verschiedenen Perspektiven festhält. Grund für die Entwicklung der Balanced Scorecard ist die eingeschränkte Aussagefähigkeit finanzieller Kennzahlen im Berichtswesen. Diese haben in der Regel folgende Nachteile:

- Sie sind vorwiegend vergangenheitsorientiert; d.h. sie informieren mit einem time-lag und können so kaum zur zukunftsorientierten Steuerung eines Unternehmens verwendet werden.
- Sie machen nur eingeschränkt Aussagen über die Ursachen bestimmter Entwicklungen des Unternehmens.
- Sie sind vom Management nur zum Teil beeinflussbar; das Management wird aber in der Regel an diesen Größen gemessen. Problematisch ist dabei, dass die Maßstäbe, mit denen das Management gemessen wird, dessen Verhalten maßgeblich beeinflussen.

Die Balanced Scorecard versucht, diese Schwächen zu überwinden. Der Fokus der finanziellen Kennzahlen wird verlassen und das Unternehmen aus vier Perspektiven betrachtet (Abb. 107).

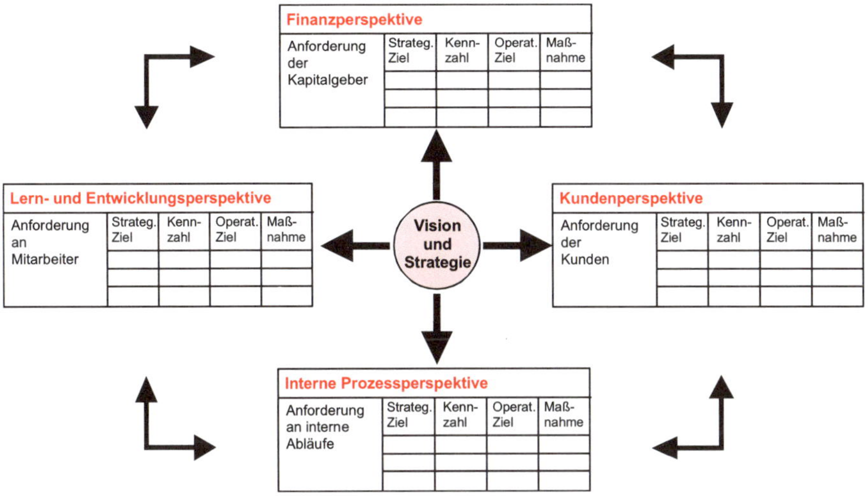

Abb. 107. Perspektiven der Balanced Scorecard

Ausgehend von der angestrebten Vision und den zur Umsetzung geplanten Strategien beginnt die Beurteilung des Unternehmens zunächst bei der Finanzperspektive, dann folgt die Kundenperspektive, die Interne Prozessperspektive und zuletzt die Lern- und Entwicklungsperspektive, indem folgende Fragen gestellt werden:

- **Finanzperspektive**: Welche Finanzziele muss das Unternehmen erreichen, um im Sinne des Shareholder Value-Ansatzes eine Vermögensmaximierung aus Sicht der Eigenkapitalgeber zu erzielen?
- **Kundenperspektive**: Welche Leistungen muss das Unternehmen für seine Kunden erbringen bzw. wie werden die Kunden zufrieden gestellt, um für das Unternehmen die Zielsetzung des Shareholder Value-Ansatzes zu erfüllen?
- **Interne Prozessperspektive**: Welche betrieblichen Prozesse müssen exzellent beherrscht werden, um eine optimale Kundenzufriedenheit zu erreichen?
- **Lern- und Entwicklungsperspektive**: Über welches Wissen müssen die Mitarbeiter bzw. die Organisation verfügen und welches Innovationspotenzial muss damit das Unternehmen besitzen, um die internen Prozesse optimal zu gestalten?

Durch diese Betrachtung fließen zusätzlich zu den finanziellen Kennzahlen auch nicht finanzielle Kennzahlen in das Berichtswesen ein. Neben dem Finanzbereich stammen die Kennzahlen aus den Bereichen, in denen ein Unternehmen die Grundlagen für den zukünftigen wirtschaftlichen Erfolg legt.

Mit Hilfe der Balanced Scorecard wird dem Management des Unternehmens eine strukturierte Vorgehensweise an die Hand gegeben, mit dem ausgewogen aus den für das Unternehmen relevanten Bereichen jeweils

Kennzahlen entwickelt werden können. In diesem Zusammenhang wird empfohlen, für jede Perspektive eine ähnliche Anzahl von Kennzahlen zu verwenden, idealerweise nicht mehr als fünf pro Perspektive.

Die Messung des Unternehmens an den Kennzahlen, die den Erfolg oder Misserfolg der einzelnen Perspektiven belegen sollen, ist allerdings nur ein Teil der Zielsetzung der Balanced Scorecard. Stellt man z.B. fest, dass einzelne Kennzahlen nur ungenügend erfüllt sind, sind Maßnahmen zu deren Verbesserung einzuleiten. Danach ist wieder eine Messung vorzunehmen, so dass ständig Verbesserungsmaßnahmen und Beurteilungen einander abwechseln: Es entsteht ein Regelkreis, der Teil eines Managementprozesses ist.

7.6 Fragen und Aufgaben

Aufgabe 7-1

Gemäß dem Shareholder Value-Ansatz soll das Unternehmen so agieren, dass der Marktwert des Eigenkapitals (das ist bei börsennotierten Aktiengesellschaften der Wert aller Aktien) maximiert wird.

Diskutieren Sie die Grundlagen dieses Shareholder Value-Ansatzes! Erläutern Sie dazu, inwieweit der Gewinn bzw. der Cash Flow eines Unternehmens als Maß für diese Zielsetzung dienen kann. Gehen Sie auch darauf ein, was sich ein Aktionär vom Kauf einer Aktie erhofft. Warum kann man sagen, dass für den Wert einer Aktie letztendlich nur die zukünftigen Dividenden eine Rolle spielen und nicht die Kurssteigerung?

Aufgabe 7-2

Erklären Sie kurz die folgenden Begriffe:
(1) Wertmanagement
(2) Werttreibermanagement
(3) Free Cash Flow
(4) Kapitalkosten

Aufgabe 7-3

In welchem Zusammenhang stehen der Shareholder Value-Ansatz, das Wertmanagement, das Werttreibermanagement und die Balanced Scorecard? Was steht am Beginn der Darstellung? Welche Elemente hängen wie voneinander ab?

Aufgabe 7-4

Beantworten Sie die folgenden Fragen zur Unternehmensbewertung.

(1) Inwieweit ist die Kenntnis über die Zielsetzung für die Unternehmensbewertung wichtig?

(2) Worin besteht der Grundgedanke der dargestellten Unternehmensbewertungsverfahren? In welche Verfahren und Methoden lassen sich diese unterscheiden?

(3) Skizzieren Sie die Ertragswertverfahren und die Methode der ewigen Rente.

(4) Beschreiben und erläutern Sie die Entity-Methode und die Equity-Methode. Wie gelangt man zum Free Cash Flow? Worin unterscheidet er sich vom Netto Free Cash Flow und vom Brutto Cash Flow?

(5) Wie lässt sich der Kalkulationszinssatz bestimmen und wann sind welche Ausprägungen zu verwenden?

(6) Recherchieren Sie die Anwendungsbereiche der sogenannten Multiplikatorverfahren. Welche Verfahren sind zu unterscheiden? Worin liegt der Vorteil bei der Anwendung von Multiplikatoren?

(7) Wie reagiert der Unternehmenswert, wenn die einzelnen wertbestimmenden Faktoren in ihrer Wertausprägung verändert werden?

Aufgabe 7-5

Die Produkte der Cyberkom GmbH finden auf dem Markt für elektronische Bauteile reißenden Absatz. Die Unternehmensleitung erwartet aus den im Unternehmen geplanten Projekten in den nächsten drei Jahren insgesamt die folgenden Cash Flows vor Finanzierung (alle Werte in Euro).

	t = 1	t = 2	t = 3
Cash Flows	130.000	120.000	110.000

Die Bilanz des Unternehmens sieht zu diesem Zeitpunkt folgendermaßen aus:

Aktiva		Passiva
Gebäude	100.000	Eigenkapital 50.000
Maschinen	50.000	Fremdkapital 150.000
Bank	50.000	
Summe 200.000		Summe 200.000

Ermitteln Sie den Shareholder Value bei einem Kalkulationszinssatz von 10%.

Aufgabe 7-6

Sie werden als Assistent des Finanzvorstandes der Net.com AG eingestellt. Da sich der amtierende Finanzvorstand zur Zeit eher mit der Bestellung und Ausstattung seines neuen Dienstwagens beschäftigt als mit dem Betriebsergebnis und den Zahlen des Rechnungswesens, sollen Sie aus den Ihnen vorliegenden Daten den Gewinn und den Cash Flow des 2. Quartals 2009 ermitteln.

Durch den Verkauf der wie selbst laufenden Produkte rund um das Internet wurde ein Umsatz von 12,5 Mio. Euro erzielt, wovon 10,3 Mio. Euro bereits von den Kunden bezahlt wurden. Weiterhin haben einige Kunden aufgrund vorhersehbarer Engpässe bereits für das nächste Jahr Produkte bestellt und diese in Höhe von 0,5 Mio. Euro angezahlt.

Von den Lieferanten der Net.com AG wurden Waren im Wert von 9 Mio. Euro gekauft, von denen im 2. Quartal aber lediglich 80% in der Produktion verbraucht wurden. Ein Lageranfangsbestand zu Beginn des 2. Quartals 2009 war nicht vorhanden. Bis auf 250.000 Euro wurden die Waren bereits vollständig bezahlt.

An Verwaltungs- und Vertriebskosten fielen im 2. Quartal 2009 1,5 Mio. Euro an. Davon wurden bereits 90% beglichen.

Das Anlagevermögen wurde mit einem Betrag in Höhe von 200.000 Euro abgeschrieben. Andererseits wurden Investitionen zum Aufbau einer verbesserten Internet-Plattform mit einem Betrag von 550.000 Euro getätigt, die zu 70% bezahlt wurden.

An Gewinnsteuern fielen 400.000 Euro an. Diese wurden bis auf eine Steuerrückstellung wegen eines ungerechtfertigten Steuerbescheides in Höhe von 65.000 Euro an die Finanzkasse per Überweisung abgeführt.

a) Ermitteln Sie den Jahresüberschuss nach Steuern für das 2. Quartal 2009.
b) Berechnen Sie den Cash Flow des 2. Quartals 2009 sowohl nach der direkten als auch nach der indirekten Methode.

Aufgabe 7-7

Der Vorstand der Shareholder AG gibt Ihnen im Februar 2009 den Auftrag, den Unternehmenswert und den Shareholder Value nach Rappaport für die Shareholder AG zum 31.12.2008 zu ermitteln. Sie sollen bei Ihren Berechnungen von 5 Planjahren ausgehen. Für die Shareholder AG werden Ihnen folgende Informationen zur Verfügung gestellt:

Umsatz des Geschäftsjahres 2008	300.000.000 Euro
Aufwendungen für Forschung und Entwicklung in 2008	35.000.000 Euro
Aufwendungen für Restrukturierungen in 2008	15.000.000 Euro
Buchwert börsenfähiger Wertpapiere	9.000.000 Euro
Marktwert börsenfähiger Wertpapiere	10.000.000 Euro
Buchwert des Fremdkapitals	80.000.000 Euro
Marktwert des Fremdkapitals	76.000.000 Euro

Prognostizierte Wachstumsrate des Umsatzes für die Jahre 2009 und 2010	16%
Prognostizierte Wachstumsrate des Umsatzes für die Jahre 2011, 2012 und 2013	14%
Zusatzinvestitionsrate (Anlagevermögen)	18%
Zusatzinvestitionsrate (Umlaufvermögen)	17%
Betriebliche Gewinnmarge	12%
Cash-Gewinnsteuersatz	40%
Kapitalkostensatz	20%

Der Vorstand ist der Ansicht, dass mit Beginn des Jahres 2014 von der Shareholder AG gerade noch die Kapitalkosten erwirtschaftet werden können.

Machen Sie bei Ihrer Lösung Ihre Vorgehensweise und die einzelnen Rechenschritte deutlich! Runden Sie Ihre Zwischenergebnisse auf volle Euro.

7.7 Literaturempfehlungen

Eine empfehlenswerte deutschsprachige Einführung in die Unternehmensbewertung bietet: Mandl, Gerwald; Rabel, Klaus (1997): Unternehmensbewertung: eine praxisorientierte Einführung, Wien.

Das Buch von Tom Copeland, Tim Koller und Jack Murrin hat mittlerweile den Ruf eines Standardwerkes im Bereich Unternehmensbewertung erreicht. Es ist in der aktuellen Auflage erschienen als: McKinsey & Company, Inc.; Koller, Tim; Goedhart, Marc; Wessels, David (2005): Valuation: Measuring and Managing the Value of Companies, 4. Auflage, New York.

Ein empfehlenswertes deutschsprachiges Lehrbuch zur Unternehmensbewertung ist: Drukarczyk, Jochen; Schüler, Andreas (2007): Unternehmensbewertung, 5. Auflage, München.

Zum Konzept der Realoptionen siehe die richtungsweisenden Beiträge von Myers: Myers, Stewart C. (1977): Determinants of Corporate Borrowing, in: Journal of Financial Economics, Vol. 5, S. 147-175; Myers, Stewart C. (1983): The Evaluation of an Acquisition Target, in: Midland Corporate Finance Journal, Winter, S. 39-46.

Begründer des Shareholder Value-Ansatzes ist Rappaport mit zwei zentralen Veröffentlichungen: Rappaport, Alfred (1981): Selecting Strategies That Create Shareholder Value, in: Harvard Business Review, May-June 1981, S. 139-149; Rappaport, Alfred (1986): Creating Shareholder Value: The New Standard for Business Performance, New York (mittlerweile in erweiterter Neuauflage erschienen).

Der Stakeholder-Ansatz wurde maßgeblich von Freeman entwickelt: Freeman, E. (1984): Strategic Management: A Stakeholder Approach, Boston.

Eine verständliche Einführung in die Agency-Theorie bietet Milgrom, Paul; Roberts, John (1992): Economics, Organization & Management, Englewood Cliffs.

Eine weiterführende Darstellung der Agency-Theorie findet sich in: Laux, Helmut (2006): Wertorientierte Unternehmenssteuerung und Kapitalmarkt: Fundierung finanzwirtschaftlicher Entscheidungskriterien und (Anreize für) deren Umsetzung, 2. Auflage, Berlin.

8. Business Plan

8.1 Beispiel eines Business Plans

Aufbauend auf den vorab beschriebenen theoretischen Grundlagen eines Business Plans soll nun im Folgenden exemplarisch ein anonymisierter Business Plan für ein existierendes Unternehmen der Speditionsbranche dargestellt werden. Es handelt sich um ein reales Beispiel, welches zeitlich nach der Osterweiterung der Europäischen Union im Jahr 2004 angesiedelt ist. Zur Verbesserung der Lesbarkeit wird auf die Angabe der verwendeten Quellen verzichtet. Zugrunde gelegt wurden Daten aus den Zeitschriften „Verkehrsrundschau" und „Logistik inside", der Datenbank des Statistischen Bundesamtes sowie Studien zum Güterverkehr des Bundesamtes für Güterverkehr, der Arbeiterkammer Wien und der Technischen Fachhochschule Berlin. Im Originalplan waren alle Angaben mit Quellen belegt.

A. Executive Summary

Das betrachtete Unternehmen ist ein traditionsreiches Familienunternehmen, das sich durch die hohe Qualität seiner Logistikdienstleistungen und starken Kundenorientierung innerhalb des deutschen Marktes etabliert hat. Die Hauptkunden des Unternehmens sind Automobilproduzenten (OEMs) und deren Zulieferer, die – neben rein speditionellen Tätigkeiten – auch mit individuellen Logistiklösungen betreut werden. Aufgrund der durch Kosteneinsparungsbemühungen geprägten Verlagerung der Automobilproduktion nach Osteuropa ergibt sich durch die strategische Ausrichtung des Unternehmens, den Hauptkunden zu folgen („Following the Customer"), die Überlegung, neben einer bereits erfolgten Unternehmensgründung in Tschechien auch in der Slowakei ein Tochterunternehmen zu gründen.

Das Geschäftsmodell besteht dabei darin, kostengünstige Transporte innerhalb des Wachstumsmarktes Slowakei anzubieten, aber auch darin, durch die Erweiterung des eigenen Fuhrparks neue Frachträume zu schaffen. Dieses Modell wird durch die Erfahrung und Kompetenz eines Projektteams in der Gründungsphase sowie aufgrund bestehender Erfahrungen in Tschechien zudem durch einen Brancheninsider vor Ort unterstützt, um auch die länderspezifischen Problematiken einzudämmen.

Neben der reinen Transportleistung im ersten Jahr sollen die eigenen Tätigkeiten hinsichtlich Transportmanagement- und Logistiklösungskonzepten ausgeweitet werden, um die slowakischen Kunden allumfassend bedienen zu können. Schließlich hat die Kombination aus einer qualitativ hochwertigen Dienstleitung, qualifizierten Mitarbeitern und kontinuierlicher Verbesserung der Prozesse nicht nur in Deutschland zu stetigen Wachstum geführt. Die Kunden profitieren vor allem durch die Präsenz des Unternehmens vor Ort in Verbindung mit dessen Innovationsfähigkeit und Flexibilität.

B. Das Geschäftsmodell

B.1 Rahmenbedingungen

Gegenwärtig ist der Transportmarkt durch zwei markante Entwicklungen gekennzeichnet: Die neuen Kabotageregelungen der EU und die Frachtraumverknappung. Unter „Kabotage“ versteht man die Aufnahme von Gütern im Staatsgebiet eines anderen Vertragsstaates zur Beförderung innerhalb dieses Staatsgebietes. Beispielsweise betreibt ein deutscher Transporteur Kabotage in der Slowakei, wenn dieser Güter von Frankfurt nach Bratislava transportiert. Grundsätzlich ergibt sich aus den Bestimmungen der Europäischen Union, dass nur Transportunternehmer mit Sitz innerhalb der EU, die zur Durchführung von Beförderungen im grenzüberschreitenden Verkehr befugt sind, zur Beförderung im innerstaatlichen Verkehr der jeweiligen Mitgliedsstaaten zugelassen sind.[186] Allerdings war für Tschechien, Estland, Lettland, Litauen und die Slowakei bis zum 1. Mai 2006 und für die Staaten Ungarn und Polen bis zum 1. Mai 2007 keine Kabotage in den anderen Mitgliedsstaaten möglich. Dies bedeutet, dass weder Transportunternehmer aus den „alten“, noch aus den „neuen“ Mitgliedsstaaten Kabotage-Transportleistungen erbringen durften und umgekehrt. Zwar existierten Übergangsfristen für die Kabotage in den jeweiligen Ländern, d.h. dass in der Slowakei nach zwei bis vier Jahren nach Beitritt eine Überprüfung der Kabotage möglich ist; eine uneingeschränkte Kabotage in den derzeitigen Mitgliedsstaaten aufgrund dieser Übergangsregelungen ist jedoch erst seit dem 1. Mai 2009 möglich. Einerseits bedeutete dies für den deutschen Transportmarkt, dass zwar die innerdeutschen Transporte durch günstigere slowakische Anbieter nicht gefährdet sind. Andererseits bedeutete dies aber auch, dass deutsche Fahrzeuge innerhalb der Slowakei nicht agieren konnten und somit deutsche Transportunternehmen die Überlegung anstellten, in den betreffenden Ländern Niederlassungen zu gründen.

Neben der vorab beschriebenen Problematik der Kabotageregelung stehen deutsche Transportunternehmen ebenso vor der Aufgabe, den Engpass an Frachtraum zu bewältigen. Grundsätzlich hat sich die Zahl der Ladungsangebote verdoppelt, der Laderaum dagegen verringert. Dabei geht die Engpasslage – sowohl im nationalen als auch im internationalen Transport – vor allem auf den massiven Kapazitätsabbau innerhalb der Transportbranche, den wirtschaftlichen Aufschwung, aber auch die zahlreichen Insolvenzen innerhalb der Transportbranche zurück. Die kurz- bis mittelfristige Konsequenz daraus sind Preiserhöhungen. Nach einer Studie unter

[186] Verordnung (EWG) Nr. 3118/93 des Rates vom 1993 zur Festlegung der Bedingungen für die Zulassung von Verkehrsunternehmen zum Güterkraftverkehr innerhalb eines Mitgliedstaats, in dem sie nicht ansässig sind.

300 Spitzenkräften aus der Transport- und verladenden Wirtschaft von ProgTrans und dem ZEW sind im deutschen Fernverkehr Zweidrittel der Befragten der Meinung, dass für Transporte per Lkw künftig mehr zu zahlen ist. Von stark steigenden Preisen (mehr als 3 %) gehen 10-17 % der Unternehmen aus. So zeigen erste vorläufige Zahlen des VerkehrsRundschau-Index, dass die Preise tatsächlich schon angestiegen sind.

B.2 Geschäftsmodell

Mit der Zielsetzung, diesen Marktentwicklungen entgegen zu wirken, bietet das Geschäftsmodell des betrachteten Unternehmens in der Slowakei einerseits die Möglichkeit, kostengünstigere Transporte innerhalb dieses Landes durchzuführen, aber auch neue Frachträume zu schaffen. Beispielsweise kann die slowakische Niederlassung innerslowakische Transporte durchführen, so dass die heutigen deutschen Fahrzeuge, die von Deutschland aus die Slowakei bedienen, für andere europäische Transporte eingesetzt werden können. Weiterhin ergibt sich für das betrachtete Unternehmen die Möglichkeit, slowakische Lkws für das Mutterunternehmen einzusetzen und somit den Frachtraumengpass aufzulösen. Durch Einbeziehung der unternehmenseigenen Leasinggesellschaft bietet sich auch für die slowakische Niederlassung die Möglichkeit, Frachtraum zu günstigeren Konditionen zu beziehen. Gegenüber slowakischen Konkurrenten entsteht durch den Kostenvorsprung einer günstigeren Fahrzeugfinanzierung und qualitativ hochwertigem Equipment folglich ein Wettbewerbsvorteil.

Neben einer erfolgversprechenden Idee ist es allerdings ebenso wichtig, diese durch ein kompetentes Kernteam umzusetzen. Das Team, welches den Aufbau in der Slowakei ermöglichen soll, ist dabei als Projektteam bis zum Abschluss der Gründung zu verstehen. Die Projektleitung übernimmt dabei die Geschäftsleitung mit Unterstützung des Speditions- und Logistikleiters sowie dem Leiter der Geschäftsfeldentwicklung. Das Backoffice, das über landesspezifische wirtschaftsrelevante Detailkenntnisse verfügt, besteht spiegelbildlich zu der tschechischen Unternehmensgründung einerseits aus einer Kanzlei für Wirtschaftsprüfung, Steuerberatung und Rechtsberatung, andererseits aber auch aus einem Brancheninsider vor Ort. Die Verbindung aus branchenspezifisch erfahrenen Mitarbeitern aus Deutschland und die dazugehörige Einbindung von Brancheninsidern vor Ort hat nicht zuletzt auch die bereits erfolgte Unternehmensgründung in Tschechien zum Erfolg geführt.

B.3 Voraussichtliche Erfolgsfaktoren und strategische Ausrichtung

Basis aller unternehmerischen Aktivitäten des betrachteten Unternehmens bildet die hohe Qualität der eigenen Dienstleistung, die durch qualifizierte Mitarbeiter, eine kontinuierliche Verbesserung der Prozesse und eine hohe Flexibilität erreicht wird. Ergänzend dazu bilden die Nutzung seiner Innovationsfähigkeit sowie seiner starken geografischen Ausrichtung nach den Bedürfnissen der Kunden einen Mehrwert für die slowakische Niederlassung und deren Kunden. Schließlich entsteht durch die Kombination der bestehenden und zukünftigen Erfolgsfaktoren und einer einheitlichen Firmierung eine geschlossene Unternehmenseinheit.

Durch die starke Fokussierung auf zwei strategische Ausrichtungen, nämlich die Kostenführerschaft auf operativer und die Qualitätsführerschaft auf strategischer Ebene nutzt das Beispielunternehmen diesen Wettbewerbsvorteil und orientiert sich an der Zielsetzung die bestehenden Aktivitäten in der Slowakei weiter auszubauen.

C. Dienstleistung

C.1 Kundennutzen

In Anlehnung an die vorab geschilderten Erfolgsfaktoren gilt es nun, den daraus resultierenden Kundennutzen abzuleiten. Von der beschriebenen Innovationsfähigkeit profitieren sowohl das Unternehmen selbst als auch seine Kunden. Durch die internationale Präsenz schafft das Unternehmen Netzwerke, die für die Transportvermittlung aber auch die Akquisition neuer Kunden wichtig sind. Mithilfe der Präsenz vor Ort, d.h. an den Produktionsstätten der Automobilhersteller und deren Zuliefererunternehmen, wird das Unternehmen erst sichtbar. Dies schafft Vertrauen in das Unternehmen und in die bestehenden Strukturen. Zudem erhöht diese Orientierung die Flexibilität durch kürzere Transportwege und einer direkten Kommunikation. Neben der erwähnten Präsenz vor Ort profitieren die Kunden auch von den vorhandenen Erfahrungswerten. Diese ergeben sich anhand einer traditionsreichen Geschäftstätigkeit sowie einer erfolgreichen Unternehmensgründung in der Tschechischen Republik. Das tschechische Tochterunternehmen hat gezeigt, dass durch Übertragung bestehender Strukturen, Kompetenzen, Prozesse und Geschäftstätigkeiten eine erfolgreiche Unternehmensgründung möglich ist und dies ebenso die Verbindung untereinander stärkt.

C.2 Entwicklung der Dienstleistung

Durch Nutzung solcher Potenziale bietet sich auch die Möglichkeit, nach rein speditionellen Tätigkeiten innerhalb der Gründungsphase diese durch die Entwicklung von Transportmanagement- oder Logistiklösungskonzepten weiter auszubauen. Ebenso erscheint eine Erweiterung in der zu transportierenden Produktgruppe erstrebenswert. So bilden nach Angaben der Bundesagentur für Außenwirtschaft im Maschinenbau neben der Kfz-Industrie der Metallbau und die Metallwarenerzeugung eine tragende Säule. Der Ausstoß wächst in diesem Segment jährlich um ein Fünftel. Als zweitgrößte Produktgruppe mit ebenfalls rund einem Fünftel Wachstum jährlich erscheinen zudem der wachsende Bereich Getriebe, Betätigungselemente und mobile Arbeitsmaschinen (einschließlich der Hydraulik) interessant. Ebenfalls sorgen der Spezialmaschinenbau sowie die Kunststoff- und Gummiindustrie für eine anhaltende Belebung des Importmarktes für Werkzeug- und Einzweckmaschinen. Beispielsweise hat ein führender deutscher Hersteller von Werkzeugmaschinen das Handelsnetz in der Slowakei erweitert und einer der führenden slowakischen Werkzeugmaschinenhersteller die Anzahl der Aufträge vervielfacht.

D. Branche und Markt

D.1 Branchen- und Marktanalyse

Die Entwicklung des Handels bildet die Basis für die Prognose des Güteraustausches und damit verbundenen Transportaufkommens innerhalb eines Landes sowie zwischen verschiedenen Ländern. Die genauere Betrachtung des Außenhandels zeigt die Im- und Exporttätigkeiten der einzelnen Länder und stellt damit die Güterströme dar. Der Handel mit der Slowakei hat seit dem Jahr 1997 stark zugenommen, was Zuwachsraten von durchschnittlich ca. 17 % bei den deutschen Ausfuhren zwischen 1997 und 2003 belegen. Die wichtigsten Ausfuhrgüter waren dabei im Jahr 2003 Kraftfahrzeuge und deren Komponenten mit einem Anteil an den deutschen Gesamtausfuhren von 25 %. Unter den Importen aus der Slowakei dominieren ebenfalls Kraftfahrzeuge mit einem Gesamtanteil von 55 % (2003) an den deutschen Gesamteinfuhren.

Wie aus den vorab beschriebenen Handelsbeziehungen deutlich wird, besitzt Deutschland als Handelspartner sowohl im Import als auch im Export eine große Bedeutung, die zu einem regen Güteraustausch zwischen den Ländern führt. Bei der Betrachtung der Marktsituation im Logistikbereich konnte eine Zunahme des Marktes um durchschnittlich 14 % jährlich ermittelt werden, während in den westeuropäischen Logistikmärkten der Anstieg lediglich 6 % betrug. Der Logistikmarkt konnte somit in den vergangenen Jahren ein überdurchschnittliches Wachstum vorweisen. Durch den EU-Beitritt der mittelosteuropäischen Länder wird demzufolge nicht nur das Transportvolumen und der Wert der zu transportierenden Güter steigen, sondern ebenfalls die Nachfrage nach höherwertigen Serviceleistungen, dessen Potenzial das Beispielunternehmen nach Ablauf der Gründungsphase voll ausschöpfen kann. Auskunft über die Nachfragestruktur der Logistikleistungen kann dabei die Außenhandelsstruktur des jeweiligen Landes geben, die in der Slowakei besonders durch die Automobilproduktion geprägt ist. Grundsätzlich rechnen Experten damit, dass die Slowakei bis 2010 die weltweit größte Kfz-Produktionsdichte pro Kopf erreichen wird.

D.2 Wettbewerbsanalyse

Anhand der Marktbeobachtungen des Bundesamtes für Güterverkehr hat die EU-Osterweiterung aufgrund der Kostenvorteile osteuropäischer Unternehmen zu einem verstärkten Wettbewerbs- und Preisdruck hinsichtlich der Transporte zwischen Deutschland und den neuen Mitgliedsstaaten geführt. Dabei führte der verschärfte Wettbewerb zu einer deutlichen Absenkung der Beförderungsentgelte auf diesem Markt. Der Druck fokussiert sich insbesondere im wettbewerbsintensiven Bereich des Ladungs- und Teilladungsverkehrs, den Unternehmen aus den Beitrittsländern dominieren. Der Großteil der Ostverkehre wird von kleinen- und mittelständischen Unternehmen geführt, wobei nicht einmal 10 % der Unternehmen mehr als 100 Fahrer beschäftigen; Unternehmen mit nur einem Fahrer bilden 5 % der Branche. Allerdings ist die Beförderung von hochwertigen Gütern nach wie vor in der Hand deutscher Spediteure. Dies bezieht sich vor allem auf die großen internationalen Dienstleister.

Trotz der Tatsache, dass die osteuropäischen Geschäfte vor allem durch kleine Unternehmen durchgeführt werden, haben gegenwärtige Studien nachgewiesen, dass diese sich dem Niveau der alten Mitgliedsstaaten angepasst haben. So sank etwa seit 1998 das Durchschnittsalter der osteuropäischen Fahrzeugflotten, so dass diese mit 3,6 Jahren im Durchschnitt sogar jünger sind als westliche. Der Anteil mit Fahrzeugen des Baujahres vor 1990 sank auf 1 %. Neben Laderaumverknappung und Kabotageregelungen leidet die Transportbranche in Deutschland unter einem Mangel an Fahrerpersonal. Dagegen bietet die Slowakei ausreichend qualifiziertes und motiviertes Personal, das sich besonders durch eine hohe Flexibilität auszeichnet. So informiert ein Bericht des Bundesamtes für Güterverkehr darüber, dass besonders bei Langstreckenverkehren osteuropäische Unternehmen zum Teil mit doppelter Fahrzeugbesatzung ausgestattet und nahezu rund um die Uhr einsatzbereit sind. Eine weitere Stärke der slowakischen Transportunternehmen bildet die niedrige Kostenstruktur im Vergleich zu Deutschland. Im Durchschnitt liegen die slowakischen Lohnkosten bei 10 % des westdeutschen Niveaus. Mit 14.255 SK (382 Euro) sind die Löhne im Transportsektor äußerst niedrig.

Der Kostendruck, der auf den deutschen Spediteuren lastet, wird zudem verstärkt durch die Preiserhöhungen beim Mineralöl, die Ökosteuer und die vergleichsweise hohen Kraftfahrzeugsteuern. Parallel zu derzeitigen Untersuchungen wirkt das betrachtete Unternehmen in Deutschland diesem Preiskampf entgegen, indem Aufträge an Subunternehmer aus den neuen Mitgliedsstaaten der EU vergeben werden (Outsourcing der reinen Fracht). Neben dieser rein kostenorientierten Ausrichtung wird mit einer Niederlassung in der Slowakei auch die strategische Seite ausgebaut, um weiterhin dem Druck aus Osteuropa entgegenzuwirken, aber auch dessen Entwicklungspotenzial zu nutzen.

E. Marketing

E.1 Markteintrittsstrategie

Den bisherigen Großkunden in Richtung Osteuropa zu folgen, ist Hauptaugenmerk der strategischen Orientierung des betrachteten Unternehmens. Als vorteilhaft erweist sich hierbei besonders die Möglichkeit, bestehende Geschäftsbeziehungen weiter auszubauen, um auch in der Slowakei erfolgreich agieren zu können. Ebenso stützt sich das Unternehmen auf die Vertiefung der Kooperation mit bestehenden Transportunternehmen, um das gegenwärtige Netzwerk weiter auszuformen. Durch die langjährige Geschäftstätigkeit mit den Automobilproduzenten in Deutschland profitiert die slowakische Niederlassung von den bisherigen Erfolgsfaktoren des Unternehmens. Potenzial bieten vor allem die Clusterentwicklungen in der Slowakei. Gegenwärtig siedeln sich vor den Toren der automobilen Produzenten vermehrt deren Zulieferer an, die ebenfalls bedient werden können.

Schließlich bietet die Kombination aus der Kooperation mit slowakischen Transportunternehmen, der Qualität und Erfahrung der Geschäftsbeziehungen in Deutschland zusammen mit dem Entwicklungspotenzial in der Slowakei einen erfolgversprechenden Markteintritt.

E.2 Absatzkonzept

Grundsätzlich geht einer angemessenen Preiskalkulation eine Beobachtung des Marktpreises voraus. Deshalb soll Tab. 59 einen Überblick über die Kostenstruktur, besonders die Höhe der Kosten in den osteuropäischen Staaten geben. Zu beobachten ist, dass der Preis für den Straßengüterfernverkehr in der Slowakei mit 0,75 Euro unter dem europäischen Durchschnitt liegt.

Tab. 59. Kostenstruktur im Straßengüterfernverkehr

Kosten pro Lkw-km [€]	Personalkosten	Abschreibung	Steuer/ Maut	Versicherung	Zinsen	Treibstoff	Reifen	Instandhaltung	sonstige Kosten	Gesamt
Bulgarien	0,08	0,12	0,04	0,02	0,01	0,18	0,02	0,04	0,05	0,56
Tschechien	0,12	0,15	0,06	0,02	0,05	0,18	0,02	0,03	0,05	0,68
Estland	0,09	0,10	0,07	0,01	0,04	0,16	0,03	0,02	0,16	0,68
Lettland	0,10	0,11	0,07	0,01	0,04	0,17	0,03	0,02	0,08	0,63
Litauen	0,09	0,10	0,07	0,01	0,04	0,15	0,03	0,02	0,07	0,58
Ungarn	0,12	0,15	0,02	0,02	0,08	0,17	0,02	0,02	0,07	0,68
Polen	0,12	0,08	0,04	0,04	0,04	0,13	0,02	0,06	0,17	0,72
Rumänien	0,10	0,13	0,03	0,02	0,10	0,16	0,02	0,04	0,05	0,65
Slowakei	0,14	0,15	0,11	0,02	0,11	0,14	0,03	0,05	0,00	0,75
Slowenien	0,23	0,14	0,03	0,02	0,06	0,18	0,02	0,04	0,10	0,81
Du.-Schnitt	**0,40**	**0,07**	**0,01**	**0,02**	**0,03**	**0,16**	**0,02**	**0,04**	**0,10**	**0,85**

Mit der Zielsetzung, die Wettbewerbsfähigkeit des betrachteten Unternehmens zu bestimmen, wird folgendes Modell als Kalkulationsbeispiel herangezogen: Die Disposition in der slowakischen Niederlassung erhält den Auftrag, von Bratislava nach Frankfurt zu fahren. Da die Route durch Tschechien aufgrund der österreichischen Maut zwar länger ist, aber dafür mautfrei, beträgt die Entfernung 860 km. Die damit verbundene Kostenstruktur beinhaltet die in Tab. 60 angegebenen Kostenarten.

Tab. 60. Kostenkalkulation pro km

Kostenarten	Kosten pro Jahr	Kosten pro km
km-abhängige Kosten	92.757 Euro	0,45 Euro
+ Fahrerpersonalkosten	44.401 Euro	0,22 Euro
+ Fixkosten	7.401 Euro	0,04 Euro
+ Zeitabhängige Kosten	51.802 Euro	0,25 Euro
= Einsatzkosten	**144.558 Euro**	**0,70 Euro**
+ Gemeinkosten	7.253 Euro	0,04 Euro
= Gesamtkosten	**151.811 Euro**	**0,74 Euro**

Ergänzend ist hier zu erwähnen, dass die km-abhängigen Kosten die Leasingrate, Treibstoffkosten, Schmierstoffkosten, Reifenkosten und einen Mautanteil enthalten.

Die Fahrerpersonalkosten beinhalten den Bruttolohn eines slowakischen Fahrers, der als Fixum anzusehen ist. Addiert werden hierzu Kilometerzuschläge und sonstige freiwilligen Leistungen, die als Boni zu verstehen sind. Bei der Kalkulation der anteiligen Fahrerpersonalkosten ist zu beachten, dass für die Strecke von Bratislava nach Frankfurt zwei Fahrer benötigt werden und die Modellrechnung somit einen Personalfaktor enthält.

Hinzu kommen Sozialaufwand und Fahrerspesen. Der Anteil der Fahrerpersonalkosten ergibt sich schließlich aus dem Wert des Quotienten der gesamten Personalkosten (pro Jahr) und der Laufleistung (pro Jahr).

Weiterhin enthalten die Fixkosten die Kfz-Steuer, die Haftpflichtversicherung, die Kaskoversicherung und die Güterschadenshaftpflichtversicherung. Die Stellplatzkosten und Kommunikationskosten beruhen auf Erfahrungswerten.

Die zeitabhängigen Kosten bilden die Summe aus Fixkosten und Fahrerpersonalkosten. Die Einsatzkosten wiederum bilden die Summe aus den km-abhängigen Kosten, den Fahrerpersonalkosten und den Fixkosten. Weiterhin wird der Anteil der Gemeinkosten mit 5 % angenommen.

Anhand des Kostenkalkulationsmodells wird deutlich, dass das Beispielunternehmen in der Slowakei mit 0,74 Euro pro Kilometer absolut konkurrenzfähig ist. Allerdings werden zu diesen Kosten üblicherweise noch ca. 10 % Gewinnaufschlag berechnet.

F. Das Management

F.1 Das Kernteam

Grundlegend gliedert sich die Kompetenz des Projektteams in die fachliche- und soziale Kompetenz. Die fachlichen Fähigkeiten bestehen in diesem Zusammenhang aus den Bereichen Projektmanagement, Marketing, Finanz- und Personalwesen sowie Customer Relationship Management. Die soziale Kompetenz beinhaltet die Kommunikations- und Verhandlungsfähigkeit, Initiative, Teamfähigkeit, sprachliche- und kulturelle Kompetenz, Führungskompetenz sowie die länderbezogene Informationskompetenz.

F.2 Fähigkeitsprofil der Teammitglieder

Diese einzelnen Ansprüche an das Team sind in Abb. 108 und Abb. 109 dargestellt. Die eingefärbten Kreise stellen eine starke Ausprägung und die nur umrandeten eine neutrale Ausprägung dar. Die eingefärbten Kreise in der Zeile „gesucht" bezeichnen den Mangel einer Fähigkeit.

	Fachkompetenz			
Personal	Projektmanagement	Marketing	Finanzwesen	CRM
Geschäftsleitung	●	●	●	●
Speditionsleiter	●			●
Logistikleiter	●			●
Leiter Geschäftsfeldentwicklung	●			●
gesucht			●	

Abb. 108. Fachkompetenz der Mitarbeiter

	Sozialkompetenz						
Personal	Kommunikationsfähigkeit	Verhandlungsfähigkeit	Initiative	Führungskompetenz	Teamfähigkeit	sprachlich-kulturelle Kompetenz	länderbezogene Informations-Kompetenz
Geschäftsleitung	●	●	●	●	○		
Speditionsleiter	●	●	○	○	○		
Logistikleiter	●	●	○	○	○		
Leiter Geschäftsfeldentwicklung	●	●	○	○	○		
gesucht						●	●

Abb. 109. Sozialkompetenz der Mitarbeiter

Wie Abb. 108 und Abb. 109 verdeutlichen, ist die Kompetenz des Teams in fast allen Bereichen als optimal anzusehen. Besonderes Augenmerk gilt dabei der einheitlichen starken Ausprägung im CRM. Diese Konzentration beruht auf der Tatsache, dass gegenwärtig alle vier Teammitglieder innerhalb von kundenorientierten Projekten zusammenarbeiten und dadurch ihre Teamfähigkeit, Leistungsbereitschaft und Kompetenz bewiesen haben. Lediglich die sprachlich-kulturelle und länderbezogene Informationskompetenz ist nicht vorhanden. Diese Lücke wird, wie in Tschechien, durch einen Brancheninsider vor Ort geschlossen. Da ebenso die finanzwirtschaftlichen Aspekte, die auch steuerliche und rechtliche Faktoren des Landes beinhalten, nur schwach ausgeprägt sind, sollen diese durch die Expertise einer slowakischen Kanzlei abgedeckt werden. Diese wird mit großer Wahrscheinlichkeit eine slowakische Dependance der heutigen tschechischen Rechts- und Steuerberatungskanzlei sein.

G. Wissensmanagement

G.1 Mitarbeitersicht

Einen entscheidenden Erfolgsfaktor innerhalb des Wissensmanagements bilden die Mitarbeiter, die in diesem Zusammenhang einerseits von dem Unternehmen selbst gefördert werden sollen, andererseits aber auch gefordert werden, ihren eigenen Beitrag zum unternehmensinternen Wissensmanagement zu leisten. Mit der Zielsetzung, den Mitarbeitern des Unternehmens einen gewissen Wissensvorsprung gegenüber den Wettbewerbern zu gewährleisten, werden sowohl interne als auch externe Schulungen durchgeführt.

Innerhalb des KVP (Kontinuierlicher Verbesserungsprozess), der in der unternehmensinternen Qualitätspolitik verankert ist, werden die Mitarbeiter aufgefordert, Verbesserungsmöglichkeiten innerhalb der Prozesse zu erkennen, Lösungsvorschläge einzubringen und somit einen eigenen Beitrag zum Erfolg des Unternehmens zu leisten.

Durch externe Fortbildungsmöglichkeiten wird der Wissensstand der Mitarbeiter regelmäßig an die marktspezifischen Anforderungen angepasst und weiterentwickelt. Sowohl interne als auch externe Schulungen stehen den tschechischen Mitarbeitern zur Verfügung und sollen auch in Zukunft den slowakischen Mitarbeitern angeboten werden. Besonders hinsichtlich der speditionsspezifischen Software, die in allen Niederlassungen verwendet wird, ist es bedeutsam, die neuen Mitarbeiter zu schulen, da ansonsten das Unternehmensnetzwerk nicht funktionsfähig und der Nullfehleranspruch nicht mehr gewährleistet ist.

G.2 Unternehmenssicht

Der Speditions- und Logistiksektor ist generell eine sehr volatile Branche. Marktveränderungen zu verpassen, kann fatale Folgen haben. Somit stützt sich das Unternehmen auf die eigene weitreichende Erfahrung, aber auch auf den Austausch mit Kunden und Wettbewerbern, um Marktveränderungen einzuschätzen und adäquat auf sie reagieren zu können. Der erfolgreiche Unternehmensstart in Tschechien kann hierbei als ein bedeutendes Beispiel für einen neuen Markttrend und damit verbundenen Marktanpassung angeführt werden.

H. Chancen und Risiken

Die Gründung einer Niederlassung in der Slowakei zur Bearbeitung des deutschen Marktes bringt eine Vielzahl von Kostenvorteilen mit sich. Das derzeitige Lohnniveau, aber auch die niedrigen Steuern („Flat-Tax") und Lohnnebenkosten sowie die Kosten für Versicherungen ermöglichen es einem slowakischen Transportunternehmen, Aufträge mit geringeren Selbstkosten abzuwickeln als in Deutschland. Aufgrund dessen können den Kunden günstigere Angebote unterbreitet und somit ein Wettbewerbsvorteil gegenüber deutschen Unternehmen erzielt werden. Eine weitere Chance bietet die wenig aufwendige Unternehmensgründung vor Ort, die zudem durch Förderprogramme der EU erleichtert wird.

Ein Risikofaktor bei einer Unternehmensgründung in der Slowakei sind die unterschiedliche Sprache und Mentalität und die daraus hervorgehenden Kommunikationsprobleme. Auch der Kapitalbedarf, der zum Großteil aus den Anschaffungskosten für neue Fahrzeuge, Gebäude und Beratungskosten besteht, ist nicht zu unterschätzen. Die Erbringung einer Transportleistung im Auftrag der deutschen Niederlassung kann aber auch zu Imageverlusten führen. Schließlich ist die Auslagerung bzw. Umschichtung des einstigen Fuhrparks offensichtlich und die Kunden könnten Preisnachlässe einfordern oder zu rein deutschen Transporteuren wechseln. Weiterhin kann die Verlagerung von Teilen des Fuhrparks auch unternehmensintern zu Problemen führen. Der Unternehmer ist gezwungen, wenn auch nur vorübergehend, den Personalstand in Deutschland zu reduzieren und hat diesbezüglich Erklärungsbedarf über die teilweise Verlagerung des Unternehmens. Ebenso müssen die Unternehmensstruktur sowie die Organisation der einzelnen Abteilungen wie beispielsweise die Disposition neu strukturiert werden. Die räumliche Trennung zwischen den einzelnen Betrieben erschwert zudem den Kontroll- und Führungsprozess.

I. Chancen und Risiken des Vorhabens in der Slowakei

Neben den vorab beschriebenen generellen Chancen und Risiken für ein Unternehmen in der Slowakei, sind diese für das betrachtete Unternehmen in einer SWOT-Analyse zu konkretisieren (Abb. 110).

J. Finanzplanung und Finanzierung

J.1 Kalkulation der GuV im Gründungsjahr

Aufgrund der Tatsache, dass das betrachtete Unternehmen ohne Fremdkapitalausstattung in der Slowakei gegründet werden kann, soll auf einen Finanzierungsplan verzichtet werden. Ebenso sind die Einnahmen und Erträge sowie Ausgaben und Aufwendungen der GuV zu entnehmen.

Die kilometerabhängigen Kosten basieren auf der jährlichen Laufleistung eines Lkws von 206.400 km. Diese entspricht der Distanz von 860 km von Bratislava nach Frankfurt kalkuliert mit 240 Einsatztagen im Jahr. Gegenwärtig sind sieben Lkws von Bratislava nach Frankfurt am Main im Einsatz. Deshalb werden die einsatzabhängigen Kosten mit sieben multipliziert. Die Fahrzeuge werden von der unternehmenseigenen Leasinggesellschaft zur Verfügung gestellt, um qualitativ hochwertiges Equipment garantieren zu können.

Chancen	Risiken
• Ausweitung des Kundennetzwerkes • Rekrutierung gut ausgebildeter Mitarbeiter • durch die zentrale Lage der Slowakei, Ausweitung der Transportaktivitäten (Balkan) • Nutzung des Entwicklungspotenzials des „Detroit in Osteuropa"	• Sinkender Kostenvorteil durch Auflösung der Flat-Tax • Auflösung der Kabotageregelung erst im Jahr 2009 • Ausweitung des slowakischen Autobahnnetzes kommt ins Stocken • EU-Förderungsprogramme für KMUs werden aufgelöst • Ansteigen der Grundstückspreise durch vermehrte Ostentwicklung
Stärken	**Schwächen**
• Erfahrungswerte durch die Gründung einer tschechischen Niederlassung • geleisteter Markteintritt durch bisherige Geschäftskunden • gutes Equipment • starkes Image in Deutschland • marktfähige Preise	• keine Sprachkenntnisse vorhanden • geringes Image vor Ort • Abhängigkeit von dem Brancheninsider vor Ort • Abhängigkeit von den wenigen gegenwärtigen Geschäftsbeziehungen • wenig Erfahrung mit Transporten in der Slowakei

Abb. 110. SWOT-Analyse des betrachteten Unternehmens

Da die Strecke nur mit zwei Fahrern zu bewältigen ist, beinhaltet der Bruttofahrerlohn in Höhe von 44.401 Euro einen Personalfaktor von 2,24. Dieser wird ebenfalls mit sieben multipliziert.

Neben den Fahrerkosten sind ebenfalls die Personalkosten der Abteilung Abrechnung (12.000 Euro brutto/Jahr), Disposition (19.440 Euro brutto/Jahr) und Administration (12.000 Euro brutto/Jahr) einzubeziehen. Hinzu kommt das Gehalt der Geschäftsführung mit 51.000 Euro brutto jährlich. Zudem fallen auch externe Beratungskosten in Höhe von 12.000 Euro pro Jahr an. Diese beinhalten das Honorar der Steuerberatungskanzlei in der Slowakei.

Die Fixkosten beinhalten den Firmenwagen der Geschäftsleitung, die Gebäudemiete, den Unterstellplatz der Lkws sowie die Betriebs- und Geschäftsausstattung. Dies sind Erfahrungswerte, die anhand der Unternehmensgründung in Tschechien entwickelt wurden. Die Kfz-Steuer und Versicherungen sind ebenfalls für sieben Lkws kalkuliert.

Die Umsatzerlöse in Höhe von 1.260.000 Euro ergeben sich durch die monatliche Leistung eines Lkws in Höhe von 15.000 Euro auf der Route von Bratislava nach Frankfurt am Main. Dieser Betrag wird demnach wieder mit sieben multipliziert und auf das gesamte Jahr gerechnet.

Der Jahresüberschuss in Höhe von 148.661 Euro ergibt sich folglich durch die Gegenüberstellung der Gesamtkosten in Höhe von 1.111.339 Euro mit den Umsatzerlösen in Höhe von 1.260.000 Euro.

Die Zusammensetzung der GuV im Gründungsjahr ist Tab. 61 zu entnehmen.

Tab. 61. Plan-GuV im Gründungsjahr

Soll		Haben
km-abhängige Kosten	606.138,00 €	Umsatzerlöse 1.260.000,00 €
Leasingrate	189.000,00 €	
Kraftstoffkosten Lkw	333.746,00 €	
Kraftstoffkosten Firmenwagen	6.000,00 €	
Schmierstoffkosten	13.510,00 €	
Reifenkosten	37.513,00 €	
Lkw-Maut	26.369,00 €	
Fahrerpersonalkosten brutto	310.807,00 €	
Personal Administration/Disposition brutto	19.440,00 €	
Personal Administration/Abrechnung brutto	12.000,00 €	
Personal Administration Geschäftsführung	51.000,00 €	
Personal Administration / Sonstiges	12.000,00 €	
Externe Beratung	12.000,00 €	
Fixkosten	87.954,00 €	
Kfz-Steuer	10.500,00 €	
Kfz-Versicherung	30.184,00 €	
Güterschadenhaftpflicht	7.000,00 €	
Garage/Unterstellplatz	3.570,00 €	
Kommunikation	5.600,00 €	
Gebäudemiete	11.500,00 €	
Firmenwagen	9.600,00 €	
BGA	10.000,00 €	
Kosten gesamt	1.111.339,00 €	
Jahresüberschuss	148.661,00 €	
	1.260.000,00 €	1.260.000,00 €

J.2 Kalkulation der GuV im Folgejahr

Basis der Kalkulation bilden die sieben Lkws für die Route von Bratislava nach Frankfurt am Main aus dem Gründungsjahr. Dieser Route wird nun ein weiterer Lkw hinzugefügt mit ebenfalls zwei Fahrern. Zu diesen acht Lkws kommen zusätzlich sieben weitere Lkws hinzu, die für die innerslowakischen Transporte eingesetzt werden. Aufgrund der angenommenen Laufleistung von 144.000 km pro Jahr (d.h. 600 km im Durchschnitt multipliziert mit 240 Einsatztagen pro Jahr) wird nur ein Fahrer benötigt. Die Kalkulation ist Tab. 62 zu entnehmen.

Tab. 62. Plan-GuV im Folgejahr

	Vorjahr	Erweiterung um 1 Lkw	7 neue Lkw	Summe
km-abhängiger Aufwand	**606.138 €**	**85.734 €**	**480.587 €**	**1.172.450 €**
Leasingrate	189.000 €	27.000 €	189.000 €	405.000 €
Kraftstoffkosten Lkw	333.746 €	47.678 €	249.480 €	630.904 €
Kraftstoffkosten Firmenwagen	6.000 €			6.000 €
Schmierstoffkosten	13.510 €	1.930 €	10.983 €	26.423 €
Reifenkosten	37.513 €	5.359 €	31.115 €	73.987 €
Lkw-Maut	26.369 €	3.767 €	0 €	30.136 €
Fahrerpersonalkosten brutto	**310.807 €**	**44.401 €**	**226.723 €**	**581.931 €**
Personal Administration/Disposition brutto	**19.440 €**	**- €**	**- €**	**19.440 €**
Personal Administration Abrechnung brutto	**12.000 €**	**- €**	**- €**	**12.000 €**
Personal Administration Geschäftsführung	**51.000 €**	**- €**	**- €**	**51.000 €**
Personal Administration / Sonstiges	**12.000 €**	**- €**	**- €**	**12.000 €**
Externe Beratung	**12.000 €**	**- €**	**- €**	**12.000 €**
Fixkosten	**87.954 €**	**6.812 €**	**47.684 €**	**142.450 €**
Kfz-Steuer	10.500 €	1.500 €	10.500 €	22.500 €
Kfz-Versicherung	30.184 €	4.312 €	30.184 €	64.680 €
Güterschadenhaftpflicht	7.000 €	1.000 €	7.000 €	15.000 €
Garage/Unterstellplatz	3.570 €	- €	- €	3.570 €
Kommunikation	5.600 €	- €	- €	5.600 €
Gebäudemiete	11.500 €	- €	- €	11.500 €
Firmenwagen	9.600 €	- €	- €	9.600 €
BGA	10.000 €	- €	- €	10.000 €
Aufwand gesamt	**111.339 €**	**136.947 €**	**754.985 €**	**2.003.271 €**
Umsatzerlöse	**1.260.000 €**	**180.000 €**	**866.880 €**	**2.306.880 €**
Jahresüberschuss	**148.661 €**	**43.053 €**	**111.895 €**	**303.609 €**

Zunächst soll die Erweiterung um nur einen Lkw betrachtet werden. Somit werden die vorherigen Kosten unter Annahme einer Laufleistung von 207.840 km lediglich für einen Lkw auf der Route von Bratislava nach Frankfurt am Main kalkuliert. Der Umsatzerlös durch die Erweiterung um nur einen Lkw beträgt 180.000 Euro.

Durch die Erweiterung um sieben neue Lkws betragen die km-abhängigen Kosten 480.578 Euro. In diesem Kostenblock ändern sich lediglich die Reifenkosten, Schmierstoffkosten und Kraftstoffkosten der Lkws. Die Maut, die Kraftstoffkosten des Firmenwagens und die Leasingraten bleiben von der geänderten Laufleistung von 144.000 km unberührt.

Aufgrund der Tatsache, dass im innerslowakischen Verkehr lediglich ein Fahrer tätig ist, beträgt der Fahrerlohn hier 32.389 Euro brutto, der mit dem Faktor sieben zu multiplizieren ist. Zusätzlich ist der Gehaltsposten der Disposition einzubeziehen, da ein erhöhter Einsatz an Lkws und damit verbundenen Sendungen ebenfalls die Arbeit der Disposition beeinflusst. Die übrigen Gehaltspositionen bleiben unberührt.

Die Fixkosten sind unabhängig von der Laufleistung kalkuliert.

Die Erweiterung um sieben Lkws erwirtschaftet folglich einen Umsatzerlös von 866.880 Euro. Dieser ergibt sich durch einen Kilometerpreis von 0,86 Euro multipliziert mit der Laufleistung und der Anzahl der eingesetzten Lkws. Durch Addition der einzelnen Umsatzerlöse (in Summe 2.306.880 Euro) mit Abzug des Gesamtaufwands in Höhe von 2.003.271 Euro ergibt sich ein Jahresüberschuss im Jahr 2008 von 303.609 Euro.

J.3 Die Plan- Bilanz im Gründungsjahr

Die Darstellung der Plan-Bilanz im Gründungsjahr ist Tab. 63 zu entnehmen. Unter genauerer Betrachtung der Plan-Bilanz für das Gründungsjahr wird deutlich, dass sich das Unternehmen in der Slowakei zu 100 % aus Eigenkapital finanziert. Zu beachten ist, dass die Steuerrückstellungen auf einem Körperschaftssteuersatz von 19 % basieren.

In der Gründungsbilanz wird ebenso deutlich, dass die Umsatzrentabilität, die im vorliegenden Fall vereinfachend als Verhältnis aus Jahresüberschuss zu den Umsatzerlösen ermittelt werden soll, schon im Gründungsjahr positiv ist. Sie beträgt

$$\text{Umsatzrentabilität} = \frac{148.661}{1.260.000} \times 100 = 11{,}8\% .$$

Im Vergleich dazu beträgt die Umsatzrentabilität im darauf folgenden Jahr 303.609/2.306.880 = 13,2 %. Demnach hat das Unternehmen durch die Ausweitung der Transporte erheblich seine Ertragskraft gesteigert.

Die Plan-Bilanz des Folgejahrs ist in Tab. 64 wiedergegeben.

Tab. 63. Plan-Bilanz im Gründungsjahr

Aktiva	EUR	Passiva	EUR
A. Umlaufvermögen		A. Eigenkapital	
I. Forderungen und sonstige Vermögensgegenstände		I. Gezeichnetes Kapital	20.000,00
1. Forderungen aus Lieferungen und Leistungen	270.236,00	II. Jahresüberschuss	120.415,41
2. Sonstige Vermögensgegenstände	0,00		*140.415,41*
	270.236,00	B. Rückstellungen	
		Steuerrückstellungen	28.245,99
		sonstige Rückstellungen	2.000,00
			30.245,99
II. Guthaben bei Kreditinstituten	425,40	C. Verbindlichkeiten	
	425,40	1. Verbindlichkeiten aus Lieferungen und Leistungen	70.000,00
		2. Sonstige Verbindlichkeiten	30.000,00
			100.000,00
	270.661,40		270.661,40

K. Fazit

Gegenwärtig ist der Transportmarkt durch den Einfluss der Kabotageregelung der EU und der Frachtraumverknappung gekennzeichnet, die insbesondere mit Preiserhöhungen und gesonderten Marktregulierungen einhergehen. Mit der Zielsetzung, diesen Marktgegebenheiten entgegen zu wirken, ergibt sich für das betrachtete Unternehmen die Überlegung, eine Niederlassung in der Slowakei zu gründen. Der Inhalt dieses Geschäftsmodells spiegelt dabei einerseits die Möglichkeit, kostengünstige Transporte innerhalb der Slowakei durchzuführen, andererseits aber auch, neue Frachträume zu schaffen, wider.

Die Analyse der Machbarkeit dieses Projektes beinhaltete neben der Definition des Geschäftsmodells auch die Einbeziehung der zu implementierenden Produkte, aber auch die Überprüfung der Fähigkeiten des Kompetenzteams vor Ort. Schließlich bildet die Kombination aus qualifizierten und erfahrenen Mitarbeitern mit einem erweiterbaren Geschäftsmodell und damit verbundenen Kundennutzen nicht nur einen Mehrwert für die slowakische Niederlassung, sondern ebenso für die Kunden.

Trotz bestehender Chancen und Risiken einer Ausweitung des Kundennetzwerkes, aber auch steigenden Abhängigkeit von bestehenden Kunden hat das betrachtete Unternehmen unter Fokussierung der bestehenden Stärken die Fähigkeit, das große Entwicklungspotenzial der Slowakei zu nutzen.

Tab. 64. Plan-Bilanz im Folgejahr

Aktiva	EUR	Passiva	EUR
A. Umlaufvermögen		A. Eigenkapital	
I. Forderungen und sonstige Vermögensgegenstände		I. Gezeichnetes Kapital	20.000,00
		II. Gewinnvortrag	120.415,41
1. Forderungen aus Lieferungen und Leistungen	616.024,41	III. Jahresüberschuss	245.923,29
			386.338,70
		B. Rückstellungen	
2. Sonstige Vermögensgegenstände	0,00		
		Steuerrückstellungen	57.685,71
		sonstige Rückstellungen	2.000,00
			59.685,71
II. Guthaben bei Kreditinstituten	20.000,00	C. Verbindlichkeiten	
		1. Verbindlichkeiten aus Lieferungen und Leistungen	140.000,00
		2. Sonstige Verbindlichkeiten	50.000,00
			190.000,00
	636.024,41		636.024,41

Aufbauend auf einer Kostenkalkulation für bestehende und zukünftige Transporte wird deutlich, dass das Unternehmen trotz des Kostendrucks in der Slowakei durch die strategische Ausrichtung von Kosten- und Qualitätsführerschaft wettbewerbsfähig ist. Auf Basis des Finanzmodells kann schließlich gefolgert werden, dass eine Gründung in der Slowakei empfehlenswert ist.

8.2 Fallstudie Existenzgründung[187]

Ausgangssituation

Anton Müller und Heinz Weis, zwei Hochschulabsolventen haben nach drei Jahren als Angestellte in einem weltweit bekannten Technologie-Konzern keine Lust mehr auf das Angestellten-Dasein. Sie überlegen daher, eine eigene Existenz zu gründen. Die Idee ist, eine neuartige Technologie zur Übertragung der digitalen Frequenzen auch für herkömmliche Fernsehgeräte zu einem Bruchteil des Preises, den die Vertreiber des digitalen Fernsehens für ihre Produkte verlangen, realisierbar zu machen.

Mit einem Koffer voller Unterlagen, ihrer Dynamik und der Idee, ihr Unternehmen „Cybercom" oder auch anders zu nennen, gehen sie zu ihrer Hausbank, der Verschuldnix AG, um über ein Existenzgründerdarlehen in Höhe von ca. 250.000 Euro zu verhandeln. Der zuständige Firmenkundenbetreuer, Herr Karl-Heinz Milewski, ein grauhaariger, älterer Herr in einem feinen dunkelblauen Anzug hört sich die Idee der beiden 30 Minuten lang an und lächelt dann mitleidig. Anschließend stellt er die Frage, wie hoch denn das Eigenkapital der beiden sei. Als diese erwidern, dass sie lediglich 5.000 Euro aufbringen können, bittet er die beiden, sich doch zunächst ein paar Gedanken über die weitere Geldbeschaffung zu machen. Außerdem sollten Sie eine Plan-Bilanz für die Gründung erstellen sowie einen Liquiditätsplan für die kommenden 12 Monate, um eine mögliche Kreditvergabe abschließend beurteilen zu können. Diese sei aus seiner Sicht aber nicht sehr aussichtsreich.

Nicht gerade ermutigt gehen unsere beiden Existenzgründer wieder nach Hause, um ihre „Hausaufgaben" zu erledigen.

Problemstellung 1

Zunächst wollen sich die beiden über die Rechtsform ihres Unternehmens Gedanken machen, um darüber möglicherweise weiteres **Eigenkapital** zu beschaffen. Helfen Sie den beiden, indem Sie die möglichen Rechtsformen in Bezug auf die Eigenkapitalbeschaffung mit ihren Vor- und Nachteilen gegenüberstellen und zu einer abschließenden Empfehlung gelangen. Hier ist nicht die Lösung entscheidend, sondern eine systematische Gegenüberstellung gemäß der acht Kriterien zur Wahl der Rechtsform. Lassen Sie sich bei Ihrer Empfehlung vom Ergebnis im Fortgang der Fallstudie nicht beeinflussen.

Beachten Sie bei der Lösung der Problemstellung nur den Aufgabentext *vor* der Problemstellung 1.

Unsere beiden „Freunde" haben ihren Onkel Max für ihre Idee gewinnen können. Er stellt ihnen als Privatdarlehen 25.000 Euro zinslos zur Verfügung. Somit steht der Gründung der Cybercom GmbH nichts mehr im Wege. Außerdem ist er bereit, als Bürge gegenüber der Hausbank aufzutreten.

[187] Lösungshinweise zur Fallstudie finden sich in Anhang 3.

Weiterhin tragen unsere Existenzgründer die Daten für die Bank zusammen, um daraus die geforderte Gründungsbilanz sowie den Liquiditätsplan für die kommenden 12 Monate zu erstellen.

Vor kurzem wurde Heinz Weis ein schönes Büro mit einer kleinen Werkstatt angeboten, das ideal den Bedürfnissen des zu gründenden Unternehmens entsprechen würde. Das Büro hat eine Fläche von 100 qm zu einer Miete von 16,00 Euro/qm. Die angrenzende Werkstatt mit einer Fläche von 35 qm zu einem Quadratmeterpreis von 7,50 Euro. Drei Pkw-Stellplätze kosten pro Monat zusammen 90,00 Euro. An Nebenkosten sind etwa 250 Euro pro Monat zu veranschlagen. An laufenden Bürokosten werden 500 Euro pro Monat veranschlagt.

In der ersten Phase wird an Personal eine Sekretärin, eine Verkaufssachbearbeiterin sowie ein Techniker benötigt. Zu den aufgrund der Marktlage erwarteten Bruttolöhnen kommen Nebenkosten von ca. 50% dazu, die ebenfalls zu kalkulieren sind. Die Bruttolöhne werden in der folgenden Tabelle zusammengestellt.

Position	Monatsgehalt in Euro	Anzahl der Monate	Pensionszusage
Sekretärin	3.250	12	Ja
Verkaufssachbearbeiterin	2.700	12	Nein
Techniker	3.650	12	Nein

Für die Pensionszusage der Sekretärin sind im Monat 120 Euro als Rückstellung zu bilden.

Die Büroausstattung beinhaltet die Einrichtung von 4 Büros sowie ein Besprechungszimmer. Hier soll gespart werden und die Ausstattung über einen Möbelabholmarkt gedeckt werden. Trotz der kostengünstigen Beschaffung werden dafür 22.500 Euro benötigt. Steuerlich wird eine Nutzung über 10 Jahre angesetzt. Die PC-Ausstattung erfordert lediglich ca. 6.000 Euro inklusive Drucker, weil ein früherer Studienkollege auf diesem Gebiet zwischenzeitlich ein gut laufendes Geschäft betreibt und mit günstigen Preisen behilflich ist. Die Nutzung wird hierbei vom Finanzamt mit 4 Jahren veranschlagt. Die Telefonanlage wird von der Telekom für 10 Jahre gemietet und kostet monatlich 175 Euro. Der Kopierer, das Faxgerät und ein für den Verkauf notwendiges Videogerät werden für zusammen 212,50 Euro pro Monat geleast. Der Leasingvertrag hat eine Laufzeit von 3 Jahren.

Die Ausstattung der Werkstatt mit den benötigten Gerätschaften kostet ca. 75.000 Euro. Das Finanzamt rechnet mit einer Nutzung über 5 Jahre. In der Werkstatt werden lediglich Kleinteile benötigt, da die Komponenten für die Produkte, die verkauft werden sollen, in Asien eingekauft und in Deutschland lediglich montiert werden sollen. An Kleinteilen werden durchschnittlich pro Monat 750 Euro benötigt, die in jedem Monat zu berücksichtigen sind, egal wie hoch der Absatz ist.

Unsere beiden Jungunternehmer wollen sich aufgrund ausgedehnter Akquisitionstouren jeweils ein Fahrzeug leisten. Die Leasingraten belaufen sich auf 500 Euro pro Monat für jeweils einen 5er BMW. Eine Anzahlung wird nicht fällig. Die laufenden Kosten wie Versicherungen, Autotelefon, Benzin und Wartung werden mit ca. 550 Euro pro Fahrzeug und Monat angesetzt.

Als Gehalt setzen Anton Müller und Heinz Weis für sich jeweils 2.500 Euro an, die sie sich aber erst in guten Zeiten entnehmen wollen. Solange leben beide von den Gehältern ihrer Ehefrauen. Die Kosten für die Reisen zu den asiatischen Subunternehmern werden gesondert abgerechnet und werden mit ca. 1.000 Euro pro Monat für das erste Jahr erwartet.

Das Marktpotenzial für die zu verkaufenden Produkte wird für das erste Jahr als sehr gut bezeichnet. Um eine gute Marktakzeptanz sowie Marktdurchdringung zu gewährleisten, sollen drei Produkte mittels Preisdifferenzierung angeboten werden.

Produkttyp	Nettomarktpreis in Euro je Stück	Einkaufspreis der Komponenten in Euro je Stück	Erwarteter Absatz in Stück
Primus	28,75	7,50	1.850
Select	22,50	6,00	2.750
Basic	17,50	3,75	14.050

Die Aufteilung der Absatzzahlen aus der vierten Spalte auf die Monate sieht wie folgt aus:

Typ	Jan.	Feb.	März	Apr.	Mai	Juni	Juli	Aug.	Sept.	Okt.	Nov.	Dez.
Primus	0	25	25	50	50	100	100	200	200	300	300	500
Select	0	25	50	75	100	150	200	250	300	350	500	750
Basic	0	50	100	250	400	500	750	1000	1500	2000	2500	5000

Da das gesamte Fremdkapitalvolumen noch nicht bekannt ist, soll auf die Berücksichtigung von Fremdkapitalzinsen verzichtet werden.

Problemstellung 2

Um die Höhe der **langfristigen Fremdkapitalfinanzierung** zu ermitteln, sollen Sie eine Bilanz für den Zeitpunkt der Gründung (**Gründungsbilanz**) erstellen. Ein evtl. fehlender Kapitalbetrag wird über ein langfristiges Gründungsdarlehen finanziert.

Weiterhin haben Sie die Aufgabe, für die ersten 12 Monate einen Liquiditätsplan (kurzfristigen Finanzplan) zu entwickeln. Dieser soll den **kurzfristigen Kapitalbedarf** aufzeigen. Überlegen Sie, welche Daten dafür notwendig sind und welchen Aufbau der **Liquiditätsplan** aufweisen muss, um die Höhe des dafür notwendigen

Kontokorrentkredits festzustellen. Verwenden Sie zur Lösung das nachfolgende Muster zur Aufstellung des Liquiditätsplans. Wenn Sie sich bei der Bearbeitung unsicher sind, geben Ihnen die nachfolgenden Bearbeitungshinweise weitere Tipps.

Gehen Sie davon aus, dass sich alle Preisangaben ohne Mehrwertsteuer verstehen. Bei allen Überlegungen soll von einer Berücksichtigung der Mehrwertsteuer abgesehen werden.

Beachten Sie bei der Lösung der Problemstellung nur den Aufgabentext *vor* der Problemstellung 2 inkl. der aktuellen Änderungen.

Das Muster zur Aufstellung des Liquiditätsplans sieht folgendermaßen aus:

Monat	Januar	Februar	März	April	...
Position					
Liquidität am Monatsanfang					
Absatz Primus					
Umsatzeinzahlungen Primus					
Absatz Select					
Umsatzeinzahlungen Select					
Absatz Basic					
Umsatzeinzahlungen Basic					
= Summe Einzahlungen					
Mietzahlungen					
Leasingzahlungen					
usw.					
...					
= Summe Auszahlungen					
= Cash Flow					
= Liquidität am Monatsende					

Hinweise zur Bearbeitung der Problemstellung 1: Erstellen Sie zunächst die Gründungsbilanz. Welche Vermögensgegenstände sind in die Bilanz aufzunehmen (Aktiva)? Denken Sie daran, dass nur Vermögensgegenstände aufgenommen werden dürfen, die sich im Eigentum des Unternehmens befinden, also nicht geleast oder gemietet sind. Die Gründungsbilanz beinhaltet zudem nur Positionen zum Zeitpunkt der Gründung; die im Text genannte Rückstellung z.B. wird erst später gebildet und gehört daher nicht in die Gründungsbilanz. Abweichend zu den bisherigen Fällen ist hier das Eigenkapital gegeben und das Fremdkapital ist zu ermitteln. Dazu müssen Sie die Bilanzsumme Aktiva mit dem vorhandenen Eigenkapital

„vergleichen". Der Fehlbetrag wird durch das Gründungsdarlehen (Fremdkapital) beschafft.

Erstellen Sie danach den Liquiditätsplan, der alle Ein- und Auszahlungen enthält, die im ersten Jahr voraussichtlich anfallen werden. Berücksichtigen Sie auch hier wieder nur die Angaben, die bis zur Problemstellung 2 gegeben wurden. Treffen Sie erst einige Vorüberlegungen, welche der genannten Beträge Auszahlungen **und/oder** Aufwand darstellen. Nutzen Sie hierzu das obige Muster.

Mit diesen Vorüberlegungen können Sie den Liquiditätsplan erstellen. Der Liquiditätsplan soll nur die **laufenden** Ein- und Auszahlungen enthalten. Die zahlungswirksamen Geschäftsvorfälle, die Sie bereits in der Bilanz berücksichtigt haben, müssen im Liquiditätsplan nicht mehr berücksichtigt werden. Da das Gründungsdarlehen genau den Fehlbetrag deckt, ist die Liquidität am Monatsanfang Januar gleich null. Die Einzahlungen ergeben sich über die Umsatzeinzahlungen. Diese berechnen sich bekanntermaßen als Preis × Menge. Über den Nettomarktpreis und die geplanten Absatzzahlen können Sie somit die Einzahlungen für jeden Monat ermitteln. Vielleicht gelingt es Ihnen, eine Formel in Microsoft EXCEL® vorzugeben, mit der Sie die Berechnung automatisieren können.

Die Auszahlungen sind bis auf den Wareneinsatz (Komponenten) in jedem Monat gleich. Der Wareneinsatz ist abhängig von den o.g. Absatzzahlen. Vielleicht können Sie auch hier mit einer Formel die Berechnung vereinfachen.

Wenn Sie dann der Liquidität am Monatsanfang die Einzahlungen hinzuaddieren und die Auszahlungen abziehen, erhalten Sie die Liquidität am Monatsende. Diese können Sie wiederum als Anfangsliquidität des Folgemonats übernehmen.

Fortgang der Fallstudie:

Bei einer erneuten Vorstellung bei der Verschuldnix AG werden unsere beiden Existenzgründer vom jungen Firmenkundenberater Gustav Blank betreut. Dieser ist im Gegensatz zu seinem Kollegen von der Produktidee und dem Elan der beiden Jungunternehmer begeistert.

Auf Grundlage der ihm vorliegenden Liquiditätsplanung bewilligt er ein Gründungsdarlehen für die Erstinvestitionen in Höhe von 100.000 Euro sowie einen Kontokorrentkredit für die laufenden Zahlungen in Höhe von 200.000 Euro.

Da dies eine etwas geringere Liquidität als geplant ist, müssen sich die beiden Unternehmer überlegen, wie sie ca. 2.500 Euro sparen. Sie entscheiden sich für eine kleinere Telefonanlage (monatliche Leasingrate 75 Euro) und günstigere Bürogeräte (monatliche Leasingrate 112,50 Euro).

Im Laufe des Jahres stellt sich allerdings wie so oft bei Existenzgründungen heraus, dass der Absatz zu hoch und die Kosten zu niedrig angesetzt wurden. Aus diesem Grund gewährt Herr Blank den beiden Gründern einen um 65.000 Euro höheren Kontokorrentkredit. Da Onkel Max hierfür nicht mehr bürgen möchte, erhält die Bank als Gegenleistung eine Globalzession auf alle Forderungen der Cybercom GmbH.

Vor allem die Absatzseite ließ sehr zu wünschen übrig und stellt sich am Jahresende wie folgt dar:

Typ	Jan.	Feb.	März	Apr.	Mai	Juni	Juli	Aug.	Sept.	Okt.	Nov.	Dez.
Primus	0	0	14	21	32	55	87	187	201	256	244	321
Select	0	0	54	64	76	122	167	221	235	318	443	531
Basic	0	30	46	141	156	237	578	782	976	1457	1675	2534

Auf der Aufwandsseite haben sich vor allem folgende Aufwandsarten nachhaltig negativ entwickelt:

Aufwand	Jan.	Feb.	März	Apr.	Mai	Juni	Juli	Aug.	Sept.	Okt.	Nov.	Dez.
Bürokosten	1500	870	1200	1320	670	780	1230	1440	1600	1800	980	880
Kleinteile	1800	3000	1250	1500	1450	1750	2200	2300	1700	1600	1800	2300
Kfz-Kosten*	3200	2400	2000	3600	4000	4500	4800	4600	4500	5000	5600	4000
Reisekosten	4500	5000	2000	2100	3600	4000	6500	1000	1500	4500	6000	3000

* Die Kfz-Kosten verstehen sich ohne Leasing-Raten

Bei einer vorläufigen Aufstellung einer fortgeschrieben Gewinn- und Verlustrechnung stellen die beiden Existenzgründer zu ihrem Schrecken fest, dass der Verlust exorbitant hoch ausfallen wird, wenn sich nichts Wesentliches verändert. Da sie außerdem wissen, dass Banken vor allem auf den Gewinn und weniger auf die Liquidität bei existierenden Unternehmen schauen, überlegen sie sich, was sie unternehmen können, um die Kündigung der Kreditlinien zu verhindern. Dies hätte nicht nur den Verlust ihres gesamten Privatvermögens zur Folge, sondern auch die Verpflichtung ihres Onkels, aus der Bürgschaft die Bank zu bezahlen. Dies wollen sie unbedingt verhindern.

Sie korrigieren die der Bank vorzulegenden geplanten Absatzmengen für das 2. Jahr nach oben und kaufen sowohl im Oktober, im November als auch im Dezember jeweils 2.000 Stück Komponenten der einzelnen Produkttypen ein. Außerdem erwerben Sie im Oktober, November und Dezember jeweils für 1.500 Euro zusätzliche Kleinteile, die sie für den Zusammenbau dieser zusätzlichen Stückzahlen benötigen. Am Jahresende bewerten Sie in Absprache mit ihrem Steuerberater Max Schlau, einem langjährigen Freund aus Studientagen, die auf Lager liegenden Produkte aufgrund der Montage und Veredelung der eingekauften Komponenten mit folgenden Preisen:

Typ	Bilanzwert je Stück
Primus	26,00
Select	20,50
Basic	15,50

Es kann weiterhin davon ausgegangen werden, dass alternativ am Kapitalmarkt Gelder zu 10% angelegt werden können. Die Inflationsrate wird in den nächsten 10 Jahren mit 2% pro Jahr als konstant angenommen. Alle Abschreibungen verstehen sich linear.

Problemstellung 3

Erstellen Sie anhand der vorliegenden Angaben eine **Ist-Bilanz** und die **Ist-Liquiditätsrechnung** der Cybercom GmbH zum Ende des ersten Jahres. Weiterhin sollen Sie das Ergebnis des Unternehmens für das erste Jahr anhand einer Gewinn- und Verlustrechnung sowie der Kostenrechnung ermitteln.

Überlegen Sie sich zunächst, welche Rechnungen Sie zuerst erstellen sollten und wie welche Rechnungen voneinander abhängen. Der Liquiditätsplan soll wieder monatlich entwickelt werden. Den **Gewinn bzw. Verlust** der Gewinn- und Verlustrechnung können Sie zusammengefasst für das erste Jahr ermitteln.

Wie beurteilen Sie die Lage der Cybercom GmbH anhand der vorliegenden Daten?

8.3 Fallstudie T-Mobile vs. Vodafone[188]

Hintergrundinformationen

Sie sind Vorstandsassistent des Vorstandes der Deutschen Telekom AG (DTAG) im Jahr 2003. Ihr Vorgesetzter, der Vorstandsvorsitzende Dr. Roland Winter, hat von einem „Freund" erfahren, dass ein bedeutender Konkurrent der DTAG, die britische Vodafone Group Plc (Vodafone) derzeit ein neues Geschäftskonzept entwickelt. Vodafone ist das größte Unternehmen der Welt im Mobilfunkbereich und stellt ein breites Sortiment von Service-Angeboten bereit, einschließlich Sprach- und Datenkommunikation. Vodafone ist damit der größte Wettbewerber des Mobilfunkgeschäfts der Deutsche Telekom AG, das – wie Sie wissen – von der Tochtergesellschaft T-Mobile Deutschland GmbH (T-Mobile) geführt wird. Vodafone möchte den Gerüchten zufolge die Mobilfunktechnik dazu nutzen, um auch Dienste außerhalb des traditionellen Mobilfunkbereichs anzubieten. Der Freund hat auch ein paar Screenshots aus dem Vodafone Forschungs- und Entwicklungszentrums (Group R&D) mitgebracht.

Kernstück des ganzen Konzeptes ist der sogenannte **Communicator**, den man sehr vereinfachend als völlig neuartiges Handy beschreiben könnte. Allerdings leistet der Communicator viel mehr als ein Handy; er ist eher – wie der Name schon sagt – eine Kommunikationszentrale. Der Communicator ist aber nicht die einzige Neuerung. Zusätzlich entwickelt Vodafone Geräte, die den Communicator ergänzen. Beispielsweise entwickelt Vodafone ein sogenanntes **Visual Bracelet** (Bracelet = engl. Armband), mit dem sich in Verbindung mit dem Communicator nicht nur Musikvideos downloaden und abspielen lassen, sondern das quasi auch als Video-Handy dienen kann. Für den Business-Einsatz wird für den Communicator auch ein sogenanntes **Electronic Paper** entwickelt, mit dem sich unterwegs Text und Grafiken darstellen lassen. Man kann sich etwa Word-Dokumente oder Excel-Dateien auf den Communicator übertragen und diese dann hochauflösend und ohne Kabel auf dem Electronic Paper darstellen lassen. Das Electronic Paper lässt sich sogar falten, so dass es platzsparend verstaut werden kann. Für den Privatanwender wurde aufbauend auf der Technologie des Electronic Paper ein sogenanntes **Digital score** entwickelt. Hiermit lassen sich Filme und Musikvideos direkt vom Communicator aus abspielen. Zudem können Videospiele gespielt werden.Schließlich wird für medizinische Zwecke ein sogenanntes **Sensor Bracelet** entwickelt, mit dem bei Patienten mit einem hohen Krankheitsrisiko (z.B. Herzinfarkt) die lebenswichtigen Funktionen wie Herzschlag,

[188] Die Fallstudie basiert auf der „Vodafone Future Vision". Jedoch sind alle Daten und Personen frei erfunden. Wir danken Frau Gabriele Dangel, Group New Media Manager, Corporate Affairs, Vodafone Group. Lösungshinweise finden sich in Anhang 3.

Puls und Blutdruck online überwacht werden können. Im Notfall verbindet sich das Gerät selbst mit dem behandelnden Arzt, der dem Patienten Ratschläge geben oder einen Notarzt benachrichtigen kann.

Dr. Winter ist außer sich, weil Vodafone damit ein ganz neues Geschäftsmodell umsetzen würde. Bislang hatte Vodafone im Bereich des Mobilfunks genau das gleiche Produkt- und Dienstleistungsangebot wie T-Mobile. Das würde sich mit den Neuentwicklungen ändern. Vodafone könnte auch Dienstleistungen anbieten, für die man bislang eine Kabelanbindung benötigte (beispielsweise für die Internetübertragungstechnik DSL). Weiterhin würde Vodafone die oben genannten High-Tech-Produkte auch selbst produzieren. T-Mobile hat bislang Handys und ähnliche Geräte nicht selbst hergestellt, sondern von Drittfirmen wie beispielsweise Nokia zugekauft und dann an den Kunden weiterverkauft. Zuletzt würde Vodafone auch die entsprechende Dienste selbst anbieten, d.h. Vodafone würde an jedem downgeloadeten Musikvideo oder Film, jeder mit dem Electronic Paper gelesenen Tageszeitung und jeder Konsultation eines Arztes über das Sensor Bracelet verdienen.

Allgemeine Wettbewerbssituation

Die klassische Marktforschung versagt bei der Untersuchung solch innovativer Produkte. Da der Markt noch nicht existiert, können Sie auch nicht auf Erfahrungswerte zurückgreifen. Befragungen bergen die Gefahr von Fehldiagnosen. Probanden besitzen häufig keinerlei Vorstellungen über die Technik und persönliche negative Einstellungen können Auswertungen verfälschen. Da der Wettbewerber Vodafone bislang nur ein Mobilfunkunternehmen ist, legt Ihnen Ihr Kollege Fritz Schlau für den Teil „Markt, Kunden und Konkurrenten“ des Business Plans Informationen zur Wettbewerbssituation von T-Mobile aus dem Jahre 2003 vor. Andere Informationen sind im Moment nicht aufzutreiben. T-Mobile unterhält das größte GSM-Netz Europas (GSM ist der derzeit vorherrschende Übertragungsstandard für den Mobilfunk) und deckt in Deutschland 98 % der Bevölkerung und Fläche ab. Mit 24,6 Millionen Kunden und 42 % Marktanteil ist das Unternehmen Markt- und Innovationsführer in Deutschland vor Vodafone mit 38 %, E-Plus mit 12 % bzw. O2 mit 8 %. Nach der Telecom Italia rangiert die T-Mobile in Europa auf dem zweiten Platz vor Vodafone.

Die Marke „T-Mobile“ ist erfolgreich im internationalen Marktgefüge aufgebaut. Mit dem starken Konzern Deutsche Telekom AG im Hintergrund (strategisch wie finanziell) gehört T-Mobile zu den „Global Playern“. Durch die Größe des Gesamtkonzerns sowie durch strategische Partnerschaften kann das Unternehmen wirtschaftlich günstige Skaleneffekte („Economies of Scale“) auf der Beschaffungsseite erzielen, neue Marktanforderungen aufnehmen (z.B. Ersteigerung von Lizenzen zum neuen Übertragungsstandard UMTS im August 2000 und Aufbau der notwendigen Netzinfrastruktur) bzw. den Markt selbst beeinflussen. T-Mobile hat in den letzten Jahren kontinuierlichen Netzausbau betrieben und besitzt eine hohe Netzqualität – was durch die Marktführerschaft in Deutschland untermauert wird. In wichtigen Märkten verfolgt T-Mobile die Strategie des qualitativen Wachstums und verstärkt somit ihre Kundenwertorientierung. Der Finanzchef von T-Mobile verweist Ihnen gegenüber auf die hohe Erfolgszahl im Geschäftskundenbereich. T-Mobile verfügt über starke strategische Allianzen und kann vernetzte Wertschöpfungsketten nutzen, auch international. Dies ist eine notwendige Voraussetzung, um mit dem Trend der Globalisierung und Konvergenz Schritt zu halten. Darüber hinaus ist T-Mobile Teil des Konzerns Deutsche Telekom AG. Im Gegensatz zu Skaleneffekten („Economies of Scale") und Marktposition können aufgrund der Unternehmensgröße Änderungen der Marktprozesse nur mit Zeitverzug realisiert werden. Das Telekommunikationsgesetz setzt die Rahmenbedingungen für das Agieren am Markt und beeinflusst nahezu alle Entscheidungen der Konzernmuttergesellschaft DTAG. Die DTAG unterliegt im Gegensatz zu ihren Wettbewerbern als marktbeherrschendes Unternehmen einer strikten staatlichen Regulierung, verbunden mit sehr weitgehenden behördlichen Eingriffsbefugnissen. Wesentliche Tarifentscheidungen und wichtige Angebote der DTAG an Wettbewerber und Endkunden unterliegen der Genehmigungspflicht (z.B. Produktgestaltung oder Preismaßnahmen im Anschlussbereich). In einer Studie, die Ihr Kollege kürzlich für den Vorstand zusammenstellte, fasste er seine Ergebnisse mit der Aussage zusammen, dass die Märkte für Telekommunikation (z.B. Mobilfunk) und Informationstechnologie (z.B. Datenverarbeitung am PC) immer stärker zusammenwachsen werden. Der Schwerpunkt der mobilen Kommunikation werde in Zukunft auf den Datendiensten liegen. Diese bündeln Sprache, Text, Bilder, Musik und Filmsequenzen in einem Endgerät – eben so, wie es jetzt bei Vodafone in Planung ist.

Marktprognose

Da sowohl bei Vodafone als auch bei T-Mobile zunächst Prototypen der Geräte entwickelt werden müssen, ist ein Vertrieb der Geräte erst in der zweiten Jahreshälfte möglich. Ihr Kollege Fritz Augur von der Abteilung Marktforschung rechnet für den Gesamtmarkt mit folgenden Absatzzahlen (in Stück) für solche Endgeräte:

Absatz je Produkttyp in Stück	Juli	August	September	Oktober	November	Dezember
Communicator	87.000	187.000	201.000	256.000	244.000	321.000
Visual Bracelet	43.500	93.500	100.500	128.000	122.000	160.500
Electronic Paper	17.400	37.400	40.200	51.200	48.800	64.200
Digital Score	26.100	56.100	60.300	76.800	73.200	96.300
Sensor Bracelet	5.780	7.820	9.760	14.570	16.750	25.340

Ihr Vorstandsvorsitzender, Dr. Winter, ist sich sicher, dass T-Mobile einen Marktanteil in Höhe von 60% erreichen wird. Er fragt aber auch, wie das Ergebnis aussehen würde, wenn der Marktanteil nur 10% beträgt.

T-Mobile solle seinen Marktanteil mit den folgenden Verkaufspreisen erzielen:

Produkttyp	Verkaufspreis (in Euro)
Communicator	245,00 €
Visual Bracelet	490,00 €
Electronic Paper	1.360,00 €
Digital Score	1.100,00 €
Sensor Bracelet	2.500,00 €

Jeder Käufer eines Communicators muss bei Kauf des Geräts ein auch festes Datenübertragungsvolumen erwerben. Hierfür sind im Monat des Kaufs einmalig 50 Euro fällig. Gehen Sie vereinfachend davon aus, dass dieses Datenvolumen mehrere Monate ausreicht, d.h. jeder Kunde kauft im aktuellen Jahr nur einmal das Datenvolumen.

Planungen von T-Mobile

Da T-Mobile bislang noch überhaupt keine Vorbereitungen für eine solche Markteinführung getroffen hat, müssen zum 1.1. von der Firma Cybersystems GmbH die Lizenzrechte für ein Patent erworben werden, mit dem sich die verschiedenen Produkttypen herstellen lassen. Die Lizenzrechte werden über 5 Jahre abgeschrieben. Für die Lizenzrechte verlangt die Cybersystems GmbH einmalig eine Zahlung von 500.000 Euro, fällig im Januar. Zudem muss T-Mobile 10% der Umsatzeinzahlungen mit den fünf Produkttypen als Lizenzgebühr an die Cybersystems GmbH zahlen (Fälligkeit jeweils im Monat des Umsatzes).

Darüber hinaus werden zum 1.1. von der Allgemeinen Maschinen AG (AMAG) Maschinen für 200.000 Euro gekauft, mit denen sich die Endgeräte produzieren lassen. Die Maschinen werden sofort bezahlt. Die zu erwartende wirtschaftliche Nutzungsdauer der Maschinen beträgt 5 Jahre.

Betriebs- und Geschäftsausstattung wird ebenfalls im Januar im Wert von 240.000 Euro bar gekauft. Die wirtschaftliche Nutzungsdauer wird von der Finanzbuchhaltung mit 4 Jahren angegeben.

Ebenfalls im Januar wird ein Werbevertrag mit der Agentur **Publicas Tech** (Publicas) mit Vertragslaufszeit vom 1.1. bis zum 31.12. abgeschlossen. Dieser Werbevertrag sieht vor, dass die gesamten Marketing-Aktivitäten für die neuen Endgeräte von Publicas erbracht werden. Publicas erhält dafür ein monatliches Honorar in Höhe von 15.000 Euro. Ab Juli werden zusätzlich Anzeigen geschaltet, so dass sich das Honorar für Publicas auf 150.000 Euro verzehnfacht. In einer Klausel des Werbevertrags steht, dass sich der Vertrag automatisch um ein Jahr verlängert, wenn er nicht per 30.11. gekündigt wird.

Im Januar werden 25 Mitarbeiter eingestellt; wenn die Verkaufsphase im Juli beginnt, wird der Mitarbeiterstamm auf 50 Mitarbeiter aufgestockt. Der durchschnittliche Brutto-Monatslohn beträgt 3.500 Euro. Die Lohnnebenkosten betragen ca. 50%. Für die gesamte Leitung des Unternehmens sollen – unabhängig von der Rechtsform – ab Januar monatlich noch einmal 45.000 Euro (inkl. etwaiger Nebenkosten) veranschlagt werden. Nur für die Mitglieder der Unternehmensleitung wird eine Pensionszusage gegeben, für die monatlich 1.000 Euro als Rückstellung zu bilden ist.

Für die ab Januar geleasten Firmenwagen wird eine monatlich Leasingrate in Höhe von 6.000 Euro fällig.

Für die Herstellung der 5 Produkte sind Vorprodukte einzukaufen (Wareneinsatz), deren Kosten je Stück des Endprodukts in der folgenden Tabelle angegeben werden:

Produkttyp	Einkaufspreis (in Euro)
Communicator	100,00 €
Visual Bracelet	200,00 €
Electronic Paper	400,00 €
Digital Score	600,00 €
Sensor Bracelet	1.200,00 €

Der Wareneinsatz ist jeweils im Monat der Herstellung zu beschaffen. Für die Jahresproduktion werden Roh-, Hilfs- und Betriebsstoffe im Wert von 60.000 Euro benötigt, deren Anschaffung bereits zum 1.1. erfolgt. Der Verbrauch dieser Roh-, Hilfs- und Betriebsstoffe erstreckt sich jeweils gleichmäßig über die Produktionsmonate Juli bis Dezember.

Die Finanzabteilung des Konzerns macht für Gründungen neuer Tochtergesellschaften folgende Rahmenvorgaben:

- Anfangsbestand Liquide Mittel: 100.000 Euro
- Gründungsfinanzierung: 25% Eigenkapital und 75% Fremdkapital

Die Hausbank des Konzerns bietet einen Kredit für diese Fremdkapitalfinanzierung in entsprechender Höhe mit einer jährlichen Verzinsung von 8% an. Die Zinsen sind im Dezember zahlbar; eine Tilgung soll im laufenden Jahr nicht berücksichtigt werden.

Berücksichtigen Sie weiterhin die folgenden Annahmen:

- Aus Vereinfachungsgründen sollen für Kontoüberziehungen keine Zinsen berechnet werden.
- Mehrwertsteuer ist nicht zu berücksichtigen.

- Es gelten die deutschen (handelsrechtlichen) Rechnungslegungsvorschriften.
- Abschreibungen erfolgen im Dezember.

Problemstellung

Nach der Meinung von Dr. Winter muss T-Mobile so schnell wie möglich nachziehen und einen entsprechenden Geschäftsbereich gründen. Für diesen Geschäftsbereich soll eine neue Tochtergesellschaft gegründet werden. Sie werden mit der Erstellung des Business Plans für diesen neuen Geschäftsbereich beauftragt! Da Dr. Winter sehr kurzfristig denkt, wünscht er nur eine Planung für das laufende Jahr.

Gehen Sie davon aus, dass Ihr Chef über die folgenden Punkte informiert werden will und beachten Sie seine Vorgaben:

- Vision, Leitbild, Unternehmensstrategie und Geschäftsstrategie
- Markt, Kunden und Konkurrenten (z.B. SWOT-Analyse in Tabellenform, Wettbewerbsanalyse nach Porter)
- Rechtsform
- Organisation
- Gründungsbilanz zum 1.1.
- Liquiditätsplan für das laufende Jahr in monatlicher Darstellung
- Gewinn- und Verlustrechnung für das laufende Jahr in monatlicher Darstellung

Bedenken Sie, dass Vision und Leitbild und Unternehmensstrategie für den Deutsche Telekom Konzern einheitlich sein müssen, während die Geschäftsstrategie nur für den neuen Geschäftsbereich gilt. Hinsichtlich des Namens für den Geschäftsbereich, die Produkte oder ein neu zu gründendes Unternehmen lässt Ihnen Dr. Winter völlig freie Hand. Sie sollten aber Überlegungen anstellen, wie Sie Ihre Geschäftsidee neben den bestehenden Patenten noch schützen können.

Anhang 1: Existenzgründungs-Förderprogramme

Existenzgründungs- & Mittelstandsförderung

Bundesministerium für Wirtschaft und Technologie (BMWi)
Detaillierte Informationen über die Existenzgründungs- und Mittelstandsförderung durch das ERP-Sondervermögen und andere Fördermaßnahmen; Überblick über die Beteiligung des Bundes an der Regionalförderung der Länder über die Gemeinschaftsaufgabe „Verbesserung der regionalen Wirtschaftsstruktur" (GA); telefonische Beratung zu den Förderprogrammen des Bundes, der Länder und der EU im Bereich der gewerblichen Wirtschaft:

- Existenzgründungsförderung
- Gemeinschaftsaufgabe „Verbesserung der regionalen Wirtschaftsstruktur"
- Internet: http://www.bmwi.de/

KfW Mittelstandsbank
Förderung des Mittelstandes, von Gründern, Freiberuflern und Start-ups durch langfristige Kredite, mezzanine Finanzierungen, Beteiligungskapital, Suche nach Risikokapital und Beratungsangebote.
Internet: http://www.kfw-mittelstandsbank.de/

Bundesamt für Wirtschaft und Ausfuhrkontrolle (BAFA)
Förderung von Unternehmensberatungen sowie Informations- und Schulungsveranstaltungen für kleine und mittlere Unternehmen und Existenzgründer
Internet: http://www.bafa.de/

Forschungs- & Innovationsförderung, e-Business

Bundesministerium für Wirtschaft und Technologie (BMWi)
Fördermaßnahmen für den innovativen Mittelstand mit den Förderlinien „Innovation", „Forschungskooperation" und „Technologieorientierte Serviceeinrichtungen"; Übersicht über Projekte und Wettbewerbe zur Innovationsförderung; Förderung von Forschung und Entwicklung in der Wirtschaft; Förderung des Patentwesens; Erfinderförderung
Internet: http://www.bmwi.de/

Bundesministerium für Bildung und Forschung (BMBF)
Forschungsförderung des Bundes, Hinweise auf aktuelle Ausschreibungen und Förderprogramme, Förderkatalog von BMBF und BMWi mit Informationen zu ca. 90.000 Vorhaben aus Forschung und Entwicklung
Internet: http://www.bmbf.de/

KfW Mittelstandsbank
Kredit- und Beteiligungsprogramme für innovative Unternehmen (u.a. ERP-Innovationsprogramm, ERP-Startfonds)
Internet: Internet: http://www.kfw-mittelstandsbank.de/

Arbeitsgemeinschaft industrieller Forschungsvereinigungen „Otto von Guericke“ e.V. (AiF)
Informationen zur industriellen Gemeinschaftsforschung sowie zu Förderprogrammen des BMWi (PRO INNO, NEMO) sowie weiterer Ministerien des Bundes und der Länder
Internet: http://www.aif.de/

Deutsches Zentrum für Luft- und Raumfahrt e.V. – Projektträger für Informationstechnik, Multimedia, Gesundheitsforschung,
Projektträger des BMBF auf dem Gebiet der Informations- und Kommunikationstechnik, Begleitung der entsprechenden Forschungsförderungsprogramme der Europäischen Union
Internet: http://www.dlr.de/

EuroNorm GmbH
Projektträger INNOWATT. Unterstützung kleiner und mittlerer Unternehmen der gewerblichen Wirtschaft und externer Industrieforschungseinrichtungen aus den neuen Bundesländern bei der Entwicklung neuer Erzeugnisse und Verfahren
Internet: http://www.euronorm.de/

Forschungszentrum Karlsruhe GmbH – Projektträger Jülich
Projektträger Produktion und Fertigungstechnologien (PTKA-PFT), Projektträger des BMBF für das Rahmenkonzept „Forschung für die Produktion von morgen“
Internet: http://www.fz-juelich.de/ptj/

Netzwerk elektronischer Geschäftsverkehr
Fördermaßnahme des BMWi zur Unterstützung von kleinen und mittleren Unternehmen sowie Handwerksbetrieben beim Einstieg in die Nutzung des Internets; Übersicht über die 24 regionalen Kompetenzzentren für den elektronischen Geschäftsverkehr
Internet: http://www.bmwi-netzwerk-ec.de/

VDI/VDE Innovation + Technik GmbH
Technologiepolitische Förderprogramme des BMWi (u.a. Gründerwettbewerb Multimedia, InnoNet) und anderer Ministerien
Internet: http://www.vdivde-it.de/

Messe- & Außenwirtschaftsförderung

Bundesministerium für Wirtschaft und Technologie (BMWi)
Informationen über Institutionen und Instrumente der Außenwirtschaftsförderung des Bundes, u.a.: Exportkreditgarantien, Auslandsmesseförderung, Investitionsgarantien, Gewährleistungen für ungebundene Finanzkredite, BMWi-Vermarktungshilfeprogramm für Unternehmen aus den neuen Ländern
Internet: http://www.bmwi.de/

iXPOS – Das Außenwirtschaftsportal
Gemeinsames Informationsportal von Ministerien, Kammern, Länderver-einen und Verbänden mit Serviceangeboten und Dienstleistungen zur Förderung von Export und Außenhandel
Intcrnet: http://www.ixpos.de/

Bundesagentur für Außenwirtschaft (bfai)
Information und Beratung zu allen Fragen des Auslandsgeschäftes; Möglichkeit der Recherche in Online-Datenbanken über ausländische Märkte, Ausschreibungen im Ausland, Investitionen und Entwicklungsvorhaben sowie Geschäftswünsche ausländischer Unternehmen; Auskunftsservice für Recherchen bei speziellen Fragen
Internet: http://www.bfai.de/

Bundesamt für Wirtschaft und Ausfuhrkontrolle (BAFA)
Messeförderung des Bundes
Internet: http://www.bafa.de/

Euler Hermes Kreditversicherungs-AG
Exportkreditgarantien des Bundes zur Absicherung von Käufer- und Länderrisiken aus Exportgeschäften
Internet: http://www.eulerhermes.com/

PWC AG
Investitionsgarantien des Bundes zur Absicherung von politischen Risiken im Ausland bei Direktinvestitionen
Internet: http://www.agaportal.de/

KfW IPEX-Bank
Export- und Projektfinanzierung sowie Finanzierung von Investitionen und Beratung im Rahmen der Entwicklungszusammenarbeit
Internet: http://www.kfw-ipex-bank.de/

Beteiligungen & Bürgschaften

KfW Mittelstandsbank
Beteiligungsprogramme für Investitions- und Innovationsvorhaben sowie Bürgschaften für den Mittelstand: KfW/BMWi-Technologie-Beteiligungsprogramm, ERP-Innovationsprogramm – Beteiligungsvariante, ERP-Beteiligungsprogramm, Risikokapitalprogramm, Bürgschaftsprogramm
Internet: Internet: http://www.kfw-mittelstandsbank.de/

High-Tech Gründerfonds
Startkapital für technologieorientierte Unternehmensgründungen, die aufgrund ihrer frühen Entwicklungsphase noch mit hohen Risiken behaftet sind
Internet: http://www.high-tech-gruenderfonds.de/

Bundesverband Deutscher Kapitalbeteiligungsgesellschaften e.V.
Informationen über Beteiligungsfinanzierungen und die Arbeit von Beteiligungsgesellschaften, Möglichkeit der Recherche nach Kapitalbeteiligungsgesellschaften in der Mitgliederdatenbank des Bundesverbandes
Internet: http://www.bvk-ev.de/

Anhang 2: Confidential Nondisclosure Agreement

This Agreement is entered into this ___ day of ________, 20__ by and between ______________________ with offices at ______________________ (hereinafter „Recipient") and ______________________, with offices at ______________________ (hereinafter „Discloser").

WHEREAS Discloser possesses certain ideas and information relating to __________________ that is confidential and proprietary to Discloser (hereinafter „Confidential Information"); and

WHEREAS the Recipient is willing to receive disclosure of the Confidential Information pursuant to the terms of this Agreement for the purpose of _______________________;

NOW THEREFORE, in consideration for the mutual undertakings of the Discloser and the Recipient under this Agreement, the parties agree as follows:

1. Disclosure. Discloser agrees to disclose, and Receiver agrees to receive the Confidential Information.

2. Confidentiality.

2.1 No Use. Recipient agrees not to use the Confidential Information in any way, or to manufacture or test any product embodying Confidential Information, except for the purpose set forth above.

2.2 No Disclosure. Recipient agrees to use its best efforts to prevent and protect the Confidential Information, or any part thereof, from disclosure to any person other than Recipient's employees having a need for disclosure in connection with Recipient's authorized use of the Confidential Information.

2.3 Protection of Secrecy. Recipient agrees to take all steps reasonably necessary to protect the secrecy of the Confidential Information, and to prevent the Confidential Information from falling into the public domain or into the possession of unauthorized persons.

3. Limits on Confidential Information. Confidential Information shall not be deemed proprietary and the Recipient shall have no obligation with respect to such information where the information:

(a) was known to Recipient prior to receiving any of the Confidential Information from Discloser;

(b) has become publicly known through no wrongful act of Recipient;

(c) was received by Recipient without breach of this Agreement from a third party without restriction as to the use and disclosure of the information;

(d) was independently developed by Recipient without use of the Confidential Information; or

(e) was ordered to be publicly released by the requirement of a government agency.

4. Ownership of Confidential Information. Recipient agrees that all Confidential Information shall remain the property of Discloser, and that Discloser may use such Confidential Information for any purpose without obligation to Recipient. Nothing contained herein shall be construed as granting or implying any transfer of rights to Recipient in the Confidential Information, or any patents or other intellectual property protecting or relating to the Confidential Information.

5. Term and Termination. The obligations of this Agreement shall be continuing until the Confidential Information disclosed to Recipient is no longer confidential.

6. Survival of Rights and Obligations. This Agreement shall be binding upon, inure to the benefit of, and be enforceable by (a) Discloser, its successors, and assigns; and (b) Recipient, its successors and assigns.

IN WITNESS WHEREOF, the parties have executed this agreement effective as of the date first written above.

DISCLOSER	RECIPIENT
(____________________)	(____________________)
Signed:	Signed:
________________________	________________________
Print Name:	Print Name:
________________________	________________________
Title:	Title:
________________________	________________________
Date:	Date:
________________________	________________________

Anhang 3: Lösungshinweise zu den Fallstudien

Fallstudie Existenzgründung

Problemstellung 1:
Hier sind vielfältige Vorschläge möglich. Wichtig ist, dass die Empfehlung auf Basis der acht Kriterien erfolgt und die entsprechenden Voraussetzungen der Rechtsform erfüllt sind. So ist etwa zu diesem Zeitpunkt nicht die Mindestkapitalerfordernis der GmbH (und erst recht nicht die der AG) erfüllt, so dass die GmbH als Rechtsform zunächst ausgeschlossen ist. Allerdings bieten ausländische Rechtsformen aus Mitgliedsstaaten der Europäischen Union sowie die Unternehmergesellschaft (haftungsbeschränkt) wegen der geringeren Mindestkapitalanforderung einen möglichen Ausweg, um dennoch in den Genuss der beschränkten Haftung zu kommen. Würde man hier – entsprechende Englisch- und Rechtskenntnisse vorausgesetzt – die britische Limited wählen, so ist Folgendes zu beachten: Die steuerliche Doppelbelastung aufgrund der Körperschaftssteuer wird bei einer Existenzgründung aufgrund des zu erwartenden geringen Gewinns zwar nicht so sehr ins Gewicht fallen. Problematischer sind die hohen laufenden Kosten einer Unternehmensgründung im Ausland, da sämtliche Dokumente auf Englisch abgefasst und möglicherweise auch übersetzt werden müssen. Zudem ist die Gesellschaft auch beim örtlich zuständigen deutschen Handelsregister einzutragen.

Für die deutschen Rechtsformen bleiben neben der UG (haftungsbeschränkt) somit noch die Personengesellschaften übrig – das Einzelunternehmen ist wegen der Existenz zweier gleichberechtigter Gründer nicht sinnvoll. Bei den Personengesellschaften sind GbR und OHG naheliegend, wobei zu prüfen ist, ob ein Gewerbebetrieb vorliegt. Kreativ und zielführend ist die Empfehlung, eine KG zu gründen, bei der der Onkel als Kommanditist beteiligt ist, ohne persönliche Haftung eingehen zu müssen und Geschäftsführungsbefugnis zu besitzen.

Problemstellung 2:
Bei der Erstellung der Gründungsbilanz ist darauf zu achten, dass nur Vermögensgegenstände, die im Eigentum des Unternehmens stehen werden, in der Bilanz ausgewiesen werden. Gemietete oder geleaste Güter dürfen daher nicht in der Bilanz erscheinen. Liquide Mittel sind zunächst – auf Basis des Aufgabentextes – nicht einzuplanen, was jedoch in der Praxis ein großer Fehler wäre. Nachdem alle Vermögensgegenstände auf der Aktivseite eingetragen wurden, ist die Bilanzsumme zu ermitteln und auf die Passivseite zu übertragen. Das Eigenkapital ist mit 30.000 Euro gegeben. Zusätzlich zu den 5.000 Euro Eigenkapital der Gründer sind hier die 25.000 Euro des Onkels hinzuzurechnen. Diese werden ebenfalls als Ei-

genkapital betrachtet, weil sie zum einen ein unverzinsliches Privatdarlehen darstellen und zum anderen sonst nicht das erforderliche Mindestkapital der GmbH aufgebracht werden kann. Das Fremdkapital ergibt sich dann als Differenz zwischen Bilanzsumme und Eigenkapital. Die Gründungsbilanz ergibt sich somit als:

Aktiva		**Passiva**	
Büroausstattung	22.500,00 €	Eigenkapital	30.000,00 €
PC-Ausstattung	6.000,00 €	Fremdkapital	73.500,00 €
Werkstatteinrichtung	75.000,00 €		
Bilanzsumme	**103.500,00 €**	**Bilanzsumme**	**103.500,00 €**

Bei der Erstellung des Liquiditätsplanes ist wichtig, dass die Liquidität zu Beginn des ersten Monats aus der Bilanz übernommen wird; sie ist in diesem Fall null. Für die folgenden Monate ist in der Tabellenkalkulation mit einem Zellbezug zu arbeiten, so dass die Liquidität am Monatsende automatisch als Liquidität am Monatsanfang des nächsten Monats übernommen wird. Die in der Gründungsbilanz aufgeführten Vermögensgegenstände sind im Liquiditätsplan nicht mehr aufzuführen, weil sie sonst doppelt gezählt würden. Denn sie sind – das war die Annahme der Gründungsbilanz – bereits über Fremdkapital finanziert.

Die Berechnung der Umsatzeinzahlungen erfolgt – wie in den Bearbeitungshinweisen angegeben – über eine Formel mit Bezug auf die Zelle „Absatz" (s. folgende Abb.). Der Grund für diese Vorgehensweise liegt darin, dass sich in der Fallstudie zwar die Absatzzahlen ändern, jedoch nicht die Preise. Wären auch die Preise variabel, so sollten diese in einer separaten Zeile angegeben sein, so dass man in der Berechnungsformel darauf Bezug nehmen kann.

C4 fx =28,75*C3

	A	B	C	D
1	**Position**	**Januar**	**Februar**	**März**
2	**Liquidität am Monatsanfang**	**0**	**-21.340,00**	**-41.048,75**
3	Absatz Primus	0	25	25
4	Umsatzeinzahlungen Primus	0,00	718,75	718,75
5	Absatz Select	0	25	50
6	Umsatzeinzahlungen Select	0,00	562,50	1.125,00
7	Absatz Basic	0	50	100
8	Umsatzeinzahlungen Basic	0,00	875,00	1.750,00
9	**+Summe Einzahlungen**	**0,00**	**2.156,25**	**3.593,75**
10	Wareneinsatz	0,00	525,00	862,50

Der Liquiditätsplan sieht wie folgt aus.

Position	Januar	Februar	März	April	Mai	Juni	Juli	August	September	Oktober	November	Dezember
Liquidität am Monatsanfang	**0**	**-21.340,00**	**-41.048,75**	**-59.657,50**	**-75.260,00**	**-88.387,50**	**-98.252,50**	**-103.855,00**	**-103.070,00**	**-94.585,00**	**-76.275,00**	**-48.615,00**
Absatz Primus	0	25	25	50	50	100	100	200	200	300	300	500
Umsatzeinzahlungen Primus	0,00	718,75	718,75	1.437,50	1.437,50	2.875,00	2.875,00	5.750,00	5.750,00	8.625,00	8.625,00	14.375,00
Absatz Select	0	25	50	75	100	150	200	250	300	350	500	750
Umsatzeinzahlungen Select	0,00	562,50	1.125,00	1.687,50	2.250,00	3.375,00	4.500,00	5.625,00	6.750,00	7.875,00	11.250,00	16.875,00
Absatz Basic	0	50	100	250	400	500	750	1.000	1.500	2.000	2.500	5.000
Umsatzeinzahlungen Basic	0,00	875,00	1.750,00	4.375,00	7.000,00	8.750,00	13.125,00	17.500,00	26.250,00	35.000,00	43.750,00	87.500,00
+Summe Einzahlungen	**0,00**	**2.156,25**	**3.593,75**	**7.500,00**	**10.687,50**	**15.000,00**	**20.500,00**	**28.875,00**	**38.750,00**	**51.500,00**	**63.625,00**	**118.750,00**
Wareneinsatz	0,00	525,00	862,50	1.762,50	2.475,00	3.525,00	4.762,50	6.750,00	8.925,00	11.850,00	14.625,00	27.000,00
Miete	2.202,50	2.202,50	2.202,50	2.202,50	2.202,50	2.202,50	2.202,50	2.202,50	2.202,50	2.202,50	2.202,50	2.202,50
Bürokosten	500,00	500,00	500,00	500,00	500,00	500,00	500,00	500,00	500,00	500,00	500,00	500,00
Personalkosten	14.400,00	14.400,00	14.400,00	14.400,00	14.400,00	14.400,00	14.400,00	14.400,00	14.400,00	14.400,00	14.400,00	14.400,00
Büroeinrichtung	0,00	0,00	0,00	0,00	0,00	0,00	0,00	0,00	0,00	0,00	0,00	0,00
PC-Ausstattung	0,00	0,00	0,00	0,00	0,00	0,00	0,00	0,00	0,00	0,00	0,00	0,00
Telefonanlage	175,00	175,00	175,00	175,00	175,00	175,00	175,00	175,00	175,00	175,00	175,00	175,00
Büro-Leasingrate	212,50	212,50	212,50	212,50	212,50	212,50	212,50	212,50	212,50	212,50	212,50	212,50
Werkstatteinrichtung	0,00	0,00	0,00	0,00	0,00	0,00	0,00	0,00	0,00	0,00	0,00	0,00
Kleinteile	750,00	750,00	750,00	750,00	750,00	750,00	750,00	750,00	750,00	750,00	750,00	750,00
KFZ-Leasingrate	1.000,00	1.000,00	1.000,00	1.000,00	1.000,00	1.000,00	1.000,00	1.000,00	1.000,00	1.000,00	1.000,00	1.000,00
Leasing-Anzahlung	0,00	0,00	0,00	0,00	0,00	0,00	0,00	0,00	0,00	0,00	0,00	0,00
KFZ-Kosten	1.100,00	1.100,00	1.100,00	1.100,00	1.100,00	1.100,00	1.100,00	1.100,00	1.100,00	1.100,00	1.100,00	1.100,00
Reisekosten	1.000,00	1.000,00	1.000,00	1.000,00	1.000,00	1.000,00	1.000,00	1.000,00	1.000,00	1.000,00	1.000,00	1.000,00
Gehalt Inhaber	0,00	0,00	0,00	0,00	0,00	0,00	0,00	0,00	0,00	0,00	0,00	0,00
- Summe Auszahlungen	**21.340,00**	**21.865,00**	**22.202,50**	**23.102,50**	**23.815,00**	**24.865,00**	**26.102,50**	**28.090,00**	**30.265,00**	**33.190,00**	**35.965,00**	**48.340,00**
= Cash Flow	**-21.340,00**	**-19.708,75**	**-18.608,75**	**-15.602,50**	**-13.127,50**	**-9.865,00**	**-5.602,50**	**785,00**	**8.485,00**	**18.310,00**	**27.660,00**	**70.410,00**
= Liquidität am Monatsende	**-21.340,00**	**-41.048,75**	**-59.657,50**	**-75.260,00**	**-88.387,50**	**-98.252,50**	**-103.855,00**	**-103.070,00**	**-94.585,00**	**-76.275,00**	**-48.615,00**	**21.795,00**

Problemstellung 3:
Zunächst ist die Ist-Liquiditätsrechnung (Kapitalflussrechnung) zu ermitteln. Hierfür kann die Vorlage der Liquiditätsplanung zugrunde gelegt und mit den aktuellen Werten angepasst werden. Wichtig ist auch an dieser Stelle die richtige Abbildung der Formelbezüge. So bietet es sich an, die in den Monaten Oktober bis Dezember zusätzlich produzierten Stückzahlen in die Formel des Wareneinsatzes aufzunehmen. In den drei Monaten wird dann jeweils in Klammern die Stückzahl 2.000 addiert. Bei dieser Vorgehensweise ist natürlich darauf zu achten, dass diese Berechnungsformel nicht unabsichtlich in die anderen neun Monate übertragen wird. Der folgende Screenshot verdeutlicht das Vorgehen. Die Ist-Liquiditätsrechnung wird auf der folgenden Seite abgebildet. Der Cash Flow ist durchgehend negativ, wie auch der Liquiditätsendbestand, der im November den vereinbarten Dispositionsrahmen überschreitet, so dass die Bank den Kontokorrentkredit sofort kündigen könnte.

K10 fx =(K3+2000)*7,5+(K5+2000)*6+(K7+2000)*3,75

	A	K	L	M	N	O
1	**Position**	**Oktober**	**November**	**Dezember**		
2	**Liquidität am Monatsanfang**	**-156.282,75**	**-192.252,00**	**-211.096,25**		
3	Absatz Primus	256	244	321		
4	Umsatzeinzahlungen Primus	7.360,00	7.015,00	9.228,75		
5	Absatz Select	318	443	531		
6	Umsatzeinzahlungen Select	7.155,00	9.967,50	11.947,50		
7	Absatz Basic	1.457	1.675	2.534		
8	Umsatzeinzahlungen Basic	25.497,50	29.312,50	44.345,00		
9	**Summe Einzahlungen**	**40.012,50**	**46.295,00**	**65.521,25**		
10	Wareneinsatz	43.791,75	31.469,25	35.796,00		
11	Miete	2.202,50	2.202,50	2.202,50		
12	Bürokosten	1.800,00	980,00	880,00		

Anschließend ist die Gewinn- und Verlustrechnung (GuV) zu ermitteln. Auch hierbei bietet sich eine Berechnung mittels der Tabellenkalkulation an, was jedoch gleichzeitig einen Verzicht auf die Arbeit mit Buchungssätzen bedeutet. Der Grundaufbau der GuV ist ähnlich der Liquiditätsrechnung. Abweichend ist allerdings, dass hier keine Bestandsgröße (bei der Liquiditätsrechnung: Liquidität zum Monatsende) verknüpft wird, so dass ein Übertrag des Monatsendwertes zum Monatsanfang nicht möglich ist. Vielmehr ist die GuV durch eine zusätzliche **Summenspalte** zu ergänzen. In dieser Summenspalte werden der Jahresgewinn und andere Summen ermittelt, die zur Veränderungen von Bestandsgrößen in der Ist-Bilanz führen. Die GuV wird auf der übernächsten Seite abgebildet.

Liquiditätsrechnung	Januar	Februar	März	April	Mai	Juni	Juli	August	September	Oktober	November	Dezember
Liquidität am Monatsanfang	**26.500,00**	**-2.290,00**	**-30.937,50**	**-53.356,50**	**-76.225,50**	**-99.656,50**	**-122.036,00**	**-142.004,25**	**-150.761,50**	**-156.282,75**	**-192.252,00**	**-224.896,25**
Absatz Primus	0	0	14	21	32	55	87	187	201	256	244	321
Umsatzeinzahlungen Primus	0,00	0,00	402,50	603,75	920,00	1.581,25	2.501,25	5.376,25	5.778,75	7.360,00	7.015,00	9.228,75
Absatz Select	0	0	54	64	76	122	167	221	235	318	443	531
Umsatzeinzahlungen Select	0,00	0,00	1.215,00	1.440,00	1.710,00	2.745,00	3.757,50	4.972,50	5.287,50	7.155,00	9.967,50	11.947,50
Absatz Basic	0	30	46	141	156	237	578	782	976	1.457	1.675	2.534
Umsatzeinzahlungen Basic	0,00	525,00	805,00	2.467,50	2.730,00	4.147,50	10.115,00	13.685,00	17.080,00	25.497,50	29.312,50	44.345,00
Summe Einzahlungen	**0,00**	**525,00**	**2.422,50**	**4.511,25**	**5.360,00**	**8.473,75**	**16.373,75**	**24.033,75**	**28.146,25**	**40.012,50**	**46.295,00**	**65.521,25**
Wareneinsatz	0,00	112,50	601,50	1.070,25	1.281,00	2.033,25	3.822,00	5.661,00	6.577,50	43.791,75	45.269,25	49.596,00
Miete	2.202,50	2.202,50	2.202,50	2.202,50	2.202,50	2.202,50	2.202,50	2.202,50	2.202,50	2.202,50	2.202,50	2.202,50
Bürokosten	1.500,00	870,00	1.200,00	1.320,00	670,00	780,00	1.230,00	1.440,00	1.600,00	1.800,00	980,00	880,00
Personalkosten	14.400,00	14.400,00	14.400,00	14.400,00	14.400,00	14.400,00	14.400,00	14.400,00	14.400,00	14.400,00	14.400,00	14.400,00
Büroeinrichtung	0,00	0,00	0,00	0,00	0,00	0,00	0,00	0,00	0,00	0,00	0,00	0,00
PC-Ausstattung	0,00	0,00	0,00	0,00	0,00	0,00	0,00	0,00	0,00	0,00	0,00	0,00
Telefonanlage	75,00	75,00	75,00	75,00	75,00	75,00	75,00	75,00	75,00	75,00	75,00	75,00
Büro-Leasingrate	112,50	112,50	112,50	112,50	112,50	112,50	112,50	112,50	112,50	112,50	112,50	112,50
Werkstatteinrichtung	0,00	0,00	0,00	0,00	0,00	0,00	0,00	0,00	0,00	0,00	0,00	0,00
Kleinteile	1.800,00	3.000,00	1.250,00	1.500,00	1.450,00	1.750,00	2.200,00	2.300,00	1.700,00	3.100,00	3.300,00	3.800,00
KFZ-Leasingrate	1.000,00	1.000,00	1.000,00	1.000,00	1.000,00	1.000,00	1.000,00	1.000,00	1.000,00	1.000,00	1.000,00	1.000,00
Leasing-Anzahlung	0,00	0,00	0,00	0,00	0,00	0,00	0,00	0,00	0,00	0,00	0,00	0,00
KFZ-Kosten	3.200,00	2.400,00	2.000,00	3.600,00	4.000,00	4.500,00	4.800,00	4.600,00	4.500,00	5.000,00	5.600,00	4.000,00
Reisekosten	4.500,00	5.000,00	2.000,00	2.100,00	3.600,00	4.000,00	6.500,00	1.000,00	1.500,00	4.500,00	6.000,00	3.000,00
Gehalt Inhaber	0,00	0,00	0,00	0,00	0,00	0,00	0,00	0,00	0,00	0,00	0,00	0,00
Summe Auszahlungen	**28.790,00**	**29.172,50**	**24.841,50**	**27.380,25**	**28.791,00**	**30.853,25**	**36.342,00**	**32.791,00**	**33.667,50**	**75.981,75**	**78.939,25**	**79.066,00**
Cash Flow	**-28.790,00**	**-28.647,50**	**-22.419,00**	**-22.869,00**	**-23.431,00**	**-22.379,50**	**-19.968,25**	**-8.757,25**	**-5.521,25**	**-35.969,25**	**-32.644,25**	**-13.544,75**
Liquidität am Monatsende	**-2.290,00**	**-30.937,50**	**-53.356,50**	**-76.225,50**	**-99.656,50**	**-122.036,00**	**-142.004,25**	**-150.761,50**	**-156.282,75**	**-192.252,00**	**-224.896,25**	**-238.441,00**

Gewinn- u. Verlustrechn.	Januar	Februar	März	April	Mai	Juni	Juli	August	September	Oktober	November	Dezember	Summe
Absatz Primus	0	0	14	21	32	55	87	187	201	256	244	321	1.418
Umsatzerlöse Primus	0,00	0,00	402,50	603,75	920,00	1.581,25	2.501,25	5.376,25	5.778,75	7.360,00	7.015,00	9.228,75	40.767,50
Absatz Select	0	0	54	64	76	122	167	221	235	318	443	531	2.231
Umsatzerlöse Select	0,00	0,00	1.215,00	1.440,00	1.710,00	2.745,00	3.757,50	4.972,50	5.287,50	7.155,00	9.967,50	11.947,50	50.197,50
Absatz Basic	0	30	46	141	156	237	578	782	976	1.457	1.675	2.534	8.612
Umsatzerlöse Basic	0,00	525,00	805,00	2.467,50	2.730,00	4.147,50	10.115,00	13.685,00	17.080,00	25.497,50	29.312,50	44.345,00	150.710,00
Gesamtumsatz	**0,00**	**525,00**	**2.422,50**	**4.511,25**	**5.360,00**	**8.473,75**	**16.373,75**	**24.033,75**	**28.146,25**	**40.012,50**	**46.295,00**	**65.521,25**	**241.675,00**
Wareneinsatz	0,00	112,50	601,50	1.070,25	1.281,00	2.033,25	3.822,00	5.661,00	6.577,50	9.291,75	10.769,25	15.096,00	56.316,00
Warenrohüberschuß	**0,00**	**412,50**	**1.821,00**	**3.441,00**	**4.079,00**	**6.440,50**	**12.551,75**	**18.372,75**	**21.568,75**	**30.720,75**	**35.525,75**	**50.425,25**	**185.359,00**
Wareneinsatz Lager	0,00	0,00	0,00	0,00	0,00	0,00	0,00	0,00	0,00	34.500,00	34.500,00	34.500,00	103.500,00
Miete	2.202,50	2.202,50	2.202,50	2.202,50	2.202,50	2.202,50	2.202,50	2.202,50	2.202,50	2.202,50	2.202,50	2.202,50	26.430,00
Bürokosten	1.500,00	870,00	1.200,00	1.320,00	670,00	780,00	1.230,00	1.440,00	1.600,00	1.800,00	980,00	880,00	14.270,00
Personalkosten	14.400,00	14.400,00	14.400,00	14.400,00	14.400,00	14.400,00	14.400,00	14.400,00	14.400,00	14.400,00	14.400,00	14.400,00	172.800,00
Rückstellung	120,00	120,00	120,00	120,00	120,00	120,00	120,00	120,00	120,00	120,00	120,00	120,00	1.440,00
Büroeinrichtung	187,50	187,50	187,50	187,50	187,50	187,50	187,50	187,50	187,50	187,50	187,50	187,50	2.250,00
PC-Ausstattung	125,00	125,00	125,00	125,00	125,00	125,00	125,00	125,00	125,00	125,00	125,00	125,00	1.500,00
Telefonanlage	75,00	75,00	75,00	75,00	75,00	75,00	75,00	75,00	75,00	75,00	75,00	75,00	900,00
Büro-Leasingrate	112,50	112,50	112,50	112,50	112,50	112,50	112,50	112,50	112,50	112,50	112,50	112,50	1.350,00
Werkstatteinrichtung	1.250,00	1.250,00	1.250,00	1.250,00	1.250,00	1.250,00	1.250,00	1.250,00	1.250,00	1.250,00	1.250,00	1.250,00	15.000,00
Kleinteile	1.800,00	3.000,00	1.250,00	1.500,00	1.450,00	1.750,00	2.200,00	2.300,00	1.700,00	3.100,00	3.300,00	3.800,00	27.150,00
KFZ-Leasingrate	1.000,00	1.000,00	1.000,00	1.000,00	1.000,00	1.000,00	1.000,00	1.000,00	1.000,00	1.000,00	1.000,00	1.000,00	12.000,00
KFZ-Kosten	3.200,00	2.400,00	2.000,00	3.600,00	4.000,00	4.500,00	4.800,00	4.600,00	4.500,00	5.000,00	5.600,00	4.000,00	48.200,00
Reisekosten	4.500,00	5.000,00	2.000,00	2.100,00	3.600,00	4.000,00	6.500,00	1.000,00	1.500,00	4.500,00	6.000,00	3.000,00	43.700,00
Gehalt Inhaber	5.000,00	5.000,00	5.000,00	5.000,00	5.000,00	5.000,00	5.000,00	5.000,00	5.000,00	5.000,00	5.000,00	5.000,00	60.000,00
Summe Aufwendungen	**35.472,50**	**35.742,50**	**30.922,50**	**32.992,50**	**34.192,50**	**35.502,50**	**39.202,50**	**33.812,50**	**33.772,50**	**73.372,50**	**74.852,50**	**70.652,50**	**530.490,00**
Zuschreibungen	0,00	0,00	0,00	0,00	0,00	0,00	0,00	0,00	0,00	124.000,00	124.000,00	124.000,00	372.000,00
Gewinn/Verlust	**-35.472,50**	**-35.330,00**	**-29.101,50**	**-29.551,50**	**-30.113,50**	**-29.062,00**	**-26.650,75**	**-15.439,75**	**-12.203,75**	**81.348,25**	**84.673,25**	**103.772,75**	**26.869,00**

Wie der GuV zu entnehmen ist, unterscheidet sie sich in den Positionen Erhöhung der Pensionsrückstellung, Abschreibung Büroeinrichtung, Abschreibung PC-Ausstattung, Abschreibung Werkstatteinrichtung sowie in der Zuschreibung der aktivierbaren, nicht verkauften Endprodukte. Die monatliche Ermittlung des Gewinns verdeutlicht, dass nur aufgrund der hohen Absatzerwartung im zweiten Jahr in den letzten drei Monaten ein Gewinn entsteht.

Bei der Erstellung der Ist-Bilanz sind die folgenden Geschäftsvorfälle zu berücksichtigen: Zum einen sind die Vermögensgegenstände des Anlagevermögens auf der Aktivseite planmäßig abzuschreiben; die entsprechenden Daten finden sich in der GuV-Rechnung und sollten in Tabellenkalkulationen miteinander verknüpft werden. Auch der Lagerbestand Waren kann der GuV entnommen werden; er ist dort in der Zeile Zuschreibung Lagerbestand zu finden.

Auf der Passivseite wird das Stammkapital in Höhe von 30.000 Euro übernommen. Allerdings wird das Eigenkapital durch den in der GuV ausgewiesenen Verlust gemindert. Aus der GuV sind ebenfalls die Werte der für die Sekretärin gebildeten Pensionsrückstellung sowie der Verbindlichkeit gegenüber den Inhabern anzusetzen. Die Verbindlichkeit kann bei dem betrachteten Unternehmen deshalb angesetzt werden, weil es sich bei dem Unternehmen um eine juristische Person handelt, die mit eigener Rechtspersönlichkeit ausgestattet ist. Aus diesem Grund ist – wie in Kapitel 4 erläutert wurde – zwischen dem Gesellschafter und der Gesellschaft zu unterscheiden. Bei einer GmbH ist zwingend ein realistisches Gehalt für den Geschäftsführer anzusetzen, um Diskussionen mit dem Finanzamt zu vermeiden. Die weiteren Verbindlichkeiten sind das Gründungsdarlehen, welches sich aus dem Fallstudientext ergibt sowie der Kontokorrektkredit. Dieser ist **nicht** in der von der Bank zugesicherten Höhe, sondern nur in Höhe der Ausschöpfung am 31.12. aufzunehmen. Der Kontokorrentkredit stellt bekanntermaßen das Bankkonto dar, welches aufgrund des negativen Saldos nicht auf der Aktivseite, sondern auf der Passivseite ausgewiesen wird.

Aktiva		**Passiva**	
Büroausstattung	20.250,00	Eigenkapital	30.000,00
PC-Ausstattung	4.500,00	Gewinn	26.869,00
Werkstatteinrichtung	60.000,00	Rückstellungen	1.440,00
Lagerbestand Waren	372.000,00	Verbindlichkeiten Inhaber	60.000,00
		Gründungsdarlehen	100.000,00
		Kontokorrentkredit	238.441,00
Bilanzsumme	**456.750,00**	**Bilanzsumme**	**456.750,00**

Fallstudie T-Mobile / Vodafone

Vision, Leitbild, Strategie

Vision: T-Media wird als Tochtergesellschaft der DTAG der führende Anbieter für mobile All-in-One Telefonie in Europa werden.

Leitbild: Durch hochmotivierte Mitarbeiter, neue und innovative Technologien und günstige Preise bieten wir unseren Kunden eine neue Welt der multimedialen Telefonie.

Unser primäres Ziel ist es, das qualitative Wachstum und somit unsere Kundenorientierung zu verstärken. Dazu ist eine kundenbezogene Strategie notwendig. Wir müssen uns den Bedürfnissen unserer Kunden anpassen und die Produkte und Dienstleistungen entwickeln und vertreiben, die unsere Kunden benötigen. Ebenso ist es wichtig, dass wir auch auf den internationalen Märkten weiterhin unsere Marktposition behaupten und ausbauen. In naher Zukunft wird ein Zusammenwachsen der Märkte für Telekommunikation und Informationstechnologien stattfinden. Somit ergibt sich ein Schwerpunkt in den Datendiensten. Deshalb haben wir uns entschlossen, dieses neue Produkt zu produzieren und zu vertreiben.

Unternehmensstrategie: Innerhalb der Sparte Mobilfunk strebt T-Media die Position eines Serviceanbieters an, der nicht nur das Telefonieren ermöglicht, sondern ein All-in-One Package aus Telefon bzw. Communicator, Vertrag, und weiteren Dienstleistungen schnürt.

Geschäftsstrategie: Dem Wettbewerb soll mit der Strategie Kostenführerschaft begegnet werden.

Damit soll erreicht werden, dass unsere Produkte und Dienstleistungen günstiger, aber genauso qualitativ hochwertig angeboten werden. Diese Strategie können wir am besten umsetzen, indem wir unser Hauptaugenmerk auf den Verkauf über das Internet oder das Telefon legen. Hierbei sparen wir Kosten in den Personal- und Verwaltungsbereichen. Diese eingesparten Kosten können wir in die Weiterentwicklung des Produktes investieren, um so unseren Konkurrenten einen Schritt voraus zu sein. Ebenso ist es denkbar, die neuen Produkte erst einmal nur einem ausgewählten Kundenstamm zu präsentieren und anzubieten. Dadurch ist eine präzisere Ausarbeitung der Funktionen des neuen Produkts möglich.

Markt, Kunden und Konkurrenten

Porter definiert fünf Einflussgrößen die auf den Wettbewerb einwirken: Kunden, neu eintretender Wettbewerb, Lieferanten, die Rivalität zwischen schon existierenden Konkurrenten und Ersatzprodukte.

Da der Markt der All-in-One Telefonie noch nicht erschlossen ist, existiert noch kein Wettbewerb. Ersatzprodukte sind normale Handys oder Smartphones. Sowohl Vodafone als auch die Telekom haben bei ihren Kunden einen guten Ruf, so dass hier keine Unterschiede bestehen sollten. Markteintrittsbarrieren wie Kapital oder Economies of Scale existieren nur teilweise: Die Telekom hat gemäß der gegebenen Daten einen leichten

Größenvorteil gegenüber Vodafone (mit dem größten GSM Netz und der größten Kundenanzahl).

Gesetzliche Regelungen bestehen vor allem bei der DTAG, die aufgrund der marktbeherrschenden Stellung reglementiert und kontrolliert wird. Zudem gibt es Genehmigungspflichten für die Preise der neuen Produkte. Vodafone hat geeignete Vertriebskanäle und stellt jetzt schon teilweise selbst her – ein leichter Vorteil.

Rechtsform

Die Rechtsform einer GmbH ist für die T-Mobile Tochtergesellschaft aus folgenden Gründen sinnvoll: Bei einer GmbH handelt es sich um eine Gesellschaft mit beschränkter Haftung, für deren Gründung ein Stammkapital in Höhe von 25.000 Euro notwendig ist. Die Anteile sind bei notarieller Beurkundung veräußerbar. Außerdem kann es sein, dass in der Satzung der GmbH noch bestimmte Voraussetzungen für die Abtretung des Anteils fixiert sind, womit eine Absicherung möglich ist, dass bestimmte Personen oder Unternehmen keine Anteile des Unternehmens erwerben können.

Die GmbH ist eine eigene Rechtspersönlichkeit und somit können unter dem Namen der GmbH Rechtsgeschäfte getätigt werden. Die GmbH muss, um diese Rechtspersönlichkeit zu erlangen, ins Handelsregister eingetragen werden. Die GmbH besteht aus zwei bzw. drei Organen: der Geschäftsführung, dem fakultativen Aufsichtsrat und der Gesellschafterversammlung. Die Geschäftsführung vertritt die GmbH nach innen und außen. Bei einer GmbH ist die Haftung auf das Gesellschaftsvermögen beschränkt. Es kann keiner der Gesellschafter mit seinem privaten Vermögen haftbar gemacht werden, es sei denn, er hat seinen Anteil noch nicht voll eingezahlt.

Die Eigenkapitalbeschaffung ist bei einer GmbH nicht so günstig wie bei einer AG. Es ist schwierig, Gesellschafter zu finden, da es für die Anteile keinen eigenen Markt wie die Börse für Anteile der AG gibt, an der man die Anteile schnell wieder verkaufen kann. Die Fremdkapitalbeschaffung ist bei den Kapitalgesellschaften, d.h. GmbH und AG, schlechter als bei Personengesellschaften, da die Haftung auf das Gesellschaftsvermögen beschränkt ist.

Zum Schluss ist noch anzumerken, dass eine GmbH einer „doppelten" Steuerbelastung unterliegt. Die GmbH ist körperschaftsteuerpflichtig. Zusammenfassend lässt sich sagen, dass eine GmbH gegenüber einer Personenhandelsgesellschaft viele Vorteile bietet. Ein gravierender Nachteil stellt die Tatsache dar, dass Gewinnausschüttungen an die Obergesellschaft immer erst nach Ablauf des Geschäftsjahres möglich sind, nachdem der Jahresabschluss für das betreffende Jahr aufgestellt wurde. Dies ließe sich nur durch komplexe Konzernverträge erleichtern. Aus Sicht des konzerninternen Finanzmanagements könnte somit doch eine Personengesellschaft wie etwa eine KG in Frage kommen, bei der der Komplementär durch die Konzernmutter, d.h. die Aktiengesellschaft, gestellt wird. In diesem Fall ist ein sofortiger Zugriff auf das Kapitalkonto möglich. Auf der anderen Seite können die konzerninternen Finanzflüsse auch über Darlehen realisiert werden, was je nach Sitzland des Darlehensgebers bzw. des Darlehensnehmers auch steuerliche Vorteile mit sich bringen kann.

Organisation

Für den neuen Geschäftsbereich könnte die Matrix-Struktur in Frage kommen. Diese Struktur wäre dann nach Produkten und nach geographischen Märkten anzuordnen.

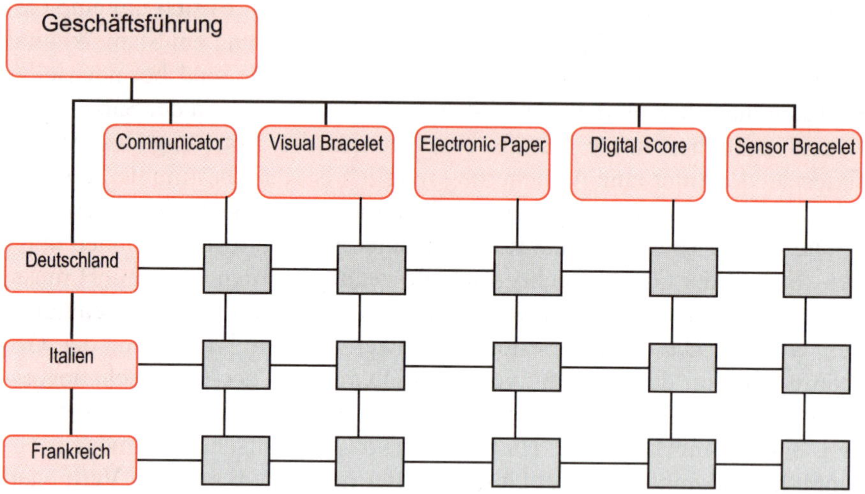

Das Schaubild zeigt ein exemplarisches Organigramm für das Unternehmen in Matrixorganisation. Die einzelnen Abteilungen (graue Kästen) arbeiten unter zwei Führungen: der Leitung für den jeweiligen Absatzmarkt und der Leitung für das jeweilige Produkt. Untereinander stehen die Abteilungen in Kontakt – der Informationsfluss ist optimal. Die Matrixorganisation ist immer dann sinnvoll, wenn es mehrere Märkte und Produkte in einem Unternehmen gibt und schnelle Reaktionszeiten auf Kundenwünsche erforderlich sind – bei gleichzeitiger konzernweiter Koordination. Der Kunde bestellt z.B. nur bei einem Zuständigen für Italien, der alle Produkte unter sich vereint. Nachteilig gegenüber den traditionellen Organisationsformen ist, dass die Übersicht für den Kunden, den Mitarbeiter und evtl. auch für die Geschäftsleitung verloren gehen kann. Kompetenzstreitigkeiten können entstehen, die in einer funktionalen oder divisionalen Organisation zu vermeiden wären. Die Mitarbeiter sind zudem höherem Stress ausgesetzt und müssen flexibel agieren können. Teamwork-Fähigkeit ist unabdinglich. Zudem werden auch höhere Anforderungen an die Führung gestellt – die Übersicht muss behalten werden.

Finanzmodell

Die Gründungsbilanz sieht folgendermaßen aus:

Aktiva			Passiva
Lizenzrechte	500.000	Eigenkapital	275.000
Maschinen	200.000	Fremdkapital	825.000
BGA	240.000		
RHB	60.000		
Liquide Mittel	100.000		
Bilanzsumme	**1.100.000**	**Bilanzsumme**	**1.100.000**

Auf der folgenden Seite ist der Liquiditätsplan abgebildet. Aus Platzgründen sind dabei die Monate März bis Juni ausgeblendet, da hier jeweils die gleichen Werte einzutragen sind. Bei der Berechnung ist ein fixer Zellbezug zum vorgegebenen Marktanteil vorzusehen, damit durch Änderung einer Zelle die Gesamtplanung auf das neue Szenario umgerechnet wird. Die abgebildete Tabelle gibt die Werte für einen Marktanteil von 60% wieder. Anschließend wird die Plan-GuV abgebildet, in der sich zusätzlich die nicht zahlungswirksamen Aufwendungen niederschlagen: Zuführung zur Pensionsrückstellung, Abschreibungen und der Verbrauch der RHB.

Die prognostizierte Schlussbilanz ergibt sich mit den Daten aus dem Liquiditätsplan (Liquide Mittel) sowie der Plan-GuV (Abschreibungen auf Lizenzrechte, Maschinen und BGA; Verbrauch der RHB; Gewinn; Pensionsrückstellung) wie folgt:

Aktiva			Passiva
Lizenzrechte	400.000	Gez. Kapital	275.000
Maschinen	160.000	Gewinn	487.631.380
BGA	180.000	Fremdkapital	825.000
RHB	0	Pensionsrückstellung	12.000
Liquide Mittel	488.003.380		
Bilanzsumme	**488.743.380**	**Bilanzsumme**	**488.743.380**

Die Bilanzsummen sind identisch, somit ist die Planung zumindest rechnerisch plausibel. Eine inhaltliche Plausibilitätsprüfung ist nur durch ein Hinterfragen der Annahmen möglich. Schon der hohe Gewinn und die hohe Liquidität geben hierfür deutlich Anlass.

Liquiditätsplan	**Januar**	**Februar**	**...**	**Juli**	**August**	**September**	**Oktober**	**November**	**Dezember**
Liquidität am Monatsanfang	**100.000**	**-97.250**	**...**	**-1.083.500**	**31.733.560**	**99.903.820**	**174.065.800**	**269.995.480**	**363.210.400**
Communicator	0	0	...	12.789.000	27.489.000	29.547.000	37.632.000	35.868.000	47.187.000
Visual Bracelet	0	0	...	12.789.000	27.489.000	29.547.000	37.632.000	35.868.000	47.187.000
Electronic Paper	0	0	...	14.198.400	30.518.400	32.803.200	41.779.200	39.820.800	52.387.200
Digital Score	0	0	...	17.226.000	37.026.000	39.798.000	50.688.000	48.312.000	63.558.000
Sensor Bracelet	0	0	...	8.670.000	11.730.000	14.640.000	21.855.000	25.125.000	38.010.000
Datenvolumen	0	0	...	2.610.000	5.610.000	6.030.000	7.680.000	7.320.000	9.630.000
Summe Einzahlungen	**0**	**0**	**...**	**68.282.400**	**139.862.400**	**152.365.200**	**197.266.200**	**192.313.800**	**257.959.200**
Lizenzgebühr	0	0	...	6.828.240	13.986.240	15.236.520	19.726.620	19.231.380	25.795.920
Werbekosten	15.000	15.000	...	150.000	150.000	150.000	150.000	150.000	150.000
Löhne	131.250	131.250	...	262.500	262.500	262.500	262.500	262.500	262.500
Leasing	6.000	6.000	...	6.000	6.000	6.000	6.000	6.000	6.000
Wareneinsatz	0	0	...	28.173.600	57.242.400	62.503.200	81.146.400	79.404.000	106.840.800
Unternehmensleitung	45.000	45.000	...	45.000	45.000	45.000	45.000	45.000	45.000
Zinsen			...						66.000
Summe Auszahlungen	**197.250**	**197.250**	**...**	**35.465.340**	**71.692.140**	**78.203.220**	**101.336.520**	**99.098.880**	**133.166.220**
Cash Flow	**-197.250**	**-197.250**	**...**	**32.817.060**	**68.170.260**	**74.161.980**	**95.929.680**	**93.214.920**	**124.792.980**
Liquidität am Monatsende	**-97.250**	**-294.500**	**...**	**31.733.560**	**99.903.820**	**174.065.800**	**269.995.480**	**363.210.400**	**488.003.380**

GuV-Rechnung	Januar	Februar	...	Juli	August	September	Oktober	November	Dezember	Summe
Umsatzerlöse	0	0	...	68.282.400	139.862.400	152.365.200	197.266.200	192.313.800	257.959.200	**1.008.049.200**
Lizenzgebühr	0	0	...	6.828.240	13.986.240	15.236.520	19.726.620	19.231.380	25.795.920	**100.804.920**
Werbekosten	15.000	15.000	...	150.000	150.000	150.000	150.000	150.000	150.000	**990.000**
Löhne	131.250	131.250	...	262.500	262.500	262.500	262.500	262.500	262.500	**2.362.500**
Leasing	6.000	6.000	...	6.000	6.000	6.000	6.000	6.000	6.000	**72.000**
Wareneinsatz	0	0	...	28.173.600	57.242.400	62.503.200	81.146.400	79.404.000	106.840.800	**415.310.400**
Unternehmensleitung	45.000	45.000	...	45.000	45.000	45.000	45.000	45.000	45.000	**540.000**
Zinsen	0	0	...	0	0	0	0	0	66.000	**66.000**
Pensionsrückstellung	1.000	1.000		1.000	1.000	1.000	1.000	1.000	1.000	**12.000**
Abschreibungen	0	0	...	0	0	0	0	0	200.000	**200.000**
Verbrauch RHB	0	0	...	10.000	10.000	10.000	10.000	10.000	10.000	**60.000**
Jahresüberschuß	**-198.250**	**-198.250**	...	**32.806.060**	**68.159.260**	**74.150.980**	**95.918.680**	**93.203.920**	**124.581.980**	**487.631.380**

Literaturverzeichnis

Abrahams, Jeffrey (2007): 101 Mission Statements from Top Companies, Berkley.

Arbeiterkammer Wien (2005): Ein Jahr EU-Erweiterung: Trends und Fakten, Wien.

Armour, Henry O.; Teece, David J. (1978): Organizational Structure and Economic Performance: A Test of the Multidivisional Hypothesis, in: Bell Journal of Economics, Vol. 9, S. 106-122.

Arrow, Kenneth J. (1974): Essays in the Theory of Risk-Bearing, Amsterdam.

Baker, George P. (1992): Beatrice: A Study in the Creation and Destruction of Value, in: Journal of Finance, Vol. 47, No. 3, S. 1081-1119.

Barrow, Colin; Barrow, Paul; Brown, Robert (2005): The Business Plan Workbook, 5. Auflage, London.

Baum, Heinz-Georg; Coenenberg, Adolf G.; Günther, Thomas (2007): Strategisches Controlling, 4. Auflage, Stuttgart.

Bea, Franz Xaver; Haas, Jürgen (2005): Strategisches Management, 4. Auflage, Stuttgart.

Besanko, David; Dranove, David; Shanley, Mark; Schaefer, Scott (2007): Economics of Strategy, 4. Auflage, Hoboken.

Black, Andrew; Wright, Philip; Bachmann, John E. (1999): Shareholder Value für Manager: Konzepte und Methoden zur Steigerung des Unternehmenswertes, 2. Auflage, Frankfurt.

Blaese, Dietrich (2003): Gesellschaftsrecht – Grundriss für Studierende, Herne.

Brüderl, Josef; Preisendörfer, Peter; Ziegler, Rolf (1998): Der Erfolg neugegründeter Betriebe. Eine empirische Studie zu den Chancen und Risiken von Unternehmensgründungen, 2. Auflage, Berlin.

Bundesamt für Güterverkehr (2004): Auswirkungen der EU-Osterweiterung, Köln.

Bundesregierung (2001): Bericht der Regierungskommission „Corporate Governance" Unternehmensführung – Unternehmenskontrolle – Modernisierung des Aktienrechts, Bundestags-Drucksache 14/7515, 14.08.2001.

Büschemann, Karl-Heinz (2003): Die Wut der Aktionäre. Auf Druck von Anlegern und Politikern müssen Manager künftig ihre individuellen Bezüge bekannt geben, in: Süddeutsche Zeitung, vom 21.05.2003, S. 2.

Chandler, Alfred D. (1962): Strategy and Structure: Chapters in the History of the American Industrial Enterprise, Cambridge/MA.

Coase, Ronald H. (1937): The Nature of the Firm, in: Economica, Vol. 4, November, S. 386-405.

Coenenberg, Adolf G. (2005): Jahresabschluss und Jahresabschlussanalyse: Grundfragen der Bilanzierung nach betriebswirtschaftlichen, handelsrechtlichen, steuerrechtlichen und internationalen Grundsätzen – HGB, IFRS und US-GAAP, 20. Auflage, Stuttgart.

Coenenberg, Adolf G.; Salfeld, Rainer (2003): Wertorientierte Unternehmensführung, Stuttgart.

Coing, Helmut (1995): Vorbemerkungen zu §§ 80-88, in: Staudinger, Julius von (Hrsg.): Kommentar zum Bürgerlichen Gesetzbuch mit Einführungsgesetz und Nebengesetzen, Buch 1 (13. Bearbeitung), Berlin.

Collis, David J.; Montgomery, Cynthia A. (1998): Corporate Strategy: A Resource-Based Approach, Chicago.

Copeland, Tom E.; Koller, Tim; Murrin, Jack (1990): Measuring and Managing the Value of Companies, New York.

Dahmen, Andreas; Oehlrich, Marcus (2001): Controlling, 3. Auflage, München.

Damrau, Jürgen; Wehinger, Michael (1998): Übersicht zum Mindeststiftungsvermögen nach dem Recht der Bundesländer, in: Zeitschrift für Erbrecht und Vermögensnachfolge, 178-179.

Deutsche Ausgleichsbank (1987): Warum Existenzgründungen zuweilen keinen Bestand haben. Ergebnisse einer Fragebogenaktion, Bonn.

Drukarczyk, Jochen; Schüler, Andreas (2007): Unternehmensbewertung, 5. Auflage, München.

Ehrmann, Thomas (2006): Strategische Planung: Methoden und Praxisanwendungen, Berlin.

Eisenführ, Franz; Theuvsen, Ludwig (2004): Einführung in die Betriebswirtschaftslehre, 3. Auflage, Stuttgart.

Europäische Kommission (2005): Empfehlung der Kommission vom 6. Mai 2003 betreffend die Definition der Kleinstunternehmen sowie der kleinen und mittleren Unternehmen (Bekannt gegeben unter Aktz. K(2003) 1422) (2003/361/EG), online: http://europa.eu.int/eur-lex/pri/de/oj/dat/2003/l_124/l_12420030520de00360041.pdf.

Fahey, Liam; Narayanan, V.K. (1986): Macroenvironmental Analysis for Strategic Management, St. Paul.

Freeman, Robert E. (1984): Strategic Management: A Stakeholder Approach, Boston.

Glanegger, Peter (2007): Heidelberger Kommentar zum Handelsgesetzbuch, 7. Auflage, Heidelberg.

Gomez, Peter; Weber, Bruno (1989): Akquisitionsstrategie: Wertsteigerung durch Übernahme von Unternehmungen, Stuttgart.

Gutschelhofer, Alfred (2002): Wertkette, in: Küpper, Hans-Ulrich; Wagenhofer, Alfred (Hrsg.): Handwörterbuch Unternehmensrechnung und Controlling, 4. Auflage, Stuttgart, Sp. 2120-2130.

Hahn, Dietger; Hungenberg, Harald (2001): PuK: Planung und Kontrolle, Planungs- und Kontrollsysteme, Planungs- und Kontrollrechnung, 6. Auflage, Wiesbaden.

Hammer, Michael; Champy, James (1995): Business Reengineering. Die Radikalkur für das Unternehmen, 5. Auflage, Frankfurt am Main.

Hax, Arnoldo C.; Majluf, Nicolas S. (1991): Strategisches Management, Frankfurt am Main.

Hay, Peter (2002): US-Amerikanisches Recht, 2. Auflage, München.

Hill, Wilhelm (1996): Der Shareholder-Value und die Stakeholder, in: Die Unternehmung, 50. Jg., S. 411-420.

Hinterhuber, Hans H. (1996): Strategische Unternehmensführung, I. Strategisches Denken , 6. Auflage, Berlin.

Hinterhuber, Hans H. (1997): Strategische Unternehmensführung, II. Strategisches Handeln, 6. Auflage, Berlin.

Hoskisson, Robert E. (1987): Multidivisional Structure and Performance: The Contingency of Diversification Strategy, in: Academy of Management Journal, Vol. 30, S. 625-644.

Ilzhöfer, Volker (2007): Patent-, Marken- und Urheberrecht: Leitfaden für Ausbildung und Praxis, 6. Auflage, München.

Jansen, Stephan A. (2000): Mergers & Acquisitions: Unternehmensakquisitionen und -kooperationen, 3. Auflage, Wiesbaden.

Jung, Peter (2006): Handelsrecht, 5. Auflage, München.

Kieser, Alfred; Walgenbach, Peter (2003): Organisation, 4. Auflage, Stuttgart.

Klandt, Heinz (2006): Gründungsmanagement: Der integrierte Unternehmensplan, 2. Auflage, München.

Klein, Benjamin; Crawford, Robert G.; Alchian, Armen A. (1978): Vertical Integration, Appropriable Rents, and the Competitive Contracting Process, in: Journal of Law and Economics, Vol. 21, S. 297-326.

Klunzinger, Eugen (2006): Grundzüge des Gesellschaftsrechts, 14. Auflage, München.

Knyphausen-Aufseß, Dodo zu; Zollenkop, Michael (2006): Geschäftsmodelle, in: Wirtschaftslexikon, Stuttgart, S. 2093-2100.

Kotler, Philip; Bliemel, Friedhelm (2001): Marketing-Management: Analyse, Planung und Verwirklichung, Stuttgart.

Kräkel, Matthias (2006): Synergien, in: Wirtschafts-Lexikon, Stuttgart, S. 5564-5571.

Kutschker, Michael; Schmid, Stefan (2005): Internationales Management, 4. Auflage, München.

Laux, Helmut; Liermann, Felix (2005): Grundlagen der Organisation: Die Steuerung von Entscheidungen als Grundproblem der Betriebswirtschaftslehre, 6. Auflage, Berlin.

Löhr, Andreas (2006): Kapitalmarktchancen prüfen und umsetzen, 2. Auflage, Stuttgart.

Markowitz, Harry M. (1952): Portfolio selection, in: Journal of Finance, Vol. 7, 77-91.

Maslow, Abraham H. (1943): A Theory of Human Motivation, in: Psychological Review, Vol. 50, S. 370-396.

McCarthy, Jerome E. (1960): Basic Marketing: A Managerial Approach, Homewood.

Medicus, Dieter (2006): Schuldrecht 1, Allgemeiner Teil, 17. Auflage, München.

Meffert, Heribert (2000): Marketing: Grundlagen marktorientierter Unternehmensführung, 9. Auflage, Wiesbaden.

Mertens, Peter; Bodendorf, Freimut (2005): Programmierte Einführung in die Betriebswirtschaftslehre, Wiesbaden.

Milgrom, Paul; Roberts, John (1992): Economics, Organization, and Management, Englewood Cliffs.

Modigliani, Franco; Miller, Merton (1958): The Cost of Capital, Corporation Finance and the Theory of Investment, in: American Economic Review, Vol. 48, S. 443-453.

Müller-Stewens, Günter; Lechner, Christoph (2005): Strategisches Management. Wie strategische Initiativen zum Wandel führen, 3. Auflage, Stuttgart.

Myers, Stewart C. (1977): Determinants of Corporate Borrowing, in: Journal of Financial Economics, Vol. 5, S. 147-175.

Myers, Stewart C. (1983): The Evaluation of an Acquisition Target, in: Midland Corporate Finance Journal, Winter, S. 39-46.

Oehlrich, Marcus (1999): Strategische Analyse von Unternehmensakquisitionen, Wiesbaden.

Ohmae, Kenichi (1982): The Mind of the Strategist, New York.

Panzar, John C.; Willig, Robert D. (1977): Economies of Scale in Multi-Output Production, in: Quarterly Journal of Economics, Vol. 91, August, S. 481-493.

Panzar, John C.; Willig, Robert D. (1981): Economies of Scope, in: American Economic Review, Vol. 71, No. 2, S. 268-272.

Paxman, Stephan A.; Fuchs, Gerhard (2005): Der unternehmensinterne Businessplan: Neue Geschäftsmöglichkeiten entdecken, präsentieren, durchsetzen, Frankfurt am Main.

Pisano, Gary P. (1997): The Development Factory: Unlocking the Potential of Process Innovation, Boston.

Porter, Michael E. (1985): Competitive Advantage: Creating and Sustaining Superior Performance, New York.

Porter, Michael E. (1987): From Competitive Advantage to Corporate Strategy, in: Harvard Business Review, Vol. 65, No. 3, S. 43-59.

Porter, Michael E. (1991): Wettbewerbsstrategie, 10. Auflage, Frankfurt am Main.

Porter, Michael E. (1996). What is Strategy?, in: Harvard Business Review, Vol. 74, Nr. 6, S. 61-78.

Porter, Michael E. (2000): Wettbewerbsvorteile: Spitzenleistungen erreichen und behaupten, 6. Auflage, Frankfurt am Main.

Prahalad, C.K; Hamel, Gary (1990): The Core Competence of the Corporation, in: Harvard Business Review, May-June 1990, S. 79-91.

Pruss, Roland (2003): Der Geschäftsplan, Bonn.

Rawert, Peter (1990): Die Genehmigung der unternehmensbezogenen Stiftung, Frankfurt am Main.

Rumelt, Richard P. (1982): Diversification Strategy and Profitability, in: Strategic Management Journal, Vol. 3, S. 359-369.

Scarborough, Norman; Zimmerer, Thomas W. (2006): Effective Small Business Management, Upper Saddle River.

Schierenbeck, Henner (1995): Grundzüge der Betriebswirtschaftslehre, 12. Auflage, München.

Schierenbeck, Henner; Lister, Michael (2002): Value Controlling: Grundlagen wertorientierter Unternehmensführung, München.

Schmalenbach-Gesellschaft (1996): Finanzierungsrechnung im Konzern: Empfehlungen des Arbeitskreises „Finanzierungsrechnung" der Schmalenbach-Gesellschaft - Deutsche Gesellschaft für Betriebswirtschaft e.V., hrsg. von Helmut Mansch; Klaus v. Wysocki, Düsseldorf.

Schmidt, Karsten (2001): Die BGB-Außengesellschaft: rechts- und parteifähig, in: Neue Juristische Wochenschrift, S. 993-1003.

Schuermann, Christof (2001): Schöner Schein. Vorstände verschleiern oft den wahren Unternehmenswert mit zahlreichen Tricks, in: Wirtschaftswoche, Nr. 33, 9.8.2001, S. 92-101.

Schwintowski, Hans-Peter (1991): Die Stiftung als Konzernspitze?, in: Neue juristische Wochenschrift, S. 2736-2742.

Siegert, Theo (1991): Stellungnahme zum Thema ‚Shareholder Value als Zielgröße der Unternehmensführung', in: Betriebswirtschaftliche Forschung und Praxis, 43. Jg. (3), S. 241-253.

Smith, Adam (1776): An Inquiry into the Nature and Causes of the Wealth of Nations.

Stähler, Patrick (2001): Geschäftsmodelle in der digitalen Ökonomie: Merkmale, Strategien und Auswirkungen, Köln.

Steinmann, Horst; Schreyögg, Georg (1993): Management: Grundlagen der Unternehmensführung, 3. Auflage, Wiesbaden.

Sydow, Jörg (2006): Management von Netzwerkorganisationen, 4. Auflage, Wiesbaden.

Szyperski, Norbert; Nathusius, Klaus (1999): Probleme der Unternehmungsgründung, eine betriebswirtschaftliche Analyse unternehmerischer Startbedingungen, 2. Auflage, Köln.

Teece, David J. (1988): Technological Change and the Nature of the Firm, in: Giovanni Dosi et al. (Hrsg.): Technological Change and Economic Theory, London, S. 256-281.

Terberger, Eva (1994): Neo-Institutionalistische Ansätze: Entstehung und Wandel, Anspruch und Wirklichkeit, Wiesbaden.

Theisen, Manuel René (2008): Wissenschaftliches Arbeiten: Technik – Methodik – Form, 14. Auflage, München.

Thommen, Jean-Paul; Achleitner, Ann-Kristin (2001): Allgemeine Betriebswirtschaftslehre, 3. Auflage, Wiesbaden.

Tirole, Jean (2003): The Theory of Industrial Organization, 14. Auflage, Cambridge/Massachusetts.

Vahs, Dietmar; Schäfer-Kunz, Jan (2007): Einführung in die Betriebswirtschaftslehre, 5. Auflage, Stuttgart.

Wahba, A.; Bridgewell, L. (1976): Maslow reconsidered: A review of research on the need hierarchy theory, in: Organizational Behavior and Human Performance, Vol. 15, S. 212-240.

Welge, Martin K.; Al-Laham, Andreas (2003): Strategisches Management: Grundlagen – Prozess – Implementierung, 4. Auflage, Wiesbaden.

Williamson, Oliver E. (1971): The Vertical Integration of Production: Market Failure Considerations, in: American Economic Review, Vol. 61, No. 2, S. 112-123.

Williamson, Oliver E. (1975): Markets and Hierarchies: Analysis and Antitrust Implications, New York.

Winkelmann, Peter (2006): Marketing und Vertrieb: Fundamente für die marktorientierte Unternehmensführung, 5. Auflage, München.

Wöhe, Günter (2008): Einführung in die Allgemeine Betriebswirtschaftslehre, 23. Auflage, München.

Womack, James P.; Jones, Daniel T.; Roos, Daniel (1990): The Machine that changed the World: The Story of Lean Production, New York.

Wright, T.P. (1936): Factors affecting the cost of airplanes, in: Journal of the Aeronautical Science, S. 122-128.

Stichwortverzeichnis